极化合成孔径雷达成像理论及其应用

Polarimetric SAR Imaging Theory and Applications

［日］山口芳雄　著

刘　涛　穆文星　方　璐　高　贵　译

国防工業出版社

·北京·

著作权合同登记　图字:01－2022－4439 号

图书在版编目（CIP）数据

极化合成孔径雷达成像理论及其应用/（日）山口芳雄著；刘涛等译．—北京：国防工业出版社，2024.5

书名原文：Polarimetric SAR Imaging：Theory and Applications

ISBN 978－7－118－13190－1

Ⅰ．①极…　Ⅱ．①山…②刘…　Ⅲ．①合成孔径雷达－雷达成像　Ⅳ．①TN958

中国国家版本馆 CIP 数据核字（2024）第 069243 号

Polarimetric SAR Imaging Theory and Applications 1st Edition by Yoshio Yamaguchi

ISBN 9780367478315

※

国防工业出版社 出版发行

（北京市海淀区紫竹院南路 23 号　邮政编码 100048）

雅迪云印（天津）科技有限公司印刷

新华书店经售

*

开本 710×1000　1/16　**插页** 14　**印张** 21¾　**字数** 398 千字

2024 年 5 月第 1 版第 1 次印刷　**印数** 1—1400 册　**定价** 169.00 元

（本书如有印装错误，我社负责调换）

国防书店：（010）88540777　　书店传真：（010）88540776

发行业务：（010）88540717　　发行传真：（010）88540762

致　谢

我想对世界雷达极化界的专家、教授，特别是我的导师－伊利诺伊大学芝加哥分校名誉退休教授 W. M. Boerner 表示诚挚的感谢。近 30 年来他一直激励着我不懈奋斗。我于 1988—1989 年在伊利诺伊大学芝加哥分校做访问学者期间学习了极化雷达遥感，从此开始了共同努力推进极化遥感技术发展以保护健康地球的事业。在参与世界各地的研究人员和专家多样的互动活动中，我认识了极化测量界的众多学者。我也感谢 J. S. Lee 博士给我写这本书的机会。

我们都是极化雷达遥感的“共同奋斗者”。我们几乎每年都在 IEEE IGARSS 系列会议和国际极化合成孔径雷达（SAR）会议上见面。我感谢以下成员分享重要发现：美国 NRL Thomas Ainsworth 博士、Jacob van zyl 博士、美国喷气推进实验室 Scott Hensley 博士、英国 AEL 的 Shane Cloude 博士，法国雷恩大学 Eric Pottier 教授；德国 DLR 的 Kostas Papathanassiou 博士、中国科学院陈锟山教授以及印度理工学院 Dhamendra Singh 教授等。

图为 2012 年在新潟举行的国际极化 SAR 研讨会上拍摄的一张合影，并在此展示出来以感谢所有同行。系列研讨会和带极化测量功能的微波暗室作为“空间感知国际合作－充分利用极化信息”项目受到日本教育部支持。非常感谢新潟大学和教育部对该项目的支持。

2012 年在新潟举行的国际极化 SAR 研讨会合影

本书的工作是由我以前在日本新潟大学的学生和同事共同完成的：山田弘义教授、佐藤龙一教授、小林浩和教授；长崎大学森山敏美教授、中国清华大学杨健教授、印度理工学院鲁尔基分校 Dhamendra Singh 教授、韩国世宗大学

Sang Eun Park 教授、美国斯坦福大学 Yi Cui 博士、印度理工学院孟买分校 Gulab Singh 教授以及我们实验室的100多名学生。G. Singh 教授对最近的多重散射功率分解（如 G4U、6SD 和 7SD 等）的贡献受到高度赞赏。许多学生在暗室和室外对 PolSAR 测量进行了实验验证，也有许多其他学生从事极化 SAR 的计算机模拟和面向大规模数据集的图像处理工作。我还要感谢仙谷正一荣誉教授（前新潟大学副校长）等人对日本教育部国际空间感知项目（2010—2012）的支持。

我们非常感激日本宇航局（JAXA）和日本信息通信局（NICT）能够为我们提供数据集。所提供的 PolSAR 成像场景的总数超过了2700个。没有岛田正信博士（前 JAXA 资深科学家，现为东京电机大学 ALOS 和 ALOS2 教授）的帮助完成极化数据分析工作是不可能的。由浦冢圣浩、小岛昭一郎博士和他的团队领衔的 NICT 为我们提供了珍贵的超高分辨力的 Pi - SAR - 2 数据。所有极化数据现在都被处理成彩色分解图像并挂在了日本工业科学技术高等研究院（AIST）的网站上。我也要感谢中村龙介博士和他的同事。

我也很感谢电气和电子工程师学会（IEEE）、信息与通信工程协会（IEICE）允许我使用出版物中出现过的图片。这里重复使用了许多图片，因为这本书是2007年出版的《雷达极化测量——从基础到应用》（日文版）的第2版（修订版）。

作者感谢 CRC 出版社和 Lumina Datamatics 有限公司对原稿的编辑，以及日本东北大学 Suyun Wang 女士对本书英文表达的润色。

山口芳雄

作者简介

山口芳雄于1976年获得日本新潟大学电子工程工学学士学位，并分别于1978年和1983年获得日本东京工业大学工学硕士和博士学位。2019年退休后成为新潟大学荣誉退休教授和会士，也是日本工业科学技术高等研究院（AIST）的特邀研究员。

1978—2019年，山口芳雄在新潟大学工学院担任助理教授、副教授、教授，主要从事电磁波在隧道、有损介质的传播研究以及FMCW雷达的近程感知工作。1988—1989年，他在芝加哥伊利诺伊大学（University of Illinois at Chicago）担任研究助理，在Wolfgang M. Boerner教授的指导下学习了极化基础知识，专业转向了雷达极化测量、微波散射、散射功率分解和成像等，发表了150多篇期刊论文、3部著作、4篇专著章节以及300多篇会议论文。

山口芳雄博士曾担任IEEE地球科学与遥感学会（GRSS）日本分会主席（2002—2003）、国际无线电科学委员会联合会日本委员会（URSI-F）主席（2006—2011）、*Asian Affairs of GRSS Newsletter* 副主编（2003—2007）以及2011年IEEE地球科学与遥感研讨会（IGARSS）技术委员会（TPC）的共同主席，也是IEEE的终身会士、日本信息与通信工程师协会（IEICE）会士。2008年因其对地球科学与遥感学会的卓越教育贡献获得了IEEE GRSS教育奖。2017年因其对极化合成孔径雷达遥感、成像及其应用的突出贡献获得IEEE GRSS颁发的杰出成就奖。

前 言

这本书的内容范畴属于极化雷达遥感，其重点在于散射矩阵数据的利用。由于雷达极化充分利用了电磁波的矢量属性，最近30多年来在雷达感知领域受到持续关注。然而，由于人眼看不到电磁波，对于普通用户来说很难处理极化数据。为了填补大家对极化数据利用的期望和极化数据难以处理之间的沟壑，我们一直在从事数据分析，使得每个人都能直观理解极化数据。因为能量信息是雷达数据中最重要和稳定的参数之一，我们将不同极化散射机理能量与RGB颜色代码建立关联，从而进行颜色分配用于创建彩色图像。由极化散射机理生成的全彩色照片对每个人来说都很容易理解。基于这种颜色分配方法，我们可以看到的观测区域就是一幅包含极化信息的彩色图像。

微波频率下的雷达图像与光学图像不同，从太空观测地球，我们在光学图像中看到了白云，但没有在微波雷达图像中看到任何云，这是由于电磁波在光学和微波频率区域中的传播和散射特性不同。就星载雷达观测而言，雷达波可以穿透云层然后到达地面，再散射回到雷达，于是我们可以在雷达上看到清晰的地形图像，云层对雷达波是透明的，因此没有来自云层的回波。在光学感知中，光波被云散射和吸收，因此，它不可能看到云层下面。即使在无云的情况下，散射的信息也是不同的。例如，每幅图像中的亮区和暗区是不同的，这意味着二者信息是互补的。虽然信息不同，但雷达成像能够在云雨天气条件下或者在总被云彩覆盖的热带雨林地区工作，而光学不行。在雷达成像中，极化雷达为观测对象提供了大量的利用散射矩阵表征的信息，从而可以准确遥感。

本书旨在提供雷达极化完整、一致的理论及其应用。JAXA于2006年发射的先进陆地观测卫星相控阵L波段合成孔径雷达（ALOS－PALSAR）获得全球大量散射矩阵数据，引起了学者们对雷达极化遥感很大的关注。现在用户可以获取散射矩阵数据，这将有助于更精细地监测地球。这本书的内容和图像主要是基于ALOS/ALOS2数据，机载PiSAR/PiSAR－2数据、国际极化研讨会、IEEE GARSS系列会议等。这本书是2007年日文版的修订本，再加上了2007年后的一些观测结果。

目 录

第1章 引言

1.1 遥感技术

遥感技术通过分析远程传感器（不与目标物理接触）所收集的目标数据来获取其物理属性信息，进而发现、分类和识别目标。通常，分析的数据是从物体辐射或反射的电磁波数据。狭义的遥感是指通过飞机、卫星等平台上的远程传感器反演地球周围目标物理特性的方法。关于遥感的代表性参考文献列在参考文献［1－25］中。

遥感方法大致分为两种，如图1.1所示。第一种是被动遥感，传感器接收物体辐射的电磁波谱。在微波频段工作的辐射计和在光学频段工作的光谱仪或高光谱仪就是典型的被动遥感器。被动遥感器就像没有闪光灯的相机一样，不会向物体发射任何信号。第二种是主动遥感，此时传感器发射信号并接收回波。无线电探测与测距（雷达）、合成孔径雷达（SAR）和光探测与测距（激光雷达）是典型的主动遥感器。带有闪光灯的相机可视为主动遥感器。这些传感器类别及其频率范围如图1.1[16,23]所示。

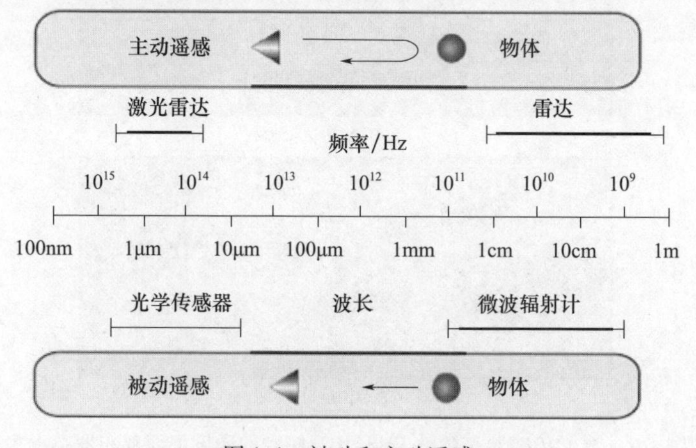

图1.1　被动和主动遥感

1.1.1 光学传感器与微波传感器的差异

光学遥感比微波遥感有着更悠久的历史。我们的眼睛和感觉非常熟悉光学传感器获得的图像，如照片等，可以根据我们的视觉常识来解释光学图像。除了可见光波段外，光学区域还有许多光谱波段，这些波段对物理属性有特定的响应，如红外对热温度的响应，某些波段对叶绿素的响应等。然而，并不是所有人都那么熟悉由 SAR 产生的微波图像。由于我们根本看不到微波，所以由微波产生的图像超出了我们的感知范围。例如，如果我们通过 P 波段微波雷达看到的森林图像，该图像看起来与光学传感器完全不同。P 波段的部分频率可以穿透森林，来自森林区域的反射图像显示了树的回波和底层的地面信息。在光学图像中，我们总是看到森林的顶部树冠，这使得两幅图像完全不同。这种差异来自于频率固有的传播和散射特性，因此光学波段和微波波段获得的信息完全不同。

图 1.2 展示了一个例子，用光学传感器和微波雷达（极化 SAR，ALOS - PALSAR）对印度尼西亚的布罗莫火山进行成像。光学图像中，我们看到了覆盖在山坡上的白云和从火山顶喷出的烟雾。由于光波无法穿透，所以我们不可能看到烟雾下面的东西。由于该图像的大小大约为 40km × 70km，因此，将多个光学子图像（在不同的时间和条件下拍摄）组合在一起形成了整幅图像。然而，可以通过雷达看到地面物体上的所有信息。由于微波的穿透能力，SAR 图像没有受到云雾的影响。此外，由于颜色编码和散射机制的差异，图像中的信息看起来也不同。根据散射机理与颜色编码规则，可利用极化信息生成全彩图像。

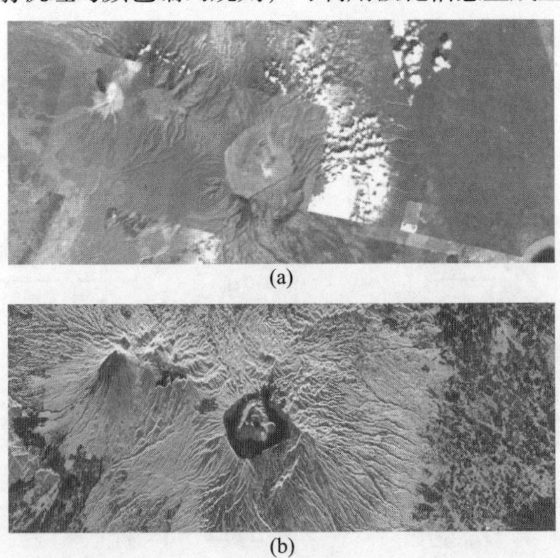

(a)

(b)

图 1.2　光学传感器和微波 PolSAR 观测到的印度尼西亚布罗莫火山

（a）谷歌地球光学图像；（b）PolSAR 图像。

在赤道附近的热带雨林地区，几乎90%的时间陆地都被云层覆盖。穿透云层是卫星遥感最重要的问题之一。穿透能力取决于大气中电磁波的衰减特性。衰减常数（dB/km）表示波在1000m传播中衰减的情况。当频率为1GHz时，暴雨条件下该值小于0.01dB。并且该值随着频率的增加而增加，10GHz时该值可增加到4~5dB。对于光学频段，衰减超过100dB，意味着此时光波不能用于感知。大气中的水蒸气或气溶胶都会引起光波的衰减。

1.1.2 雷达遥感技术

在本书中，我们讨论的是微波SAR。在微波频段中，频率还可以进一步划分为若干波段，如表1.1所示。每个波段对具有一定的物理尺寸和材料常数的目标，都具有特定的频率响应。已知的C波段适用于农作物监测，L波段适用于森林、土地覆盖、灾害监测等。低频能以低衰减的方式传播，并能深入介质内部。P波段的波不仅可以穿透森林，还可以穿透干燥的地面、雪、冰和几厘米深的土壤表面。X波段以上较高频率的波在物体表面发生散射而无法穿透物体。较高频率下的散射性质与光波的散射性质相近。因此，这些波段适合于地形的高分辨力成像。

表1.1 频段

波段	频率/GHz	典型的波长/cm
P	0.3~1.0	50
L	1~2	25
S	2~4	10
C	4~8	5
X	8~12.5	3
Ku	12.5~18	2
K	18~26.5	1.5
Ka	26.5~40	1
V	40~75	—
W	75~110	—

除了穿透（反射、衰减）特性外，还有另一种物理效应，即波长共振。由于微波频率的波长范围大约为1~100cm，许多物体的大小和波长是同一量

级或是数倍半波长。当相位条件匹配时，可能发生共振或布拉格散射。有时会在农田中看到强烈的布拉格散射现象。

合成孔径雷达是一种有源微波仪器，在几乎所有天气条件下都能进行二维高分辨力成像。SAR 的优点如下：

（1）适用于所有天气条件。由于电磁传播的低衰减特性，它可以以很小的损耗穿透雾霾、云和雨。这使得 SAR 可以在所有天气条件下工作，在白天和夜间也都可以工作。

（2）数据采集时间短，覆盖范围广。由于雷达的照射范围很广，所以可以在很短的时间内观测到大面积的区域。例如，机载 ALOS2 - PALSAR2 系统可以在不到 3min 的时间内观测到宽 40km、长 70km 的区域。

（3）可以实现高分辨力的二维成像。方位分辨力是雷达天线孔径（长度）的一半。距离分辨力与发射信号的带宽成反比。带宽越宽，分辨力就越高。目前星载 SAR 的典型分辨力为 1 ~ 20m，机载 SAR 为 0.3 ~ 3m。距离分辨力与雷达平台高度无关，这意味着如果信号带宽相同，从太空和飞机上获得的分辨力相同。

（4）它为光学遥感数据提供了补充信息。由于散射性质与光学特性完全不同，因此 SAR 和光学传感器的信息互为补充。

（5）可以产生新的图像，如三维成像，层析成像，并且可以进行差分干涉测量。

1.2 SAR 技术的应用

雷达是一种发射脉冲并接收目标回波的相干处理系统。随着技术的发展进步，散射波信息（振幅和相位）可以通过计算机快速地进行数字采集和处理。雷达技术涵盖了丰富的数学、物理学、电磁理论、信号处理、图像处理和解译技术，包括硬件技术、软件技术和信息（IT）相关技术。

合成孔径雷达是雷达的拓展，在微波成像系统中起着重要的作用，是利用接收信号的振幅、相位以及多普勒频率信息来生成高分辨力的图像。除了这些参数外，极化信息现在已纳入合成孔径雷达系统，使得我们能够利用电磁波的全部矢量性质。一个可以获取全极化信息的 SAR 系统被称为 PolSAR 或 Quad PolSAR。由于极化信息对目标的朝向很敏感，它会带来目标的附加信息。SAR 和 PolSAR 具有广阔的应用领域，主要有以下几个方面：

（1）生态、管理、生态系统变化、碳循环、非法森林砍伐和野生火灾等森林监测。

（2）土壤含水量、农业应用、农作物监测、荒漠化监测等。

（3）冰雪应用、水管理、影响船舶安全航行的海冰移动、冰川监测等。

（4）海洋应用、风速反演和漏油检测。

（5）地震监测、滑坡和火山活动等灾害监测。

（6）湿地环境保护监测和洪水监测。

（7）二维地形成像、城区监测、土地利用监测等。

随着干涉测量和极化干涉测量的发展，干涉 SAR（InSAR）或极化干涉 SAR（PolInSAR）的应用领域进一步扩展到：

（1）三维地形成像以及城区高分辨力三维高程结构测绘。

（2）树高估计（用于估计生物量）。

（3）使用高分辨力位移量测（精确到毫米量级）的火山喷发前兆监测系统。

以灾害监测为例，图 1.3 分别为 2015 年 12 月 12 日和 2016 年 4 月 16 日熊本地区地震前后的 PiSAR－2 图像[27]。地震发生后不久，机载的 PiSAR－2 系统在日本熊本市南阿苏村获得了 X 波段散射矩阵数据。通过比较地震前后的极化散射分解图像，揭示了大地震的破坏情况。我们可以立即识别出被白色圆圈划出的滑坡区域。不同时间获取的极化图像序列对发现这些滑坡区很有帮助。此外，通过散射机制获得的全彩图像（就像一张照片一样），可以更好地对场景进行解译。

近年来，雷达的应用领域迅速扩大。雷达传感器已经在我们的日常生活有所应用，如汽车防撞系统、智能汽车系统、入侵检测系统、探测煤气管道、电缆或地雷的探地雷达系统等。雷达技术正在应用到我们的日常生活中。

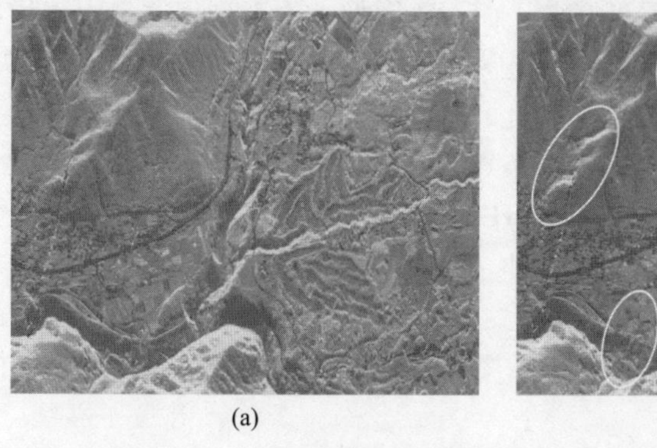

(a)

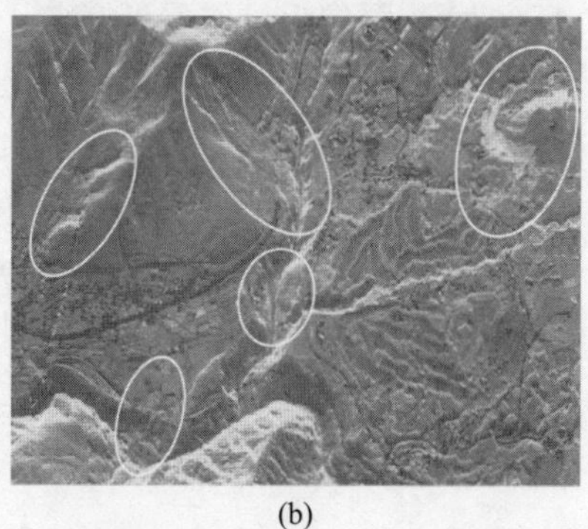

(b)

图 1.3 日本熊本市南阿苏村地震前后的 PolSAR 图像对比[32]。
用 30cm 分辨力的 X 波段机载 PiSAR－2 观测。白色圆圈表示地震诱发的滑坡区域
（a）2015 年 12 月 5 日（地震前）；（b）2016 年 4 月 17 日（地震后不久）。

1.3 极化响应的重要性

传统的雷达使用单极化进行发射和接收。假设目标是一个斜偶极子，如图 1.4 所示。如果垂直极化波入射在偶极子上，则除了垂直分量外，散射波中还会产生一个新的水平分量。单极化雷达无法获得新的水平极化分量。虽然电场具有矢量性质，但单极化雷达只接收一个分量，而忽略了交叉极化分量。如果同时测量交叉分量，则可以恢复散射波的矢量性质。全极化雷达同时测量散射波的共极化和交叉极化波的分量，从而恢复波的矢量性质。

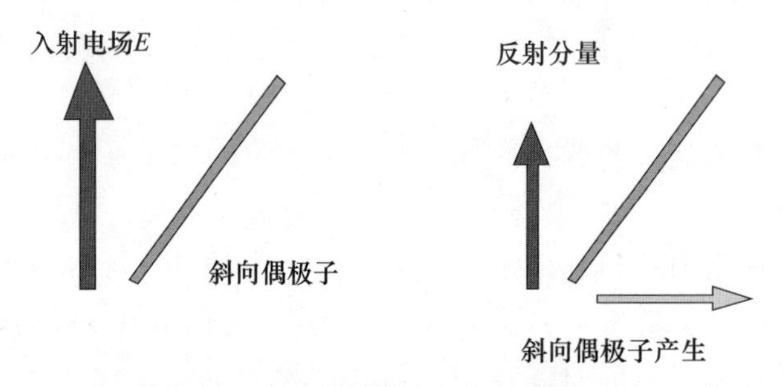

图 1.4　散射现象的矢量性质

图 1.5 展示了一个极化响应的例子。如图 1.5（c）所示放置金属板、二面角、导线结构。H（水平）和 V（垂直）方向的极化组合产生极化雷达通道。通道的功率用 HH、VV 和 HV 图像表示。

我们可以看到共极化的 HH 和 VV 图像是相似的。区别出现在底部的导线结构上，即 VV 图像上可以看到回波，而 HH 图像上看不到。这是由于导线的倾斜方向不同引起的。平行于导线的电场被反射，正交于导线的电场被吸收，这是由电磁波的极化特性造成的。因此，在 VV 通道中有反射回波存在。如果使用单一 HH 极化雷达，就会漏掉这条导线。

45°方向的二面角将极化方向从 H 改变到 V，反之亦然。0°或 90°方向的二面角以相同的极化方向反射信号。这些特定的极化特征可以在所有的极化图像中得到确认。由于极化变化，HH 和 VV 图像中没有 45°方向的二面角的回波。然而，在交叉极化 HV 图像中可以清晰地看到 45°方向的二面角。

从图 1.5 中可以认识到极化响应和全极化信息的重要性。反射波的极化方向对物体的朝向很敏感。全极化雷达测量所有的 H 和 V 的组合（散射矩阵），并获取全部响应，这有助于识别目标。

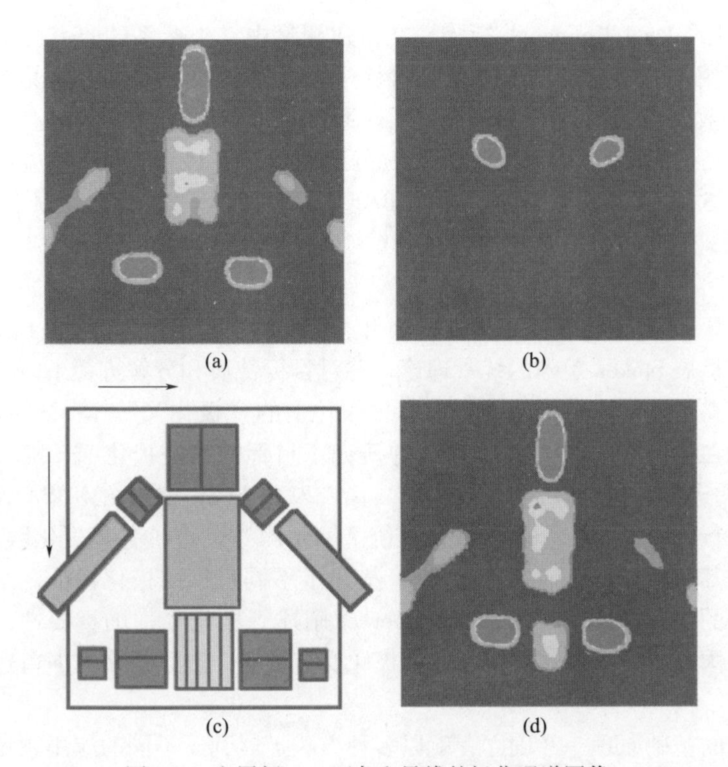

图 1.5 金属板、二面角和导线的极化通道图像

1.4 雷达极化简史

很久以前人们就已经发现了光学偏振现象。自公元 1000 年以来，维京人就在用于导航的晶体中使用偏振现象[19]。众所周知，深海中的一些鱼类对偏振光很敏感。有一份报告称，蜜蜂利用地磁方向的信息飞行。当我们用相机拍摄水中的物体时会遇到一种情况，偏振滤光片有助于抑制来自水面的不需要的光（比如强的镜面发射的光）。到目前为止，动物、鱼类和人类已经利用光偏振现象数千年了。

光的偏振现象就是电磁波的极化现象。这些极化现象在电磁波领域已经有了很多理论研究，现已建立为光学感知中的光学偏振学和微波雷达感知中的雷达极化学。最基本的要点是电磁波的矢量属性以及其与材料体与传播介质[19]的相互作用。雷达极化研究并利用了电磁波在感知中的全矢量特性。

根据文献［3，35］，雷达极化的研究始于 1950 年左右。George Sinclair（1950）将雷达目标视为一个变极化器，并提出了以他的名字命名的 2×2 散射矩阵[28]。俄亥俄州立大学的 E. M. Kennaugh 推导出了适合于雷达测量和雷达坐标系[29]的 4 ×4 Kennaugh 矩阵。在雷达测量中，坐标系的原点位于雷达系统中，而用于光学感知的原点位于目标中。针对非相干散射的情况，详细研究了前向散射与后向散射之间的关系。通过对坐标原点位于雷达上的散射理论的重建，V. H. Rumsey[30]、G. A. Deschamps[31]（1951）、J. R. Copeland[32]（1960）、S. H. Bickel（1965）和 P. Beckman（1968）等研究人员促进了雷达极化原理进一步的发展，推导出了用于最优功率接收的 Graves 功率矩阵[33]。

J. R. Huynen 在雷达极化学方面做出了巨大的贡献[34]，他建立了关于散射矩阵及其扩展 Stokes 矩阵的统一理论，并对目标性质和分解进行了研究。他在 Poincaré 球上引入了 Huynen 参数和特征极化上的“极化叉”。W. M. Boerner 提出了极化在逆问题[35]中的重要性，并研究了目标的特征极化[3]。随着硬件系统[36-37]的进步，极化雷达变得可用，并在 20 世纪 80 年代由 NASA/JPL 进行了一些飞行试验。第一个机载极化系统 AIRSAR[38]进行了各种极化数据采集，并证实了其原理。J. J. vanZyl（1987）描述了不同目标的极化特征，这是理解极化散射的图形辅助[39-41]。W. M. Boerner 阐述了极化[42,43]的重要性，并通过举办许多国际研讨会和建立国际化的极化交流社区，鼓励许多人向雷达极化方向发展。

极化的基础原理一经确立，就以多种方式扩展到了不同的应用领域。俄罗斯对极化各向异性进行了研究（A. I. Kozlov）、校准（A. Freeman 1992；W. Wiesbeck 1991；S. Quegan 1994）和分解（S. R. Cloude 1985；E. Krogager 1993；A. Freeman 1993）也成为研究热点。从 20 世纪 90 年代开始，主要研究课题转向目标信息反演。对于相干散射分解，E. Krogager（1990）提出了直接应用于圆极化矩阵上的 KsKdKh 方法。对于非相干散射分解，S. R. Cloude 和 E. Pottier（1997）对基于使用相干矩阵的特征值/特征矢量分析的 H/A/alpha - bar 方法有很大的贡献。A. Freeman 和 Durden（1998）提出了一种基于模型的散射功率分解方法，Y. Yamaguchi 和 G. Singh 将其进一步扩展到四分量分解，直至七分量分解。

极化滤波也是极化成像中另一个吸引人的课题。由于提出的滤波器太多，因此很难全部引用它们。Lee 滤波器及其扩展[19]是许多 SAR 图像处理中的标准极化滤波器。

极化 SAR 和干涉测量的结合产生 PolInSAR，可以得到森林等物体的三维结构。层析 SAR 可以利用多个垂直高度略有不同的数据集生成三维图像。这种系统可以预先由机载 SAR 进行测试，然后通过卫星的稳态但略有不同的重复观测来实现。A. Moreira 等在《合成孔径雷达教程》一书中详细介绍了 SAR、极化 SAR（PolSAR）和新的应用[23]。

此外，一些研究机构还编写了一个便捷的分析工具箱（软件），具有代表性的一个是由欧洲空间局[61]提供并由 E. Pottier 及其同事开发的“PolSAR_Pro”系列。这个开放的软件涵盖了几乎所有的 PolSAR 遥感新技术，并吸引了年轻一代使用它。雷达极化的详细历史和发展可以在文献［3，7］中找到。

1.5 极化 SAR 系统

可以获得 2×2 散射矩阵的雷达系统称为 PolSAR 或 Quad PolSAR。在认识到 PolSAR 的有效性后，世界各地已经开发了各种 PolSAR 系统[50-59]。根据平台的不同，PolSAR 系统有两种类型：机载 SAR 和星载 SAR。机载 SAR 通常用于对拟研制的 SAR 系统的进行概念验证、检测未来星载系统的性能、探索 SAR 技术的发展等，它是为实验目的而设计的，而不是为了日常使用，因此，机载 SAR 的性能通常优于星载系统。

1.5.1 机载 SAR 系统

机载 SAR 具有以下优点：

（1）如果飞行条件允许，它可以应用于任何地点、任何时间和任何观测方向。

（2）与星载系统相比，由于 SAR 系统距离目标较近，信噪比较高。

（3）平台很宽敞。这使得人们可以携带高能电池和各种仪器一起进行观测，从而实现先进的雷达测量。

但它有以下缺点：

（4）飞机平台受到气流干扰，需要运动补偿来处理 SAR 信号。

（5）不易于周期性观察。即使观察到相同的区域，飞行条件也会有所不同。因此，在相同条件下的数据采集是困难的。

如表 1.2 所列，世界上有许多机载 PolSAR 系统。其中，NASA/JPL 在 20 世纪 80 年代早期开发的 AIRSAR 是开创性的，它证明了极化信息的有效性。AIRSAR 的成果使航天飞机上的 SIR－C/X－SAR 进入了太空（1994 年）[39]。DLR 的 E－SAR 和后续任务 F－SAR 进行了各种雷达测量，并确认了概念设计的性能。日本的 PiSAR－X/L 和 PiSAR－X2/L2 也为灾害监测和星载搜救任务的未来设计做出了贡献。F－SAR 和 Pi－SAR 如图 1.6 所示。还有许多其他优秀的 PolSAR 系统，如 UAV－SAR/USA[50]，EMISAR/Denmark 等。目前的 SAR 系统在 L 波段分辨力小于 1.5m，在 X 波段分辨力小于 30cm。然而，高分辨力数据通常局限于国内使用。

表 1.2　机载 Quad PolSAR 系统

名称	机构	波段	分辨力/m
AIRSAR	美国，NASN/JPL	P、L、C	距离向：7.5，3.75；方位向：1
UAVSAR	美国，NASN/JPL	L	1×1
EcoSAR	美国，NASA	P	0.75×0.5
SAR580	加拿大，CCRS	C、X	6×6
F-SAR	德国，DLR	P、L、C、X	X 和 C：1.5×0.3，L：2×0.4，P：3×1.5
AER Ⅱ-PAMIR	德国，FHR	X	—
EMISAR	丹麦，DCRS	L、C	2.4×2.4，8×8
Phraus	荷兰，TNO-FEL	C	3×3
SETHI	法国，ONERA	P、L、X	X：0.12×0.12
PiSAR-L2/X2	日本，JAXA/NICT	L、X	1.6×1.6，0.3×0.3

(a)

(b)

图 1.6　机载 SAR 系统照片
(a) F-SAR；(b) Pi-SAR。

1.5.2　星载 PolSAR 系统

第一颗星载 SAR 是 1978 年的 SEASAT。虽然寿命为 105 天，但它证明了在各种天气条件下，无论什么时间，都具有 L 波段成像雷达的能力。它为许多后续的星载 SAR 系统开创了道路。星载 SAR 具有以下优点：

(1) 它在任何天气条件下和任何时间都能工作。

(2) 由于轨道是固定的，因此不需要进行运动补偿。

(3) 可以从同一位置进行观测，适用于时间序列数据的采集。

其缺点是：

(4) 与机载 SAR 系统相比，灵活性较差，很难观察离束区域。

(5) 重访的时间取决于雷达系统。

(6) 其分辨力通常低于机载 SAR。

根据机载 SAR 系统的实验，NASA/JPL（1994）利用航天飞机上的 SIR-

C/XSAR 进行了第一次星载 PolSAR 测量。这次多频段（L - 、C - 、X - 波段）任务证明了极化测量和干涉测量的有效性，一经发射，便成为了全世界其他后续任务的开拓者。通常，在星载雷达的单极化或双极化模式功能中可选择性地增加极化数据采集功能。PolSAR 的实现非常困难，包括概念设计、验证、硬件开发、发射、数据采集质量控制、校准、维护、连续运行、数据管理等。尽管 PolSAR 数量相当有限，但 L 波段的 ALOSPALSAR（2006—2011）、C 波段的 RadarSAT2（2007—）以及 X 波段的 TerraSAR - X/TanDEM - X（2007—）已成功开发，并展示了其性能和有效性。表 1.3 列出了一些星载的 PolSAR 系统，图 1.7 列举了一些星载 SAR 系统。目前，ALOS2/PALSAR2（2014—）、TerraSAR/TanDEM - X、Gaofen - 3（2016—）、RadarSAT2 和 SAOCOM 正在沿轨道运行。ALOS3/PALSAR3（2021—）和 NISAR（2022—）也将采用极化模式，这是 SAR 的黄金时代（表 1.3）。

表 1.3　星载 Quad PolSAR 系统

名称	国家	时间	波段	分辨力/m
SIR - C/X - SAR	美国	1994.4	L，C，X	10
	德国/意大利	1994.9 2002.4		
ALOS - PALSAR	日本	2006—2011	L	30
RADARSAT - 2	加拿大	2007—	C	11
TerraSAR - X	德国	2007—	X	3
TanDEM - X		2010—	X	3
RISAT	印度	2012—	C	—
ALOS2 - PALSAR2	日本	2014—	L	6
Gaofen - 3	中国	2016—	C	1
SAOCOM	阿根廷	2017/2019	L	7
NovaSAR	英国	2018	S	30
Kompsat - 6	韩国	2019	X	1
ALOS4 - PALSAR3	日本	2021	L	6
NISAR	美国/印度	2022	L/S	4

同一区域上的 SAR 图像结果如何依赖于系统和频率的这一问题是很有趣的。图 1.8 分别为利用 ALOS PALSAR 和 TerraSAR - X 获得的新潟县的 L 和 X 波段图像。ALOS 的雷达照射方向从左到右，TerraSAR - X 相反。虽然是同一区域，但是散射性质是不同的。即使使用相同的颜色编码，也会产生不同的图像。

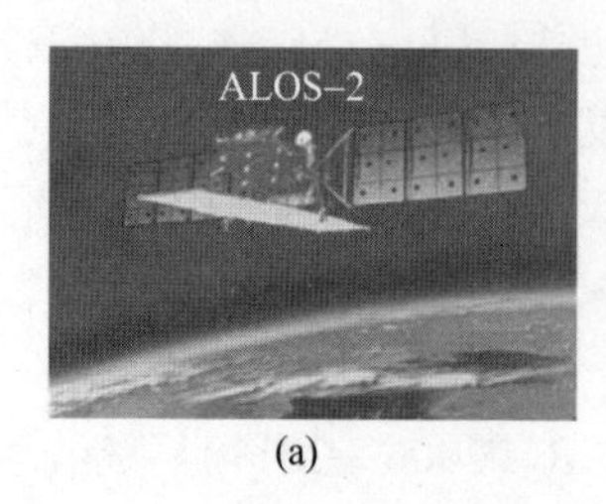

(a)

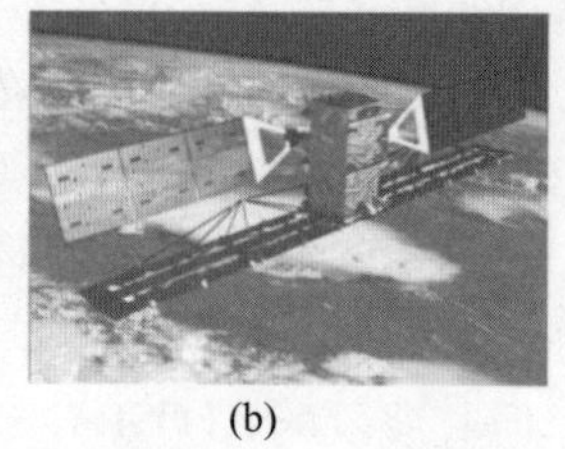
(b)

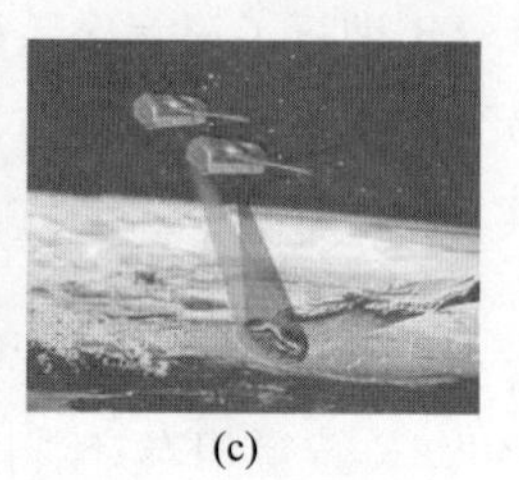
(c)

图 1.7　星载 SAR 系统照片

（a）ALOS2 - PALSAR2；（b）RadarSAT - 2；（c）TerraSAR/TanDEM - X。

(a)

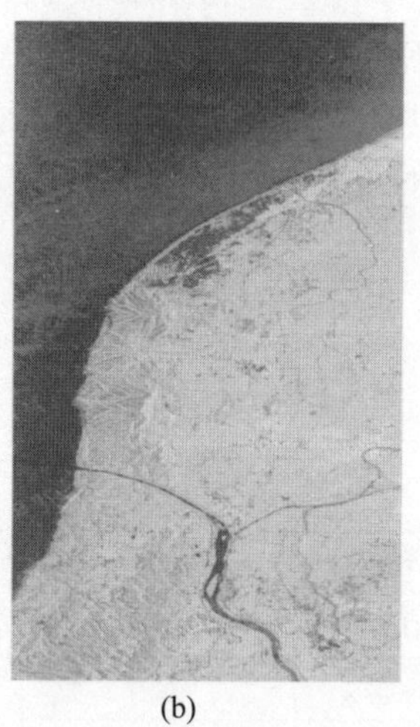
(b)

图 1.8　（a）ALOS PALSAR（左到右入射）和
（b）TerraSAR - X（右到左入射）观测到的新潟地区

1.6　本书涵盖范围

本书旨在尽可能利用插图和数字说明雷达极化学的基本原理及其应用。读者需要对电磁波有所了解。为了完全理解，经常会使用数学表达式。本书内容简要地分为极化基础及其应用。图 1.9 显示了本书的结构。

第 1 章至第 4 章：介绍了雷达极化和极化矩阵的基本原理。在非相干散射情况下，大都使用基于相干散射中的散射矩阵的 3 ×3 协方差矩阵或相干矩阵进行数据分析。由于这两个矩阵在数学上是半正定的，因此它们便于各种应用。从物理散射和简单的数学运算的角度出发，第 5 ~15 章使用了相干矩阵公式。

第 2 章：从麦克斯韦方程组出发，讨论了亥姆霍兹波动方程的解。文中详细描述了波动方程最基本的解、平面波、以电磁波的传播特性。极化状态以琼斯矢量、几何参数（椭圆度角和倾斜角）、斯托克斯矢量和 Poincaré 球面图的形式表达。

第 3 章：物体散射波的极化与发射波的极化是不同的。波散射的矢量性质由 2×2 散射矩阵定义。散射波由雷达天线接收，这种现象可以用极化雷达信道中的接收天线电压和接收功率来表示。根据雷达极化特性，建立了雷达极化学的基本原理。介绍了不同物体的极化散射特性，以说明变极化效应及其对目标识别的重要性。通过极化滤波，可以实现目标对杂波的极化增强。本章讨论雷达极化信道中的散射波和接收功率。

第 4 章：一旦得到了散射矩阵，就像得到了相干散射情况下的快照一样。在相对散射矩阵的形式下，有 5 个独立的参数。对于非相干散射，对散射矩阵数据进行集合平均，得到极化信息。协方差矩阵、相干矩阵、Kennaugh 矩阵、Mueller 矩阵等二阶统计矩阵中有 9 个独立参数。本章介绍了这些矩阵及其关系，并指出了这些极化矩阵中的 4 个重要参数。

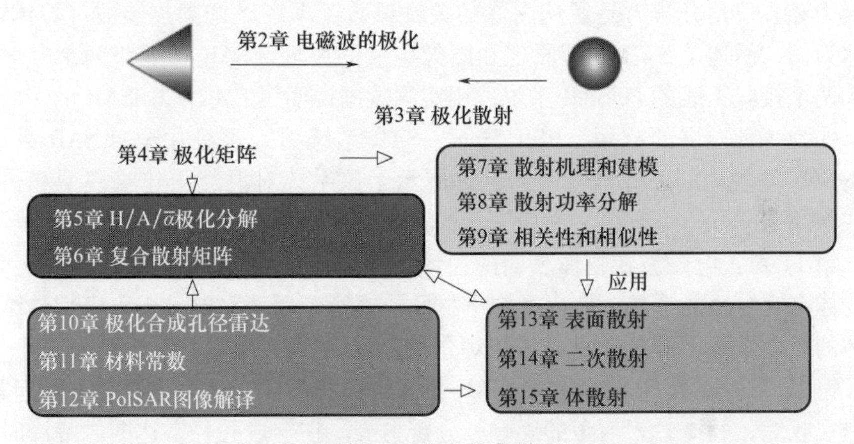

图 1.9 本书的章节

第 5 章：H/A/$\bar{\alpha}$ 极化分解方法是由 S. Cloude 和 E. Pottier 提出的最常用的非相干分解方法。该方法基于严格的相干矩阵特征值/特征矢量分解。由于文献［19，20］已经详细描述了该原理，在此只做一个简要的回顾。

第 6 章：任意一种散射矩阵都可以由沿距离方向排列的偶极子组合产生。在雷达距离分辨力范围内，采用不同方向和适当间距的偶极子作为散射体，可以生成各种各样的散射矩阵，这称为复合散射矩阵。这些现象已经通过时域有限差分（FDTD）模拟和在可控微波暗室中的极化测量中得到证实。

第 7 章：在得到复合散射矩阵之后，给出了相干矩阵元素的散射机理和建模方法。相干矩阵中有 9 个独立的实值参数。对于每个参数，根据对应的复合散射矩阵，推导出合适的相干矩阵。总结了物理可实现情况下的散射机理和建模方法。

第 8 章：利用第 7 章中的散射模型，提出了几种散射功率分解方法。将测量的相干矩阵扩展为一系列基于散射机制的散射模型之和。给出了分解过程及其算法，并对旧金山的分解图像进行了比较。从 Freeman 和 Durden 最初的三分量分解入手，统一描述了改进后的四分量分解（Y40，Y4R，S4R，G4U），六分量分解（6SD），以及七分量分解等。

第 9 章：相关性是雷达信号处理中最重要的概念之一。本章讨论了不同极化基中的相关系数，说明了圆极化基的有效性。由圆极化基上的相关系数形成的极化图可对目标类别进行分类。一种修正后的相关系数和散射功率分解的组合信息互补，可以得到良好的分类结果。此外，为了充分利用 9 个极化信息，还更有效地更新和重新定义了一个相似性参数。利用这个新的相似性参数成功地提取了感兴趣的目标。

第 10 章：为了理解雷达图像，了解图像是如何生成的是很重要的。距离分辨力和方位角分辨力是雷达图像的关键参数。本章以调频连续波（FMCW）雷达为例，阐述了 SAR 处理原理和图像生成的原理。SAR 扩展为两个发射天线和两个接收天线的 PolSAR 系统。用实测数据说明了 FMCW PolSAR 的一些应用。作为一种先进的应用，极化 Holo－SAR 系统引入了极化全息 SAR 系统，具备 360°全视角的三维成像能力。并展示了该系统对混凝土建筑模型和树木的成像结果。

第 11 章：电磁波在物体表面的边界条件决定了物体的物理散射性质。这个物体有它自己的形状、方向和介电材质。本章利用著名的 Debye 模型总结了物体的材质常数，即各种材质的相对介电常数。

第 12 章：在处理 SAR 和 PolSAR 图像时，我们经常遇到一些基本的问题，如透视收缩，叠掩，入射角的影响，分辨力等。在合成孔径雷达图像解译时针对这些问题提出了一些注意事项，以供参考。

第 13 章：对 PolSAR 数据进行散射功率分解得到表面散射功率 P_s、二次散射功率 P_d 和体散射功率 P_V 等。本章介绍了表面散射功率 P_s 的应用。通过对 ALOS/ALOS2 数据集的分解，发现在发生泥石流、滑坡、洪水等灾害事件后，表面散射功率增大。功率的大小也取决于积雪深度和火山灰，这可能对环境监测有效。

第 14 章：直角结构引起了二次散射现象。可以在人造结构中看到这种散射，如建筑墙壁、路面，或地面上的高大的树木/植被茎。对散射模型进行了回顾并再次介绍了与入射角和斜视角特性有关的一些散射测量结果。本章展示了在监测潮高、船舶探测和洪水方面的应用。

第15章：由于交叉极化 HV 分量主要来自植被，因此该分量可以很好地显示森林的生长态势。本章主要介绍了对森林、树木和植被的监测，并探索了利用高频和高分辨力的 PolSAR 对树木进行分类的可能性。在其他应用中，体积散射功率 P_V 的减少被成功地应用于探测地震引起的树木繁茂的山区滑坡区域。

此外，散射功率分解图像也发布在以下网站上：

https：//gsrt. airc. aist. go. jp/landbrowser/index. html（全球 ALOS 四极化图像和数据）。

https：//landbrowser. airc. aist. go. jp/polsar/index. html（部分 ALOS2 四极化图像）。

http：//www. wave. ie. niigata – u. ac. jp（包含 ALOS、ALOS2、PiSAR – L2、PiSAR – X2 数据）。

http：//www. csre. iitb. ac. in/gulab/index. html（包含 ALOS2 数据）。

参考文献

1. F. T. Ulaby，R. K. Moore，and A. K. Fung，Microwave Remote Sensing：Active and Passive，vols. I – III，Artech House，Boston，1986.
2. Y. Furuhama，K. Okamoto，H. Masuko，Microwave Remote Sensing by Satellite，IEICE，Tokyo，1986.
3. W. M. Boerner et al.，eds.，Direct and Inverse Methods in Radar Polarimetry，Proceedings of the NATO – ARW，September 18 – 24，1988，1987 – 91，NATO ASI Series C：Math & Phys. Sciences，vol. C – 350，Parts 1 & 2，Kluwer Academic Publication，the Netherland，1992.
4. F. T. Ulaby and C. Elachi，Radar Polarimetry for Geoscience Applications，Artech House，Boston，1990.
5. J. A. Kong，ed.，Polarimetric Remote Sensing，PIER – 3，Elsevier，New York，1990.
6. H. J. Kramer，Observation of the Earth and Its Environment：Survey of Missions and Sensors，3rd ed.，Springer，1996.
7. F. M. Henderson and A. J. Lewis，Principles & Applications of Imaging Radar，Manual of Remote Sensing，3rd ed.，vol. 2，ch. 5，pp. 271 – 357，John Wiley &Sons，1998.
8. Y. Yamaguchi，Fundamentals and Applications of Polarimetric Radar（in Japanese），REALIZE Inc.，Tokyo，1998.
9. C. Oliver and S. Quegan，Understanding Synthetic Aperture Radar Images，Artech House，Boston，1998.
10. C. H. Chen，Information Processing for Remote Sensing，World Scientific，1999.
11. K. Okamoto，ed.，Global Environmental Remote Sensing：Wave Summit Course，Ohmsha Press，Tokyo，2001.

12. K. Ouchi, Fundamentals of Synthetic Aperture Radar for Remote Sensing (in Japanese), 2nd ed., Tokyo Denki University Press, 2004, Tokyo, 2009.

13. M. Takagi and H. Shimoda, eds., New Handbook on Image Analysis, Tokyo University Press, Tokyo, 2004.

14. I. Woodhouse, Introduction to Microwave Remote Sensing, CRC Press, Taylor & Francis Group, 2006.

15. C. Elachi and J. van Zyl, Introduction to the Physics and Techniques of Remote Sensing. John Wiley & Sons, Hoboken, NJ, 2006.

16. Y. Yamaguchi, Radar Polarimetry from Basics to Applications: Radar Remote Sensing using Polarimetric Information (in Japanese), IEICE, Tokyo, 2007.

17. Z. H. Czyz, Bistatic Radar Polarimetry: Theory & Principles, Wexford College Press, 2008.

18. D. Masonnett and J. -C. Souyris, Imaging with Synthetic Aperture Radar, EPFL/CRC Press, Taylor & Francis Group, 2008.

19. J. S. Lee and E. Pottier, Polarimetric Radar Imaging from Basics to Applications, CRC Press, 2009.

20. S. R. Cloude, Polarisation: Applications in Remote Sensing, Oxford University Press, Oxford, 2009.

21. J. van Zyl and Y. Kim, Synthetic Aperture Radar Polarimetry, Wiley, Hoboken, NJ, 2011.

22. Y. -Q. Jin and F. Xu, Polarimetric Scattering and SAR Information Retrieval, Wiley, IEEE Press, Singapore, 2013.

23. A. Moreira, P. Prats - Iraola, M. Younis, G. Krieger, I. Hajnsek, and K. Papathanassiou, "A tutorial on synthetic aperture radar," IEEE Geosc. Rem. Sens. Magaz., vol. 1, no. 1, pp. 6 -43, 2013.

24. S. W. Chen, X. -S. Wang, S. -P. Xiao, and M. Sato, Target Scattering Mechanism in Polarimetric Synthetic Aperture Radar: Interpretation and Application, Springer, Singapore, 2017.

25. M. Shimada, Imaging from Spaceborne SARs, Calibration, and Applications, CRC Press, 2019.

26. Recommendation of ITU - R p. 527 -5, "Electrical characteristics of the surface of the Earth," 2019.

27. https://directory.eoportal.org/web/eoportal/airborne - sensors/pi - sar2

28. G. Sinclair, "The transmission and reception of elliptically polarized waves," Proc. IRE, vol. 38, no. 2, pp. 148 -151, 1950.

29. E. Kennaugh, Polarization properties of radar reflections, MSc Thesis, Ohio State University, 1952.

30. V. H. Rumsey, "Part I - Transmission between elliptically polarized antennas," Proc. IRE, vol. 38, pp. 535 -540, 1951.

31. G. A. Deschamps, "Part 2, Geometrical representation of the polarization state of a plane magnetic wave," Proc. IRE, vol. 39, pp. 540 -544, 1951.

32. J. D. Copeland, "Radar target classification by polarization properties," Proc. IRE, vol. 48, pp. 1290 - 1296, 1960.

33. C. D. Graves, "Radar polarization power scattering matrix," Proc. IRE, vol. 44, no. 5, pp. 248 - 252, 1956.

34. J. R. Huynen, Phenomenological theory of radar targets, PhD Thesis, University of Technology, Delft, the Netherlands, December 1970.

35. W. - M. Boerner, El - Arini, C. Y. Chan, and P. M. Mastoris, "Polarization dependence in electromagnetic inverse problems," IEEE Trans. Antenna Propag. , vol. AP - 29, no. 2, pp. 262 - 271, 1981.

36. D. Giuli, "Polarization diversity in radar," Proc. IEEE, vol. 74, no. 2, pp. 245 - 269, 1986.

37. C. A. Wiley, Pulsed doppler radar methods and apparatus, U. S. Patent 3 196 436, 1954.

38. https://airsar.jpl.nasa.gov/index_detail.html

39. E. R. Stofan, D. L. Evans, C. Schmullius, B. Holt, J. J. Plaut, J. van Zyl, S. D. Wall, and J. Way, "Overview of results of Spaceborne Imaging Radar - C, X - band synthetic aperture radar (SIR - C/X - SAR)," IEEE Trans. Geosci. Remote Sens, vol. 33, no. 4, pp. 817 - 828, 1995.

40. J. J. van Zyl, H. A. Zebker, and C. Elachi, "Imaging radar polarization signatures: Theory and observation," Radio Sci. , vol. 22, no. 4, pp. 529 - 543, 1987.

41. D. L. Evans, T. G. Farr, J. J. van Zyl, and H. A. Zebker, "Radar polarimetry: Analysis tools and applications," IEEE Trans. Geosci. Remote Sens. , vol. 26, no. 6, pp. 774 - 789, 1988.

42. A. P. Agrawal and W. - M. Boerner, "Redevelopment of Kennaugh target characteristic polarization state theory using the polarization transformation ratio for the coherent case," IEEE Trans. Geosci. Remote Sens. , GE - 27, pp. 2 - 14, 1989.

43. W. - M. Boerner, W. L. Yan, A. - Q. Xi, and Y. Yamaguchi, "On the basic principles of radar polarimetry: The target characteristic polarization state theory of Kennaugh, Huynen's polarization fork concept, and its extension to the partially polarized case," Proc. IEEE, vol. 79, no. 10, pp. 1538 - 1550, 1991.

44. E. Krogager, Aspects of polarimetric radar imaging, Doctoral Thesis, Technical University of Denmark, May 1993.

45. E. Luneburg, "Principles in radar polarimetry: The consimilarity transformation of radar polarimetry versus the similarity transformations in optical polarimetry," IEICE Trans. Electron. , vol. E - 78C, no. 10, pp. 1339 - 1345, 1995.

46. A. Rosenqvist, M. Shimada, N. Ito, and M. Watanabe, "ALOS - PALSAR: A pathfinder mission for global - scale monitoring of the environment," IEEE Trans. Geosci. Remote Sens. , vol. 45, no. 11, pp. 3307 - 3316, 2007.

47. W. Pitz and D. Miller, "The TerraSAR - X satellite," IEEE Trans. Geosci. Remote Sens. , vol. 48, no. 2, pp. 615 - 622, 2010.

48. T. Kobayashi, T. Umehara, M. Satake, A. Nadai, S. Uratsuka, T. Manaba, H. Masuko,

M. Shimada, H. Shinohara, H. Tozuka, and M. Miyawaki, "Airborne dual - frequency polarimetric and interferometric SAR," IEICE Trans. Commun., vol. E83 - B, no. 9, pp. 1945 - 1954, 2000.

49. Y. Yamaguchi, G. Singh, and H. Yamada, "On the model - based scattering power decomposition of fully polarimetric SAR data," Trans. IEICE, vol. J101 - B, no. 9, pp. 638 - 649, 2018.
50. http://www.jpl.nasa.gov/, https://uavsar.jpl.nasa.gov/
51. http://www.jaxa.jp/
52. http://www.restec.or.jp/
53. http://www.eorc.jaxa.jp/ALOS/about/palsar.htm
54. http://www.jaxa.jp/projects/sat/alos2/index_ e.html
55. http://www.asc - csa.gc.ca/eng/satellites/radarsat2/
56. http://www.infoterra.de/terrasar - x.html, http://www.dlr.de/tsx/start_ en.htm
57. http://www.dlr.de/eo/en/desktopdefault.aspx/tabid - 5727/10086_ read - 21046/
58. http://www.eorc.jaxa.jp/ALOS/Pi - SAR - L2/index.html
59. http://www.isro.org/satellites/risat - 1.aspx
60. http://www.wave.ie.niigata - u.ac.jp
61. https://step.esa.int/main/toolboxes/polsarpro - v6 - 0 - biomass - edition - toolbox/

第❷章 电磁波的极化

如图 2.1 所示，极化是指在给定空间中，背着电磁波看电场矢量的端点随时间变化的轨迹。如果电场矢量的端点沿直线运动，则称为线极化。如果轨迹是圆，则称为圆极化。轨迹的形状可以是线性的、圆形的、椭圆的，甚至是有向椭圆。此外，旋转的顺时针或逆时针方向丰富了有向极化模式。每一个轨迹形状都代表波的极化。应该注意的是，极化不是一个场矢量。有多种方法来表示波的极化。本章将聚焦波的极化问题。从麦克斯韦方程出发，介绍了平面电磁波的基本原理，以及如何使用矢量表示法和几何参数来表示极化。

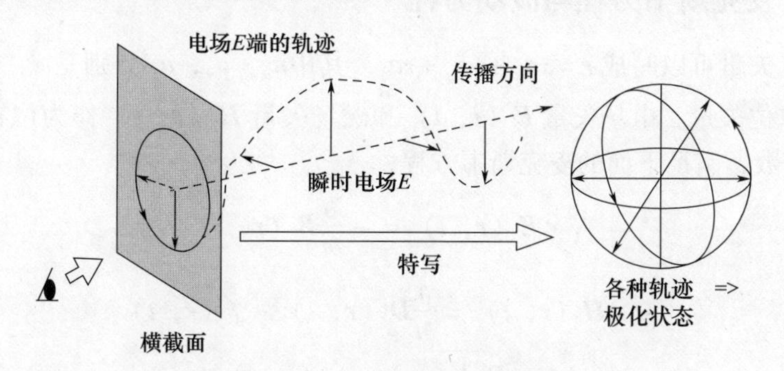

图 2.1　时变电场端点轨迹

（山口芳雄，《雷达极化测量——从基础到应用》（日文版），IEICE，2007）

2.1　平 面 波

如图 2.2 所示，从源（天线或散射点）辐射出的电磁波在三维空间中呈球形扩散。球形等相位面随距离 r 扩展，如果观测点 P 位于距离源很远的 r 处，则波前可以用一个切向平面来近似。假设 r 远远大于波长 λ，此时 P 点附近的波可以看作一个平面波，这表明等相位面是平面。因此，在满足 $r\gg\lambda$ 的地方，可以将该波视为平面波。

由于平面波在电磁波的极化表征方面起着至关重要的作用，并且可以从麦克斯韦方程中推导出来，所以从麦克斯韦方程开始学习电磁波的极化。

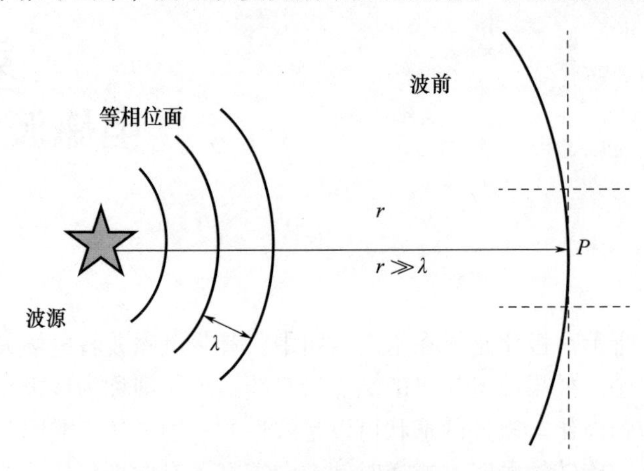

图 2.2　远场平面波近似

（来源：山口芳雄，《雷达极化测量——从基础到应用》（日文版），IEICE，2007）

2.1.1　麦克斯韦方程与波动方程

位置矢量可以写成 $\boldsymbol{r} = x\boldsymbol{a}_x + y\boldsymbol{a}_y + z\boldsymbol{a}_z$，其中 $\boldsymbol{a}_x$，$\boldsymbol{a}_y$，$\boldsymbol{a}_z$ 分别是 x，y 和 z 方向上的单位矢量。电场矢量 $\boldsymbol{E}$（$\boldsymbol{r}$，t）和磁场矢量 $\boldsymbol{H}$（$\boldsymbol{r}$，t）作为位置 $\boldsymbol{r}$ 和时间 t 的函数，满足下面的麦克斯韦方程，

$$\nabla \times \boldsymbol{E}(\boldsymbol{r}, t) = -\frac{\partial}{\partial t}\boldsymbol{B}(\boldsymbol{r}, t) \tag{2.1.1}$$

$$\nabla \times \boldsymbol{H}(\boldsymbol{r}, t) = \frac{\partial}{\partial t}\boldsymbol{D}(\boldsymbol{r}, t) + \boldsymbol{J}(\boldsymbol{r}, t) \tag{2.1.2}$$

$$\nabla \times \boldsymbol{D}(\boldsymbol{r}, t) = \rho(\boldsymbol{r}, t) \tag{2.1.3}$$

$$\nabla \times \boldsymbol{B}(\boldsymbol{r}, t) = 0 \tag{2.1.4}$$

式中：$\boldsymbol{D}$ 为电通量密度；$\boldsymbol{B}$ 为磁通量密度；$\boldsymbol{J}$ 为电流密度；ρ 为电荷密度。

取方程式（2.1.2）的散度，可得电荷守恒定律。

$$\nabla \times \boldsymbol{J}(\boldsymbol{r}, t) + \frac{\partial}{\partial t}\rho(\boldsymbol{r}, t) = 0 \tag{2.1.5}$$

在均匀介质中，电学特性可以用介电常数 ε、磁导率 μ 和电导率 σ 来表示。

$$\boldsymbol{D} = \varepsilon \boldsymbol{E} \tag{2.1.6}$$

$$\boldsymbol{B} = \mu \boldsymbol{H} \tag{2.1.7}$$

$$\boldsymbol{J} = \sigma \boldsymbol{E} \tag{2.1.8}$$

其中：介质也被认为是各向同性的。式（2.1.6）~式（2.1.8）称为介质的本构关系，也称为电磁场的辅助方程。如果介质是各向异性的，如活跃电离层，ε 就是一个“张量”，从而引起法拉第旋转。

电流密度 $\boldsymbol{J}$ 由电流$\boldsymbol{J}_{\mathrm{C}}$与源电流$\boldsymbol{J}_{\mathrm{S}}$之和表示

$$\boldsymbol{J}=\boldsymbol{J}_{\mathrm{C}}+\boldsymbol{J}_{\mathrm{S}}=\sigma\boldsymbol{E}+\boldsymbol{J}_{\mathrm{S}} \tag{2.1.9}$$

引入矢量算子恒等式$\nabla\times\nabla\times\boldsymbol{A}=\nabla(\nabla\cdot\boldsymbol{A})-\nabla^2\boldsymbol{A}$，并将旋转算子应用于式（2.1.1）和式（2.1.2），得到了 $\boldsymbol{E}$ 和 $\boldsymbol{H}$ 的矢量波动方程

$$\nabla^2\boldsymbol{E}-\sigma\mu\frac{\partial\boldsymbol{E}}{\partial t}-\varepsilon\mu\frac{\partial^2\boldsymbol{E}}{\partial t^2}=\mu\frac{\partial\boldsymbol{J}_{\mathrm{S}}}{\partial t}+\frac{\nabla\rho}{\varepsilon} \tag{2.1.10}$$

$$\nabla^2\boldsymbol{H}-\sigma\mu\frac{\partial\boldsymbol{H}}{\partial t}-\varepsilon\mu\frac{\partial^2\boldsymbol{H}}{\partial t^2}=-\nabla\times\boldsymbol{J}_{\mathrm{S}} \tag{2.1.11}$$

式（2.1.10）和式（2.1.11）是波动方程的一般形式。希望确定一个表达式满足式（2.1.10）和式（2.1.11）的时变极化，但没有简单有用的表示形式。相反，用时谐振荡场来处理平面波在无源介质中的传播，将允许在频域处理波动方程，因为单色波有唯一的极化表征。

2.1.2　矢量波动方程及其用相量表示的解

对于无源介质（$\rho=0$，$\boldsymbol{J}_{\mathrm{S}}=0$），式（2.1.10）的右侧变为零。

$$\nabla^2\boldsymbol{E}-\sigma\mu\frac{\partial\boldsymbol{E}}{\partial t}-\varepsilon\mu\frac{\partial^2\boldsymbol{E}}{\partial t^2}=0 \tag{2.1.12}$$

在后文中都将会采用谐波时间相量的定义。假设所有场量都具有时谐振荡 $\mathrm{e}^{\mathrm{j}\omega t}$，并表示为

$$\boldsymbol{A}(\boldsymbol{r},t)=\boldsymbol{A}(\boldsymbol{r})\mathrm{e}^{\mathrm{j}\omega t} \tag{2.1.13}$$

其中，$\boldsymbol{A}(\boldsymbol{r})$ 是 $\boldsymbol{A}(\boldsymbol{r},t)$ 的相量形式，$\boldsymbol{A}(\boldsymbol{r})$ 是作为位置 $\boldsymbol{r}$ 的函数的复值矢量，不随时间 t 改变。

现在，在这里阐明 $\boldsymbol{A}(\boldsymbol{r},t)$ 和 $\boldsymbol{A}(\boldsymbol{r})$ 的关系。如果设瞬时场矢量为 $\boldsymbol{A}(\boldsymbol{r},t)$，它可以分解为

$$\boldsymbol{A}(\boldsymbol{r},t)=\boldsymbol{a}_xA_x(x,y,z,t)+\boldsymbol{a}_yA_y(x,y,z,t)+\boldsymbol{a}_zA_z(x,y,z,t) \tag{2.1.14}$$

另外，可测量的量应该是实值，可以写为

$$\boldsymbol{a}_xA_{mx}\cos(\omega t+\theta_{mx})+\boldsymbol{a}_yA_{my}\cos(\omega t+\theta_{my})+\boldsymbol{a}_zA_{mz}\cos(\omega t+\theta_{mz}) \tag{2.1.15}$$

其中：θ_{mx}、θ_{my}、θ_{mz}分别是 x，y，z 分量的相位，下标 m 表示“测量的”。

x 分量导出以下关系：

$$A_{mx}\cos(\omega t+\theta_{mx}) = \mathrm{Re}\{A_{mx}\mathrm{e}^{\mathrm{j}(\omega t+\theta_{mx})}\} = \mathrm{Re}\{A_{mx}\mathrm{e}^{\mathrm{j}\theta_{mx}}\mathrm{e}^{\mathrm{j}\omega t}\}$$
$$= \mathrm{Re}\{(A_{mx}\cos\theta_{mx}+\mathrm{j}A_{mx}\sin\theta_{mx})\}\mathrm{e}^{\mathrm{j}\omega t} = \mathrm{Re}\{(A_{rx}+\mathrm{j}A_{ix})\mathrm{e}^{\mathrm{j}\omega t}\}$$
$$= \mathrm{Re}\{\dot{A}_x\mathrm{e}^{\mathrm{j}\omega t}\} \tag{2.1.16}$$

其中：Re｛•｝表示取 Re｛•｝的实部，因此，x 分量的测量值可以用 $\dot{A}_x$ 和 $\mathrm{e}^{\mathrm{j}\omega t}$的乘积来表示。类似的表达式也可以应用于 y 和 z 分量。因此，矢量 $\boldsymbol{A}$ 可以与以下方程有关：

$$\boldsymbol{A}(\boldsymbol{r},t) = \mathrm{Re}\{\boldsymbol{A}(\boldsymbol{r})\mathrm{e}^{\mathrm{j}\omega t}\} \tag{2.1.17}$$

其中

$$\boldsymbol{A}(r) = a_x\dot{A}_x + a_y\dot{A}_y + a_z\dot{A}_z \tag{2.1.18}$$

$\dot{A}_x = A_{rx}+\mathrm{j}A_{ix}$，$\dot{A}_y = A_{ry}+\mathrm{j}A_{iy}$，$\dot{A}_z = A_{rz}+\mathrm{j}A_{iz}$为复标量

如果在麦克斯韦方程中使用相量符号 $\boldsymbol{A}(\boldsymbol{r})$ 式（2.1.13），这个方程就变得很简单，也就是说，与时间无关。场矢量仅为位置 $\boldsymbol{r}$ 的函数。通过假设时间谐波 $\mathrm{e}^{\mathrm{j}\omega t}$，则对时间取导数变为 $\mathrm{j}\omega$。在经过简单的代数运算并求解 $\boldsymbol{A}(\boldsymbol{r})$ 后，可以从 $\boldsymbol{A}(\boldsymbol{r},t) = \mathrm{Re}\{\boldsymbol{A}(\boldsymbol{r})\mathrm{e}^{\mathrm{j}\omega t}\}$ 得到实际场量，这些都是使用相量表示法的优点。

现在，无源空间中的矢量波方程式（2.1.10）和式（2.1.11）用相量符号表示为

$$\nabla^2\boldsymbol{E}(\boldsymbol{r}) + k^2\boldsymbol{E}(\boldsymbol{r}) = 0 \tag{2.1.19}$$
$$\nabla^2\boldsymbol{H}(\boldsymbol{r}) + k^2\boldsymbol{H}(\boldsymbol{r}) = 0 \tag{2.1.20}$$

其中：k 称为“波数”，定义为

$$k^2 = \omega^2\varepsilon\mu - \mathrm{j}\omega\mu\sigma \tag{2.1.21}$$

式（2.1.21）称为波动方程或亥姆霍兹方程。

2.1.2.1 分离变量

式（2.1.19）和式（2.1.20）的每个标量分量都应满足波动方程。例如 E_X 的方程：

$$\nabla^2E_X + k^2E_X = \frac{\partial^2E_X}{\partial x^2} + \frac{\partial^2E_X}{\partial y^2} + \frac{\partial^2E_X}{\partial z^2} + k^2E_X = 0 \tag{2.1.22}$$

现在试着解这个二阶偏微分方程。预计该方程的解为 x、y、z 的函数，假设解为 $E_X = X(x)Y(y)Z(z)$ 的形式，代入式（2.1.22），除以 $X(x)Y(y)Z(z)$，则得到

$$\frac{1}{X(x)}\frac{\partial^2X(x)}{\partial x^2} + \frac{1}{Y(y)}\frac{\partial^2Y(y)}{\partial y^2} + \frac{1}{Z(z)}\frac{\partial^2Z(z)}{\partial z^2} + k^2 = 0$$

从这个方程中，应该注意到每一项都是相互独立的并且必须是常数。因此，可以把每一项都写成

$$\frac{1}{X(x)}\frac{\partial^2 X(x)}{\partial x^2}=-k_x^2,\ \frac{1}{Y(y)}\frac{\partial^2 Y(y)}{\partial y^2}=-k_y^2,\ \frac{1}{Z(z)}\frac{\partial^2 Z(z)}{\partial z^2}=-k_z^2 \tag{2.1.23}$$

常数 k_x^2、k_y^2、k_z^2 必须满足

$$k^2=k_x^2+k_y^2+k_z^2 \tag{2.1.24}$$

对于每个变量，都有二阶微分方程及其解

$$\frac{d^2x}{dx^2}=-k_x^2X \qquad X(x)=A_0e^{-jk_xx}+A_1e^{jk_xx} \tag{2.1.25}$$

因此，$E_X=X(x)Y(y)Z(z)$ 可相乘为

$$E_X=(A_0e^{-jk_xx}+A_1e^{jk_xx})(B_0e^{-jk_yy}+B_1e^{jk_yy})(C_0e^{-jk_zz}+C_1e^{jk_zz}) \tag{2.1.26}$$

其中：$A_0\cdots C_1$ 为振幅系数。

因而对于 E_Y 和 E_Z 也可以得到类似的解，矢量形式 $\boldsymbol{E}(\boldsymbol{r})$ 可以写为

$$\boldsymbol{E}(\boldsymbol{r})=\boldsymbol{E}_0\exp(-j\boldsymbol{k}\cdot\boldsymbol{r})+\boldsymbol{E}_1\exp(+j\boldsymbol{k}\cdot\boldsymbol{r}) \tag{2.1.27a}$$

$$\boldsymbol{H}(\boldsymbol{r})=\boldsymbol{H}_0\exp(-j\boldsymbol{k}\cdot\boldsymbol{r})+\boldsymbol{H}_1\exp(+j\boldsymbol{k}\cdot\boldsymbol{r}) \tag{2.1.27b}$$

其中

$$\boldsymbol{k}=k_x\boldsymbol{\alpha}_x+k_y\boldsymbol{\alpha}_y+k_z\boldsymbol{\alpha}_z \tag{2.1.28}$$

$$\boldsymbol{r}=x\boldsymbol{\alpha}_x+y\boldsymbol{\alpha}_y+z\boldsymbol{\alpha}_z \tag{2.1.29}$$

$\boldsymbol{E}_0$，$\boldsymbol{E}_1$，$\boldsymbol{H}_0$，$\boldsymbol{H}_1$ 为振幅矢量

最后，电场矢量 $\boldsymbol{E}(\boldsymbol{r},t)$ 作为空间位置和时间的函数，可以由相量的实部乘以时间因子 $e^{j\omega t}$ 得到

$$\boldsymbol{E}(\boldsymbol{r},t)=\mathrm{Re}\{\boldsymbol{E}(\boldsymbol{r})e^{j\omega t}\}=\boldsymbol{E}_+(\boldsymbol{r},t)+\boldsymbol{E}_-(\boldsymbol{r},t) \tag{2.1.30a}$$

$$\boldsymbol{E}_+(\boldsymbol{r},t)=\mathrm{Re}\{\boldsymbol{E}_0\exp[j(\omega t-\boldsymbol{k}\cdot\boldsymbol{r})]\} \tag{2.1.30b}$$

$$\boldsymbol{E}_-(\boldsymbol{r},t)=\mathrm{Re}\{\boldsymbol{E}_0\exp[j(\omega t+\boldsymbol{k}\cdot\boldsymbol{r})]\} \tag{2.1.30c}$$

2.1.2.2　解的物理解释

现在，来看看数学解是如何与物理现象联系起来的。已知 $\exp[j(\omega t-\boldsymbol{k}\cdot\boldsymbol{r})]$ 中的 $\omega t-\boldsymbol{k}\cdot\boldsymbol{r}$ 表示的是相位。为了简单起见，假设 $|\boldsymbol{E}_0|=1$ 并且波沿 r 方向传播，因此 $\boldsymbol{k}\cdot\boldsymbol{r}=kr$，那么式（2.1.30b）就可表示为余弦函数 $\cos(\omega t-kr)$。

图 2.3 显示了 $\cos(\omega t-kr)$ 如何随时间变化。当 $t=0$ 时，它的值从 1 开始。随着时间的推移，波形朝着正方向移动。如果其中一个相位为 $\theta_1=\omega t-kr$，黑点 ● 不像风浪那样随时间改变位置，那么下面的等式成立

$$\frac{\mathrm{d}\theta_1}{\mathrm{d}t}=0=\omega-k\frac{\mathrm{d}r}{\mathrm{d}t} \qquad \frac{\mathrm{d}r}{\mathrm{d}t}=\frac{\omega}{k}=v\left[\frac{m}{s}\right]$$

$\frac{\mathrm{d}r}{\mathrm{d}t}$表示速度，黑点●以速度 $v=\frac{\omega}{k}$朝 r 的方向移动。因此，可以认为 exp［j（$\omega t-\boldsymbol{k}\cdot\boldsymbol{r}$）］表示向 $+r$ 方向传播的波，exp［j（$\omega t+\boldsymbol{k}\cdot\boldsymbol{r}$）］表示向 $-r$ 方向传播的波。

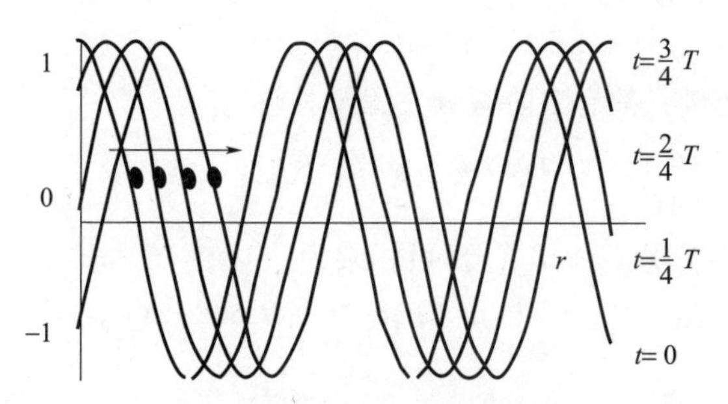

图 2.3　不随时间变化的恒定相位

（来源：山口芳雄《雷达极化测量——从基础到应用》（日文版），IEICE，2007）

$\boldsymbol{k}\cdot\boldsymbol{r}$ 前面的符号对极化变换或极化分析起着关键作用，因此要特别注意。历史上，在光学领域，从最初就使用 exp（i$\boldsymbol{k}\cdot\boldsymbol{r}$）这个表达。因此，波的表达式 exp［i（$\boldsymbol{k}\cdot\boldsymbol{r}-\omega t$）］表示波沿 $+r$ 方向传播[1]。另外，exp（jωt）用于工程领域，exp［j（$\omega t-\boldsymbol{k}\cdot\boldsymbol{r}$）］表示沿 $+r$ 方向传播的波。因此，$\boldsymbol{k}\cdot\boldsymbol{r}$ 前面的符号在光学与工程中表达的意思是相反的。二者之间的关系为 i = −j 或者 j = −i。

如果 $\boldsymbol{k}\cdot\boldsymbol{r}=k_x x+k_y y+k_z z=\mathrm{const}$，那么电场矢量式（2.1.27）的相位为常数。由于方程 $\boldsymbol{k}\cdot\boldsymbol{r}=\mathrm{const}$ 表示的是一个二维平面，因此，在图 2.4 所示的平面上，相位是恒定的。如果等相位波前是一个平面，则称为平面波。因此式（2.1.30）表示平面波。

在图 2.4 中，$\boldsymbol{k}$ 取定传播方向。位置矢量 $\boldsymbol{r}_0$、$\boldsymbol{r}_1$、$\boldsymbol{r}_2$ 满足 $\boldsymbol{k}\cdot\boldsymbol{r}_0=\boldsymbol{k}\cdot\boldsymbol{r}_1=\boldsymbol{k}\cdot\boldsymbol{r}_2$，构成与 $\boldsymbol{k}$ 正交的平面，这个平面称为横平面。因为 $\boldsymbol{r}_0$ 与 $\boldsymbol{k}$ 方向相同，所以在这个方向相位变化最大。

在无损各向同性介质中，波数为

$$k=\omega\sqrt{\varepsilon\mu}=\frac{\omega}{v}=\frac{2\pi}{\lambda} \tag{2.1.31}$$

其中：v 为电磁波在介质中的速度；λ 为波长。波数的命名来源于$\frac{2\pi}{\lambda}$，就是说在 2π 范围内有多少个 λ。如果介质的相对介电常数为 ε_r，则波数为

$$k=k_0\sqrt{\varepsilon_r},\ k_0=\omega\sqrt{\varepsilon_0\mu_0}=\frac{2\pi}{\lambda_0} \tag{2.1.32}$$

自由空间中的数值加上下标 0，

$$\text{相位速度：} v = \frac{\omega}{k} = \frac{c_0}{\sqrt{\varepsilon_r}} = \frac{3 \times 10^8}{\sqrt{\varepsilon_r}} \tag{2.1.33}$$

$$\text{波长：} \lambda = \frac{\lambda_0}{\sqrt{\varepsilon_r}} \tag{2.1.34}$$

在电介质中，由于 $\varepsilon_r > 1$，电磁波的波长变短且速度变慢。

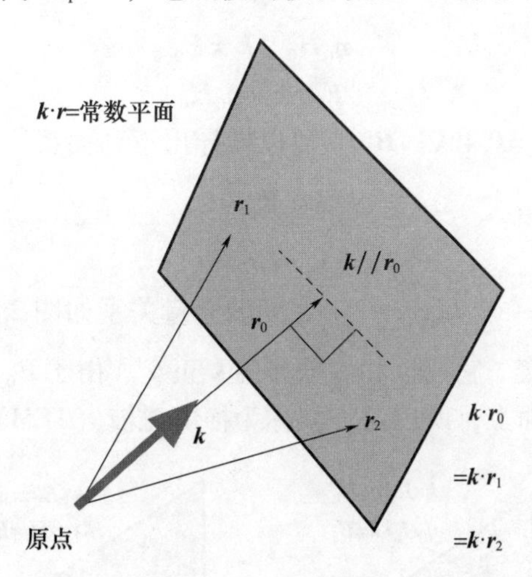

图 2.4　恒相平面

（来源：山口芳雄，《雷达极化测量——从基础到应用》（日文版），IEICE，2007）

2.1.3　横电磁波

本节研究自由空间中电场 $\boldsymbol{E}(\boldsymbol{r})$ 和磁场 $\boldsymbol{H}(\boldsymbol{r})$ 之间的关系。本构参数为 $\varepsilon = \varepsilon_0$，$\mu = \mu_0$，$\sigma = 0$。麦克斯韦方程（2.1.1）变成相量表达式

$$\nabla \times \boldsymbol{E}(\boldsymbol{r}) = -\mathrm{j}\omega\mu_0 \boldsymbol{H}(\boldsymbol{r}) \tag{2.1.35}$$

将沿 $+\boldsymbol{r}$ 方向传播的电场 $\boldsymbol{E}_0(\boldsymbol{r})$ 式（2.1.27）代入（2.1.35）可得

$$\nabla \times \boldsymbol{E}_0(\boldsymbol{r}) = \begin{vmatrix} \alpha_x & \alpha_y & \alpha_z \\ \dfrac{\partial}{\partial x} & \dfrac{\partial}{\partial y} & \dfrac{\partial}{\partial z} \\ E_x & E_y & E_z \end{vmatrix} = \begin{vmatrix} \alpha_x & \alpha_y & \alpha_z \\ -\mathrm{j}k_x & -\mathrm{j}k_y & -\mathrm{j}k_z \\ E_x & E_y & E_z \end{vmatrix}$$

$$= -\mathrm{j}\boldsymbol{k} \times \boldsymbol{E}_0(\boldsymbol{r}) = -\mathrm{j}\omega\mu_0 \boldsymbol{H}_0(\boldsymbol{r})$$

因此，式（2.1.1）变为

$$\boldsymbol{k} \times \boldsymbol{E}_0 = \omega\mu_0 \boldsymbol{H}_0 \tag{2.1.36}$$

如果将 $\boldsymbol{k}$ 归一化为单位矢量 $\hat{\boldsymbol{k}} = \dfrac{\boldsymbol{k}}{|\boldsymbol{k}|} = \dfrac{\boldsymbol{k}}{\omega\sqrt{\varepsilon_0\mu_0}}$，则式（2.1.36）可写为

$$\hat{\boldsymbol{k}} \times \boldsymbol{E}_0 = \frac{\omega\mu_0}{\omega\sqrt{\varepsilon_0\mu_0}}\boldsymbol{H}_0 = \eta_0\boldsymbol{H}_0 \tag{2.1.37}$$

其中：η_0 为自由空间的本征阻抗。

$$\eta_0 = \sqrt{\frac{\mu_0}{\varepsilon_0}} = 120\pi\ [\Omega] \tag{2.1.38}$$

同理，由式（2.1.2）可得

$$\eta_0\boldsymbol{H}_0 \times \hat{\boldsymbol{k}} = \boldsymbol{E}_0 \tag{2.1.39}$$

$$|\boldsymbol{E}_0| = |\eta_0\boldsymbol{H}_0| \tag{2.1.40}$$

此外，由$\nabla\cdot\boldsymbol{D}=0$ 和$\nabla\cdot\boldsymbol{B}=0$ 可以推导出下列关系

$$\hat{\boldsymbol{k}}\cdot\boldsymbol{E}_0 = 0 \tag{2.1.41}$$

$$\hat{\boldsymbol{k}}\cdot\boldsymbol{H}_0 = 0 \tag{2.1.42}$$

式（2.1.37）~式（2.1.42）之间的矢量关系如图2.5所示。$\boldsymbol{E}_0$ 和 $\eta_0\boldsymbol{H}_0$ 大小相同且互相正交。它们也和传播方向 $\hat{\boldsymbol{k}}$ 正交。由于 $\boldsymbol{E}_0$ 和 $\boldsymbol{H}_0$ 位于垂直于传播方向的同一横平面上，所以这种波称为横电磁波（TEM）。

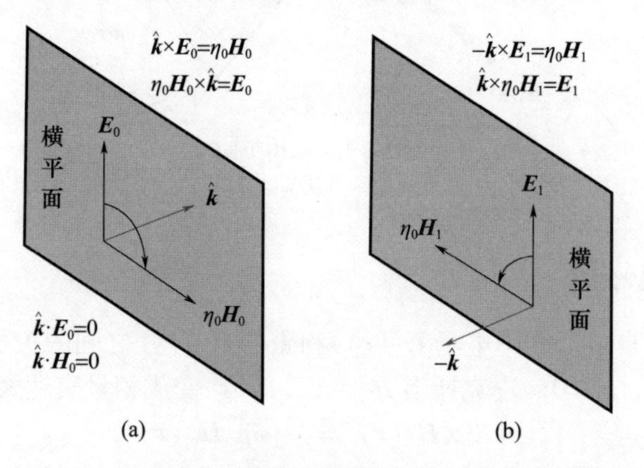

图2.5　TEM波传播的矢量关系

（来源：山口芳雄，《雷达极化测量——从基础到应用》（日文版），IEICE，2007）

对于沿 $-\boldsymbol{r}$（$-\hat{\boldsymbol{k}}$）方向传播的电场 $\boldsymbol{E}_1$（2.1.27），有类似的矢量关系

$$-\hat{\boldsymbol{k}}\times\boldsymbol{E}_1=\eta_0\boldsymbol{H}_1,\ \hat{\boldsymbol{k}}\times\eta_0\boldsymbol{H}_1=\boldsymbol{E}_1,\ \hat{\boldsymbol{k}}\cdot\boldsymbol{E}_1=0,\ \hat{\boldsymbol{k}}\cdot\boldsymbol{H}_1=0 \tag{2.1.43}$$

此时，式（2.1.43）的矢量关系如图2.5（b）所示，$\boldsymbol{E}_1$ 和 $\eta_0\boldsymbol{H}_1$ 大小相同且互相正交。它们也和传播方向 $-\hat{\boldsymbol{k}}$ 正交。用图解的方法比用数学公式更容易理解这些关系。

总结一下TEM波在两个传播方向上的特性，$\boldsymbol{E}$ 和 $\boldsymbol{H}$ 是相互正交的，传播方向为 $\boldsymbol{E}\times\boldsymbol{H}$。

传播方向 $\boldsymbol{k}$ 可以任意取。如果选直角坐标中的 z 轴作为传播方向，则 $\boldsymbol{k}$ 变为 $\boldsymbol{k}=k\boldsymbol{\alpha}_z$。在这种情况下，$\boldsymbol{E}$ 和 $\boldsymbol{H}$ 被放置在如图 2.6 所示的 $x-y$ 平面上，$x-y$ 平面为波的横切面。

$$\boldsymbol{E}_0\times\eta_0\boldsymbol{H}_0=\boldsymbol{\alpha}_z,\ \boldsymbol{E}_1\times\eta_0\boldsymbol{H}_1=-\boldsymbol{\alpha}_z \tag{2.1.44}$$

注意，电磁波的极化定义只针对电场矢量 $\boldsymbol{E}$，由于磁场矢量 $\boldsymbol{H}$ 正交于 $\boldsymbol{E}$，为了避免混淆，不需要类似的定义。

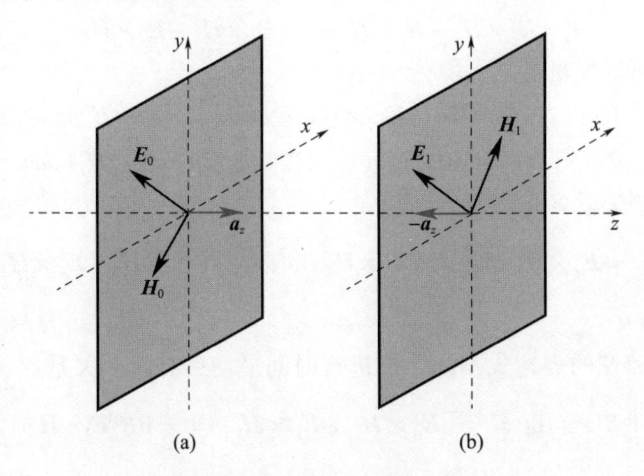

图 2.6　横平面中的 $\boldsymbol{E}$ 和 $\boldsymbol{H}$

（来源：山口芳雄，《雷达极化测量——从基础到应用》（日文版），IEICE，2007）

2.1.4　TEM 波的功率

接下来，推导平面波的功率。根据坡印亭定理，功率由瞬时电场 $\boldsymbol{E}$ 与瞬时磁场 $\boldsymbol{H}$ 的乘积表示，也就是坡印廷矢量 $\boldsymbol{S}$

$$\boldsymbol{S}(\boldsymbol{r},t)=\boldsymbol{E}(\boldsymbol{r},\mathrm{t})\times\boldsymbol{H}(\boldsymbol{r},t) \tag{2.1.45}$$

$\boldsymbol{S}$ 是空间 $\boldsymbol{r}$ 和时间 t 的函数，因此它不是一个相量形式。假设波沿 z 方向传播，利用式（2.1.30）和式（2.1.45）可得

$$\boldsymbol{S}(\boldsymbol{r},t)=\boldsymbol{\alpha}_z\frac{|\boldsymbol{E}_0|^2}{\eta_0}\cos^2(\omega t-kz)-\boldsymbol{\alpha}_z\frac{|\boldsymbol{E}_1|^2}{\eta_0}\cos^2(\omega t+kz) \tag{2.1.46}$$

通过一个恒定的 z 平面对瞬时功率进行时间平均，就得到了净功率流

$$\boldsymbol{S}(z,t)=\frac{1}{T}\int_0^T\boldsymbol{S}(z,t)\,\mathrm{d}t=\boldsymbol{\alpha}_z\frac{|\boldsymbol{E}_0|^2}{2\eta_0}-\boldsymbol{\alpha}_z\frac{|\boldsymbol{E}_1|^2}{2\eta_0} \tag{2.1.47}$$

从式（2.1.47）可以注意到功率是用 $\dfrac{|\boldsymbol{E}_0|^2}{2\eta_0}$ 表示，并且由（$\boldsymbol{E}_0$，$\boldsymbol{H}_0$）和（$\boldsymbol{E}_1$，$\boldsymbol{H}_1$）独立推导出的。

如果用相量表示功率的表达式，就可以方便地使用复坡印亭矢量 $\boldsymbol{P}$，$\boldsymbol{P}$ 定义为

$$\boldsymbol{P}(\boldsymbol{r}) = \boldsymbol{E}(\boldsymbol{r}) \times \boldsymbol{H}^*(\boldsymbol{r}) \text{ 或 } \boldsymbol{P} = \boldsymbol{E} \times \boldsymbol{H}^* \tag{2.1.48}$$

式中：上标 * 表示复共轭。由于 $\boldsymbol{E}(\boldsymbol{r})$ 和 $\boldsymbol{H}(\boldsymbol{r})$ 是复值，可以将它们写为

$$\boldsymbol{E}(\boldsymbol{r}) = \boldsymbol{E}_{\mathrm{r}} + \mathrm{j}\boldsymbol{E}_{\mathrm{i}},\ \boldsymbol{H}(\boldsymbol{r}) = \boldsymbol{H}_{\mathrm{r}} + \mathrm{j}\boldsymbol{H}_{\mathrm{i}} \tag{2.1.49}$$

$\boldsymbol{P}$ 可以表示为

$$\boldsymbol{P} = \boldsymbol{E}_{\mathrm{r}} \times \boldsymbol{H}_{\mathrm{r}} + \boldsymbol{E}_{\mathrm{i}} \times \boldsymbol{H}_{\mathrm{i}} + \mathrm{j}(\boldsymbol{E}_{\mathrm{i}} \times \boldsymbol{H}_{\mathrm{r}} - \boldsymbol{E}_{\mathrm{r}} \times \boldsymbol{H}_{\mathrm{i}}) \tag{2.1.50}$$

由于瞬时场矢量是

$$\begin{aligned} \boldsymbol{E}(\boldsymbol{r}, t) &= \mathrm{Re}\{\boldsymbol{E}(\boldsymbol{r})\mathrm{e}^{\mathrm{j}\omega t}\} = \boldsymbol{E}_{\mathrm{r}}\cos\omega t - \boldsymbol{E}_{\mathrm{i}}\sin\omega t \\ \boldsymbol{H}(\boldsymbol{r}, t) &= \mathrm{Re}\{\boldsymbol{H}(\boldsymbol{r})\mathrm{e}^{\mathrm{j}\omega t}\} = \boldsymbol{H}_{\mathrm{r}}\cos\omega t - \boldsymbol{H}_{\mathrm{i}}\sin\omega t \end{aligned} \tag{2.1.51}$$

则瞬时坡印亭矢量 $\boldsymbol{S}$ 可表示为

$$\boldsymbol{S}(\boldsymbol{r}, t) = \boldsymbol{E}_{\mathrm{r}} \times \boldsymbol{H}_{\mathrm{r}}\cos^2\omega t + \boldsymbol{E}_{\mathrm{i}} \times \boldsymbol{H}_{\mathrm{i}}\sin^2\omega t - (\boldsymbol{E}_{\mathrm{i}} \times \boldsymbol{H}_{\mathrm{r}} + \boldsymbol{E}_{\mathrm{r}} \times \boldsymbol{H}_{\mathrm{i}})\frac{\sin 2\omega t}{2} \tag{2.1.52}$$

虽然 $\boldsymbol{P}$ 和 $\boldsymbol{S}$ 的表达式不同，但进行时间平均后有以下关系：

$$\boldsymbol{S}(\boldsymbol{r},t) = \frac{1}{T}\int_0^T \boldsymbol{S}(\boldsymbol{r},t)\mathrm{d}t = \frac{1}{2}[\boldsymbol{E}_{\mathrm{r}} \times \boldsymbol{H}_{\mathrm{r}} + \boldsymbol{E}_{\mathrm{i}} \times \boldsymbol{H}_{\mathrm{i}}] = \frac{1}{2}\mathrm{Re}\{\boldsymbol{E} \times \boldsymbol{H}^*\} = \frac{1}{2}\mathrm{Re}\{\boldsymbol{P}\} \tag{2.1.53}$$

由该方程可知，$\boldsymbol{S}$ 的时间平均等于 $\boldsymbol{P}$ 实部的一半。因此，可以用相量形式的复坡印亭矢量 $\boldsymbol{P}$ 求电磁波功率（净流量），无须积分计算。

对于沿 z 方向传播的平面波，时间平均功率流为

$$\frac{1}{2}\mathrm{Re}\{\boldsymbol{P}\} = \frac{|\boldsymbol{E}_1|^2}{2\eta_0}\boldsymbol{\alpha}_z \tag{2.1.54}$$

并且正比于 $|\boldsymbol{E}|^2$。如果 $\boldsymbol{E}$ 有 x 和 y 分量，功率可以分解为和的形式

$$|\boldsymbol{E}|^2 = |\boldsymbol{E}_z|^2 + |\boldsymbol{E}_y|^2 \tag{2.1.55}$$

这是一个简单的矢量关系；然而，从雷达的角度来看，这是非常重要的。功率是将出现在第 3 章中最基本的雷达参数。

2.2 极化的表示形式

如图 2.1 所示，极化是背着传播方向看电场矢量的端点在固定空间内随时间变化的轨迹[2]，轨迹的形状一般呈椭圆形。椭圆包括扁的，圆的，甚至是有方向的。在极端情况下，轨迹会变成一条线或者一个圆，每个形状对应于一个极化态。有几种方法来表示椭圆极化，如通过椭圆率角、椭圆倾角、大小等几何参数，或极化比、相对相位、Stokes 参数和 Poincaré 球。在本节中，将介绍

极化表示形式的定义及它们的关系。

2.2.1　数学表达式

平面波的电场矢量可以分解为横平面上的两个正交分量。如果假设波沿 $+z$ 方向传播，就没有 z 分量。则瞬时电场矢量为

$$\varepsilon(z,t)=\begin{bmatrix}\varepsilon_x(z,t)\\ \varepsilon_y(z,t)\end{bmatrix}=\begin{bmatrix}|E_x|\cos(\omega t-kz+\phi_x)\\ |E_y|\cos(\omega t-kz+\phi_y)\end{bmatrix}\tag{2.2.1}$$

其中：$|E_x|$和$|E_y|$为振幅；ϕ_z 和 ϕ_y 为绝对相位。

根据极化的定义，观察到 $z=0$ 平面处的时变场，式（2.2.1）简化为

$$\varepsilon(t)=\begin{bmatrix}\varepsilon_\tau(t)\\ \varepsilon_y(t)\end{bmatrix}=\begin{bmatrix}|E_x|\cos(\omega t+\phi_x)\\ |E_y|\cos(\omega t+\phi_y)\end{bmatrix}\tag{2.2.2}$$

用相对相位差展开余弦函数

$$\delta=\phi_y-\phi_x\tag{2.2.3}$$

推导出下一个中间关系式

$$\begin{aligned}|E_y|\varepsilon_x(t)\cos\phi_y-|E_x|\varepsilon_y(t)\cos\phi_x&=|E_x||E_y|\sin\delta\sin\omega t\\ |E_y|\varepsilon_x(t)\sin\phi_y-|E_x|\varepsilon_y(t)\sin\phi_x&=|E_x||E_y|\sin\delta\cos\omega t\end{aligned}\tag{2.2.4}$$

通过消除时间因子 ωt，得到

$$\frac{\varepsilon_x^2(t)}{|E_x|^2}-\frac{2\varepsilon_x(t)\varepsilon_y(t)}{|E_x||E_y|}\cos\delta+\frac{\varepsilon_y^2(t)}{|E_y|^2}=\sin^2\delta\tag{2.2.5}$$

式（2.2.5）是一个有向椭圆方程，通常，轨迹是一个有方向的（倾斜的）椭圆，如图 2.7 所示。

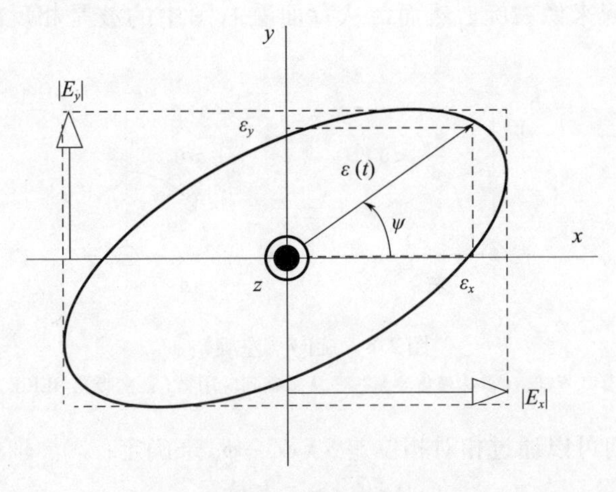

图 2.7　瞬时电场

如果相对相位差 δ 有一个特定的值，这个方程就变成大家所熟知的。为了

简单起见，定义 $a=|E_x|$，$b=|E_y|$，$x=\varepsilon_x(t)$，$y=\varepsilon_y(t)$，然后方程就变为了

$$\frac{x^2}{a^2}-\frac{2xy}{ab}\cos\delta+\frac{y^2}{b^2}=\sin^2\delta \tag{2.2.6}$$

$\delta=\pm\frac{\pi}{2}\Rightarrow\frac{x^2}{a^2}+\frac{y^2}{b^2}=1$：正常的椭圆

$a=b\Rightarrow x^2+y^2=a^2$：圆

$\delta=0,\ \pi\Rightarrow\frac{x^2}{a^2}\mp\frac{2xy}{ab}+\frac{y^2}{b^2}=\left(\frac{x}{a}\mp\frac{y}{b}\right)^2=0.\ y=\pm\frac{b}{a}x$：直线

旋向可以由相位的时间导数得到。相位角 ψ 取 x 轴和 $\varepsilon(t)$ 所张成的角度。

$$\tan\psi=\frac{\varepsilon_y(t)}{\varepsilon_x(t)} \tag{2.2.7}$$

$$\frac{\mathrm{d}\psi}{\mathrm{d}t}=-\frac{\omega|E_x||E_y|}{|\varepsilon_x(t)|^2}\sin\delta \tag{2.2.8}$$

由式（2.2.8）和图2.7可知

$$0<\delta<\pi,\ \frac{\mathrm{d}\psi}{\mathrm{d}t}<0\text{：顺时针方向} \tag{2.2.9a}$$

$$-\pi<\delta<0,\ \frac{\mathrm{d}\psi}{\mathrm{d}t}>0\text{：逆时针方向} \tag{2.2.9b}$$

极化波的旋向被定义为从其背面看到的方向。上述数学情况与IEEE标准[3]相反。图2.8显示了 $0<\delta<\pi$ 的情况。左图对应于数学表达式(2.2.9a)，看起来像右旋。然而，从背面看右图中的波是相反的旋转，这是左旋[3]。

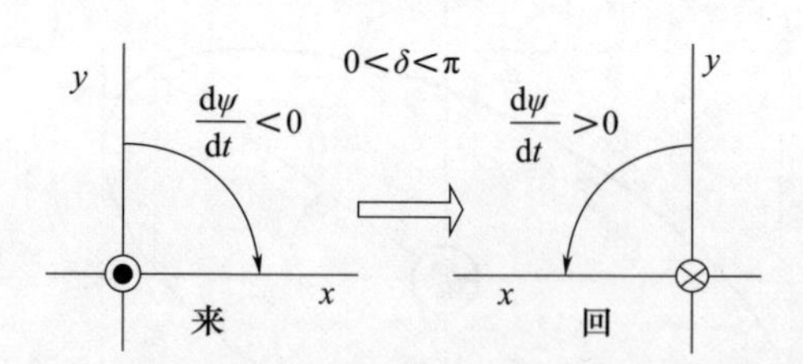

图2.8　旋向（左旋）

（来源：山口芳雄，《雷达极化测量——从基础到应用》（日文版），IEICE，2007）

因此，旋向可以通过相对相位差 $\delta=\phi_y-\phi_x$ 来确定：

$0<\delta<\pi$：左旋

$-\pi<\delta<0$：右旋

图2.9显示了使用相对相位差 δ 的一般椭圆极化。

极化的一般形式可以写成$\begin{cases}\varepsilon_x(t)=|E_x|\cos(\omega t)\\ \varepsilon_y(t)=|E_y|\cos(\omega t+\delta)\end{cases}$

特定的极化具有以下特征：

如果$|E_x|\neq 0$，$|E_y|=0$，则水平极化波：$\begin{cases}\varepsilon_x(t)=|E_x|\cos(\omega t)\\ \varepsilon_y(t)=0\end{cases}$

如果$|E_x|=0$，$|E_y|\neq 0$，则垂直极化波：$\begin{cases}\varepsilon_x(t)=0\\ \varepsilon_y(t)=|E_y|\cos(\omega t)\end{cases}$

对于$|E_x|\neq 0$，$|E_y|\neq 0$的情况，

如果$\delta=0$，则$\varepsilon_x(t)$和$\varepsilon_y(t)$是同相的，正角度的有向线极化$\begin{cases}\varepsilon_x(t)=|E_x|\cos(\omega t)\\ \varepsilon_y(t)=|E_y|\cos(\omega t)\end{cases}$。

如果$\delta=\pi$，$\varepsilon_x(t)$和$\varepsilon_y(t)$是不同相的，负角度的有向线极化$\begin{cases}\varepsilon_x(t)=|E_x|\cos(\omega t)\\ \varepsilon_y(t)=-|E_y|\cos(\omega t)\end{cases}$。

$0<\delta<\pi$表示左旋椭圆极化。

如果$\delta=\frac{\pi}{2}$并且$|E_x|=|E_y|$，则左旋圆极化$\begin{cases}\varepsilon_x(t)=|E_x|\cos(\omega t)\\ \varepsilon_y(t)=-|E_x|\sin(\omega t)\end{cases}$。

$-\pi<\delta<0$对应右旋椭圆极化。

如果$\delta=-\frac{\pi}{2}$并且$|E_x|=|E_y|$，则右旋圆极化$\begin{cases}\varepsilon_x(t)=|E_x|\cos(\omega t)\\ \varepsilon_y(t)=|E_x|\sin(\omega t)\end{cases}$。

因此，线极化和圆极化是一般椭圆极化的特殊情况。

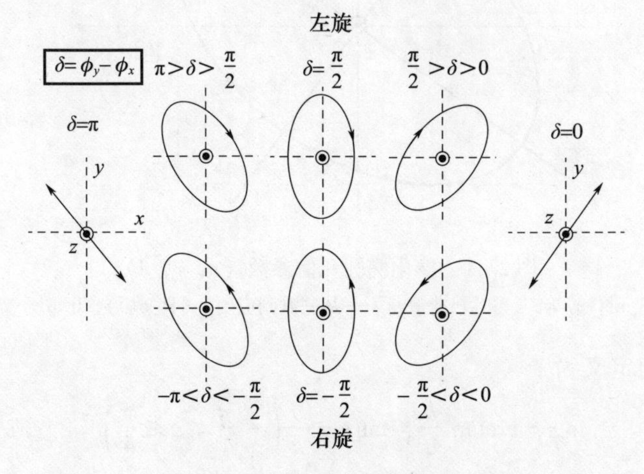

图2.9　椭圆极化的旋向

（来源：山口芳雄，《雷达极化测量——从基础到应用》（日文版），IEICE，2007）

2.2.2 几何参数表示

可以直接用几何参数（ε，τ，A）来表示极化椭圆。几何参数为椭圆率角 ε、椭圆倾角 τ 和尺寸 A。椭圆率角和椭圆倾角（ε，τ）的定义如图 2.10 和图 2.11 所示。

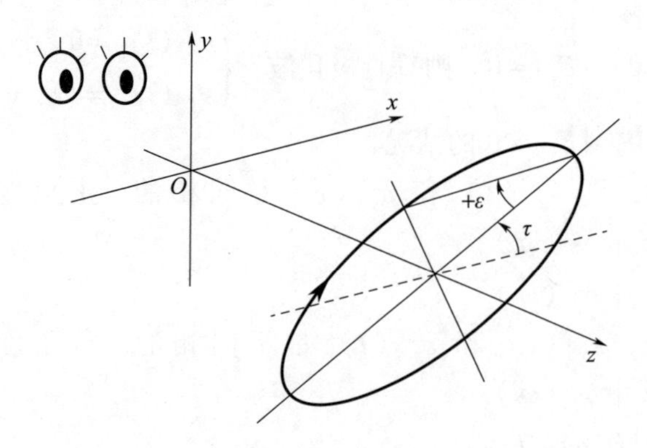

图 2.10　坐标和几何参数（ε，τ，A）

（来源：山口芳雄，《雷达极化测量——从基础到应用》（日文版），IEICE，2007）

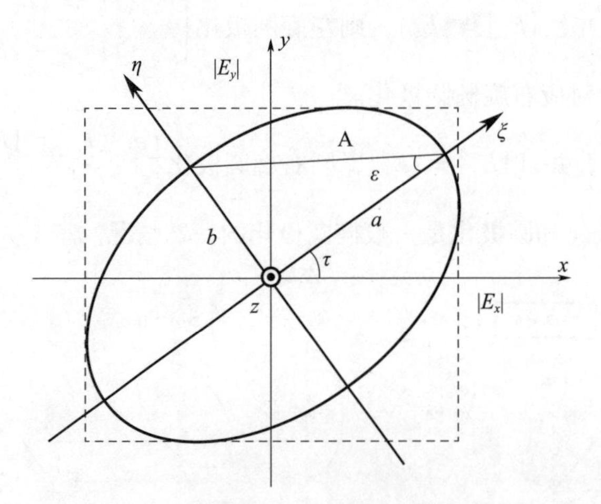

图 2.11　极化椭圆几何参数（ε，τ，A）

（来源：山口芳雄，《雷达极化测量——从基础到应用》（日文版），IEICE，2007）

椭圆率角定义为

$$\varepsilon = \arctan\frac{b}{a}，\ \tan\varepsilon = \frac{b}{a}\left(-\frac{\pi}{4} \leqslant \varepsilon \leqslant \frac{\pi}{4}\right) \tag{2.2.10}$$

其中，a 为椭圆的长轴长度；b 为椭圆的短轴长度。

在天线工程中，椭圆率角表示天线的圆度，是“轴比”的倒数。如果 $a = b$，

那么 $\varepsilon = \frac{\pi}{4}$，它对应的是正圆形形状。这就形成了圆极化。如果 $b=0$，那么 $\varepsilon=0$，表示线极化。ε 的符号表示旋转的方向，即 $\varepsilon>0$ 为左旋，$\varepsilon<0$ 为右旋。

这里用符号“ε”表示椭圆率角。因为第一个字母“e”和 ε 很接近，参阅文献［4，5，6，7，8］，用了这个符号，其他文献用不同的符号表示椭圆率角。

如图 2.6 所示，椭圆倾角 $\tau\left(-\frac{\pi}{2}<\tau<\frac{\pi}{2}\right)$ 是由 x 轴和椭圆的长轴所形成的。根据“tilt”的第一个字母使用了这个符号“τ”，其他文献用不同的字符表示倾斜的角度，也被称为“方位角”[9-11]。

椭圆的大小为

$$A=\sqrt{a^2+b^2} \tag{2.2.11}$$

其中：A^2 对应于功率，与极化没有直接关系。因此，几何参数主要是椭圆率角 ε 和椭圆倾角 τ。

利用椭圆率角和椭圆倾角，可以将所有的极化椭圆可视化，如图 2.12 所示。通过这个展示，很容易理解极化椭圆。如果 $\varepsilon=\pm\frac{\pi}{4}$，则对于任意 τ 值都有圆极化。如果 $\varepsilon=0$，则有不同方向（椭圆倾角）的线性极化。

接下来，研究数学参数和几何参数之间的关系。

在这个新的 $\xi-\eta$ 坐标系中，新轴 ξ 和 η 被选为长轴和短轴，椭圆是非倾斜的，因此电场矢量可以写成

$$\begin{bmatrix}\varepsilon_\xi\\ \varepsilon_\eta\end{bmatrix}=\begin{bmatrix}a & \cos\ (\omega t+\phi_\xi)\\ b & \cos\ (\omega t+\phi_\eta)\end{bmatrix} \tag{2.2.12}$$

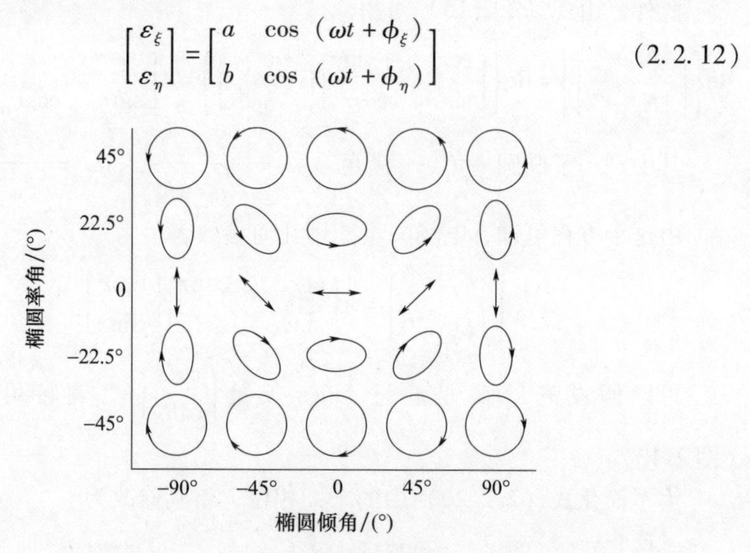

图 2.12　几何参数表示的极化椭圆

（来源：山口芳雄，《雷达极化测量——从基础到应用》（日文版），IEICE，2007）

根据式（2.2.6），有关系式$\delta=\phi_\eta-\phi_\xi=\frac{\pi}{2}$，则式（2.2.12）为

$$\begin{bmatrix}\varepsilon_\xi\\ \varepsilon_\eta\end{bmatrix}=\begin{bmatrix}a\cos(\omega t+\phi_\xi)\\ -b\cos(\omega t+\phi_\eta)\end{bmatrix}\tag{2.2.13}$$

式中：ϕ_ξ 是绝对相位，满足 $a\cos\phi_\xi=\varepsilon_\varepsilon$。

由于新轴 $\xi-\eta$ 可以通过对 $x-y$ 轴旋转角度 τ 得到，因此电场可以写成

$$\begin{bmatrix}\varepsilon_\xi\\ \varepsilon_\eta\end{bmatrix}=\begin{bmatrix}\cos\tau & \sin\tau\\ -\sin\tau & \cos\tau\end{bmatrix}\begin{bmatrix}\varepsilon_x\\ \varepsilon_y\end{bmatrix}\tag{2.2.14}$$

因此，由式（2.2.2）、式（2.2.13）、式（2.2.14）可得以下关系式：

$$\begin{bmatrix}a\cos(\omega t+\phi_\xi)\\ -b\cos(\omega t+\phi_\xi)\end{bmatrix}=\begin{bmatrix}\cos\tau & \sin\tau\\ -\sin\tau & \cos\tau\end{bmatrix}\begin{bmatrix}|E_x|\cos(\omega t+\phi_x)\\ |E_y|\cos(\omega t+\phi_y)\end{bmatrix}\tag{2.2.15}$$

用 $\delta=\phi_y-\phi_x$ 整理式（2.2.15）后，得到数学表达式与几何参数的关系如下：

$$a^2+b^2=|E_x|^2+|E_y|^2\tag{2.2.16}$$

$$ab=|E_x||E_y|\sin\delta\tag{2.2.17}$$

$$\tan2\tau=\frac{2|E_x||E_y|}{|E_x|^2-|E_y|^2}\cos\delta\tag{2.2.18}$$

$$\sin2\varepsilon=\frac{2|E_x||E_y|}{|E_x|^2+|E_y|^2}\sin\delta\tag{2.2.19}$$

此外，由式（2.2.15）可得

$$\mathrm{Re}\left\{\begin{bmatrix}|E_x|\mathrm{e}^{\mathrm{j}\phi_x}\\ |E_y|\mathrm{e}^{\mathrm{j}\phi_y}\end{bmatrix}\right\}=\mathrm{Re}\left\{\begin{bmatrix}\cos\tau & -\sin\tau\\ \sin\tau & \cos\tau\end{bmatrix}\begin{bmatrix}a\mathrm{e}^{\mathrm{j}\phi_\xi}\\ -b\mathrm{e}^{\mathrm{j}\phi_\xi}\end{bmatrix}\right\}=A\begin{bmatrix}\cos\tau & -\sin\tau\\ \sin\tau & \cos\tau\end{bmatrix}\mathrm{Re}\left\{\begin{bmatrix}\cos\varepsilon\\ \mathrm{j}\sin\varepsilon\end{bmatrix}\mathrm{e}^{\mathrm{j}\phi_\xi}\right\}$$

其中利用了椭圆率角 ε，满足 $\cos\varepsilon=\frac{a}{\sqrt{a^2+b^2}}$，$\sin\varepsilon=\frac{a}{\sqrt{a^2+b^2}}$

由这个方程可知，电场矢量能用几何参数表示为

$$\begin{bmatrix}|E_x|\mathrm{e}^{\mathrm{j}\phi_x}\\ |E_y|\mathrm{e}^{\mathrm{j}\phi_y}\end{bmatrix}=A\begin{bmatrix}\cos\tau & -\sin\tau\\ \sin\tau & \cos\tau\end{bmatrix}\begin{bmatrix}\cos\varepsilon\\ \mathrm{j}\sin\varepsilon\end{bmatrix}\mathrm{e}^{\mathrm{j}\phi_\xi}\tag{2.2.20}$$

可以假设矢量 $\boldsymbol{E}$ 是通过 Jones 矢量 $\begin{bmatrix}\cos\varepsilon\\ \mathrm{j}\sin\varepsilon\end{bmatrix}\mathrm{e}^{\mathrm{j}\phi_\xi}$ 旋转角度 $-\tau$ 得到的（图2.13）。

为了简化式（2.2.20）中的未知相位，将其修改为

$$\begin{bmatrix}|E_x|\\ |E_y|\mathrm{e}^{\mathrm{j}\delta}\end{bmatrix}=A\begin{bmatrix}\cos\tau & -\sin\tau\\ \sin\tau & \cos\tau\end{bmatrix}\begin{bmatrix}\cos\varepsilon\\ \mathrm{j}\sin\varepsilon\end{bmatrix}\mathrm{e}^{\mathrm{j}(\phi_\xi-\phi_x)}=A\begin{bmatrix}\cos\tau\cos\varepsilon & -\mathrm{j}\sin\tau\sin\varepsilon\\ \sin\tau\cos\varepsilon & \mathrm{j}\cos\tau\sin\varepsilon\end{bmatrix}\mathrm{e}^{\mathrm{j}\phi}$$

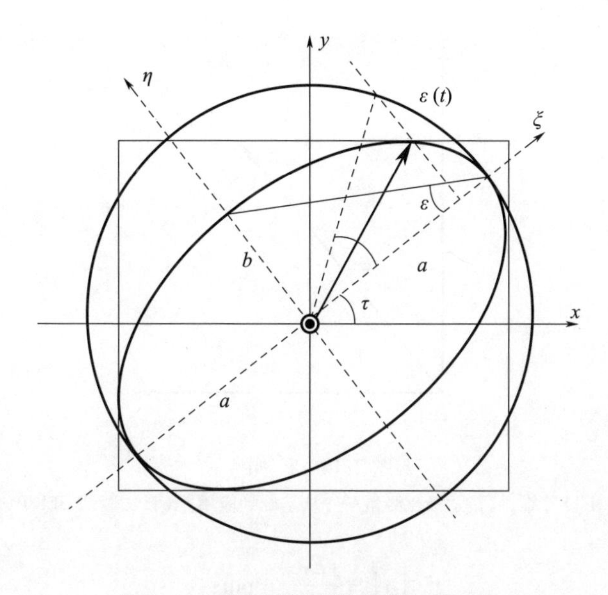

图 2.13　有向椭圆坐标下的电场矢量

（来源：山口芳雄，《雷达极化测量——从基础到应用》（日文版），IEICE，2007）

由于 $|E_x|$ 是实值，则相位是零

$$\mathrm{Arg}\left(\cos\tau\cos\varepsilon - \mathrm{j}\sin\tau\sin\varepsilon\right) + \phi = 0$$

$$\phi = -\mathrm{Arg}\left(\cos\tau\cos\varepsilon - \mathrm{j}\sin\tau\sin\varepsilon\right) = \arctan\left(\tan\tau\tan\varepsilon\right)$$

因此，可以得到与式（2.2.20）相似的表达式，它和几何参数的关系更加精确。

$$\begin{bmatrix} |E_x| \\ |E_y|\mathrm{e}^{\mathrm{j}\delta} \end{bmatrix} = A\begin{bmatrix} \cos\tau & -\sin\tau \\ \sin\tau & \cos\tau \end{bmatrix}\begin{bmatrix} \cos\varepsilon \\ \mathrm{j}\sin\varepsilon \end{bmatrix}\mathrm{e}^{\mathrm{j}\arctan(\tan\tau\tan\varepsilon)} \tag{2.2.21}$$

2.2.3　Jones 矢量表示

HV 极化基中的电场矢量 $\boldsymbol{E}$ 可以表示为二维列矢量，即

$$\boldsymbol{E}\,(\mathrm{HV}) = \begin{bmatrix} E_{\mathrm{H}} \\ E_{\mathrm{V}} \end{bmatrix} = \begin{bmatrix} |E_{\mathrm{H}}|\mathrm{e}^{\mathrm{j}\phi_{\mathrm{H}}} \\ |E_{\mathrm{V}}|\mathrm{e}^{\mathrm{j}\phi_{\mathrm{V}}} \end{bmatrix} \tag{2.2.22}$$

这种矢量形式称为 **Jones** 矢量。需要注意的是，在 Jones 矢量表示中省略了传播方向。

在 HV 极化基础上定义极化比 ρ 为

$$\rho = \frac{E_{\mathrm{V}}}{E_{\mathrm{H}}} = \frac{|E_{\mathrm{V}}|}{|E_{\mathrm{H}}|}\mathrm{e}^{\mathrm{j}\delta} = |\rho|\mathrm{e}^{\mathrm{j}\delta} \tag{2.2.23}$$

其中：γ 为如图 2.14 所示的角度。

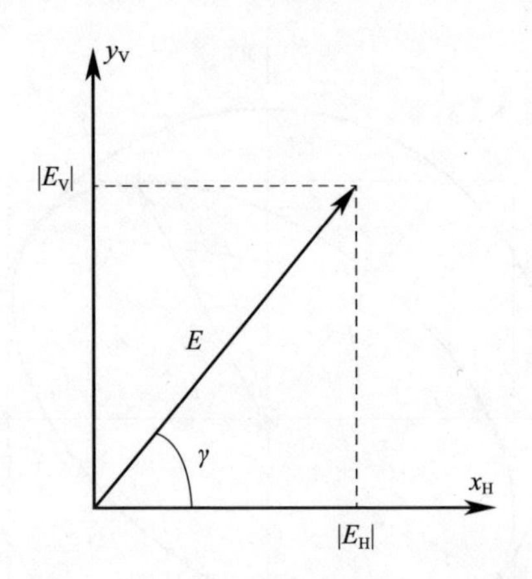

图 2.14　$\boldsymbol{E}$ 和 $\boldsymbol{\gamma}$

（来源：山口芳雄，《雷达极化测量——从基础到应用》（日文版），IEICE，2007）

$$|\rho| = \frac{|E_V|}{|E_H|} = \tan\gamma \tag{2.2.24}$$

电场的 Jones 矢量可以写成

$$\boldsymbol{E}(\mathrm{HV}) = \begin{bmatrix} E_H \\ E_V \end{bmatrix} = |E_H| e^{j\phi_H} \begin{bmatrix} 1 \\ \rho \end{bmatrix} = |E_H| e^{j\phi_H} \frac{\sqrt{1+\dfrac{E_V E_V^*}{E_H E_H^*}}}{\sqrt{1+\dfrac{E_V E_V^*}{E_H E_H^*}}} \begin{bmatrix} 1 \\ \rho \end{bmatrix} = \frac{|E|}{\sqrt{1+\rho\rho^*}} \begin{bmatrix} 1 \\ \rho \end{bmatrix} \tag{2.2.25}$$

$$|\boldsymbol{E}| = \sqrt{E_H E_H^* + E_V E_V^*} \tag{2.2.26}$$

这种形式是极化的表达式之一，用于相干分析。如果将大小归一化为 $|\boldsymbol{E}|=1$，并且如果令绝对相位 $\phi_H=0$，则表达式（2.2.25）就变成了一个相当简单的形式。

$$\boldsymbol{E}(\mathrm{HV}) = \frac{1}{\sqrt{1+\rho\rho^*}} \begin{bmatrix} 1 \\ \rho \end{bmatrix} \tag{2.2.27}$$

可以 ρ 用来确定极化。

例如，对于水平极化波来说，$\rho=0$，那么

$$\boldsymbol{E}(\mathrm{HV}) \Rightarrow \hat{\boldsymbol{H}} = \frac{1}{\sqrt{1+0\cdot 0}} \begin{bmatrix} 1 \\ 0 \end{bmatrix} = \begin{bmatrix} 1 \\ 0 \end{bmatrix} \tag{2.2.28}$$

对于 45°方向的线极化波，$\rho=1$

$$\boldsymbol{E}(\mathrm{HV}) \Rightarrow \hat{\boldsymbol{X}} = \frac{1}{\sqrt{1+1\cdot 1}} \begin{bmatrix} 1 \\ 1 \end{bmatrix} = \frac{1}{\sqrt{2}} \begin{bmatrix} 1 \\ 1 \end{bmatrix} \tag{2.2.29}$$

垂直极化波对应于 $\rho=\infty$，所以

$$\boldsymbol{E}\ (\text{HV})\ \Rightarrow \hat{\boldsymbol{V}}=\frac{1}{\sqrt{1+\infty\cdot\infty}}\begin{bmatrix}0\\ \infty\end{bmatrix}=\begin{bmatrix}0\\ 1\end{bmatrix} \tag{2.2.30}$$

左旋圆（LHC）极化是由 $\rho=\mathrm{j}$ 得到

$$\boldsymbol{E}\ (\text{HV})\ \Rightarrow \hat{\boldsymbol{L}}=\frac{1}{\sqrt{1+\mathrm{j}\cdot(-\mathrm{j})}}\begin{bmatrix}1\\ \mathrm{j}\end{bmatrix}=\frac{1}{\sqrt{2}}\begin{bmatrix}1\\ \mathrm{j}\end{bmatrix} \tag{2.2.31}$$

右旋圆（RHC）极化是由 $\rho=-\mathrm{j}$ 得到

$$\boldsymbol{E}\ (\text{HV})\ \Rightarrow \hat{\boldsymbol{R}}=\frac{1}{\sqrt{1+(-\mathrm{j})\cdot\mathrm{j}}}\begin{bmatrix}1\\ -\mathrm{j}\end{bmatrix}=\frac{1}{\sqrt{2}}\begin{bmatrix}1\\ -\mathrm{j}\end{bmatrix} \tag{2.2.32}$$

符号 $\hat{\boldsymbol{R}}$（2.2.32）在 IEEE 定义[12] 中使用。然而，这种表示法在 HV 和圆 LR 基之间的矢量转换中造成了问题。变换矩阵应该是酉矩阵。为了避免在极化分析中产生误导，此处 $\hat{\boldsymbol{R}}$ 选择为

$$\hat{\boldsymbol{R}}=\frac{1}{\sqrt{1+(-\mathrm{j})\cdot\mathrm{j}}}\begin{bmatrix}1\\ -\mathrm{j}\end{bmatrix}=\frac{1}{\sqrt{2}}\begin{bmatrix}1\\ -\mathrm{j}\end{bmatrix} \tag{2.2.33}$$

式（2.2.33）满足内积并保证了基变换，因为它遵循酉矩阵条件，与文献［11］中的表达式相同

一些使用 Jones 矢量的极化如图 2.15 所示，电磁波传播方向是面向读者的。

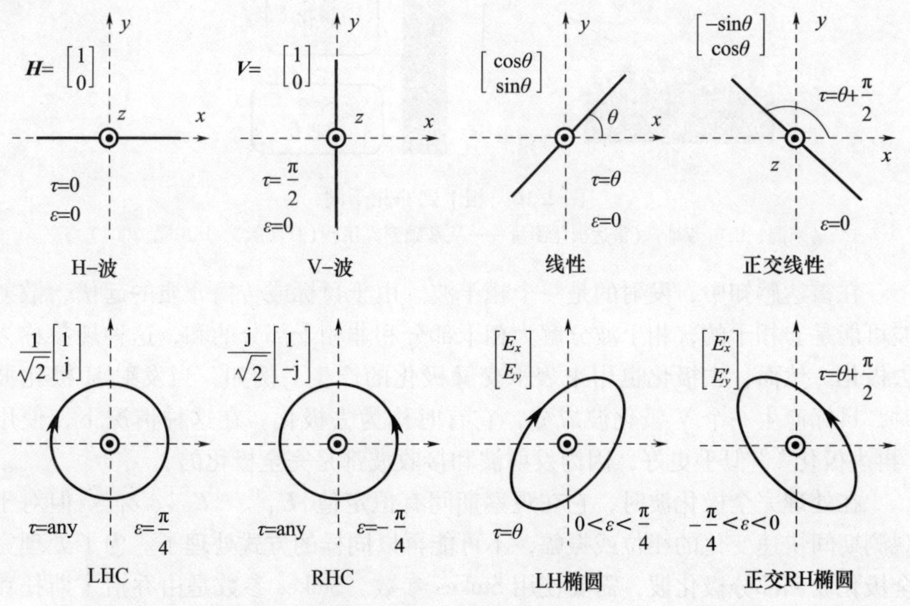

图 2.15　Jones 矢量的极化

（来源：山口芳雄，《雷达极化测量——从基础到应用》（日文版），IEICE，2007）

2.2.4 Stokes 矢量表示

假设在有风的环境中用雷达观察小麦作物。如果雷达脉冲的持续时间较长（以 ms 为单位），则可以认为小麦在观察时间内是起伏的。雷达的反射波是麦田中众多散射点的散射波的总和，因此，总相位在观测时间内随机变化。也就是说，观察到的信号在起伏。另外，如果持续时间足够短（以 ns 为单位），小麦是静止的。反射波的大小及其相位可以看作是常数。观察到的信号相当平稳，不发生起伏。

信号波动的程度取决于观测时间和目标的起伏速度。一般来说，如果观察时间较短，则可以认为一个目标是静止的。在这种情况下，反射到雷达的信号变成了一个相干波。另一方面，如果观测时间较长，发射到雷达的波就会变得不相干或波动，这意味着每个散射波的相位都是随机的。

因此，反射波一般可以被认为是相干波和非相干波的和（图 2.16），相干波也称为“完全极化波”，具有随机相位的非相干波被称为“完全非极化波”，混合波称为“部分极化波”。

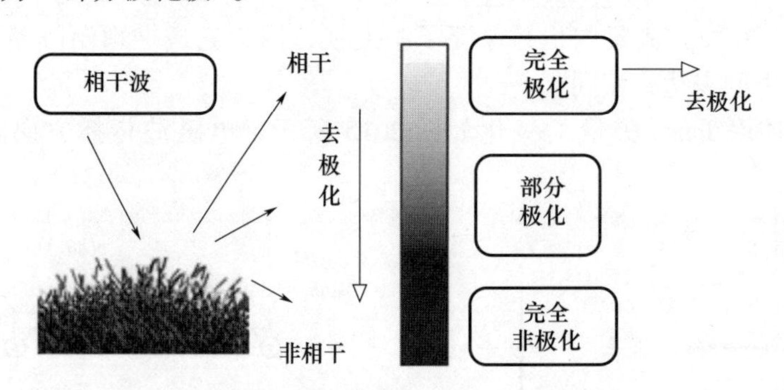

图 2.16　相干到非相干波

（来源：山口芳雄，《雷达极化测量——从基础到应用》（日文版），IEICE，2007）

在雷达感知中，发射的是一个相干波。由于目标或传播介质的起伏，散射波可能是非相干的，相干波分解为相干部分和非相干部分的和，这种现象称为去极化。然而，去极化也用来表示交叉极化的产生。例如，当发射 H 极化波时，目标产生一个 V 极化波成分，它有时称为去极化。在这种情况下，使用“再生极化”[6] 似乎更好，因为发射波和接收波都是完全极化的。

在处理完全极化波时，它在观察期间有恒定值 $|E_{\mathrm{H}}|$、$|E_{\mathrm{V}}|$、δ_{HV}。但对于观测期间快速变化的相位或振幅，不可能再以同样的方式处理了。为了处理完全极化波和部分极化波，需要使用 Stokes 参数。Stokes 参数是由乔治·斯托克斯爵士在 1852 年设计的。Stokes 参数的优点是它们都是实值，任何极化都可

以通过功率测量来确定。由于对于高频，如毫米波或光波的相位测量是相当困难的，因此只通过功率测量，通过 Stokes 参数得出所有的极化信息是很有利的。

2.2.4.1　完全极化波的 Stokes 矢量

Stokes 矢量在这里记作 $\boldsymbol{g}$。矢量的四个分量 g_0，g_1，g_2，g_3 称为 Stokes 参数，与完全极化波的关系记为

$$\boldsymbol{g}=\begin{bmatrix}g_0\\g_1\\g_2\\g_3\end{bmatrix}=\begin{bmatrix}|E_{\mathrm{H}}|^2+|E_{\mathrm{V}}|^2\\|E_{\mathrm{H}}|^2-|E_{\mathrm{V}}|^2\\2\mathrm{Re}\ \{E_{\mathrm{V}}E_{\mathrm{H}}^*\}\\2\mathrm{Im}\ \{E_{\mathrm{V}}E_{\mathrm{H}}^*\}\end{bmatrix}=\begin{bmatrix}|E_{\mathrm{H}}|^2+|E_{\mathrm{V}}|^2\\|E_{\mathrm{H}}|^2-|E_{\mathrm{V}}|^2\\2E_{\mathrm{H}}|E_{\mathrm{V}}|\cos\delta\\2E_{\mathrm{H}}|E_{\mathrm{V}}|\sin\delta\end{bmatrix}=A^2\begin{bmatrix}1\\\cos2\tau\cos2\varepsilon\\\sin2\tau\cos2\varepsilon\\\sin2\varepsilon\end{bmatrix}$$

(2.2.34)

其中：$|E_{\mathrm{H}}|$、$|E_{\mathrm{V}}|$ 是幅度；$\phi_{\mathrm{V}}-\phi_{\mathrm{H}}$ 是 $|E_{\mathrm{H}}|$ 和 $|E_{\mathrm{V}}|$ 的相对相位差。

几何参数（A，ε，τ）分别为尺寸、椭圆率角和椭圆倾角。对于完全极化的波，以下关系式成立

$$g_0^2=g_1^2+g_2^2+g_3^2 \tag{2.2.35}$$

Stokes 参数对应 Poincaré 球的直角坐标，如图 2.19 所示。Stokes 参数的物理意义可以从下列矢量变换中推导出来。

圆极化基中的电场矢量分量可以由 HV 极化基中的电场矢量分量转换为(附录 A2.2)

$$E_{\mathrm{L}}=\frac{1}{\sqrt{2}}\ (E_{\mathrm{H}}-\mathrm{j}E_{\mathrm{V}}),\ E_{\mathrm{R}}=\frac{1}{\sqrt{2}}\ (-\mathrm{j}E_{\mathrm{H}}+E_{\mathrm{V}}) \tag{2.2.36}$$

推导出

$$|E_{\mathrm{L}}|^2=E_{\mathrm{L}}E_{\mathrm{L}}^*=\frac{1}{2}\ (|E_{\mathrm{H}}|^2+|E_{\mathrm{V}}|^2+2\mathrm{Im}\ \{E_{\mathrm{V}}E_{\mathrm{H}}^*\}) \tag{2.2.37}$$

$$|E_{\mathrm{R}}|^2=E_{\mathrm{R}}E_{\mathrm{R}}^*=\frac{1}{2}\ (|E_{\mathrm{H}}|^2+|E_{\mathrm{V}}|^2-2\mathrm{Im}\ \{E_{\mathrm{V}}E_{\mathrm{H}}^*\})$$

$$E_{\mathrm{L}}E_{\mathrm{R}}^*=\frac{1}{2}\ (\mathrm{j}\ |E_{\mathrm{H}}|^2-\mathrm{j}\ |E_{\mathrm{V}}|^2+2\mathrm{Re}\ \{E_{\mathrm{V}}E_{\mathrm{H}}^*\})$$

因此，Stokes 参数可以表示为

$$\begin{cases}g_0=|E_{\mathrm{H}}|^2+|E_{\mathrm{V}}|^2=|E_{\mathrm{L}}|^2+|E_{\mathrm{R}}|^2\\g_1=|E_{\mathrm{H}}|^2-|E_{\mathrm{V}}|^2=\mathrm{Im}\ \{E_{\mathrm{L}}E_{\mathrm{R}}^*\}\\g_2=2\mathrm{Re}\ \{E_{\mathrm{V}}E_{\mathrm{H}}^*\}\ =2\mathrm{Re}\ \{E_{\mathrm{L}}E_{\mathrm{R}}^*\}\\g_3=2\mathrm{Im}\ \{E_{\mathrm{V}}E_{\mathrm{H}}^*\}\ =|E_{\mathrm{L}}|^2-|E_{\mathrm{R}}|^2\end{cases} \tag{2.2.38}$$

对于45°方向的线极化基，表示为（45° - 135°） = （X，Y），电场矢量可转换为

$$E_X = \frac{1}{\sqrt{2}}(E_{\mathrm{H}} + E_{\mathrm{V}}),\quad E_Y = \frac{1}{\sqrt{2}}(-E_{\mathrm{H}} + E_{\mathrm{V}}) \tag{2.2.39}$$

导出

$$|E_X|^2 = E_X E_X^* = \frac{1}{2}(|E_{\mathrm{H}}|^2 + |E_{\mathrm{V}}|^2 + 2\mathrm{Re}\{E_{\mathrm{V}}E_{\mathrm{H}}^*\}) \tag{2.2.40}$$

$$|E_Y|^2 = E_Y E_Y^* = \frac{1}{2}(|E_{\mathrm{H}}|^2 + |E_{\mathrm{V}}|^2 - 2\mathrm{Re}\{E_{\mathrm{V}}E_{\mathrm{H}}^*\})$$

$$E_X E_Y^* = \frac{1}{2}(-|E_{\mathrm{H}}|^2 + |E_{\mathrm{V}}|^2 - \mathrm{j}2\mathrm{Im}\{E_{\mathrm{V}}E_{\mathrm{H}}^*\})$$

因此，Stokes 参数可以表示为

$$\begin{cases} g_0 = |E_{\mathrm{H}}|^2 + |E_{\mathrm{V}}|^2 = |E_X|^2 + |E_Y|^2 \\ g_1 = |E_{\mathrm{H}}|^2 - |E_{\mathrm{V}}|^2 = -2\mathrm{Re}\{E_X E_Y^*\} \\ g_2 = 2\mathrm{Re}\{E_{\mathrm{V}}E_{\mathrm{H}}^*\} = |E_X|^2 - |E_Y|^2 \\ g_3 = 2\mathrm{Im}\{E_{\mathrm{V}}E_{\mathrm{H}}^*\} = -2\mathrm{Im}\{E_X E_Y^*\} \end{cases} \tag{2.2.41}$$

利用式（2.2.38）和式（2.2.41），Stokes 参数表示如表 2.1 所示，从表中可以从物理的角度理解 Stokes 参数的性质。

表 2.1　Stokes 参数表示

Stokes 参数	HV	45°/135°线性	LR	几何参数
g_0	$\|E_{\mathrm{H}}\|^2 + \|E_{\mathrm{V}}\|^2$	$\|E_X\|^2 + \|E_Y\|^2$	$\|E_{\mathrm{L}}\|^2 + \|E_{\mathrm{R}}\|^2$	A^2
g_1	$\|E_{\mathrm{H}}\|^2 - \|E_{\mathrm{V}}\|^2$	$-2\mathrm{Re}\{E_X E_Y^*\}$	$2\mathrm{Im}\{E_{\mathrm{L}}E_{\mathrm{R}}^*\}$	$A^2\cos2\tau\cos2\varepsilon$
g_2	$2\mathrm{Re}\{E_{\mathrm{V}}E_{\mathrm{H}}^*\}$	$\|E_X\|^2 - \|E_Y\|^2$	$2\mathrm{Re}\{E_{\mathrm{L}}E_{\mathrm{R}}^*\}$	$A^2\sin2\tau\cos2\varepsilon$
g_3	$2\mathrm{Im}\{E_{\mathrm{V}}E_{\mathrm{H}}^*\}$	$-2\mathrm{Im}\{E_X E_Y^*\}$	$\|E_{\mathrm{L}}\|^2 - \|E_{\mathrm{R}}\|^2$	$A^2\sin2\varepsilon$

g_0 对应于总功率，相对于极化基而言，总功率是不变的参数。

g_1 表示水平极化波和垂直极化波之间的功率差。

g_2 表示 45°方向线极化波和 135°方向线极化波之间的功率差。

g_3 表示左旋和右旋圆极化波的功率差。

如果 g_1，g_2，g_3 中存在非零分量，则完全极化波也存在。

2.2.4.1.1　用功率测量法测定极化

此外，Stokes 参数还可以通过功率测量来确定。如表 2.1 所示，由通道功率推导出如下公式。

$$\begin{cases} g_1 = |E_{\mathrm{H}}|^2 - |E_{\mathrm{V}}|^2 \\ g_2 = |E_X|^2 - |E_Y|^2 \\ g_3 = |E_{\mathrm{L}}|^2 - |E_{\mathrm{R}}|^2 \end{cases} \tag{2.2.42}$$

利用这些关系和图 2.17 所示的略图，可以确定所有 Stokes 参数。

一旦确定了 Stokes 参数，就可以从下面得到波的极化（几何参数）。

$$\text{总功率 } A^2 = g_0 \tag{2.2.43}$$

$$\text{椭圆倾角 } \sin 2\varepsilon = \frac{g_3}{g_0},\ \varepsilon = \frac{1}{2}\arcsin\frac{g_3}{g_0} \tag{2.2.44}$$

$$\text{椭圆率角 } \tan 2\tau = \frac{g_2}{g_1},\ \tau = \frac{1}{2}\arctan\frac{g_2}{g_1} \tag{2.2.45}$$

$$\text{轴比 } \frac{a}{b} = \frac{1}{\tan\varepsilon} \tag{2.2.46}$$

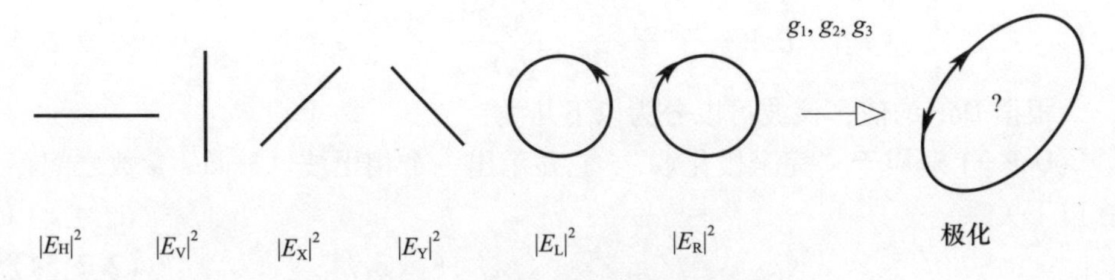

图 2.17　通过功率测量确定极化

（来源：山口芳雄，《雷达极化测量——从基础到应用》（日文版），IEICE，2007）

此外，通过 Stokes 参数可以得到以下信息。

基于 HV 的功率极化比

$$|\rho_{HV}|^2 = \frac{|E_V|^2}{|E_H|^2} = \frac{g_0 - g_1}{g_0 + g_1} \tag{2.2.47}$$

基于 HV 的归一化功率差

$$\frac{|E_H|^2 - |E_V|^2}{|E_H|^2 + |E_V|^2} = \frac{g_1}{g_0} \tag{2.2.48}$$

基于 LR 的功率极化比

$$|\rho_{LR}|^2 = \frac{|E_R|^2}{|E_L|^2} = \frac{g_0 - g_3}{g_0 + g_3} \tag{2.2.49}$$

基于 LR 的归一化功率差

$$\frac{|E_L|^2 - |E_R|^2}{|E_L|^2 + |E_R|^2} = \frac{g_3}{g_0} \tag{2.2.50}$$

2.2.4.2　部分极化波的 Stokes 矢量

整体平均法用于处理非相干波或部分相干波。假设满足各态历经假设，即时间平均法可以被空间平均法取代，将整体平均应用于 Stokes 矢量，为

$$\boldsymbol{g}=\begin{bmatrix}\langle g_0\rangle\\ \langle g_1\rangle\\ \langle g_2\rangle\\ \langle g_3\rangle\end{bmatrix}=\begin{bmatrix}\langle |E_{\mathrm{V}}|^2\rangle + \langle |E_{\mathrm{H}}|^2\rangle\\ \langle |E_{\mathrm{H}}|^2\rangle - \langle |E_{\mathrm{V}}|^2\rangle\\ 2\langle \mathrm{Re}\{E_{\mathrm{V}}E_{\mathrm{H}}^*\}\rangle\\ 2\langle \mathrm{Re}\{E_{\mathrm{V}}E_{\mathrm{H}}^*\}\rangle\end{bmatrix} \tag{2.2.51}$$

式中：符号〈〉表示平均。根据这个定义，以下不等式成立。

$$\langle g_0\rangle^2 \geqslant \langle g_1\rangle^2+\langle g_2\rangle^2+\langle g_3\rangle^2 \tag{2.2.52}$$

极化度（DoP）定义为显示总功率中包含了多少相干成分。

2.2.4.2.1　极化度

$$\mathrm{DoP}=\frac{\sqrt{\langle g_1\rangle^2+\langle g_2\rangle^2+\langle g_3\rangle^2}}{\langle g_0\rangle} \tag{2.2.53}$$

根据 DoP 的值，该波可以分为以下几类：

DoP =1 对应于“完全极化波”。它显示出一个相干波。Stokes 参数之间存在以下关系：

$$\langle g_0\rangle^2 = \langle g_1\rangle^2+\langle g_2\rangle^2+\langle g_3\rangle^2 \tag{2.2.54}$$

DoP =0 对应于“完全非极化波”，这种波是不相干的。Stokes 参数为

$$\langle g_0\rangle^2\neq 0,\ \langle g_1\rangle^2=\langle g_2\rangle^2=\langle g_3\rangle^2=0 \tag{2.2.55}$$

0 < DoP < 1 相当于“部分极化波”。大多数观测到的波属于这一类。部分极化波是相干部分和非相干部分的和。参数可以写成

$$q=\langle g_1\rangle^2+\langle g_2\rangle^2+\langle g_3\rangle^2 \tag{2.2.56}$$

$$\boldsymbol{g}=\begin{bmatrix}q\\ \langle g_1\rangle\\ \langle g_2\rangle\\ \langle g_3\rangle\end{bmatrix}+\begin{bmatrix}\langle g_0\rangle - q\\ 0\\ 0\\ 0\end{bmatrix} \tag{2.2.57}$$

极化 + 未极化

DoP 常用作波的分解或分类标准。

2.2.5　极化参数和 Poincaré 球体

Poincaré 球经常被用作极化的视觉表示。Poincaré 球是由一位名为 A. Poincaré 的法国数学家发明的，如图 2.18 所示，它可以被认为是图 2.12 的三维扩展。球体上的一个点表示一个特定的极化，和极化之间有一一对应关系。如果将球体映射到地球上，则北极对应于 LHC 极化，南极对应于 RHC 极化，而赤道对应于线极化。可以通过球体表面上的一点来确定极化。

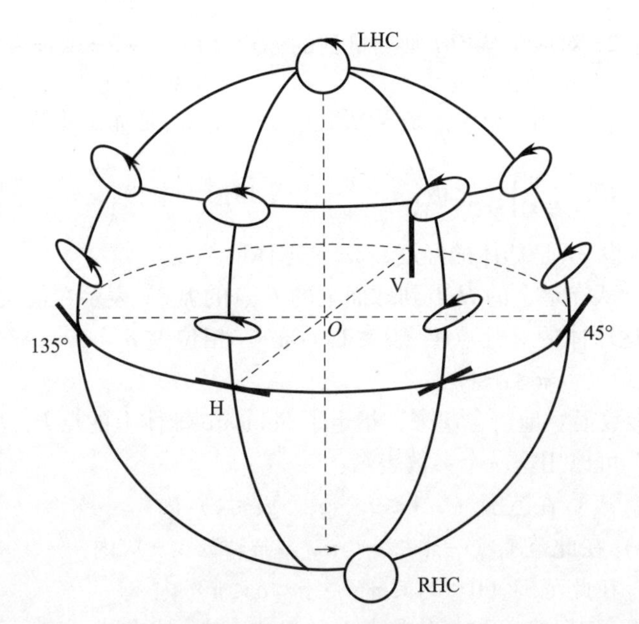

图 2.18　Poincaré 球体和极化（上半球为左旋，下半球为右旋）
（来源：山口芳雄，《雷达极化测量——从基础到应用》（日文版），IEICE，2007）

有一些参数可以用来指定球面上的一个点，例如图 2.19 中的（g_1，g_2，g_3），（ε，τ）和（γ，δ）。

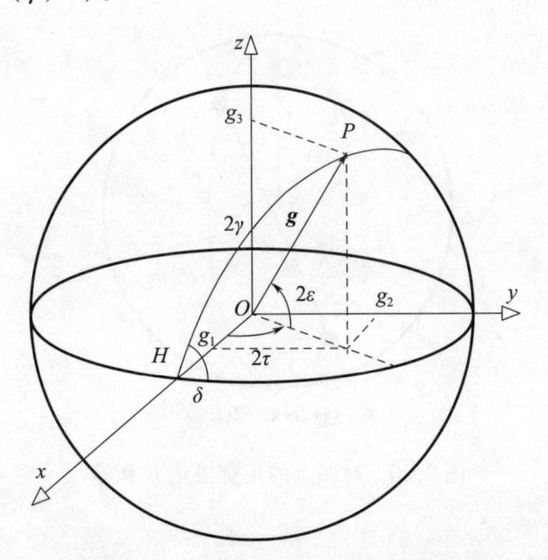

图 2.19　Poincaré 球体和极化参数

（g_1，g_2，g_3）：Stokes 参数构成球面的三个直角轴，它们可以看成是直角坐标。（$g_1=x$，$g_2=y$，$g_3=z$）。

$(\varepsilon,\ \tau)$：2τ 对应于从 OH 轴测量到的赤道经度（$-2\pi \leqslant 2\tau \leqslant 2\pi$），$\tau = \frac{\pi}{4}$ 对应于45°斜向线极化，$\tau = \frac{\pi}{2}$是 V 极化。另外，2ε 是赤道平面与 OP 轴之间的夹角$\left(-\frac{\pi}{2} \leqslant 2\varepsilon \leqslant \frac{\pi}{2}\right)$。北极$\left(\varepsilon = \frac{\pi}{4}\right)$代表 LHC，南极$\left(\varepsilon = -\frac{\pi}{4}\right)$代表 RHC。因此，可以假设 2τ 是球体的经度，2ε 是球体的纬度。

$(\gamma,\ \delta)$：从赤道上的 H 点到球面上的 P 点的弧 2γ 表示在最大圆上的距离 HP。最后到达球体的对趾点 V（$0 \leqslant 2\gamma \leqslant \pi$）。相位差 $\delta = \phi_y - \phi_x$ 表示赤道与 HP 之间的夹角（$-\pi \leqslant \delta \leqslant \pi$）。

这3个参数很好地组合起来，指定了 Poincaré 球体上的点 P，如图2.19 所示。同一点 P 可以用这三个参数表示：

$(g_1,\ g_2,\ g_3)$ 在范围（$-1 \leqslant g_1,\ g_2,\ g_3 \leqslant 1$）内

$(2\varepsilon,\ 2\tau)$ 在此范围（$-\pi \leqslant 2\tau \leqslant \pi,\ -\pi \leqslant 2\varepsilon \leqslant \pi$）内

$(2\gamma,\ \delta)$ 在此范围（$0 \leqslant 2\gamma \leqslant \pi,\ -\pi \leqslant \delta \leqslant \pi$）内

有趣的是，对趾点 Q 的极化与点 P 的极化正交，如图 2.20 所示。例如，左旋圆极化 LHC 与右旋圆极化 RHC 正交，H 极化的对面是 V 极化（图 2.18）。这个性质适用于球面上的任何点。因此，穿过 Poincaré 球原点的直线是正交极化基。

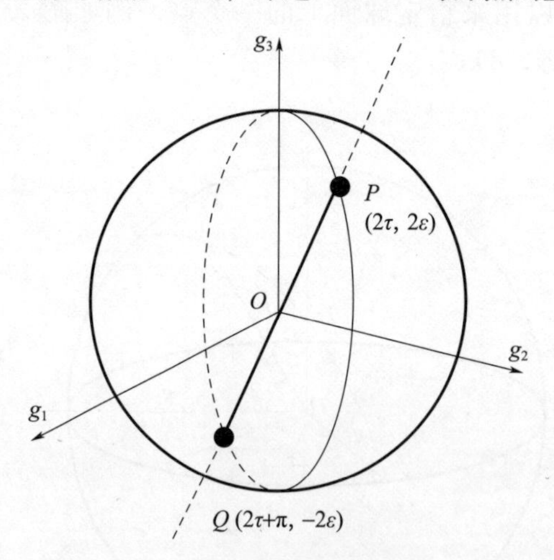

图 2.20 对趾点的正交极化 P 和 Q

2.2.6 极化矢量

正交极化可以由 Poincaré 球上的对趾点得到，用式（2.2.58）进行检验是很简单的。

$$\begin{bmatrix} |E_x| \\ |E_y|\mathrm{e}^{\mathrm{j}\delta} \end{bmatrix} = A\begin{bmatrix} \cos\tau & -\sin\tau \\ \sin\tau & \cos\tau \end{bmatrix}\begin{bmatrix} \cos\varepsilon \\ \mathrm{j}\sin\varepsilon \end{bmatrix}\mathrm{e}^{\mathrm{j}\phi} \tag{2.2.58}$$

可以定义极化矢量 $\boldsymbol{p}$

$$\boldsymbol{p} = \boldsymbol{p}(\tau, \varepsilon) = \begin{bmatrix} \cos\tau & -\sin\tau \\ \sin\tau & \cos\tau \end{bmatrix}\begin{bmatrix} \cos\varepsilon \\ \mathrm{j}\sin\varepsilon \end{bmatrix} \tag{2.2.59}$$

Poincaré 球上对趾点的几何参数为

$$\begin{cases} 2\tau \Rightarrow 2\tau + \pi & \tau \Rightarrow \tau + \dfrac{\pi}{2} \\ 2\varepsilon \Rightarrow -2\varepsilon & \varepsilon \Rightarrow -\varepsilon \end{cases} \tag{2.2.60}$$

因此，正交极化矢量为

$$\boldsymbol{p}_\perp = \boldsymbol{p}\left(\tau + \frac{\pi}{2}, -\varepsilon\right) = \begin{bmatrix} -\sin\tau & -\cos\tau \\ \cos\tau & -\sin\tau \end{bmatrix}\begin{bmatrix} \cos\varepsilon \\ -\mathrm{j}\sin\varepsilon \end{bmatrix} \tag{2.2.61}$$

它满足内积

$$\boldsymbol{p} \cdot \boldsymbol{p}_\perp^* = 0 \tag{2.2.62}$$

因此，式（2.2.59）和式（2.2.61）适用于任意正交极化对（图 2.21）。

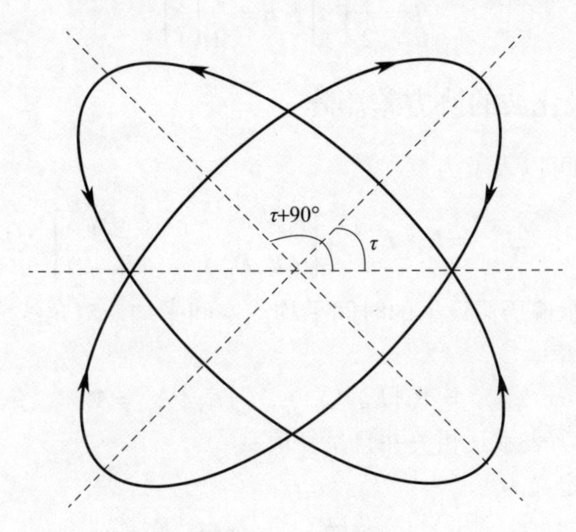

图 2.21　正交极化

（来源：山口芳雄，《雷达极化测量——从基础到应用》（日文版），IEICE，2007）

典型的极化可以表示为

$$\text{H 极化 } \tau = 0,\ \varepsilon = 0 \Rightarrow \boldsymbol{p} = \boldsymbol{p}(0, 0) = \begin{bmatrix} 1 & 0 \\ 0 & 1 \end{bmatrix}\begin{bmatrix} 1 \\ \mathrm{j}0 \end{bmatrix} = \begin{bmatrix} 1 \\ 0 \end{bmatrix} \tag{2.2.63a}$$

$$\text{正交（V 极化）} \Rightarrow \boldsymbol{p}_\perp = \boldsymbol{p}\left(\frac{\pi}{2}, 0\right) = \begin{bmatrix} 0 & -1 \\ 0 & 0 \end{bmatrix}\begin{bmatrix} 1 \\ -\mathrm{j}0 \end{bmatrix} = \begin{bmatrix} 0 \\ 1 \end{bmatrix} \tag{2.2.63b}$$

45°线性 $\tau=\frac{\pi}{4}$，$\varepsilon=0 \Rightarrow \boldsymbol{p}=\boldsymbol{p}\left(\frac{\pi}{4},\ 0\right)=\frac{1}{\sqrt{2}}\begin{bmatrix}1 & -1\\ 1 & 1\end{bmatrix}\begin{bmatrix}1\\ \mathrm{j}0\end{bmatrix}=\frac{1}{\sqrt{2}}\begin{bmatrix}1\\ 1\end{bmatrix}$ (2.2.64a)

正交（=135°线性）$\Rightarrow \boldsymbol{p}_{\perp}=\boldsymbol{p}\left(\frac{\pi}{4}+\frac{\pi}{2},\ 0\right)=\frac{1}{\sqrt{2}}\begin{bmatrix}1 & -1\\ 1 & -1\end{bmatrix}\begin{bmatrix}1\\ \mathrm{j}0\end{bmatrix}=\frac{1}{\sqrt{2}}\begin{bmatrix}-1\\ 1\end{bmatrix}$

(2.2.64b)

LHC$\varepsilon=\frac{\pi}{4} \Rightarrow \boldsymbol{p}=\boldsymbol{p}\left(\tau,\ \frac{\pi}{4}\right)=\begin{bmatrix}\cos\tau & -\sin\tau\\ \sin\tau & \cos\tau\end{bmatrix}\frac{1}{\sqrt{2}}\begin{bmatrix}1\\ \mathrm{j}\end{bmatrix}=\frac{\mathrm{e}^{-\mathrm{j}\tau}}{\sqrt{2}}\begin{bmatrix}1\\ \mathrm{j}\end{bmatrix}$ (2.2.65a)

正交（=RHC）$\Rightarrow \boldsymbol{p}_{\perp}=\boldsymbol{p}\left(\tau+\frac{\pi}{2},\ \frac{\pi}{4}\right)=\begin{bmatrix}-\sin\tau & -\cos\tau\\ \cos\tau & -\sin\tau\end{bmatrix}\frac{1}{\sqrt{2}}\begin{bmatrix}1\\ -\mathrm{j}\end{bmatrix}=\frac{\mathrm{e}^{-\mathrm{j}\tau}}{\sqrt{2}}\begin{bmatrix}\mathrm{j}\\ 1\end{bmatrix}$

(2.2.65b)

结果与Jones矢量表示的结果相同。

在LHC和RHC的表达中，$\mathrm{e}^{-\mathrm{j}\tau}$和$\mathrm{e}^{\mathrm{j}\tau}$用椭圆倾角表示相移。在选择椭圆倾角时存在歧义。然而，对于任何椭圆倾角的值，极化形状都保持完全圆形。因此，可以不失一般性地设置$\tau=0$，从而使LHC和RHC的极化矢量成为

$$\hat{L}=\frac{1}{\sqrt{2}}\begin{bmatrix}1\\ \mathrm{j}\end{bmatrix},\ \hat{R}=\frac{1}{\sqrt{2}}\begin{bmatrix}\mathrm{j}\\ 1\end{bmatrix} \tag{2.2.66}$$

2.2.7 部分极化波的协方差矩阵

协方差矩阵可以表示为

$$\langle \boldsymbol{J}\rangle=\boldsymbol{E}\cdot\boldsymbol{E}^{*\mathrm{T}}=\begin{bmatrix}\langle |E_{\mathrm{H}}|^2\rangle & \langle E_{\mathrm{H}}E_{\mathrm{V}}^*\rangle\\ \langle E_{\mathrm{V}}E_{\mathrm{H}}^*\rangle & \langle |E_{\mathrm{V}}|^2\rangle\end{bmatrix} \tag{2.2.67}$$

其中：$\langle\cdots\rangle$表示遍历假设下的时间平均或空间平均。对角线元素的和是矩阵的迹，等于总功率。

$$\mathrm{Trace}\langle \boldsymbol{J}\rangle=\langle |E_{\mathrm{H}}|^2\rangle+\langle |E_{\mathrm{V}}|^2\rangle=A^2=\langle g_0\rangle \tag{2.2.68}$$

非对角线的项表示互相关并且是复值。

Stokes参数定义为

$$\begin{aligned}\langle g_0\rangle&=\langle |E_{\mathrm{H}}|^2\rangle+\langle |E_{\mathrm{V}}|^2\rangle\\ \langle g_1\rangle&=\langle |E_{\mathrm{H}}|^2\rangle-\langle |E_{\mathrm{V}}|^2\rangle\\ \langle g_2\rangle&=\langle E_{\mathrm{H}}E_{\mathrm{V}}^*\rangle+\langle E_{\mathrm{V}}^*E_{\mathrm{H}}\rangle\\ \langle g_3\rangle&=\mathrm{j}\langle E_{\mathrm{H}}E_{\mathrm{V}}^*\rangle-\mathrm{j}\langle E_{\mathrm{V}}^*E_{\mathrm{H}}\rangle\end{aligned} \tag{2.2.69}$$

协方差矩阵用Stokes参数表示

$$\langle \boldsymbol{J}\rangle=\frac{1}{2}\begin{bmatrix}\langle g_0\rangle+\langle g_1\rangle & \langle g_2\rangle-\mathrm{j}\langle g_3\rangle\\ \langle g_2\rangle+\mathrm{j}\langle g_3\rangle & \langle g_0\rangle-\langle g_1\rangle\end{bmatrix} \tag{2.2.70}$$

现在，用特征值和特征矢量展开协方差矩阵

$$\langle \boldsymbol{J} \rangle = \boldsymbol{U}_2 \begin{bmatrix} \lambda_1 & 0 \\ 0 & \lambda_2 \end{bmatrix} \boldsymbol{U}_2^{-1} = \lambda_1 \boldsymbol{u}_1 \boldsymbol{u}_1^{\mathrm{T}} + \lambda_2 \boldsymbol{u}_2 \boldsymbol{u}_2^{\mathrm{T}} \tag{2.2.71}$$

$$\boldsymbol{U}_2 = \boldsymbol{u}_1 \boldsymbol{u}_2\text{：酉矩阵}$$

特征值由下列方程给出

$$\lambda_1 = \frac{1}{2}\left(\langle g_0 \rangle + \sqrt{\langle g_1 \rangle^2 + \langle g_2 \rangle^2 + \langle g_3 \rangle^2}\right) = \frac{\langle g_0 \rangle}{2}(1 + \mathrm{DoP}) \tag{2.2.72}$$

$$\lambda_2 = \frac{1}{2}\left(\langle g_0 \rangle - \sqrt{\langle g_1 \rangle^2 + \langle g_2 \rangle^2 + \langle g_3 \rangle^2}\right) = \frac{\langle g_0 \rangle}{2}(1 - \mathrm{DoP}) \tag{2.2.73}$$

由式（2.2.72）、式（2.2.73）可知，λ_1 对应于完全极化波，而 λ_2 对应于完全非极化波。

DoP 可以表示如下，并等于各向异性

$$\mathrm{DoP} = \frac{\text{极化功率}}{\text{总功率}} = \frac{\sqrt{\langle g_1 \rangle^2 + \langle g_2 \rangle^2 + \langle g_3 \rangle^2}}{\langle g_0 \rangle} = \frac{\lambda_1 - \lambda_2}{\lambda_1 + \lambda_2} = \text{各向异性} \tag{2.2.74}$$

熵 H 表示统计随机性，可以由特征值给出

$$H = -p_1 \log_2 p_1 - p_2 \log_2 p_2,\quad p_i = \frac{\lambda_i}{\lambda_1 + \lambda_2} \tag{2.2.75}$$

波形可以根据 DoP 进行分类，如图 2.22 所示。

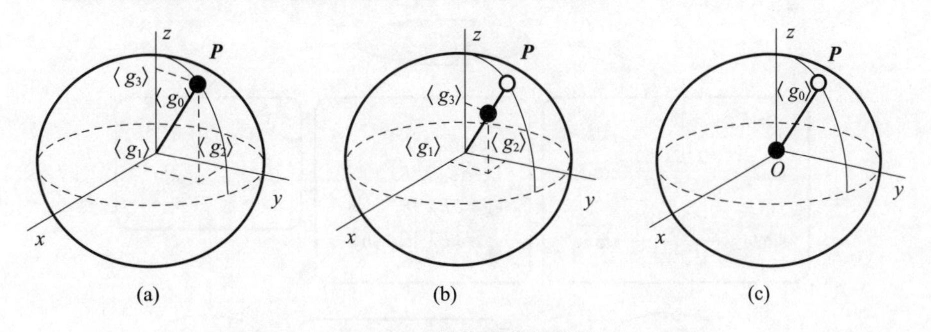

图 2.22　极化到非极化波

（a）完全极化波；（b）部分极化波；（c）完全非极化波。

（1）完全极化波。

$\mathrm{DoP} = 1$

$\langle g_1 \rangle^2 + \langle g_2 \rangle^2 + \langle g_3 \rangle^2 = \langle g_0 \rangle^2$

$\lambda_1 = g_0,\ \lambda_2 = 0,\ H = 0$

$\mathrm{Det}\langle \boldsymbol{J} \rangle = 0$

它位于 Poincaré 球体的表面。

(2) 部分极化波。

$0 < \mathrm{DoP} < 1$

$\langle g_1\rangle^2 + \langle g_2\rangle^2 + \langle g_3\rangle^2 < \langle g_0\rangle^2$

$\lambda_1 \neq \lambda_2,\ 0 < H < 1$

$\mathrm{Det}\langle \boldsymbol{J}\rangle > 0$

完全极化部分(•)位于球体内部

(3) 完全非极化波。

$\mathrm{DoP} = 0$

$\langle g_1\rangle^2 + \langle g_2\rangle^2 + \langle g_3\rangle^2 = 0$

$\lambda_1 = \lambda_2 = \frac{\langle g_0\rangle}{2},\ H = 1$

$\langle E_{\mathrm{H}} E_{\mathrm{V}}^*\rangle = 0$

2.3 极化参数之间的关系及本章小结

到目前为止，已经有极化波的各种表示。Poincaré 球体似乎最适合用于波极化的可视化表示，任何极化都可以由表面上的一个点来表征。对于极化数据分析，可以选用最合适的一个，因为每种表示都有自己的优点。极化参数之间的关系如图 2.23 所示。

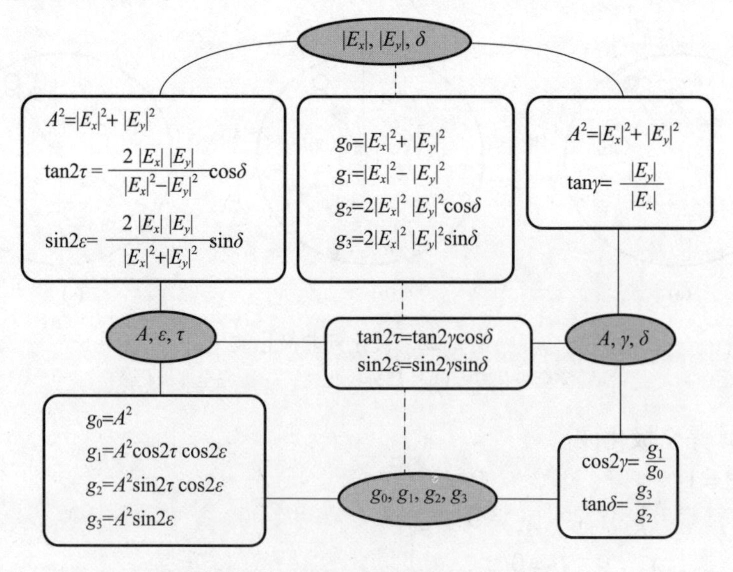

图 2.23　极化参数之间的相互关系

由式（2.2.21）可知，极化比与几何参数有关

$$\rho=\frac{E_V}{E_H}=\frac{\sin\tau\cos\varepsilon+\mathrm{j}\cos\tau\sin\varepsilon}{\cos\tau\cos\varepsilon-\mathrm{j}\sin\tau\sin\varepsilon}=\frac{\tan\tau+\mathrm{j}\tan\varepsilon}{1-\mathrm{j}\tan\tau\tan\varepsilon} \tag{2.3.1}$$

因此，几何参数可以用极化比表示，

$$\tan2\tau=\frac{2\mathrm{Re}\{\rho\}}{1-|\rho|^2},\ \sin2\varepsilon=\frac{2\mathrm{Im}\{\rho\}}{1+|\rho|^2} \tag{2.3.2}$$

这种关系在相干极化测量中经常使用，对确定电磁波的极化状态也很有用。

附　录

A2.1　首次定义

定义是起点。如果定义不同，后续工作和最终结果就会变得模糊不清，极化就属于这一类，困惑就是从这个出发点来的。例如，波的表示在工程领域中经常使用 e^{-jkr}，表示沿 $+r$ 方向传播，而在光学中经常使用 e^{+ikr}。这是源于光学上 e^{+ikr} 和工程上 $e^{+j\omega t}$ 的首次定义。工程上对极化的定义是基于从传输背面看到的横平面，这与光学上的定义相反。因此，LHC 的旋转与 RHC 的极化完全相反。

著名的混淆被文献［13－14］引用为

圆极化波有右旋和左旋两种方向，这是按惯例定义的。TELSTAR 卫星发射圆极化微波。当它第一次飞越大西洋时，英国的贡希利车站和法国的波杜车站都试图接收它的信号。法国人之所以成功，是因为他们对极化的定义与美国人的定义一致。英国的观测站接收了错误的（正交）极化，因为他们对旋向的定义与“我们”的定义相反。

摘自 J R Pierce 的《关于波的一切》，130－131 页，麻省理工学院剑桥出版社，1974 年[15]。

在极化基中，H 和 V、L 和 R 哪个是首次？这些也给极化理论的发展带来了困惑。在本书中，首先定义 H，然后定义 V 为正交极化。同样，先定义 LHC（L），再定义 R。如果用不同的方法，变换矩阵就变成了另一种形式。

A2.2　利用极化比的矢量变换

由任意基（A－B）到基（H－V）的基矢量 $\hat{\boldsymbol{E}}$ 变换可以通过

$$\hat{\boldsymbol{E}}(\mathrm{HV})=\boldsymbol{T}\hat{\boldsymbol{E}}(\mathrm{AB}) \tag{A2.1}$$

其中

$$\boldsymbol{T}=\frac{1}{\sqrt{1+\rho\rho^*}}\begin{bmatrix}1 & -\rho^*\\ \rho & 1\end{bmatrix}\begin{bmatrix}e^{-j\alpha} & 0\\ 0 & e^{j\alpha}\end{bmatrix} \tag{A2.2}$$

为用极化比ρ和几何参数（ε，τ）表示的基变换矩阵，

$$\rho=\frac{\tan\tau+\mathrm{j}\tan\varepsilon}{1-\mathrm{j}\tan\tau\tan\varepsilon},\ \alpha=\arctan（\tan\tau\tan\varepsilon） \tag{A2.3}$$

另外，矢量分量$\boldsymbol{E}$变换是通过由基（H－V）到任意基（A－B）计算得到

$$\boldsymbol{E}(\mathrm{AB})=\boldsymbol{UE}(\mathrm{HV})=\boldsymbol{T}^{-1}\boldsymbol{E}(\mathrm{HV}) \tag{A2.4}$$

式中

$$\boldsymbol{U}=\boldsymbol{T}^{-1}=\frac{1}{\sqrt{1+\rho\rho^{*}}}\begin{bmatrix}\mathrm{e}^{-\mathrm{j}\alpha} & 0\\ 0 & \mathrm{e}^{\mathrm{j}\alpha}\end{bmatrix}\begin{bmatrix}1 & \rho^{*}\\ -\rho & 1\end{bmatrix} \tag{A2.5}$$

是矢量变换矩阵。

因此基底（A－B）中的矢量分量（E_{A}，E_{B}）可以写成基底（H－V）中的矢量分量（E_{H}，E_{V}）

$$\begin{bmatrix}E_{\mathrm{A}}\\ E_{\mathrm{B}}\end{bmatrix}=\frac{1}{\sqrt{1+\rho\rho^{*}}}\begin{bmatrix}\mathrm{e}^{-\mathrm{j}\alpha} & 0\\ 0 & \mathrm{e}^{\mathrm{j}\alpha}\end{bmatrix}\begin{bmatrix}1 & \rho^{*}\\ -\rho & 1\end{bmatrix}\begin{bmatrix}E_{\mathrm{H}}\\ E_{\mathrm{V}}\end{bmatrix} \tag{A2.6}$$

例如，圆极化矢量的分量可以写为

$$\rho=\mathrm{j},\ \alpha=0\Rightarrow\boldsymbol{T}=\frac{1}{\sqrt{2}}\begin{bmatrix}1 & \mathrm{j}\\ \mathrm{j} & 1\end{bmatrix},\ \boldsymbol{U}=\frac{1}{\sqrt{2}}\begin{bmatrix}1 & -\mathrm{j}\\ -\mathrm{j} & 1\end{bmatrix}$$

$$\begin{bmatrix}E_{\mathrm{A}}\\ E_{\mathrm{B}}\end{bmatrix}=\frac{1}{\sqrt{2}}\begin{bmatrix}1 & -\mathrm{j}\\ -\mathrm{j} & 1\end{bmatrix}\begin{bmatrix}E_{\mathrm{H}}\\ E_{\mathrm{V}}\end{bmatrix}=\frac{1}{\sqrt{2}}\begin{bmatrix}E_{\mathrm{H}}-\mathrm{j}E_{\mathrm{V}}\\ -\mathrm{j}E_{\mathrm{H}}+E_{\mathrm{V}}\end{bmatrix} \tag{A2.7}$$

经验证：

HV 基中的 LHC 的$\begin{bmatrix}E_{\mathrm{H}}\\ E_{\mathrm{V}}\end{bmatrix}=\frac{1}{\sqrt{2}}\begin{bmatrix}1\\ \mathrm{j}\end{bmatrix}$导出 LR 基中的$\begin{bmatrix}E_{\mathrm{L}}\\ E_{\mathrm{R}}\end{bmatrix}=\frac{1}{2}\begin{bmatrix}1 & -\mathrm{j}\\ -\mathrm{j} & 1\end{bmatrix}\begin{bmatrix}1\\ \mathrm{j}\end{bmatrix}=\begin{bmatrix}1\\ 0\end{bmatrix}$。

HV 基中的 RHC 的$\begin{bmatrix}E_{\mathrm{H}}\\ E_{\mathrm{V}}\end{bmatrix}=\frac{1}{\sqrt{2}}\begin{bmatrix}\mathrm{j}\\ 1\end{bmatrix}$导出 LR 基中的$\begin{bmatrix}E_{\mathrm{L}}\\ E_{\mathrm{R}}\end{bmatrix}=\frac{1}{2}\begin{bmatrix}1 & -\mathrm{j}\\ -\mathrm{j} & 1\end{bmatrix}\begin{bmatrix}\mathrm{j}\\ 1\end{bmatrix}=\begin{bmatrix}0\\ 1\end{bmatrix}$。

对于45°～135°倾斜线极化，（X－Y）矢量为

$$\rho=1,\ \alpha=0\Rightarrow\boldsymbol{T}=\frac{1}{\sqrt{2}}\begin{bmatrix}1 & -1\\ 1 & 1\end{bmatrix},\ \boldsymbol{U}=\frac{1}{\sqrt{2}}\begin{bmatrix}1 & 1\\ -1 & 1\end{bmatrix}$$

$$\begin{bmatrix}E_{\mathrm{X}}\\ E_{\mathrm{Y}}\end{bmatrix}=\frac{1}{\sqrt{2}}\begin{bmatrix}1 & 1\\ -1 & 1\end{bmatrix}\begin{bmatrix}E_{\mathrm{H}}\\ E_{\mathrm{V}}\end{bmatrix}=\frac{1}{\sqrt{2}}\begin{bmatrix}E_{\mathrm{H}}+E_{\mathrm{V}}\\ -E_{\mathrm{H}}+E_{\mathrm{V}}\end{bmatrix} \tag{A2.8}$$

经证实：

HV 基中的45°的$\begin{bmatrix}E_{\mathrm{H}}\\E_{\mathrm{V}}\end{bmatrix}=\frac{1}{\sqrt{2}}\begin{bmatrix}1\\1\end{bmatrix}$导出 XY 基中的$\begin{bmatrix}E_{\mathrm{X}}\\E_{\mathrm{Y}}\end{bmatrix}=\frac{1}{2}\begin{bmatrix}1&1\\-1&1\end{bmatrix}\begin{bmatrix}1\\1\end{bmatrix}=\begin{bmatrix}1\\0\end{bmatrix}$。

HV 基中的 135°的 $\begin{bmatrix}E_{\mathrm{H}}\\E_{\mathrm{V}}\end{bmatrix}=\frac{1}{\sqrt{2}}\begin{bmatrix}-1\\1\end{bmatrix}$导出 XY 基中的 $\begin{bmatrix}E_{\mathrm{X}}\\E_{\mathrm{Y}}\end{bmatrix}=\frac{1}{2}\begin{bmatrix}1&1\\-1&1\end{bmatrix}\begin{bmatrix}-1\\1\end{bmatrix}=\begin{bmatrix}0\\1\end{bmatrix}$。

因为是酉变换，所以式（A2.1）变换到式（A2.5）还保留了波中包含的相位信息。

A2.3　轴比

在天线工程中，用“轴比”来评价天线的圆极化度。这个值被定义为极化椭圆的长轴与短轴的比值

$$\text{轴比}=\frac{a}{b}=20\log\frac{a}{b}\ [\mathrm{dB}],\ 1<AR<\infty$$

这个值与椭圆率角有关，$\frac{a}{b}=\frac{1}{\tan\varepsilon}$。

当 AR 小于 3dB 时，通常将辐射波视为圆极化。然而，通过计算发现

$$(\mathrm{AR}=0\mathrm{dB})\Rightarrow\tan\varepsilon=1\Rightarrow\varepsilon=45°.\ \text{正圆}$$

$$(\mathrm{AR}=3\mathrm{dB})\Rightarrow|\tan\varepsilon|=\frac{1}{\sqrt{2}}\Rightarrow\varepsilon=\pm35.27°.\ \text{椭圆}$$

AR 小于 3dB 的范围被映射到 Poincaré 球上两极周围的区域，如图 A2.1 所示。圆极化对应区域面积太大，可能会在极化处理中引起问题。

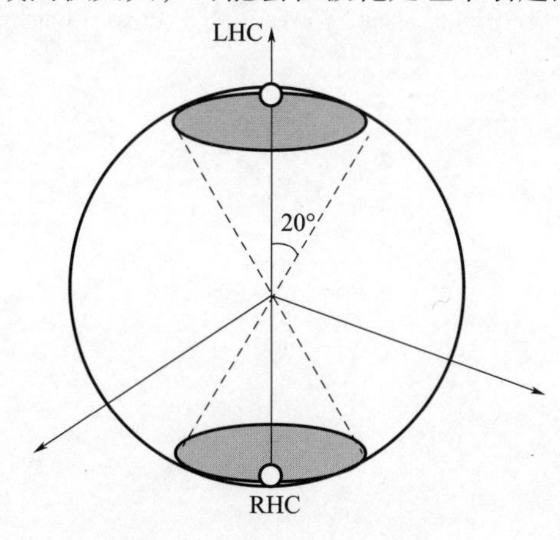

图 A2.1　AR 小于 3dB 的区域

（来源：山口芳雄，《雷达极化测量——从基础到应用》（日文版），IEICE，2007）

参考文献

1. J. A. Stratton, Electromagnetic Theory, Chapter 5, McGraw – Hill, New York, 1941.
2. IEEE/ANSI, Standard No. 149 – 1979, Test Procedures for Antennas, IEEE Publications, New York, 1979.
3. IEEE Standard 145 – 1983, IEEE Standard Definition of terms for Antennas, 1983.
4. J. D. Kraus, Electromagnetics, 3rd ed., McGraw – Hill, New York, 1984.
5. C. A. Balanis, Advanced Engineering Electromagnetics, John Wiley & Sons, 1989.
6. H. Mott, Remote Sensing with Polarimetric Radar, John Wiley & Sons, New Jersey, 2007.
7. W. M. Boerner et al., eds., Direct and inverse methods in radar polarimetry, Proceedings of the NATO – ARW, September 18 – 24, 1988, 1987 – 91, NATO ASI Series C: Math & Phys. Sciences, vol. C – 350, Parts 1&2, Kluwer Academic Publications, 1992.
8. W. L. Stutzman, Polarization in Electromagnetic Systems, p. 52, Artech House, Boston, 1993.
9. M. Born and E. Wolf, Principles of Optics, 6th ed., Pergamon Press, London, 1959.
10. E. Krogager, Aspects of polarimetric radar imaging, Doctoral Thesis, Technical University of Denmark, May 1993.
11. E. Pottier and F. Famil, Polarimetry from basics to applications, Tutorials of IGARSS' 04, IEEE, 2004.
12. IEEE Standard Dictionary of Electrical and Electronics Terms, 3rd ed. IEEE, 1984.
13. Y. Yamaguchi, Radar Polarimetry from Basics to Applications: Radar Remote Sensing using Polarimetric Information (in Japanese), IEICE, Tokyo, 2007.
14. J. S. Lee and E. Pottier, Polarimetric Radar Imaging from Basics to Applications, CRC Press, 2009.
15. J. R. Pierce, Almost Everything about Waves, MIT Press, Cambridge, MA, pp. 130 – 131, 1974.

第❸章 极化散射

雷达是利用电磁波的时延来确定目标的距离，并利用反射振幅来探测目标的设备。雷达是“无线电探测和测距”的缩写。虽然雷达是在第二次世界大战期间发明的，但如今它已经通过天气预报和汽车防撞系统在日常生活中为大家熟知。由于雷达方面的书籍和文献很多，不可能涵盖所有书目，所以只精选引用了一些书作为参考[1-15]。

单基地雷达是指发射天线与接收天线位置相同的雷达系统，如图 3.1（a）所示。双基地雷达的发射和接收天线位于不同位置（3.1（b））。单基地雷达因其最大的相位灵敏度而被广泛应用。在图 3.1 中，如果一个黑色目标沿 R 方向移动 ΔR 到灰色的位置，则单基地雷达得到的电磁波相位差为$\dfrac{4\pi\Delta R}{\lambda}$，双基地雷达的相位差总是小于$\dfrac{4\pi\Delta R}{\lambda}$，最大的相位差总是由单基地雷达得到的。由于相位信息在测距中起着最重要的作用，所以本书主要讨论单基地雷达系统。

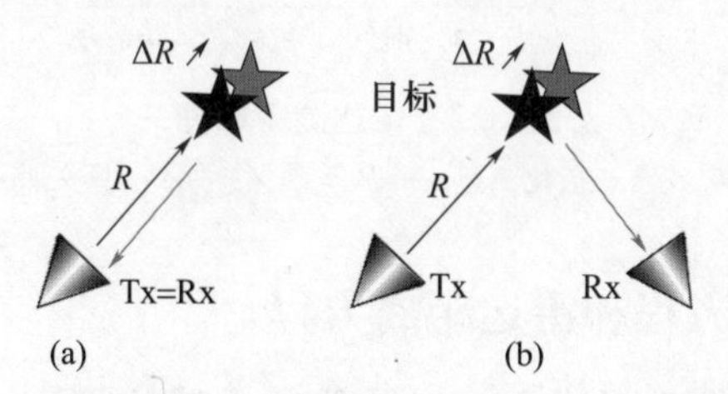

图 3.1　单基地和双基地雷达的发射和接收天线位置

（来源：山口芳雄，《雷达极化测量——从基础到应用》（日文版），IEICE，2007）

本章主要理解极化雷达中接收功率的概念，重点放在极化态上。接收功率取决于接收天线和来波的极化。例如，水平极化天线可以接收水平极化的波，但不能接收垂直极化的波。本章将学习接收功率是如何通过极化来表达和改变的。首先简要回顾雷达原理、雷达方程和功率表达式。然后介绍雷达极化的基本原理，包括互易定理、接收天线电压、散射矩阵和接收功率。由于接收功率根据发射机和接收机的极化而变化，因此可以为各种应用选择最佳的极化。可以利用特定的极化进行扩展，如获取目标的特征极化、进行极化滤波抑制杂波、进行检测和分类、识别等。雷达极化是充分利用雷达波中包含的极化信息的一种通用技术。

3.1 雷达的基本原理

雷达测距由脉冲波的往返时间决定，如图 3.2 所示。当雷达与目标之间距离为 R 时，电磁波的往返时间为

$$\tau = \frac{2R}{c} \tag{3.1.1}$$

式中：c 为电磁波传播速度，即

$$c = 3 \times 10^8 \mathrm{m/s} \tag{3.1.2}$$

τ 为时间延迟，也称为往返时间；R 为距离，通过测量时延来确定的。

雷达波照射到目标时会产生向各个方向辐射的散射波。散射是一种复杂的现象，与目标形状、材料、波长、入射角、极化等有关。在此，重点讨论雷达功率表达式与通信中接收功率的关系。

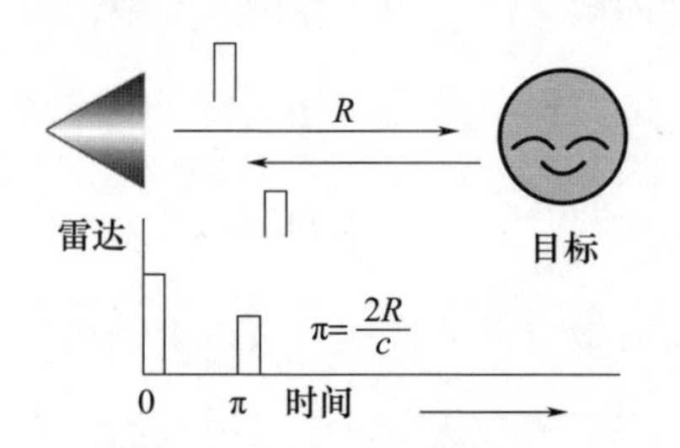

图 3.2 雷达测距原理

（来源：山口芳雄，《雷达极化测量——从基础到应用》（日文版），IEICE，2007）

3.1.1 Friis 传输方程和雷达距离方程

如图 3.3 所示，两个天线之间相隔距离 r。假设距离 r 比波长大得多，考虑天线#1 发送功率 P_t 时天线#2 的接收功率。

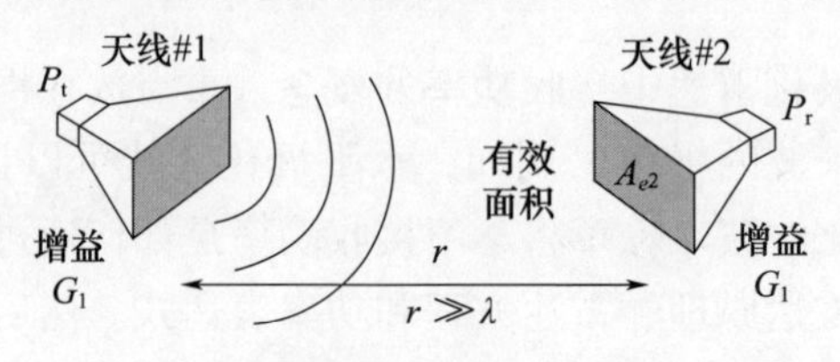

图 3.3 2 号天线（通信）的接收功率

当天线#1 辐射电磁波功率 P_t 时，r 处的功率密度为

$$\frac{P_t}{4\pi r^2} \tag{3.1.3}$$

如果天线#1 有增益 G_1，增益包括方向性和天线效率，功率密度则乘以 G_1 得到

$$\frac{P_t G_1}{4\pi r^2} \tag{3.1.4}$$

假设天线#2 的有效面积 A_{e2}，则天线#2 的输入功率可以表示为

$$\frac{P_t G_1}{4\pi r^2}A_{e2} \tag{3.1.5}$$

由于有效面积与天线增益有如下关系

$$A_{e2} = \frac{\lambda^2 G_2}{4\pi} \tag{3.1.6}$$

2 号天线的接收功率 P_r 为

$$P_r = \frac{P_t G_1}{4\pi r^2}\frac{\lambda^2 G_2}{4\pi} = \left(\frac{\lambda}{4\pi r}\right)^2 G_1 G_2 P_t \tag{3.1.7}$$

式（3.1.7）称为 Friis 传输方程，它将功率 P_r（传递给接收负载）与发射天线的输入功率 P_t 联系起来。$\left(\frac{\lambda}{4\pi r}\right)^2$ 被称为自由空间损耗因子，它考虑了由于天线能量的球形扩散所造成的损耗。这个方程是通信系统的基础。在这种情况中，接收功率按照 r^{-2} 随 r 的增加而减小。

接下来，考虑一个雷达测量案例，如图 3.4 所示。用功率反射系数为 σ 的物体代替图 3.3 中的天线#2。

发射的能量入射到目标上，然后被目标散射到各个方向。定义有效功率反射系数，即散射截面 σ，用以表面目标在某一方向上的散射能力。它能确定再辐射源（目标）的散射功率。利用这个参数，新的功率源可以表示为

$$\frac{P_t G_1}{4\pi r^2}\sigma \tag{3.1.8}$$

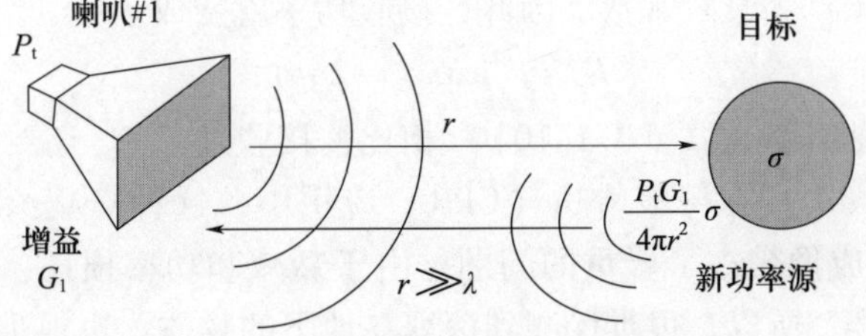

图 3.4　单基地雷达传感天线 1 的接收功率

距离目标移动 r 后，天线#1 处的功率密度为

$$\frac{1}{4\pi r^2}\frac{P_t G_1}{4\pi r^2}\sigma \tag{3.1.9}$$

利用有效面积 $A_{\varepsilon 1}$，天线#1 的接收功率为

$$P_r = \frac{1}{4\pi r^2}\frac{P_t G_1}{4\pi r^2}\sigma A_{\varepsilon 1} = \frac{\lambda^2 G_1^2 P_t}{(4\pi)^3 r^4}\sigma \tag{3.1.10}$$

式（3.1.10）为雷达距离方程，它涉及接收功率 P_r、雷达横截面 σ 和发射功率 P_t，为雷达功率关系的建立奠定了基础。接收功率按照 r^{-4} 随 r 的增大而减小，这在雷达感知场景中是一个重要的特性。与通信相比，雷达的覆盖区域受到了这种明显的功率衰减的限制。由于 r^{-4} 这种依赖关系在理论上是不可避免的，因此采用了灵敏度时间控制（STC）[5] 等应对技术。

3.1.2 最大探测距离

雷达能探测到多远的目标？这是雷达应用中一个有趣的问题。最远的距离称为最大可探测距离，记为 r_{max}，并由雷达接收机的最小可检测信号（灵敏度）S_{min}确定。在式（3.1.10）中，令 $P_r = S_{min}$，则最大可探测范围表达式为

$$r_{max} = \left[\frac{\lambda^2 G_1^2 P_t}{(4\pi)^3 S_{min}}\sigma\right]^{\frac{1}{4}} \tag{3.1.11}$$

式中

$$S_{min} = kTB \tag{3.1.12}$$

其中：k 为玻耳兹曼常数（1.38×10^{-23}J/K）；T 为温度（K）；B 为带宽（Hz）。

可以理解为如果发射功率增加一倍，探测距离不会增加太多。由于式（3.1.10）给出 $2^{\frac{1}{4}}\approx1.19$，所以探测距离只比原来增加了 19%，发射功率增加 10dB 只会使得探测范围扩展 1.78 倍，而不是 10 倍!

此外，如果传播介质中存在电导率，则最大可探测距离将以指数函数形式递减。有损耗介质中的电场可以表示为

$$E = E_0 \exp(-\alpha r) \tag{3.1.13}$$

其中：α（dB/m）为衰减常数。因此，接收功率就变成了

$$P_r = P_r^0 \exp(-2\alpha r) \tag{3.1.14}$$

与自由空间功率（式（3.1.10））相比，接收功率 P_r^0 还要再乘以一个衰减因子 $\exp(-\alpha r)$。在探地雷达（GPR）应用中，这种衰减给合成孔径雷达（SAR）在地下成像带来了严重的问题。由于衰减和功率损耗，无法获得来自深层目标的信号。所以，很难探测到深埋在地下的物体，也很难探测到高导电性质介质中的物体。

3.1.3　雷达截面积（RCS）

如果仔细看雷达方程，目标的所有信息都被保存在 σ 里面，其他参数与雷达系统有关，与目标信息无关。同一目标应具有相同的反射系数，而不取决于雷达系统。为了表示目标本身，需要一个标准来定义一个量，而不考虑距离和发射/接收功率。RCS σ 定义为表示目标等效散射面积，并写为

$$\sigma=\sigma(\theta,\ \varphi)=\lim_{r\to+\infty}4\pi r^2\left|\frac{\boldsymbol{E}^{\mathrm{s}}(\theta,\ \varphi)}{\boldsymbol{E}^{\mathrm{i}}}\right|^2\ [\mathrm{m}^2] \tag{3.1.15}$$

其中：$\boldsymbol{E}^{\mathrm{i}}$ 为入射到目标上的电场，$\boldsymbol{E}^{\mathrm{s}}(\theta,\ \varphi)$ 是散射场，并且 $(\theta,\ \varphi)$ 球坐标系的角分量；$\sigma(\theta,\ \varphi)$ 表示散射波能量的方向图。

式（3.1.15）的定义似乎很难理解，但它与天线方向性的定义非常相似，表示某一特定方向的功率与全向平均功率的比值。平均功率为输入功率除以 $4\pi r^2$。

后向散射方向定义为朝向雷达方向，如图3.5所示。由于单基地雷达工作在这种散射模式下，所以在各种散射方向中，后向散射方向尤为重要。各种金属物体的雷达截面积见表3.1。这些物体尺寸被认为比波长 λ 大得多。

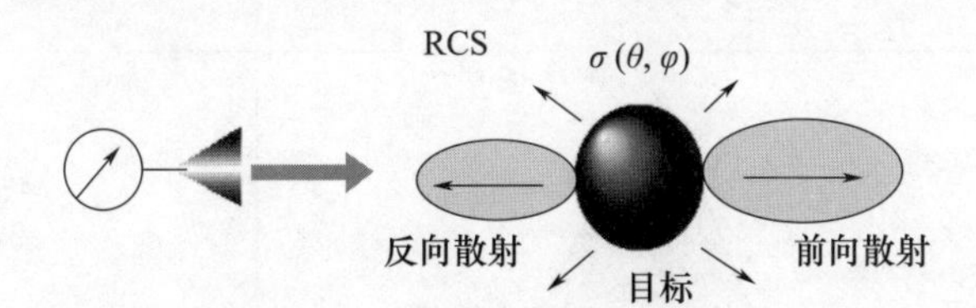

图3.5　后向散射和前向散射

（来源：山口芳雄，《雷达极化测量——从基础到应用》（日文版），IEICE，2007）

表3.1　雷达截面积（RCS）

类型	形状	RCS（Max）
球体	a	$\pi\alpha^2$
金属板	a　b	$\dfrac{4\pi a^2 b^2}{\lambda^2}$

续表

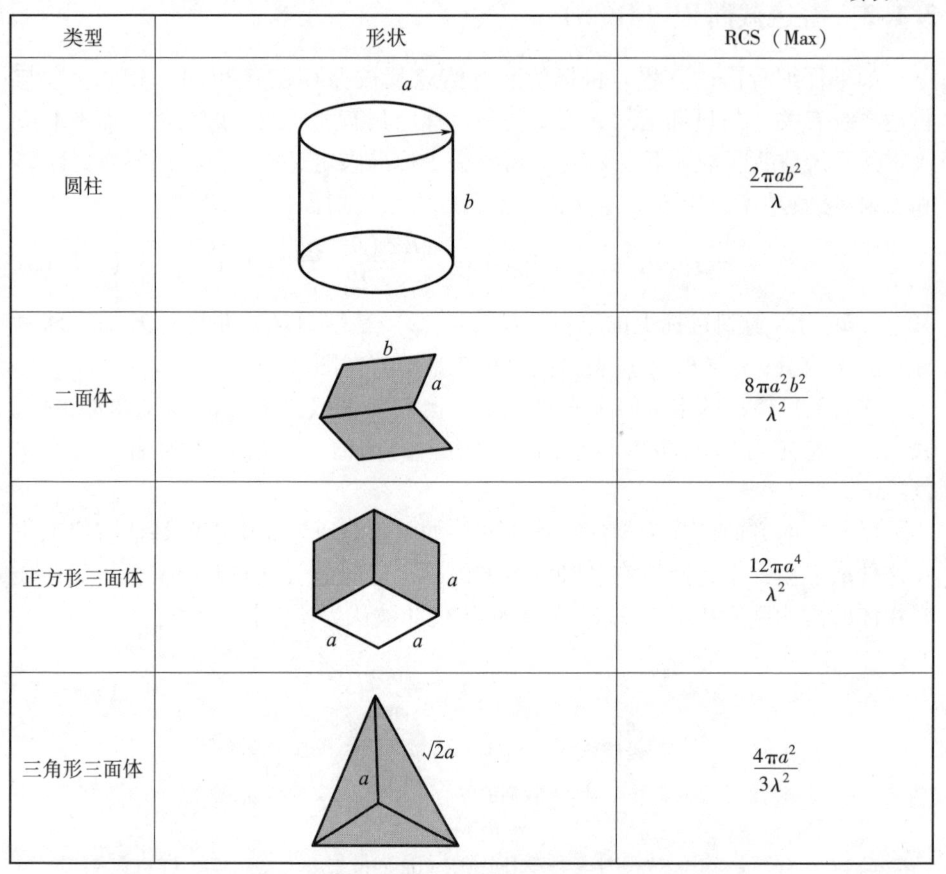

类型	形状	RCS（Max）
圆柱		$\frac{2\pi ab^2}{\lambda}$
二面体		$\frac{8\pi a^2 b^2}{\lambda^2}$
正方形三面体		$\frac{12\pi a^4}{\lambda^2}$
三角形三面体		$\frac{4\pi a^2}{3\lambda^2}$

从所有的观察方向来看，球体的形状都是相同的。由于测量中球体易于设置和布置，所以球体适用于校准目标。但是，球体相对于方形三面角反射器或三角形三面角反射器的 RCS 值还不够大。在雷达校准任务中，需要一种尺寸小、RCS 大的定标体。由于三面角反射器具有最大的 RCS 和简单的极化散射特性，常用于辐射定标。通过时域和频差分析（FDTD）发现三面角反射器的理想尺寸是大于 8 个波长。图 3.6 描述了一个 L 波段 RCS 值的例子。正方形三面角反射器的 RCS 比三角形三面角反射器的 RCS 大 10dB。此外，还利用二面体角反射器进行极化校准，以调整水平和垂直极化波的振幅和相位。

金属球的 RCS 为 πa^2，它等于半径为 a 的圆面积和球体的投影。如果球体不是金属的，那么 RCS 值就会有所不同，如图 3.7 所示。如果材料是介电的，则 RCS 变得小，并表现为频率的随机函数，这是由于波和材料的相互作用引起的。振荡波纹是由球体的直达波和表面的多个蠕动波的干涉效应引起的。

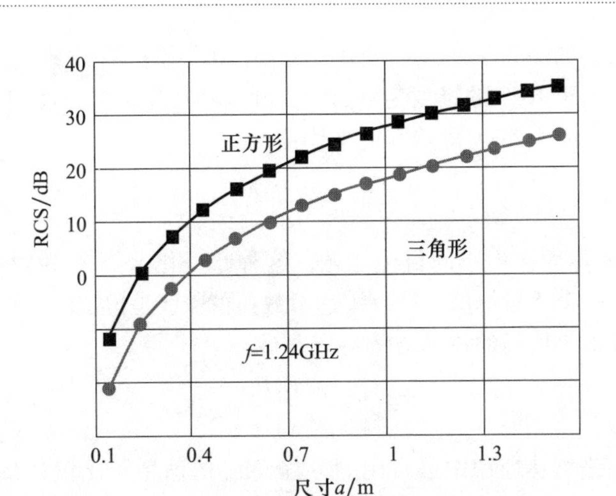

图 3.6　三面角反射体雷达截面积（f = 1.24GHz）
（来源：山口芳雄，《雷达极化测量——从基础到应用》（日文版），IEICE，2007）

$\frac{2\pi a}{\lambda} \ll 1$ 的区域称为瑞利散射区域，其中 RCS 与 λ^{-4} 成正比。如图 3.7 所示，RCS 随波长变化剧烈。像雨滴这样的物体是这个区域的典型目标。如果采用双波长雷达，则接收功率差将是探测目标尺寸的一个很好的指标。

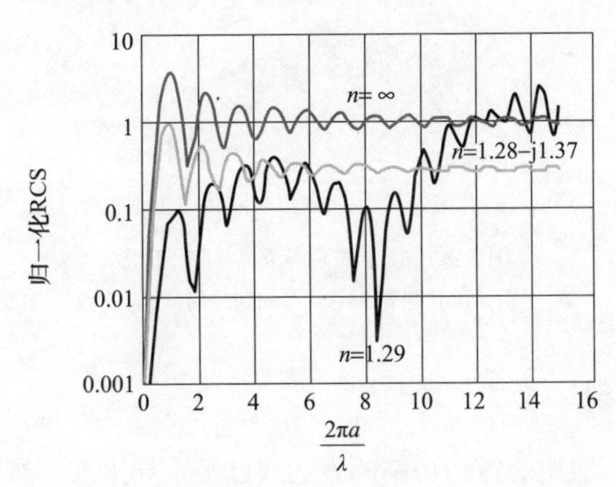

图 3.7　由于材料不同而归一化的 RCS（n：折射率）
（来源：山口芳雄，《雷达极化测量——从基础到应用》（日文版），IEICE，2007）

3.1.4　分布目标的后向散射

如果雷达目标是分布式的，且远大于雷达脚印（波束覆盖区），则雷达后向散射截面积难以定义。就像天空中连绵不断的云卷或广阔的地表，分布式目标也有几种。雷达系统的接收功率不仅取决于目标的分布，还取决于雷达的覆盖区和分辨力，如图 3.8 所示。使用归一化 RCS 能更有效地定义 RCS，而不是绝对 RCS。由于 RCS 的维度为［m^2］，可以将其除以目标面积，并使用标准化的值 σ_0［m^2/m^2］作为覆盖区的平均值

$$\sigma_0 = \left\langle \frac{\sigma_i}{\Delta A_i} \right\rangle \tag{3.1.16}$$

其中，ΔA_i 表示覆盖区内不同目标区域，这种归一化 RCS 称为后向散射系数或"sigma 0"，是一个无量纲值，如果雷达参数在覆盖区是恒定的，则有$\sigma = \sigma_0 \Delta A_i$。

因此，分布式目标的雷达方程可以写成

$$P_r = \iint_S \frac{\lambda^2 G_1^2 P_t}{(4\pi)^3 r^4} \sigma_0 \mathrm{d}S \tag{3.1.17}$$

式（3.1.17）是雷达应用中最常用的方程，σ_0 的值用于比较分布式目标。

除 σ_0 外，还定义了以下归一化 RCS

$$\beta_0 = \frac{\sigma_0}{\sin\theta},\ \gamma_0 = \frac{\sigma_0}{\cos\theta} \tag{3.1.18}$$

式中：θ 为入射角。由于消除了地形调制，森林监测更倾向于使用 γ_0[15]。

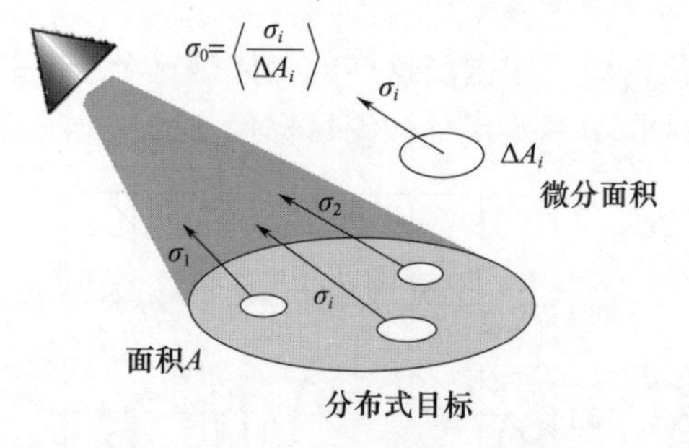

图 3.8　分布式目标的归一化 RCS

（来源：山口芳雄，《雷达极化测量——从基础到应用》（日文版），IEICE，2007）

3.1.5　极化散射

到目前为止，通用的雷达功率的表达式已经推导出来，然而，容易被忽略的问题是极化信息。例如图 3.9 所示，当一个垂直极化波照射一个垂直栅格时，它不能穿过栅格，而是被完全反射，然而，水平极化波可以透过垂直栅格而不被反射。如果一个雷达系统工作在垂直极化，则它可以从网格中获得信息，但水平极化的雷达系统不能从网格中获得任何信息。

类似地，如果一个倾斜偶极子被放置在垂直极化雷达的前面，如图 3.10 所示，倾斜偶极子将产生一个正交分量。由于雷达无法获得正交的水平分量，因此失去了倾斜偶极子的信息。如果使用全极化雷达，则可以得到该正交分

量，因此在接收散射波后可以得到相同的 RCS。所以，有必要建立一个考虑极化信息的雷达方程。

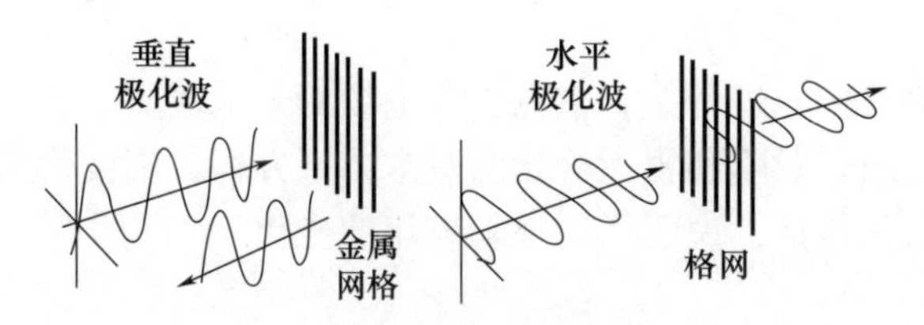

图 3.9 极化的反射差异

（来源：山口芳雄，《雷达极化测量——从基础到应用》（日文版），IEICE，2007）

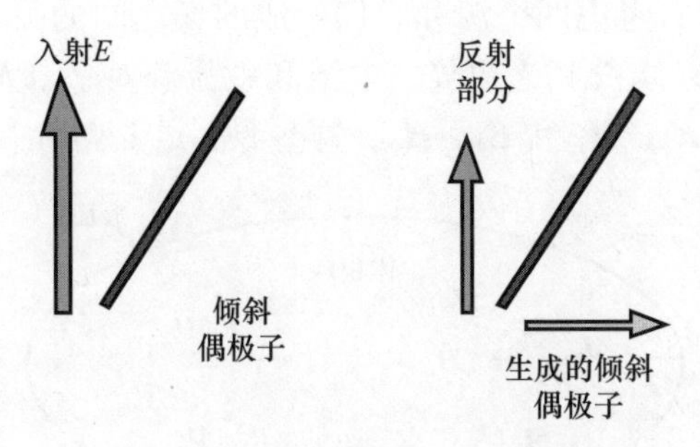

图 3.10 定向偶极子的反射场

（来源：山口芳雄，《雷达极化测量——从基础到应用》（日文版），IEICE，2007）

为了考虑极化方向，提出了一种新的 RCS σ_{pq}

$$\sigma_{pq}=\sigma_{pq}(\theta,\varphi)=\lim_{r\to\infty}4\pi r^2\left|\frac{E_p^{\mathrm{s}}(\theta,\varphi)}{E_q^{\mathrm{i}}}\right|^2 \tag{3.1.19}$$

式中：下标 p 为散射波极化；q 为入射到目标的极化。例如，σ_{HV} 表示垂直极化波（$q=V$）入射到目标上，接收到水平极化散射波（$p=H$）时的 RCS。据此可得功率反射系数

$$\begin{bmatrix}P_{\mathrm{h}}^{\mathrm{s}}\\P_{\mathrm{v}}^{\mathrm{s}}\end{bmatrix}=K\begin{bmatrix}\sigma_{\mathrm{hh}} & \sigma_{\mathrm{hv}}\\\sigma_{\mathrm{vh}} & \sigma_{\mathrm{vv}}\end{bmatrix}\begin{bmatrix}P_{\mathrm{h}}^{\mathrm{t}}\\P_{\mathrm{v}}^{\mathrm{t}}\end{bmatrix},\ K\text{ 为常数} \tag{3.1.20}$$

通过测量这四个 RCS 值，可以在一定程度上检验目标的极化相关性。功率本身是一个标量值。由于初始时的相位信息难以精确测量，因此无法获得散射现象的全部信息。随着技术的进步，现在可以非常准确地获得相位信息。

散射现象的基本量是电场本身，它不仅包含振幅信息，而且还包含相位信息，极化相位信息在识别目标中起着关键作用，仅振幅，或仅功率，都不能产生关于目标足够的信息。20 世纪 50 年代，在考虑电磁波散射基本理论的基础上，用电场的幅值和相位对雷达方程及相关问题进行了细化。几位研究人员开展了理论工作，“雷达极化”一词是在这一时期创造出来的。20 世纪 80 年代，对

NASA－JPL 机载 SAR 系统进行了实验，验证了理论结果，证明了全极化信息的重要性[16,17]。在新的全极化 SAR 系统出现后，各种机载和星载系统相继问世。

本章从电磁波的原理开始，重点强调电场的矢量性质。下面将介绍互易定理、天线电压、散射矩阵和雷达极化的基本功率方程。用极化参数表示接收功率，并给出了极化特征，说明了功率随极化的变化。

3.2 互易定理

如图 3.11 所示，考虑两个源和它们生成的场之间的关系。假定介质是各向同性和均匀的，以体积 V 为边界。电流和磁流源对 $\boldsymbol{J}_1$，$\boldsymbol{M}_1$ 和 $\boldsymbol{J}_2$，$\boldsymbol{M}_2$ 分别产生电场和磁场对 $\boldsymbol{E}_1$，$\boldsymbol{H}_1$ 和 $\boldsymbol{E}_2$，$\boldsymbol{H}_2$，这些源满足麦克斯韦方程。

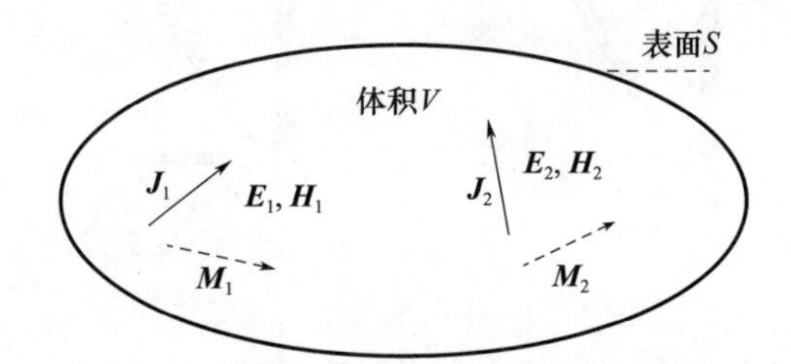

图 3.11　各向同性均匀介质中的源与场

（来源：山口芳雄，《雷达极化测量——从基础到应用》（日文版），IEICE，2007）

$$\nabla\times\boldsymbol{H}_1=\boldsymbol{J}_1+\mathrm{j}\omega\varepsilon\boldsymbol{E}_1,\ \nabla\times\boldsymbol{E}_1=-\boldsymbol{M}_1-\mathrm{j}\omega\mu\boldsymbol{H}_1 \qquad (3.2.1)$$
$$\nabla\times\boldsymbol{H}_2=\boldsymbol{J}_2+\mathrm{j}\omega\varepsilon\boldsymbol{E}_2,\ \nabla\times\boldsymbol{E}_2=-\boldsymbol{M}_2-\mathrm{j}\omega\mu\boldsymbol{H}_2$$

矢量恒等式

$$\nabla\cdot(\boldsymbol{A}\times\boldsymbol{B})=\boldsymbol{B}\cdot\nabla\times\boldsymbol{A}-\boldsymbol{A}\cdot\nabla\times\boldsymbol{B} \qquad (3.2.2)$$

由式（3.2.1）和式（3.2.2）推导出以下关系：

$$-\nabla\cdot(\boldsymbol{E}_1\times\boldsymbol{H}_2-\boldsymbol{E}_2\times\boldsymbol{H}_1)=\boldsymbol{E}_1\cdot\boldsymbol{J}_2-\boldsymbol{E}_2\cdot\boldsymbol{J}_1+\boldsymbol{H}_2\cdot\boldsymbol{M}_1-\boldsymbol{H}_1\cdot\boldsymbol{M}_2 \qquad (3.2.3)$$

这个方程可以转化成积分形式，即

$$-\iint(\boldsymbol{E}_1\times\boldsymbol{H}_2-\boldsymbol{E}_2\times\boldsymbol{H}_1)\cdot\mathrm{d}\boldsymbol{S}=\iiint(\boldsymbol{E}_1\cdot\boldsymbol{J}_2-\boldsymbol{E}_2\cdot\boldsymbol{J}_1+\boldsymbol{H}_2\cdot\boldsymbol{M}_1-\boldsymbol{H}_1\cdot\boldsymbol{M}_2)\mathrm{d}v \qquad (3.2.4)$$

式（3.2.4）称为洛伦兹互易定理。

如果体积内没有源，则式（3.2.4）右边为零：

$$\iint(\boldsymbol{E}_1\times\boldsymbol{H}_2-\boldsymbol{E}_2\times\boldsymbol{H}_1)\cdot\mathrm{d}S=\boldsymbol{0} \qquad (3.2.5)$$

另外，即使体积内部有源，当包围面取无穷大时，式（3.2.4）左侧为零，由式（3.2.4）右边可得

$$\iiint(\boldsymbol{E}_1\cdot\boldsymbol{J}_2-\boldsymbol{H}_1\cdot\boldsymbol{M}_2)\mathrm{d}v=\iiint L(\boldsymbol{E}_2\cdot\boldsymbol{J}_1-\boldsymbol{H}_2\cdot\boldsymbol{M}_1)\mathrm{d}v \tag{3.2.6}$$

式（3.2.6）的这种关系称为源与场的“反应”，体现了两者之间的联系。将式（3.2.6）两边赋为

$$<1,2>=\iiint(\boldsymbol{E}_1\cdot\boldsymbol{J}_2-\boldsymbol{H}_1\cdot\boldsymbol{M}_2)\mathrm{d}v \tag{3.2.7}$$

$$<2,1>=\iiint(\boldsymbol{E}_2\cdot\boldsymbol{J}_1-\boldsymbol{H}_2\cdot\boldsymbol{M}_1)\mathrm{d}v \tag{3.2.8}$$

则互易定理就变成了一个很简单的形式。

$$<1,\ 2>=<2,\ 1> \tag{3.2.9}$$

这意味着源 2 引起的场 1 的反应与源 1 引起的场 2 的反应是相同的。

现在，这个互易定理被应用于发射天线上的源电流在接收天线上引起的电压。为了简单起见，假设没有磁场电流，$\boldsymbol{M}_1=\boldsymbol{M}_2=0$。此时无穷大空间中存在两个电流源 $\boldsymbol{J}_1$，$\boldsymbol{J}_2$ 和相应的电场 $\boldsymbol{E}_1$，$\boldsymbol{E}_2$，如图 3.12 所示。

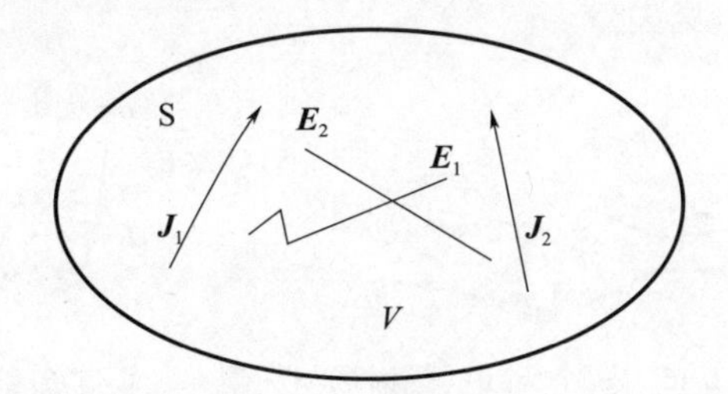

图 3.12　源与场的反应

（来源：山口芳雄，《雷达极化测量——从基础到应用》（日文版），IEICE，2007）

式（3.2.7）变成 $<1,2>=\iiint\boldsymbol{E}_1\cdot\boldsymbol{J}_2\mathrm{d}v$

将体积积分替换为沿 $\boldsymbol{J}_2$ 的直线积分 $\iiint\boldsymbol{E}_1\cdot\boldsymbol{J}_2\mathrm{d}v=\int\boldsymbol{E}_1\cdot I_2\mathrm{d}\boldsymbol{L}$

从这个方程，可以推导出 $\int\boldsymbol{E}_1\cdot I_2\mathrm{d}\boldsymbol{L}=I_2\int\boldsymbol{E}_1\cdot\mathrm{d}\boldsymbol{L}=-I_2V_{2,1}$

因此

$$<1,\ 2>=-I_2V_{2,1} \tag{3.2.10}$$

其中：$V_{2,1}$表示由于源 1（$\boldsymbol{J}_2$）产生的电场（$\boldsymbol{E}_1$）在源 2 上的电压。

同样，有

$$<2,1>=\iiint\boldsymbol{E}_2\cdot\boldsymbol{J}_1\mathrm{d}v=\int\boldsymbol{E}_2\cdot I_1\mathrm{d}\boldsymbol{L}=I_1\int\boldsymbol{E}_2\mathrm{d}\boldsymbol{L}=-I_1V_{1,2} \tag{3.2.11}$$

源2（$\boldsymbol{J}_1$）的电场（$\boldsymbol{E}_2$）在源1上的电压为 $V_{1,2}$。因此，下面的等式由互易定理成立。

$$<1,2>=<2,1>\Rightarrow I_2V_{2,1}=I_1V_{1,2} \tag{3.2.12}$$

如果令 $I_1=I_2$，那么就有了关系 $V_{1,2}=V_{2,1}$。

这意味着如果在每个天线中使用相同幅度的电流激励，天线电压就会变得相同。

3.3 接收电压

这里考虑利用有效长度的天线电压表达式，如图3.13所示[7]。如果在两个天线上流动相同的电流 I，则每个天线的辐射场变成

$$\boldsymbol{E}^{\mathrm{t}}=\frac{\mathrm{j}\eta_0 I}{2\lambda}\frac{\mathrm{e}^{-\mathrm{j}kr}}{r}\boldsymbol{h},\ \boldsymbol{E}^{\mathrm{i}}=\frac{\mathrm{j}\eta_0 I}{2\lambda}\frac{\mathrm{e}^{-\mathrm{j}kr}}{r}\boldsymbol{L} \tag{3.3.1}$$

其中：$\boldsymbol{h}$ 为天线#1有效长度的矢量形式；$\boldsymbol{L}$ 为天线#2有效长度的矢量形式。如果采用长度为 L 的小偶极子天线，则有效长度为 $\boldsymbol{L}=L\sin\theta\alpha_\theta$。矢量有效长度表示从天线看到的电场矢量。

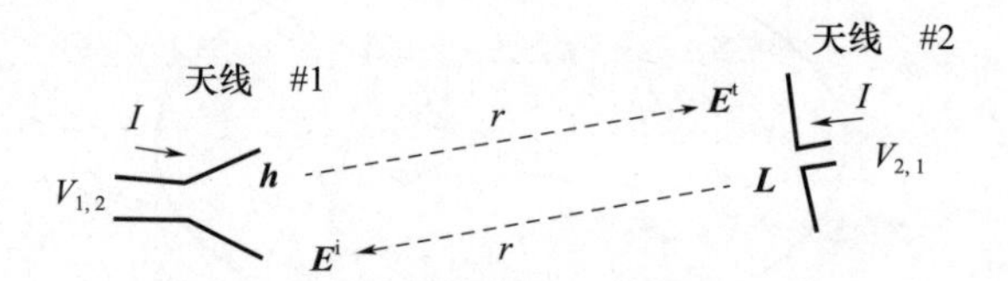

图3.13 两个天线的辐射场与矢量有效长度 $\boldsymbol{h}$ 和 $\boldsymbol{L}$

式（3.3.1）的辐射场相互成为入射场。那么通过天线#2的开路电压 $V_{2,1}$ 由于 $\boldsymbol{E}^{\mathrm{t}}$ 可以写成

$$V_{2,1}=-\int_{\#2}\boldsymbol{E}^{\mathrm{t}}\cdot\mathrm{d}\boldsymbol{l}=\boldsymbol{E}^{\mathrm{t}}\cdot\boldsymbol{L}=\frac{\mathrm{j}\eta_0 \boldsymbol{I}}{2\lambda}\frac{\mathrm{e}^{-\mathrm{j}kr}}{r}\boldsymbol{h}\cdot\boldsymbol{L} \tag{3.3.2}$$

根据互易定理这应该等于天线#1的电压，所以

$$V_{1,2}=-\int_{\#1}\boldsymbol{E}^{\mathrm{i}}\cdot\mathrm{d}\boldsymbol{l}=\boldsymbol{E}^{\mathrm{i}}\cdot\boldsymbol{h}=\frac{\mathrm{j}\eta_0 I}{2\lambda}\frac{\mathrm{e}^{-\mathrm{j}kr}}{r}\boldsymbol{L}\cdot\boldsymbol{h} \tag{3.3.3}$$

因此，天线#1上的电压可以用矢量有效长度 $\boldsymbol{h}$ 和入射波 $\boldsymbol{E}^{\mathrm{i}}$ 表示为

$$V_{1,2}=\boldsymbol{E}^{\mathrm{j}}\cdot\boldsymbol{h}=\boldsymbol{h}\cdot\boldsymbol{E}^{\mathrm{j}} \tag{3.3.4}$$

注意 $\boldsymbol{h}$ 和 $\boldsymbol{E}^{\mathrm{i}}$ 原点是不同的；然而，与此电压相关的方程式（3.3.6）的功率保持不变。从天线#1处看，将 $\boldsymbol{E}^{\mathrm{i}}$ 视为Jones矢量形式（见第3.6.1节）。

由式（3.3.4）可知，天线电压由有效长度 $\boldsymbol{h}$ 和入射场 $\boldsymbol{E}^{\mathrm{i}}$ 决定。有效长度 $\boldsymbol{h}$ 为表示天线辐射场极化的矢量。$\boldsymbol{h}$ 和入射场 $\boldsymbol{E}^{\mathrm{i}}$ 的原点取于同一坐标天

线1#处。

注意，天线两端的电压（式（3.3.4））会产生一个复标量值。如果 $\boldsymbol{h}$ 和 $\boldsymbol{E}^{\mathrm{i}}$ 互相正交，则电压为零，如果它们是复共轭关系，则电压最大。式（3.3.4）的形式看起来像“内积”，但不正确，因为它没有应用复共轭运算，它最好重写为

$$V = \boldsymbol{h}^{\mathrm{T}}\boldsymbol{E}^{\mathrm{i}} = h_{\theta}E_{\theta} + h_{\varphi}E_{\varphi} \tag{3.3.5}$$

为了避免混淆，式（3.3.5）中的上标T表示转置。

一旦给定天线电压，则根据电路理论得到接收功率 P 为

$$P = \frac{1}{8R_{\mathrm{a}}}VV^{*} = \frac{1}{8R_{\mathrm{a}}}|V|^{2} \tag{3.3.6}$$

式中：R_{a} 是连接到接收天线的匹配负载。

3.4　散射矩阵

极化雷达向目标发射水平极化波，同时接收水平极化波和垂直极化波。然后雷达将发射天线从水平方向切换到垂直方向，发射垂直极化波，它再次同时接收水平和垂直极化波。通过此步骤，雷达获得2×2极化散射信息。这个2×2矩阵称为Sinclair散射矩阵。[9]

图3.14给出了雷达与目标的3个坐标系。发射机（Tx）坐标为（x_1，y_1，z_1），散射体坐标为（x_2，y_2，z_2），接收机（Rx）坐标为（x_3，y_3，z_3）。具有前向散射对齐（FSA）的坐标系适用于描述以 z 轴为传播方向的前向散射。双基地散射对准（BSA）的发射机和接收机位于不同的位置。单基地散射对齐（MSA）处理的是Tx和Rx共处一地的后向散射测量。MSA是双基地配置的一种特殊情况，其中Tx和Rx的位置重合。在单基地情况下，Tx和Rx的坐标是相同的。使用单一坐标系进行测量很方便。

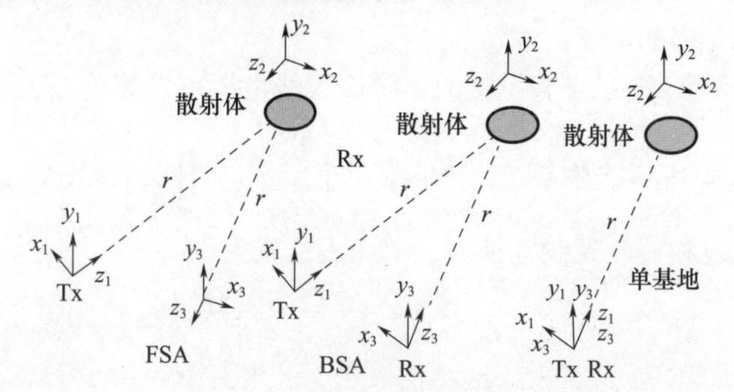

图3.14　雷达系统与目标的坐标（FSA，BSA和MSA）
（来源：山口芳雄，《雷达极化测量——从基础到应用》（日文版），IEICE，2007）

3.4.1 散射矩阵的定义

发射场 Tx 的 Jones 矢量表达式为

$$\boldsymbol{E}^{\mathrm{t}} = \begin{bmatrix} E_{x1} \\ E_{y1} \end{bmatrix} \tag{3.4.1}$$

传播距离 r 后的目标的入射场为

$$\boldsymbol{E}^{\mathrm{i}} = \frac{\mathrm{e}^{-\mathrm{j}kr}}{\sqrt{4\pi r}}\boldsymbol{E}^{\mathrm{t}} \tag{3.4.2}$$

目标后向散射场为

$$\boldsymbol{E}^{\mathrm{s}} = \begin{bmatrix} E_{x2}^{\mathrm{s}} \\ E_{y2}^{\mathrm{s}} \end{bmatrix} = \begin{bmatrix} A_{x2x1} & A_{x2y1} \\ A_{y2x1} & A_{y2y1} \end{bmatrix}\begin{bmatrix} E_{x1} \\ E_{y1} \end{bmatrix} \ (\mathrm{FSA}) \tag{3.4.3}$$

波又回到了雷达上，传播方向与入射波相反，如果在接收坐标（x_3，y_3，z_3）中表示这个波，它就成为

$$\boldsymbol{E}^{\mathrm{s}} = \begin{bmatrix} E_{x3}^{\mathrm{s}} \\ E_{y3}^{\mathrm{s}} \end{bmatrix} = \begin{bmatrix} A_{x3x1} & A_{x3y1} \\ A_{y3x1} & A_{y3y1} \end{bmatrix}\begin{bmatrix} E_{x1} \\ E_{y1} \end{bmatrix} \ (\mathrm{BSA}) \tag{3.4.4}$$

因为坐标系是一样的，可以取 $x_1 = x_3 = x$，$y_1 = y_3 = y$，$z_1 = z_3 = z$。定义这个 2×2 矩阵

$$\boldsymbol{S} = \begin{bmatrix} S_{xx} & S_{xy} \\ S_{yx} & S_{yy} \end{bmatrix} \tag{3.4.5}$$

为在雷达坐标中定义的 **Sinclair** 散射矩阵[8]，它可以简单地写成

$$\boldsymbol{E}^{\mathrm{s}} = \boldsymbol{S}\boldsymbol{E}^{\mathrm{i}} \tag{3.4.6}$$

式（3.4.3）中的 2×2 矩阵称为 Jones 矩阵，与散射矩阵不同。

散射矩阵的元素都是复数且相互独立的。双基地散射中有 4 个独立的元素，而由于条件 $S_{xy} = S_{yx}$，单基地散射中有 3 个独立的元素。单基地中 $S_{xy} = S_{yx}$ 是由互易定理导出的。

用上标 t 表示发射，r 表示接收。那么天线电压可以简单地表示为

$$V = \boldsymbol{h}_{\mathrm{r}}^{\mathrm{T}}\boldsymbol{E}^{\mathrm{s}} = [h_x^{\mathrm{r}} \quad h_y^{\mathrm{r}}] \begin{bmatrix} S_{xx} & S_{xy} \\ S_{yx} & S_{yyu} \end{bmatrix}\begin{bmatrix} E_x^{\mathrm{t}} \\ E_y^{\mathrm{t}} \end{bmatrix} \tag{3.4.7}$$

当发射天线和接收天线互换时，电压表达式为

$$V = [E_x^{\mathrm{t}} \quad E_y^{\mathrm{t}}] \begin{bmatrix} S_{xx} & S_{xy} \\ S_{yx} & S_{yy} \end{bmatrix}\begin{bmatrix} h_x^{\mathrm{r}} \\ h_y^{\mathrm{r}} \end{bmatrix} \tag{3.4.8}$$

这两个应该是相同的。因此，有

$$S_{xy} = S_{yx} \tag{3.4.9}$$

在单基地雷达 HV 极化基的散射矩阵中，这种条件常用作为 $S_{HV}=S_{VH}$。对于具有法拉第旋转的各向异性介质，这个假设不成立。

注意散射矩阵元 S_{pq} 的下标有以下含义。第一个 p 代表接收极化，而第二个 q 代表在散射矩阵公式（式（3.4.4）～式（3.4.8））中定义的发射极化。因此，如果出现下标 HV，则表示 V 极化发射和 H 极化接收。由于直观习惯，这常常被混淆为 H 极化发射和 V 极化接收。

图 3.15 给出了散射机理和散射矩阵的一些例子。坐标系取 x 轴为水平极化（H），y 轴为垂直极化（V）。散射矩阵中电场矢量同一方向为 1，相反方向为 -1。根据边界条件，即金属表面的切向电场必须为零，可以得到每个目标散射场的方向。

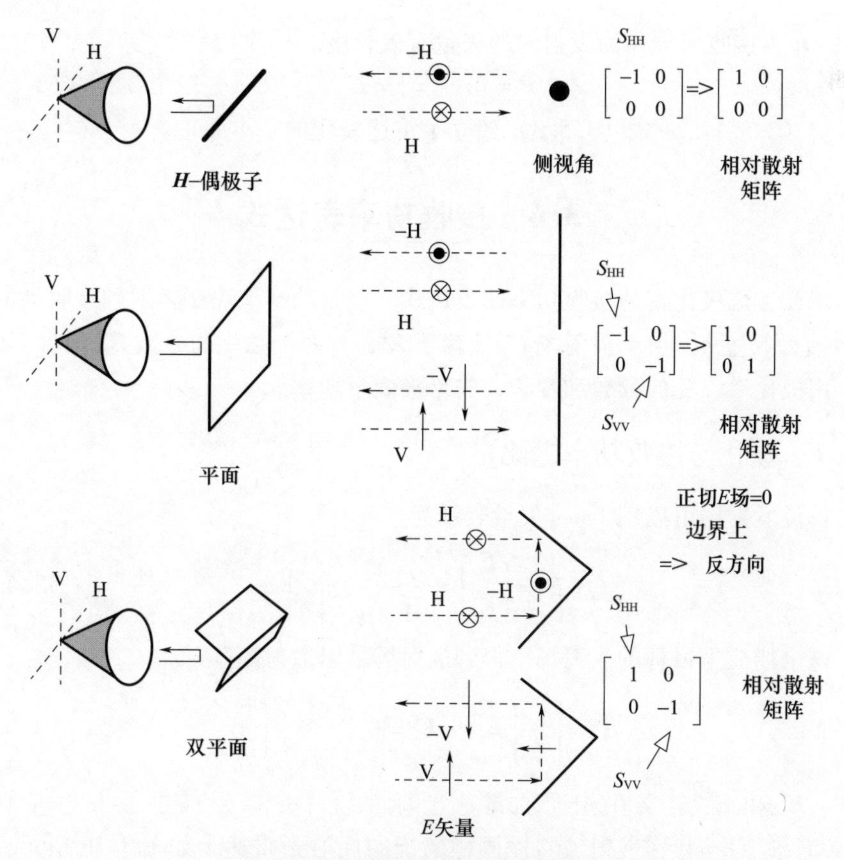

图 3.15 散射机理及散射矩阵

（来源：山口芳雄，《雷达极化测量——从基础到应用》（日文版），IEICE，2007）

散射矩阵通常以相对矩阵的形式表示，这样 HH 分量就变成了实数。在相对散射矩阵中有 5 个独立的参数。在目标识别中，除了幅度信息外，各个分量之间的关系也很重要。

3.5 雷达极化基本方程

雷达极化的基本原理由下列公式给出。坐标的原点位于雷达上。设 $\boldsymbol{E}^{\mathrm{t}}$ 为发射极化，则目标的散射波为

$$\boldsymbol{E}^{\mathrm{s}} = \boldsymbol{S}\boldsymbol{E}^{\mathrm{t}} \tag{3.5.1}$$

式中：$\boldsymbol{S}$ 为 2×2 复散射矩阵。$\boldsymbol{E}^{\mathrm{s}}$ 利用 $\boldsymbol{S}$ 可以获得散射波的极化，因此，$\boldsymbol{S}$ 可视为从 $\boldsymbol{E}^{\mathrm{t}}$ 到 $\boldsymbol{E}^{\mathrm{s}}$ 的极化变换器。给定在接收天线上感应的电压为

$$V = \boldsymbol{h}^{\mathrm{T}}\boldsymbol{E}^{\mathrm{s}} \tag{3.5.2}$$

式中：$\boldsymbol{h}$ 为接收天线作为发射时的矢量有效长度。接收功率 P 为

$$P = |V|^2 = |\boldsymbol{h}^{\mathrm{T}}\boldsymbol{E}^{\mathrm{s}}|^2 \tag{3.5.3}$$

式（3.5.1）~式（3.5.3）建立了雷达极化的基本原理。

3.6 接收功率表达式

现在考虑极化雷达接收功率的表达式。接收功率取决于入射到接收端的场 $\boldsymbol{E}^{\mathrm{s}}$ 和有效长度 h。由于散射场 $\boldsymbol{E}^{\mathrm{s}}$ 依赖于 $\boldsymbol{E}^{\mathrm{t}}$，有两个独立的参数 $\boldsymbol{E}^{\mathrm{t}}$ 和 $\boldsymbol{h}$。接下来，用极化率、几何参数和 Stokes 矢量来表示功率。

3.6.1 极化与接收功率之比

单位发射场可以用 Jones 矢量表示为

$$\boldsymbol{E}^{\mathrm{t}} = \begin{bmatrix} E_x \\ E_y \end{bmatrix} = \frac{1}{\sqrt{1+\rho\rho^*}}\begin{bmatrix} 1 \\ \rho \end{bmatrix} \tag{3.6.1}$$

这个场成为目标的入射场，得到散射场乘以散射矩阵

$$\boldsymbol{E}^{\mathrm{s}} = \begin{bmatrix} E_x^{\mathrm{s}} \\ E_y^{\mathrm{s}} \end{bmatrix} = |S|\boldsymbol{E}^{\mathrm{t}} = \frac{|S|}{\sqrt{1+\rho\rho^*}}\begin{bmatrix} 1 \\ \rho \end{bmatrix} \tag{3.6.2}$$

其中：$\boldsymbol{E}^{\mathrm{t}}$ 和 $\boldsymbol{E}^{\mathrm{s}}$ 定义在相同的雷达坐标系统中。如果向平板发射左旋圆（LHC）波（$\rho=\mathrm{j}$），散射波将以同样的旋向反射到雷达，如图 3.16 所示。通过切向电场的边界条件（$E=0$）和时间过程可以预测旋向。

Jones 矢量表达式变成

$$\boldsymbol{E}^{\mathrm{t}} = \frac{1}{\sqrt{1+\mathrm{j}\mathrm{j}^*}}\begin{bmatrix} 1 \\ \mathrm{j} \end{bmatrix} = \frac{1}{\sqrt{2}}\begin{bmatrix} 1 \\ \mathrm{j} \end{bmatrix}\text{LHC} \tag{3.6.3a}$$

$$\boldsymbol{E}^{\mathrm{s}} = |S|\boldsymbol{E}^{\mathrm{t}} = \frac{1}{\sqrt{2}}\begin{bmatrix}1 & 0\\0 & 1\end{bmatrix}\begin{bmatrix}1\\\mathrm{j}\end{bmatrix} = \frac{1}{\sqrt{2}}\begin{bmatrix}1\\\mathrm{j}\end{bmatrix} \tag{3.6.3b}$$

需要注意的是，$\boldsymbol{E}^{\mathrm{s}}$ 与从雷达上观察到的 $\boldsymbol{E}^{\mathrm{t}}$ 具有相同的旋向，然而，由于传播方向相反，它是一个右旋圆（RHC）。保持 $\boldsymbol{E}^{\mathrm{s}}$ 和从雷达上看到的 Jones 矢量上一样。

从实验上知道，LHC 的天线无法接收到这种信号 $\boldsymbol{E}^{\mathrm{s}}$。使用相同的圆形天线测量雨滴的情况也是一样的，因为雨滴的散射矩阵与平板的散射矩阵相同。为了验证式（3.5.2）和式（3.5.3）的功率表达式的有效性，当接收天线作为发射天线时，把接收极化取为 $\boldsymbol{h}$。

$$\boldsymbol{h} = \frac{1}{\sqrt{1+\rho\rho^{*}}}\begin{bmatrix}1\\\rho\end{bmatrix} \tag{3.6.4}$$

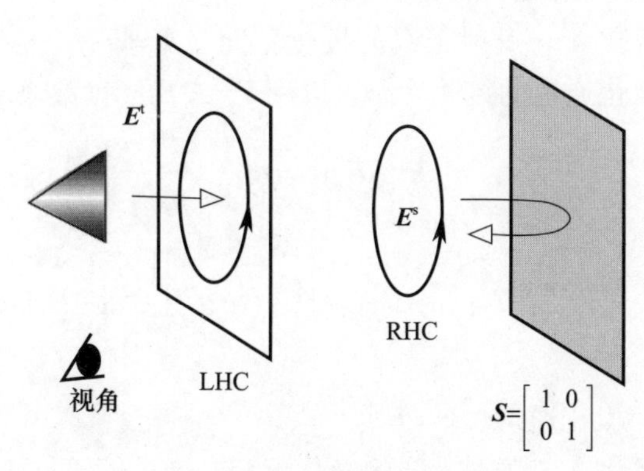

图 3.16　发射和接收的极化

使用 LHC 天线（$\rho=\mathrm{j}$）接收时，电压和功率表达式如下

$$V = \boldsymbol{h}^{\mathrm{T}}\boldsymbol{E}^{\mathrm{s}} = \frac{1}{\sqrt{2}}\,[1 \quad \mathrm{j}]\,\begin{bmatrix}1\\\mathrm{j}\end{bmatrix} = 0 \therefore P=0,\ \mathrm{Min} \tag{3.6.5a}$$

对于 RHC 天线，有

$$V = \boldsymbol{h}^{\mathrm{T}}\boldsymbol{E}^{\mathrm{s}} = \frac{1}{2}\,[\mathrm{j} \quad 1]\,\begin{bmatrix}1\\\mathrm{j}\end{bmatrix} = \mathrm{j} \therefore P=|\mathrm{j}|^{2}=1,\ \mathrm{Max} \tag{3.6.5b}$$

这些结果与实验结果完全一致。

对于 H 极化的发射和接收

$$V = \boldsymbol{h}^{\mathrm{T}}\boldsymbol{S}\boldsymbol{E}^{\mathrm{t}} = [1 \quad 0]\,\begin{bmatrix}1 & 0\\0 & 1\end{bmatrix}\begin{bmatrix}1\\0\end{bmatrix} = 1 \therefore P=1,\ \mathrm{Max} \tag{3.6.6a}$$

对于 H 极化的发射和 V 极化的接收

$$V = \boldsymbol{h}^{\mathrm{T}}\boldsymbol{S}\boldsymbol{E}^{\mathrm{t}} = [1 \quad 0]\,\begin{bmatrix}1 & 0\\0 & 1\end{bmatrix}\begin{bmatrix}1\\0\end{bmatrix} = 1 \therefore P=0,\ \mathrm{Min} \tag{3.6.6b}$$

对于 H 极化发射和 RHC 接收

$$V=\frac{1}{\sqrt{2}}\begin{bmatrix}\mathrm{j} & 1\end{bmatrix}\begin{bmatrix}1 & 0\\0 & 1\end{bmatrix}\begin{bmatrix}1\\0\end{bmatrix}=\frac{\mathrm{j}}{\sqrt{2}}\ \therefore P=\frac{1}{2} \tag{3.6.6c}$$

所得结果与实验结果基本一致。因此，验证了式（3.5.2）和式（3.5.3）功率表达式的有效性。Jones 矢量形式对功率表达式是有效的。

3.6.2 利用极化比和几何参数计算极化雷达通道的接收功率

极化雷达有两个独立的参数，一个是发射极化 $\boldsymbol{E}^{\mathrm{t}}$，另一个是接收极化 $\boldsymbol{h}$。发射和接收的极化有无穷多个（图 2.12）。其中，取 3 种假设组合，如图 3.17 所示。它们是共极化通道、交叉极化通道和匹配极化通道。

1. 共极化通道，$\boldsymbol{h}=\boldsymbol{E}^{\mathrm{t}}$

接收天线的极化 $\boldsymbol{h}$ 与发射天线的极化相同（$\boldsymbol{h}=\boldsymbol{E}^{\mathrm{t}}$）。这种极化通道称为共极化通道。共极化通道的接收功率可以用 $\boldsymbol{P}_{\mathrm{c}}$ 或几何参数表示为

$$P_{\mathrm{c}}=|V_{\mathrm{c}}|^2=|\boldsymbol{E}^{\mathrm{tT}}\boldsymbol{S}\boldsymbol{E}^{\mathrm{t}}|^2=\left|\frac{\begin{bmatrix}1 & \rho\end{bmatrix}\boldsymbol{S}\begin{bmatrix}1\\\rho\end{bmatrix}}{1+\rho\rho^*}\right|^2 \tag{3.6.7}$$

$$V_{\mathrm{c}}=\begin{bmatrix}\cos\varepsilon & \mathrm{j}\sin\varepsilon\end{bmatrix}\begin{bmatrix}\cos\tau & \sin\tau\\-\sin\tau & \cos\tau\end{bmatrix}\begin{bmatrix}S_{xx} & S_{xy}\\S_{yx} & S_{yy}\end{bmatrix}\begin{bmatrix}\cos\tau & -\sin\tau\\\sin\tau & \cos\tau\end{bmatrix}\begin{bmatrix}\cos\varepsilon\\\mathrm{j}\sin\varepsilon\end{bmatrix} \tag{3.6.8}$$

2. 交叉（X）极化通道，$\boldsymbol{h}=\boldsymbol{E}^{\mathrm{t}}_{\perp}$

接收天线的极化 $\boldsymbol{h}$ 与发射天线的极化正交。这个信道称为交叉通道或交叉极化通道，符号“⊥”表示正交。

$$P_x=|V_x|^2=|\boldsymbol{E}^{\mathrm{tT}}_{\perp}\boldsymbol{S}\boldsymbol{E}^{\mathrm{t}}|^2=\left|\frac{\begin{bmatrix}\rho^* & -1\end{bmatrix}\boldsymbol{S}}{1+\rho\rho^*}\begin{bmatrix}1\\\rho\end{bmatrix}\right|^2 \tag{3.6.9}$$

$$V_x=\begin{bmatrix}\cos\varepsilon & -\mathrm{j}\sin\varepsilon\end{bmatrix}\begin{bmatrix}-\sin\tau & \cos\tau\\\cos\tau & -\sin\tau\end{bmatrix}\boldsymbol{S}\begin{bmatrix}\cos\tau & -\sin\tau\\\sin\tau & \cos\tau\end{bmatrix}\begin{bmatrix}\cos\varepsilon\\\mathrm{j}\sin\varepsilon\end{bmatrix} \tag{3.6.10}$$

3. 匹配极化通道，$\boldsymbol{h}=(\boldsymbol{E}^{\mathrm{s}})^*$

接收天线的极化总是与散射波匹配，因此对于任何发射极化 $\boldsymbol{h}=(\boldsymbol{E}^{\mathrm{s}})^*$ 都保持不变，这也是一种假设的通道。

$$P_m=|V_m|^2=|(\boldsymbol{S}\boldsymbol{E}^{\mathrm{t}})^{*\mathrm{T}}\boldsymbol{S}\boldsymbol{E}^{\mathrm{t}}|^2=\left|\frac{\begin{bmatrix}1 & \rho^*\end{bmatrix}\boldsymbol{S}^{*\mathrm{T}}\boldsymbol{S}}{1+\rho\rho^*}\begin{bmatrix}1\\\rho\end{bmatrix}\right|^2 \tag{3.6.11}$$

$$V_m=\begin{bmatrix}\cos\varepsilon & -\mathrm{j}\sin\varepsilon\end{bmatrix}\begin{bmatrix}\cos\tau & \sin\tau\\-\sin\tau & \cos\tau\end{bmatrix}\boldsymbol{S}^{*\mathrm{T}}\boldsymbol{S}\begin{bmatrix}\cos\tau & -\sin\tau\\\sin\tau & \cos\tau\end{bmatrix}\begin{bmatrix}\cos\varepsilon\\\mathrm{j}\sin\varepsilon\end{bmatrix} \tag{3.6.12}$$

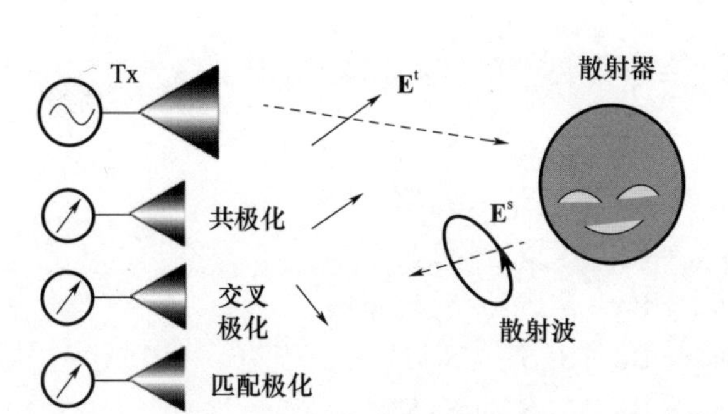

图 3.17　3 个假设的极化通道

3.6.3　用 Stokes 矢量表示接收功率

到目前为止，本章一直在处理具有复值元素的相干散射矩阵。相干散射矩阵不能直接被平均用于统计分析。另外，Stokes 向量和 Mueller 矩阵表示具有二阶实值元素，便于进行加法或平均等统计分析。因此，需要推导基于 Stokes 矢量公式的功率表达式。在本节中，最后给出了表达式。具体参见文献［7－9］。

从基本散射方程（3.5.1）出发，利用 Stokes 矢量的功率表达式为

$$P = \frac{1}{2}\boldsymbol{g}_{\mathrm{t}}^{\mathrm{T}}\boldsymbol{K}\boldsymbol{g}_{\mathrm{t}} = \boldsymbol{g}_{\mathrm{r}}^{\mathrm{T}}\begin{bmatrix}1 & 0 & 0 & 0\\ 0 & 1 & 0 & 0\\ 0 & 0 & 1 & 0\\ 0 & 0 & 0 & -1\end{bmatrix}\boldsymbol{M}\boldsymbol{g}_{\mathrm{t}} \tag{3.6.13}$$

式中：$\boldsymbol{g}_{\mathrm{t}}$ 和 $\boldsymbol{g}_{\mathrm{r}}$ 分别为发射和接收的 Stokes 矢量（2.2.40）；$\boldsymbol{K}$ 为 Kennaugh 矩阵，与 Mueller 矩阵 $\boldsymbol{M}$ 的关系如下：

$$\boldsymbol{K} = \begin{bmatrix}1 & 0 & 0 & 0\\ 0 & 1 & 0 & 0\\ 0 & 0 & 1 & 0\\ 0 & 0 & 0 & -1\end{bmatrix}\boldsymbol{M} \tag{3.6.14}$$

在雷达（后向散射情况）中使用 Kennaugh 矩阵，而 Mueller 矩阵用于光学中的前向散射。4×4Mueller 矩阵的元素如下所示

$$m_{00} = \frac{1}{2}\left(|S_{xx}|^2 + |S_{xy}|^2 + |S_{yx}|^2 + |S_{yy}|^2\right) \tag{3.6.15a}$$

$$m_{01} = \frac{1}{2}\left(|S_{xx}|^2 - |S_{xy}|^2 + |S_{yx}|^2 - |S_{yy}|^2\right) \tag{3.6.15b}$$

$$m_{02} = \mathrm{Re}\left\{S_{xx}S_{xy}^* + S_{yx}S_{yy}^*\right\} \tag{3.6.15c}$$

$$m_{03} = \mathrm{Im}\left\{S_{xx}S_{xy}^* + S_{yx}S_{yy}^*\right\} \tag{3.6.15d}$$

$$m_{10} = \frac{1}{2}\left(|S_{xx}|^2 + |S_{xy}|^2 - |S_{yx}|^2 - |S_{yy}|^2\right) \tag{3.6.15e}$$

$$m_{11}=\frac{1}{2}\left(|S_{xx}|^2-|S_{xy}|^2-|S_{yx}|^2+|S_{yy}|^2\right) \tag{3.6.15f}$$

$$m_{12}=\mathrm{Re}\ \{S_{xx}S_{xy}^*-S_{yx}S_{yy}^*\} \tag{3.6.15g}$$

$$m_{13}=\mathrm{Im}\ \{S_{xx}S_{xy}^*-S_{yx}S_{yy}^*\} \tag{3.6.15h}$$

$$m_{20}=\mathrm{Re}\ \{S_{xx}S_{yx}^*+S_{xy}S_{yy}^*\} \tag{3.6.15i}$$

$$m_{21}=\mathrm{Re}\ \{S_{xx}S_{yx}^*+S_{xy}S_{yy}^*\} \tag{3.6.15j}$$

$$m_{22}=\mathrm{Re}\ \{S_{xx}S_{yy}^*+S_{xy}S_{yx}^*\} \tag{3.6.15k}$$

$$m_{23}=\mathrm{Re}\ \{S_{xx}S_{yy}^*+S_{yx}S_{xy}^*\} \tag{3.6.15l}$$

$$m_{30}=-\mathrm{Im}\ \{S_{xx}S_{yx}^*+S_{xy}S_{yy}^*\} \tag{3.6.15m}$$

$$m_{31}=-\mathrm{Im}\ \{S_{xx}S_{yx}^*-S_{xy}S_{yy}^*\} \tag{3.6.15n}$$

$$m_{32}=-\mathrm{Im}\ \{S_{xx}S_{yy}^*-S_{yx}S_{xy}^*\} \tag{3.6.15o}$$

$$m_{33}=\mathrm{Re}\ \{S_{xx}S_{yy}^*-S_{xy}S_{yx}^*\} \tag{3.6.15p}$$

对于具有 $S_{yx}=S_{xy}$ 关系的单基地后向散射情况，有这样的关系，

$$m_{01}=m_{10},\ m_{02}=m_{20},\ m_{03}=-m_{30},\ m_{12}=m_{21},\ m_{13}=-m_{31},\ m_{23}=-m_{32} \tag{3.6.16}$$

Kennaugh 矩阵变成了一个对称矩阵。

$$\boldsymbol{K}=\begin{bmatrix} k_{00} & k_{01} & k_{02} & k_{03} \\ k_{10} & k_{11} & k_{12} & k_{13} \\ k_{20} & k_{21} & k_{22} & k_{23} \\ k_{30} & k_{31} & k_{32} & k_{33} \end{bmatrix}=\begin{bmatrix} m_{00} & m_{01} & m_{02} & m_{03} \\ m_{10} & m_{11} & m_{12} & m_{13} \\ m_{20} & m_{21} & m_{22} & m_{23} \\ m_{30} & m_{31} & m_{32} & -m_{33} \end{bmatrix} \tag{3.6.17}$$

在 10 个元素中，存在如下关系

$$k_{00}=k_{11}+k_{22}+k_{33} \tag{3.6.18}$$

因此，在 Kennaugh 和 Mueller 矩阵中，9 个元素是相互独立的。利用 Stokes 矢量，极化雷达通道功率可以推导如下。

1. 共极化通道，$\boldsymbol{g}_{\mathrm{r}}=\boldsymbol{g}_{\mathrm{t}}$

由于 Tx 和 Rx 的极化是相同的，设定 $\boldsymbol{g}_{\mathrm{r}}=\boldsymbol{g}_{\mathrm{t}}$（3.6.13）。这导出

$$P_{\mathrm{c}}=\frac{1}{2}\boldsymbol{g}_{\mathrm{t}}^{\mathrm{T}}\begin{bmatrix} 1 & 0 & 0 & 0 \\ 0 & 1 & 0 & 0 \\ 0 & 0 & 1 & 0 \\ 0 & 0 & 0 & -1 \end{bmatrix}\boldsymbol{M}\boldsymbol{g}_{\mathrm{t}}=\frac{1}{2}\boldsymbol{g}_{\mathrm{t}}^{\mathrm{T}}\boldsymbol{K}_{\mathrm{c}}\boldsymbol{g}_{\mathrm{t}} \tag{3.6.19}$$

其中

$$\boldsymbol{K}_{\mathrm{c}}=\boldsymbol{g}_{\mathrm{t}}^{\mathrm{T}}\begin{bmatrix} 1 & 0 & 0 & 0 \\ 0 & 1 & 0 & 0 \\ 0 & 0 & 1 & 0 \\ 0 & 0 & 0 & -1 \end{bmatrix}\boldsymbol{M} \tag{3.6.20}$$

2. 交叉（X）极化通道，$\boldsymbol{g}_{\mathrm{r}}=\boldsymbol{g}_{\mathrm{t}\perp}$

发射天线和接收天线的 Stokes 矢量在交叉（X）极化通道中是正交的。通过观察 Poincaré 球的图解位置，可以很容易地得到正交 Stokes 向量。它位于极化正交的对趾点上。如果令 $\boldsymbol{g}_{\mathrm{t}}$ 为

$$\boldsymbol{g}_{\mathrm{t}}=(1,\ g_1,\ g_2,\ g_3)^{\mathrm{T}} \tag{3.6.21}$$

对趾点的位置为

$$\boldsymbol{g}_{\mathrm{r}}=(1,\ -g_1,\ -g_2,\ -g_3)^{\mathrm{T}} \tag{3.6.22}$$

将此形式代入式（3.6.13），重新排列方程后，得到

$$P_x=\frac{1}{2}\boldsymbol{g}_{\mathrm{t}}^{\mathrm{T}}\begin{bmatrix}1 & 0 & 0 & 0\\ 0 & -1 & 0 & 0\\ 0 & 0 & -1 & 0\\ 0 & 0 & 0 & 1\end{bmatrix}\boldsymbol{M}\boldsymbol{g}_{\mathrm{t}}=\frac{1}{2}\boldsymbol{g}_{\mathrm{t}}^{\mathrm{T}}\boldsymbol{K}_x\boldsymbol{g}_{\mathrm{t}} \tag{3.6.23}$$

其中

$$\boldsymbol{K}_x=\begin{bmatrix}1 & 0 & 0 & 0\\ 0 & -1 & 0 & 0\\ 0 & 0 & -1 & 0\\ 0 & 0 & 0 & 1\end{bmatrix}\boldsymbol{M} \tag{3.6.24}$$

3. 匹配极化通道，$\boldsymbol{g}_0^{\mathrm{s}}$

匹配极化通道接收散射波的总能量。在 Stokes 矢量表示法中，它接收第一个元素 g_0^{s}，可以写成

$$P_m=|\boldsymbol{E}_{\mathrm{s}}|^2=g_0^{\mathrm{s}}=m_{00}+m_{01}x_1+m_{02}x_2+m_{03}x_3 \tag{3.6.25}$$

因此，功率可以用 Stokes 矢量表示为

$$P_m=\boldsymbol{g}_{\mathrm{t}}^{\mathrm{T}}\begin{bmatrix}1 & 0 & 0 & 0\\ 0 & 0 & 0 & 0\\ 0 & 0 & 0 & 0\\ 0 & 0 & 0 & 0\end{bmatrix}\boldsymbol{M}\boldsymbol{g}_{\mathrm{t}}=\boldsymbol{g}_{\mathrm{t}}^{\mathrm{T}}\boldsymbol{K}_m\boldsymbol{g}_{\mathrm{t}} \tag{3.6.26}$$

$$\boldsymbol{K}_m=\begin{bmatrix}1 & 0 & 0 & 0\\ 0 & 0 & 0 & 0\\ 0 & 0 & 0 & 0\\ 0 & 0 & 0 & 0\end{bmatrix}\boldsymbol{M} \tag{3.6.27}$$

由关系式

$$\boldsymbol{K}_m=\frac{1}{2}\boldsymbol{K}_{\mathrm{c}}+\frac{1}{2}\boldsymbol{K}_x \tag{3.6.28}$$

导出

$$P_m=P_{\mathrm{c}}+P_x \tag{3.6.29}$$

可以理解为，匹配极化通道功率是共极化和交叉（X）极化通道功率的总和。

3.7 极化信号

一旦得到散射矩阵或 Kennaugh 矩阵，就可以计算作为极化几何参数的函数的极化通道功率。通过倾角 τ 和椭圆率角 ε 的组合，可以实现任何极化式(2.2.40)、式（2.2.64)。因此，如果以倾（方向）角和椭圆率角为变量，计算共极化通道功率式（3.6.19）或交叉极化通道功率式（3.6.23)，则可以生成对应于功率的高度三维图。这种三维功率模式称为“极化特征”[16]，如图 3.18 所示。

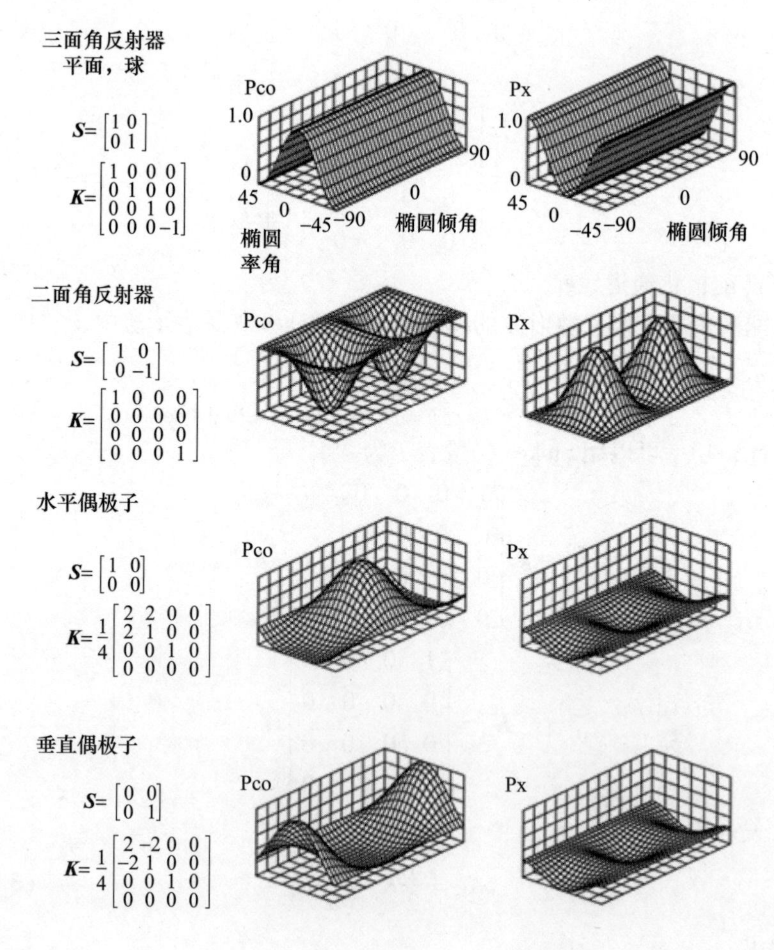

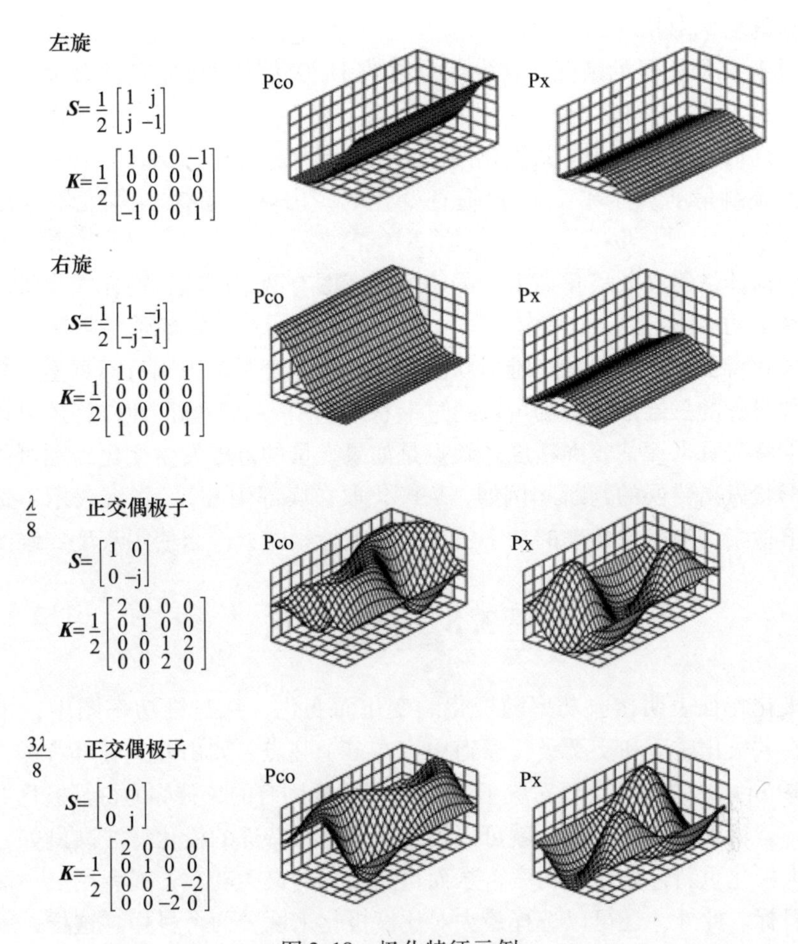

图 3.18　极化特征示例

（来源：山口芳雄，《雷达极化测量——从基础到应用》（日文版），IEICE，2007）

图 3.18 显示了一些典型目标的极化特征的例子。极化特征显示了每个目标的特征功率图，图中取二维轴，因此 H 极化定位在底部平面的中心。

如果仔细观察三面体角反射器、平板和球体的例子，功率图看起来像一个山脉。当 $\varepsilon=0$ 时，得到了共极化通道的峰值。$\varepsilon=0$ 表示任意倾斜角 τ 的线极化。由于平板目标将任何线性极化波反射为同一极化波，因此共极化通道在 $\varepsilon=0$ 处接收最大功率。如果 RHC 极化（$\varepsilon=-45°$）波在同一 RHC 信道中被发射和接收，则功率为零。这是因为被平板反射的波是 LHC（$\varepsilon=45°$）的。由于 RHC 和 LHC 是正交的，所以对于共极化通道，功率为零。因此，功率图看起来像一个山脉。

对于交叉极化信道，发射机和接收机的极化是正交的。所以功率图与共极化通道的功率图相反。

对于 H 偶极子的情况，在发射和接收 H 极化波时可以获得最大功率。峰值功率点出现在 H 极化点。在共极化通道中，V 极化组合不能获得 H 偶极子散射的任何功率。因此，共极化的功率图看起来像一座山顶在中心的山。当偶极子的倾斜角度从水平变化到垂直变化时，山峰沿着倾斜角度轴移动到 V 极化。

二面体散射在共极化通道中的特征功率图有两个凹陷，而在交叉极化通道中的特征功率图有两个山峰。

极化特征的优点是其三维形状图，这有助于直观地识别目标类型。如果熟知各种目标的三维形状，则可以通过形状来识别一个目标。此外，还可以通过三维形状失真来评估校准精度。缺点是如果变量的范围发生变化，则可能会对三维形状做出错误的判断（例如，V 极化取在底部中心）。三维表示不适合精确的值检索。当需要精确的功率值或峰值点检索时，应当使用灰度二维图。

3.8 特征极化

极化特征表明接收功率随极化的变化而变化。从三维功率图中，可以认识到在共极化通道和交叉极化通道中存在多个驻点，如山峰、底部和鞍点，如图 3.19 所示。这些驻点（对应于 ε，τ）是目标固有的，被称为特征极化[18-20]。

一旦得到了特征极化，就可以用它们来进行特殊的极化滤波。例如，可以用最大极化重新计算接收功率，从而得到目标的最大功率，或者用最小极化来抵消目标。此外，还可以选择最大对比度极化来区分两个目标。这样，就可以使用它们作为接收功率的特殊极化滤波。

本节介绍了特征极化，并通过实验结果说明了其在极化滤波中的一些应用。

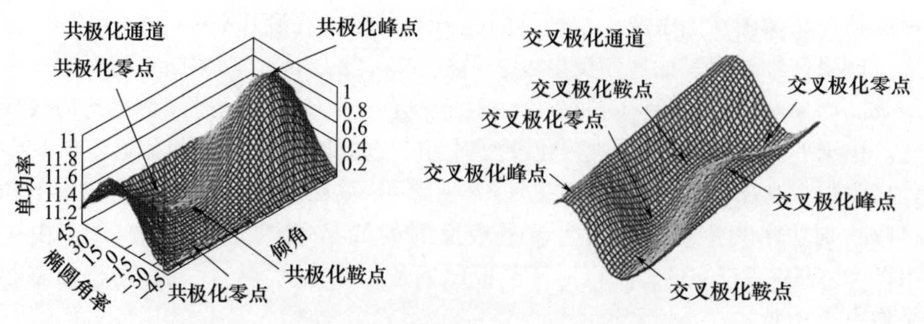

图 3.19 给出接收功率驻点的极化特征和特征极化
（来源：山口芳雄，《雷达极化从基础到应用：利用极化信息的雷达遥感》（日文版），IEICE，2007）

3.8.1　特征极化的数量及其相互关系

如果计算图 3.19 中驻点的个数，如箭头指示：

1 个峰值点	共极化最大值（=交叉极化为零）
1 个鞍点	共极化鞍点（=交叉极化为零）
2 个零点	共极化为零
2 个峰值点	交叉极化为最大值
2 个鞍点	交叉极化鞍点
2 个零点	交叉极化为零

总共 10 个点，这 10 个点的名字表明了功率状况。共极化最大是指共极化通道的接收功率达到最大。零意味着功率为零。其中，共极化最大值点和共极化鞍点与交叉极化零值点位置相同，且两点重叠。因此，原则上每个目标最多存在 8 个驻点。如图 3.19 所示，特定目标可能还存在进一步的重叠点。

这些驻点是目标固有的，它们被称为特征极化[19]，并映射到 Poincaré 球体上，如图 3.20 所示。

在 Poincaré 球上的特征极化的一个有趣和吸引人的特征是共极化通道的形状。由于共极化最大值、鞍点和零点形成一个叉的形状，它被称为“极化叉”。极化叉是由共极化通道推导出来的，但从图 3.20 中可以看到共极化最大值到鞍点的轴和交叉极化零点的轴是相同的。因此，除交叉极化鞍点外，所有特征极化均位于大圆上（图 3.20 灰色区域）。

如果仔细观察这些点，就会意识到共极化零点的重要性。一旦得到了两个共极化零点，则确定了位于两者之间的共极化鞍点。共极化最大值位于鞍点的对跖点上，共极化最大值和鞍轴与交叉极化零值相同，所以共极化的最大值和鞍点与交叉极化的零值是一样的。大平面上的交叉极化最大轴（灰色）正交于交叉极化零轴，交叉极化鞍轴正交于大圆。从这些正交性，可以确定交叉极化最大值和交叉极化鞍点。因此，一旦找到共极化零值，就可以用图解法确定其他特征极化[20]。

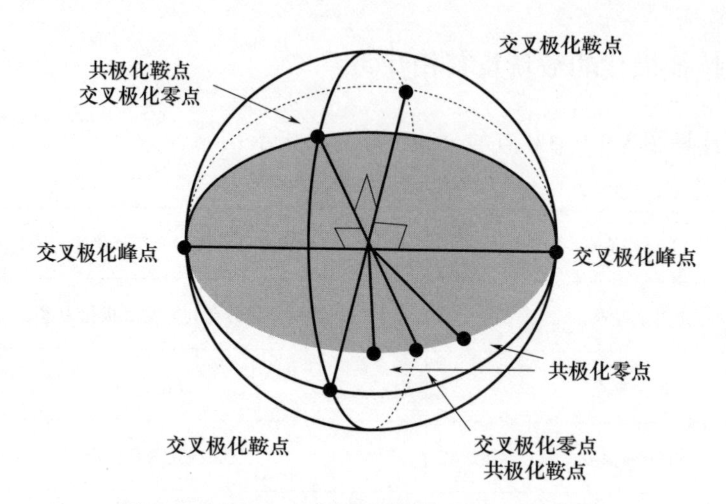

图 3.20 Poincaré 球面上特征极化表征的极化叉

（来源：山口芳雄，《雷达极化测量——从基础到应用》（日文版），IEICE，2007）

3.8.2 特征极化下的接收功率

为了得到特征极化，需要找到功率方程的驻点。

共极化通道功率：

$$P_{\mathrm{c}}=\left|\frac{[1\quad \rho]}{1+\rho\rho^{*}}\begin{bmatrix}S_{\mathrm{HH}} & S_{\mathrm{HV}}\\ S_{\mathrm{VH}} & S_{\mathrm{VV}}\end{bmatrix}\begin{bmatrix}1\\ \rho\end{bmatrix}\right|^{2} \tag{3.8.1}$$

交叉极化通道功率：

$$P_{x}=\left|\frac{[\rho^{*}\quad -1]}{1+\rho\rho^{*}}\begin{bmatrix}S_{\mathrm{HH}} & S_{\mathrm{HV}}\\ S_{\mathrm{VH}} & S_{\mathrm{VV}}\end{bmatrix}\begin{bmatrix}1\\ \rho\end{bmatrix}\right|^{2} \tag{3.8.2}$$

通过对角化散射矩阵，可以更容易地解决这个问题

$$\boldsymbol{S}\Rightarrow\begin{bmatrix}\lambda_{1} & 0\\ 0 & \lambda_{2}\end{bmatrix}=\begin{bmatrix}|\lambda_{1}|\mathrm{e}^{\mathrm{j}\phi_{1}} & 0\\ 0 & |\lambda_{2}|\mathrm{e}^{\mathrm{j}\phi_{2}}\end{bmatrix} \tag{3.8.3}$$

其中：λ_1 和 λ_2 是特征值，且 $|\lambda_1|>|\lambda_2|$。则式（3.8.1）和式（3.8.2）可变为

$$P_{\mathrm{c}}=\left|\frac{[1\quad \rho]}{1+\rho\rho^{*}}\begin{bmatrix}\lambda_{1} & 0\\ 0 & \lambda_{1}\end{bmatrix}\begin{bmatrix}1\\ \rho\end{bmatrix}\right|^{2},\ P_{x}=\left|\frac{[\rho^{*}\quad -1]}{1+\rho\rho^{*}}\begin{bmatrix}\lambda_{1} & 0\\ 0 & \lambda_{1}\end{bmatrix}\begin{bmatrix}1\\ \rho\end{bmatrix}\right|^{2} \tag{3.8.4}$$

求解

$$\frac{\partial P_{\mathrm{c}}}{\partial\rho}=0,\ \frac{\partial P_{x}}{\partial\rho}=0 \tag{3.8.5}$$

可以推导出八种特征极化[19,21]

表3.2列出了特征极化和对应的功率。除了特征基的极化比，HV极化基的表达式也一并显示。最有趣的是共极化最大值和共极化最小值，它们给出了最大功率和最小功率。

表3.2　特性极化和通道功率

极化	功率	极化比	HV极化基的极化比
共极化最大值	$\|\lambda_1\|^2$	0	$\frac{-B\pm\sqrt{B^2+4\|A\|^2}}{2A}$
共极化鞍点	$\|\lambda_2\|^2$	∞	$A=S_{HH}^*S_{HV}+S_{HV}^*S_{VV}$ $B=\|S_{HH}\|^2-\|S_{VV}\|^2$
2共极化零点	0	$\pm j\left\|\frac{\lambda_1}{\lambda_2}\right\|^{\frac{1}{2}}e^{j2v}$	$\frac{-S_{HV}\pm\sqrt{S_{HV}{}^2-S_{HH}S_{VV}}}{S_{VV}}$
2交叉极化最大值	$\frac{1}{4}(\|\lambda_1\|+\|\lambda_2\|)^2$	$\pm e^{j2v}$	$\|E_L\|^2-\|E_R\|^2$
2交叉极化鞍点	$\frac{1}{4}(\|\lambda_1\|-\|\lambda_2\|)^2$	$\pm e^{j2v}$	$v=\frac{1}{4}(\phi_1-\phi_1)$
2交叉极化零点	0	0，∞	$\frac{-B\pm\sqrt{B^2+4\|A\|^2}}{2A}$

3.9　利用特征极化进行极化滤波

在本节中，通过使用特定的极化进行极化滤波。有时想从其他对象中增强某个目标或消除场景中的杂波。在这种情况下，可能会考虑极化基。哪种极化基比较合适？HV还是LR？由于Poincaré球上的特征极化P与图3.21中对趾点Q形成了一个极化基，所以可根据具体应用选择任意的基。Q的极化与P的极化正交。

如3.8节所述，有几个特征极化。特征极化就可以达到这个目的。最常用的是共极化最大值和共极化零点。

1. 共极化最大值，交叉极化零点

共极化最大值是使接收功率最大的极化。由于共极化最大值对应交叉极化零点，所以共极化最大的极化可以从式（3.8.4）中推导出来。导出

$$P_x=\left|\frac{-S_{HV}+S_{HV}\rho\rho^*+S_{HH}\rho^*-S_{VV}\rho}{1+\rho\rho^*}\right|^2=0 \qquad (3.9.1)$$

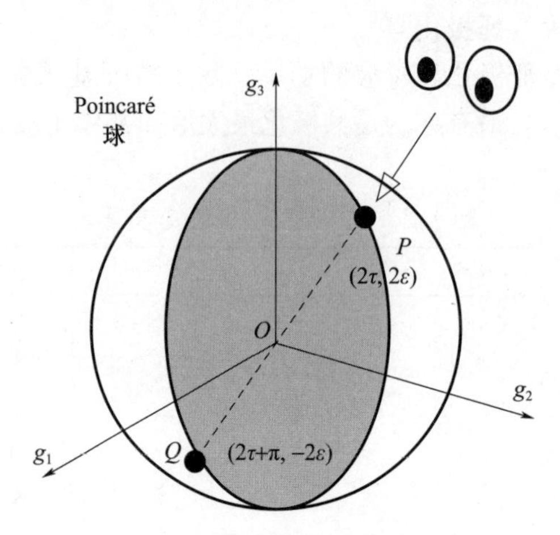

图 3.21　极化和极化基 PQ 的选择

根可以写成

$$P_{cm1,2} = P_{xn1,2} = \frac{-B \pm \sqrt{B^2 + 4\ |\boldsymbol{A}|^2}}{2\boldsymbol{A}} \tag{3.9.2}$$

其中

$$A = S_{HH}^* S_{HV} + S_{HV}^* S_{VV},\ B = |S_{HH}|^2 - |S_{VV}|^2 \tag{3.9.3}$$

2. 共极化零点

共极化零点是强制信道功率为零的极化，即消除接收功率。式（3.8.4）中令 $P_c = 0$ 得到下列等式

$$P_c = \left| \frac{S_{HH} + 2S_{HV}\rho + S_{VV}\rho}{1 + \rho\rho^*} \right|^2 = 0 \tag{3.9.4}$$

根 P_{cn1}，P_{cn2} 如下所示

$$P_{cn1} = P_{cn2} = \frac{-S_{HV} \pm \sqrt{S_{HV}{}^2 - S_{HH}S_{VV}}}{S_{VV}} \tag{3.9.5}$$

表 3.1 列出了这些根。

一旦获得了极化比，就可以使用它来重新计算每个像素的功率，式（3.8.1）和式（3.8.2）。这将产生一个特定的极化滤波。为了求得极化本身，可以通过以下关系推导出椭圆的几何参数：

$$\tan 2\tau = \frac{2\mathrm{Re}\ \{\rho\}}{1 - |\rho|^2}\ \sin 2\varepsilon = \frac{2\mathrm{Im}\ \{\rho\}}{1 + |\rho|^2} \tag{3.9.6}$$

3.9.1　两条正交线的图像

在微波暗室内进行极化 SAR 成像，以确认极化滤波效果[22]。如图 3.22 所示，用两个正交的导线目标来展示极化响应。这两个天线以 $\lambda/2$ 的增量间隔对这些目标进行扫描。测量条件如下：

频率	8.2 - 9.2GHz
目标长度	70cm
扫描间隔	1.5cm
扫描点	64 × 64
极化	VV，HH，VH

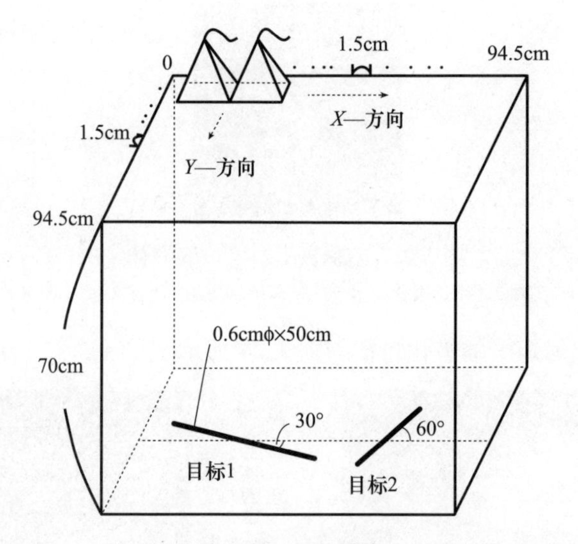

图 3.22　目标对齐

（来源：山口芳雄，《雷达极化测量——从基础到应用》（日文版），IEICE，2007）

两个导线目标是长度为 50cm、直径为 6mm 的金属线偶极子，它们可以被看作线状的金属丝物体。相对于 X 方向，目标 1 朝向 -30°方向，目标 2 朝向 60°方向，因此它们是正交的。X 方向为 H 极化，而 Y 方向为 V 极化。在对天线进行二维扫描后，计算了全极化和合成孔径雷达数据。

图 3.23 显示了每个极化通道（HH、VV 和 HV）的二维 SAR 图像。目标 1 在 HH 通道中清晰可见，而目标 2 在 VV 通道中清晰可见，交叉极化 HV 通道比共极化通道的图像幅度较小，这些图像与物理散射现象相一致，同时还描述了总功率图像。由于总功率是旋转不变的参数，无论目标方向如何，它都能清楚地显示两条线。

为了更仔细地检查数据，选取了每个目标中心点周围的散射矩阵

$$\text{朝向}-30°\text{的目标 }1\boldsymbol{S}_1=\begin{bmatrix}-0.7656-\mathrm{j}0.0902 & 0.3529-\mathrm{j}0.1807\\ 0.3529-\mathrm{j}0.1807 & -0.2056+\mathrm{j}0.2405\end{bmatrix}$$

$$\text{朝向 }60°\text{的目标 }2\boldsymbol{S}_2=\begin{bmatrix}-0.0640+\mathrm{j}0.4191 & -0.2378+\mathrm{j}0.2607\\ -0.2378+\mathrm{j}0.2607 & -0.0961+\mathrm{j}0.8162\end{bmatrix}$$

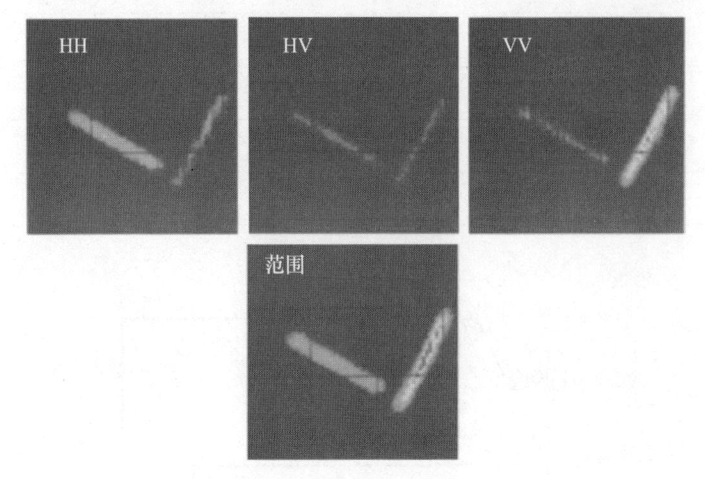

图 3.23　双偶极子二维 SAR 图像

（来源：山口芳雄，《雷达极化测量——从基础到应用》（日文版），IEICE，2007）

基于这些散射矩阵的极化特征如图 3.24 所示。

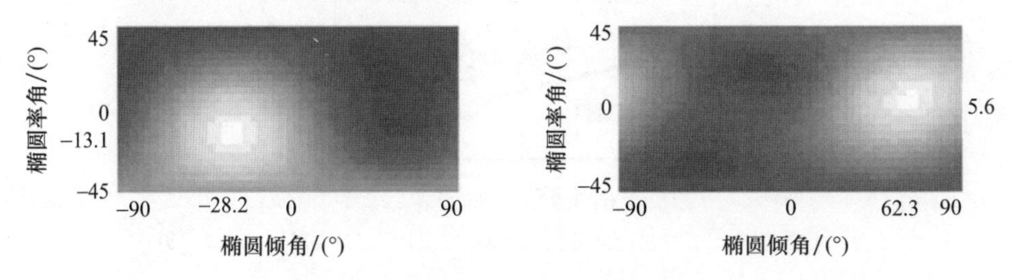

图 3.24　目标 1 和 2 的极化特征[36]

（来源：山口芳雄，《雷达极化测量——从基础到应用》（日文版），IEICE，2007）

共极化特征中最亮的点对应于共极化最大值。目标 1 的几何参数为（$\tau=-28.2°$，$\varepsilon=-13.1°$），目标 2 的为（$\tau=62.3°$，$\varepsilon=5.6°$），如图 3.24 所示。可测量的椭圆倾角非常接近实际的目标方向角，椭圆率角也接近 0°，这意味着线极化。

由于两个目标是正交的，可以预期它们的共极化最大值是正交的。每个目标的极化比可以计算为

$$\rho_1=1.822+\mathrm{j}0.435,\ \rho_2=-0.498-\mathrm{j}0.294$$

极化比的正交条件为 $\rho_1\rho_2^*=-1$。在这个实验案例中，有

$$\rho_1\rho_2^* = -1.034 + j0.316$$

这非常接近于理论正交条件。

图 3.25 显示了两个目标的共极化最大值图像。如果极化滤波调整到目标 1 的共极化最大值，则有一个目标 1 的增强图像，并且正交目标 2 被抑制。也就是说，在这个测量中，目标 1 最大化，而目标 2 同时最小化。另外，对目标 2 取滤波器极化特征为共极化最大值，则目标 2 被增强，正交目标 1 被抑制。该图很好地展示了使用特征极化的极化滤波的特性。

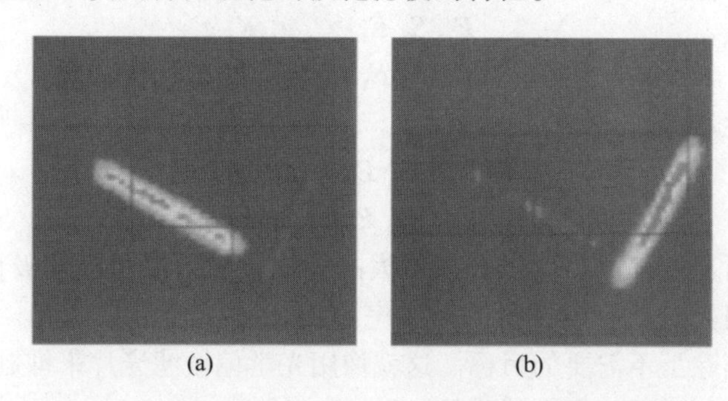

图 3.25　目标 1 和目标 2 的共极化最大值图像

（来源：山口芳雄，《雷达极化测量——从基础到应用》（日文版），IEICE，2007）

3.9.2　极化对比增强

假设如图 3.26 所示，在一个 PolSAR 图像中有两个目标。有时希望相对于目标 B 增强目标 A。这与目标增强有关。有两种方法可以实现增强，一种是目标 A 的最大化，另一种是消除或最小化不期望的目标 B。后者在 GPR 中可以有效地抑制杂波或探测地下目标。在本节中，考虑通过极化滤波进行目标增强[22-25]。

首先，用下面这个方程来定义功率对比度，并将这个值称为极化对比度增强因子

$$C = \frac{期望功率}{非期望功率} \tag{3.9.7}$$

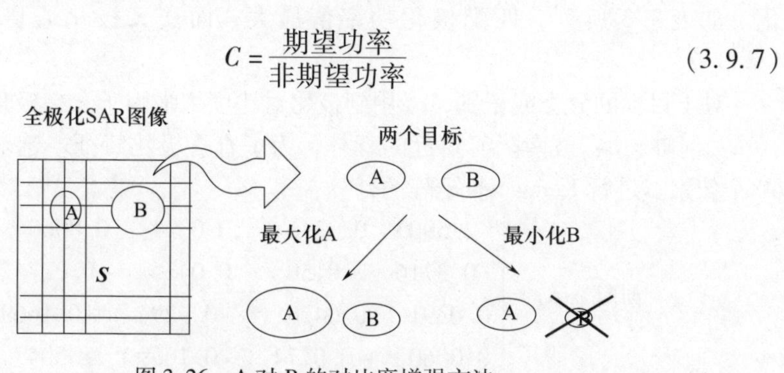

图 3.26　A 对 B 的对比度增强方法

（来源：山口芳雄，《雷达极化测量——从基础到应用》（日文版），IEICE，2007）

其中所需功率是来自目标的极化功率，而非所需功率是由不需要的目标（如杂波或噪声）引起的。如果下标 1 和 2 分别用于表示期望和不期望，则可以定义 3 个极化通道的 3 个对比度因子。

共极化通道

$$C^{c} = \left| \frac{\boldsymbol{E}_{t}^{T} \boldsymbol{S}_{1} \boldsymbol{E}_{t}}{\boldsymbol{E}_{t}^{T} \boldsymbol{S}_{2} \boldsymbol{E}_{t}} \right|^{2} = \frac{\boldsymbol{g}_{t}^{T} \boldsymbol{K}_{1}^{c} \boldsymbol{g}_{t}}{\boldsymbol{g}_{t}^{T} | \boldsymbol{K}_{2}^{c} \boldsymbol{g}_{t}} \tag{3.9.8}$$

交叉极化通道

$$C^{x} = \left| \frac{\boldsymbol{E}_{t\perp}^{T} \boldsymbol{S}_{1} \boldsymbol{E}_{t}}{\boldsymbol{E}_{t\perp}^{T} \boldsymbol{S}_{2} \boldsymbol{E}_{t}} \right|^{2} = \frac{\boldsymbol{g}_{t}^{T} \boldsymbol{K}_{1}^{x} \boldsymbol{g}_{t}}{\boldsymbol{g}_{t}^{T} | \boldsymbol{K}_{2}^{x} \boldsymbol{g}_{t}} \tag{3.9.9}$$

匹配极化通道

$$C^{m} = \left| \frac{\boldsymbol{E}_{t}^{*T} \boldsymbol{G}_{1} \boldsymbol{E}_{t}}{\boldsymbol{E}_{t}^{*T} \boldsymbol{G}_{2} \boldsymbol{E}_{t}} \right|^{2} = \frac{\boldsymbol{g}_{t}^{T} \boldsymbol{K}_{1}^{m} \boldsymbol{g}}{\boldsymbol{g}_{t}^{T} | \boldsymbol{K}_{2}^{m} \boldsymbol{g}} \tag{3.9.10}$$

要优化对比度，就要选择 C 值最大的极化。如果使用最佳极化进行成像，则可以得到最大对比度的图像。对于完全极化波（相干）情况，对应的极化为零极化，消除了不需要的目标。这就像用光学偏振滤光片来抑制水面的反射光，以便通过相机看到水中的物体一样。

图 3.27 显示了 NASA JPL AIRSAR 系统在布兰塔斯河地区获得的各种极化 SAR 图像。对比了典型极化组合（Tx = H：水平，V：垂直，L：LHC，Rx = 共极化、交叉极化和匹配极化）的极化通道图像。

图像的亮度和对比度对共极化和交叉极化通道中的极化组合很敏感（左两排）。HH 图像是最亮的，45°~45°图像在共极化通道（左行）中的对比度较低。HV 图像是暗的，45°~135°图像在交叉极化通道图像中有很高的对比度（中间行）。匹配极化通道图像对极化变化不敏感。

为了定量评价图像，计算了极化图像的平均功率，列于表 3.3。对每幅图像进行比较时，选择 HH 的平均功率作为基值，并对其他图像进行归一化。如表 3.3 所列，匹配极化功率值最大，而交叉极化通道功率值最小（表 3.3）。

对于目标的分类或识别，会用到极化对比度增强因子。在极化滤波中，选择 A：河畔，B：波南萨河附近的森林。为了查看极化特征，选取每个区域的 40 个像素点进行 Kennaugh 矩阵的计算

$$\text{河畔：} \boldsymbol{K}_{1} = \begin{bmatrix} 2.5903 & 0.3716 & 0.0391 & 0.0060 \\ 0.3716 & 2.0150 & 0.0426 & -0.0274 \\ 0.0391 & 0.0426 & -0.9294 & -0.1669 \\ 0.0060 & -0.0274 & -0.1669 & 1.5047 \end{bmatrix}$$

$$
森林：\boldsymbol{K}_2=\begin{bmatrix} 1.2749 & 03539 & -0.0614 & -0.0298 \\ 0.3539 & 1.0870 & -0.0007 & 0.0010 \\ -0.0614 & -0.0007 & 0.3154 & 0.7949 \\ -0.0298 & 0.0010 & 0.7949 & -0.1276 \end{bmatrix}
$$

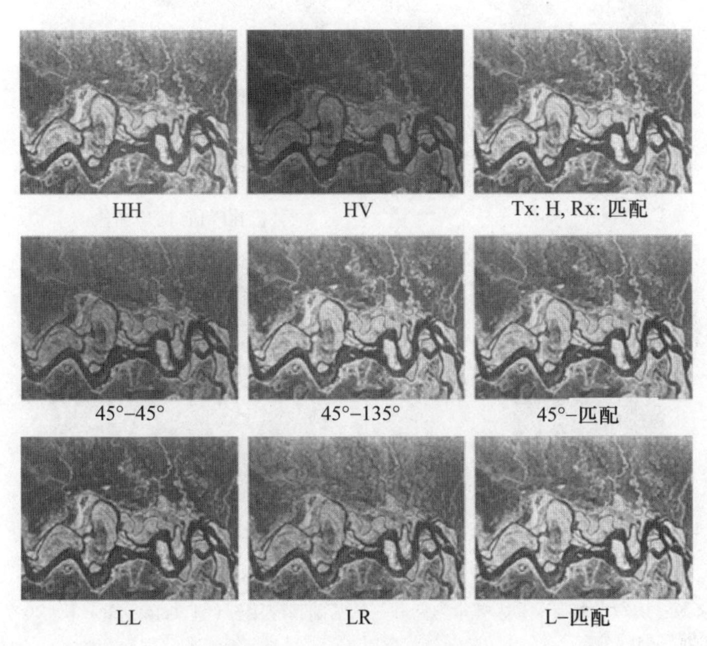

图3.27 极化通道功率图像

（来源：山口芳雄，《雷达极化测量——从基础到应用》（日文版），IEICE，2007）

表3.3 3个极化雷达信道的平均功率

极化	共极化	交叉极化	匹配极化
线性水平线（H）	1.00	0.14	1.14
线性垂直线（V）	0.73	0.14	0.88
45°线性	0.54	0.48	1.01
135°线性	0.53	0.48	1.01
左旋圆	0.63	0.39	1.02
右旋圆	0.61	0.39	1.00
平均数	0.67	0.34	1.01

基于这些矩阵和式（3.9.7）~式（3.9.9），可以推导出最大对比度极化。如图3.28所示，对比特征是河畔的特征除以森林的特征。特征的最大点（极化）产生的共极化和交叉极化通道的最大对比度图像分别如图3.28和图3.29所示。注意，河边的共极化最大值与最大对比度的极化不相同。因

此，特征极化与最大对比度极化不一定相同。这可在河边的最终的最大对比度图像和共极化最大值图像中得到确认。

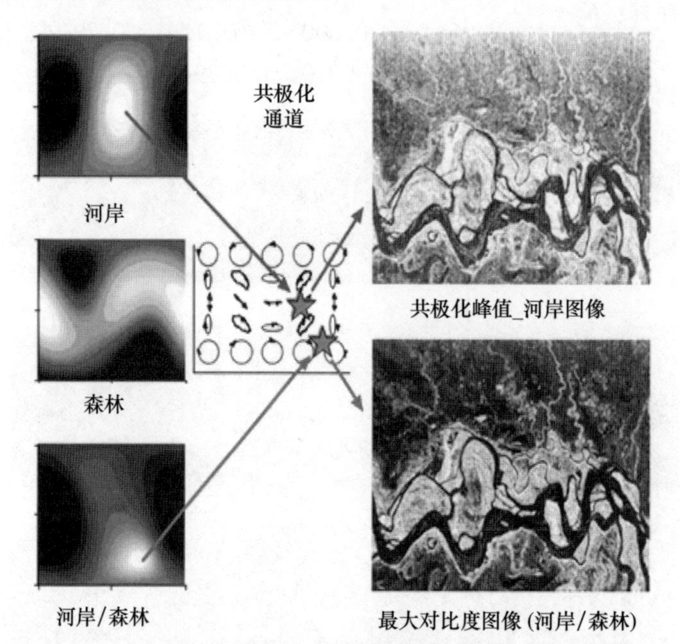

图 3. 28　共极化通道对比度增强图像
（来源：山口芳雄，《雷达极化测量——从基础到应用》（日文版），IEICE，2007）

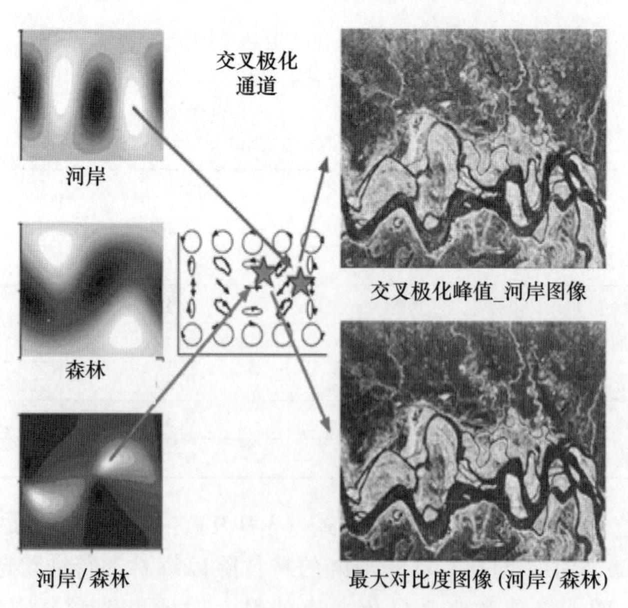

图 3. 29　交叉极化通道对比度增强图像
（来源：山口芳雄，《雷达极化测量——从基础到应用》（日文版），IEICE，2007）

J. Yang 进一步研究了这种极化对比度增强方案，并成功地扩展到森林狭窄道路的分类/识别[30]。除了 Kennaugh 矩阵和 Stokes 矢量公式外，还有一种利用协方差矩阵进行优化的方法[26-30]。

3.9.3 极化杂波抑制

3.9.3.1 在探地雷达中的应用

GPR 试图探测地下物体，如历史遗迹、煤气管道、电缆，甚至山矿。由于表面的反射，加上非均匀地下介质内的严重衰减，对探地雷达来说，在大范围内绘制目标是一项具有挑战性的任务。GPR 或测雪雷达沿地面或一条线进行天线扫描，形成 B 型扫描图像，沿扫描线显示深度信息。

一种全极化调频连续波（FMCW）合成孔径雷达被开发来测试检测性能。利用工作在 350～1000MHz 下的矩形喇叭天线进行空间扫描，获得了在 HV 极化基础上的 B 型扫描图像[24]。目标是一个埋在 40cm 深，长 50cm 的小金属板。检测图像如图 3.30 所示。

从图 3.30 中可以看出，有非常强的表面杂波。这种强烈的杂波有时会掩盖来自目标的回声。为了抑制表面杂波，计算了杂波的共极化零点图像。如图 3.31 所示，结合共极化最大值图像，实现目标的最佳探测。

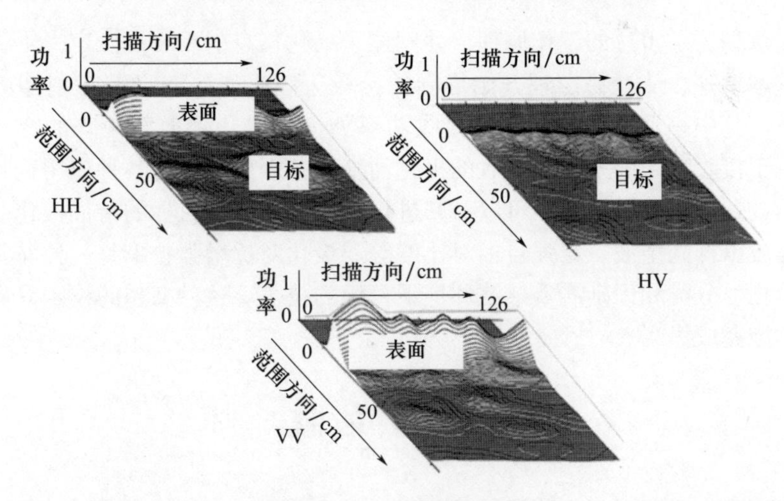

图 3.30 HV 极化检测结果

（来源：山口芳雄，《雷达极化测量——从基础到应用》（日文版），IEICE，2007）

在共极化最大图像中可以看出，虽然回波增强了但表面杂波也很大。在 GPR 应用程序中，所需目标的信息从一开始就是未知的。一旦获得了这些信息，就可以把它加入特定的信号处理中，但这些信息无法预知。从这个意义上说，共极化的最大值并不一定是最佳的极化，地表信息是事先所被知道的。通过抑制或消除地表回声，可以更清楚地看到介质内部的物体，降低的幅度可以通过放大来补偿。因此，零极化对杂波起到了抑制作用，即充分利用极化信息的性能大大提高了检测性能。这种有利的方法归功于利用了全极化信息。

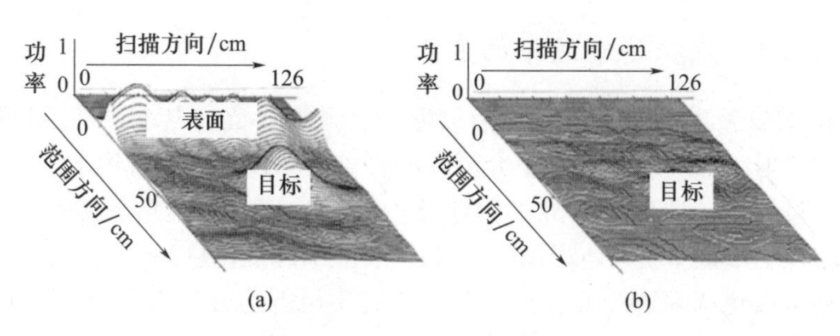

图 3.31　极化滤波图像

（a）目标的共极化最大图像；（b）表面的共极化零点图像。

（来源：山口芳雄，《雷达极化测量——从基础到应用》（日文版），IEICE，2007）

3.10　本章小结

本章综述了雷达的工作原理，并阐述了极化信息的重要性。定义了雷达极化的基本原理、从互易定理开始推导的接收天线电压、Sinclair 散射矩阵和接收功率。其中一个重要的问题是接收功率如何随极化和散射矩阵的变化而变化。由于接收功率随发射和接收的极化而变化，因此可以为各种应用选择最佳的极化。利用特定的极化，可以对其进行扩展，如获取目标的特征极化、进行极化滤波以抑制杂波、增强目标对比度等。极化对比增强技术是一种非常有前途的检测、分类和识别严重杂波环境下目标的技术。这种高超的技术只有极化雷达才能完成。

参 考 文 献

1. E. Yamashita，Introduction to Electromagnetic Waves，in Japanese，Sangyo - Tosho，Tokyo，1980.
2. C. A. Balanis，Antenna Theory：Analysis and Design，2nd ed.，Ch. 2，Wiley，Hoboken，NJ，1982.
3. F. T. Ulaby，R. K. Moore，and A. K. Fung，Microwave Remote Sensing：Active and Passive，vol. I，Artech House，Boston，1986.
4. J. P. Fitch，Synthetic Aperture Radar，Springler - Verlag，New York，1988.

5. M. I. Skolnik, ed. , Radar Handbook, 2nd ed. , McGraw – Hill, New York, 1990.

6. D. L. Mensa, High Resolution Radar Cross – Section Imaging, Artech House, Boston, 1991.

7. H. Mott, Antennas for Radar and Communications: A Polarimetric Approach, John Wiley & Sons, New York, 1992.

8. W. – M. Boerner, et al. (eds), Direct and inverse methods in radar polarimetry, Proceedings of the NATO – ARW, September 18 – 24, 1988, 1987 – 1991, NATO ASI Series C: Math & Phys. Sciences, vol. C – 350, Parts 1&2, Kluwer Academic Publication, the Netherlands, 1992.

9. F. M. Henderson and A. J. Lewis, Principles & Applications of Imaging Radar, Manual of Remote Sensing, 3rd ed. , vol. 2, ch. 5, pp. 271 – 357, John Wiley &Sons, New York, 1998.

10. G. W. Stimson, Introduction to Airborne Radar, Scitech Publishing, Mendham, NJ, 1998.

11. B. R. Mahafza, Introduction to Radar Analysis, CRC Press, 1998.

12. K. Ouchi, Fundamentals of Synthetic Aperture Radar for Remote Sensing, Tokyo Denki University Press, Tokyo, 2003 and 2009.

13. I. G. Cumming and F. H. Wong, Digital Processing of Synthetic Aperture Radar Data, Artech House, Boston, 2005.

14. J. S. Lee and E. Pottier, Polarimetric Radar Imaging from Basics to Applications, CRC Press, 2009.

15. M. Shimada, Imaging from Spaceborne SARs, Calibration, and Applications, CRC Press, 2019.

16. J. J. van Zyl, H. A. Zebker, and C. Elachi, "Imaging radar polarization signatures: Theory and observation," Radio Sci. , vol. 22, no. 4, pp. 529 – 543, 1987.

17. D. L. Evans, T. G. Farr, J. J. van Zyl, and H. A. Zebker, "Radar polarimetry: Analysis tools and applications," IEEE Trans. Geosci. Remote Sens. , vol. 26, no. 6, pp. 774 – 789, 1988.

18. A. P. Agrawal and W. – M. Boerner, "Redevelopment of Kennaugh target characteristic polarization state theory using the polarization transformation ratio for the coherent case," IEEE Trans. Geosci. Remote Sens. , vol. GE – 27, pp. 2 – 14, 1989.

19. W. – M. Boerner, W. L. Yan, A. – Q. Xi, and Y. Yamaguchi, "On the basic principles of radar polarimetry: The target characteristic polarization state theory of Kennaugh, Huynen' s polarization fork concept, and its extension to the partially polarized case," Proc. IEEE, vol. 79, no. 10, pp. 1538 – 1550, 1991.

20. J. Yang, Y. Yamaguchi, H. Yamada, and M. Sengoku, "Simple method for obtaining characteristic polarization states," Electron. Lett. , vol. 34, no. 5, pp. 441 – 443, 1998.

21. Y. Yamaguchi, Radar Polarimetry from Basics to Applications: Radar Remote Sensing Using Polarimetric Information (in Japanese), IEICE, Tokyo, 2007.

22. Y. Yamaguchi, T. Nishikawa, M. Sengoku, and W. – M. Boerner, "Two – dimensional and full polarimetric imaging by a synthetic aperture FM – CW radar," IEEE Trans. Geosci. Remote Sens. , vol. 33, no. 2, pp. 421 – 427, 1995.

23. Y. Yamaguchi, Y. Takayanagi, W. – M. Boerner, H. J. Eom, and M. Sengoku, "Polarimetric enhancement in radar channel imagery," IEICE Trans. Commun. , vol. E78 – B, no. 12, pp. 1571 – 1579, 1995.

24. T. Moriyama, Y. Yamaguchi, H. Yamada, and M. Sengoku, "Reduction of surface clutter by a polarimetric FM – CW radar in underground target detection," IEICE Trans. Commun., vol. E78 – B, no. 4, pp. 625 – 629, 1995.

25. J. Yang, Y. Yamaguchi, H. Yamada, and S. Lin, "The formulae of the characteristic polarization states in the Co – Pol channel and the optimal polarization state for contrast enhancement," IEICE Trans. Commun., vol. E80 – B, no. 10, pp. 1570 – 1575, 1997.

26. J. A. Kong, A. A. Swartz, H. A. Yueh, L. M. Novak, and R. T. Shin, "Identification of terrain cover using the optimal polarimetric classifier," J. Electromagnet. Wave, vol. 2, no. 2, pp. 171 – 194, 1988.

27. A. A. Swartz, H. A. Yueh, J. A. Kong, and R. T. Shin, "Optimal polarization for achieving maximum contrast in radar images," J. Geophys. Res. vol. 93, no. B12, pp. 15252 – 15260, 1988.

28. J. A. Kong, ed., Polarimetric Remote Sensing, PIER – 3, Elsevier, New York, 1990.

29. J. Yang, Y. Yamaguchi, H. Yamada, et al., "The optimal problem for contrast enhancement in polarimetric radar remote sensing," IEICE Trans. Commun., vol. E82 – B, no. 1, pp. 174 – 183, 1999.

30. J. Yang, Y. Yamaguchi, W. – M. Boerner, and S. Lin, "Numerical methods for solving the optimal problem of contrast enhancement," IEEE Trans. Geosci. Remote Sens., vol. 38, no. 2, pp. 965 – 971, 2000.

第4章 极化矩阵

本章介绍极化矩阵，如散射矩阵、协方差矩阵、相干矩阵和 Kennaugh 矩阵等，以及它们之间的关系。如图 4.1 所示，由散射矩阵可以生成各种形式的极化矩阵。在处理 PolSAR 观测数据时，通常从数据集的系综平均值中获取有用信息。在这种情况下，我们处理的对象是集合项 $\langle S_{\mathrm{HH}}S_{\mathrm{VV}}^{*}\rangle$ 而不是散射矩阵本身。适合于系综平均数据的极化矩阵有 3×3 和 4×4[103,2-4]维度的。其中协方差矩阵具有与实际雷达通道功率或相关性相关的特征，而相干矩阵有利于散射机制的物理解释和数学运算。Kennaugh 矩阵由实数构成，便于描述极化特征。尽管这类极化矩阵的形式不同，矩阵中都存在 9 个参数。本章将对图 4.1 中有代表性的极化矩阵进行处理，并推导出理论平均矩阵以求得 PolSAR 数据的关键参数。

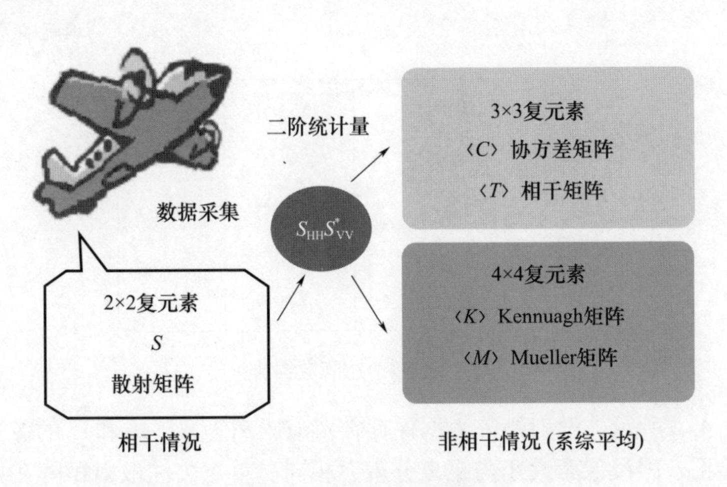

图 4.1　各种极化矩阵

（来源：山口芳雄，《雷达极化测量——从基础到应用》（日文版），IEICE，2007）

4.1 散射矩阵数据

机载或星载 PolSAR 系统散射矩阵的数据排列或存储如图 4.2 所示。其中，H 表示水平极化，V 表示垂直极化。发射天线发出的脉冲呈球面传播。设主波束方向为斜距方向。距离分辨力为 $c/(2B)$，其中，B 为脉冲信号的带宽，c 为光速。地距分辨力 $c/(2B\sin\theta)$ 由入射角 θ 决定。因此，当 θ 减小时，会降低初始数据的地距分辨力，而 θ 变大时，会提高分辨力。由此可见，SAR 图像在近距时会变得模糊，在远距时会变得清晰。在雷达系统的正下方（$\theta=0$）是不能成像的。这就是 SAR 系统要在侧视方向进行辐射的原因，称其为侧视系统。这一点与光学系统完全不同。

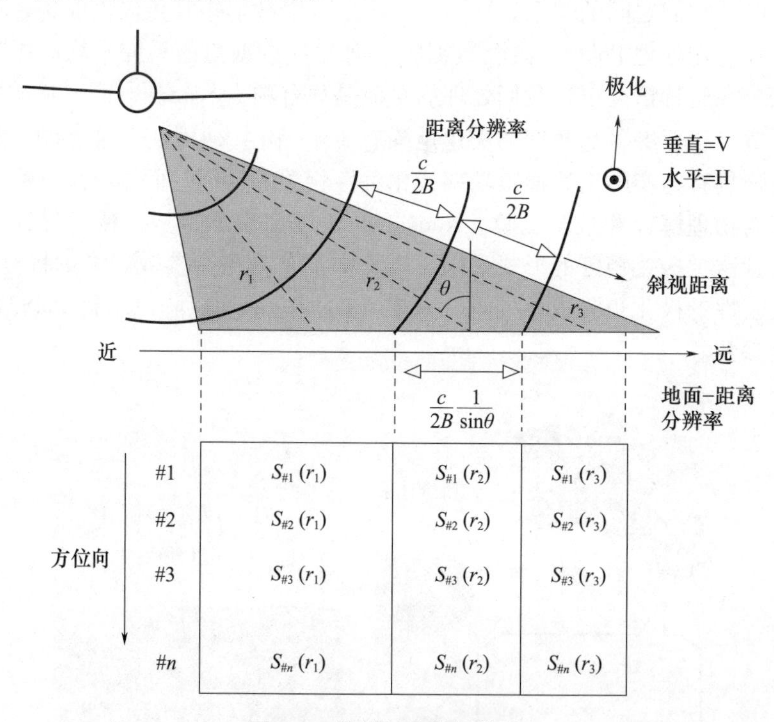

图 4.2　散射矩阵数据排列

如图 4.2 所示，散射矩阵数据保存在对应距离为 r_1、r_2 和 r_3 的像素中。为了简单起见，假设像素大小与距离分辨力相同。重点关注散射矩阵在方位向和距离向上的相位。由于传播路径 $2r_1$ 的关系，对同一距离 r_1，方位向上散射矩阵的相位相同。

$$\boldsymbol{S}_{\#1}(r_1),\ \boldsymbol{S}_{\#2}(r_1),\ \boldsymbol{S}_{\#3}(r_1),\ \cdots,\ \boldsymbol{S}_{\#n}(r_1)$$

而在距离向上，散射矩阵由于传播路径 r_1，r_2，r_3…的不同，其相位会随像素变化而变化。图 4.3 所示的复平面对这种情况进行了描述。

$$\boldsymbol{S}_{\#1}(r_1),\ \boldsymbol{S}_{\#1}(r_2),\ \boldsymbol{S}_{\#1}(r_3),\ \cdots$$

例如，r_1 处的散射矩阵为 $\boldsymbol{S}_{\#1}(r_1)$，则散射矩阵元素 HH 和 VV 可分别表示为 $S_{r1}^{\mathrm{HH}}=|S_{r1}^{\mathrm{HH}}|\angle\phi_{r1}^{\mathrm{HH}}$ 和 $S_{r1}^{\mathrm{VV}}=|S_{r1}^{\mathrm{VV}}|\angle\phi_{r1}^{\mathrm{VV}}$。

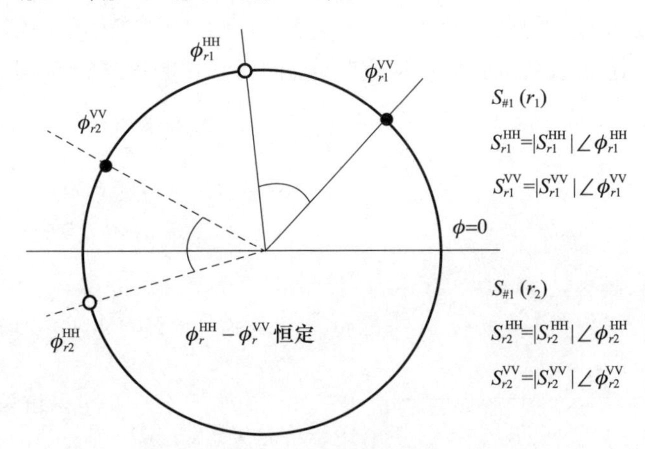

图 4.3　复平面中的相位

（来源：山口芳雄，《雷达极化测量——从基础到应用》（日文版），IEICE，2007）

相位项 ϕ_{r1}^{HH} 和 ϕ_{r1}^{VV} 位于图 4.3 中的圆圈和黑点处。同样，r_2 处的散射矩阵 $\boldsymbol{S}_{\#1}(r_2)$ 中的元素 HH 和 VV 分别为 $S_{r2}^{\mathrm{HH}}=|S_{r2}^{\mathrm{HH}}|\angle\phi_{r2}^{\mathrm{HH}}$ 和 $S_{r2}^{\mathrm{VV}}=|S_{r2}^{\mathrm{VV}}|\angle\phi_{r2}^{\mathrm{VV}}$。

由于传播路径不同，对应的相位位置也不同。

显然，即使散射矩阵都来自于同一目标，我们也不能直接在距离向上对散射矩阵元素求和。这意味着“散射矩阵在距离向上不能直接相加”。

另外，不管距离如何，相位差 $\phi_{r2}^{\mathrm{HH}}-\phi_{r2}^{\mathrm{VV}}$ 近似于 $\phi_{r1}^{\mathrm{HH}}-\phi_{r1}^{\mathrm{VV}}$，可看作一个定值。这种相位差是目标固有的极化信息，在目标分类中起着非常重要的作用。因此，数据保存通常采用提取 $\mathrm{e}^{\mathrm{j}\phi^{\mathrm{HH}}}$ 的相对散射矩阵形式，如式（4.1.1）所示：

$$\begin{gathered}\boldsymbol{S}(\mathrm{HV})=\begin{bmatrix}S_{\mathrm{HH}} & S_{\mathrm{HV}}\\ S_{\mathrm{VH}} & S_{\mathrm{VV}}\end{bmatrix}=\mathrm{e}^{\mathrm{j}\phi^{\mathrm{HH}}}\boldsymbol{S}_{\mathrm{relative}}\\ \boldsymbol{S}_{\mathrm{relative}}=\begin{bmatrix}|S_{\mathrm{HH}}| & |S_{\mathrm{HV}}|\angle(\phi^{\mathrm{HV}}-\phi^{\mathrm{HH}})\\ |S_{\mathrm{VH}}|\angle(\phi^{\mathrm{VH}}-\phi^{\mathrm{HH}}) & |S_{\mathrm{VV}}|\angle(\phi^{\mathrm{VV}}-\phi^{\mathrm{HH}})\end{bmatrix}\end{gathered}\tag{4.1.1}$$

相对散射矩阵的优点就是在距离向上保持了极化特性。由式（4.1.1）可知，单基地雷达可测量的极化信息数为 5。就极化数据的利用而言，如分类和检测，最好使用 $S_{\mathrm{VV}}S_{\mathrm{HH}}^*$ 的形式，而不是单独使用 S_{HH} 或 S_{VV}，因为以 $S_{\mathrm{VV}}S_{\mathrm{HH}}^*$ 的形式可去除传播相位，这与目标信息直接相关。

本章描述由散射矩阵导出的极化矩阵。有人会问："哪种极化表达方式是最好的?"如果我们理解了极化基变换，答案就很简单，它只是酉变换！如图 4.4 所示，基于散射矩阵，可推导出等效散射矢量、不同极化基下的 3×3 协方差矩阵、相干矩阵等。当计算系综平均时，我们需要理论集合值。理论上系综平均可以由特定的概率函数求积分得到。该方法可求得极化信息的 4 个重要参数。利用这些参数，我们可以进一步对 PolSAR 数据进行有效分析。

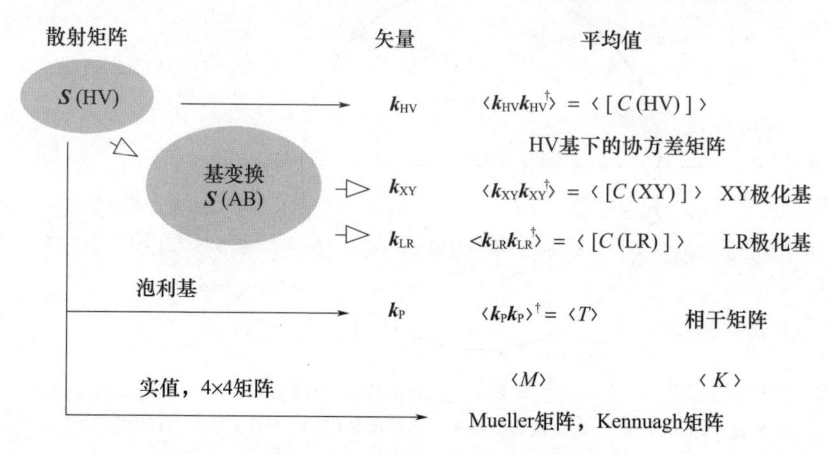

图 4.4　各种极化矩阵的生成

4.2　散射矩阵变换

本节推导任意极化基下的散射矩阵。我们对 HV 极化基很熟悉，经常用它来进行极化测量。但如果我们在圆极化基下观察目标，会发生什么？45°线极化基呢？其他极化基有什么优势吗？对初学者来说，这些问题合乎常情。本节介绍极化矩阵的基变换[4]。选用 HV 极化基的原因如下：

（1）线极化天线易于设计；

（2）在宽频带可以达到高的极化纯度；

（3）易于理解散射现象；

（4）可变换为任意极化基。

因此，一旦在 HV 极化基上进行极化测量，可以变换为任何极化基。

HV 线极化基的电压方程为

$$\boldsymbol{V}(\mathrm{HV}) = \boldsymbol{E}_{\mathrm{r}}(\mathrm{HV})^{\mathrm{T}}\boldsymbol{S}(\mathrm{HV})\boldsymbol{E}_{\mathrm{t}}(\mathrm{HV}) \tag{4.2.1}$$

式中：上标 T 表示转置。电压值应与新极化基（AB）相同，即

$$\boldsymbol{V}(\mathrm{AB}) = \boldsymbol{E}_{\mathrm{r}}(\mathrm{AB})^{\mathrm{T}}\boldsymbol{S}(\mathrm{AB})\boldsymbol{E}_{\mathrm{t}}(\mathrm{AB}) \tag{4.2.2}$$

通过变换矩阵 $\boldsymbol{T}$（附录 A2.3）可知 $\boldsymbol{E}$（AB）与 $\boldsymbol{E}$（HV）之间存在如下关系

$$\boldsymbol{E}(\mathrm{HV}) = \boldsymbol{T}\boldsymbol{E}(\mathrm{AB}) \tag{4.2.3}$$

$$\boldsymbol{V}(\mathrm{HV}) = \boldsymbol{E}(\mathrm{AB})^{\mathrm{T}}\boldsymbol{T}^{\mathrm{T}}\boldsymbol{S}(\mathrm{HV})\boldsymbol{T}\boldsymbol{E}(\mathrm{AB}) = \boldsymbol{V}(\mathrm{AB}) \tag{4.2.4}$$

因此，新极化基（AB）下的散射矩阵为

$$\boldsymbol{S}(\mathrm{AB}) = \boldsymbol{T}^{\mathrm{T}}\boldsymbol{S}(\mathrm{HV})\boldsymbol{T} = \begin{bmatrix} S_{\mathrm{AA}} & S_{\mathrm{AB}} \\ S_{\mathrm{BA}} & S_{\mathrm{BB}} \end{bmatrix} \tag{4.2.5}$$

则散射矩阵可以用新基表示为

$$\begin{bmatrix} S_{\mathrm{AA}} & S_{\mathrm{AB}} \\ S_{\mathrm{BA}} & S_{\mathrm{BB}} \end{bmatrix} = \frac{1}{1+\rho\rho^*}\begin{bmatrix} \mathrm{e}^{\mathrm{j}\alpha} & 0 \\ 0 & \mathrm{e}^{-\mathrm{j}\alpha} \end{bmatrix}\begin{bmatrix} 1 & \rho \\ -\rho^* & 1 \end{bmatrix}\begin{bmatrix} S_{\mathrm{HH}} & S_{\mathrm{HV}} \\ S_{\mathrm{VH}} & S_{\mathrm{VV}} \end{bmatrix}\begin{bmatrix} 1 & -\rho^* \\ \rho & 1 \end{bmatrix}\begin{bmatrix} \mathrm{e}^{\mathrm{j}\alpha} & 0 \\ 0 & \mathrm{e}^{-\mathrm{j}\alpha} \end{bmatrix} \tag{4.2.6}$$

其中

$$\rho = \frac{\tan\tau + \mathrm{j}\tan\varepsilon}{1 - \mathrm{j}\tan\tau\tan\varepsilon},\quad \alpha = \arctan(\tan\tau\tan\varepsilon)$$

对于后向散射（$S_{\mathrm{HV}} = S_{\mathrm{VH}}$），各元素可表示为

$$\begin{cases} S_{\mathrm{AA}} = \dfrac{\mathrm{e}^{\mathrm{j}2\alpha}}{1+\rho\rho^*}(S_{\mathrm{HH}} + 2\rho S_{\mathrm{HV}} + \rho^2 S_{\mathrm{VV}}) \\ S_{\mathrm{BB}} = \dfrac{\mathrm{e}^{-\mathrm{j}2\alpha}}{1+\rho\rho^*}(\rho^{*2} S_{\mathrm{HH}} - 2\rho^* S_{\mathrm{HV}} + S_{\mathrm{VV}}) \\ S_{\mathrm{AB}} = \dfrac{\mathrm{e}^{-\mathrm{j}2\alpha}}{1+\rho\rho^*}[\rho S_{\mathrm{VV}} - \rho^* S_{\mathrm{HH}} + (1-\rho\rho^*) S_{\mathrm{HV}}] \end{cases} \tag{4.2.7}$$

因此，我们可以利用这种变换推导出任意极化基下的散射矩阵。例如，令 $\rho = \mathrm{j}$，$\alpha = 0$，可以得到圆极化基下的散射矩阵：

$$\boldsymbol{S}(\mathrm{LR}) = \begin{bmatrix} S_{\mathrm{LL}} & S_{\mathrm{LR}} \\ S_{\mathrm{RL}} & S_{\mathrm{RR}} \end{bmatrix} = \frac{1}{2}\begin{bmatrix} 1 & \mathrm{j} \\ \mathrm{j} & 1 \end{bmatrix}\begin{bmatrix} S_{\mathrm{HH}} & S_{\mathrm{HV}} \\ S_{\mathrm{VH}} & S_{\mathrm{VV}} \end{bmatrix}\begin{bmatrix} 1 & \mathrm{j} \\ \mathrm{j} & 1 \end{bmatrix} \tag{4.2.8}$$

$$\begin{cases} S_{\mathrm{LL}} = \dfrac{1}{2}(S_{\mathrm{HH}} - S_{\mathrm{VV}} + \mathrm{j}2S_{\mathrm{HV}}) \\ S_{\mathrm{RR}} = \dfrac{1}{2}(S_{\mathrm{VV}} - S_{\mathrm{HH}} + \mathrm{j}2S_{\mathrm{HV}}) \\ S_{\mathrm{LR}} = S_{\mathrm{RL}} = \dfrac{\mathrm{j}}{2}(S_{\mathrm{HH}} + S_{\mathrm{VV}}) \end{cases}$$

通过旋转角度 θ 得到线极化基下的散射矩阵，令 $\rho = \tan\theta$，$\alpha = 0$：

$$\boldsymbol{S}(\theta) = \begin{bmatrix} S_{\mathrm{hh}} & S_{\mathrm{hv}} \\ S_{\mathrm{vh}} & S_{\mathrm{vv}} \end{bmatrix} = \begin{bmatrix} \cos\theta & \sin\theta \\ -\sin\theta & \cos\theta \end{bmatrix}\begin{bmatrix} S_{\mathrm{HH}} & S_{\mathrm{HV}} \\ S_{\mathrm{VH}} & S_{\mathrm{VV}} \end{bmatrix}\begin{bmatrix} \cos\theta & -\sin\theta \\ \sin\theta & \cos\theta \end{bmatrix} \tag{4.2.9}$$

$$\begin{cases} S_{hh} = S_{HH}\cos^2\theta + S_{VV}\sin^2\theta + S_{HV}\sin 2\theta \\ S_{vv} = S_{HH}\sin^2\theta + S_{VV}\cos^2\theta - S_{HV}\sin 2\theta \\ S_{hv} = S_{vh} = S_{HV}\cos 2\theta + \dfrac{S_{VV} - S_{HH}}{2}\sin 2\theta \end{cases}$$

旋转角度 $\theta = 45^{\circ}$ 的 XY 极化基对应于 $\rho = 1$ 的情况，散射矩阵为

$$\boldsymbol{S}\text{（XY）} = \frac{1}{2}\begin{bmatrix} S_{XX} & S_{XY} \\ S_{YX} & S_{YY} \end{bmatrix} = \begin{bmatrix} 1 & 1 \\ -1 & 1 \end{bmatrix}\begin{bmatrix} S_{HH} & S_{HV} \\ S_{VH} & S_{VV} \end{bmatrix}\begin{bmatrix} 1 & -1 \\ 1 & 1 \end{bmatrix} \tag{4.2.10}$$

$$\begin{cases} S_{XX} = \dfrac{1}{2}\left(S_{HH} + S_{VV} + 2S_{HV}\right) \\ S_{YY} = \dfrac{1}{2}\left(S_{HH} + S_{VV} - 2S_{HV}\right) \\ S_{XY} = S_{YX} = \dfrac{1}{2}\left(S_{VV} - S_{HH}\right) \end{cases}$$

特征基散射矩阵：

特征基是一种特殊的极化基，使散射矩阵呈对角形式。因此，我们选择如下的极化比让非对角项为零。满足 $S_{AB} = 0$（4.2.7）的极化比为

$$\rho_{1,2} = \frac{B \pm \sqrt{B^2 + 4\left|A\right|^2}}{2A} \tag{4.2.11}$$

其中

$$A = S_{HH}^{*}S_{HV} + S_{HV}^{*}S_{VV},\ B = \left|S_{HH}\right|^2 - \left|S_{VV}\right|^2 \tag{4.2.12}$$

由式（4.2.7），将 $\boldsymbol{S}$（AB）对角化，得到特征值矩阵。

$$\boldsymbol{S}\text{（AB）} \Rightarrow \begin{bmatrix} S_{AA} & 0 \\ 0 & S_{BB} \end{bmatrix} = \begin{bmatrix} \lambda_1 & 0 \\ 0 & \lambda_2 \end{bmatrix} = \boldsymbol{S}_{diag} \tag{4.2.13}$$

$$\begin{cases} \lambda_1 = S_{AA}(\rho_1) = \dfrac{1}{1 + \rho_1\rho_1^{*}}\left(S_{HH} + 2\rho_1 S_{HV} + \rho_1^2 S_{VV}\right) \\ \lambda_2 = S_{BB}(\rho_1) = \dfrac{1}{1 + \rho_1\rho_1^{*}}\left(\rho_1^{*2} S_{HH} - 2\rho_1^{*} S_{HV} + S_{VV}\right) \end{cases} \tag{4.2.14}$$

4.3 散射矢量

矢量表示法便于数学运算。散射矢量相当于散射矩阵的矢量形式。散射矢量 $\boldsymbol{k}_L$ 按散射矩阵元素的顺序定义。其他散射矢量 $\boldsymbol{k}_{HV}$，$\boldsymbol{k}_{XY}$ 和 $\boldsymbol{k}_{LR}$ 在不同的极化基上定义。对于后向散射的情况，散射矢量表示如下。

（1）线性极化基（HV）的散射矢量。

$$\boldsymbol{k}_{\mathrm{HV}}=\begin{bmatrix}S_{\mathrm{HH}}\\ \sqrt{2}S_{\mathrm{HV}}\\ S_{\mathrm{VV}}\end{bmatrix}=\boldsymbol{k}_{\mathrm{L}} \tag{4.3.1}$$

（2）旋转 hv 基的散射矢量。

$$\boldsymbol{k}_{\mathrm{HV}}=\begin{bmatrix}S_{\mathrm{HH}}\\ \sqrt{2}S_{\mathrm{HV}}\\ S_{\mathrm{VV}}\end{bmatrix}=\boldsymbol{U}_{\theta}\boldsymbol{k}_{\mathrm{L}},\ \boldsymbol{U}_{\theta}=\begin{bmatrix}\cos^2\theta & \dfrac{\sin2\theta}{\sqrt{2}} & \sin^2\theta\\ -\dfrac{\sin2\theta}{\sqrt{2}} & \cos2\theta & \dfrac{\sin2\theta}{\sqrt{2}}\\ \sin^2\theta & -\dfrac{\sin2\theta}{\sqrt{2}} & \cos^2\theta\end{bmatrix} \tag{4.3.2}$$

（3）XY（45°旋转）基的散射矢量。

$$\boldsymbol{k}_{\mathrm{XY}}=\begin{bmatrix}S_{\mathrm{XY}}\\ \sqrt{2}S_{\mathrm{XY}}\\ S_{\mathrm{YY}}\end{bmatrix}=\boldsymbol{U}_{\mathrm{XY}}\boldsymbol{k}_{\mathrm{L}},\ \boldsymbol{U}_{\mathrm{XY}}=\frac{1}{2}\begin{bmatrix}1 & \sqrt{2} & 1\\ -\sqrt{2} & 0 & \sqrt{2}\\ 1 & -\sqrt{2} & 1\end{bmatrix} \tag{4.3.3}$$

（4）圆极化基的散射矢量（LR）。

$$\boldsymbol{k}_{\mathrm{LR}}=\begin{bmatrix}S_{\mathrm{LL}}\\ \sqrt{2}S_{\mathrm{LR}}\\ S_{\mathrm{RR}}\end{bmatrix}=\boldsymbol{U}_{\mathrm{c}}\boldsymbol{k}_{\mathrm{L}},\ \boldsymbol{U}_{\mathrm{c}}=\frac{1}{2}\begin{bmatrix}1 & \mathrm{j}\sqrt{2} & -1\\ \mathrm{j}\sqrt{2} & 0 & \mathrm{j}\sqrt{2}\\ -1 & \mathrm{j}\sqrt{2} & 1\end{bmatrix} \tag{4.3.4}$$

由于 $\boldsymbol{k}_{\mathrm{L}}$ 的酉变换特性，这些散射矢量在数学上是等价的。因子$\sqrt{2}$是为了确保矢量范数和矩阵张成空间的等价性。

$$\|\boldsymbol{k}_{\mathrm{L}}\|^2=|S_{\mathrm{HH}}|^2+2|S_{\mathrm{HV}}|^2+|S_{\mathrm{VV}}|^2=\mathrm{Span}\boldsymbol{S} \tag{4.3.5}$$

其中，$\boldsymbol{k}_{\mathrm{HV}}$、$\boldsymbol{k}_{\mathrm{XY}}$和 $\boldsymbol{k}_{\mathrm{LR}}$为对应极化基协方差矩阵的基矢量。

（5）泡利散射矢量。

泡利散射矢量 $\boldsymbol{k}_{\mathrm{P}}$ 定义为正交基[2]

$$\boldsymbol{k}_{\mathrm{P}}=[\mathrm{Trace}(\boldsymbol{S}\boldsymbol{\sigma}_0),\ \mathrm{Trace}(\boldsymbol{S}\boldsymbol{\sigma}_1),\ \mathrm{Trace}(\boldsymbol{S}\boldsymbol{\sigma}_2)]^{\mathrm{T}} \tag{4.3.6}$$

其中，$\boldsymbol{\sigma}_0$、$\boldsymbol{\sigma}_1$、$\boldsymbol{\sigma}_2$ 为泡利基矩阵。

$$\boldsymbol{\sigma}_0=\frac{1}{\sqrt{2}}\begin{bmatrix}1 & 0\\ 0 & 1\end{bmatrix},\ \boldsymbol{\sigma}_1=\frac{1}{\sqrt{2}}\begin{bmatrix}1 & 0\\ 0 & -1\end{bmatrix},\ \boldsymbol{\sigma}_2=\frac{1}{\sqrt{2}}\begin{bmatrix}0 & 1\\ 1 & 0\end{bmatrix} \tag{4.3.7}$$

$\boldsymbol{k}_{\mathrm{P}}$ 也称为泡利矢量或相干矢量。

$$\boldsymbol{k}_{\mathrm{P}}=\frac{1}{\sqrt{2}}\begin{bmatrix}S_{\mathrm{HH}}+S_{\mathrm{VV}}\\ S_{\mathrm{HH}}-S_{\mathrm{VV}}\\ 2S_{\mathrm{HV}}\end{bmatrix} \tag{4.3.8}$$

矢量范数等于散射矩阵张成的空间。物理意义是其独特之处；$S_{\mathrm{HH}}+S_{\mathrm{VV}}$对应奇次散射，$S_{\mathrm{HH}}-S_{\mathrm{VV}}$代表偶次散射。$\boldsymbol{k}_{\mathrm{P}}$ 和 $\boldsymbol{k}_{\mathrm{L}}$ 之间存在酉变换关系。

$$\boldsymbol{k}_{\mathrm{P}}=\frac{1}{\sqrt{2}}\begin{bmatrix}S_{\mathrm{HH}}+S_{\mathrm{VV}}\\S_{\mathrm{HH}}-S_{\mathrm{VV}}\\2S_{\mathrm{HV}}\end{bmatrix}=\frac{1}{\sqrt{2}}\begin{bmatrix}1&0&1\\1&0&-1\\0&\sqrt{2}&0\end{bmatrix}\begin{bmatrix}S_{\mathrm{HH}}\\\sqrt{2}S_{\mathrm{HV}}\\S_{\mathrm{VV}}\end{bmatrix}=\boldsymbol{U}_{\mathrm{P}}\boldsymbol{k}_{\mathrm{L}} \tag{4.3.9}$$

$$\boldsymbol{U}_{\mathrm{P}}=\frac{1}{\sqrt{2}}\begin{bmatrix}1&0&1\\1&0&-1\\0&\sqrt{2}&0\end{bmatrix}\text{：酉变换矩阵}$$

如果定义一个表示散射机制的归一化单位矢量：

$$\boldsymbol{w}_{\mathrm{P}}=\frac{\boldsymbol{k}_{\mathrm{P}}}{|\text{具体矢量}_{\mathrm{P}}|} \tag{4.3.10}$$

则可以进一步建立散射机制矢量：

$$\boldsymbol{w}_0=\begin{bmatrix}1\\0\\0\end{bmatrix}\text{奇次，}\boldsymbol{w}_1=\begin{bmatrix}0\\1\\0\end{bmatrix}\text{偶次，}\boldsymbol{w}_2=\begin{bmatrix}0\\0\\1\end{bmatrix}\text{交叉极化}$$

表4.1给出了不同极化基下典型目标的散射矩阵和散射矢量。

表4.1　不同极化基下典型目标的散射矩阵和散射矢量

	HV		XY（±45°）		LR（圆）		泡利
	S（HV）	$\boldsymbol{k}_{\mathrm{HV}}$	**S**（XY）	$\boldsymbol{k}_{\mathrm{XY}}$	**S**（LR）	$\boldsymbol{k}_{\mathrm{LR}}$	$\boldsymbol{k}_{\mathrm{P}}$
球体，平板	$\begin{bmatrix}1&0\\0&1\end{bmatrix}$	$\begin{bmatrix}1\\0\\1\end{bmatrix}$	$\begin{bmatrix}1&0\\0&1\end{bmatrix}$	$\begin{bmatrix}1\\0\\1\end{bmatrix}$	$\begin{bmatrix}0&\mathrm{j}\\\mathrm{j}&0\end{bmatrix}$	$\begin{bmatrix}0\\\mathrm{j}\sqrt{2}\\0\end{bmatrix}$	$\sqrt{2}\begin{bmatrix}1\\0\\0\end{bmatrix}$
二面体	$\begin{bmatrix}1&0\\0&-1\end{bmatrix}$	$\begin{bmatrix}1\\0\\-1\end{bmatrix}$	$\begin{bmatrix}0&-1\\-1&0\end{bmatrix}$	$\begin{bmatrix}0\\-\sqrt{2}\\0\end{bmatrix}$	$\begin{bmatrix}1&0\\0&-1\end{bmatrix}$	$\begin{bmatrix}1\\0\\-1\end{bmatrix}$	$\sqrt{2}\begin{bmatrix}0\\1\\0\end{bmatrix}$
H偶极子	$\begin{bmatrix}1&0\\0&0\end{bmatrix}$	$\begin{bmatrix}1\\0\\0\end{bmatrix}$	$\frac{1}{2}\begin{bmatrix}1&-1\\-1&1\end{bmatrix}$	$\frac{1}{2}\begin{bmatrix}1\\-\sqrt{2}\\1\end{bmatrix}$	$\frac{1}{2}\begin{bmatrix}1&\mathrm{j}\\\mathrm{j}&-1\end{bmatrix}$	$\frac{1}{2}\begin{bmatrix}1\\\mathrm{j}\sqrt{2}\\-1\end{bmatrix}$	$\frac{1}{\sqrt{2}}\begin{bmatrix}1\\1\\0\end{bmatrix}$
V偶极子	$\begin{bmatrix}0&0\\0&1\end{bmatrix}$	$\begin{bmatrix}0\\0\\1\end{bmatrix}$	$\frac{1}{2}\begin{bmatrix}1&1\\1&1\end{bmatrix}$	$\frac{1}{2}\begin{bmatrix}1\\\sqrt{2}\\1\end{bmatrix}$	$\frac{1}{2}\begin{bmatrix}-1&\mathrm{j}\\\mathrm{j}&1\end{bmatrix}$	$\frac{1}{2}\begin{bmatrix}-1\\\mathrm{j}\sqrt{2}\\1\end{bmatrix}$	$\frac{1}{\sqrt{2}}\begin{bmatrix}1\\-1\\0\end{bmatrix}$
左螺旋	$\frac{1}{2}\begin{bmatrix}1&\mathrm{j}\\\mathrm{j}&-1\end{bmatrix}$	$\frac{1}{2}\begin{bmatrix}1\\\mathrm{j}\sqrt{2}\\-1\end{bmatrix}$	$\frac{1}{2}\begin{bmatrix}\mathrm{j}&-1\\-1&-\mathrm{j}\end{bmatrix}$	$\frac{1}{2}\begin{bmatrix}\mathrm{j}\\-\sqrt{2}\\-\mathrm{j}\end{bmatrix}$	$\begin{bmatrix}0&0\\0&-1\end{bmatrix}$	$\begin{bmatrix}0\\0\\-1\end{bmatrix}$	$\frac{1}{\sqrt{2}}\begin{bmatrix}0\\1\\\mathrm{j}\end{bmatrix}$
右螺旋	$\frac{1}{2}\begin{bmatrix}1&-\mathrm{j}\\-\mathrm{j}&-1\end{bmatrix}$	$\frac{1}{2}\begin{bmatrix}1\\-\mathrm{j}\sqrt{2}\\-1\end{bmatrix}$	$\frac{1}{2}\begin{bmatrix}-\mathrm{j}&-1\\-1&\mathrm{j}\end{bmatrix}$	$\frac{1}{2}\begin{bmatrix}-\mathrm{j}\\\sqrt{2}\\\mathrm{j}\end{bmatrix}$	$\begin{bmatrix}1&0\\0&0\end{bmatrix}$	$\begin{bmatrix}1\\0\\0\end{bmatrix}$	$\frac{1}{\sqrt{2}}\begin{bmatrix}0\\1\\-\mathrm{j}\end{bmatrix}$

4.4　极化矩阵的系综平均

极化数据通常以 $S_{VV}S_{HH}^*$ 的形式表示或保存。该形式可以当作二阶统计量，并且可以直接进行数学上的加法、减法和乘法运算。

4.3 节中的散射矢量用于生成含有复元素的 3×3 协方差矩阵、相干矩阵和含有实数的 4×4Kennaugh 矩阵。表达方式如下：上标 $\boldsymbol{k}^*$ 表示复共轭，$\boldsymbol{k}^\dagger$ 是复共轭和转置，< >代表系综平均。

（1）系综平均协方差矩阵。

HV 极化基

$$\boldsymbol{C}(\mathrm{HV}) = \boldsymbol{k}_{\mathrm{HV}}\boldsymbol{k}_{\mathrm{HV}}^\dagger = \begin{bmatrix} |S_{\mathrm{HH}}|^2 & \sqrt{2}S_{\mathrm{HH}}S_{\mathrm{HV}}^* & S_{\mathrm{HH}}S_{\mathrm{VV}}^* \\ \sqrt{2}S_{\mathrm{HV}}S_{\mathrm{HH}}^* & 2|S_{\mathrm{HV}}|^2 & \sqrt{2}S_{\mathrm{HV}}S_{\mathrm{VV}}^* \\ S_{\mathrm{VV}}S_{\mathrm{HH}}^* & \sqrt{2}S_{\mathrm{VV}}S_{\mathrm{HV}}^* & |S_{\mathrm{VV}}|^2 \end{bmatrix}$$

$$\langle \boldsymbol{C}(\mathrm{HV})\rangle = \langle \boldsymbol{k}_{\mathrm{HV}}\boldsymbol{k}_{\mathrm{HV}}^\dagger\rangle = \frac{1}{n}\sum^{n}\boldsymbol{k}_{\mathrm{HV}}\boldsymbol{k}_{\mathrm{HV}}^\dagger = \begin{bmatrix} \langle |S_{\mathrm{HH}}|^2\rangle & \sqrt{2}\langle S_{\mathrm{HH}}S_{\mathrm{HV}}^*\rangle & \langle S_{\mathrm{HH}}S_{\mathrm{VV}}^*\rangle \\ \sqrt{2}\langle S_{\mathrm{HV}}S_{\mathrm{HH}}^*\rangle & 2\langle |S_{\mathrm{HV}}|^2\rangle & \sqrt{2}\langle S_{\mathrm{HV}}S_{\mathrm{VV}}^*\rangle \\ \langle S_{\mathrm{VV}}S_{\mathrm{HH}}^*\rangle & \sqrt{2}\langle S_{\mathrm{VV}}S_{\mathrm{HV}}^*\rangle & \langle |S_{\mathrm{VV}}|^2\rangle \end{bmatrix} \tag{4.4.1}$$

$$\text{圆极化基：}\langle \boldsymbol{C}(\mathrm{LR})\rangle = \langle \boldsymbol{k}_{\mathrm{LR}}\boldsymbol{k}_{\mathrm{LR}}^\dagger\rangle = \frac{1}{n}\sum^{n}\boldsymbol{k}_{\mathrm{LR}}\boldsymbol{k}_{\mathrm{LR}}^\dagger \tag{4.4.2}$$

$$45°\text{倾斜线性基：}\langle \boldsymbol{C}(\boldsymbol{XY})\rangle = \langle \boldsymbol{k}_{\mathrm{XY}}\boldsymbol{k}_{\mathrm{XY}}^\dagger\rangle = \frac{1}{n}\sum^{n}\boldsymbol{k}_{\mathrm{XY}}\boldsymbol{k}_{\mathrm{XY}}^\dagger \tag{4.4.3}$$

（2）系综平均相干矩阵。

$$\langle \boldsymbol{T}\rangle = \frac{1}{n}\sum^{n}\boldsymbol{k}_{\mathrm{P}}\boldsymbol{k}_{\mathrm{P}}^\dagger = \frac{1}{2}\begin{bmatrix} \langle |S_{\mathrm{HH}}+S_{\mathrm{VV}}|\rangle^2 & \langle (S_{\mathrm{HH}}+S_{\mathrm{VV}})(S_{\mathrm{HH}}-S_{\mathrm{VV}})^*\rangle & \langle 2S_{\mathrm{HV}}^*(S_{\mathrm{HH}}+S_{\mathrm{VV}})\rangle \\ \langle (S_{\mathrm{HH}}-S_{\mathrm{VV}})(S_{\mathrm{HH}}+S_{\mathrm{VV}})^*\rangle & \langle |S_{\mathrm{HH}}-S_{\mathrm{VV}}|^2\rangle & \langle 2S_{\mathrm{HV}}^*(S_{\mathrm{HH}}-S_{\mathrm{VV}})\rangle \\ \langle 2S_{\mathrm{HV}}(S_{\mathrm{HH}}+S_{\mathrm{VV}})^*\rangle & \langle 2S_{\mathrm{HV}}(S_{\mathrm{HH}}-S_{\mathrm{VV}})^*\rangle & \langle 4|S_{\mathrm{HV}}|^2\rangle \end{bmatrix} \tag{4.4.4}$$

协方差矩阵和相干矩阵是 3×3 厄米特矩阵，它有 3 个实对角元素和 3 个复非对角元素。因此，均有 9（3+6=9）个实值独立参数。

（3）系综平均 Kennaugh 矩阵。

$$\langle \boldsymbol{K} \rangle = \begin{bmatrix} \dfrac{\langle |S_{\mathrm{HH}}|^2 + 2|S_{\mathrm{HV}}|^2 + |S_{\mathrm{VV}}|^2 \rangle}{2} & \dfrac{\langle |S_{\mathrm{HH}}|^2 - |S_{\mathrm{VV}}|^2 \rangle}{2} & \langle \mathrm{Re}\{(S_{\mathrm{HH}} + S_{\mathrm{VV}}) S_{\mathrm{HV}}^*\} \rangle & \langle \mathrm{Im}\{(S_{\mathrm{HH}} - S_{\mathrm{VV}}) S_{\mathrm{HV}}^*\} \rangle \\ \dfrac{\langle |S_{\mathrm{HH}}|^2 - |S_{\mathrm{VV}}|^2 \rangle}{2} & \dfrac{\langle |S_{\mathrm{HH}}|^2 - 2|S_{\mathrm{HV}}|^2 + |S_{\mathrm{VV}}|^2 \rangle}{2} & \langle \mathrm{Re}\{(S_{\mathrm{HH}} - S_{\mathrm{VV}}) S_{\mathrm{HV}}^*\} \rangle & \langle \mathrm{Im}\{(S_{\mathrm{HH}} + S_{\mathrm{VV}}) S_{\mathrm{HV}}^*\} \rangle \\ \langle \mathrm{Re}\{(S_{\mathrm{HH}} + S_{\mathrm{VV}}) S_{\mathrm{HV}}^*\} \rangle & \langle \mathrm{Re}\{(S_{\mathrm{HH}} - S_{\mathrm{VV}}) S_{\mathrm{HV}}^*\} \rangle & \langle |S_{\mathrm{HV}}|^2 + \mathrm{Re}\{S_{\mathrm{HH}} S_{\mathrm{VV}}^*\} \rangle & \langle \mathrm{Im}\{S_{\mathrm{HH}} S_{\mathrm{VV}}^*\} \rangle \\ \langle \mathrm{Im}\{(S_{\mathrm{HH}} - S_{\mathrm{VV}}) S_{\mathrm{HV}}^*\} \rangle & \langle \mathrm{Im}\{(S_{\mathrm{HH}} + S_{\mathrm{VV}}) S_{\mathrm{HV}}^*\} \rangle & \langle \mathrm{Im}\{S_{\mathrm{HH}} S_{\mathrm{VV}}^*\} \rangle & \langle |S_{\mathrm{HV}}|^2 - \mathrm{Re}\{S_{\mathrm{HH}} S_{\mathrm{VV}}^*\} \rangle \end{bmatrix} \tag{4.4.5}$$

Kennaugh 矩阵是一个 4×4 实值对称矩阵。看起来有 4+3+2+1=10 个独立元素；然而，存在如下关系

$$k_{00} = k_{11} + k_{22} + k_{33} \tag{4.4.6}$$

因此，应为 9 个独立参数。

可以理解为，即使矩阵形式不同，也只有 9 个独立参数。协方差矩阵、相干矩阵、Kennaugh 矩阵等保留了极化信息的二阶统计量，可进行统计平均分析。它们互相相关。例如，如果通过旋转运算使相干矩阵 T_{33} 分量最小化，可得到 $\langle \mathrm{Re}\{(S_{\mathrm{HH}} - S_{\mathrm{VV}}) S_{\mathrm{HV}}^*\} \rangle = 0$。相干矩阵中的独立参数为 8。这使得 Kennaugh 矩阵变为

$$2\langle \boldsymbol{K} \rangle = \begin{bmatrix} TP & \langle |S_{\mathrm{HH}}|^2 - |S_{\mathrm{VV}}|^2 \rangle & P_{\mathrm{od}} & P_{\mathrm{h}} \\ \langle |S_{\mathrm{HH}}|^2 - |S_{\mathrm{VV}}|^2 \rangle & \langle |S_{\mathrm{HH}}|^2 - 2|S_{\mathrm{HV}}|^2 + |S_{\mathrm{VV}}|^2 \rangle & 0 & P_{\mathrm{cd}} \\ P_{\mathrm{od}} & 0 & 2\langle |S_{\mathrm{HV}}|^2 + \mathrm{Re}\{S_{\mathrm{HH}} S_{\mathrm{VV}}^*\} \rangle & 2\langle \mathrm{Im}\{S_{\mathrm{HH}} S_{\mathrm{VV}}^*\} \rangle \\ P_{\mathrm{h}} & P_{\mathrm{cd}} & 2\langle \mathrm{Im}\{S_{\mathrm{HH}} S_{\mathrm{VV}}^*\} \rangle & 2\langle |S_{\mathrm{HV}}|^2 - \mathrm{Re}\{S_{\mathrm{HH}} S_{\mathrm{VV}}^*\} \rangle \end{bmatrix}$$

其中，TP、P_{h}、P_{od} 和 P_{cd} 表示六分量散射功率分解中的散射功率（见第 8 章）。因为这是一个对称矩阵，有 8 个独立参数。

4.5 理论协方差矩阵的积分

本节中，通过推导系综平均协方差矩阵建立了物理散射模型。如图 4.5 所示，对旋转角度进行积分运算可得到系综平均。首先让 HV 极化基下的散射矩阵绕雷达视线旋转，然后计算相应的协方差矩阵。由概率密度函数加权并对角度积分可以得到协方差矩阵的各个元素。积分结果即为散射模型的理论协方差矩阵。

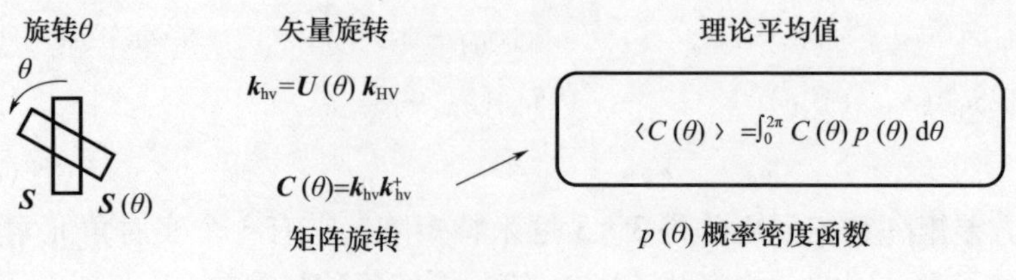

图 4.5　由积分得到的理论平均

4.5.1 线性HV极化基下的协方差矩阵

为了简化表达式，选用HV极化基下的散射矩阵：

$$\boldsymbol{S}(\mathrm{HV})=\begin{bmatrix} S_{\mathrm{HH}} & S_{\mathrm{HV}} \\ S_{\mathrm{VH}} & S_{\mathrm{VV}} \end{bmatrix}=\begin{bmatrix} a & c \\ c & b \end{bmatrix} \tag{4.5.1}$$

式中：$S_{\mathrm{HH}}=a$；$S_{\mathrm{VV}}=b$；$S_{\mathrm{HV}}=c$。沿雷达视线方向旋转 θ，参考式（4.2.9），可得

$$\boldsymbol{S}(\theta)=\begin{bmatrix} S_{\mathrm{hh}} & S_{\mathrm{hv}} \\ S_{\mathrm{vh}} & S_{\mathrm{vv}} \end{bmatrix}=\begin{bmatrix} \cos\theta & \sin\theta \\ -\sin\theta & \cos\theta \end{bmatrix}\begin{bmatrix} a & c \\ c & b \end{bmatrix}\begin{bmatrix} \cos\theta & -\sin\theta \\ \sin\theta & \cos\theta \end{bmatrix} \tag{4.5.2}$$

$$\begin{cases} S_{\mathrm{hh}}=a\cos^2\theta+b\sin^2\theta+c\sin2\theta \\ S_{\mathrm{vv}}=a\sin^2\theta+b\cos^2\theta-c\sin2\theta \\ 2S_{\mathrm{hv}}=2c\cos2\theta-(a-b)\sin2\theta \end{cases}$$

我们可以根据式（4.5.2）得到协方差矩阵 $\boldsymbol{C}(\theta)$。

$$\boldsymbol{C}(\theta)=\begin{bmatrix} |S_{\mathrm{hh}}|^2 & \sqrt{2}S_{\mathrm{hh}}S_{\mathrm{hv}}^* & S_{\mathrm{hh}}S_{\mathrm{vv}}^* \\ \sqrt{2}S_{\mathrm{hv}}S_{\mathrm{hh}}^* & 2|S_{\mathrm{hv}}|^2 & \sqrt{2}S_{\mathrm{hv}}S_{\mathrm{vv}}^* \\ S_{\mathrm{vv}}S_{\mathrm{hh}}^* & \sqrt{2}S_{\mathrm{vv}}S_{\mathrm{hv}}^* & |S_{\mathrm{vv}}|^2 \end{bmatrix}=\boldsymbol{C}(\mathrm{hv}) \tag{4.5.3}$$

系综平均协方差矩阵由概率密度函数 $p(\theta)$ 对协方差矩阵进行加权并对角度进行积分得到。

$$\langle \boldsymbol{C}(\theta)\rangle^{\mathrm{HV}}=\int_0^{2\pi}\boldsymbol{C}(\theta)p(\theta)\mathrm{d}\theta \tag{4.5.4}$$

其中，$\langle \boldsymbol{C}(\theta)\rangle^{\mathrm{HV}}$ 中的上标HV表示极化基。对式（4.5.4）积分后，$\langle \boldsymbol{C}(\theta)\rangle^{\mathrm{HV}}$ 的元素为[5]

$$\langle |S_{\mathrm{hh}}|^2\rangle=|a|^2I_1+|b|^2I_2+|c|^2I_3+2\mathrm{Re}\{ab^*\}I_4+2\mathrm{Re}\{ac^*\}I_5+2\mathrm{Re}\{bc^*\}I_6 \tag{4.5.4a}$$

$$\langle |S_{\mathrm{vv}}|^2\rangle=|a^2|I_2+|b|^2I_1+|c|^2I_3+2\mathrm{Re}\{ab^*\}I_4-2\mathrm{Re}\{ac^*\}I_6-2\mathrm{Re}\{bc^*\}I_5 \tag{4.5.4b}$$

$$\langle |S_{\mathrm{hv}}|^2\rangle=\frac{|b-a|^2}{4}I_3+|c|^2I_7+\mathrm{Re}\{c^*(b-a)\}I_8 \tag{4.5.4c}$$

$$\langle S_{\mathrm{hh}}S_{\mathrm{vv}}^*\rangle=(|a|^2+|b|^2)I_4-|c|^2I_3+ab^*I_1+a^*bI_2+(b^*c-ac^*)I_5+(a^*c-bc^*)I_6 \tag{4.5.4d}$$

$$\langle S_{\mathrm{hh}}S_{\mathrm{hv}}^*\rangle=a\frac{(b-a)^*}{2}I_5+b\frac{(b-a)^*}{2}I_6+c\frac{(b-a)^*}{2}I_3+ac^*I_{10}+bc^*I_9+|c|^2I_8 \tag{4.5.4e}$$

$$\langle S_{\mathrm{hv}}S_{\mathrm{vv}}^{*}\rangle = a^{*}\frac{b-a}{2}I_6 + b^{*}\frac{b-a}{2}I_5 - c^{*}\frac{b-a}{2}I_3 + a^{*}cI_9 + b^{*}cI_{10} - |c|^2 I_8 \tag{4.5.4f}$$

$$\langle S_{\mathrm{hh}}^{*}S_{\mathrm{vv}}\rangle = \langle S_{\mathrm{hh}}S_{\mathrm{vv}}^{*}\rangle^{*},\ \langle S_{\mathrm{hh}}^{*}S_{\mathrm{hv}}\rangle = \langle S_{\mathrm{hh}}S_{\mathrm{hv}}^{*}\rangle^{*},\ \langle S_{\mathrm{hv}}^{*}S_{\mathrm{vv}}\rangle = \langle S_{\mathrm{hv}}S_{\mathrm{vv}}^{*}\rangle^{*} \tag{4.5.4g}$$

其中

$$\begin{aligned}
I_1 &= \int_0^{2\pi}\cos^4\theta p(\theta)\,\mathrm{d}\theta & I_6 &= \int_0^{2\pi}\sin^2\theta\sin2\theta p(\theta)\,\mathrm{d}\theta \\
I_2 &= \int_0^{2\pi}\sin^4\theta p(\theta)\,\mathrm{d}\theta & I_7 &= \int_0^{2\pi}\cos^2 2\theta p(\theta)\,\mathrm{d}\theta \\
I_3 &= \int_0^{2\pi}\sin^2 2\theta p(\theta)\,\mathrm{d}\theta & I_8 &= \int_0^{2\pi}\sin2\theta\cos2\theta p(\theta)\,\mathrm{d}\theta \\
I_4 &= \int_0^{2\pi}\sin^2\theta\cos^2\theta p(\theta)\,\mathrm{d}\theta & I_9 &= \int_0^{2\pi}\sin^2\theta\cos2\theta p(\theta)\,\mathrm{d}\theta \\
I_5 &= \int_0^{2\pi}\cos^2\theta\sin2\theta p(\theta)\,\mathrm{d}\theta & I_{10} &= \int_0^{2\pi}\cos^2\theta\cos2\theta p(\theta)\,\mathrm{d}\theta
\end{aligned} \tag{4.5.5}$$

其中 $p(\theta)$ 是概率密度函数（PDF），满足

$$\int_0^{2\pi} p(\theta)\,\mathrm{d}\theta = 1 \tag{4.5.6}$$

最终的协方差矩阵形式取决于 $p(\theta)$，$p(\theta)$ 与观测目标的物理分布直接相关。要考虑实际的目标分布，采用合适的函数。例如，俯瞰树枝时是随机朝向的；然而，如果从水平方向看，它们更符合垂直方向。因此，我们选择如下的 3 种概率密度函数（图 4.6）[6]：

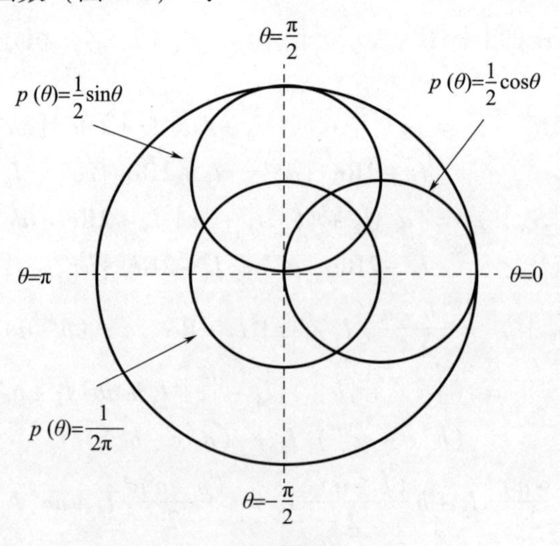

图 4.6　概率密度函数

$$p(\theta)=\frac{1}{2\pi}\text{uniform} \tag{4.5.7}$$

$$p(\theta)=\begin{cases}\frac{1}{2}\sin\theta & 0<\theta<\pi\\ 0 & \text{其他}\end{cases} \tag{4.5.8}$$

$$p(\theta)=\begin{cases}\frac{1}{2}\cos\theta & -\frac{\pi}{2}<\theta<\frac{\pi}{2}\\ 0 & \text{其他}\end{cases} \tag{4.5.9}$$

（1）$p(\theta)=\frac{1}{2\pi}$。

假设PDF不变，式（4.5.5）积分的结果为

$$I_1=I_2=\frac{3}{8},\ I_3=I_7=\frac{1}{2},\ I_4=\frac{1}{8},\ I_5=I_6=I_8=0,\ I_9=-\frac{1}{4}$$

式（4.5.4）的元素变为

$$\langle|S_{hh}|^2\rangle=\langle|S_{vv}|^2\rangle=\frac{1}{8}|a+b|^2+\frac{1}{4}(|a|^2+|b|^2)+\frac{1}{2}|c|^2\ (\text{实数}) \tag{4.5.10a}$$

$$\langle|S_{hv}|^2\rangle=\frac{1}{8}|a-b|^2+\frac{1}{2}|c|^2\ (\text{实数}) \tag{4.5.10b}$$

$$\langle S_{hh}S_{vv}^*\rangle=\langle S_{hh}^*S_{vv}\rangle=\frac{1}{4}|a+b|^2-\frac{1}{8}|a-b|^2-\frac{1}{2}|c|^2\ (\text{实数}) \tag{4.5.10c}$$

$$\langle S_{hh}S_{hv}^*\rangle=\langle S_{hv}S_{vv}^*\rangle=+\frac{j}{2}\text{Im}\{c^*(a-b)\}\ (\text{虚数}) \tag{4.5.10d}$$

$$\langle S_{hh}^*S_{hv}\rangle=\langle S_{hv}^*S_{vv}\rangle=-\frac{j}{2}\text{Im}\{c^*(a-b)\}\ (\text{虚数}) \tag{4.5.10e}$$

注意

$$\begin{aligned}\text{Trace}\langle \boldsymbol{C}\rangle &=\langle|S_{hh}|^2\rangle+2\langle|S_{hv}|^2\rangle+\langle|S_{vv}|^2\rangle\\ &=|a|^2+2|c|^2+|b|^2=\text{Span}\boldsymbol{S}\end{aligned} \tag{4.5.11}$$

常见的参数是$|a+b|^2$，$|a-b|^2$，$|c|^2$和$\text{Im}\{c*(a-b)\}$。

例如，如果我们取平板的散射矩阵，我们将$a=b=1$，$c=0$代入式(4.5.10)，得到

$$\begin{cases}\langle|S_{hh}|^2\rangle=|S_{vv}|^2=\frac{1}{8}|1+1|^2+\frac{1}{4}(1+1)=1\\ \langle|S_{hv}|^2\rangle=0\\ \langle S_{hh}S_{vv}^*\rangle=\langle S_{hh}^*S_{vv}\rangle=\frac{1}{4}|2|^2=1\\ \langle S_{hh}S_{hv}^*\rangle=\langle S_{hv}S_{vv}^*\rangle=\langle S_{hh}^*S_{hv}\rangle=\langle S_{hv}^*S_{vv}\rangle=0\end{cases}$$

则系综平均协方差矩阵为

$$\langle \boldsymbol{C}(\theta)\rangle_{\text{plate}}^{\text{HV}}=\begin{bmatrix}1&0&1\\0&0&0\\1&0&1\end{bmatrix}$$

在协方差矩阵公式中：$\langle \boldsymbol{C}(\theta)\rangle_{\text{plate}}^{\text{HV}}$可作为平板的散射模型。

（2）$p(\theta)=\begin{cases}\dfrac{1}{2}\sin\theta & 0<\theta<\pi\\ 0 & \text{其他}\end{cases}$。

假设选用上述 PDF，则式（4.5.5）积分的结果为

$$I_1=\frac{3}{15},\ I_2=I_3=\frac{8}{15},\ I_4=\frac{2}{15},\ I_5=I_6=I_8=0,\ I_7=\frac{7}{15},\ I_9=-\frac{6}{15},\ I_{10}=\frac{1}{15}$$

式（4.5.4）的元素为

$$\langle |S_{\text{hh}}|^2\rangle=\frac{3}{15}|a|^2+\frac{8}{15}|b|^2+\frac{8}{15}|c|^2+\frac{4}{15}\text{Re}\{ab^*\}\ (\text{实数}) \tag{4.5.12a}$$

$$\langle |S_{\text{vv}}|^2\rangle=\frac{8}{15}|a|^2+\frac{3}{15}|b|^2+\frac{8}{15}|c|^2+\frac{4}{15}\text{Re}\{ab^*\}\ (\text{实数}) \tag{4.5.12b}$$

$$\langle |S_{\text{hv}}|^2\rangle=\frac{2}{15}|a-b|^2+\frac{7}{15}|c|^2\ (\text{实数}) \tag{4.5.12c}$$

$$\langle S_{\text{hh}}S_{\text{vv}}^*\rangle=\frac{2}{15}(|a|^2+|b|^2-4|c|^2)+\frac{8}{15}a^*b+\frac{3}{15}ab^*\ (\text{复数}) \tag{4.5.12d}$$

$$\langle S_{\text{hh}}S_{\text{hv}}^*\rangle=\frac{4}{15}c(b-a)^*+\frac{1}{15}c^*a-\frac{6}{15}c^*b\ (\text{复数}) \tag{4.5.12e}$$

$$\langle S_{\text{hv}}S_{\text{vv}}^*\rangle=\frac{4}{15}c^*(b-a)+\frac{1}{15}b^*c-\frac{6}{15}a^*c\ (\text{复数}) \tag{4.5.12f}$$

（3）$p(\theta)=\begin{cases}\dfrac{1}{2}\cos\theta, & -\dfrac{\pi}{2}<\theta<\dfrac{\pi}{2}\\ 0\ , & \text{其他}\end{cases}$。

假设选用上述$p(\theta)$，式（4.5.5）积分的结果为

$$I_2=\frac{3}{15},\ I_1=I_3=\frac{8}{15},\ I_4=\frac{2}{15},\ I_5=I_6=I_8=0,\ I_7=\frac{7}{15},\ I_9=-\frac{1}{15},\ I_{10}=\frac{6}{15}$$

式（4.5.4）的元素为

$$\langle |S_{\text{hh}}|^2\rangle=\frac{8}{15}|a|^2+\frac{3}{15}|b|^2+\frac{8}{15}|c|^2+\frac{4}{15}\text{Re}\{ab^*\}\ (\text{实数}) \tag{4.5.13a}$$

$$\langle |S_{vv}|^2 \rangle = \frac{3}{15}|a|^2 + \frac{8}{15}|b|^2 + \frac{8}{15}|c|^2 + \frac{4}{15}\text{Re}\{ab^*\}\ \text{（实数）} \tag{4.5.13b}$$

$$\langle |S_{hv}|^2 \rangle = \frac{2}{15}|a-b|^2 + \frac{7}{15}|c|^2\ \text{（实数）} \tag{4.5.13c}$$

$$\langle S_{hh}S_{vv}^* \rangle = \frac{2}{15}(|a|^2 + |b|^2 - 4|c|^2) + \frac{3}{15}a^*b + \frac{8}{15}ab^*\ \text{（复数）} \tag{4.5.13d}$$

$$\langle S_{hh}S_{hv}^* \rangle = \frac{4}{15}c(b-a)^* + \frac{6}{15}c^*a - \frac{1}{15}c^*b\ \text{（复数）} \tag{4.5.13e}$$

$$\langle S_{hv}S_{vv}^* \rangle = \frac{4}{15}c^*(b-a) + \frac{6}{15}b^*c - \frac{1}{15}a^*c\ \text{（复数）} \tag{4.5.13f}$$

式（4.5.10）、式（4.5.12）和式（4.5.13）可以生成任何散射目标的一般理论协方差矩阵。表 4.2 给出了基于上述方程的典型目标的协方差矩阵，可以作为建模的理论参考。

系综平均矩阵的重要特征是目标方向不变性。散射矩阵对目标的方向很敏感。水平偶极子的散射矩阵与垂直偶极子的散射矩阵不同。然而，二者的协方差矩阵相同。无论偶极子方向如何，协方差矩阵的形式都保持不变。这一特性对于极化观测中的目标检测和分类，特别是在机载 PolSAR 或星载 PolSAR 观测中，是非常重要和方便的。这一重要性质来自协方差矩阵中包含的极化信息的二阶统计量。如果分布函数不同，元素可能会发生变化。然而其值都相差不大，例如偶极子中 C_{22} 为 2/8 和 4/15，二面体中 C_{22} 为 2/2 和 16/15。

表 4.2　典型目标的理论协方差矩阵

	散射矩阵	平均协方差矩阵		
目标类型	$\begin{bmatrix} S_{HH} & S_{HV} \\ S_{VH} & S_{VV} \end{bmatrix}$	$p(\theta) = \frac{1}{2\pi}$	$p(\theta) = \frac{1}{2}\sin\theta$	$p(\theta) = \frac{1}{2}\cos\theta$
球体、平板	$\begin{bmatrix} 1 & 0 \\ 0 & 1 \end{bmatrix}$	$\begin{bmatrix} 1 & 0 & 1 \\ 0 & 0 & 0 \\ 1 & 0 & 1 \end{bmatrix}$	$\begin{bmatrix} 1 & 0 & 1 \\ 0 & 0 & 0 \\ 1 & 0 & 1 \end{bmatrix}$	$\begin{bmatrix} 1 & 0 & 1 \\ 0 & 0 & 0 \\ 1 & 0 & 1 \end{bmatrix}$
H－偶极子	$\begin{bmatrix} 1 & 0 \\ 0 & 0 \end{bmatrix}$	$\frac{1}{8}\begin{bmatrix} 3 & 0 & 1 \\ 0 & 2 & 0 \\ 1 & 0 & 3 \end{bmatrix}$	$\frac{1}{15}\begin{bmatrix} 3 & 0 & 2 \\ 0 & 4 & 0 \\ 2 & 0 & 8 \end{bmatrix}$	$\frac{1}{15}\begin{bmatrix} 8 & 0 & 2 \\ 0 & 4 & 0 \\ 2 & 0 & 3 \end{bmatrix}$

续表

	散射矩阵	平均协方差矩阵		
V-偶极子	$\begin{bmatrix}0 & 0\\0 & 1\end{bmatrix}$	$\frac{1}{8}\begin{bmatrix}3 & 0 & 1\\0 & 2 & 0\\1 & 0 & 3\end{bmatrix}$	$\frac{1}{15}\begin{bmatrix}8 & 0 & 2\\0 & 4 & 0\\2 & 0 & 3\end{bmatrix}$	$\frac{1}{15}\begin{bmatrix}3 & 0 & 2\\0 & 4 & 0\\2 & 0 & 8\end{bmatrix}$
H-二面体	$\begin{bmatrix}1 & 0\\0 & -1\end{bmatrix}$	$\frac{1}{2}\begin{bmatrix}0 & 0 & -1\\0 & 2 & 0\\-1 & 0 & 1\end{bmatrix}$	$\frac{1}{15}\begin{bmatrix}7 & 0 & -7\\0 & 16 & 0\\-7 & 0 & 7\end{bmatrix}$	$\frac{1}{15}\begin{bmatrix}7 & 0 & -7\\0 & 16 & 0\\-7 & 0 & 7\end{bmatrix}$
V-二面体	$\begin{bmatrix}-1 & 0\\0 & 1\end{bmatrix}$	$\frac{1}{2}\begin{bmatrix}0 & 0 & -1\\0 & 2 & 0\\-1 & 0 & 1\end{bmatrix}$	$\frac{1}{15}\begin{bmatrix}7 & 0 & -7\\0 & 16 & 0\\-7 & 0 & 7\end{bmatrix}$	$\frac{1}{15}\begin{bmatrix}7 & 0 & -7\\0 & 16 & 0\\-7 & 0 & 7\end{bmatrix}$
左螺旋	$\frac{1}{2}\begin{bmatrix}1 & \mathrm{j}\\\mathrm{j} & -1\end{bmatrix}$	$\frac{1}{4}\begin{bmatrix}1 & -\mathrm{j}\sqrt{2} & -1\\\mathrm{j}\sqrt{2} & 2 & -\mathrm{j}\sqrt{2}\\-1 & \mathrm{j}\sqrt{2} & 1\end{bmatrix}$	$\frac{1}{4}\begin{bmatrix}1 & -\mathrm{j}\sqrt{2} & -1\\\mathrm{j}\sqrt{2} & 2 & -\mathrm{j}\sqrt{2}\\-1 & \mathrm{j}\sqrt{2} & 1\end{bmatrix}$	$\frac{1}{4}\begin{bmatrix}1 & -\mathrm{j}\sqrt{2} & -1\\\mathrm{j}\sqrt{2} & 2 & -\mathrm{j}\sqrt{2}\\-1 & \mathrm{j}\sqrt{2} & 1\end{bmatrix}$
右螺旋	$\frac{1}{2}\begin{bmatrix}1 & -\mathrm{j}\\-\mathrm{j} & -1\end{bmatrix}$	$\frac{1}{4}\begin{bmatrix}1 & \mathrm{j}\sqrt{2} & -1\\-\mathrm{j}\sqrt{2} & 2 & \mathrm{j}\sqrt{2}\\-1 & -\mathrm{j}\sqrt{2} & 1\end{bmatrix}$	$\frac{1}{4}\begin{bmatrix}1 & \mathrm{j}\sqrt{2} & -1\\-\mathrm{j}\sqrt{2} & 2 & \mathrm{j}\sqrt{2}\\-1 & -\mathrm{j}\sqrt{2} & 1\end{bmatrix}$	$\frac{1}{4}\begin{bmatrix}1 & \mathrm{j}\sqrt{2} & -1\\-\mathrm{j}\sqrt{2} & 2 & \mathrm{j}\sqrt{2}\\-1 & -\mathrm{j}\sqrt{2} & 1\end{bmatrix}$

4.5.2 LR 圆极化基下的协方差矩阵

对于目标的旋转，圆极化（LR）基是不发生改变的，即旋转不变。那么圆极化基下，协方差矩阵的形式就值得研究了。

旋转后圆极化基下的散射矢量为

$$\boldsymbol{k}_{\mathrm{LR}}(\theta)=\boldsymbol{U}_{\mathrm{c}}\boldsymbol{U}_{\theta}\boldsymbol{k}_{\mathrm{HV}} \tag{4.5.14}$$

$$\begin{bmatrix}S_{\mathrm{LL}}(\theta)\\\sqrt{2}S_{\mathrm{LR}}(\theta)\\S_{\mathrm{RR}}(\theta)\end{bmatrix}=\frac{1}{2}\begin{bmatrix}\mathrm{e}^{-\mathrm{j}2\theta} & \mathrm{j}\sqrt{2}\mathrm{e}^{-\mathrm{j}2\theta} & -\mathrm{e}^{-\mathrm{j}2\theta}\\\mathrm{j}\sqrt{2} & 0 & \mathrm{j}\sqrt{2}\\-\mathrm{e}^{-\mathrm{j}2\theta} & \mathrm{j}\sqrt{2}\mathrm{e}^{-\mathrm{j}2\theta} & \mathrm{e}^{-\mathrm{j}2\theta}\end{bmatrix}\begin{bmatrix}a\\\sqrt{2}c\\b\end{bmatrix} \tag{4.5.15}$$

因此协方差矩阵为

$$\boldsymbol{C}(\theta)^{\mathrm{LR}}=\boldsymbol{k}_{\mathrm{LR}}(\theta)\boldsymbol{k}_{\mathrm{LR}}^{\dagger}(\theta)=\boldsymbol{U}_{\mathrm{c}}\boldsymbol{U}_{\theta}\boldsymbol{k}_{\mathrm{HV}}\boldsymbol{k}_{\mathrm{HV}}^{\dagger}\boldsymbol{U}_{\theta}^{\dagger}\boldsymbol{U}_{\mathrm{c}}^{\dagger}$$

$$=\begin{bmatrix}|S_{\mathrm{LL}}|^2 & \sqrt{2}S_{\mathrm{LL}}S_{\mathrm{LR}}^{*}\mathrm{e}^{-\mathrm{j}2\theta} & S_{\mathrm{LL}}S_{\mathrm{RR}}^{*}\mathrm{e}^{-\mathrm{j}4\theta}\\ \sqrt{2}S_{\mathrm{LR}}S_{\mathrm{LL}}^{*}\mathrm{e}^{\mathrm{j}2\theta} & 2|S_{\mathrm{LR}}|^2 & \sqrt{2}S_{\mathrm{LR}}S_{\mathrm{RR}}^{*}\mathrm{e}^{-\mathrm{j}2\theta}\\ S_{\mathrm{RR}}S_{\mathrm{LL}}^{*}\mathrm{e}^{\mathrm{j}4\theta} & \sqrt{2}S_{\mathrm{RR}}S_{\mathrm{LR}}^{*}\mathrm{e}^{\mathrm{j}2\theta} & |S_{\mathrm{RR}}|^2\end{bmatrix} \tag{4.5.16}$$

其中

$$\begin{cases}S_{\mathrm{LL}}=\dfrac{1}{2}(a-b+\mathrm{j}2c)\\ S_{\mathrm{RR}}=\dfrac{1}{2}(b-a+\mathrm{j}2c)\\ S_{\mathrm{LR}}=S_{\mathrm{RL}}=\dfrac{\mathrm{j}}{2}(a+b)\end{cases} \tag{4.5.17}$$

假设 $p(\theta)$ 的分布为常数，可得

$$\langle\boldsymbol{C}(\theta)\rangle^{\mathrm{LR}}=\frac{1}{2\pi}\int_0^{2\pi}\boldsymbol{C}(\theta)^{\mathrm{LR}}\mathrm{d}\theta$$

$$=\frac{1}{4}\begin{bmatrix}|a-b+\mathrm{j}2c|^2 & 0 & 0\\ 0 & 2|a+b|^2 & 0\\ 0 & 0 & |b-a+\mathrm{j}2c|^2\end{bmatrix} \tag{4.5.18}$$

由于式（4.5.18）为对角矩阵，特征值就对应于对角线上的元素，这便于特征值分析。

另外，这种形式只有 3 个独立参数，少于其他极化矩阵（4 个）。因此，这种形式不便于分类或识别目标。作为参考，典型散射体的形式如下所示：

偶极子：$\dfrac{1}{4}\begin{bmatrix}1&0&0\\0&2&0\\0&0&1\end{bmatrix}$　平板：$\begin{bmatrix}0&0&0\\0&2&0\\0&0&0\end{bmatrix}$　二面体：$\begin{bmatrix}1&0&0\\0&0&0\\0&0&1\end{bmatrix}$

左螺旋：$\begin{bmatrix}0&0&0\\0&0&0\\0&0&1\end{bmatrix}$　右螺旋：$\begin{bmatrix}1&0&0\\0&0&0\\0&0&0\end{bmatrix}$

4.6　相干矩阵

相干矩阵在数学上具有相关性，同时也能表示物理散射机制。这对解译 PolSAR 图像很有用。我们可以通过积分得到相干矩阵，与用散射矢量得到协方差矩阵的方法相同。

散射矢量 $\boldsymbol{k}_{\mathrm{P}}$ 及其旋转矢量 $\boldsymbol{k}_{\mathrm{P}}(\theta)$ 可以表示为

$$\boldsymbol{k}_{\mathrm{P}}=\frac{1}{\sqrt{2}}\begin{bmatrix}S_{\mathrm{HH}}+S_{\mathrm{VV}}\\S_{\mathrm{HH}}-S_{\mathrm{VV}}\\2S_{\mathrm{HV}}\end{bmatrix}=\frac{1}{\sqrt{2}}\begin{bmatrix}a+b\\a-b\\2c\end{bmatrix},\ \boldsymbol{k}_{\mathrm{P}}(\theta)=\frac{1}{\sqrt{2}}\begin{bmatrix}S_{\mathrm{hh}}+S_{\mathrm{vv}}\\S_{\mathrm{hh}}-S_{\mathrm{vv}}\\2S_{\mathrm{hv}}\end{bmatrix}\tag{4.6.1}$$

根据式（4.2.9），旋转关系可以简单表示为

$$\begin{bmatrix}S_{\mathrm{hh}}+S_{\mathrm{vv}}\\S_{\mathrm{hh}}-S_{\mathrm{vv}}\\2S_{\mathrm{hv}}\end{bmatrix}=\begin{bmatrix}1&0&0\\0&\cos2\theta&\sin2\theta\\0&-\sin2\theta&\cos2\theta\end{bmatrix}\begin{bmatrix}S_{\mathrm{HH}}+S_{\mathrm{VV}}\\S_{\mathrm{HH}}-S_{\mathrm{VV}}\\2S_{\mathrm{HV}}\end{bmatrix}$$

则有

$$\boldsymbol{k}_{\mathrm{P}}(\theta)=\boldsymbol{R}_{\mathrm{P}}(\theta)\boldsymbol{k}_{\mathrm{P}}\tag{4.6.2}$$

其中

$$\boldsymbol{R}_{\mathrm{P}}(\theta)=\begin{bmatrix}1&0&0\\0&\cos2\theta&\sin2\theta\\0&-\sin2\theta&\cos2\theta\end{bmatrix}\text{：旋转矩阵}\tag{4.6.3}$$

因此，旋转后的相干矩阵 $T(\theta)$ 为

$$\begin{aligned}\boldsymbol{T}(\theta)&=\boldsymbol{k}_{\mathrm{P}}(\theta)\boldsymbol{k}_{\mathrm{P}}^{\dagger}(\theta)=\boldsymbol{R}_{\mathrm{P}}(\theta)\boldsymbol{k}_{\mathrm{P}}\boldsymbol{k}_{\mathrm{P}}^{\dagger}\boldsymbol{R}_{\mathrm{P}}(\theta)^{\dagger}\\&=\boldsymbol{R}_{\mathrm{P}}(\theta)\boldsymbol{T}\boldsymbol{R}_{\mathrm{P}}(\theta)^{\dagger}=\begin{bmatrix}T_{11}(\theta)&T_{12}(\theta)&T_{13}(\theta)\\T_{21}(\theta)&T_{22}(\theta)&T_{23}(\theta)\\T_{31}(\theta)&T_{32}(\theta)&T_{33}(\theta)\end{bmatrix}\end{aligned}\tag{4.6.4}$$

其中

$$\begin{aligned}&T_{11}(\theta)=T_{11},\ T_{12}(\theta)=T_{12}\cos2\theta+T_{13}\sin2\theta,\\&T_{13}(\theta)=T_{13}\cos2\theta-T_{12}\sin2\theta,\ T_{21}(\theta)=T_{12}^{*}(\theta),\\&T_{22}(\theta)=T_{22}\cos^{2}2\theta+T_{33}\sin^{2}2\theta+\mathrm{Re}\{T_{23}\}\sin4\theta,\\&T_{23}(\theta)=\mathrm{Re}\{T_{23}\}\cos4\theta-\frac{T_{22}-T_{33}}{2}\sin4\theta+\mathrm{jIm}\{T_{23}\},\\&T_{31}(\theta)=T_{13}^{*}(\theta),\ T_{32}(\theta)=T_{23}^{*}(\theta),\\&T_{33}(\theta)=T_{33}\cos^{2}2\theta+T_{22}\sin^{2}2\theta-\mathrm{Re}\{T_{23}\}\sin4\theta\end{aligned}\tag{4.6.5}$$

为了得到系综平均，我们对 3 种概率密度函数进行如下所示的积分运算：

$$\langle\boldsymbol{T}(\theta)\rangle=\int_{0}^{2\pi}\boldsymbol{T}(\theta)p(\theta)\mathrm{d}\theta\tag{4.6.6}$$

结果如下

(1) 对于 $p(\theta)=\dfrac{1}{2\pi}$。

$$\langle \boldsymbol{T}(\theta) \rangle = \begin{bmatrix} \frac{1}{2}|a+b|^2 & 0 & 0 \\ 0 & \frac{1}{4}|a-b|^2 + |c|^2 & \mathrm{jIm}\{c^*(a-b)\} \\ 0 & -\mathrm{jIm}\{c^*(a-b)\} & \frac{1}{4}|a-b|^2 + |c|^2 \end{bmatrix} \tag{4.6.7}$$

(2) 对于 $p(\theta) = \frac{1}{2}\sin\theta$。

$$\langle \boldsymbol{T}(\theta) \rangle = \begin{bmatrix} \frac{1}{2}|a+b|^2 & -\frac{1}{6}(a+b)(a-b)^* & -\frac{1}{3}c^*(a+b) \\ -\frac{1}{6}(a+b)^*(a-b) & \frac{7}{30}|a-b|^2+\frac{16}{15}|c|^2 & \frac{7}{15}c^*(a-b)-\frac{8}{15}c(a-b)^* \\ -\frac{1}{3}c(a+b)^* & \frac{7}{15}c(a-b)^*-\frac{8}{15}c^*(a-b) & \frac{8}{30}|a-b|^2+\frac{14}{15}|c|^2 \end{bmatrix} \tag{4.6.8}$$

(3) 对于 $p(\theta) = \frac{1}{2}\cos\theta$。

$$\langle \boldsymbol{T}(\theta) \rangle = \begin{bmatrix} \frac{1}{2}|a+b|^2 & \frac{1}{6}(a+b)(a-b)^* & \frac{1}{3}c^*(a+b) \\ -\frac{1}{6}(a+b)^*(a-b) & \frac{7}{30}|a-b|^2+\frac{16}{15}|c|^2 & \frac{7}{15}c^*(a-b)-\frac{8}{15}c(a-b)^* \\ \frac{1}{3}c(a+b)^* & \frac{7}{15}c(a-b)^*-\frac{8}{15}c^*(a-b) & \frac{8}{30}|a-b|^2+\frac{14}{15}|c|^2 \end{bmatrix} \tag{4.6.9}$$

这里注意，$\mathrm{Trace}\langle \boldsymbol{T}(\theta) \rangle = |a|^2 + 2|c|^2 + |b|^2 = \mathrm{Span}(\boldsymbol{S})$ 适用于所有相干矩阵（式（4.6.7）~式（4.6.9））。

可以理解 $|a+b|^2$，$|a-b|^2$，$|c|^2$ 和 $\mathrm{Im}\{c^*(a-b)\}$ 这 4 项在相干矩阵中以独立参数的形式出现，就像在协方差矩阵中一样，这 4 项是重要的极化指标。

典型目标如表 4.3 所示。无论选取哪种概率密度函数，平板、球和螺旋体都具有相同的形式。偶极子和二面体的形式略有不同；但是，就 PDF 的结果而言，矩阵元素值相差不大。表 4.3 给出了散射功率分解中的基本散射模型（第 7 章和第 8 章）。

相干矩阵的结构如下：

$$
\begin{array}{cccc}
 & \text{反射对称} & \text{旋转对称} & \text{方位对称} \\
\langle \boldsymbol{T} \rangle = & \begin{bmatrix} x & x & 0 \\ x & x & 0 \\ 0 & 0 & x \end{bmatrix} & \begin{bmatrix} x & 0 & 0 \\ 0 & x & x \\ 0 & x & x \end{bmatrix} & \begin{bmatrix} x & 0 & 0 \\ 0 & x & 0 \\ 0 & 0 & x \end{bmatrix}
\end{array}
$$

表 4.3　积分求典型目标的相干矩阵

	矢量		归一化相干矩阵积分		
目标	$\boldsymbol{k}_{\mathrm{P}}(\theta)$	相干矩阵	$p(\theta)=\frac{1}{2\pi}$	$p(\theta)=\frac{1}{2}\sin\theta$	$p(\theta)=\frac{1}{2}\cos\theta$
球体、平板	$\begin{bmatrix} 1 \\ 0 \\ 0 \end{bmatrix}$	$\begin{bmatrix} 1 & 0 & 0 \\ 0 & 0 & 0 \\ 0 & 0 & 0 \end{bmatrix}$	$\begin{bmatrix} 1 & 0 & 0 \\ 0 & 0 & 0 \\ 0 & 0 & 0 \end{bmatrix}$	$\begin{bmatrix} 1 & 0 & 0 \\ 0 & 0 & 0 \\ 0 & 0 & 0 \end{bmatrix}$	$\begin{bmatrix} 1 & 0 & 0 \\ 0 & 0 & 0 \\ 0 & 0 & 0 \end{bmatrix}$
H-偶极子	$\begin{bmatrix} 1 \\ \cos 2\theta \\ -\sin 2\theta \end{bmatrix}$	$\begin{bmatrix} 1 & \cos 2\theta & -\sin 2\theta \\ \cos 2\theta & \cos^2 2\theta & -\frac{\sin 4\theta}{2} \\ -\sin 2\theta & -\frac{\sin 4\theta}{2} & \sin^2 2\theta \end{bmatrix}$	$\frac{1}{4}\begin{bmatrix} 2 & 0 & 0 \\ 0 & 1 & 0 \\ 0 & 0 & 1 \end{bmatrix}$	$\frac{1}{30}\begin{bmatrix} 15 & -5 & 0 \\ -5 & 7 & 0 \\ 0 & 0 & 8 \end{bmatrix}$	$\frac{1}{30}\begin{bmatrix} 15 & 5 & 0 \\ 5 & 7 & 0 \\ 0 & 0 & 8 \end{bmatrix}$
V-偶极子	$\begin{bmatrix} 1 \\ -\cos 2\theta \\ \sin 2\theta \end{bmatrix}$	$\begin{bmatrix} 1 & -\cos 2\theta & \sin 2\theta \\ -\cos 2\theta & \cos^2 2\theta & -\frac{\sin 4\theta}{2} \\ \sin 2\theta & -\frac{\sin 4\theta}{2} & \sin^2 2\theta \end{bmatrix}$	$\frac{1}{4}\begin{bmatrix} 2 & 0 & 0 \\ 0 & 1 & 0 \\ 0 & 0 & 1 \end{bmatrix}$	$\frac{1}{30}\begin{bmatrix} 15 & 5 & 0 \\ 5 & 7 & 0 \\ 0 & 0 & 8 \end{bmatrix}$	$\frac{1}{30}\begin{bmatrix} 15 & -5 & 0 \\ -5 & 7 & 0 \\ 0 & 0 & 8 \end{bmatrix}$
H-二面体	$\begin{bmatrix} 1 \\ \cos 2\theta \\ -\sin 2\theta \end{bmatrix}$	$\begin{bmatrix} 0 & 0 & 0 \\ 0 & \cos^2 2\theta & -\frac{\sin 4\theta}{2} \\ 0 & -\frac{\sin 4\theta}{2} & \sin^2 2\theta \end{bmatrix}$	$\frac{1}{2}\begin{bmatrix} 0 & 0 & 0 \\ 0 & 1 & 0 \\ 0 & 0 & 1 \end{bmatrix}$	$\frac{1}{30}\begin{bmatrix} 0 & 0 & 0 \\ 0 & 14 & 0 \\ 0 & 0 & 16 \end{bmatrix}$	$\frac{1}{30}\begin{bmatrix} 0 & 0 & 0 \\ 0 & 14 & 0 \\ 0 & 0 & 16 \end{bmatrix}$
V-二面体	$\begin{bmatrix} 1 \\ -\cos 2\theta \\ \sin 2\theta \end{bmatrix}$	$\begin{bmatrix} 0 & 0 & 0 \\ 0 & \cos^2 2\theta & -\frac{\sin 4\theta}{2} \\ 0 & -\frac{\sin 4\theta}{2} & \sin^2 2\theta \end{bmatrix}$	$\frac{1}{2}\begin{bmatrix} 0 & 0 & 0 \\ 0 & 1 & 0 \\ 0 & 0 & 1 \end{bmatrix}$	$\frac{1}{30}\begin{bmatrix} 0 & 0 & 0 \\ 0 & 14 & 0 \\ 0 & 0 & 16 \end{bmatrix}$	$\frac{1}{30}\begin{bmatrix} 0 & 0 & 0 \\ 0 & 14 & 0 \\ 0 & 0 & 16 \end{bmatrix}$
左螺旋	$\mathrm{e}^{\mathrm{j}2\theta}\begin{bmatrix} 0 \\ 1 \\ \mathrm{j} \end{bmatrix}$	$\begin{bmatrix} 0 & 0 & 0 \\ 0 & 1 & -\mathrm{j} \\ 0 & \mathrm{j} & 1 \end{bmatrix}$	$\frac{1}{2}\begin{bmatrix} 0 & 0 & 0 \\ 0 & 1 & -\mathrm{j} \\ 0 & \mathrm{j} & 1 \end{bmatrix}$	$\frac{1}{2}\begin{bmatrix} 0 & 0 & 0 \\ 0 & 1 & -\mathrm{j} \\ 0 & \mathrm{j} & 1 \end{bmatrix}$	$\frac{1}{2}\begin{bmatrix} 0 & 0 & 0 \\ 0 & 1 & -\mathrm{j} \\ 0 & \mathrm{j} & 1 \end{bmatrix}$
右螺旋	$\mathrm{e}^{-\mathrm{j}2\theta}\begin{bmatrix} 0 \\ 1 \\ -\mathrm{j} \end{bmatrix}$	$\begin{bmatrix} 0 & 0 & 0 \\ 0 & 1 & \mathrm{j} \\ 0 & -\mathrm{j} & 1 \end{bmatrix}$	$\frac{1}{2}\begin{bmatrix} 0 & 0 & 0 \\ 0 & 1 & \mathrm{j} \\ 0 & -\mathrm{j} & 1 \end{bmatrix}$	$\frac{1}{2}\begin{bmatrix} 0 & 0 & 0 \\ 0 & 1 & \mathrm{j} \\ 0 & -\mathrm{j} & 1 \end{bmatrix}$	$\frac{1}{2}\begin{bmatrix} 0 & 0 & 0 \\ 0 & 1 & \mathrm{j} \\ 0 & -\mathrm{j} & 1 \end{bmatrix}$

4.7　理论 Kennaugh 矩阵

根据式（4.5.2）的旋转散射矩阵，相应的 Kennaugh 矩阵 $\boldsymbol{K}(\theta)$ 为

$$\boldsymbol{K}(\theta)=\begin{bmatrix} \frac{|S_{hh}|^2+2|S_{hv}|^2+|S_{vv}|^2}{2} & \frac{|S_{hh}|^2-|S_{vv}|^2}{2} & \mathrm{Re}\{(S_{hh}+S_{vv})S_{hv}^*\} & \mathrm{Im}\{(S_{hh}-S_{vv})S_{hv}^*\} \\ \frac{|S_{hh}|^2-|S_{vv}|^2}{2} & \frac{|S_{hh}|^2-2|S_{hv}|^2+|S_{vv}|^2}{2} & \mathrm{Re}\{(S_{hh}-S_{vv})S_{hv}^*\} & \mathrm{Im}\{(S_{hh}+S_{vv})S_{hv}^*\} \\ \mathrm{Re}\{(S_{hh}+S_{vv})S_{hv}^*\} & \mathrm{Re}\{(S_{hh}-S_{vv})S_{hv}^*\} & |S_{hv}|^2+\mathrm{Re}\{S_{hh}S_{vv}^*\} & \mathrm{Im}\{S_{hh}S_{vv}^*\} \\ \mathrm{Im}\{(S_{hh}-S_{vv})S_{hv}^*\} & \mathrm{Im}\{(S_{hh}+S_{vv})S_{hv}^*\} & \mathrm{Im}\{S_{hh}S_{vv}^*\} & |S_{hv}|^2-\mathrm{Re}\{S_{hh}S_{vv}^*\} \end{bmatrix} \tag{4.7.1}$$

假设 PDF 为常数，通过积分得到 Kennaugh 矩阵：

$$\langle \boldsymbol{K}(\theta) \rangle = \frac{1}{2\pi}\int_0^{2\pi}\boldsymbol{K}(\theta)\,\mathrm{d}\theta \tag{4.7.2}$$

由式（4.5.9）表示为

$$\langle \boldsymbol{K}(\theta) \rangle = \begin{bmatrix} \frac{1}{2}(|a|^2+2|c|^2+|b|^2) & 0 & 0 & \mathrm{Im}\{c^*(a-b)\} \\ 0 & \frac{1}{4}|a+b|^2 & 0 & 0 \\ 0 & 0 & \frac{1}{4}|a+b|^2 & 0 \\ \mathrm{Im}\{c^*(a-b)\} & 0 & 0 & |c|^2-\mathrm{Re}\{ab^*\} \end{bmatrix} \tag{4.7.3}$$

由于 $\mathrm{Re}\{ab^*\}=\frac{1}{4}(|a+b|^2-|a-b|^2)$，我们可以把 $|a+b|^2$，$|a-b|^2$，$|c|^2$ 和 $\mathrm{Im}\{c^*(a-b)\}$ 看作 4 个独立的参数。

4.8　典型目标极化矩阵

表 4.4 给出典型目标的协方差矩阵、相干矩阵和 Kennaugh 矩阵，并进行比较。因为是归一化的结果，所以迹为 1。

比较这些矩阵形式并找出哪个适合目标分类是很有趣的。例如，对于平板或球体，相干矩阵的表达形式最简单。对于螺旋目标，相干矩阵公式给出了 T_{23} 的纯虚数值，其符号表示旋转方向。对于二面体，易于发现其协方差矩阵的 C_{13} 分量为负值。偶极子表达式是平板和二面体的和。这些矩阵形式可作为目标分类和识别的重要参考。

表 4.4　用各种极化矩阵表示的典型目标

目标	协方差 $\langle \boldsymbol{C}\,(\mathrm{HV}) \rangle$	协方差 $\langle \boldsymbol{C}\,(\mathrm{LR}) \rangle$	相干 $\langle \boldsymbol{T} \rangle$	Kennaugh $\langle \boldsymbol{K} \rangle$
平板、球	$\frac{1}{2}\begin{bmatrix}1&0&1\\0&0&0\\1&0&1\end{bmatrix}$	$\frac{1}{2}\begin{bmatrix}0&0&0\\0&2&0\\0&0&0\end{bmatrix}$	$\begin{bmatrix}1&0&0\\0&0&0\\0&0&0\end{bmatrix}$	$\begin{bmatrix}1&0&0&0\\0&1&0&0\\0&0&1&0\\0&0&0&-1\end{bmatrix}$
二面体	$\frac{1}{4}\begin{bmatrix}1&0&-1\\0&2&0\\-1&0&1\end{bmatrix}$	$\frac{1}{2}\begin{bmatrix}1&0&0\\0&0&0\\0&0&1\end{bmatrix}$	$\frac{1}{2}\begin{bmatrix}0&0&0\\0&1&0\\0&0&1\end{bmatrix}$	$\begin{bmatrix}1&0&0&0\\0&0&0&0\\0&0&0&0\\0&0&0&1\end{bmatrix}$
偶极子	$\frac{1}{8}\begin{bmatrix}3&0&1\\0&2&0\\1&0&3\end{bmatrix}$	$\frac{1}{4}\begin{bmatrix}1&0&0\\0&2&0\\0&0&1\end{bmatrix}$	$\frac{1}{4}\begin{bmatrix}2&0&0\\0&1&0\\0&0&1\end{bmatrix}$	$\frac{1}{4}\begin{bmatrix}2&0&0&0\\0&1&0&0\\0&0&1&0\\0&0&0&0\end{bmatrix}$
左螺旋	$\frac{1}{4}\begin{bmatrix}1&-\mathrm{j}\sqrt{2}&-1\\\mathrm{j}\sqrt{2}&2&-\mathrm{j}\sqrt{2}\\-1&\mathrm{j}\sqrt{2}&1\end{bmatrix}$	$\begin{bmatrix}0&0&0\\0&0&0\\0&0&1\end{bmatrix}$	$\frac{1}{2}\begin{bmatrix}0&0&0\\0&1&-\mathrm{j}\\0&\mathrm{j}&1\end{bmatrix}$	$\frac{1}{2}\begin{bmatrix}1&0&0&-1\\0&0&0&0\\0&0&0&0\\-1&0&0&-1\end{bmatrix}$
右螺旋	$\frac{1}{4}\begin{bmatrix}1&\mathrm{j}\sqrt{2}&-1\\-\mathrm{j}\sqrt{2}&2&\mathrm{j}\sqrt{2}\\-1&-\mathrm{j}\sqrt{2}&1\end{bmatrix}$	$\begin{bmatrix}1&0&0\\0&0&0\\0&0&0\end{bmatrix}$	$\frac{1}{2}\begin{bmatrix}0&0&0\\0&1&\mathrm{j}\\0&-\mathrm{j}&1\end{bmatrix}$	$\frac{1}{2}\begin{bmatrix}0&0&0&1\\0&0&0&0\\0&0&0&0\\1&0&0&1\end{bmatrix}$

4.9　极化矩阵的相互转换及本章小结

4.9.1　协方差矩阵与相干矩阵的关系

这两个矩阵是 3×3 复半正定矩阵。因为在数据分析中经常用到它们，所以再次解释它们之间的关系。如 4.3 节所示，转换过程为

$$\boldsymbol{C}\,(\mathrm{HV}) = \boldsymbol{k}_{\mathrm{HV}}\boldsymbol{k}_{\mathrm{HV}}^{\dagger},\ \boldsymbol{T} = \boldsymbol{k}_{\mathrm{P}}\boldsymbol{k}_{\mathrm{P}}^{\dagger} \tag{4.9.1}$$

$$\boldsymbol{k}_{\mathrm{P}}=\boldsymbol{U}_{\mathrm{P}}\boldsymbol{k}_{\mathrm{HV}}，\ \boldsymbol{U}_{\mathrm{P}}=\frac{1}{\sqrt{2}}\begin{bmatrix}1&0&1\\1&0&-1\\0&\sqrt{2}&0\end{bmatrix} \tag{4.9.2}$$

$$\boldsymbol{T}=\boldsymbol{k}_{\mathrm{P}}\boldsymbol{k}_{\mathrm{P}}^{\dagger}=\boldsymbol{U}_{\mathrm{P}}\boldsymbol{k}_{\mathrm{HV}}\boldsymbol{k}_{\mathrm{HV}}^{\dagger}\boldsymbol{U}_{\mathrm{P}}^{\dagger}=\boldsymbol{U}_{\mathrm{P}}\boldsymbol{C}\ (\mathrm{HV})\ \boldsymbol{U}_{\mathrm{P}}^{\dagger} \tag{4.9.3}$$

由于 $\boldsymbol{U}_{\mathrm{P}}$ 是酉矩阵，协方差矩阵和相干矩阵在数学上是等价的。因此，二者包含的信息是相同的。这也表明两个矩阵的特征值相同。

$$\boldsymbol{T}=\boldsymbol{U}_{\mathrm{P}}\boldsymbol{C}\boldsymbol{U}_{\mathrm{P}}^{\dagger}，\ \boldsymbol{C}=\boldsymbol{U}_{\mathrm{P}}^{\dagger}\boldsymbol{T}\boldsymbol{U}_{\mathrm{P}} \tag{4.9.4}$$

同样，HV 极化基中的协方差矩阵可以转换为圆 LR 基中的协方差矩阵。

$$\boldsymbol{k}_{\mathrm{LR}}=\boldsymbol{U}_{\mathrm{c}}\boldsymbol{k}_{\mathrm{HV}}，\quad \boldsymbol{C}\ (\mathrm{LR})\ =\boldsymbol{k}_{\mathrm{LR}}\boldsymbol{k}_{\mathrm{LR}}^{\dagger} \tag{4.9.5}$$

$$\boldsymbol{U}_{\mathrm{c}}=\begin{bmatrix}1&\mathrm{j}\sqrt{2}&-1\\\mathrm{j}\sqrt{2}&0&\mathrm{j}\sqrt{2}\\-1&\mathrm{j}\sqrt{2}&1\end{bmatrix} \tag{4.9.6}$$

$$\boldsymbol{C}\ (\mathrm{LR})\ =\boldsymbol{k}_{\mathrm{LR}}\boldsymbol{k}_{\mathrm{LR}}^{\dagger}=\boldsymbol{U}_{\mathrm{c}}\boldsymbol{k}_{\mathrm{HV}}\boldsymbol{k}_{\mathrm{HV}}^{\dagger}\boldsymbol{U}_{\mathrm{c}}^{\dagger}=\boldsymbol{U}_{\mathrm{c}}\boldsymbol{C}\ (\mathrm{HV})\ \boldsymbol{U}_{\mathrm{c}}^{\dagger} \tag{4.9.7}$$

各种极化矩阵相互关系和转换如图 4.7 所示。这些矩阵通过酉变换联系起来，如图 4.4 所示，只要散射矩阵已知，所有极化矩阵都可以通过酉变换得到。即使矩阵形式不同，但都有 9 个独立参数。理论平均矩阵包含 $|a+b|^2$、$|a-b|^2$、$|c|^2$ 和 $\mathrm{Im}\ \{c^*\ (a-b)\}$ 4 个关键参数。

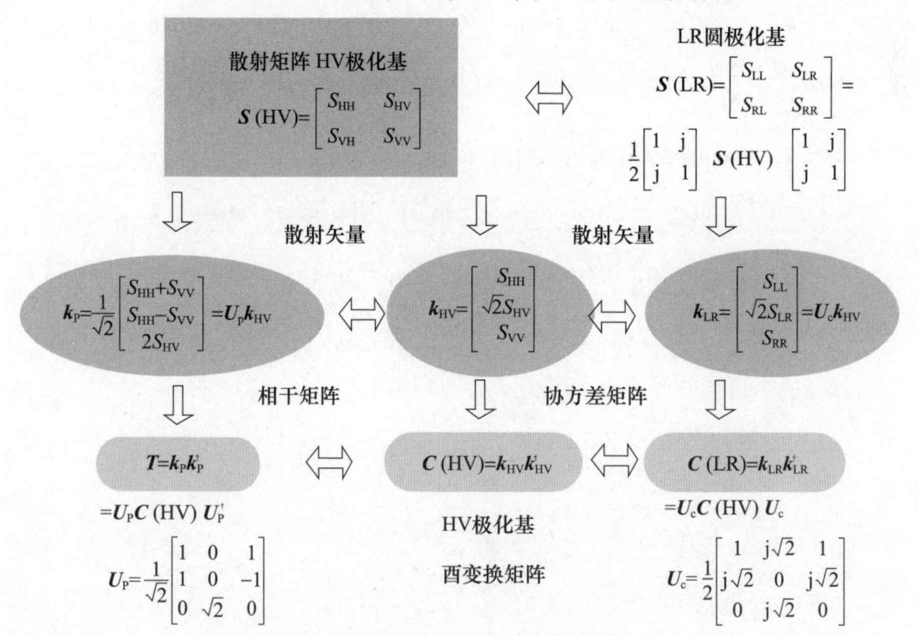

图 4.7　极化矩阵之间的相互转换

（来源：山口芳雄，《雷达极化测量——从基础到应用》（日文版），IEICE，2007）

附　　录

A4.1　使 T_{33} 最小和 T_{22} 最大的相干矩阵的旋转角度

相干矩阵绕雷达视线方向旋转的计算公式如下（图 A4.1）：

$$\boldsymbol{T}(\theta)=\boldsymbol{R}_{\mathrm{P}}(\theta)\boldsymbol{T}\boldsymbol{R}_{\mathrm{P}}(\theta)^{\dagger}=\begin{bmatrix}T_{11}(\theta) & T_{12}(\theta) & T_{13}(\theta)\\ T_{21}(\theta) & T_{22}(\theta) & T_{23}(\theta)\\ T_{31}(\theta) & T_{32}(\theta) & T_{33}(\theta)\end{bmatrix} \tag{A4.1}$$

$$\boldsymbol{R}_{\mathrm{P}}(\theta)=\begin{bmatrix}1 & 0 & 0\\ 0 & \cos2\theta & \sin2\theta\\ 0 & -\sin2\theta & \cos2\theta\end{bmatrix}\text{：旋转矩阵} \tag{A4.2}$$

具体如下：

$$\begin{bmatrix}T_{11}(\theta) & T_{12}(\theta) & T_{13}(\theta)\\ T_{21}(\theta) & T_{22}(\theta) & T_{23}(\theta)\\ T_{31}(\theta) & T_{32}(\theta) & T_{33}(\theta)\end{bmatrix}=$$

$$\begin{bmatrix}1 & 0 & 0\\ 0 & \cos2\theta & \sin2\theta\\ 0 & -\sin2\theta & \cos2\theta\end{bmatrix}\begin{bmatrix}T_{11} & T_{12} & T_{13}\\ T_{21} & T_{22} & T_{23}\\ T_{31} & T_{32} & T_{33}\end{bmatrix}\begin{bmatrix}1 & 0 & 0\\ 0 & \cos2\theta & -\sin2\theta\\ 0 & \sin2\theta & \cos2\theta\end{bmatrix} \tag{A4.3}$$

则各元素为

$$T_{11}(\theta)=T_{11},\ T_{12}(\theta)=T_{12}\cos2\theta+T_{13}\sin2\theta,\ T_{13}(\theta)=T_{13}\cos2\theta-T_{12}\sin2\theta,$$

$$T_{22}(\theta)=T_{22}\cos^{2}2\theta+T_{33}\sin^{2}2\theta+\mathrm{Re}\{T_{23}\}\sin4\theta,$$

$$T_{23}(\theta)=\mathrm{Re}\{T_{23}\}\cos4\theta-\frac{T_{22}-T_{33}}{2}\sin4\theta+\mathrm{jIm}\{T_{23}\},$$

$$T_{33}(\theta)=T_{33}\cos^{2}2\theta+T_{22}\sin^{2}2\theta-\mathrm{Re}\{T_{23}\}\sin4\theta$$

令 T_{33} 对 θ 的导数等于0，求得 T_{33} 的最小值：

$$\frac{\mathrm{d}T_{33}(\theta)}{\mathrm{d}\theta}=2(T_{22}-T_{33})\sin4\theta-4\mathrm{Re}\{T_{23}\}\cos4\theta=0 \tag{A4.4}$$

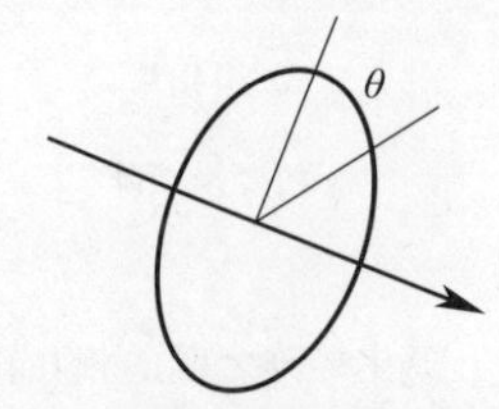

图 A4.1　绕雷达视线方向旋转示意图

同理，对于求 T_{22} 的最大值，可以得到相同的方程：

$$\frac{\mathrm{d}T_{22}(\theta)}{\mathrm{d}\theta}=-2(T_{22}-T_{33})\sin 4\theta+4\mathrm{Re}\{T_{23}\}\cos 4\theta=0$$

因此，求得旋转角度为

$$\tan 4\theta=\frac{2\mathrm{Re}\{T_{23}\}}{T_{22}-T_{33}},\ 2\theta=\frac{1}{2}\arctan\left(\frac{2\mathrm{Re}\{T_{23}\}}{T_{22}-T_{33}}\right) \tag{A4.5}$$

经过旋转处理，T_{33} 被最小化，T_{22} 被最大化，T_{23} 为纯虚数。这种情况非常适合建立螺旋散射模型。

$$T_{23}(\theta)=\mathrm{jIm}\{T_{23}\},\ \mathrm{Re}\{T_{23}(\theta)\}=0 \tag{A4.6}$$

旋转后，相干矩阵的元素为

$$\begin{aligned}
&T_{11}(\theta)=T_{11},\ T_{12}(\theta)=T_{12}\cos 2\theta+T_{13}\sin 2\theta,\\
&T_{13}(\theta)=T_{13}\cos 2\theta-T_{12}\sin 2\theta,\ T_{21}(\theta)=T_{12}^{*}(\theta),\\
&T_{22}(\theta)=T_{22}\cos^{2}2\theta+T_{33}\sin^{2}2\theta+\mathrm{Re}\{T_{23}\}\sin 4\theta,\\
&T_{23}(\theta)=\mathrm{jIm}\{T_{23}\},\ T_{31}(\theta)=T_{13}^{*}(\theta),\ T_{32}(\theta)=T_{23}^{*}(\theta),\\
&T_{33}(\theta)=T_{33}\cos^{2}2\theta+T_{22}\sin^{2}2\theta-\mathrm{Re}\{T_{23}\}\sin 4\theta
\end{aligned} \tag{A4.7}$$

T_{22} 增大了 $\mathrm{Re}\{T_{23}\}\sin 4\theta$，而 T_{33} 减少了相同的量，这导致体散射功率减小，二次散射功率增大。

当旋转角度 $\theta=45°$ 时，T_{33} 和 T_{22} 的位置会互换。T_{12} 和 T_{13} 的位置也会发生变化，如下式：

$$\boldsymbol{T}\left(\frac{\pi}{4}\right)=\boldsymbol{R}_{\mathrm{P}}\left(\frac{\pi}{4}\right)\begin{bmatrix}T_{11}&T_{12}&T_{13}\\T_{21}&T_{22}&T_{23}\\T_{31}&T_{32}&T_{33}\end{bmatrix}\boldsymbol{R}_{\mathrm{P}}\left(\frac{\pi}{4}\right)^{\dagger}=\begin{bmatrix}T_{11}&T_{13}&-T_{12}\\T_{31}&T_{33}&-T_{32}\\-T_{21}&-T_{23}&T_{22}\end{bmatrix} \tag{A4.8}$$

A4.2　使 T_{33} 最小、T_{22} 最大的相干矩阵的酉变换

此变换旨在通过数学运算来减小 T_{33} [7]。下面的酉变换在物理上是不可实现的。然而，这个复变换也可使 T_{33} 元素最小。

$$\boldsymbol{T}(\varphi)=\boldsymbol{U}(\varphi)\boldsymbol{T}\boldsymbol{U}(\varphi)^{\dagger}=\begin{bmatrix}T_{11}(\varphi)&T_{12}(\varphi)&T_{13}(\varphi)\\T_{21}(\varphi)&T_{22}(\varphi)&T_{23}(\varphi)\\T_{31}(\varphi)&T_{32}(\varphi)&T_{33}(\varphi)\end{bmatrix} \tag{A4.9}$$

如果取：$$\boldsymbol{U}(\varphi)=\begin{bmatrix}1&0&0\\0&\cos 2\varphi&\mathrm{j}\sin 2\varphi\\0&\mathrm{j}\sin 2\varphi&\cos 2\varphi\end{bmatrix} \tag{A4.10}$$

则元素为

$$T_{11}(\varphi)=T_{11},\ T_{12}(\varphi)=T_{12}\cos 2\varphi-\mathrm{j}T_{13}\sin 2\varphi,$$
$$T_{13}(\varphi)=T_{13}\cos 2\varphi-\mathrm{j}T_{12}\sin 2\varphi,$$
$$T_{22}(\varphi)=T_{22}\cos^2 2\varphi+T_{33}\sin^2 2\varphi+\mathrm{Im}\{T_{23}\}\sin 4\varphi,$$
$$T_{23}(\varphi)=\mathrm{Re}\{T_{23}\}+\frac{\mathrm{j}}{2}[2\mathrm{Im}\{T_{23}\}\cos 4\varphi-(T_{22}-T_{33})\sin 4\varphi],$$
$$T_{33}(\varphi)=T_{33}\cos^2 2\varphi+T_{22}\sin^2 2\varphi-\mathrm{Im}\{T_{23}\}\sin 4\varphi$$

可通过以下公式求解 T_{33} 的最小值和 T_{22} 的最大值：

$$\begin{aligned}\frac{\mathrm{d}T_{33}(\varphi)}{\mathrm{d}\varphi}&=2(T_{22}-T_{33})\sin 4\varphi-4\mathrm{Im}\{T_{23}\}\cos 4\varphi=0\\ \frac{\mathrm{d}T_{22}(\varphi)}{\mathrm{d}\varphi}&=-2(T_{22}-T_{33})\sin 4\varphi+4\mathrm{Im}\{T_{23}\}\cos 4\varphi=0\end{aligned}\tag{A4.11}$$

求得角度为

$$\tan 4\varphi=\frac{2\mathrm{Im}\{T_{23}\}}{T_{22}-T_{33}},\ 2\varphi=\frac{1}{2}\arctan\left(\frac{2\mathrm{Im}\{T_{23}\}}{T_{22}-T_{33}}\right)\tag{A4.12}$$

在该角度下，T_{23} 为实数，消除了 T_{23} 的虚部。

$$T_{33}(\varphi)=\mathrm{Re}\{T_{23}\},\ \mathrm{Im}\{T_{23}(\varphi)\}=0$$

酉变换后相干矩阵的元素为

$$\begin{gathered}T_{11}(\varphi)=T_{11},\ T_{12}(\varphi)=T_{12}\cos 2\varphi-\mathrm{j}T_{13}\sin 2\varphi,\\ T_{13}(\varphi)=T_{13}\cos 2\varphi-\mathrm{j}T_{12}\sin 2\varphi,\ T_{21}(\varphi)=T_{12}^*(\varphi),\\ T_{22}(\varphi)=T_{22}\cos^2 2\varphi+T_{33}\sin^2 2\varphi+\mathrm{Im}\{T_{23}\}\sin 4\varphi,\\ T_{23}(\varphi)=\mathrm{Re}\{T_{23}\},\ T_{31}(\varphi)=T_{13}^*(\varphi),\ T_{32}(\varphi)=T_{23}^*(\varphi),\\ T_{33}(\varphi)=T_{33}\cos^2 2\varphi+T_{22}\sin^2 2\varphi-\mathrm{Im}\{T_{23}\}\sin 4\varphi\end{gathered}\tag{A4.13}$$

如果取 $\varphi=45°$，则有：

$$\boldsymbol{U}_{\varphi}\left(\frac{\pi}{4}\right)\begin{bmatrix}T_{11}&T_{12}&T_{13}\\T_{21}&T_{22}&T_{23}\\T_{31}&T_{32}&T_{33}\end{bmatrix}\boldsymbol{U}_{\varphi}\left(\frac{\pi}{4}\right)^{\dagger}=\begin{bmatrix}T_{11}&-\mathrm{j}T_{13}&-\mathrm{j}T_{12}\\\mathrm{j}T_{31}&T_{33}&T_{32}\\\mathrm{j}T_{21}&T_{23}&T_{22}\end{bmatrix}\tag{A4.14}$$

A4.3 双极化数据矩阵

如下式所示，双极化数据有四个独立极化参数。在 HV 极化基下的 3×3 协方差矩阵表达式中，我们消除了 VV 分量，则 HH + HV 的协方差矩阵如下：

$$\begin{bmatrix} \langle |S_{HH}|^2 \rangle & \sqrt{2}\langle S_{HH}S_{HV}^* \rangle & \langle S_{HH}S_{VV}^* \rangle \\ \sqrt{2}\langle S_{HV}S_{HH}^* \rangle & 2\langle |S_{HV}|^2 \rangle & \sqrt{2}\langle S_{HV}S_{VV}^* \rangle \\ \langle S_{VV}S_{HH}^* \rangle & \sqrt{2}\langle S_{VV}S_{HV}^* \rangle & \langle |S_{VV}|^2 \rangle \end{bmatrix} \Rightarrow$$

$$\begin{bmatrix} \langle |S_{HH}|^2 \rangle & \sqrt{2}\langle S_{HH}S_{HV}^* \rangle & 0 \\ \sqrt{2}\langle S_{HV}S_{HH}^* \rangle & 2\langle |S_{HV}|^2 \rangle & 0 \\ 0 & 0 & 0 \end{bmatrix} \Rightarrow \begin{bmatrix} \langle |S_{HH}|^2 \rangle & \sqrt{2}\langle S_{HH}S_{HV}^* \rangle \\ \sqrt{2}\langle S_{HV}S_{HH}^* \rangle & 2\langle |S_{HV}|^2 \rangle \end{bmatrix}$$

在 2×2 协方差矩阵中有两个实对角项和一个复非对角项。总共有 4 个实极化参数，这比全极化情况下的 9 个参数要少得多。

对于发射左旋圆极化波，经 H、V 通道接收的简缩极化数据，散射方程和协方差矩阵为

$$\begin{bmatrix} E_H^r \\ E_V^r \end{bmatrix} = \begin{bmatrix} S_{HH} & S_{HV} \\ S_{VH} & S_{VV} \end{bmatrix} \frac{1}{\sqrt{2}} \begin{bmatrix} 1 \\ j \end{bmatrix} = \frac{1}{\sqrt{2}} \begin{bmatrix} S_{HH} + jS_{HV} \\ S_{VH} + jS_{VV} \end{bmatrix}$$

$$\left\langle \begin{bmatrix} E_H^r \\ E_V^r \end{bmatrix} [E_H^{r\,*} \; E_V^{r\,*}] \right\rangle = \begin{bmatrix} \langle |E_H^r|^2 \rangle & \langle E_H^r E_V^{r\,*} \rangle \\ \langle E_V^r E_H^{r\,*} \rangle & \langle |E_V^r|^2 \rangle \end{bmatrix}$$

$$= \frac{1}{2} \begin{bmatrix} \langle |S_{HH} + jS_{HV}|^2 \rangle & \langle (S_{HH} + jS_{HV})(S_{VH} + jS_{VV})^* \rangle \\ \langle (S_{VH} + jS_{VV})(S_{HH} + jS_{HV})^* \rangle & \langle |S_{VH} + jS_{VV}|^2 \rangle \end{bmatrix}$$

由上式可知该矩阵与前面 2×2 矩阵的形式相同，并且 4 个实参数可用于简缩极化。由于无法由该式求得 S_{HH}，S_{HV} 和 S_{VV}，因此不能用简缩极化代替全极化[8]。

参考文献

1. W. – M. Boerner et al. , eds. , Direct and Inverse Methods in Radar Polarimetry, Parts 1 and 2, NATO ASI Series, Mathematical and Physical Sciences, vol. 350, Kluwer Academic Publishers, the Netherlands, 1988.
2. F. M. Henderson and A. J. Lewis, Principles & Applications of Imaging Radar, Manual of Remote Sensing, 3rd ed. , vol. 2, ch. 5, pp. 271 – 357, John Wiley & Sons, New York, 1998.
3. S. R. Cloude and E. Pottier, "A review of target decomposition theorems in radar polarimetry," IEEE Trans. Geosci. Remote Sens. , vol. 34, no. 2, pp. 498 – 518, March 1996.
4. J. S. Lee and E. Pottier, Polarimetric Radar Imaging from Basics to Applications, CRC Press, 2009.
5. Y. Yamaguchi, M. Ishido, T. Moriyama, and H. Yamada, "Four – component scattering model for polarimetric SAR image decomposition," IEEE Trans. Geosci. Remote Sens. , vol. 43,

no. 8, pp. 1699 – 1706, 2005.

6. Y. Yamaguchi, Radar Polarimetry from Basics to Applications: Radar Remote Sensing using Polarimetric Information (in Japanese), IEICE, Tokyo, December 2007. ISBN: 978 – 4 – 88554 – 227 – 7.
7. G. Singh, Y. Yamaguchi, and S. – E. Park, "General four – component scattering power decomposition with unitary transformation of coherency matrix," IEEE Trans. Geosci. Remote Sens., vol. 51, no. 5, pp. 3014 – 3022, 2013.
8. J. S. Lee, M. R. Grunes, and E. Pottier, "Quantitative comparison of classification capability: Fully polarimetric versus dual and single – polarization SAR," IEEE Trans. Geosci. Remote Sens., vol. 39, no. 11, pp. 2343 – 2351, 2001.

第⑤章
$H/A/\bar{\alpha}$ 极化分解

特征值/特征矢量分析具有数学普适性。从数学方面来说，协方差矩阵和相干矩阵为 3×3 正定厄米特矩阵。协方差矩阵与相干矩阵之间存在着酉变换关系。因此，它们有 3 个相同的非负特征值。由于属于 3 个特征值的 3 个特征矢量相互正交并表示散射机理，因此它们便于进行极化数据分析。利用这些优点，Cloude 和 Pottier 提出了一种从平均相干矩阵中提取平均参数的方法[1,2]，该方法保留了极化信息的二阶统计量，在雷达极化领域被称为 $H/A/\bar{\alpha}$ 分解。在本章中，我们简要回顾了用于 PolSAR 数据分析的特征值/特征矢量分解方法。具体参见文献［2－4］。

5.1 特征值、熵和平均 α 角

相干矩阵 〈$\boldsymbol{T}$〉 经极化数据系综平均处理后，可用 3×3 正交酉矩阵 $\boldsymbol{U}_3$ 对角化。

$$\langle \boldsymbol{T} \rangle = \frac{1}{n}\sum^{n} \boldsymbol{k}_{\mathrm{p}}\boldsymbol{k}_{\mathrm{p}}^{\dagger} \tag{5.1.1}$$

$$= \boldsymbol{U}_3\begin{bmatrix} \lambda_1 & 0 & 0 \\ 0 & \lambda_2 & 0 \\ 0 & 0 & \lambda_3 \end{bmatrix}\boldsymbol{U}_3^{\dagger} = \sum_{\mathrm{i}=1}^{3} \lambda_{\mathrm{i}} \mathrm{e}_{\mathrm{i}}\, \mathrm{e}_{\mathrm{i}}^{\dagger} \tag{5.1.2}$$

式中：λ_1、λ_2、λ_3 为满足 $\lambda_1 \geqslant \lambda_2 \geqslant \lambda_3$ 情况下的特征值；$\boldsymbol{e}_1$、$\boldsymbol{e}_2$、$\boldsymbol{e}_3$ 为各特征值所对应的特征矢量；$\boldsymbol{U}_3$ 可以表示为

$$\boldsymbol{U}_3 = \boldsymbol{e}_1\boldsymbol{e}_2\boldsymbol{e}_3 = \begin{bmatrix} \cos\alpha_1 & \cos\alpha_2 & \cos\alpha_3 \\ \sin\alpha_1\cos\beta_1\mathrm{e}^{\mathrm{j}\delta 1} & \sin\alpha_2\cos\beta_2\mathrm{e}^{\mathrm{j}\delta 2} & \sin\alpha_3\cos\beta_3\mathrm{e}^{\mathrm{j}\delta 3} \\ \sin\alpha_1\cos\beta_1\mathrm{e}^{\mathrm{j}\gamma 1} & \sin\alpha_2\cos\beta_2\mathrm{e}^{\mathrm{j}\gamma 2} & \sin\alpha_3\cos\beta_3\mathrm{e}^{\mathrm{j}\gamma 3} \end{bmatrix} \tag{5.1.3}$$

式（5.1.1）为统计平均形式，式（5.1.2）为特征值/特征矢量的数学分解形

式，该统计模型由伯努利过程表示，其散射过程可用 $\boldsymbol{e}_1$、$\boldsymbol{e}_2$、$\boldsymbol{e}_3$ 表示，概率 P_i 为

$$P_i = \frac{\lambda_i}{\lambda_1 + \lambda_2 + \lambda_3} \quad (i=1,\ 2,\ 3) \tag{5.1.4}$$

散射过程由 3 个独立的散射矩阵组合而成。熵 H 和平均角 $\bar{\alpha}$ 由概率 P_i 定义[2-4]。

$$H = -\sum_{i=1}^{3} P_i \log_3 P_i (0 \leqslant H \leqslant 1) \tag{5.1.5}$$

$$\bar{\alpha} = \sum_{i=1}^{3} P_i \alpha_i (0° \leqslant \bar{\alpha} \leqslant 90°) \tag{5.1.6}$$

现在，让我们从读者的角度研究这些参数的含义。

5.2 特征值构成的某些参数

让我们来思考特征值以及在前文中了解到的知识。由有限测量数据得出的特征值与由概率分布积分得出的特征值是不同的。如果我们寻找理论特征值，则由圆极化基下的协方差矩阵（式（4.5.18））可得

$$\begin{cases} \lambda_1 = \dfrac{1}{2}|a+b|^2 \\ \lambda_2 = \dfrac{1}{4}|a-b+\mathrm{j}2c|^2 \\ \lambda_3 = \dfrac{1}{4}|a-b-\mathrm{j}2c|^2 \end{cases} \tag{5.2.1}$$

假设

$$\lambda_1 \geqslant \lambda_2 \geqslant \lambda_3 \tag{5.2.2}$$

若特征值已给出，则总功率和各向异性参数可定义为

总功率

$$\mathrm{TP} = \lambda_1 + \lambda_2 + \lambda_3 \tag{5.2.3}$$

各向异性

$$A = \frac{\lambda_2 - \lambda_3}{\lambda_2 + \lambda_3} \tag{5.2.4}$$

以这些参数为例，特征值展开的形式为

$$\langle \boldsymbol{T} \rangle = \boldsymbol{U}_3 \begin{bmatrix} \lambda_1 & 0 & 0 \\ 0 & \lambda_2 & 0 \\ 0 & 0 & \lambda_3 \end{bmatrix} \boldsymbol{U}_3^{\dagger}$$

如果 $\langle \boldsymbol{T} \rangle$ 初始就是对角矩阵，那么酉矩阵应该是

$$U_3=\begin{bmatrix}1&0&0\\0&1&0\\0&0&1\end{bmatrix}$$

然后有

$$\begin{bmatrix}1&0&0\\0&1&0\\0&0&1\end{bmatrix}=\begin{bmatrix}\cos\alpha_1&\cos\alpha_2&\cos\alpha_3\\ \sin\alpha_1\cos\beta_1 e^{j\delta 1}&\sin\alpha_2\cos\beta_2 e^{j\delta 2}&\sin\alpha_3\cos\beta_3 e^{j\delta 3}\\ \sin\alpha_1\cos\beta_1 e^{j\gamma 1}&\sin\alpha_2\cos\beta_2 e^{j\gamma 2}&\sin\alpha_3\cos\beta_3 e^{j\gamma 3}\end{bmatrix}$$

因此，应该应用如下公式：

$$\cos\alpha_1=1,\ \cos\alpha_2=0,\ \cos\alpha_3=0$$

$$\alpha_1=0,\ \alpha_2=\frac{\pi}{2},\ \alpha_3=\frac{\pi}{2} \tag{5.2.5}$$

随机取向偶极子云就是一个很好的例子。偶极子云的相干矩阵和特征值如下所示：

$$\langle \boldsymbol{T}\rangle=\frac{1}{4}\begin{bmatrix}2&0&0\\0&1&0\\0&0&1\end{bmatrix},\ \begin{cases}\lambda_1=1/2\\ \lambda_2=1/4\\ \lambda_3=1/4\end{cases}$$

因此，极化参数可以确定为

$$P_1=\frac{1/2}{1/2+1/4+1/4}=\frac{1}{2},P_2=\frac{1/4}{1/2+1/4+1/4}=\frac{1}{4},P_3=\frac{1}{4}$$

$$H=-\frac{1}{2}\times\log_3\frac{1}{2}-\frac{1}{4}\times\log_3\frac{1}{4}-\frac{1}{4}\times\log_3\frac{1}{4}=0.95$$

$$\bar{\alpha}=\sum_{i=1}^{3}P_i\alpha_i=\frac{1}{2}\times 0+\frac{1}{4}\times\frac{\pi}{2}+\frac{1}{4}\times\frac{\pi}{2}=\frac{\pi}{4}$$

同理，利用对角矩阵中标准目标的特征值和式（5.2.5）的 α_i，可得出熵 H 和平均角 $\bar{\alpha}$，列于表 5.1。

表 5.1　典型目标的特征值，H 和 $\bar{\alpha}$

	散射矩阵	$\begin{bmatrix}\lambda_1&0&0\\0&\lambda_2&0\\0&0&\lambda_3\end{bmatrix}$	特征值	角 $\bar{\alpha}$	熵 H
板、球	$\begin{bmatrix}1&0\\0&1\end{bmatrix}$	$\begin{bmatrix}1&0&0\\0&0&0\\0&0&0\end{bmatrix}$	$\lambda_1=1$ $\lambda_2=0$ $\lambda_3=0$	0	0
偶极子	$\begin{bmatrix}1&0\\0&0\end{bmatrix}$	$\frac{1}{4}\begin{bmatrix}2&0&0\\0&1&0\\0&0&1\end{bmatrix}$	$\lambda_1=1/2$ $\lambda_2=1/4$ $\lambda_3=1/4$	$\frac{\pi}{4}$	0.95

续表

	散射矩阵	$\begin{bmatrix} \lambda_1 & 0 & 0 \\ 0 & \lambda_2 & 0 \\ 0 & 0 & \lambda_3 \end{bmatrix}$	特征值	角 $\bar{\alpha}$	熵 H
二面角	$\begin{bmatrix} 1 & 0 \\ 0 & -1 \end{bmatrix}$	$\frac{1}{2}\begin{bmatrix} 0 & 0 & 0 \\ 0 & 1 & 0 \\ 0 & 0 & 1 \end{bmatrix}$	$\lambda_1 = 0$ $\lambda_2 = 1/2$ $\lambda_3 = 1/2$	$\frac{\pi}{2}$	0.63
螺旋	$\frac{1}{2}\begin{bmatrix} 1 & j \\ j & -1 \end{bmatrix}$	$\begin{bmatrix} 0 & 0 & 0 \\ 0 & 0 & 0 \\ 0 & 0 & 1 \end{bmatrix}$	$\lambda_1 = 0$ $\lambda_2 = 0$ $\lambda_3 = 1$	$\frac{\pi}{2}$	0
随机		$\begin{bmatrix} 1/3 & 0 & 0 \\ 0 & 1/3 & 0 \\ 0 & 0 & 1/3 \end{bmatrix}$	$\lambda_1 = 1/3$ $\lambda_2 = 1/3$ $\lambda_3 = 1/3$	$\frac{\pi}{3}$	1

参考表 5.1，这些目标可以绘制在二维 $H-\bar{\alpha}$ 图上，如图 5.1 所示。

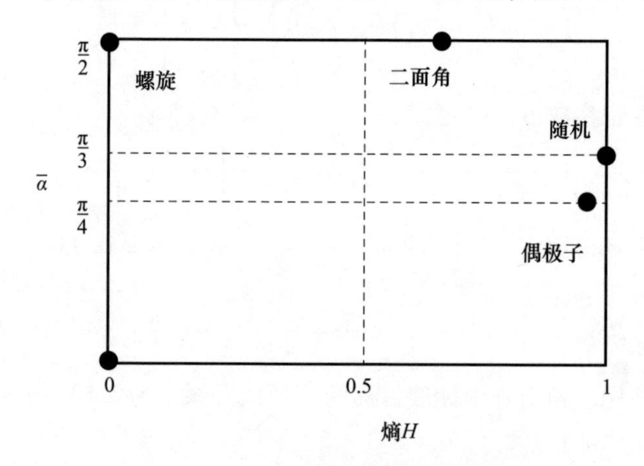

图 5.1　$H-\bar{\alpha}$ 图上标准目标位置

我们可以从参数的定义以及图 5.1 来理解如下内容。

(1) 熵 H 的取值范围是 0 ~ 1。$H=0$ 对应单特征值情况（$\lambda_1=1$，$\lambda_2=\lambda_3=0$）。这在物理上意味着只有单一的散射机理，并且是由面散射引起的。$H=1$ 对应 $\lambda_1=\lambda_2=\lambda_3=1/3$。当 $H=1$ 时，3 种散射机理同时出现，这表示全部随机散射，就像随机分布的目标一样。随着 H 从 0 增大到 1，散射机理的随机性增大，因此，H 可以视为随机性的指标。

(2) 如图 5.1 和图 5.2 所示，平均角 $\bar{\alpha}$ 展现了从 0° ~ 90° 的极化散射相关性。$\bar{\alpha}=0°$ 对应海面或裸露土壤引起的面散射，$\bar{\alpha}=45°$ 对应偶极子散射，$\bar{\alpha}=90°$

对应二面角或螺旋散射。

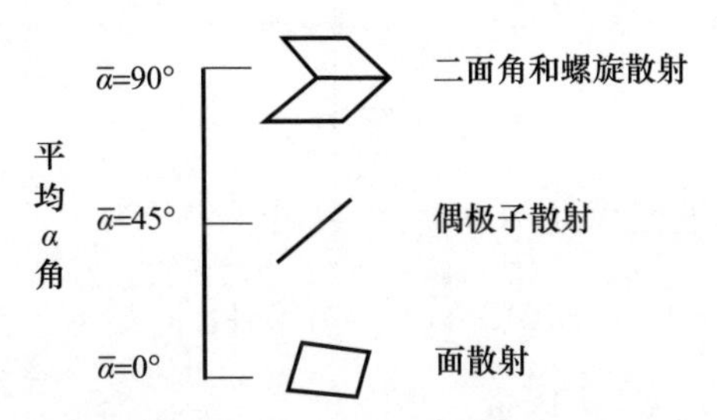

图5.2 平均角 $\bar{\alpha}$ 和散射体（来源：Pottier，E. and Lee，J. S.，“$H/A/\bar{\alpha}$ 极化分解定理在 Whishart 分布的全极化 SAR 数据无监督分类中的应用”，见《Proceedings of EUSAR》，Germany，2000）

图5.1的二维图用来解释目标散射机理。根据 H 的值，我们可以理解散射的复杂性，即大的 H 区域发生多重散射和随机散射，而简单散射发生在小的 H 区域。此外，$\bar{\alpha}$ 的信息表示散射物体的类型。根据该图，森林位于（$H=1$，$\bar{\alpha}=45°$）附近，海面位于（$H=0$，$\bar{\alpha}=0°$）附近。

应注意，此处使用的特征值来自式（5.2.1），而非实际数据。对于实际应用，应根据实际数据得出特征值图。

5.3 熵的简易计算法

本节介绍了一种计算熵的简易方法，此方法无须通过对数或特征值进行分析。该方法由 Yang[5] 提出，适用于个人计算机实时应用。下面，通过协方差公式给出简要说明。

协方差矩阵为

$$\boldsymbol{C}=\begin{bmatrix} C_{11} & C_{12} & C_{13} \\ C_{21} & C_{22} & C_{23} \\ C_{31} & C_{32} & C_{33} \end{bmatrix} \tag{5.3.1}$$

特征值方程变成

$$\boldsymbol{C}x=\lambda x \tag{5.3.2}$$

可得

$$\lambda^3+a_2\lambda^2+a_1\lambda+a_0=0 \tag{5.3.3}$$

其中

$$\begin{aligned} a_0 &= c_{11}c_{23}c_{32}+c_{22}c_{13}c_{31}+c_{33}c_{12}c_{21}-c_{11}c_{22}c_{33}-c_{12}c_{23}c_{31}-c_{13}c_{32}c_{21} \\ a_1 &= c_{11}c_{22}+c_{22}c_{33}+c_{33}c_{11}-c_{12}c_{21}-c_{23}c_{32}-c_{13}c_{31} \\ a_2 &= -c_{11}-c_{22}-c_{33} \end{aligned} \tag{5.3.4}$$

可通过求解式（5.3.2）获得特征值。但是，熵不采用特征值的形式而用如下表示：

$$H = -\sum_{i=1}^{3} P_i \log_3 P_i \tag{5.3.5}$$

式（5.3.5）的近似熵（AH）用级数展开表示为

$$\mathrm{AH} = 2.3506 - 5.7613\sum_{i=1}^{3} k_i^2 + 6.0611\sum_{i=1}^{3} k_i^3 - 2.6504\sum_{i=1}^{3} k_i^4 \tag{5.3.6}$$

根据 Vieta 定理，AH 可以进一步简化为

$$\frac{a_1}{a_2^2} \leqslant 0.0481,\ \frac{a_0}{a_2^3} \leqslant 0.0006 \Rightarrow \mathrm{AH} = 5.2819\frac{a_1}{a_2^2} + 54.8584\frac{a_0}{a_2^3} - 35.6980\frac{a_1^2}{a_2^4} \tag{5.3.7}$$

$$\frac{a_1}{a_2^2} \geqslant 0.0481,\ \frac{a_0}{a_2^3} \geqslant 0.0006 \Rightarrow \mathrm{AH} = 3.9408\frac{a_1}{a_2^2} + 7.5818\frac{a_0}{a_2^3} - 5.3008\frac{a_1^2}{a_2^4} \tag{5.3.8}$$

式（5.3.7）和式（5.3.8）的近似熵误差小于5%。

5.4 分类应用

$H/\bar{\alpha}$ 方法中最值得关注和最有效的应用是 PolSAR 数据的分类。图 5.3 所示的一个二维 $H/\bar{\alpha}$ 平面基于平均散射机理[3]来对目标进行分类。$H/\bar{\alpha}$ 平面细分成 9 个具有不同散射特性的目标类区域，边界的位置是根据散射机理的一般特性确定的。

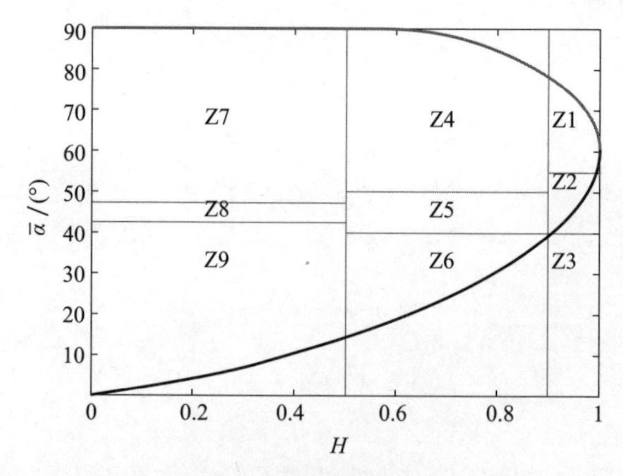

图 5.3　$H/\bar{\alpha}$ 面散射区域

（来源：Pottier，E. and Lee，J. S.，“<H/A/α>极化分解定理在 Whishart 分布的全极化 SAR 数据无监督分类中的应用”，见《Proceedings of EUSAR》，Germany，2000）

Z9：低熵表面散射

在该区域，发生 $\bar{\alpha}<42.5°$ 的低熵散射过程。例如水面、非常光滑的地面等。

Z8：低熵偶极子散射

HH 和 VV 返回值在该区域有很强的相关性。

Z7：低熵多重散射

孤立的二面角散射就是这个低熵区域的例子。

Z6：中熵面散射

该区域包括具有小粗糙度或植被的面散射。

Z5：中熵植被散射

粗糙面上的植被属于这个区域。

Z4：中熵多重散射

稀疏森林具有二次散射和中等熵。

Z3：无。

Z2：高熵植被散射

树木和森林是该区域的典型散射体。

Z1：高熵多重散射

能经常在森林中观察到它。

由于 $H/\bar{\alpha}$ 方法是基于 3×3 相干矩阵的特征值，因此包含了全极化数据的所有信息。这种分类方法得到了许多研究者的支持。$H/\bar{\alpha}$ 方法存在一个问题，即特征值组合的非唯一性，这会产生相同的 H。如下所示，两个不同的组合会给出相同的 H 值。

$$(\lambda_1=1,\ \lambda_2=1,\ \lambda_3=0.3)\Rightarrow P_1=\frac{1}{1+1+0.3}=\frac{1}{2.3},\ P_2=\frac{1}{2.3},\ P_3=\frac{0.3}{2.3}$$

$$H=-\frac{1}{2.3}\times\log_3\frac{1}{2.3}-\frac{1}{2.3}\times\log_3\frac{1}{2.3}-\frac{0.3}{2.3}\times\log_3\frac{0.3}{2.3}=0.9$$

$$(\lambda_1=1,\ \lambda_2=0.4,\ \lambda_3=0.4)\Rightarrow P_1=\frac{1}{1+0.4+0.4}=\frac{1}{1.8},\ P_2=\frac{0.4}{18},\ P_3=\frac{0.4}{18}$$

$$H=-\frac{1}{1.8}\times\log_3\frac{1}{1.8}-\frac{0.4}{1.8}\times\log_3\frac{0.4}{1.8}-\frac{0.4}{1.8}\times\log_3\frac{0.4}{1.8}=0.9$$

在这种情况下，即使特征值不同，也会由于相同的 H 而发生分类错误。图 5.4 给出了相同 H 的特征值的组合。

为了避免这种错误分类问题，Pottier[3] 引入了各向异性参数来区分这种情况。各向异性

$$A=\frac{\lambda_2-\lambda_3}{\lambda_2+\lambda_3}\tag{5.4.1}$$

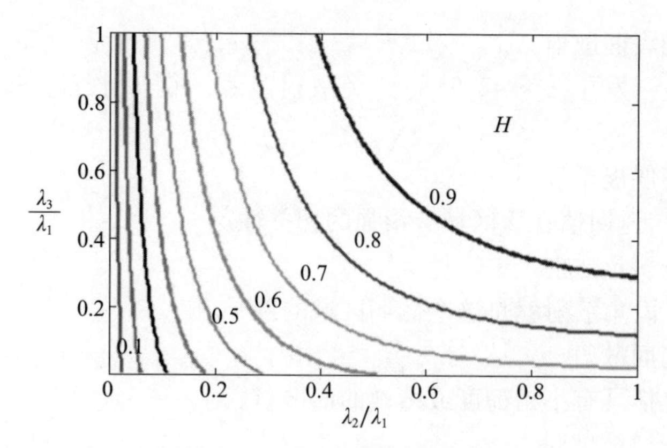

图 5.4 相同 H 值的特征值组合

（来源：Pottier，E. and Lee，J. S.，<$H/A/\alpha$>极化分解定理在 Whishart 分布的全极化 SAR 数据无监督分类中的应用，Proceedings of EUSAR，Germany，2000）

对于（$\lambda_1=1$，$\lambda_2=1$，$\lambda_3=0.3$），$A=0.54$；对于（$\lambda_1=1$，$\lambda_2=0.4$，$\lambda_3=0.4$），$A=0$。

可以通过各向异性区分这两种散射。

各向异性是一个旋转不变参数，具有以下特性：

$A=0$，$\lambda_2=\lambda_3=0$，存在单散射机理；

$A=0$，$\lambda_2=\lambda_3\neq0$，存在两种贡献相同的散射机理；

$A\neq0$，$\lambda_2\neq0$，$\lambda_3=0$，存在两种散射机理；

$A\neq0$，$\lambda_2\neq0$，$\lambda_3\neq0$，存在 3 种散射机理。

因此，可以在 $H/\bar{\alpha}$ 平面上添加一个各向异性轴，以创建用于分类的三维空间。三维分类将会是 $H/\bar{\alpha}$ 方案的扩展，可以更好地用于全极化数据的分类。

若将各向异性轴替换为总功率（TP），则功率信息可纳入分类中，如图 5.5所示。在实际数据分析中，低熵区域存在噪声，各向异性参数也表现为噪声形式。在这种情况下，功率信息可以更好地用于分类[6]。

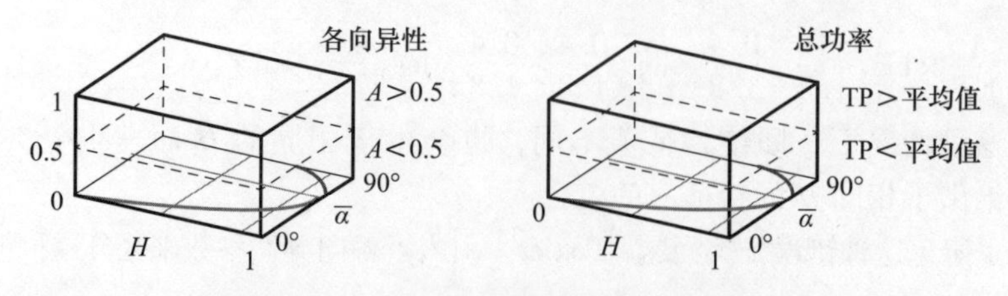

图 5.5 $H/\bar{\alpha}/A$ 和 $H/\bar{\alpha}$/TP 的三维分类空间

（来源：“Pottier，E. and Lee，J. S.，极化分解定理在 Whishart 分布的全极化 SAR 数据无监督分类中的应用”，见《Proceedings of EUSAR》，Germany，2000）

考虑到各种极化参数[4]，接下来进行进一步的扩展，

$$(1-H)(1-A),\ H(1-A),\ HA,\ (1-H)A,\ A_{12}=\frac{\lambda_1-\lambda_2}{\lambda_1+\lambda_2},\ A_{13}=\frac{\lambda_1-\lambda_3}{\lambda_1+\lambda_3}$$

5.5 分类结果

使用 AIRSAR 数据对旧金山地区进行分类，结果如图 5.6 所示。

从数据分析中，我们可以发现：

（1）$H/\bar{\alpha}$ 能对地形进行精确地分类。

（2）当极化散射特性明显时，用 $H/\bar{\alpha}/A$ 方法可进行精细准确的分类，但当散射特性相似或针对混合目标分类时，精度会降低，因为 A 多用于高熵分类。

（3）$H/\bar{\alpha}$/TP 根据功率信息对植被区域进行精确分类，植被和城区的 TP 值不同（图 5.6）。

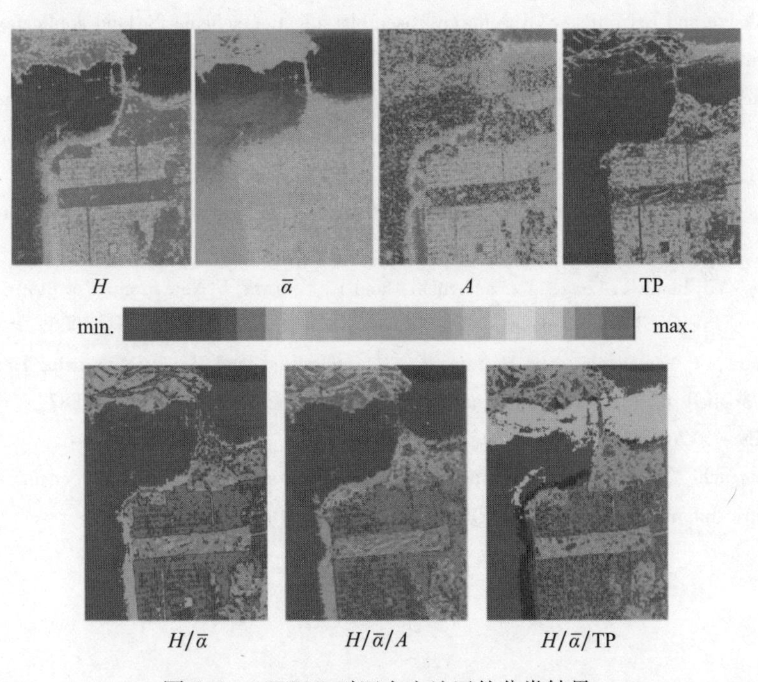

图 5.6　AIRSAR 对旧金山地区的分类结果

（来源："Pottier，E. and Lee，J. S.，极化分解定理在 Whishart 分布的全极化 SAR 数据无监督分类中的应用"，见《Proceedings of EUSAR》，Germany，2000）

5.6 本章小结

众所周知，特征值/特征矢量分析具有数学普适性。矩阵的特征值表示散射功率，最大的特征值对应最大功率，最小的特征值对应最小功率。因此，在特征值的大小和功率本身之间存在一一对应关系。如果我们在 PolSAR 图像中选择最大的特征值，无论散射机理如何，它在整个图像中始终显示最大功率。因此，应当首选如 H、平均 α 角、A 和 TP 这些特征值的组合，而不是使用单个特征值[7]。

参考文献

1. S. R. Cloude and E. Pottier, "A review of target decomposition theorems in radar polarimetry," IEEE Trans. Geosci. Remote Sens., vol. 34, no. 2, pp. 498 – 518, 1996.
2. S. R. Cloude and E. Pottier, "An entropy based classification scheme for land applications of polarimetric SAR," IEEE Trans. Geosci. Remote Sens., vol. 35, no. 1, pp. 68 – 78, 1997.
3. E. Pottier and J. S. Lee, "Application of the ≪H/A/α≫ polarimetric decomposition theorem for unsupervised classification of fully polarimetric SAR data on the Whishart distribution," Proceedings of EUSAR, Germany, 2000.
4. J. S. Lee and E. Pottier, Polarimetric Radar Imaging from Basics to Applications, CRC Press, 2009.
5. J. Yang, Y. Chen, Y. Peng, Y. Yamaguchi, and H. Yamada, "New formula of the polarization entropy," IEICE Trans. Commun., vol. E89 – B, no. 3, pp. 1033 – 1035, 2006.
6. K. Kimura, Y. Yamaguchi, and H. Yamada, "Unsupervised land classification using H/alpha/TP space applied to POLSAR image analysis," IEICE Trans. Commun., vol. E87 – B, no. 6, pp. 1639 – 1647, 2004.
7. Y. Yamaguchi, Radar Polarimetry from Basics to Applications: Radar Remote Sensing using Polarimetric Information (in Japanese), IEICE, Tokyo, December 2007.

第6章
复合散射矩阵

6.1 引　言

本章主要讨论由偶极子构成的复合散射矩阵。偶极子可作为物理散射模型的基础，相干散射条件下，通过改变偶极子组合方式，可以生成任意散射矩阵。与波长相比，偶极子是一种细金属丝，长度显著大于波长。

雷达距离分辨力 ΔR 由发射信号的带宽 B 决定，即 $\Delta R = c$（$2B$），其中，c 是光速。方位分辨力由合成孔径雷达（SAR）定义的雷达合成天线尺寸决定。雷达硬件设计决定了这些雷达分辨力。

另外，雷达分辨力与目标大小无关。有些目标远大于距离或方位分辨力，而另一些可能比分辨力小得多。如图6.1所示，如果考虑尺寸关系，根据目标大小、波长和雷达分辨力的不同，可能会出现不同的散射现象。在本章中，我们考虑分辨力 > 目标尺寸 > 波长的情况，这种情况发生在典型的雷达测量中。

如图6.2所示，当距离或方位向上存在多个目标时，假设每个散射体的散射矩阵为 $\boldsymbol{S}$，这种情况下总散射矩阵是怎样的？是不是直接相干叠加？如果可以相干叠加，则可直接得到散射矩阵，便于进一步分析。

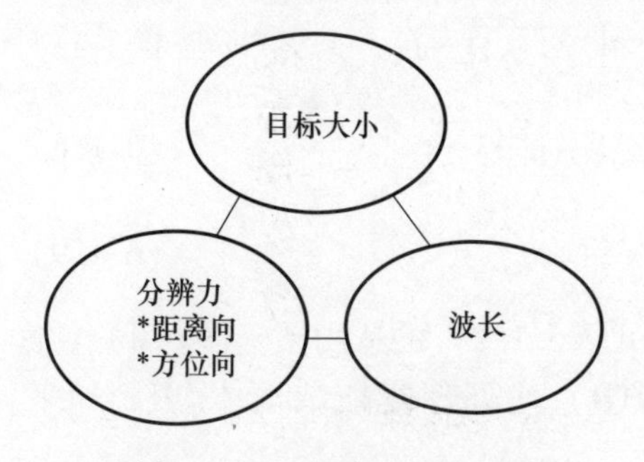

图6.1　雷达遥感中的尺寸关系

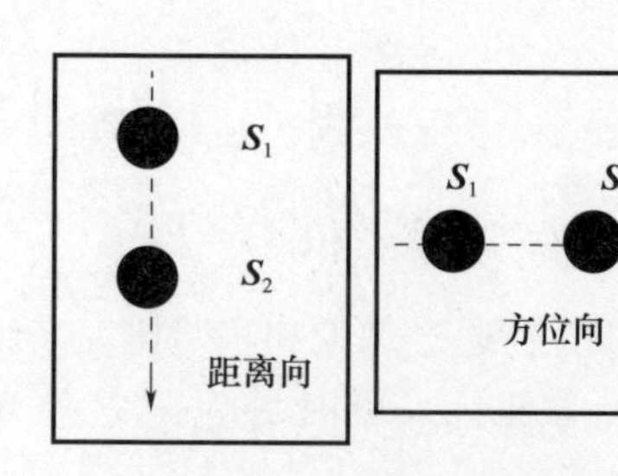

图6.2　多目标散射矩阵

如图6.3所示，假设目标1和目标2在距离向上间距为 d，并且间距 d 小

于雷达距离分辨力 ΔR 和波长。这一假设基本适用于所有雷达测量的情况。目标 1 的雷达散射截面积（RCS）为 σ_1，目标 2 的 RCS 为 σ_2。两个目标的复合散射矩阵或总散射矩阵为二者的相干叠加：

$$\sqrt{\sigma_{\text{total}}}\boldsymbol{S}_{\text{total}} = \sqrt{\sigma_1}\boldsymbol{S}_1 + \sqrt{\sigma_2}\boldsymbol{S}_2\exp\left(-\mathrm{j}\frac{4\pi d}{\lambda}\right) \tag{6.1.1}$$

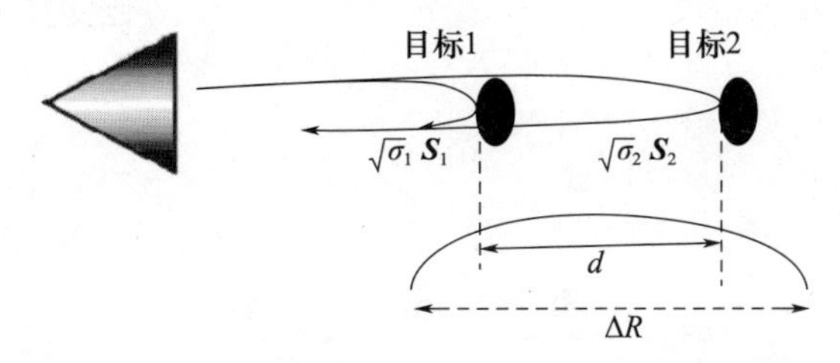

图 6.3　间距 d 小于距离分辨力 ΔR 时的总散射矩阵

如果目标的 RCS 相同，即 $\sigma_1=\sigma_2=\sigma_{\text{total}}$，则散射矩阵为

$$\boldsymbol{S}_{\text{total}} = \boldsymbol{S}_1 + \boldsymbol{S}_2\exp\left(-\mathrm{j}\frac{4\pi d}{\lambda}\right) = \boldsymbol{S}_1 + \boldsymbol{S}_2 P(d) \tag{6.1.2}$$

其中

$$P(d) = \exp\left(-\mathrm{j}\frac{4\pi d}{\lambda}\right) \tag{6.1.3}$$

为间距 d 的相位函数。

相位函数具有以下特征：

$$d=0,\ P(0) = \exp(-\mathrm{j}0) = 1 \tag{6.1.4}$$

$$d=\frac{\lambda}{8},\ P\left(\frac{\lambda}{8}\right) = \exp\left(-\mathrm{j}\frac{\pi}{2}\right) = -\mathrm{j} \tag{6.1.5}$$

$$d=\frac{2\lambda}{8},\ P\left(\frac{2\lambda}{8}\right) = \exp(-\mathrm{j}\pi) = -1 \tag{6.1.6}$$

$$d=\frac{3\lambda}{8},\ P\left(\frac{3\lambda}{8}\right) = \exp\left(-\mathrm{j}\frac{3\pi}{2}\right) = \mathrm{j} \tag{6.1.7}$$

$$d=\frac{4\lambda}{8},\ P\left(\frac{4\lambda}{8}\right) = \exp(-\mathrm{j}2\pi) = 1 \tag{6.1.8}$$

$$P(d) = P\left(d+\frac{n\lambda}{8}\right),\ n=1,\ 2,\ 3,\ \cdots \tag{6.1.9}$$

本章旨在通过理论和实验研究来验证式（6.1.2）的适用性（图 6.4）。在理论验证方面，采用时域有限差分（FDTD）法处理复杂结构体[1,2]。如果 FDTD 仿真有效，其结果将有助于：

（1）实验数据的验证；

（2）未知数据的分析。

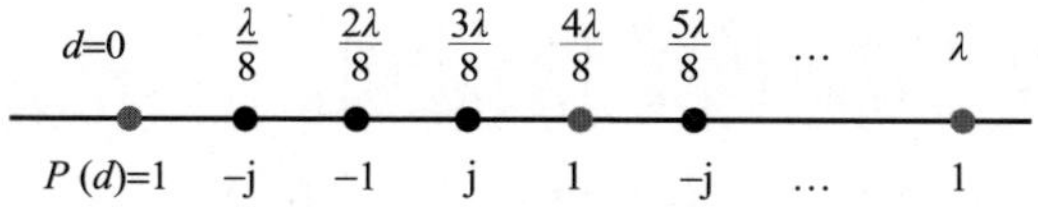

d=0	$\frac{\lambda}{8}$	$\frac{2\lambda}{8}$	$\frac{3\lambda}{8}$	$\frac{4\lambda}{8}$	$\frac{5\lambda}{8}$	…	λ
$P(d)$=1	−j	−1	j	1	−j	…	1

图 6.4　相位函数 $P(d)$

在实验验证方面，我们在暗室中直接测量了复合散射矩阵。由实验数据确认了物理散射机制，实验结果提供了相关证据。虽然实验验证合理，但实验场景相当有限，无法验证所有情况。因此，本章采用一种组合方法进行验证。

6.2　复合散射矩阵

根据式（6.1.2）和式（6.1.3），可用基本散射体（如偶极子或二面角反射器）组合生成任意散射矩阵。需要注意的是，式（6.1.2）只适用于 RCS 相同的目标。如果同时选择偶极子和二面角反射器，考虑到 RCS 不同，则必须使用式（6.1.1）。如图 6.3 所示，由多个目标生成的矩阵称为复合矩阵。简单起见，我们选择偶极子来生成各种散射矩阵。如果选择二面体，就不能在波长范围将它们组合在一起。此外，第一个二面角的阴影效应会引起第二个二面角失真。因此，偶极子是最佳选择。

图 6.5 中的四个偶极子为构成复合矩阵的基本散射体。简便起见，用 $\boldsymbol{S}_1$ 表示45°偶极子，用 $\boldsymbol{S}_2$ 表示 −45°偶极子。

$$\boldsymbol{S}_1=\boldsymbol{S}_{\text{dipole}}^{45°}=\frac{1}{2}\begin{bmatrix}1&1\\1&1\end{bmatrix},\ \boldsymbol{S}_2=\boldsymbol{S}_{\text{dipole}}^{-45°}=\frac{1}{2}\begin{bmatrix}1&-1\\-1&1\end{bmatrix}$$

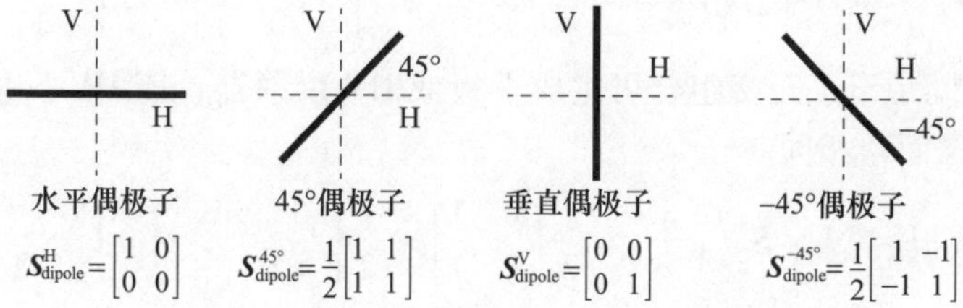

图 6.5　基本偶极子结构及散射矩阵

6.2.1　复合散射矩阵示例

如果我们增加水平偶极子和垂直偶极子之间的间距 d，相干叠加就变为

$$d=\frac{\lambda}{8}\Rightarrow\boldsymbol{S}_{\text{dipole}}^{\text{H}}+\boldsymbol{S}_{\text{dipole}}^{\text{V}}P\left(\frac{\lambda}{8}\right)=\begin{bmatrix}1&0\\0&0\end{bmatrix}-\text{j}\begin{bmatrix}0&0\\0&1\end{bmatrix}=\begin{bmatrix}1&0\\0&-\text{j}\end{bmatrix}\text{：模型 1}$$

$$d=\frac{2\lambda}{8}\Rightarrow\boldsymbol{S}_{\text{dipole}}^{\text{H}}+\boldsymbol{S}_{\text{dipole}}^{\text{V}}P\left(\frac{2\lambda}{8}\right)=\begin{bmatrix}1&0\\0&0\end{bmatrix}-\begin{bmatrix}0&0\\0&1\end{bmatrix}=\begin{bmatrix}1&0\\0&-1\end{bmatrix}\text{：二面角}$$

$$d=\frac{3\lambda}{8}\Rightarrow \boldsymbol{S}_{\text{dipole}}^{\text{H}}+\boldsymbol{S}_{\text{dipole}}^{\text{V}}P\left(\frac{3\lambda}{8}\right)=\begin{bmatrix}1&0\\0&0\end{bmatrix}+\text{j}\begin{bmatrix}0&0\\0&1\end{bmatrix}=\begin{bmatrix}1&0\\0&\text{j}\end{bmatrix}\text{：模型 2}$$

$$d=\frac{4\lambda}{8}\Rightarrow \boldsymbol{S}_{\text{dipole}}^{\text{H}}+\boldsymbol{S}_{\text{dipole}}^{\text{V}}P\left(\frac{4\lambda}{8}\right)=\begin{bmatrix}1&0\\0&0\end{bmatrix}+\begin{bmatrix}0&0\\0&1\end{bmatrix}=\begin{bmatrix}1&0\\0&1\end{bmatrix}\text{：平板}$$

上述模型如图 6.6 所示。观察结果可知，VV 分量随间距 d 的变化而变化。S_{VV}的值可以是实数、复数和纯虚数。这种变化是由 H 和 V 偶极子之间的相位延迟引起的。由此，我们可以推断出散射矩阵和其他矩阵中的复数与相位延迟有关。虽然目标自身的反射或散射系数可能是实值，但散射中心的间距在测量散射矩阵时会产生相位延迟。

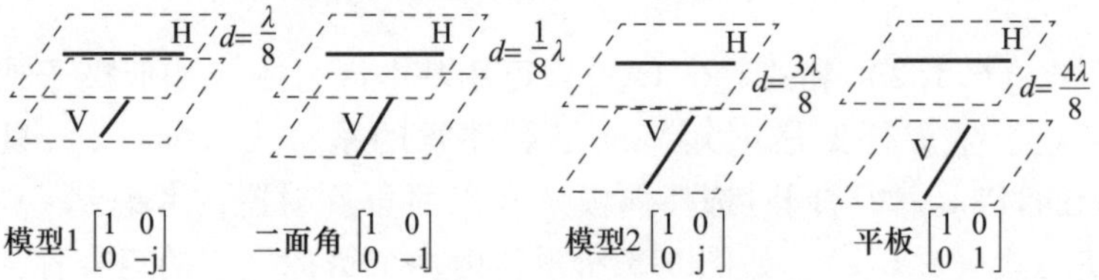

图 6.6　H 和 V 偶极子复合散射矩阵

接下来，我们使用 45°偶极子 $\boldsymbol{S}_1$ 和 −45°偶极子 $\boldsymbol{S}_2$。由于 $\text{Re}\{S_{\text{HH}}S_{\text{VV}}^*\}<0$，非正交组合会产生复杂的二次散射。可以在城市地区观察到它们，这里称为模型 3 和模型 4。

$$\text{模型 3：}\quad \boldsymbol{S}_1+\boldsymbol{S}_{\text{dipole}}^{\text{V}}P\left(\frac{\lambda}{4}\right)=\frac{1}{2}\begin{bmatrix}1&1\\1&1\end{bmatrix}-\begin{bmatrix}0&0\\0&1\end{bmatrix}=\frac{1}{2}\begin{bmatrix}1&1\\1&-1\end{bmatrix}$$

$$\text{模型 4：}\quad \boldsymbol{S}_2+\boldsymbol{S}_{\text{dipole}}^{\text{V}}P\left(\frac{\lambda}{4}\right)=\frac{1}{2}\begin{bmatrix}1&-1\\-1&1\end{bmatrix}-\begin{bmatrix}0&0\\0&1\end{bmatrix}=\frac{1}{2}\begin{bmatrix}1&-1\\-1&-1\end{bmatrix}$$

适当的间距下，正交组合可生成平板或 HV 反射器，该 HV 反射器的散射矩阵与 45°二面角相同。

$$\text{平板：}\quad \boldsymbol{S}_1+\boldsymbol{S}_2P\left(\frac{\lambda}{2}\right)=\frac{1}{2}\begin{bmatrix}1&1\\1&1\end{bmatrix}+\frac{1}{2}\begin{bmatrix}1&-1\\-1&1\end{bmatrix}=\begin{bmatrix}1&0\\0&1\end{bmatrix}$$

$$\text{HV 反射器：}\quad \boldsymbol{S}_1+\boldsymbol{S}_2P\left(\frac{\lambda}{4}\right)=\frac{1}{2}\begin{bmatrix}1&1\\1&1\end{bmatrix}-\frac{1}{2}\begin{bmatrix}1&-1\\-1&1\end{bmatrix}=\begin{bmatrix}0&1\\1&0\end{bmatrix}$$

上述模型如图 6.7 所示。

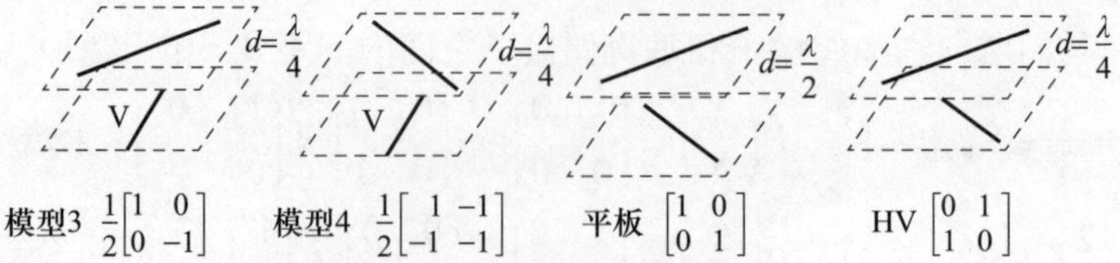

图 6.7　二次反射和其他目标

多个偶极子可以生成不同的散射矩阵，典型的二次散射模型如图 6.8 所示。

模型 5：$\boldsymbol{S}_{\text{dipole}}^{\text{H}}+\boldsymbol{S}_{\text{dipole}}^{\text{V}}P\left(\frac{\lambda}{4}\right)+\boldsymbol{S}_{\text{dipole}}^{\text{H}}P\left(\frac{\lambda}{2}\right)=\begin{bmatrix}1 & 0\\0 & 0\end{bmatrix}-\begin{bmatrix}0 & 0\\0 & 1\end{bmatrix}+\begin{bmatrix}1 & 0\\0 & 0\end{bmatrix}=\begin{bmatrix}2 & 0\\0 & -1\end{bmatrix}$

模型 6：$\boldsymbol{S}_{\text{dipole}}^{\text{H}}+\boldsymbol{S}_{\text{dipole}}^{\text{V}}P\left(\frac{\lambda}{4}\right)+\boldsymbol{S}_{\text{dipole}}^{\text{H}}P\left(\frac{3\lambda}{4}\right)=\begin{bmatrix}1 & 0\\0 & 0\end{bmatrix}-\begin{bmatrix}0 & 0\\0 & 1\end{bmatrix}-\begin{bmatrix}0 & 0\\0 & 1\end{bmatrix}=\begin{bmatrix}1 & 0\\0 & -2\end{bmatrix}$

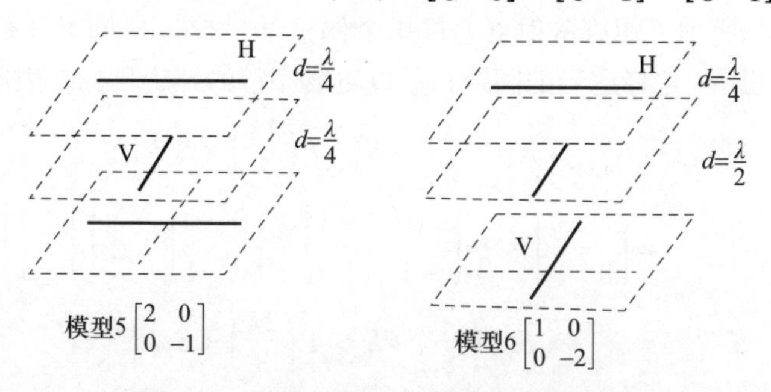

图 6.8　不同 HH 和 VV 量级的二次散射

如果选用 4 个偶极子：

$$\boldsymbol{S}_{\text{ex1}}^{\text{total}}=\boldsymbol{S}_1+\boldsymbol{S}_2P\ (0)\ +\boldsymbol{S}_1P\left(\frac{\lambda}{8}\right)+\boldsymbol{S}_2P\left(\frac{3\lambda}{8}\right)$$

则复合散射矩阵为

$$=\frac{1}{2}\begin{bmatrix}1 & 1\\1 & 1\end{bmatrix}+\frac{1}{2}\begin{bmatrix}1 & -1\\-1 & 1\end{bmatrix}-\frac{\text{j}}{2}\begin{bmatrix}1 & 1\\1 & 1\end{bmatrix}+\frac{\text{j}}{2}\begin{bmatrix}1 & -1\\-1 & 1\end{bmatrix}=\begin{bmatrix}1 & -\text{j}\\-\text{j} & 1\end{bmatrix}$$

数学上，上述方程成立，但在实际测量中很难将两个偶极子设置在同一平面（$d=0$）或非常接近的平面（$d=\lambda/8$）上。在这种情况下，我们可以利用相位函数 $P(d)=P(d+n\lambda/2)$ 的周期性。前面的组合可以改写为

$$=\frac{1}{2}\begin{bmatrix}1 & 1\\1 & 1\end{bmatrix}-\frac{\text{j}}{2}\begin{bmatrix}1 & 1\\1 & 1\end{bmatrix}+\frac{\text{j}}{2}\begin{bmatrix}1 & -1\\-1 & 1\end{bmatrix}+\frac{1}{2}\begin{bmatrix}1 & -1\\-1 & 1\end{bmatrix}=\begin{bmatrix}1 & -\text{j}\\-\text{j} & 1\end{bmatrix}$$

这种组合对应于不同的偶极子排列情况：

$$\boldsymbol{S}_{\text{ex1}}^{\text{total}}=\boldsymbol{S}_1+\boldsymbol{S}_1P\left(\frac{7\lambda}{8}\right)+\boldsymbol{S}_2P\left(\frac{13\lambda}{8}\right)+\boldsymbol{S}_2P\left(\frac{20\lambda}{8}\right)$$

如图 6.9 所示，这种排列方式便于在不同平面上设置偶极子。

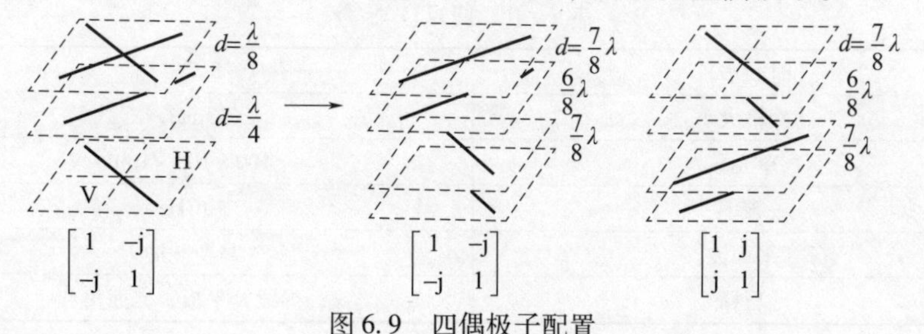

图 6.9　四偶极子配置

同样，我们可以生成 $S_{\mathrm{HV}}=\mathrm{j}$ 的散射矩阵。

$$S_{\mathrm{ex2}}^{\mathrm{total}}=S_2+S_2P\left(\frac{7\lambda}{8}\right)+S_1P\left(\frac{13\lambda}{8}\right)+S_1P\left(\frac{20\lambda}{8}\right)$$

$$=\frac{1}{2}\begin{bmatrix}1 & -1\\ -1 & 1\end{bmatrix}-\frac{\mathrm{j}}{2}\begin{bmatrix}1 & -1\\ -1 & 1\end{bmatrix}+\frac{\mathrm{j}}{2}\begin{bmatrix}1 & 1\\ 1 & 1\end{bmatrix}+\frac{1}{2}\begin{bmatrix}1 & 1\\ 1 & 1\end{bmatrix}=\begin{bmatrix}1 & \mathrm{j}\\ \mathrm{j} & 1\end{bmatrix}$$

如图 6.10 所示，螺旋散射可通过 4 个偶极子生成。根据 $P(d)=P(d+n\lambda/2)$ 调整间距。选择适当的间距，可以生成完整的螺旋目标。散射矩阵

左螺旋：

$$S_{\mathrm{l-helix}}^{\mathrm{total}}=S_{\mathrm{dipole}}^{\mathrm{H}}+S_2P\left(\frac{\lambda}{8}\right)+S_{\mathrm{dipole}}^{\mathrm{V}}P\left(\frac{2\lambda}{8}\right)+S_1P\left(\frac{3\lambda}{8}\right)$$

$$=\begin{bmatrix}1 & 0\\ 0 & 0\end{bmatrix}-\frac{\mathrm{j}}{2}\begin{bmatrix}1 & -1\\ -1 & 1\end{bmatrix}-\begin{bmatrix}0 & 0\\ 0 & 1\end{bmatrix}+\frac{\mathrm{j}}{2}\begin{bmatrix}1 & 1\\ 1 & 1\end{bmatrix}=\begin{bmatrix}1 & \mathrm{j}\\ \mathrm{j} & -1\end{bmatrix}$$

右螺旋：

$$S_{\mathrm{r-helix}}^{\mathrm{total}}=S_{\mathrm{dipole}}^{\mathrm{H}}+S_1P\left(\frac{\lambda}{8}\right)+S_{\mathrm{dipole}}^{\mathrm{V}}P\left(\frac{2\lambda}{8}\right)+S_2P\left(\frac{3\lambda}{8}\right)$$

$$=\begin{bmatrix}1 & 0\\ 0 & 0\end{bmatrix}-\frac{\mathrm{j}}{2}\begin{bmatrix}1 & 1\\ 1 & 1\end{bmatrix}-\begin{bmatrix}0 & 0\\ 0 & 1\end{bmatrix}+\frac{\mathrm{j}}{2}\begin{bmatrix}1 & -1\\ -1 & 1\end{bmatrix}=\begin{bmatrix}1 & -\mathrm{j}\\ -\mathrm{j} & -1\end{bmatrix}$$

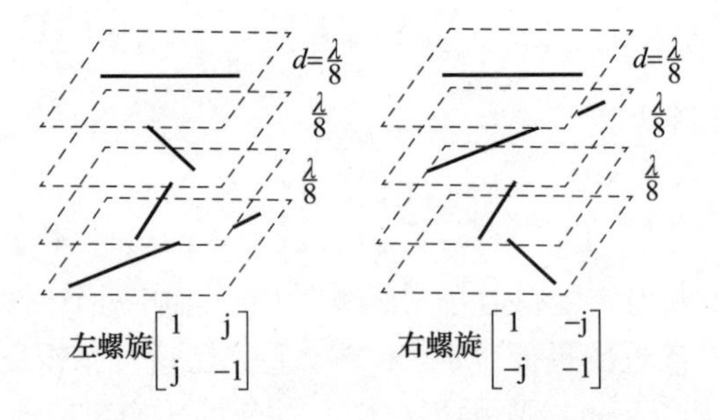

图 6.10　四个偶极子生成的螺旋散射

6.3　FDTD 分析

可利用 FDTD 仿真式（6.1.2）的相干叠加来研究复合偶极子的散射现象。用高斯脉冲照射目标，接收回波构成散射矩阵元素。FDTD 参数见表 6.1。

表 6.1　FDTD 参数

时间步长	5.7ps
网格大小	3mm
单元数	100×100×100
频率	10GHz
平面波	高斯脉冲
目标	导线，平板，二面角

6.3.1 距离向的复合散射矩阵

选择两根正交导线及其旋转 45°后作为仿真目标，计算其散射矩阵。如图 6.11 所示，通过计算散射矩阵可得到不同间距组合的极化特征。图 6.11 顶部的符号表示从上方观察的两条正交导线，其极化特征从平板变为二面体，然后又变回平板，具有周期性变化规律。

由图 6.11 可知，偶极子之间的间距在合成散射矩阵中起着非常重要的作用。两个间距适当的正交偶极子可以生成任何类型的散射体。这一理论结果对解释实际中 PolSAR 系统得到的散射矩阵具有重要意义。

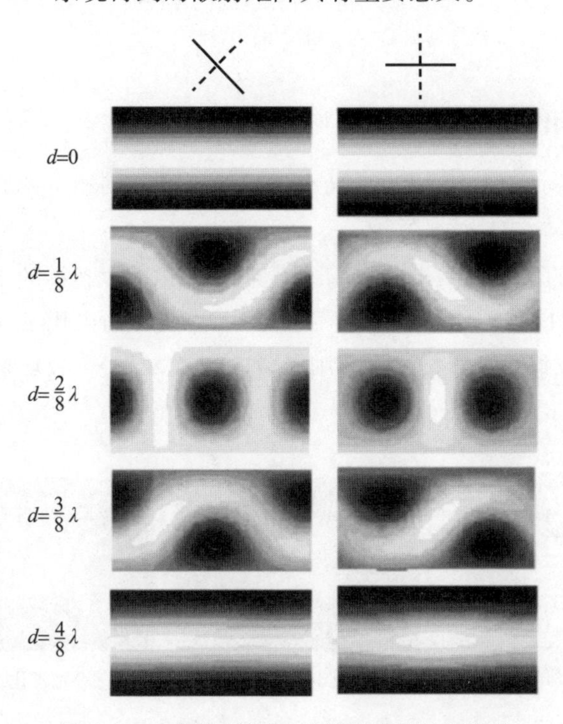

图 6.11 不同间距下正交偶极子的极化特征

下一个目标是图 6.10 所示的螺旋模型。对左螺旋和右螺旋模型进行 FDTD 分析，并计算极化特征，结果如图 6.12 上方所示。由于邻近偶极子之间的电磁耦合和数值误差，计算所得的极化特征有点失真；然而，整体特征还是符合螺旋特征，它们返回圆极化功率。

在暗室中进行的 PolSAR 测量证实了这一仿真结果。测得的极化特征与 FDTD 的仿真结果非常相似（图 6.12）。由此，证实了相干叠加公式（6.1.2）的适用性。

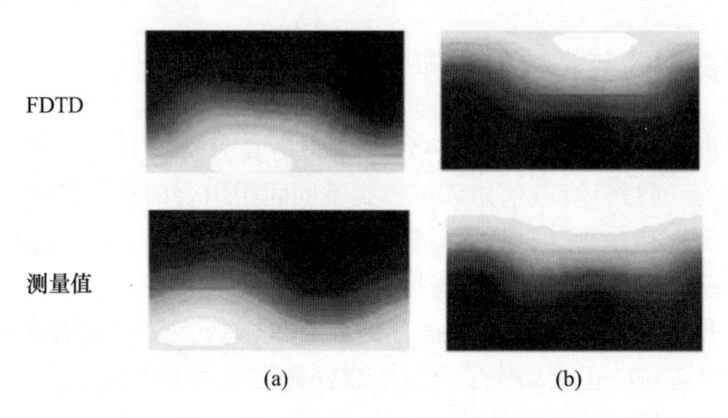

图 6.12　仿真和测量的极化特征

（a）左螺旋；（b）右螺旋。

6.3.2　方位向的复合散射矩阵

如果两个目标在同一距离且在方位方向上平齐，则相干叠加可写为：

$$\sqrt{\sigma_{\text{total}}}\boldsymbol{S}_{\text{total}} = \sqrt{\sigma_1}\boldsymbol{S}_1 + \sqrt{\sigma_2}\boldsymbol{S}_2 \tag{6.3.1}$$

FDTD 仿真的结果如图 6.13 所示，图中首先描述了目标的排列情况，并比较了相应的 FDTD 极化特征和相干叠加极化特征。如果用 E. Krogager 的 K_s、K_d、K_h 方法分解复合散射矩阵[3]，则组成比例见表 6.2。这些数据证明了相干叠加公式（6.3.1）的有效性。

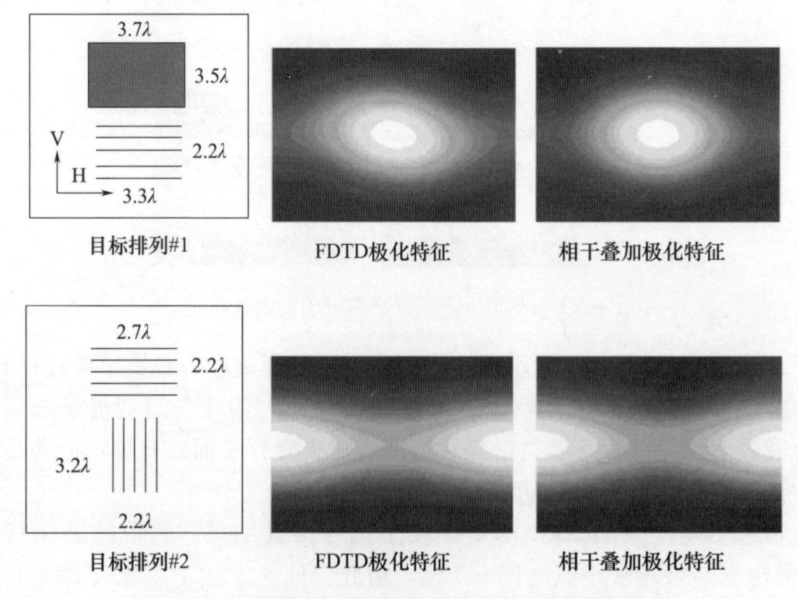

图 6.13　相同距离上平齐的两个目标的复合散射矩阵

表 6.2 分解得到的成分比例

成分比例		平面/%	二面角/%
排列#1	FDTD	83	17
	相干叠加	82	18
排列#2	FDTD	93	7
	相干叠加	92	8

6.4 复合散射矩阵测量

为了研究复合散射矩阵的生成，在新潟大学一个良好可控的暗室中进行了散射矩阵测量实验，测量参数如表 6.3 所示。由于距离分辨力为 15cm，那么复合偶极子在距离向上的长度需要小于 15cm。中心频率为 10GHz（波长 3cm），则直径 3mm、长 96cm 的偶极子可看作是长导线目标。实验场景如图 6.14 所示。

表 6.3 雷达测量参数

中心频率	10GHz
带宽	1GHz
距离分辨力	15cm
偶极子尺寸	3mm × 96cm

图 6.14 微波暗室复合散射矩阵测量

经 PolSAR 采集可得到复合散射矩阵。将它们与极化特征的理论值进行比较，结果见表 6.4。从结果可知，测量值与理论极化特征值非常接近。

由于偶极子排列不准和多重散射的存在，散射矩阵元素的测量会产生一些误差。当多个非正交偶极子构成一个特定的组合矩阵时，多重散射和相互间的耦合效应会产生误差。虽然存在一定的测量误差，但可以通过倾斜偶极子的组合生成复合散射矩阵。

表 6.4 理论与实测极化特征的比较结果

复合模型	理论值	测量值
平板 $\begin{bmatrix}1&0\\0&1\end{bmatrix}=\begin{bmatrix}0&0\\0&1\end{bmatrix}+\begin{bmatrix}1&0\\0&0\end{bmatrix}$	$\boldsymbol{S}=\begin{bmatrix}1&0\\0&1\end{bmatrix}$	$\begin{bmatrix}1.0&0.009\mathrm{j}\\0.009\mathrm{j}&0.988-0.046\mathrm{j}\end{bmatrix}$
λ	复合极化通道 椭圆率角/(°) 椭圆倾角/(°)	复合极化通道 椭圆率角/(°) 椭圆倾角/(°)
二面角 $\begin{bmatrix}1&0\\0&-1\end{bmatrix}=\begin{bmatrix}0&0\\0&1\end{bmatrix}-\begin{bmatrix}1&0\\0&0\end{bmatrix}$	$\boldsymbol{S}=\begin{bmatrix}1&0\\1&-1\end{bmatrix}$	$\begin{bmatrix}1.0&-0.027-0.011\mathrm{j}\\-0.027-0.011\mathrm{j}&-0.963+0.235\mathrm{j}\end{bmatrix}$
$\frac{5}{4}\lambda$	复合极化通道 椭圆率角/(°) 椭圆倾角/(°)	复合极化通道 椭圆率角/(°) 椭圆倾角/(°)
45°偶极子 $\boldsymbol{S}=\frac{1}{2}\begin{bmatrix}1&1\\1&1\end{bmatrix}$	$2\boldsymbol{S}=\begin{bmatrix}1&1\\1&1\end{bmatrix}$	$\begin{bmatrix}1.0&0.842-0.074\mathrm{j}\\0.842-0.074\mathrm{j}&0.969+0.108\mathrm{j}\end{bmatrix}$
45°	复合极化通道 椭圆率角/(°) 椭圆倾角/(°)	复合极化通道 椭圆率角/(°) 椭圆倾角/(°)

续表

复合模型	理论值	测量值
−45°偶极子 $\boldsymbol{S}=\frac{1}{2}\begin{bmatrix}1&-1\\-1&1\end{bmatrix}$	$2\boldsymbol{S}=\begin{bmatrix}1&-1\\-1&1\end{bmatrix}$	$\begin{bmatrix}1.0&-1.087-0.061\mathrm{j}\\-1.087-0.061\mathrm{j}&-0.985+0.242\mathrm{j}\end{bmatrix}$
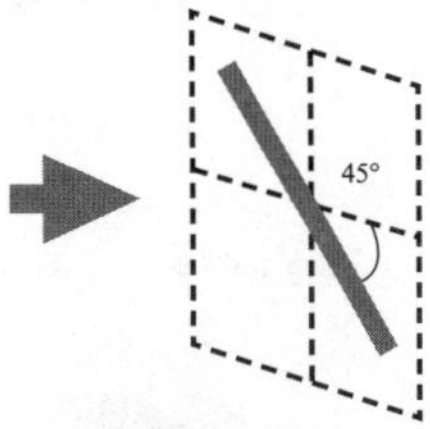 45°	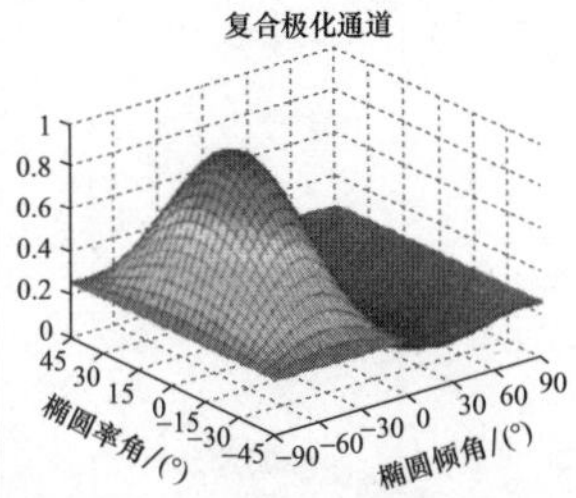 复合极化通道 椭圆率角/(°)　椭圆倾角/(°)	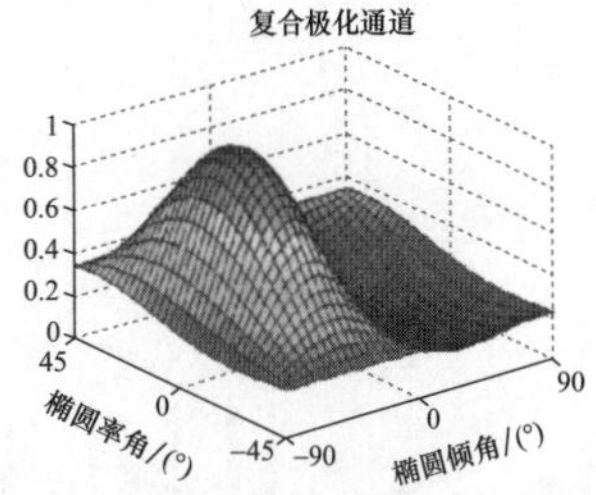 复合极化通道 椭圆率角/(°)　椭圆倾角/(°)
复合目标 1 $\begin{bmatrix}1&-\mathrm{j}\\-\mathrm{j}&1\end{bmatrix}=\frac{1}{2}\begin{bmatrix}1&-1\\-1&1\end{bmatrix}+\frac{\mathrm{j}}{2}\begin{bmatrix}1&-1\\-1&1\end{bmatrix}-\frac{\mathrm{j}}{2}\begin{bmatrix}1&1\\1&1\end{bmatrix}+\frac{1}{2}\begin{bmatrix}1&1\\1&1\end{bmatrix}$	$\boldsymbol{S}=\begin{bmatrix}1&-\mathrm{j}\\-\mathrm{j}&1\end{bmatrix}$	$\begin{bmatrix}1.0&0.038-1.031\mathrm{j}\\0.038-1.031\mathrm{j}&-0.897+0.159\mathrm{j}\end{bmatrix}$
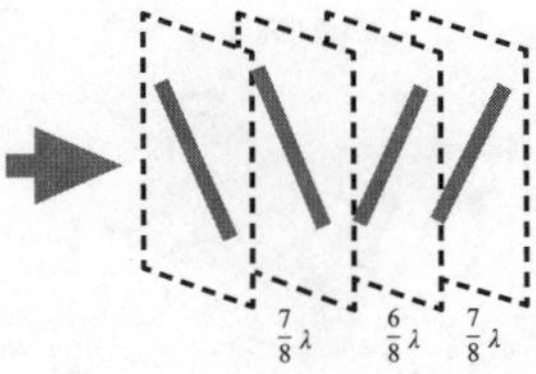 $\frac{7}{8}\lambda$　$\frac{6}{8}\lambda$　$\frac{7}{8}\lambda$	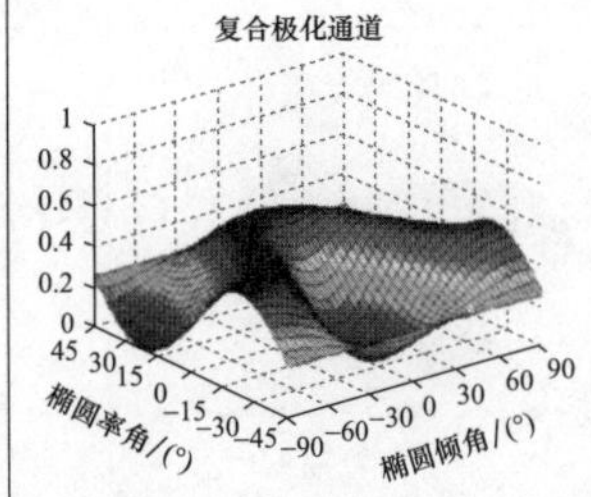 复合极化通道 椭圆率角/(°)　椭圆倾角/(°)	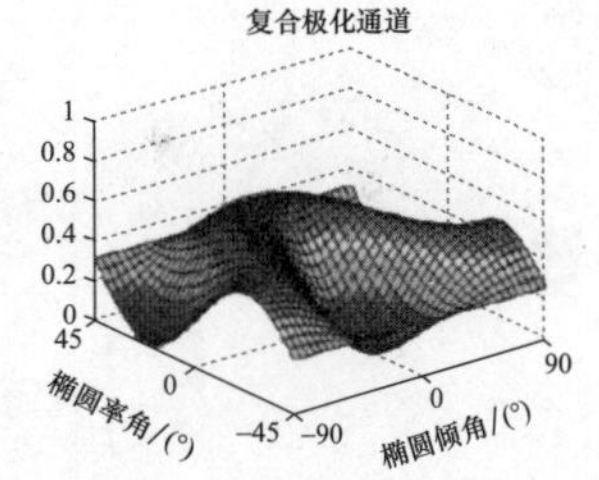 复合极化通道 椭圆率角/(°)　椭圆倾角/(°)
复合目标 2 $\begin{bmatrix}1&\mathrm{j}\\\mathrm{j}&1\end{bmatrix}=\frac{1}{2}\begin{bmatrix}1&1\\1&1\end{bmatrix}+\frac{\mathrm{j}}{2}\begin{bmatrix}1&1\\1&1\end{bmatrix}-\frac{\mathrm{j}}{2}\begin{bmatrix}1&-1\\-1&1\end{bmatrix}+\frac{1}{2}\begin{bmatrix}1&-1\\-1&1\end{bmatrix}$	$\boldsymbol{S}=\begin{bmatrix}1&\mathrm{j}\\\mathrm{j}&1\end{bmatrix}$	$\begin{bmatrix}1.0&-0.045+1.135\mathrm{j}\\-0.045+1.135\mathrm{j}&1.006-0.186\mathrm{j}\end{bmatrix}$
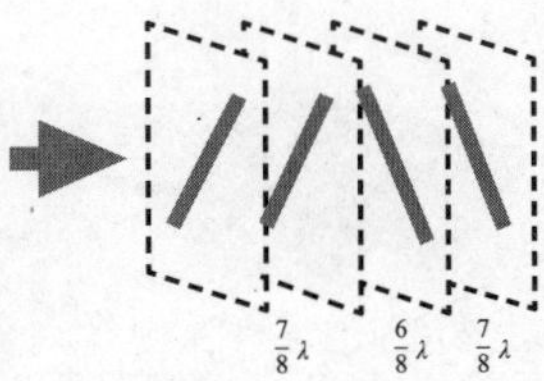 $\frac{7}{8}\lambda$　$\frac{6}{8}\lambda$　$\frac{7}{8}\lambda$	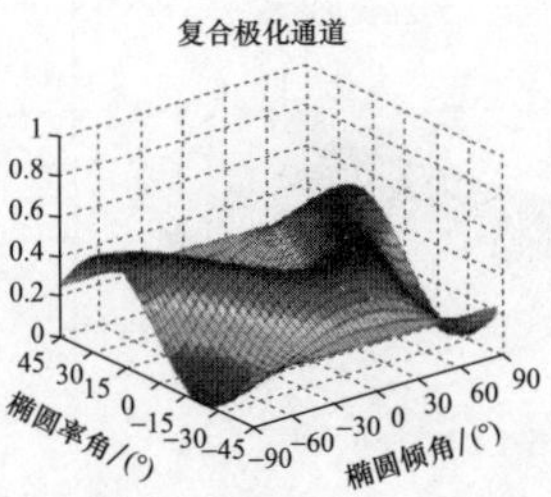 复合极化通道 椭圆率角/(°)　椭圆倾角/(°)	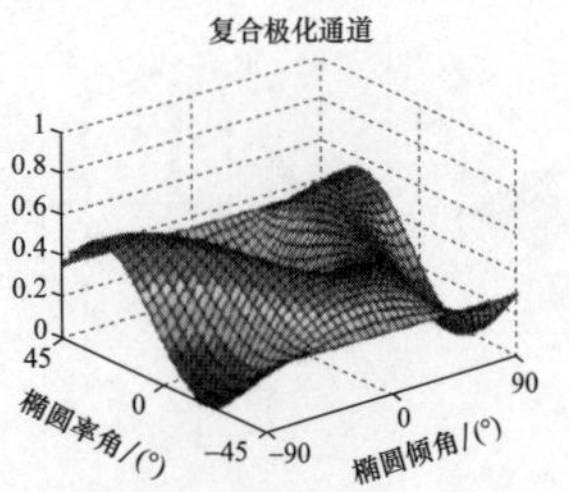 复合极化通道 椭圆率角/(°)　椭圆倾角/(°)

续表

复合模型	理论值	测量值
左螺旋 $\begin{bmatrix}1 & j\\ j & -1\end{bmatrix}=\begin{bmatrix}1 & 0\\ 0 & 0\end{bmatrix}-\frac{j}{2}\begin{bmatrix}1 & -1\\ -1 & 1\end{bmatrix}-\frac{1}{2}\begin{bmatrix}0 & 0\\ 0 & 1\end{bmatrix}+\frac{j}{2}\begin{bmatrix}1 & 1\\ 1 & 1\end{bmatrix}$	$\boldsymbol{S}=\begin{bmatrix}1 & j\\ j & -1\end{bmatrix}$	$\begin{bmatrix}1.0 & 0.293+1.07j\\ 0.293+1.07j & -0.866+0.584j\end{bmatrix}$
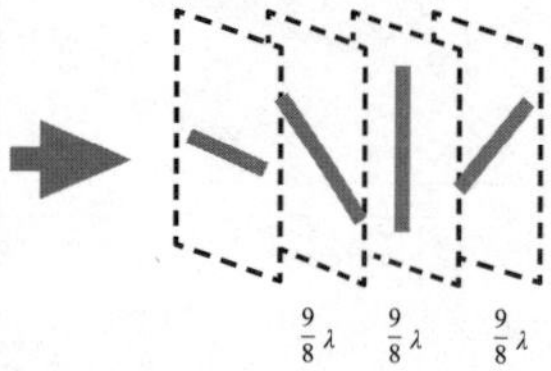 $\frac{9}{8}\lambda$ $\frac{9}{8}\lambda$ $\frac{9}{8}\lambda$	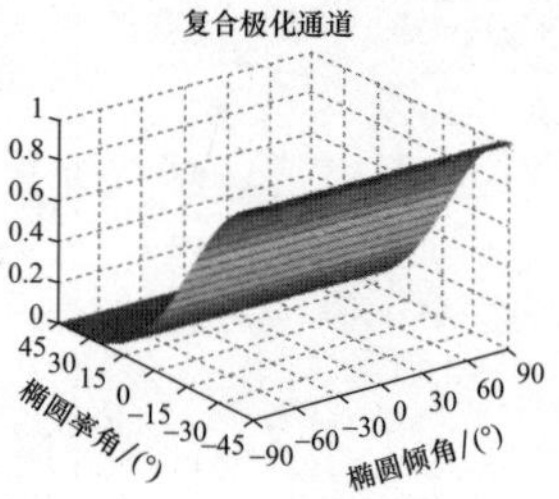 复合极化通道 椭圆率角/(°) 椭圆倾角/(°)	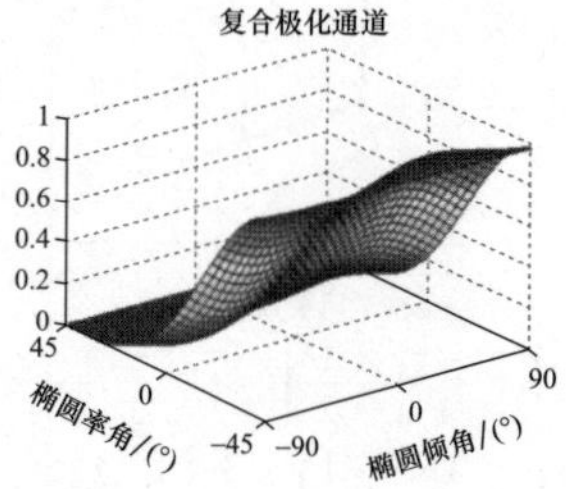 复合极化通道 椭圆率角/(°) 椭圆倾角/(°)
模型2 $\begin{bmatrix}1 & 0\\ 0 & j\end{bmatrix}=\begin{bmatrix}1 & 0\\ 0 & 0\end{bmatrix}+j\begin{bmatrix}0 & 0\\ 0 & 1\end{bmatrix}$	$\boldsymbol{S}=\begin{bmatrix}1 & 0\\ 0 & j\end{bmatrix}$	$\begin{bmatrix}1.0 & 0.014+0.012j\\ 0.014+0.012j & -0.056+1.085j\end{bmatrix}$
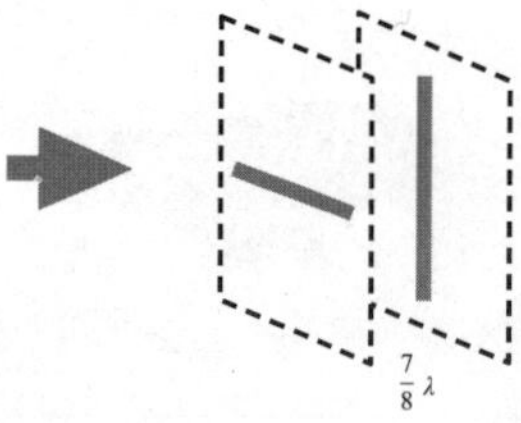 $\frac{7}{8}\lambda$	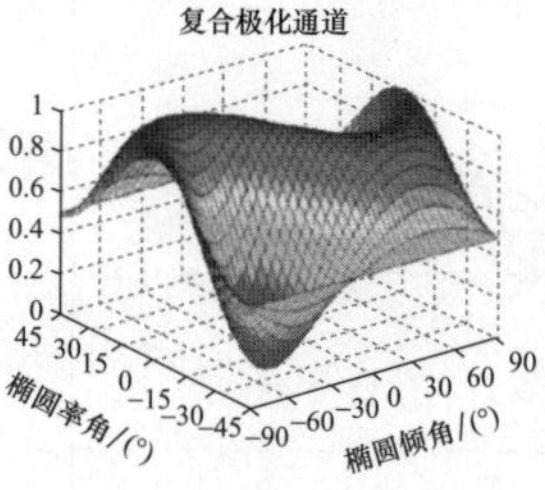 复合极化通道 椭圆率角/(°) 椭圆倾角/(°)	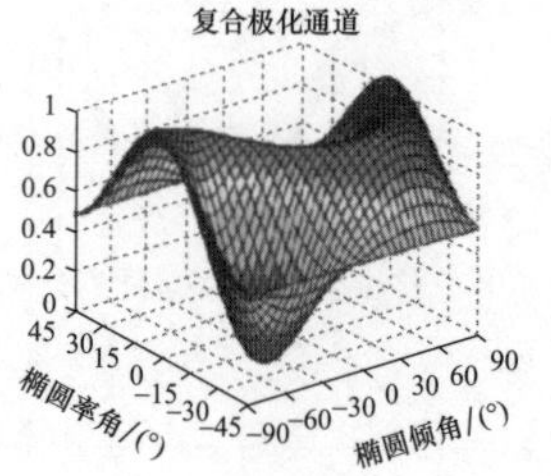 复合极化通道 椭圆率角/(°) 椭圆倾角/(°)
模型3 $\frac{1}{2}\begin{bmatrix}1 & 1\\ 1 & -1\end{bmatrix}=\frac{1}{2}\begin{bmatrix}1 & 1\\ 1 & 1\end{bmatrix}-\begin{bmatrix}0 & 0\\ 0 & 1\end{bmatrix}$	$2\boldsymbol{S}=\begin{bmatrix}1 & 1\\ 1 & -1\end{bmatrix}$	$\begin{bmatrix}1.0 & 1.637+0.097j\\ 1.637+0.097j & -1.182-0.037j\end{bmatrix}$
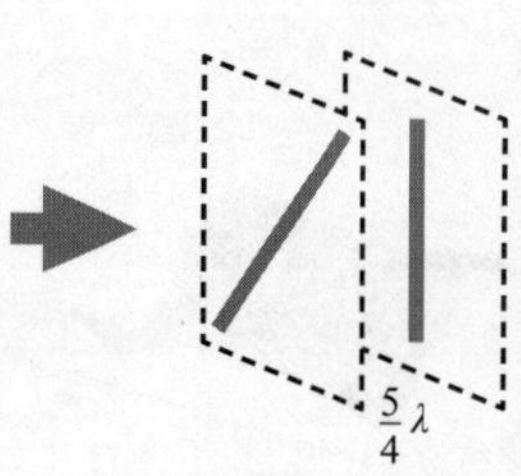 $\frac{5}{4}\lambda$	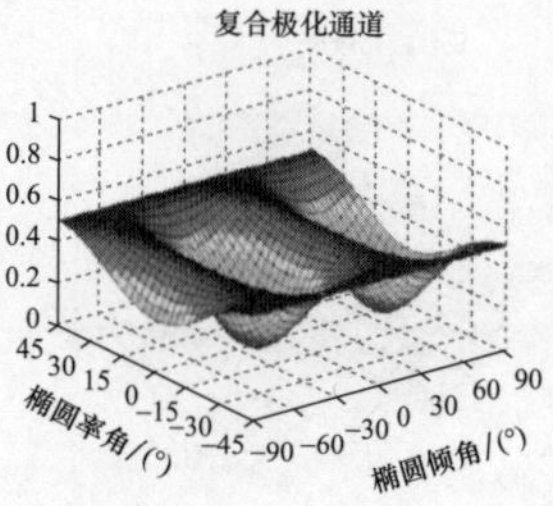 复合极化通道 椭圆率角/(°) 椭圆倾角/(°)	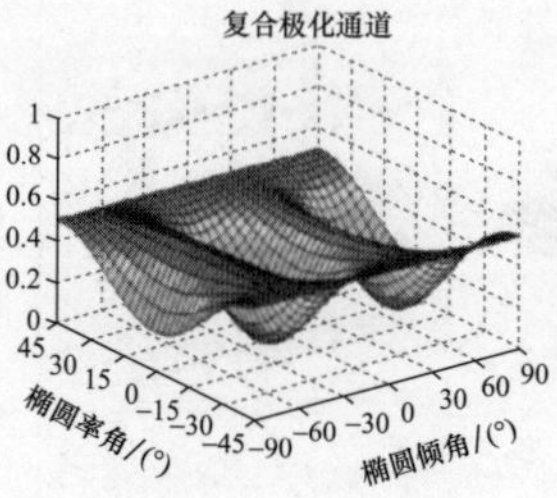 复合极化通道 椭圆率角/(°) 椭圆倾角/(°)

续表

复合模型	理论值	测量值
模型4 $\frac{1}{2}\begin{bmatrix}1 & -1\\-1 & -1\end{bmatrix}=\frac{1}{2}\begin{bmatrix}1 & -1\\-1 & 1\end{bmatrix}-\begin{bmatrix}0 & 0\\0 & 1\end{bmatrix}$	$2\boldsymbol{S}=\begin{bmatrix}1 & -1\\-1 & -1\end{bmatrix}$	$\begin{bmatrix}1.0 & -1.393-0.359\mathrm{j}\\-1.393-0.359\mathrm{j} & -1.068+0.621\mathrm{j}\end{bmatrix}$
$\frac{5}{4}\lambda$	复合极化通道 椭圆率角/(°) 椭圆倾角/(°)	复合极化通道 椭圆率角/(°) 椭圆倾角/(°)
模型5 $\begin{bmatrix}2 & 0\\0 & -1\end{bmatrix}=\begin{bmatrix}1 & 0\\0 & 0\end{bmatrix}-\begin{bmatrix}0 & 0\\0 & 1\end{bmatrix}+\begin{bmatrix}1 & 0\\0 & 0\end{bmatrix}$	$\boldsymbol{S}=\begin{bmatrix}2 & 0\\0 & -1\end{bmatrix}$	$\begin{bmatrix}2.0 & 0.044-0.068\mathrm{j}\\0.044-0.068\mathrm{j} & -1.075+0.445\mathrm{j}\end{bmatrix}$
$\frac{5}{4}\lambda$ $\frac{5}{4}\lambda$	复合极化通道 椭圆率角/(°) 椭圆倾角/(°)	复合极化通道 椭圆率角/(°) 椭圆倾角/(°)
模型6 $\begin{bmatrix}1 & 0\\0 & -2\end{bmatrix}=\begin{bmatrix}1 & 0\\0 & 0\end{bmatrix}-\begin{bmatrix}0 & 0\\0 & 1\end{bmatrix}-\begin{bmatrix}0 & 0\\0 & 1\end{bmatrix}$	$\boldsymbol{S}=\begin{bmatrix}1 & 0\\0 & -2\end{bmatrix}$	$\begin{bmatrix}1.0 & 0.119-0.041\mathrm{j}\\0.119-0.041\mathrm{j} & -2.312-0.158\mathrm{j}\end{bmatrix}$
$\frac{5}{4}\lambda$ $\frac{5}{4}\lambda$	复合极化通道 椭圆率角/(°) 椭圆倾角/(°)	复合极化通道 椭圆率角/(°) 椭圆倾角/(°)

6.5 本章小结

根据 FDTD 分析和实验结果可知，所有的散射模型都可以由偶极子组合生成。这些复合散射矩阵由一定间距（雷达分辨力范围内）的多个偶极子散射体的相干叠加得到。复合矩阵结构有点复杂，现实中也能在森林、丛林等环境中发现一些类似的树枝组合结构。我们可以利用极化特征简单地解释这些散射机制。表 6.4 中的复合矩阵可作为散射机制建模的基础。

参考文献

1. K. Kitayama, Y. Yamaguchi, J. Yang, and H. Yamada, “Compound scattering matrix of targets aligned in the range direction,” IEICE Trans. Commun., vol. E84 – B, no. 1, pp. 81 – 88, 2001.
2. K. Kitayama, Y. Takayanagi, Y. Yamaguchi, and H. Yamada, “Polarimetric calibration using a corrugated parallel plate target,” Trans. of IEICE B – II, vol. J – 81, no. 10, pp. 914 – 921, 1998.
3. E. Krogager and Z. H. Czyz, “Properties of the sphere, diplane, helix (target scattering matrix) decomposition,” Proc. JIPR – 3, pp. 106 – 114, Nantes, France, 1995.
4. G. Singh, S. Mohanty, Y. Yamaguchi, and Y. Yamazaki, “Physical scattering interpretation of POLSAR coherency matrix by using compound scattering phenomenon,” IEEE Trans. Geosci. Remote Sens., vol. 58, no. 4, pp. 2541 – 2556, 2020.

第7章 散射机理和建模

7.1 引　　言

本章致力于理解 PolSAR 图像中的散射机理，并通过相应的矩阵对这些散射机理进行建模。将散射机理与物理可实现的散射联系起来有助于即时解译和反演 PolSAR 图像中的目标。

首先，我们观察旧金山的图像（图 7.1）。为了理解全极化数据中包含的极化信息，展示了协方差矩阵 $\boldsymbol{C}$ 和相干矩阵 $\boldsymbol{T}$ 中 9 个参数的灰度图像。

图 7.1　旧金山谷歌地球图像

我们可以在图 7.2 的协方差矩阵图像中看到：C_{11}图像是 9 个参数图像中最亮的。此图像表示 HH 雷达通道的功率$|\mathrm{HH}|^2$。无论是城市地区，还是山区，这一图像都是最亮的。C_{33}图像来自 VV 通道的功率$|\mathrm{VV}|^2$，是第二亮的图像。最亮的区域对应于右下角的垂直朝向建筑街区的城市区域，垂直朝向建筑街区意味着

建筑物朝向与雷达照射的方向垂直。C_{22}图像基于交叉极化通道功率$|\mathrm{HV}|^2$，并且在右下角的随机朝向城市街区中具有不同亮区。$\mathrm{Re}\{C_{13}\}$ 和 $\mathrm{Im}\{C_{13}\}$ 图像显示互相关性，两者看起来很相似（$|\mathrm{Re}\{C_{13}\}|>|\mathrm{Im}\{C_{13}\}|$），并且在垂直朝向建筑街区城市区域周围较为明亮。

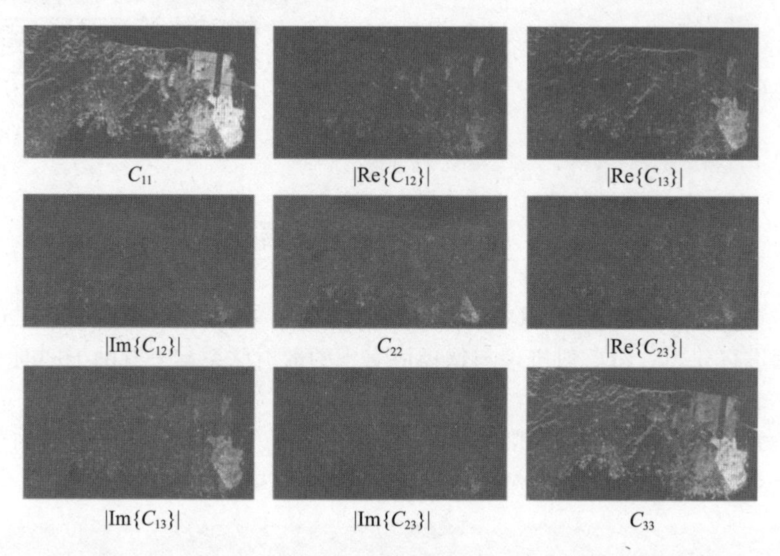

图 7.2　ALOS2 - Quad POL 数据的旧金山协方差矩阵图像

C_{12}和 C_{23} 的其他成分在整个图像中的作用非常小。$|\mathrm{Im}\{C_{12}\}|$和$|\mathrm{Im}\{C_{23}\}|$图像几乎相同。虽然有 9 个参数，但其中一些参数与其他参数相比较小，存在数量级上的不平衡，9 个参数的贡献程度取决于成像场景。

类似地，我们可以在图 7.3 的相干矩阵图像中看到：T_{11}是最亮的，T_{22}看起来是第二亮的，但它们的亮区位置并不相同。T_{11}表示表面散射，但是也可以在右下角的二次反射城市区域中观察到。第三亮的是$|\mathrm{Re}\{T_{12}\}|$图像，它出现在垂直朝向的城市区域。另外，T_{33}出现在随机朝向城市街区中，这一点与 C_{22}图像相同。在垂直朝向城市街区中，所有图像都有值。

现在，我们尝试通过这 9 个参数来反演极化信息，并利用它们进行散射功率分解。如前面的图像所示，参数之间存在着幅度不平衡。仅利用单个参数并不能带来丰硕的成果。下一步则是根据信号的二阶统计量和实验结果来反演散射机理。

通过对大量的 NASA JPL AIRSAR 数据集的分析可知，有 3 种主要的散射现象：

（1）表面散射；

（2）二次散射；

（3）体散射。

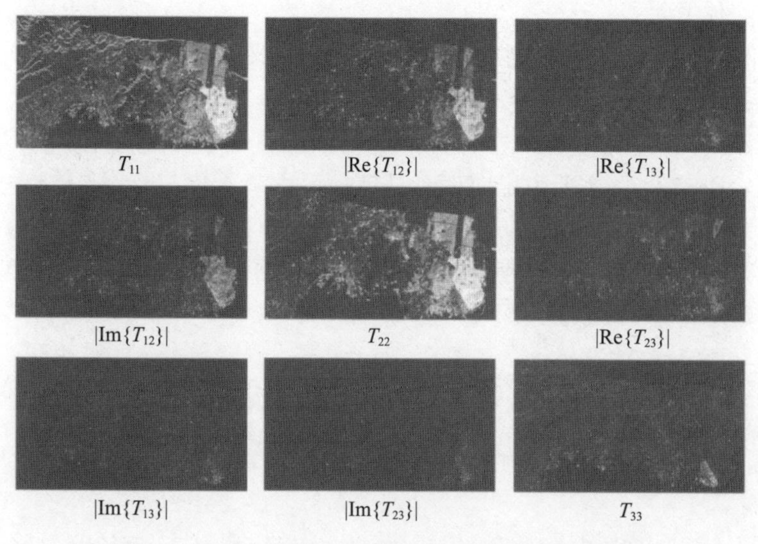

图 7.3　AlOS2 Quad POL 数据的旧金山相干矩阵图像

本章的目的是探索 9 个参数所包含的现有 3 种散射机理的建模。在这里，我们将“建模”定义为在物理可实现的散射机理基础上推导出合适的相干矩阵。

7.2　9 个参数的解释和建模

相干矩阵与散射机理密切相关，且在数学公式中便于变换。我们将注意力集中在用于物理散射建模的系综平均相干矩阵的每个参数上。

$$\langle \boldsymbol{T} \rangle = \begin{bmatrix} T_{11} & T_{12} & T_{13} \\ T_{21} & T_{22} & T_{23} \\ T_{31} & T_{32} & T_{33} \end{bmatrix}$$

$$= \begin{bmatrix} \dfrac{\langle |S_{\mathrm{HH}}+S_{\mathrm{VV}}|^2 \rangle}{2} & \dfrac{\langle (S_{\mathrm{HH}}+S_{\mathrm{VV}})(S_{\mathrm{HH}}-S_{\mathrm{VV}})^* \rangle}{2} & \langle (S_{\mathrm{HH}}+S_{\mathrm{VV}}) S_{\mathrm{HV}}^* \rangle \\ \dfrac{\langle (S_{\mathrm{HH}}+S_{\mathrm{VV}})^* (S_{\mathrm{HH}}-S_{\mathrm{VV}}) \rangle}{2} & \dfrac{\langle |S_{\mathrm{HH}}-S_{\mathrm{VV}}|^2 \rangle}{2} & \langle (S_{\mathrm{HH}}-S_{\mathrm{VV}}) S_{\mathrm{HV}}^* \rangle \\ \langle (S_{\mathrm{HH}}+S_{\mathrm{VV}})^* S_{\mathrm{HV}} \rangle & \langle (S_{\mathrm{HH}}-S_{\mathrm{VV}})^* S_{\mathrm{HV}} \rangle & \langle 2|S_{\mathrm{HV}}|^2 \rangle \end{bmatrix} \tag{7.2.1}$$

从实验结果可知，主要影响因素如下。

T_{11}：表面散射；

T_{22}：二次散射；

T_{33}：体散射；

其他影响散射的因素在物理上没有很好的定义。

T_{12}：Re $\{T_{12}\}$，Im $\{T_{12}\}$；

T_{13}：Re $\{T_{13}\}$，Im $\{T_{13}\}$；

T_{23}：Re $\{T_{23}\}$ 主要由定向表面引起；

Im $\{T_{23}\}$：螺旋散射。

如7.3节所述，这些贡献可以通过复合偶极子或倾斜平板实现。我们将参考图7.3分析每个元素。

7.3 T_{11}：表面散射

T_{11}可扩展为

$$T_{11}=\frac{1}{2}\langle|S_{\mathrm{HH}}+S_{\mathrm{VV}}|^2\rangle=\frac{1}{2}\langle|S_{\mathrm{HH}}|^2\rangle+\frac{1}{2}\langle|S_{\mathrm{VV}}|^2\rangle+\langle\mathrm{Re}\{S_{\mathrm{HH}}S_{\mathrm{VV}}^*\}\rangle \tag{7.3.1}$$

如果Re $\{S_{\mathrm{HH}}S_{\mathrm{VV}}^*\}>0$，则$T_{11}$取到最大值。这种情况意味着$S_{\mathrm{HH}}$和$S_{\mathrm{VV}}$是同相的，它们符号相同，这对应于表面散射。$T_{11}$在图7.3的所有图像中是最亮的，这种特性不仅可以在裸露的土壤表面观察到，还可以在城市地区观察到。

图7.4展示了一个典型的表面散射模型。由于H极化和V极化的散射电场方向都与入射方向相反，因此散射参数会带负号（$S_{\mathrm{HH}}\approx -a$，$S_{\mathrm{VV}}\approx -b$）。这就产生$S_{\mathrm{HH}}$和$S_{\mathrm{VV}}$同相的情况，可以写为

$$\mathrm{Re}\{S_{\mathrm{HH}}S_{\mathrm{VV}}^*\}>0 \tag{7.3.2}$$

从海洋表面或裸露土壤的实验数据来看，S_{HV}是可以忽略不计的($S_{\mathrm{HV}}\approx 0$)。对于表面散射的建模，可以对散射矢量稍加修改：

$$\boldsymbol{k}_{\mathrm{P}}=\begin{bmatrix}S_{\mathrm{HH}}+S_{\mathrm{VV}}\\S_{\mathrm{HH}}-S_{\mathrm{VV}}\\2S_{\mathrm{HH}}\end{bmatrix}\Rightarrow\boldsymbol{k}_{\mathrm{P}}=\begin{bmatrix}1\\\beta\\0\end{bmatrix} \tag{7.3.3}$$

假设$\beta=\dfrac{S_{\mathrm{HH}}-S_{\mathrm{VV}}}{S_{\mathrm{HH}}+S_{\mathrm{VV}}}$且$|\beta|<1$。相应的相干矩阵变为

$$\langle\boldsymbol{T}\rangle_{\mathrm{surface}}=\begin{bmatrix}1&\beta&0\\\beta&|\beta|^2&0\\0&0&0\end{bmatrix} \tag{7.3.4}$$

当用满足 $|\beta|<1$ 的复参数 β 来计算 T_{22}、T_{12} 和 T_{21} 时，式（7.3.4）中的表面散射模型表明参数 T_{11} 的影响最大。β 可以随后进行确定或估计。$\beta=0$ 可使式（7.3.4）转化为球体或平板的方程。

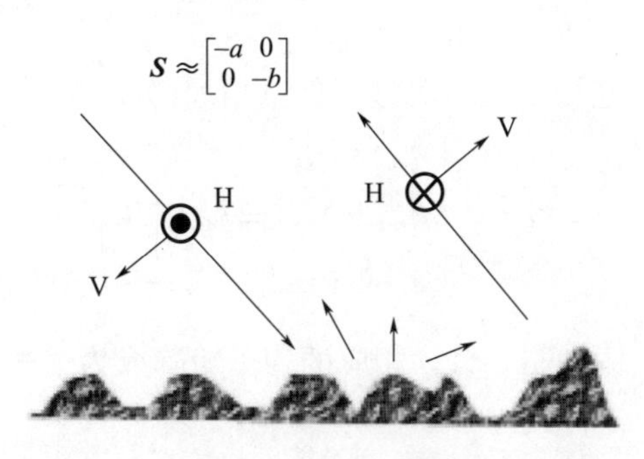

图 7.4　表面散射模型

7.4　T_{22}：二次散射

T_{22} 可扩展为

$$T_{22}=\frac{1}{2}\langle|S_{HH}-S_{VV}|^2\rangle=\frac{1}{2}\langle|S_{HH}|^2\rangle+\frac{1}{2}\langle|S_{VV}|^2\rangle-\langle\mathrm{Re}\{S_{HH}S_{VV}^*\}\rangle \tag{7.4.1}$$

如果 $\mathrm{Re}\{S_{HH}S_{VV}^*\}<0$，则 T_{22} 取到最大值。这意味着 S_{HH} 和 S_{VV} 不同相，它们符号相反，这对应于二次散射。这种特性可以在直角结构中看到，例如建筑墙面到路面、人工结构和地面上的高大树木。在二次散射中，我们还能知道 S_{HV} 是可以忽略的（$S_{HV}\approx0$）。图 7.5 展示了典型的二次散射模型。

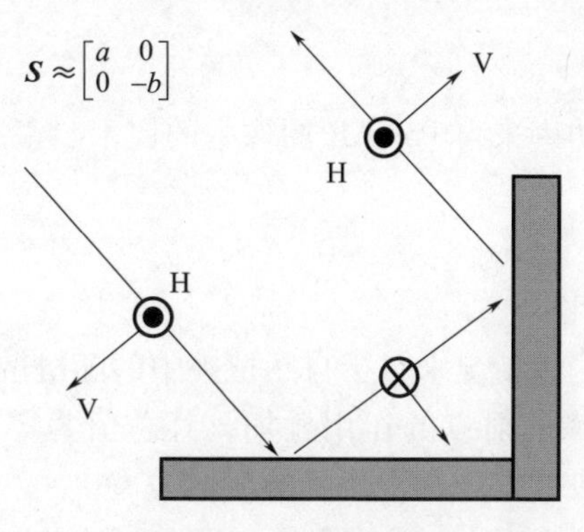

图 7.5　二次散射模型

对于 H 极化波，电场矢量的方向每反射一次就改变一次。二次散射后，反射波的方向变成与入射波的方向相同。另外，二次散射后的 V 极化波方向与入射波方向相反。这导致了 HH 和 VV 参数的符号相反，其特征是：

$$\mathrm{Re}\ \{S_{\mathrm{HH}}S_{\mathrm{VV}}^{*}\}\ <0 \tag{7.4.2}$$

对于二次散射的建模，可以对散射矢量稍加修改：

$$\boldsymbol{k}_{\mathrm{P}}=\frac{1}{\sqrt{2}}\begin{bmatrix}S_{\mathrm{HH}}+S_{\mathrm{VV}}\\ S_{\mathrm{HH}}-S_{\mathrm{VV}}\\ 2S_{\mathrm{HH}}\end{bmatrix}\Rightarrow\boldsymbol{k}_{\mathrm{P}}=\begin{bmatrix}\alpha\\ 1\\ 0\end{bmatrix} \tag{7.4.3}$$

假设 $\alpha=\dfrac{S_{\mathrm{HH}}+S_{\mathrm{VV}}}{S_{\mathrm{HH}}-S_{\mathrm{VV}}}$，$|\alpha|<1$。相应的相干矩阵成为二次散射模型：

$$\langle\boldsymbol{T}\rangle_{\mathrm{double}}=\begin{bmatrix}|\alpha|^{2} & \alpha & 0\\ \alpha^{*} & 1 & 0\\ 0 & 0 & 0\end{bmatrix} \tag{7.4.4}$$

当用满足 $|\alpha|<1$ 的复参数 α 来计算 T_{11}、T_{12} 和 T_{21} 时，该散射模型表明 T_{22} 的影响最大。$\alpha=0$ 可使式（7.4.4）成为二面角方程。

7.5 T_{33}：体散射

T_{33} 表示交叉极化功率。由森林、树木、植被、倾斜城市街区、人工结构、倾斜/有向表面等产生 S_{HV}。除了 45°朝向二面角外，没有可以用来表示 T_{33} 的简单物理模型。

$$T_{33}=\langle 2\,|S_{\mathrm{HV}}|^{2}\rangle \tag{7.5.1}$$

7.5.1 植被体散射

大多数交叉极化功率来自 PolSAR 图像中的树木、森林和植被。众所周知，反射对称条件

$$\langle S_{\mathrm{HH}}S_{\mathrm{HV}}^{*}\rangle\approx 0,\ \langle S_{\mathrm{VV}}S_{\mathrm{HV}}^{*}\rangle\approx 0 \tag{7.5.2}$$

适用于自然分布目标。

如图 7.6 所示，这种情况来自于自然植被中的随机散射。植被体内有许多散射中心，如果将每个散射点的作用叠加，其总值为零，这称为反射对称条件。相应的系综平均协方差或相干矩阵的形式为

$$\langle\boldsymbol{C}\rangle=\begin{bmatrix}X & 0 & X\\ 0 & X & 0\\ X & 0 & X\end{bmatrix},\ \langle\boldsymbol{T}\rangle=\begin{bmatrix}X & X & 0\\ X & X & 0\\ 0 & 0 & X\end{bmatrix} \tag{7.5.3}$$

图 7.6　体散射模型

对树木或森林的理论建模，采用随机偶极子云团模型。如果从顶点观察森林或树木，它们看起来就像一团完全随机的线或偶极子云。如图 7.7 所示，当侧摆角变斜，树枝（偶极子）的分布就会变得不均匀。考虑到实际情况，我们用到了一些分布函数。

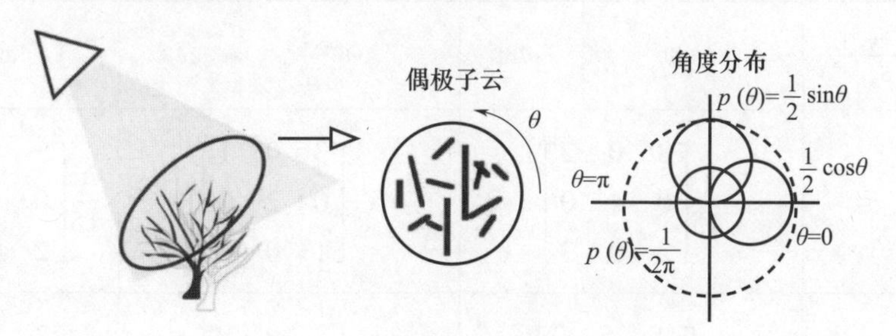

图 7.7　从雷达上看到的偶极子分布

理论平均值：

$$\langle \boldsymbol{C} \rangle_{\mathrm{vol}} = \int_0^{\pi} \boldsymbol{C}(\theta) p(\theta) \mathrm{d}\theta, \langle \boldsymbol{T} \rangle_{\mathrm{vol}} = \int_0^{\pi} \boldsymbol{T}(\theta) p(\theta) \mathrm{d}\theta \tag{7.5.4}$$

积分结果如下所示：

均匀 PDF

$$p(\theta) = \frac{1}{2\pi} \quad \langle \boldsymbol{C} \rangle_{\mathrm{vol}} = \frac{1}{8}\begin{bmatrix} 3 & 0 & 1 \\ 0 & 2 & 0 \\ 1 & 0 & 3 \end{bmatrix}, \langle \boldsymbol{T} \rangle_{\mathrm{vol}} = \frac{1}{4}\begin{bmatrix} 2 & 0 & 0 \\ 0 & 1 & 0 \\ 0 & 0 & 1 \end{bmatrix} \tag{7.5.5}$$

垂直 PDF

$$p(\theta) = \frac{1}{2}\sin\theta \quad \langle \boldsymbol{C} \rangle_{\mathrm{vol}} = \frac{1}{15}\begin{bmatrix} 8 & 0 & 2 \\ 0 & 4 & 0 \\ 2 & 0 & 3 \end{bmatrix}, \langle \boldsymbol{T} \rangle_{\mathrm{vol}} = \frac{1}{30}\begin{bmatrix} 15 & 5 & 0 \\ 5 & 7 & 0 \\ 0 & 0 & 8 \end{bmatrix} \tag{7.5.6}$$

水平 PDF

$$p(\theta)=\frac{1}{2}\cos\theta\ \langle \boldsymbol{C}\rangle_{\text{vol}}=\frac{1}{15}\begin{bmatrix}3&0&2\\0&4&0\\2&0&8\end{bmatrix},\ \langle \boldsymbol{T}\rangle_{\text{vol}}=\frac{1}{30}\begin{bmatrix}15&-5&0\\-5&7&0\\0&0&8\end{bmatrix}\tag{7.5.7}$$

选择最佳体散射模型的标准是 $\langle |S_{HH}|^2\rangle$ 和 $\langle |S_{VV}|^2\rangle$ 的功率比。由于协方差矩阵中的 HH 和 VV 比变为 $10\log\left(\frac{8}{3}\right)=4.26\text{dB}$，我们将边界设置为 ±2dB，如表 7.1 所示。

学者们提出了各种各样的体散射模型，其中 An 等[1] 提出了一个数学模型，该模型给出了最大熵：

$$\text{最大熵模型}\langle \boldsymbol{T}\rangle_{\text{vol}}=\frac{1}{3}\begin{bmatrix}1&0&0\\0&1&0\\0&0&1\end{bmatrix}\tag{7.5.8}$$

表 7.1 植被体散射模型的选择

$10\log\frac{\langle \vert S_{VV}\vert^2\rangle}{\langle \vert S_{HH}\vert^2\rangle}$	−4dB	−2dB	0dB	2dB	4dB
$\langle \boldsymbol{C}\rangle_{\text{vol}}=$	$\frac{1}{15}\begin{bmatrix}8&0&2\\0&4&0\\2&0&3\end{bmatrix}$		$\frac{1}{8}\begin{bmatrix}3&0&1\\0&2&0\\1&0&3\end{bmatrix}$		$\frac{1}{15}\begin{bmatrix}3&0&2\\0&4&0\\2&0&8\end{bmatrix}$
$\langle \boldsymbol{T}\rangle_{\text{vol}}=$	$\frac{1}{30}\begin{bmatrix}15&5&0\\5&7&0\\0&0&8\end{bmatrix}$		$\frac{1}{4}\begin{bmatrix}2&0&0\\0&1&0\\0&0&1\end{bmatrix}$		$\frac{1}{4}\begin{bmatrix}2&0&0\\0&1&0\\0&0&1\end{bmatrix}$

7.5.2 定向表面体散射

如果 S_{HV} 散射来自雷达照射的倾斜朝向城市区域，则这是由地面到倾斜建筑墙面的散射引起的。如图 7.8[2] 所示，这种散射可以用倾斜二面角散射来建模。该相干矩阵可通过以下等式获得：

$$\langle \boldsymbol{T}\rangle_{\text{vol}}^{\text{dihedral}}=\int_{-\pi/2}^{\pi/2}\boldsymbol{T}(\theta)_{\text{dihedral}}\frac{\cos\theta}{2}\text{d}\theta=\frac{1}{15}\begin{bmatrix}0&0&0\\0&7&0\\0&0&8\end{bmatrix}\tag{7.5.9}$$

这种有朝向表面散射在旧金山图像（图 7.2）的右下角（三角形区域）非常强。这一现象在微波暗室中得到了验证。实验情况如图 7.9 所示，其中使用了两个标准表面目标，一个是 30cm×30cm 的单个网格表面，将呈现广角范围散射，另一个是模仿城市建筑模型的两块混凝土块。

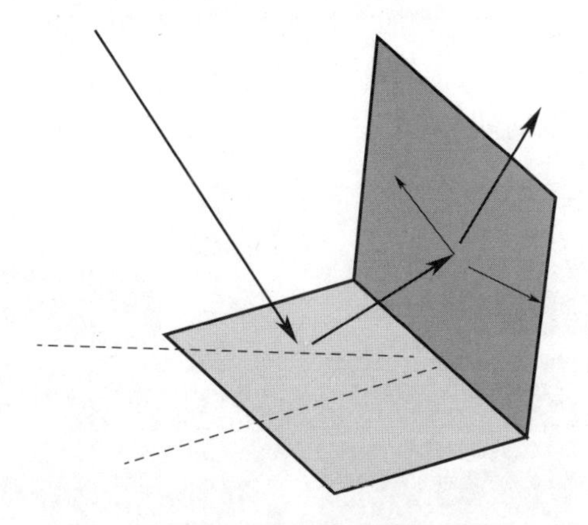

图 7.8　倾斜表面散射

雷达中心频率为 15GHz，带宽为 4GHz，距离分辨力为 3.75cm。扫描宽度选择为 1.28m，增量间隔为 1cm。如图 7.9 所示，进行 PolSAR 测量以获得每个方向角（-40°~40°，间隔为 5°）的散射矩阵。经过极化校准和合成孔径雷达（SAR）处理，获得了每个场景的散射矩阵。获取了全极化数据（散射矩阵）后，它们将转换为相干矩阵的形式。首先，应用四分量散射功率分解（第 8 章中的 Y40）从 -40° ~ +40°反演每个场景的散射机理，如图 7.10 所示。

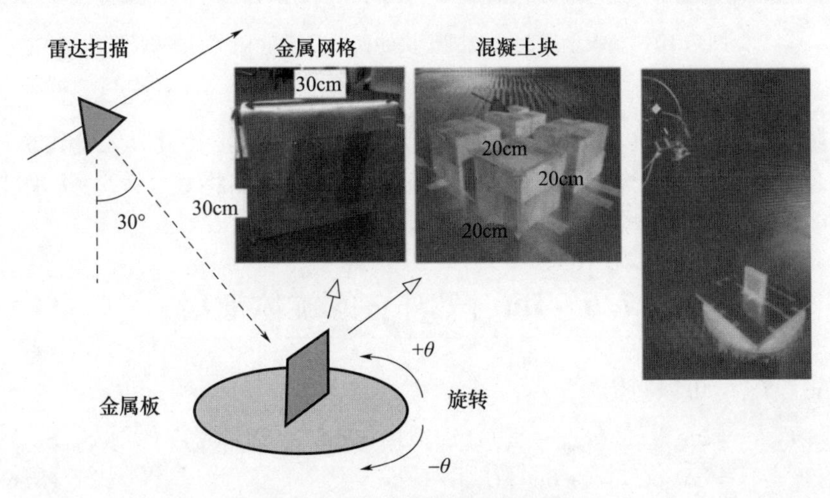

图 7.9　有向表面的极化散射测量

当表面与雷达视线垂直（0°）时，散射机理应为二次散射。可以在图 7.10 中清楚地看到这一现象，其中红色为二次散射。RGB 颜色编码采用红色表示二次散射，绿色表示体散射，蓝色表示表面散射。当方向角增加或减少约10°时，我们可以看到绿色增加。当表面方向与方位角方向的夹角超过10°时，产生交叉极化HV分量，形成体散射（绿色）。这一现象在倾斜城市区域尤为明显。如果表面取向超过30°，后向散射强度会逐渐衰减。正方向角和负方向角都具有这些特征。

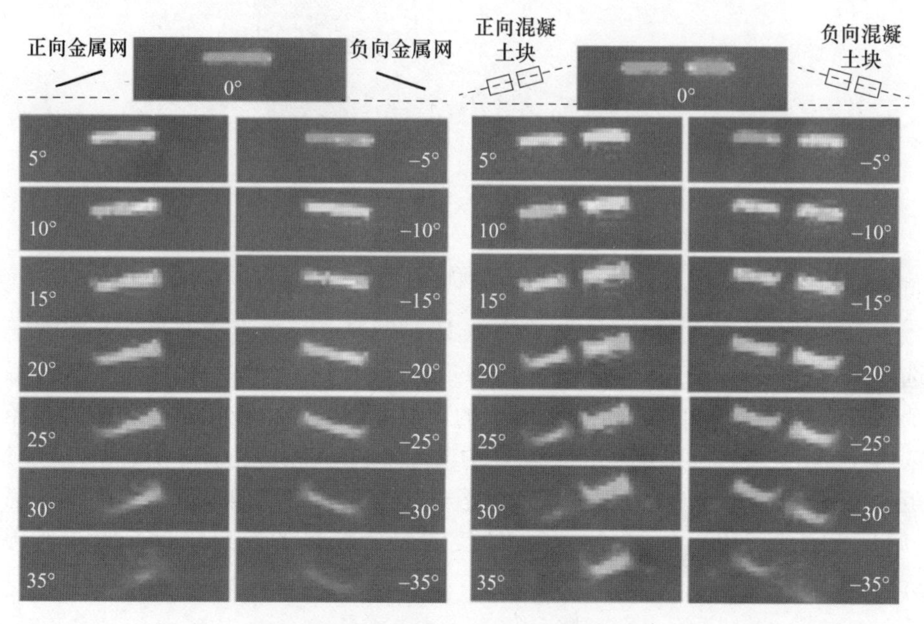

图7.10　倾斜金属网和混凝土块的四分量散射功率分解图像（侧摆角为30°）（见彩图）

在混凝土块中可以看到相同的散射特性和角度特性。因此，无论建筑材料是什么，倾斜表面结构都表现出相同的极化特性。我们将式（7.5.9）作为倾斜城市区域的体散射模型之一。

7.6　Im｛$\boldsymbol{T}_{23}$｝：螺旋体散射

Im｛$\boldsymbol{T}_{23}$｝可以写为

$$\begin{aligned}\mathrm{Im}\{T_{23}\} &= \mathrm{Im}\{\langle (S_{HH}-S_{VV})S_{HV}^{*}\rangle\} = \mathrm{Im}\{\langle S_{HH}S_{HV}^{*}\rangle + \langle S_{HV}S_{VV}^{*}\rangle\} \\ &= \mathrm{Im}\{C_{12}\} + \mathrm{Im}\{C_{23}\}\end{aligned} \tag{7.6.1}$$

这意味着Im｛T_{23}｝与Im｛C_{12}｝和Im｛C_{23}｝之和相等。与图7.3所示的其他参数相比，该项非常小。然而，它是一个旋转不变参数，是4个重要参数之一（第4章）。如图7.11所示，这与螺旋散射产生的圆极化功率基本相同。

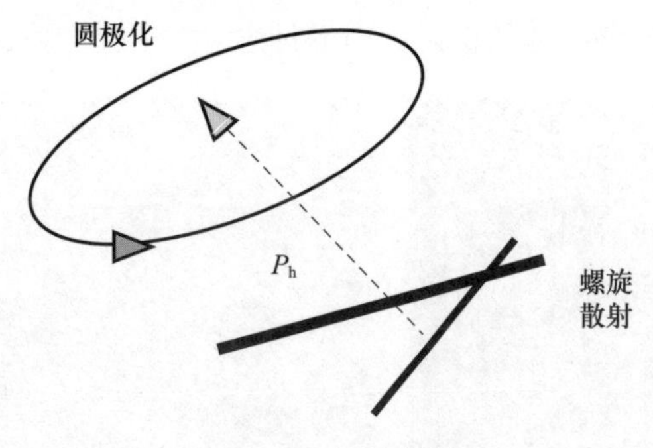

图 7.11　螺旋散射

这种圆极化出现在复杂的城市散射场景中，由多个沿距离方向排列的偶极子产生（第 6 章和文献［3］）。

Im $\{T_{23}\}$ 模型可以用螺旋散射体表示为

当 $\boldsymbol{S}^{\mathrm{r}}_{\mathrm{helix}} = \frac{1}{2}\begin{bmatrix} 1 & -\mathrm{j} \\ -\mathrm{j} & -1 \end{bmatrix}$，有 Im $\{T_{23}\} > 0$，$\boldsymbol{T}^{\mathrm{r}}_{\mathrm{helix}} = \frac{1}{2}\begin{bmatrix} 0 & 0 & 0 \\ 0 & 1 & \mathrm{j} \\ 0 & -\mathrm{j} & 1 \end{bmatrix}$

当 $\boldsymbol{S}^{\mathrm{l}}_{\mathrm{helix}} = \frac{1}{2}\begin{bmatrix} 1 & \mathrm{j} \\ \mathrm{j} & -1 \end{bmatrix}$，有 Im $\{T_{23}\} < 0$，$\boldsymbol{T}^{\mathrm{l}}_{\mathrm{helix}} = \frac{1}{2}\begin{bmatrix} 0 & 0 & 0 \\ 0 & 1 & -\mathrm{j} \\ 0 & \mathrm{j} & 1 \end{bmatrix}$

综上，$\langle \boldsymbol{T} \rangle_{\mathrm{helix}} = \frac{1}{2}\begin{bmatrix} 0 & 0 & 0 \\ 0 & 1 & \pm\mathrm{j} \\ 0 & \mp\mathrm{j} & 1 \end{bmatrix}$。

7.7　Re $\{T_{23}\}$：倾斜二次散射

参数 Re $\{T_{23}\}$ 在城市地区相当大，仅次于 T_{22} 和 T_{11} 分量。可以在图 7.3 的旧金山市中心看到这一结果，Re $\{T_{23}\}$ 的明亮区域与雷达照射方向并不垂直，它们主要是二次散射结构，但稍微倾斜于照射方向，散射来自城市街区的倾斜建筑墙面。Re $\{T_{23}\}$ = Re $\{\langle (S_{\mathrm{HH}} - S_{\mathrm{VV}}) S^*_{\mathrm{HV}} \rangle\}$ 表示 HV 和 HH − VV 之间的相关性，可称之为倾斜二次散射，或混合偶极子散射[4]。

7.7.1　ALOS2 图像分析

现在，我们更详细地分析 Re $\{T_{23}\}$ 的值，这取决于建筑街区的朝向。相对于方位向具有正方向和负方向的倾斜城市街区如图 7.12 所示。

该图清楚地显示了 Re $\{T_{23}\}$ 相对于方位向或距离向的方向依赖性。Re $\{T_{23}\}$ 的符号可作为判断建筑街区朝向的标志。

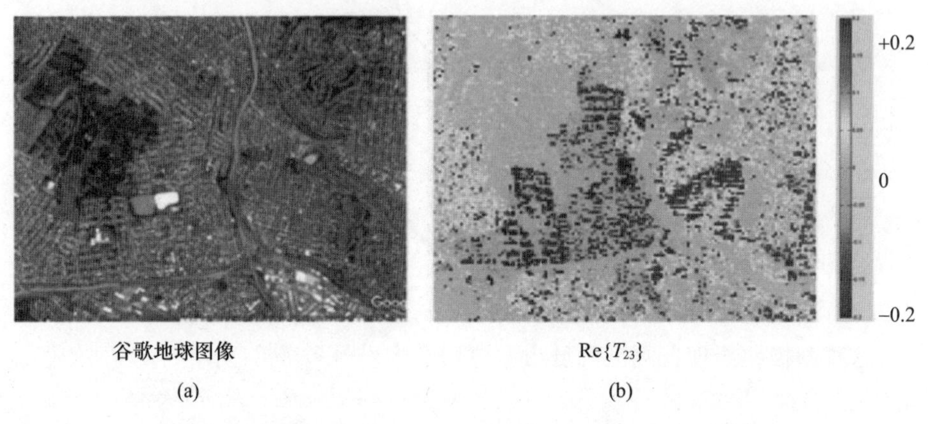

图 7.12　旧金山地区相对于方位角正负方向的有向城市街

7.7.2　微波暗室内倾斜表面测量

为了证实这种方向依赖性，我们测量了微波暗室的散射特性。实验情况与图 7.9 相同。图 7.10 对应的 Re $\{T_{23}\}$ 图像如图 7.13 所示，可以看到左侧图像为蓝色，表示 Re $\{T_{23}\}$ <0，而右侧图像为黄红色，表示 Re $\{T_{23}\}$ >0。因此，Re $\{T_{23}\}$ 的值取决于方向。

根据这个实验结果，我们可以利用 Re $\{T_{23}\}$ 的符号检测相对于方位向的表面朝向。另一个测试对象是混凝土块，这是一个倾斜城市建筑模型。图 7.13 中的混凝土砌块具有相同的散射特性和角度特性。因此，无论建筑材料是什么，倾斜表面结构都具有相同的极化特性。

Re $\{T_{23}\}$ 可通过旋转操作（T_{33}最小化、极化方向补偿或去定向）消除，且在之前从未被考虑过用于散射分解。例如，Y4R 或 G4U 分解是通过将功率重新分配到其他参数，使其归零。

由于没有直接代表 Re $\{T_{23}\}$ 的基本目标，我们选择以下二次散射模型（图 7.14），其基本特征是斜向结构和二次散射。由于使用了具有一定间距的非正交偶极子，因此称为混合偶极子散射模型。

$$\text{当}\boldsymbol{k}_{\mathrm{p}}=\frac{1}{\sqrt{2}}\begin{bmatrix}0\\1\\1\end{bmatrix}\text{和}\boldsymbol{k}_{\mathrm{p}}=\frac{1}{\sqrt{2}}\begin{bmatrix}0\\1\\-1\end{bmatrix},\ \boldsymbol{T}_{\mathrm{md}}=\frac{1}{2}\begin{bmatrix}0&0&0\\0&1&\pm1\\0&\pm1&1\end{bmatrix}\tag{7.7.1}$$

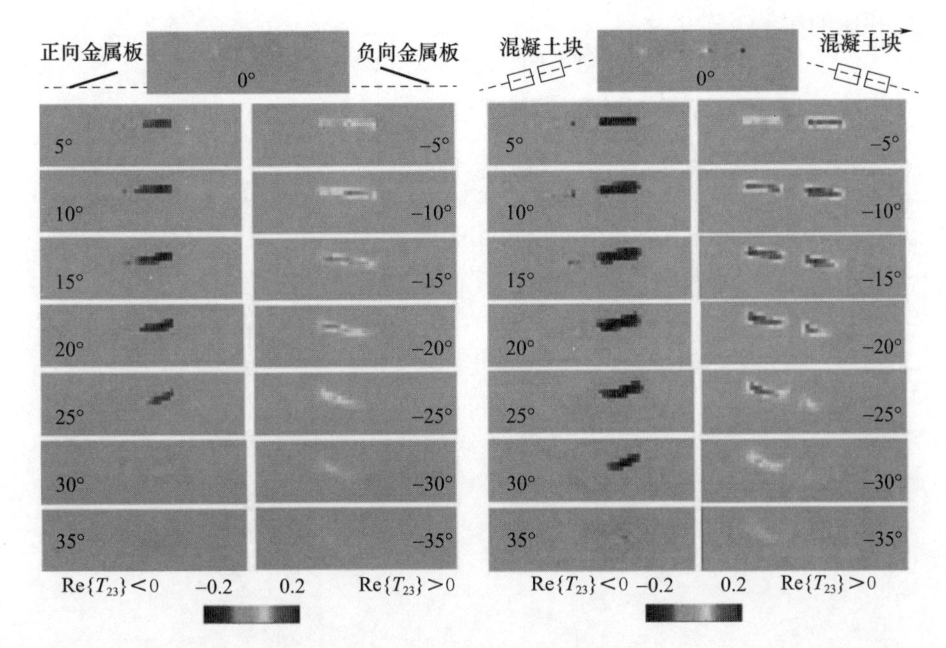

图 7.13　侧摆角为 30°的金属板上倾斜网格平面和混凝土的 Re｛T_{23}｝图像（见彩图）

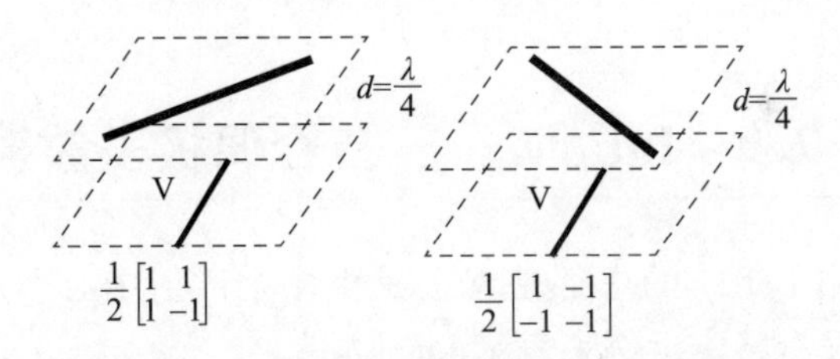

图 7.14　二次散射示例（混合偶极子模型）

7.8　Re｛T_{13}｝：倾斜偶极子散射

$$T_{13} = \langle (S_{HH} + S_{VV}) S_{HV}^{*} \rangle = \langle S_{HH} S_{HV}^{*} \rangle + \langle S_{VV} S_{HV}^{*} \rangle = C_{12} + C_{32} \tag{7.8.1}$$

此项表示（$S_{HH}+S_{VV}$）和 S_{HV}^{*}之间的互相关。候选曲面是可以产生该项的有向（倾斜）曲面。然而，在相干矩阵中并没有专门的物理模型来解释这一项。

由于 ±45°倾斜偶极子产生的散射矩阵如下

$$\boldsymbol{S}_{\text{dipole}}^{45^\circ} = \frac{1}{2}\begin{bmatrix}1 & 1\\1 & 1\end{bmatrix},\ \boldsymbol{S}_{\text{dipole}}^{-45^\circ} = \frac{1}{2}\begin{bmatrix}1 & -1\\-1 & 1\end{bmatrix}$$

相应的相干矩阵变为

$$\boldsymbol{T}_{\text{dipole}}^{45^\circ}=\frac{1}{2}\begin{bmatrix}1 & 0 & 1\\0 & 0 & 0\\1 & 0 & 1\end{bmatrix},\ \boldsymbol{T}_{\text{dipole}}^{-45^\circ}=\frac{1}{2}\begin{bmatrix}1 & 0 & -1\\0 & 0 & 0\\-1 & 0 & 1\end{bmatrix}$$

如图 7.15 所示，其分别可作为 Re $\{T_{13}\}>0$ 和 Re $\{T_{13}\}<0$ 的候选项。因此，±45°倾斜偶极子散射模型[5]可用于 Re $\{T_{13}\}$。

$$\boldsymbol{T}_{\text{od}}=\frac{1}{2}\begin{bmatrix}1 & 0 & \pm 1\\0 & 0 & 0\\\pm 1 & 0 & 1\end{bmatrix} \tag{7.8.2}$$

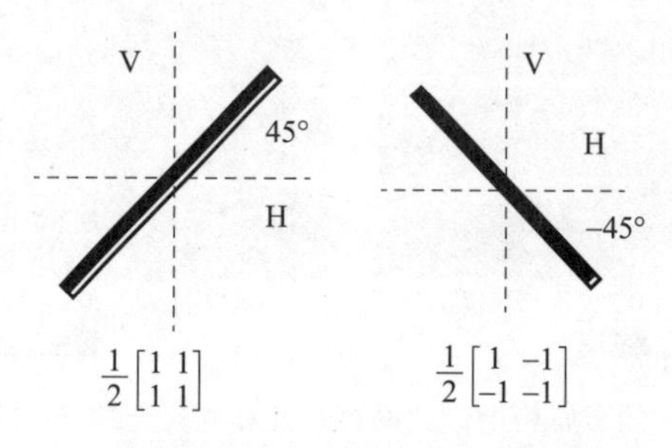

图 7.15　Re $\{T_{13}\}$ 散射示例

7.9　Im $\{T_{13}\}$：复合偶极子散射

散射矩阵或相干矩阵的虚部基本上是由多个散射中心引起的相位差产生的。在这方面，没有特定示例来表示 Im $\{T_{13}\}$。

然而，如果我们转向复合散射矩阵 $\boldsymbol{S}_1^{\text{com}}=\frac{1}{2}\begin{Bmatrix}1 & -\text{j}\\-\text{j} & 1\end{Bmatrix}$，在 Im $\{T_{13}\}>0$ 时容易得到相干矩阵 $\boldsymbol{T}_2^{\text{com}}=\frac{1}{2}\begin{Bmatrix}1 & 0 & \text{j}\\0 & 0 & 0\\-\text{j} & 0 & 1\end{Bmatrix}$。同样，当 Im $\{T_{13}\}<0$，由复合矩阵 $\boldsymbol{S}_\text{c}^{\text{com}}=\frac{1}{2}\begin{Bmatrix}1 & \text{j}\\\text{j} & 1\end{Bmatrix}$可得到 $\boldsymbol{T}_2^{\text{com}}=\frac{1}{2}\begin{Bmatrix}1 & 0 & -\text{j}\\0 & 0 & 0\\\text{j} & 0 & 1\end{Bmatrix}$[6]。

这些复合散射矩阵是 Im $\{T_{13}\}$ 建模的良好选择（图 7.16）：

$$\boldsymbol{T}_{\text{cd}}=\frac{1}{2}\begin{Bmatrix}0 & 0 & \pm\text{j}\\0 & 1 & 0\\\mp\text{j} & 0 & 1\end{Bmatrix} \tag{7.9.1}$$

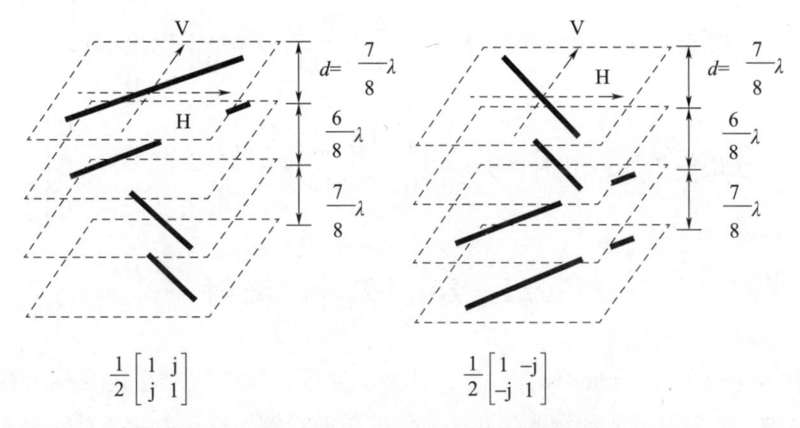

$\frac{1}{2}\begin{bmatrix}1 & j\\ j & 1\end{bmatrix}$　　$\frac{1}{2}\begin{bmatrix}1 & -j\\ -j & 1\end{bmatrix}$

图7.16　Im $\{T_{13}\}$ 建模示例

7.10　Re $\{T_{12}\}$：散射

$$T_{12}=\frac{\langle (S_{HH}+S_{VV})(S_{HH}-S_{VV})^{*}\rangle}{2}$$

$$=\frac{1}{2}(|S_{HH}|^{2}-|S_{VV}|^{2})+\mathrm{jIm}\{S_{HH}^{*}S_{VV}\} \tag{7.10.1}$$

由式（7.5.4）可知，Re $\{T_{12}\}$ 表示HH和VV通道功率差，Im $\{T_{12}\}$ 对应于HH和VV之间的相位差。功率差已在植被建模中体现。由于该项并不明确，并且在 T_{11} 表面散射、T_{22} 二次散射以及植被体散射中都有出现，因此很难定义一个好的建模候选项。

在各种候选项中，我们以下面的例子为例，它由有间隔的多偶极子组成（图7.17）。

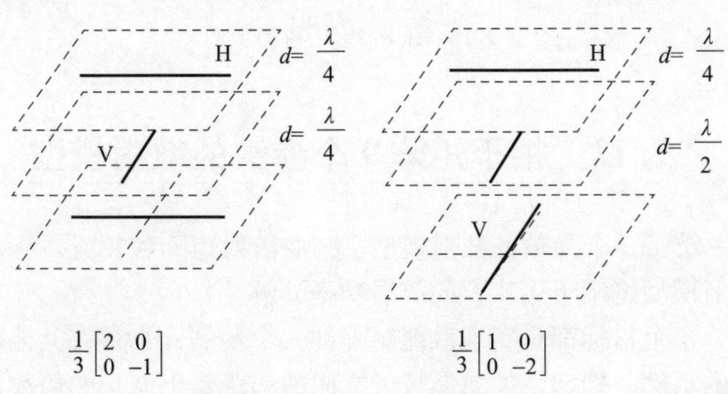

$\frac{1}{3}\begin{bmatrix}2 & 0\\ 0 & -1\end{bmatrix}$　　$\frac{1}{3}\begin{bmatrix}1 & 0\\ 0 & -2\end{bmatrix}$

图7.17　Re $\{T_{12}\}$ 模型示例

$$当\ \mathrm{Re}\{T_{12}\}>0\ 时，\boldsymbol{S}=\frac{1}{3}\begin{bmatrix}2 & 0\\0 & -1\end{bmatrix},\ \boldsymbol{T}=\frac{1}{10}\begin{bmatrix}1 & 3 & 0\\3 & 9 & 0\\0 & 0 & 0\end{bmatrix}$$

$$当\ \mathrm{Re}\{T_{12}\}<0\ 时，\boldsymbol{S}=\frac{1}{3}\begin{bmatrix}1 & 0\\0 & -2\end{bmatrix},\ \boldsymbol{T}=\frac{1}{10}\begin{bmatrix}1 & -3 & 0\\-3 & 9 & 0\\0 & 0 & 0\end{bmatrix}$$

7.11 Im $\{T_{12}\}$：散射

由于 Im $\{T_{12}\}$ = Im $\{S_{\mathrm{HH}}^{*}S_{\mathrm{VV}}\}$，且情况复杂，所以很难指定目标。在各种候选项中，我们以下面的情况为一个非常简单的示例，它是由两个有间距的偶极子组成。重要的一点是 HH 和 VV 之间的相位差可以通过调整偶极子的间距来实现（图 7.18）。

$$当\ \mathrm{Im}\{T_{12}\}>0，\boldsymbol{S}=\begin{bmatrix}1 & 0\\0 & \mathrm{j}\end{bmatrix},\ \boldsymbol{T}=\frac{1}{2}\begin{bmatrix}1 & \mathrm{j} & 0\\-\mathrm{j} & 1 & 0\\0 & 0 & 0\end{bmatrix}$$

$$当\ \mathrm{Im}\{T_{12}\}<0，\boldsymbol{S}=\begin{bmatrix}1 & 0\\0 & -\mathrm{j}\end{bmatrix},\ \boldsymbol{T}=\frac{1}{2}\begin{bmatrix}1 & -\mathrm{j} & 0\\\mathrm{j} & 1 & 0\\0 & 0 & 0\end{bmatrix}$$

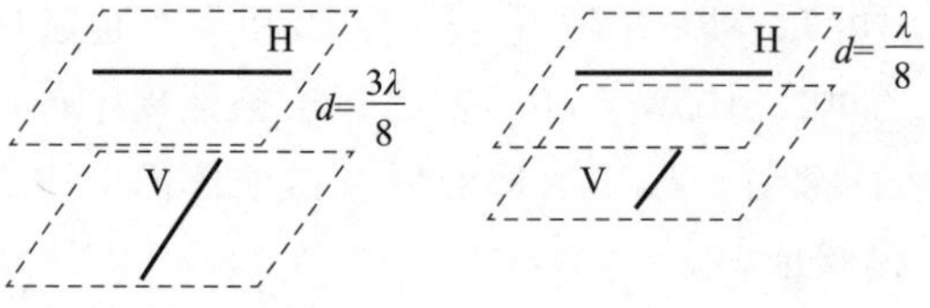

H
$d=\frac{3\lambda}{8}$
V
$\begin{bmatrix}1 & 1\\0 & \mathrm{j}\end{bmatrix}$

H
$d=\frac{\lambda}{8}$
V
$\begin{bmatrix}1 & 0\\0 & -\mathrm{j}\end{bmatrix}$

图 7.18 Im $\{T_{12}\}$ 模型示例

7.12 相干矩阵 9 个参数的散射模型

表 7.2 总结了 9 个参数的散射模型，初始散射矩阵和相应目标如表 7.2 所示，这些散射模型将用于第 8 章的散射功率分解。

请注意，每个目标都是实现散射矩阵的一个示例，也存在其他可实现相同的散射矩阵的示例。例如，如果偶极子之间的间距是半波长的倍数，就可以获得相同的散射矩阵，从而获得相同的相干矩阵。如表 7.2 所示，Re $\{T_{23}\}$ 分量可以通过倾斜表面和混合偶极子获得。

表7.2　相干矩阵九个参数的散射模型

$\boldsymbol{T}$中参数	散射模型	初始散射矩阵	假定目标	附注
T_{11}	$\begin{bmatrix}1 & \beta^* & 0\\ \beta & \lvert\beta\rvert^2 & 0\\ 0 & 0 & 0\end{bmatrix}$	$\begin{bmatrix}1 & 0\\ 0 & 1\end{bmatrix}$	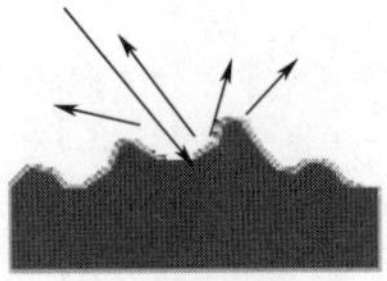	表面散射
T_{22}	$\begin{bmatrix}\lvert\alpha\rvert^2 & \alpha & 0\\ \alpha^* & 1 & 0\\ 0 & 0 & 0\end{bmatrix}$	$\begin{bmatrix}1 & 0\\ 0 & -1\end{bmatrix}$	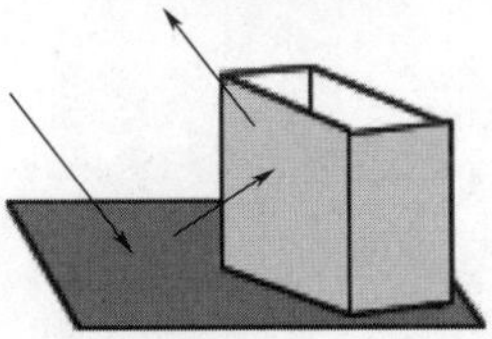	二次散射
T_{33}	$\frac{1}{4}\begin{bmatrix}2 & 0 & 0\\ 0 & 1 & 0\\ 0 & 0 & 1\end{bmatrix}$, $\frac{1}{30}\begin{bmatrix}15 & \pm 5 & 0\\ \pm 5 & 7 & 0\\ 0 & 0 & 8\end{bmatrix}$, $\frac{1}{15}\begin{bmatrix}0 & 0 & 0\\ 0 & 7 & 0\\ 0 & 0 & 8\end{bmatrix}$	$\begin{bmatrix}0 & 1\\ 1 & 0\end{bmatrix}$		HV产生的体散射
$\mathrm{Im}\{T_{23}\}>0$	$\frac{1}{2}\begin{bmatrix}0 & 0 & 0\\ 0 & 1 & \mathrm{j}\\ 0 & -\mathrm{j} & 1\end{bmatrix}$	$\frac{1}{2}\begin{bmatrix}1 & -\mathrm{j}\\ -\mathrm{j} & -1\end{bmatrix}$	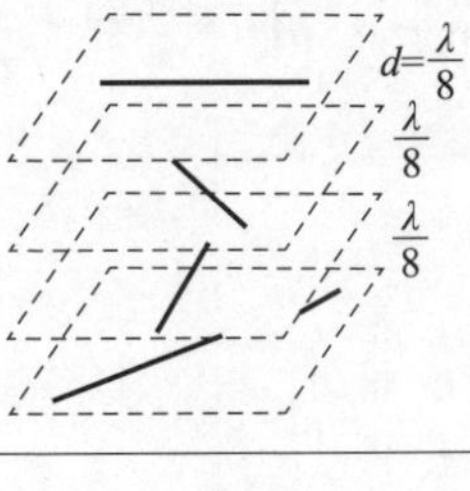 $d=\frac{\lambda}{8}$ $\frac{\lambda}{8}$ $\frac{\lambda}{8}$	右螺旋
$\mathrm{Im}\{T_{23}\}<0$	$\frac{1}{2}\begin{bmatrix}0 & 0 & 0\\ 0 & 1 & -\mathrm{j}\\ 0 & \mathrm{j} & 1\end{bmatrix}$	$\frac{1}{2}\begin{bmatrix}1 & \mathrm{j}\\ \mathrm{j} & -1\end{bmatrix}$	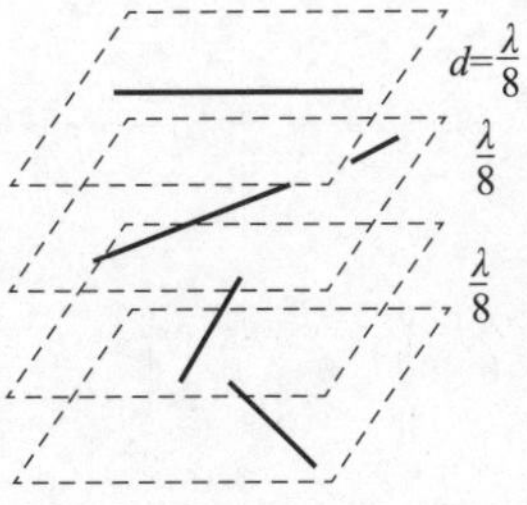 $d=\frac{\lambda}{8}$ $\frac{\lambda}{8}$ $\frac{\lambda}{8}$	左螺旋

续表

$\boldsymbol{T}$中参数	散射模型	初始散射矩阵	假定目标	附注
$\mathrm{Re}\{T_{12}\}>0$	$\frac{1}{10}\begin{bmatrix}1 & 3 & 0\\3 & 9 & 0\\0 & 0 & 0\end{bmatrix}$	$\frac{1}{3}\begin{bmatrix}2 & 0\\0 & -1\end{bmatrix}$	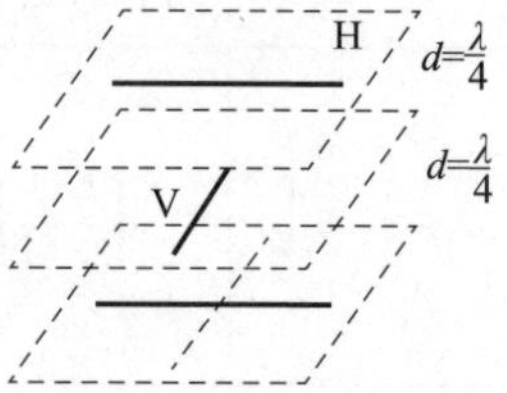 H, V, $d=\frac{\lambda}{4}$, $d=\frac{\lambda}{4}$	$\lvert HH\rvert>\lvert VV\rvert$
$\mathrm{Re}\{T_{12}\}<0$	$\frac{1}{10}\begin{bmatrix}1 & -3 & 0\\-3 & 9 & 0\\0 & 0 & 0\end{bmatrix}$	$\frac{1}{3}\begin{bmatrix}1 & 0\\0 & -2\end{bmatrix}$	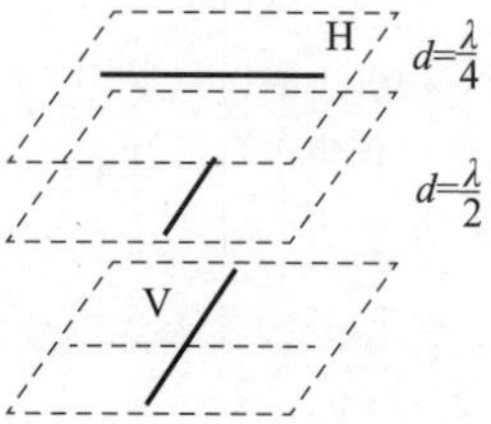 H, V, $d=\frac{\lambda}{4}$, $d=\frac{\lambda}{2}$	$\lvert HH\rvert<\lvert VV\rvert$
$\mathrm{Im}\{T_{12}\}>0$	$\frac{1}{2}\begin{bmatrix}1 & \mathrm{j} & 0\\-\mathrm{j} & 1 & 0\\0 & 0 & 0\end{bmatrix}$	$\begin{bmatrix}1 & 0\\0 & \mathrm{j}\end{bmatrix}$	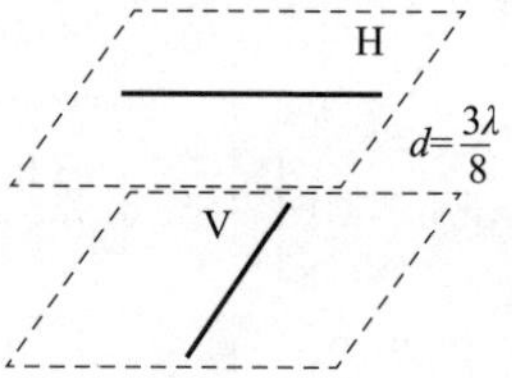 H, V, $d=\frac{3\lambda}{8}$	H和V目标之间的正相位差
$\mathrm{Im}\{T_{12}\}<0$	$\frac{1}{2}\begin{bmatrix}1 & -\mathrm{j} & 0\\\mathrm{j} & 1 & 0\\0 & 0 & 0\end{bmatrix}$	$\begin{bmatrix}1 & 0\\0 & -\mathrm{j}\end{bmatrix}$	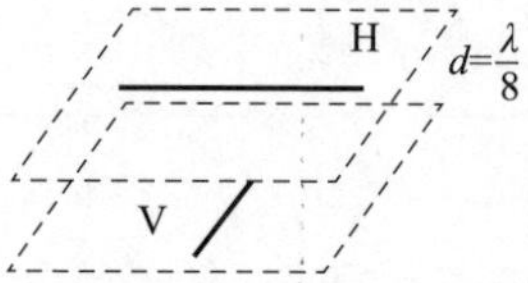 H, V, $d=\frac{\lambda}{8}$	H和V目标之间的负相位差
$\mathrm{Re}\{T_{13}\}>0$	$\frac{1}{2}\begin{bmatrix}1 & 0 & 1\\0 & 0 & 0\\1 & 0 & 1\end{bmatrix}$	$\frac{1}{2}\begin{bmatrix}1 & 1\\1 & 1\end{bmatrix}$	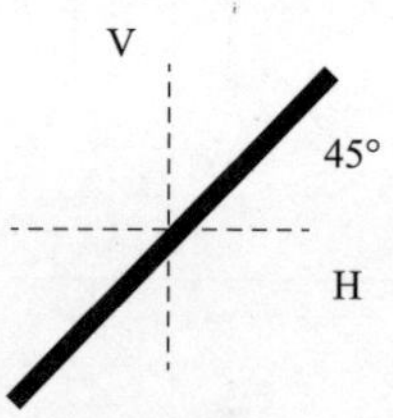 V, 45°, H	+45°定向偶极子
$\mathrm{Re}\{T_{13}\}<0$	$\frac{1}{2}\begin{bmatrix}1 & 0 & -1\\0 & 0 & 0\\-1 & 0 & 1\end{bmatrix}$	$\frac{1}{2}\begin{bmatrix}1 & -1\\-1 & 1\end{bmatrix}$	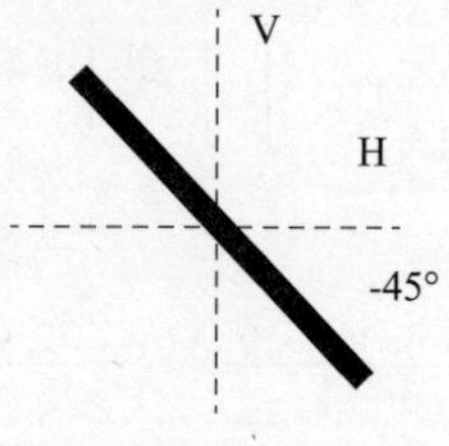 V, H, -45°	-45°定向偶极子

续表

$\boldsymbol{T}$ 中参数	散射模型	初始散射矩阵	假定目标	附注
$\mathrm{Im}\{T_{13}\}>0$	$\frac{1}{2}\begin{bmatrix}1 & 0 & \mathrm{j}\\ 0 & 0 & 0\\ -\mathrm{j} & 0 & 1\end{bmatrix}$	$\frac{1}{2}\begin{bmatrix}1 & \mathrm{j}\\ \mathrm{j} & 1\end{bmatrix}$	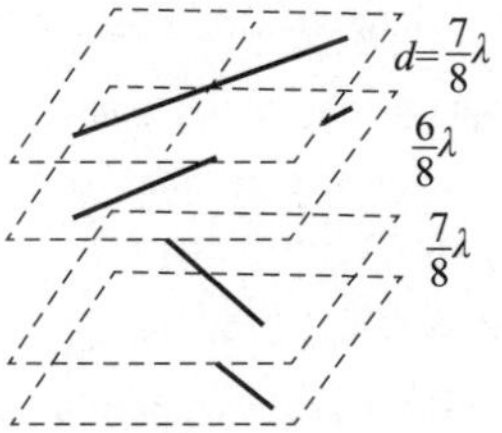 $d=\frac{7}{8}\lambda$, $\frac{6}{8}\lambda$, $\frac{7}{8}\lambda$	正复合偶极子
$\mathrm{Im}\{T_{13}\}<0$	$\frac{1}{2}\begin{bmatrix}1 & 0 & -\mathrm{j}\\ 0 & 0 & 0\\ \mathrm{j} & 0 & 1\end{bmatrix}$	$\frac{1}{2}\begin{bmatrix}1 & -\mathrm{j}\\ -\mathrm{j} & 1\end{bmatrix}$	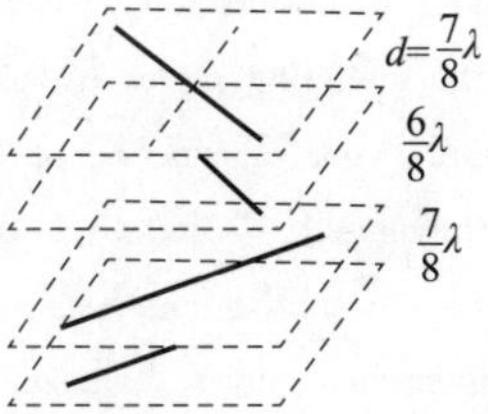 $d=\frac{7}{8}\lambda$, $\frac{6}{8}\lambda$, $\frac{7}{8}\lambda$	负复合偶极子
$\mathrm{Re}\{T_{23}\}>0$	$\frac{1}{2}\begin{bmatrix}0 & 0 & 0\\ 0 & 1 & 1\\ 0 & 1 & 1\end{bmatrix}$	$\frac{1}{2}\begin{bmatrix}1 & 1\\ 1 & -1\end{bmatrix}$	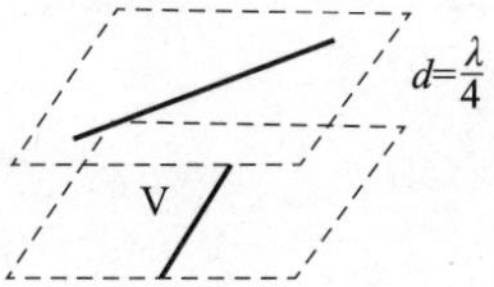 $d=\frac{\lambda}{4}$, V	非正交偶极子 1 或定向表面
$\mathrm{Re}\{T_{23}\}>0$	$\frac{1}{2}\begin{bmatrix}0 & 0 & 0\\ 0 & 1 & -1\\ 0 & -1 & 1\end{bmatrix}$	$\frac{1}{2}\begin{bmatrix}1 & -1\\ -1 & -1\end{bmatrix}$	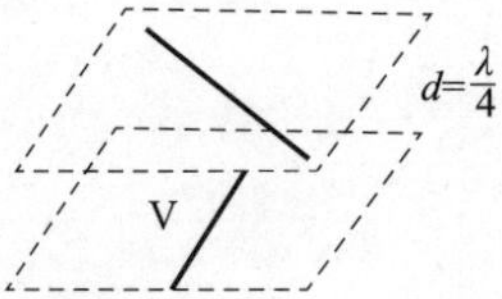 $d=\frac{\lambda}{4}$, V	非正交偶极子 2 或定向表面

7.13　本章小结

本章主要介绍散射机理建模，即对应相干矩阵的实现。由于极化矩阵中有 9 个独立的参数，因此，选择了相干矩阵中的 9 个实参数以对应物理可实现的散射矩阵，包括正负符号，如表 7.2 所示，建立了一一对应关系。由于相位函数的周期性，对应关系并不是唯一的，这些模型将有助于快速解译和反演 PolSAR 图像中的目标。

参考文献

1. W. T. An, Y. Cui, and J. Yang, "Three – component model – based decomposition for coherency matrix," IEEE Trans. Geosci. Remote Sens. , vol. 48, pp. 2732 – 2739, 2010.
2. A. Sato, Y. Yamaguchi, G. Singh, and S. – E. Park, "Four – component scattering power decomposition with extended volume scattering model," IEEE Geosci. Remote Sens. Lett. Ł, vol. 9, no. 2, pp. 166 – 170, 2012.
3. Y. Yamaguchi, M. Ishido, T. Moriyama, and H. Yamada, "Four – component scattering model for polarimetric SAR image decomposition," IEEE Trans. Geosci. Remote Sens. , vol. 43, no. 8, pp. 1699 – 1706, 2005.
4. G. Singh, R. Malik, S. Mohanty, V. S. Rathore, K. Yamada, M. Umemura, and Y. Yamaguchi, "Seven – component scattering power decomposition of POLSAR coherency matrix," IEEE Trans. Geosci. Remote Sens. , vol. 57, no. 11, pp. 8371 – 8372, 2019. doi: 10. 1109/TGRS. 2019. 2920762.
5. G. Singh and Y. Yamaguchi, "Model – based six – component scattering matrix power decomposition," IEEE Trans. Geosci. Remote Sens. , vol. 56, no. 10, pp. 5687 – 5704, 2018.
6. G. Singh, Y. Yamaguchi, and Y. Yamazaki, "Physical scattering interpretation of POLSAR coherency matrix by using compound scattering phenomenon," IEEE Trans. Geosci. Remote Sens. , vol. 58, no. 4, pp. 2541 – 2556, 2020.

第8章 散射功率分解

本章详细介绍了基于模型的散射功率分解方法。20 多年来，散射功率分解一直是雷达极化领域的研究热点。本章结尾部分列出了一些参考文献[1-24]。在 3×3 相干或协方差矩阵中存在 9 个独立的实极化参数。基于物理模型的散射功率分解试图在分解过程中尽可能多地考虑这些极化参数。在散射模型的基础上，利用子矩阵（散射模型）对成像窗口中由系综平均得到的可测相干矩阵进行扩展。最后，根据展开系数确定散射功率。

得到散射功率后，可以创建颜色编码图像。通过将每个功率分配给 RGB 色码，我们可以看到如图 8.1 所示的图像。生成的图像清晰、生动、多彩，看起来比图 7.1 的光学图像更逼真。由于颜色对应于物理机理散射功率，因此很容易直接理解和解译散射机理。

图 8.1　经颜色编码和六分量散射功率分解的旧金山图像。序贯滤波器[9]应用于 ALOS2 四极化数据 ALOS229210750－180821

最初的三分量分解是由 Freeman 和 Durden[10] 在反射对称条件下提出的，对于自然分布的物体，共极化和交叉极化散射参数之间的互相关基本为零。此后，为了将适用范围扩展到非反射对称条件下的人工区域，克服对体散射的过高估计，避免计算中出现负功率，研究人员对散射分解方法进行了大量研究[12-22]，在文献［3，6，8］中进行了简要总结。图 8.2 总结了我们在基于模型分解方面的进展，包括增加螺旋散射（Y40）[11]，旋转相干矩阵使 T_{33} 分量最小化（Y4R）[16]，通过倾斜二面角从植被散射中区分 HV 分量（S4R）[19]，酉变换（G4U）[20]，带旋转的六分量分解[23]和不带旋转的七分量分解[24]。本章还介绍了各分解方法的进展。

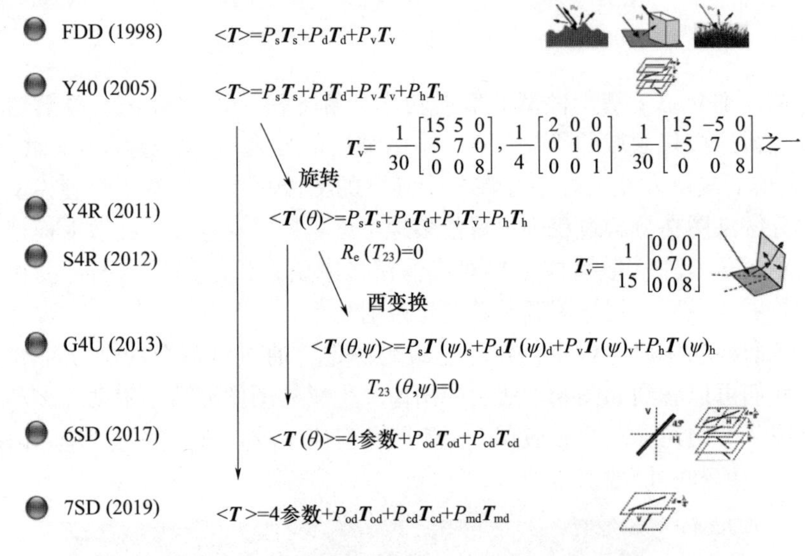

图 8.2　基于模型的散射功率分解方法的发展

8.1　准备工作

基于模型的散射功率分解需要能表征物理散射机理的散射模型。由于我们已经在第 6 章提出了一些散射模型，我们可使用它们进行分解。其基本思想是将式（8.1.2）中测得的总功率（TP）分解为式（8.1.3）中基于模型的散射功率之和。由于功率是一个基本雷达参数，其与相位信息相比，对于噪声相对稳定，因此我们可以期望得到稳定可靠的结果。

测量相干矩阵：

$$\langle \boldsymbol{T}\rangle=\begin{bmatrix}T_{11}&T_{12}&T_{13}\\T_{21}&T_{22}&T_{23}\\T_{31}&T_{32}&T_{33}\end{bmatrix}\tag{8.1.1}$$

总功率：

$$TP = T_{11} + T_{22} + T_{33} \tag{8.1.2}$$

功率分解：

$$TP = P_s + P_d + P_v + P_{md} + P_h + P_{od} + P_{cd} \tag{8.1.3}$$

模型扩展示例：

$$\langle \boldsymbol{T} \rangle = P_s \boldsymbol{T}_s + P_d \boldsymbol{T}_d + P_v T_v + P_{md} \boldsymbol{T}_{md} + P_h \boldsymbol{T}_h + P_{od} \boldsymbol{T}_{od} + P_{cd} \boldsymbol{T}_{cd} \tag{8.1.4}$$

其中：P_s 为表面散射功率；P_d 为二次散射功率；P_v 为体散射功率；P_{md}为与 Re $\{T_{23}\}$ 有关的混合偶极子功率；P_h 为与 Im $\{T_{23}\}$ 有关的螺旋体散射功率；P_{od}为与 Re $\{T_{13}\}$ 有关的倾斜偶极子功率；P_{cd}为与 Im $\{T_{13}\}$ 有关的复合偶极子功率。

对于基于模型的分解，相干矩阵是通过式（8.1.4）中的子矩阵扩展得到的。式（8.1.1）中的相干矩阵是由测量数据的成像窗口（$M \times N$ 像素）系综平均产生的。子矩阵用以表示散射模型并被归一化处理，因此相应的系数 P 表示散射功率本身。根据数据矩阵展开，可以直接确定散射功率。

8.2　FDD 3 分量分解

最初的分解方法是由 Freeman 和 Durden 提出的 [10]。虽然他们使用了协方差矩阵方法，但分解过程与以下方法相同。式（8.1.4）中前三项的展开得到相干矩阵公式如下：

$$\begin{bmatrix} T_{11} & T_{12} & T_{13} \\ T_{21} & T_{22} & T_{23} \\ T_{31} & T_{32} & T_{33} \end{bmatrix} \Rightarrow \begin{bmatrix} T_{11} & T_{12} & 0 \\ T_{21} & T_{22} & 0 \\ 0 & 0 & T_{33} \end{bmatrix}$$

在反射对称条件下：$\langle S_{HH} S_{HV}^* \rangle \approx 0$，$\langle S_{VV} S_{HV}^* \rangle \approx 0$

展开的前三项为

$$\begin{bmatrix} T_{11} & T_{12} & 0 \\ T_{21} & T_{22} & 0 \\ 0 & 0 & T_{33} \end{bmatrix} = \frac{P_s}{1+|\beta|^2} \begin{bmatrix} 1 & \beta & 0 \\ \beta & |\beta|^2 & 0 \\ 0 & 0 & 0 \end{bmatrix} + \frac{P_d}{1+|\alpha|^2} \begin{bmatrix} |\alpha|^2 & \alpha & 0 \\ \alpha & 1 & 0 \\ 0 & 0 & 0 \end{bmatrix} + \frac{P_v}{4} \begin{bmatrix} 2 & 0 & 0 \\ 0 & 1 & 0 \\ 0 & 0 & 1 \end{bmatrix} \tag{8.2.1}$$

得到以下关系：

$$T_{11} = \frac{P_s}{1+|\beta|^2} + \frac{P_d |\alpha|^2}{1+|\alpha|^2} + \frac{P_v}{2},\quad T_{12} = \frac{P_s \beta^*}{1+|\beta|^2} + \frac{P_d \alpha}{1+|\alpha|^2}$$

$$T_{22} = \frac{P_s |\beta|^2}{1+|\beta|^2} + \frac{P_d}{1+|\alpha|^2} + \frac{P_v}{4},\quad T_{33} = \frac{P_v}{4} \tag{8.2.2}$$

由于 $P_v = 4T_{33}$，我们可得 3 个方程，有 4 个未知数（P_s，P_d，α，β）。

$$\begin{cases} \dfrac{P_s}{1+|\beta|^2} + \dfrac{P_d|\alpha|^2}{1+|\alpha|^2} = S \\ \dfrac{P_s|\beta|^2}{1+|\beta|^2} + \dfrac{P_d}{1+|\alpha|^2} = D, \\ \dfrac{P_s\beta^*}{1+|\beta|^2} + \dfrac{P_d\alpha}{1+|\alpha|^2} = C \end{cases} \begin{cases} S = T_{11} - \dfrac{P_v}{2} = T_{11} - 2T_{33} \\ D = T_{22} - \dfrac{P_v}{4} = T_{22} - T_{33} \\ C = T_{12} \end{cases} \tag{8.2.3}$$

这 3 个方程可以根据分支条件 C_0（$\alpha = 0$ 或 $\beta = 0$）近似求解。

- 分支条件 C_0（另见附录）

标准如下所示：

$$C_0 = 2T_{11} - TP \tag{8.2.4}$$

如果 $C_0 > 0$，则以表面散射为主。可以忽略较小的二次散射数据。因此，我们将 $\alpha = 0$ 代入 3 个方程。

$$\alpha = 0 \Rightarrow \beta^* = \frac{C}{S} \Rightarrow P_s = S + \frac{|C|^2}{S},\ P_d = D - \frac{|C|^2}{S} \tag{8.2.5}$$

如果 $C_0 < 0$，则以二次散射为主。可以忽略较小的表面散射数据，我们将 $\beta = 0$ 代入 3 个方程。

$$\beta = 0 \Rightarrow \alpha = \frac{C}{D} \Rightarrow P_s = S - \frac{|C|^2}{S},\ P_d = D + \frac{|C|^2}{S} \tag{8.2.6}$$

在下文中，我们将此标准称为分支条件 C_0，用于区分 P_s 或 P_d 的主次。如式（8.2.3）~式（8.2.6）所示，3 个散射功率 P_s、P_d 和 P_v 可直接根据测量数据计算得出。图 8.3 为该分解算法的流程图。

得到这些功率后，每类功率都会赋予 RGB 颜色编码。典型且常用的赋值是：红色表示二次散射功率 P_d，绿色表示体散射功率 P_v，蓝色表示表面散射功率 P_s（见第 8.9 节），图 8.4 展示了旧金山三分量散射功率分解的例子。

由于该方法具有易于实现、计算简单快速、易于用颜色解释物理散射机理、彩色图像美观等优点，因此引起了人们的广泛关注。该分解方法用到了 9 个极化参数中的 5 个。

在计算 P_s 或 P_d 时，经常会遇到负功率，这与实际物理现象不一致。这基本上是由于过高估计了 $P_v = 4T_{33}$。式（8.2.3）的右边有时会变成负数，这会导致 P_s 或 P_d 为负功率。图 8.3 中的分解算法中有特殊约束——所有功率应大于 0。另一个需要注意的点是它对非反射对称区域的适用性。根据定义，它不适用于复杂的城市区域或人工结构区域。

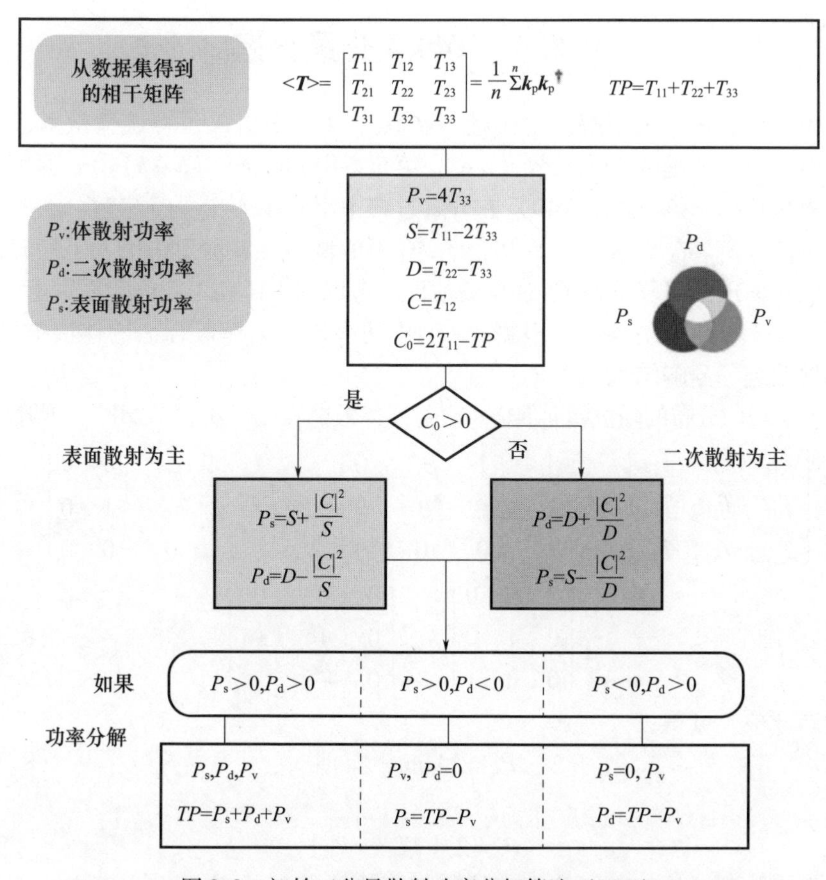

图 8.3　初始三分量散射功率分解算法（FDD）

图 8.4　旧金山 Fremman 和 Durden 三分量分解图像（见彩图）

8.3 Y40 4 分量分解

为了扩展三分量分解的适用性，文献［11］中引入了螺旋体散射。螺旋体散射是一个关键的极化参数（i. e.，第5章中 $\mathrm{Im}\{c^*(a-b)\}$），并可以产生圆极化功率，该方法（Y40）在分解过程中用到了4个关键参数。在非反射对称条件 $\langle S_{HH}S_{HV}^*\rangle\neq0$，$\langle S_{VV}S_{HV}^*\rangle\neq0$ 下的城市区域散射中引入了螺旋体散射。该功率还可以降低对 P_v 过高的估计。考虑到 HH 和 VV 功率不平衡，Y40 还引入了3种体散射模型。根据 VV/HH 功率比，选择最合适的体散射模型，这两项改进了分解结果。

对于均匀分布的随机朝向偶极子散射（体散射 $|\sigma_{HH}-\sigma_{VV}|<2\mathrm{dB}$），展开项为

$$\begin{bmatrix}T_{11} & T_{12} & T_{13}\\ T_{21} & T_{22} & T_{23}\\ T_{31} & T_{32} & T_{33}\end{bmatrix}=\frac{P_s}{1+|\beta|^2}\begin{bmatrix}1 & \beta^* & 0\\ \beta & |\beta|^2 & 0\\ 0 & 0 & 0\end{bmatrix}+\frac{P_d}{1+|\alpha|^2}\begin{bmatrix}|\alpha|^2 & \alpha & 0\\ \alpha^* & 1 & 0\\ 0 & 0 & 0\end{bmatrix}+$$

$$\frac{P_v}{4}\begin{bmatrix}2 & 0 & 0\\ 0 & 1 & 0\\ 0 & 0 & 1\end{bmatrix}+\frac{P_h}{2}\begin{bmatrix}0 & 0 & 0\\ 0 & 1 & \pm\mathrm{j}\\ 0 & \mp\mathrm{j} & 1\end{bmatrix}\tag{8.3.1}$$

通过展开项，可得：

$$P_h=2|\mathrm{Im}\{T_{23}\}|\tag{8.3.2}$$

和

$$P_v=2[2T_{33}-P_h]\tag{8.3.3}$$

可以从测量的相干矩阵中直接得到螺旋体散射功率 P_h，由于它一定程度上考虑了非反射对称条件，因此扩展了分解的适用性。尽管与其他散射功率相比，P_h 值非常小，但它也有助于缓解式（8.3.3）中所示的对 P_v 过高的估计，并改善最终的彩色图像。

然后类似于式（8.2.3），我们可得3个方程，有4个未知数（P_s，P_d，α，β）。

$$\begin{cases}\dfrac{P_s}{1+|\beta|^2}+\dfrac{P_d|\alpha|^2}{1+|\alpha|^2}=S\\ \dfrac{P_s|\beta|^2}{1+|\beta|^2}+\dfrac{P_d}{1+|\alpha|^2}=D,\\ \dfrac{P_s\beta^*}{1+|\beta|^2}+\dfrac{P_d\alpha}{1+|\alpha|^2}=C\end{cases}\quad\begin{cases}S=T_{11}-\dfrac{P_v}{2}\\ D=T_{22}-\dfrac{P_v}{4}-\dfrac{P_h}{2}\\ C=T_{12}\end{cases}\tag{8.3.4}$$

根据 HH 和 VV 功率的大小差异，我们选择一个合适的体散射模型展开相干矩阵。

对于$\sigma_{HH}-\sigma_{VV}>2dB$，我们采用$\frac{P_v}{30}\begin{bmatrix}15 & 5 & 0\\ 5 & 7 & 0\\ 0 & 0 & 8\end{bmatrix}$作为体散射模型。

$$\begin{bmatrix}T_{11} & T_{12} & T_{13}\\ T_{21} & T_{22} & T_{23}\\ T_{31} & T_{32} & T_{33}\end{bmatrix}=\frac{P_s}{1+|\beta|^2}\begin{bmatrix}1 & \beta^* & 0\\ \beta & |\beta|^2 & 0\\ 0 & 0 & 0\end{bmatrix}+\frac{P_d}{1+|\alpha|^2}\begin{bmatrix}|\alpha|^2 & \alpha & 0\\ \alpha^* & 1 & 0\\ 0 & 0 & 0\end{bmatrix}+$$

$$\frac{P_v}{30}\begin{bmatrix}15 & 5 & 0\\ 5 & 7 & 0\\ 0 & 0 & 8\end{bmatrix}+\frac{P_h}{2}\begin{bmatrix}0 & 0 & 0\\ 0 & 1 & \pm j\\ 0 & \mp j & 1\end{bmatrix}\tag{8.3.5}$$

对于$\sigma_{VV}-\sigma_{HH}>2dB$，我们采用$\frac{P_v}{30}\begin{bmatrix}15 & -5 & 0\\ -5 & 7 & 0\\ 0 & 0 & 8\end{bmatrix}$作为体散射模型。

$$\begin{bmatrix}T_{11} & T_{12} & T_{13}\\ T_{21} & T_{22} & T_{23}\\ T_{31} & T_{32} & T_{33}\end{bmatrix}=\frac{P_s}{1+|\beta|^2}\begin{bmatrix}1 & \beta^* & 0\\ \beta & |\beta|^2 & 0\\ 0 & 0 & 0\end{bmatrix}+\frac{P_d}{1+|\alpha|^2}\begin{bmatrix}|\alpha|^2 & \alpha & 0\\ \alpha^* & 1 & 0\\ 0 & 0 & 0\end{bmatrix}+$$

$$\frac{P_v}{30}\begin{bmatrix}15 & -5 & 0\\ -5 & 7 & 0\\ 0 & 0 & 8\end{bmatrix}+\frac{P_h}{2}\begin{bmatrix}0 & 0 & 0\\ 0 & 1 & \pm j\\ 0 & \mp j & 1\end{bmatrix}\tag{8.3.6}$$

如表8.1所列，前面的展开式带来了3个相似的含未知数的方程。剩余功率P_s和P_d通过分支条件C_0（式8.2.4）~式（8.2.6）得到。在这种情况下，C_0变为

$$C_0=2T_{11}-TP+P_h\tag{8.3.7}$$

表8.1 Y40分解方法中螺旋体功率、体散射功率及3个方程

分解参数	$\sigma_{HH}-\sigma_{VV}>2dB$	$\lvert\sigma_{HH}-\sigma_{VV}\rvert<2dB$	$\sigma_{VV}-\sigma_{HH}>2dB$
螺旋体功率	$P_h=2\lvert \mathrm{Im}\{T_{23}\}\rvert$	$P_h=2\lvert \mathrm{Im}\{T_{23}\}\rvert$	$P_h=2\lvert \mathrm{Im}\{T_{23}\}\rvert$
体散射功率	$P_v=\frac{15}{8}[2T_{33}-P_h]$	$P_v=2[2T_{33}-P_h]$	$P_v=\frac{15}{8}[2T_{33}-P_h]$
$\frac{P_s}{1+\lvert\beta\rvert^2}+\frac{P_d\lvert\alpha\rvert^2}{1+\lvert\alpha\rvert^2}=S$	$S=T_{11}-\frac{P_v}{2}$	$S=T_{11}-\frac{P_v}{2}$	$S=T_{11}-\frac{P_v}{2}$
$\frac{P_s\lvert\beta\rvert^2}{1+\lvert\beta\rvert^2}+\frac{P_d}{1+\lvert\alpha\rvert^2}=D$	$D=T_{22}-\frac{7}{30}P_v-\frac{1}{2}P_h$	$D=T_{22}-\frac{P_v}{4}-\frac{P_h}{2}$	$D=T_{22}-\frac{7}{30}P_v-\frac{1}{2}P_h$
$\frac{P_s\beta^*}{1+\lvert\beta\rvert^2}+\frac{P_d\alpha}{1+\lvert\alpha\rvert^2}=C$	$C=T_{12}-\frac{1}{6}P_v$	$C=T_{12}$	$C=T_{12}+\frac{1}{6}P_v$

Y40的分解算法如图8.5所示。在该算法中，首先要得出螺旋体功率，

然后根据 HH 和 VV 的功率比选择体散射模型。最后，由分支条件 C_0 确定表面散射或二次散射，并确定对应的功率。该分解中，用到了 9 个参数中的 6 个。

图 8.6 中用相同的数据集进行了比较。与图 8.4 中的 Freeman – Durden 分解（FDD）图像相比，在国家公园附近的城市区域，黄色略有增加。然而，40°方位角的城市区域（右下角的三角形绿色区域）绿色过多。这是由于过高估计了体散射功率造成的。

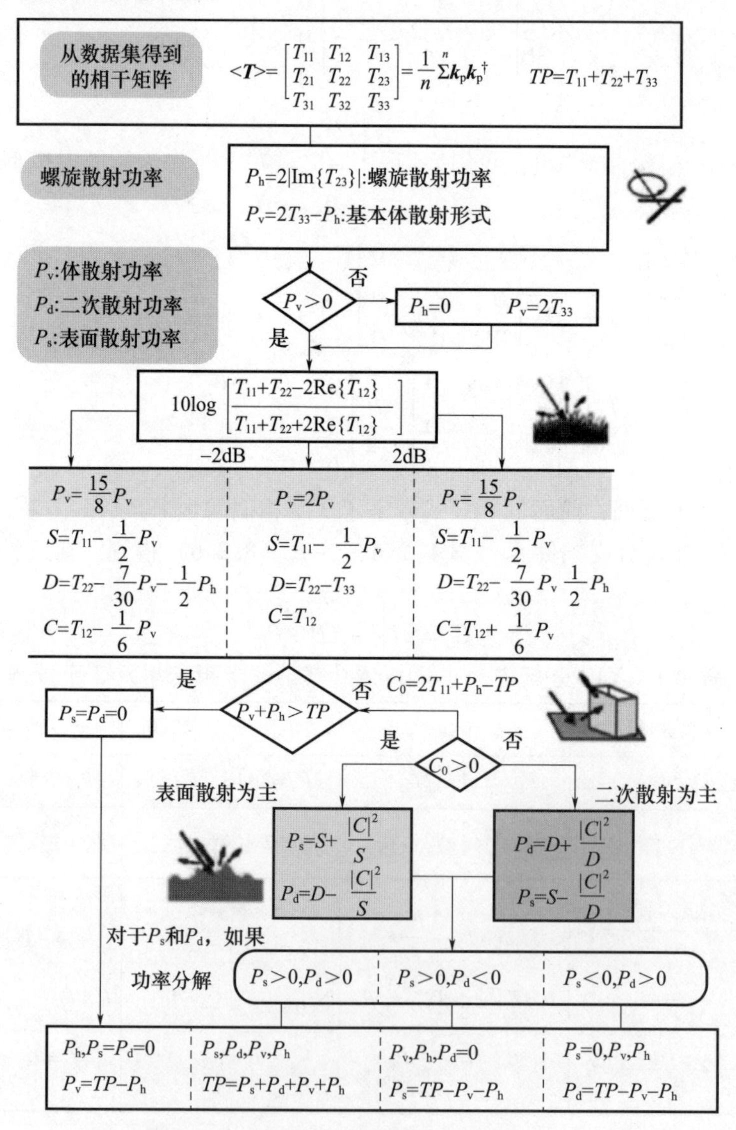

图 8.5　四分量散射功率分解算法（Y40）

图 8.6 Y40 旧金山分解图像

8.4 Y4R 和 S4R

如图 8.4 和图 8.6 所示，在图像的右下角有一个与桥相连的亮绿色区域，这是由体散射引起的。相对于雷达照射方向，这是一个随机朝向的城市建筑街区。如果产生 HV 分量，则会自动将其分配到 T_{33} 分量。如果 HV 在散射矩阵中的幅值比较大，则相应区域倾向于以体散射区域为主。由于该区域充满与雷达照射方向非正交的房屋和人工结构，因此我们尝试减少 HV 分量或相应的 T_{33} 分量，以缓解过高估计的问题。

8.4.1 HV 分量最小化

一种改进方法是在数学上最小化 T_{33}，HV 分量的最小化是雷达极化的一个基本概念。这可以通过旋转相干矩阵轻松实现，相干矩阵绕雷达旋转（图 8.7）可表示为

$$\boldsymbol{T}(\theta) = \boldsymbol{R}(\theta)\,\boldsymbol{T}\boldsymbol{R}(\theta)^{\mathrm{T}} \tag{8.4.1}$$

且

$$\boldsymbol{R}(\theta) = \begin{bmatrix} 1 & 0 & 0 \\ 0 & \cos 2\theta & \sin 2\theta \\ 0 & -\sin 2\theta & \cos 2\theta \end{bmatrix} \tag{8.4.2}$$

可得到：

$$T_{33}(\theta) = T_{33}\cos^2 2\theta + T_{22}\sin^2 2\theta - \mathrm{Re}\{T_{23}\}\sin 4\theta$$

$$T_{23}(\theta)=\mathrm{Re}\{T_{23}\}\cos4\theta-\frac{T_{22}-T_{33}}{2}\sin4\theta+\mathrm{jIm}\{T_{23}\}$$

令$\frac{\mathrm{d}T_{33}(\theta)}{\mathrm{d}\theta}=0$，求最小值，得到

$$\tan4\theta=\frac{2\mathrm{Re}\{T_{23}\}}{T_{22}-T_{33}}\tag{8.4.3}$$

因此，旋转角度可以表示为

$$2\theta=\frac{1}{2}\arctan\left(\frac{2\mathrm{Re}\{T_{23}\}}{T_{22}-T_{33}}\right)\tag{8.4.4}$$

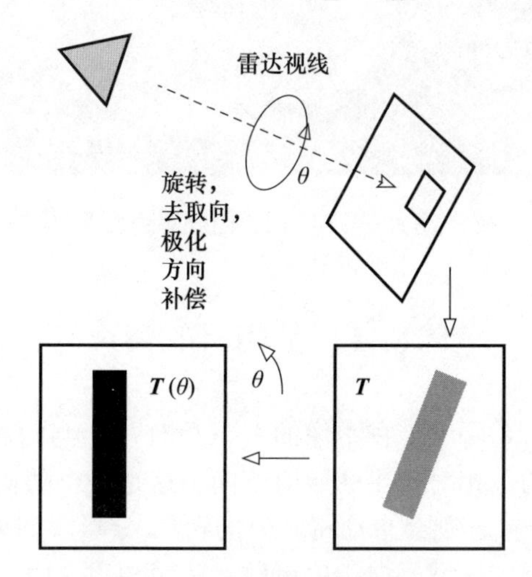

图 8.7　绕雷达瞄准线旋转

此外，$T_{23}(\theta)$变为纯虚数：

$$T_{23}(\theta)=\mathrm{jIm}\{T_{23}\}\tag{8.4.5}$$

这最适合螺旋体散射建模。这也表明旋转使

$$\mathrm{Re}\{T_{23}(\theta)\}=0\tag{8.4.6}$$

旋转后相干矩阵参数变为

$$\begin{aligned}&T_{11}(\theta)=T_{11},\ T_{12}(\theta)=T_{12}\cos2\theta+T_{13}\sin2\theta,\ T_{13}(\theta)=T_{13}\cos2\theta-T_{12}\sin2\theta\\&T_{21}(\theta)=T_{12}^{*}(\theta),\ T_{22}(\theta)=T_{22}\cos^{2}2\theta+T_{33}\sin^{2}2\theta+\mathrm{Re}\{T_{23}\}\sin4\theta\\&T_{23}(\theta)=\mathrm{jIm}\{T_{23}\},\ T_{31}(\theta)=T_{13}^{*}(\theta),\ T_{32}(\theta)=T_{23}^{*}(\theta)\\&T_{33}(\theta)=T_{33}\cos^{2}2\theta+T_{22}\sin^{2}2\theta-\mathrm{Re}\{T_{23}\}\sin4\theta\end{aligned}\tag{8.4.7}$$

因此，我们首先在成像窗口中旋转相干矩阵，并在8.5节中根据矩阵展开方法对其进行分解，然后移动到相邻窗口并重复相同的过程。如图8.8所示，每个窗口的旋转角度是不同的，该角度还取决于窗口大小（系综平均大小）。由于此方法运用了旋转操作，因此将其称为Y4R（Y40的旋转）。

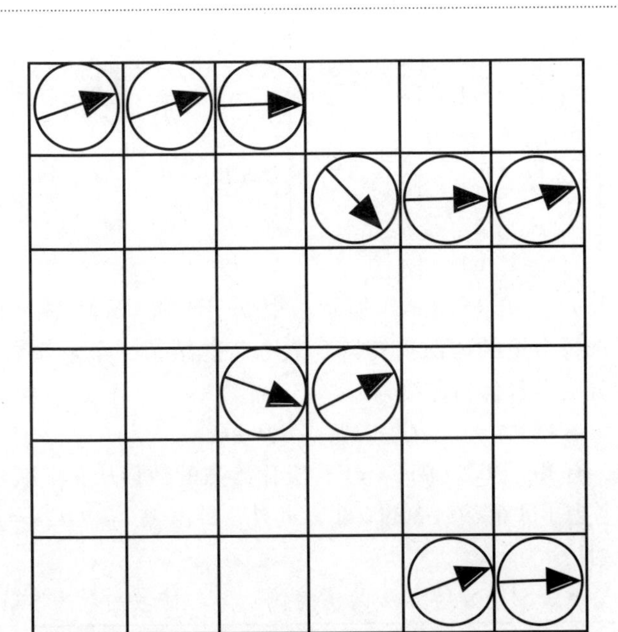

图 8.8　图像中的旋转角度

这种旋转也称为去取向[12]，或极化取向补偿[15]。式（8.4.4）与式（9.2.8）在圆极化基上的相关系数的表达式相同。虽然推导方法不同，但旋转角度相同。通过旋转或最小化 T_{33}，我们将测量的相干矩阵按如下方式展开。

8.4.2　Y4R 分解

对满足 $|\sigma_{HH}-\sigma_{VV}|<2\text{dB}$ 的体散射，我们将测量的相干矩阵展开如下。

$$\begin{bmatrix} T_{11}(\theta) & T_{12}(\theta) & T_{13}(\theta) \\ T_{21}(\theta) & T_{22}(\theta) & T_{23}(\theta) \\ T_{31}(\theta) & T_{32}(\theta) & T_{33}(\theta) \end{bmatrix} = \frac{P_s}{1+|\beta|^2}\begin{bmatrix} 1 & \beta^* & 0 \\ \beta & |\beta|^2 & 0 \\ 0 & 0 & 0 \end{bmatrix} + \frac{P_d}{1+|\alpha|^2}\begin{bmatrix} |\alpha|^2 & \alpha & 0 \\ \alpha^* & 1 & 0 \\ 0 & 0 & 0 \end{bmatrix} + \frac{P_v}{4}\begin{bmatrix} 2 & 0 & 0 \\ 0 & 1 & 0 \\ 0 & 0 & 1 \end{bmatrix} + \frac{P_h}{2}\begin{bmatrix} 0 & 0 & 0 \\ 0 & 1 & \pm \text{j} \\ 0 & \mp \text{j} & 1 \end{bmatrix} \tag{8.4.8}$$

展开后，直接可得：

$$P_h = 2|\text{Im}\{T_{23}(\theta)\}| = 2|\text{Im}\{T_{23}\}| \tag{8.4.9}$$

和

$$P_v = 2[2T_{33}(\theta) - P_h] \tag{8.4.10}$$

我们可得 3 个方程，有 4 个未知数（P_s，P_d，α，β）。

$$\begin{cases}\dfrac{P_s}{1+|\beta|^2}+\dfrac{P_d|\alpha|^2}{1+|\alpha|^2}=S\\ \dfrac{P_s|\beta|^2}{1+|\beta|^2}+\dfrac{P_d}{1+|\alpha|^2}=D,\\ \dfrac{P_s\beta^*}{1+|\beta|^2}+\dfrac{P_d\alpha}{1+|\alpha|^2}=C\end{cases}\quad\begin{cases}S=T_{11}(\theta)-\dfrac{P_v}{2}\\ D=T_{22}(\theta)-T_{33}(\theta)\\ C=T_{12}(\theta)\end{cases}\tag{8.4.11}$$

如式（8.3.5）、式（8.3.6）所示，根据HH和VV功率的不均衡，我们为子矩阵展开选择合适的体散射矩阵。表8.2总结了3个未知数方程的结果。这种情况下的分支条件保持不变。

$$C_0=2T_{11}-TP+P_h\tag{8.4.12}$$

由于旋转，有 $\mathrm{Re}\{T_{23}(\theta)\}=0$，极化参数的数量从9个减少到8个。该分解方法中，考虑了8个参数中的6个。此外，纯虚数 $T_{23}(\theta)=\mathrm{jIm}\{T_{23}\}$ 最适合于螺旋散射。

表8.2　Y4R、S4R分解方法的螺旋体功率、体散射功率和3个方程

分解参数	植被的共极化能量差			二面角
	$\sigma_{HH}-\sigma_{VV}>2\mathrm{dB}$	$\lvert\sigma_{HH}-\sigma_{VV}\rvert<2\mathrm{dB}$	$\sigma_{VV}-\sigma_{HH}>2\mathrm{dB}$	
螺旋体功率	$P_h=2\lvert\mathrm{Im}\{T_{23}\}\rvert$	$P_h=2\lvert\mathrm{Im}\{T_{23}\}\rvert$	$P_h=2\lvert\mathrm{Im}\{T_{23}\}\rvert$	$P_h=2\lvert\mathrm{Im}\{T_{23}\}\rvert$
体散射功率	$P_v=\frac{15}{8}[2T_{33}(\theta)-P_h]$	$P_v=2[2T_{33}(\theta)-P_h]$	$P_v=\frac{15}{8}[2T_{33}(\theta)-P_h]$	$P_v=\frac{15}{16}[2T_{33}(\theta)-P_h]$
$\begin{cases}\frac{P_s}{1+\lvert\beta\rvert^2}+\frac{P_d\lvert\alpha\rvert^2}{1+\lvert\alpha\rvert^2}=S\\ \frac{P_s\lvert\beta\rvert^2}{1+\lvert\beta\rvert^2}+\frac{P_d}{1+\lvert\alpha\rvert^2}=D\\ \frac{P_s\beta^*}{1+\lvert\beta\rvert^2}+\frac{P_d\alpha}{1+\lvert\alpha\rvert^2}=C\end{cases}$	$S=T_{11}(\theta)-\frac{P_v}{2}$ $D=T_{22}(\theta)-\frac{7}{30}P_v-\frac{1}{2}P_h$ $C=T_{12}(\theta)-\frac{1}{6}P_v$	$S=T_{11}(\theta)-\frac{P_v}{2}$ $D=T_{22}(\theta)-T_{33}(\theta)$ $C=T_{12}(\theta)$	$S=T_{11}(\theta)-\frac{P_v}{2}$ $D=T_{22}(\theta)-\frac{7}{30}P_v-\frac{1}{2}P_h$ $C=T_{12}(\theta)+\frac{1}{6}P_v$	$S=T_{11}(\theta)$ $D=T_{22}(\theta)-\frac{7}{15}P_v-\frac{P_h}{2}$ $C=T_{12}(\theta)$

8.4.3　S4R分解

从旧金山图像的倾斜城区可以看出，呈现出绿色的体散射很强。由于植被是体散射的主要来源，同时倾斜城市散射混淆其中，非常有必要区分这些由HV分量引起的散射。

引入倾斜二面角模型来区分这些散射。散射模型的相干矩阵形式（第6章和文献［19］）如下所示：

$$T_{\text{dihedral}}=\frac{1}{15}\begin{bmatrix}0&0&0\\0&7&0\\0&0&8\end{bmatrix} \tag{8.4.13}$$

分支条件 C_1 用于区分该体散射模型和植被体散射模型，该分解方法缩写为 S4R。

• 分支条件 C_1（附录）

标准为

$$C_1=T_{11}(\theta)-T_{22}(\theta)+\frac{7}{8}T_{33}(\theta)+\frac{1}{16}P_{\text{h}} \tag{8.4.14}$$

如果 $C_1>0$，以表面散射为主，我们使用植被散射模型。

如果 $C_1<0$，以二面角散射为主，我们使用前面所提的散射模型式（8.4.13）。

二面角散射模型的矩阵展开式为

$$\begin{bmatrix}T_{11}(\theta)&T_{12}(\theta)&T_{13}(\theta)\\T_{21}(\theta)&T_{22}(\theta)&T_{23}(\theta)\\T_{31}(\theta)&T_{32}(\theta)&T_{33}(\theta)\end{bmatrix}=\frac{P_{\text{s}}}{1+|\beta|^2}\begin{bmatrix}1&\beta^*&0\\\beta&|\beta|^2&0\\0&0&0\end{bmatrix}+\frac{P_{\text{d}}}{1+|\alpha|^2}\begin{bmatrix}|\alpha|^2&\alpha&0\\\alpha^*&1&0\\0&0&0\end{bmatrix}+$$

$$\frac{P_{\text{v}}}{15}\begin{bmatrix}0&0&0\\0&7&0\\0&0&8\end{bmatrix}+\frac{P_{\text{h}}}{2}\begin{bmatrix}0&0&0\\0&1&\pm\text{j}\\0&\mp\text{j}&1\end{bmatrix} \tag{8.4.15}$$

经过展开，可得

$$P_{\text{h}}=2|\text{Im}\{T_{23}(\theta)\}|=2|\text{Im}\{T_{23}\}| \tag{8.4.16}$$

和

$$P_{\text{v}}=\frac{16}{15}[2T_{33}(\theta)-P_{\text{h}}] \tag{8.4.17}$$

则我们可得 3 个方程，有 4 个未知数（P_{s}，P_{d}，α，β）。

$$\begin{cases}\dfrac{P_{\text{s}}}{1+|\beta|^2}+\dfrac{P_{\text{d}}|\alpha|^2}{1+|\alpha|^2}=S\\[2ex]\dfrac{P_{\text{s}}|\beta|^2}{1+|\beta|^2}+\dfrac{P_{\text{d}}}{1+|\alpha|^2}=D,\\[2ex]\dfrac{P_{\text{s}}\beta^*}{1+|\beta|^2}+\dfrac{P_{\text{d}}\alpha}{1+|\alpha|^2}=C\end{cases}\begin{cases}S=T_{11}(\theta)\\D=T_{22}(\theta)-\dfrac{7}{15}P_{\text{v}}-\dfrac{1}{2}P_{\text{h}}\\C=T_{12}(\theta)\end{cases} \tag{8.4.18}$$

表 8.2 中列出了这些值，之后，我们可以利用式（8.2.4）~式（8.2.6）中相同的近似方法推导 P_{s} 和 P_{v}。Y4R 和 S4R 的流程图如图 8.9 所示，分解方法中需要选择的是：

对于 Y4R，$C_1=1$；

对于 S4R，$C_1 = T_{11}(\theta) - T_{22}(\theta) + \frac{7}{8}T_{33}(\theta) + \frac{1}{16}P_h$。

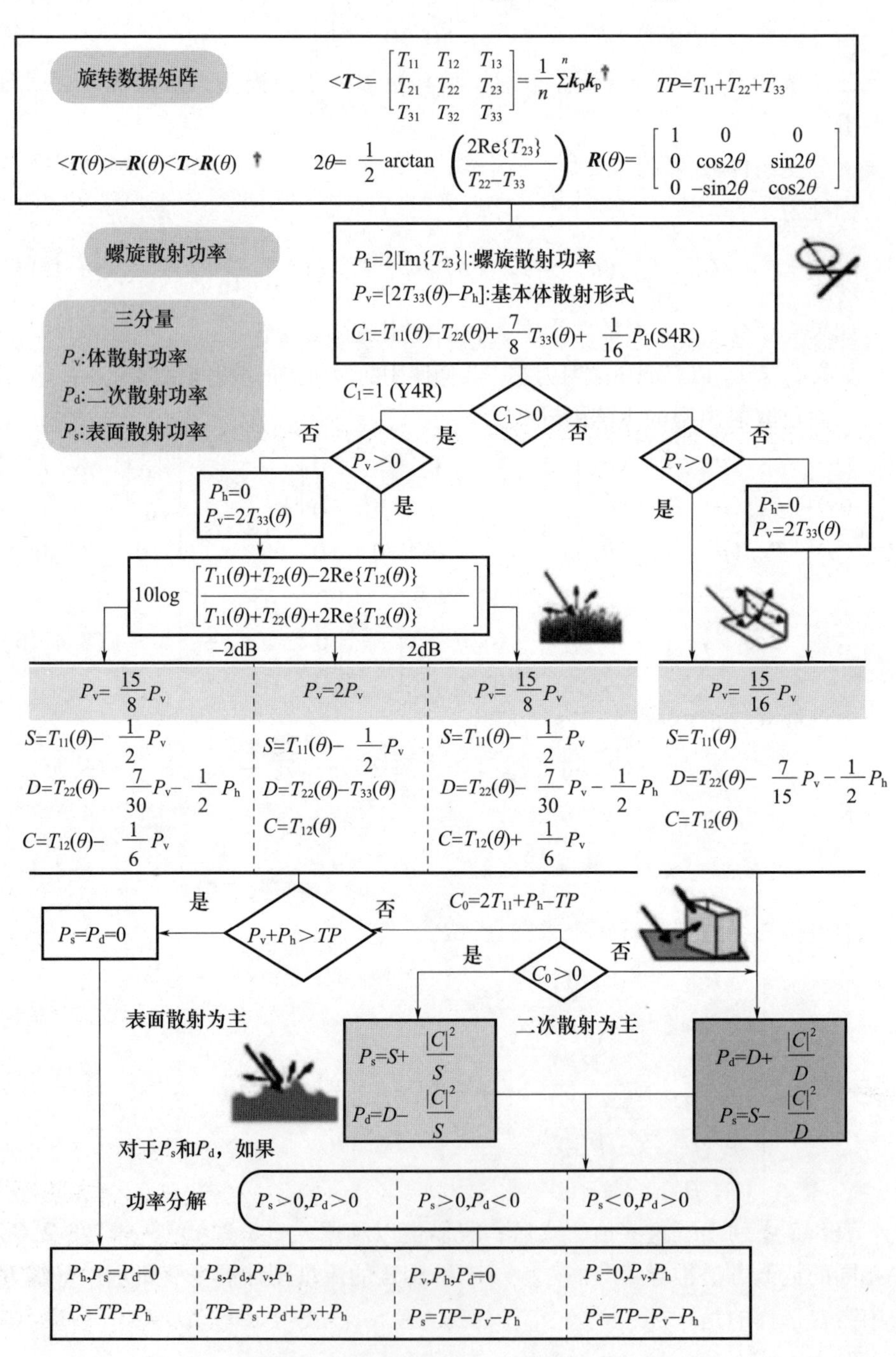

图 8.9　Y4R 和 S4R 分解流程图

Y4R 和 S4R 方法得到的图像大致相同，Y4R 图像如图 8.10 所示。可以看到，整个城市区域变得更红，这意味着人工结构中的二次散射增加。绿色区域仍为植被区。与 FDD 和 Y40 图像相比，质量似乎有了很大提高。通常，相对于雷达照射方向角小于 25°的旋转操作取得的效果良好，但大于 30°的旋转操作，该方法就无法补偿散射。

图 8.10 Y4R 对旧金山的分解图像

8.5 G4U

如果我们可以将独立极化参数的数量从 9 个减少到 7 个，那么就可以在不增加额外散射模型的情况下提高模型拟合比。更具体地说，如果我们可以将测量的相干矩阵转换为

$$\begin{bmatrix} T_{11} & T_{12} & T_{13} \\ T_{21} & T_{22} & T_{23} \\ T_{31} & T_{32} & T_{33} \end{bmatrix} \Rightarrow \begin{bmatrix} T'_{11} & T'_{12} & T'_{13} \\ T'_{21} & T'_{22} & 0 \\ T'_{31} & 0 & T'_{33} \end{bmatrix} \tag{8.5.1}$$

然后，通过 S4R 中现有的 4 个散射模型，就可以考虑到全部 7 个参数（100%）。它可以通过以下双重转换来实现。首先，我们采用旋转变换最小化 T_{33}，如 Y4R 中所述。

$\boldsymbol{T}(\theta) = \boldsymbol{R}(\theta)\boldsymbol{T}\boldsymbol{R}(\theta)^{\mathrm{T}}$ 且

$$\boldsymbol{R}(\theta)=\begin{bmatrix}1 & 0 & 0\\ 0 & \cos2\theta & \sin2\theta\\ 0 & -\sin2\theta & \cos2\theta\end{bmatrix} \tag{8.5.2}$$

这使得

$\mathrm{Re}\{T_{23}(\theta)\}=0$，$T_{23}(\theta)=\mathrm{jIm}\{T_{23}\}$，有

$$2\theta=\frac{1}{2}\arctan\left(\frac{2\mathrm{Re}\{T_{23}\}}{T_{22}-T_{33}}\right) \tag{8.5.3}$$

进一步酉变换，有

$$\boldsymbol{T}(\psi)=\boldsymbol{U}(\psi)\boldsymbol{T}(\theta)\boldsymbol{U}(\psi) \tag{8.5.4}$$

且

$$\boldsymbol{U}(\psi)=\begin{bmatrix}1 & 0 & 0\\ 0 & \cos2\psi & \mathrm{j}\sin2\psi\\ 0 & \mathrm{j}\sin2\psi & \cos2\psi\end{bmatrix} \tag{8.5.5}$$

使 $T_{23}(\psi)=\mathrm{Re}\{\mathrm{jIm}\{T_{23}\}\}=0$，有

$$2\psi=\frac{1}{2}\arctan\left(\frac{2\mathrm{Im}\{T_{23}\{\theta\}\}}{T_{22}(\theta)-T_{33}(\theta)}\right) \tag{8.5.6}$$

因此，式（8.5.4）中的参数在双重变换后变为

$$\begin{aligned}
&T_{11}(\psi)=T_{11}(\theta),\ T_{23}(\psi)=0,\ T_{32}(\psi)=0\\
&T_{21}(\psi)=T_{12}^{*}(\psi),\ T_{31}(\psi)=T_{13}^{*}(\psi)\\
&T_{12}(\psi)=T_{12}(\theta)\cos2\psi-\mathrm{j}T_{13}(\theta)\sin2\psi\\
&T_{13}(\psi)=T_{13}(\theta)\cos2\psi-\mathrm{j}T_{12}(\theta)\sin2\psi\\
&T_{22}(\psi)=T_{22}(\theta)\cos^{2}2\psi+T_{33}(\theta)\sin^{2}2\psi+\mathrm{jIm}\{T_{23}(\theta)\}\sin4\psi\\
&T_{23}(\psi)=T_{33}(\theta)\cos^{2}2\psi+T_{22}(\theta)\sin^{2}2\psi-\mathrm{jIm}\{T_{23}(\theta)\}\sin4\psi
\end{aligned} \tag{8.5.7}$$

式（8.5.7）中的参数与式（8.5.1）中的参数构成的形式相同，$T(\theta)$ 由式（8.4.7）给出。由于酉变换不改变相干矩阵上的任何信息，我们可以在不失去通用性的情况下进行散射功率分解。因此，我们在 Y4R 和 S4R 的公式模型上应用此变换。

$$\begin{aligned}
&\boldsymbol{U}(\psi)\boldsymbol{T}(\theta)\boldsymbol{U}(\psi)^{\mathrm{T}}\\
&=\boldsymbol{U}(\psi)\{\boldsymbol{P}_{\mathrm{s}}\boldsymbol{T}_{\mathrm{s}}+P_{\mathrm{d}}\boldsymbol{T}_{\mathrm{d}}+P_{\mathrm{v}}\boldsymbol{T}_{\mathrm{v}}+P_{\mathrm{h}}\boldsymbol{T}_{\mathrm{h}}\}\boldsymbol{U}(\psi)^{\mathrm{T}}
\end{aligned} \tag{8.5.8}$$

对于满足 $|\sigma_{\mathrm{HH}}-\sigma_{\mathrm{VV}}|<2\mathrm{dB}$ 的体散射，前面所提的展开式如下：

$$\begin{bmatrix}T'_{11} & T'_{12} & T'_{13}\\ T'_{21} & T'_{22} & 0\\ T'_{31} & 0 & T'_{33}\end{bmatrix}=\frac{P_{\mathrm{s}}}{1+|\beta|^{2}}\begin{bmatrix}1 & \beta^{*}\cos2\psi & -\mathrm{j}\beta^{*}\sin2\psi\\ \beta\cos2\psi & |\beta|^{2}\cos^{2}2\psi & \mathrm{j}|\beta|^{2}\dfrac{\sin4\psi}{2}\\ \mathrm{j}\beta\sin2\psi & \mathrm{j}|\beta|^{2}\dfrac{\sin4\psi}{2} & |\beta|^{2}\sin^{2}2\psi\end{bmatrix}+$$

$$\frac{P_{\mathrm{d}}}{1+|\alpha|^2}\begin{bmatrix} |\alpha|^2 & \alpha\cos2\psi & -\mathrm{j}\alpha\sin2\psi \\ \alpha^*\cos2\psi & \cos^2 2\psi & -\mathrm{j}\frac{\sin4\psi}{2} \\ \mathrm{j}\alpha^*\sin2\psi & \mathrm{j}\frac{\sin4\psi}{2} & \sin^2 2\psi \end{bmatrix}+$$

$$\frac{P_{\mathrm{v}}}{4}\begin{bmatrix} 2 & 0 & 0 \\ 0 & 1 & 0 \\ 0 & 0 & 1 \end{bmatrix}+\frac{P_{\mathrm{h}}}{2}\begin{bmatrix} 0 & 0 & 0 \\ 0 & 1\pm\sin4\psi & \pm\mathrm{j}\cos4\psi \\ 0 & \mp\mathrm{j}\cos4\psi & 1\mp\sin4\psi \end{bmatrix} \tag{8.5.9}$$

经过一系列计算，可以得到

$$P_{\mathrm{h}}=2|\mathrm{Im}\{T_{23}\}|, \quad P_{\mathrm{v}}=2[2T_{33}(\theta)-P_{\mathrm{h}}]$$

3 个方程

$$\begin{cases} \dfrac{P_{\mathrm{s}}}{1+|\beta|^2}+\dfrac{P_{\mathrm{d}}|\alpha|^2}{1+|\alpha|^2}=S \\ \dfrac{P_{\mathrm{s}}|\beta|^2}{1+|\beta|^2}+\dfrac{P_{\mathrm{d}}}{1+|\alpha|^2}=D, \\ \dfrac{P_{\mathrm{s}}\beta^*}{1+|\beta|^2}+\dfrac{P_{\mathrm{d}}\alpha}{1+|\alpha|^2}=C \end{cases} \begin{cases} S=T_{11}-\dfrac{P_{\mathrm{v}}}{2} \\ D=TP-P_{\mathrm{v}}-P_{\mathrm{h}}-S \\ C=T_{12}(\theta)+T_{13}(\theta) \end{cases} \tag{8.5.10}$$

同样地，当 $\sigma_{\mathrm{HH}}-\sigma_{\mathrm{VV}}>2\mathrm{dB}$ 时，我们采用 $\boldsymbol{T}_{\mathrm{v}}=\frac{1}{30}\begin{bmatrix} 15 & 5 & 0 \\ 5 & 7 & 0 \\ 0 & 0 & 8 \end{bmatrix}$ 作为体散射模型。

当 $\sigma_{\mathrm{VV}}-\sigma_{\mathrm{HH}}>2\mathrm{dB}$ 时，我们采用 $\boldsymbol{T}_{\mathrm{v}}=\frac{1}{30}\begin{bmatrix} 15 & -5 & 0 \\ -5 & 7 & 0 \\ 0 & 0 & 8 \end{bmatrix}$ 作为体散射模型。

对于倾斜二面角散射的 HV 分量，我们采用 $\boldsymbol{T}_{\mathrm{v}}=\frac{1}{15}\begin{bmatrix} 0 & 0 & 0 \\ 0 & 7 & 0 \\ 0 & 0 & 8 \end{bmatrix}$ 作为体散射模型。

表 8.3 总结了 4 个含未知数（P_{s}，P_{d}，α，β）的方程结果。利用分支条件 C_0（式（8.2.4）~式（8.2.6）），可得出剩余功率 P_{s} 和 P_{d}。

$$C_0=2T_{11}-TP+P_{\mathrm{h}} \tag{8.5.11}$$

分支条件 C_1 为

$$C_1=T_{11}(\theta)-T_{22}(\theta)+\frac{7}{8}T_{33}(\theta)+\frac{1}{16}P_{\mathrm{h}} \tag{8.5.12}$$

表 8.3　G4U 分解方法的螺旋体功率、体散射功率和三个方程

分解参数	植被的共极化能量差			二面角
	$\sigma_{\mathrm{HH}}-\sigma_{\mathrm{VV}}$ $>2\mathrm{dB}$	$\lvert\sigma_{\mathrm{HH}}-\sigma_{\mathrm{VV}}\rvert$ $<2\mathrm{dB}$	$\sigma_{\mathrm{VV}}-\sigma_{\mathrm{HH}}$ $>2\mathrm{dB}$	
螺旋体功率	$P_{\mathrm{h}}=2\lvert\mathrm{Im}\{T_{23}\}\rvert$	$P_{\mathrm{h}}=2\lvert\mathrm{Im}\{T_{23}\}\rvert$	$P_{\mathrm{h}}=2\lvert\mathrm{Im}\{T_{23}\}\rvert$	$P_{\mathrm{h}}=2\lvert\mathrm{Im}\{T_{23}\}\rvert$
体散射功率	$P_{\mathrm{v}}=\frac{15}{8}[2T_{33}(\theta)-P_{\mathrm{h}}]$	$P_{\mathrm{v}}=2[2T_{33}(\theta)-P_{\mathrm{h}}]$	$P_{\mathrm{v}}=\frac{15}{8}[2T_{33}(\theta)-P_{\mathrm{h}}]$	$P_{\mathrm{v}}=\frac{15}{16}[2T_{33}(\theta)-P_{\mathrm{h}}]$
$\begin{cases}\frac{P_{\mathrm{s}}}{1+\lvert\beta\rvert^2}+\frac{P_{\mathrm{d}}\lvert\alpha\rvert^2}{1+\lvert\alpha\rvert^2}=S\\ \frac{P_{\mathrm{s}}\lvert\beta\rvert^2}{1+\lvert\beta\rvert^2}+\frac{P_{\mathrm{d}}}{1+\lvert\alpha\rvert^2}=D\\ \frac{P_{\mathrm{s}}\beta^*}{1+\lvert\beta\rvert^2}+\frac{P_{\mathrm{d}}\alpha}{1+\lvert\alpha\rvert^2}=C\end{cases}$	$S=T_{11}-\frac{P_{\mathrm{v}}}{2}$ $D=T_{22}-P_{\mathrm{v}}-P_{\mathrm{h}}-S$ $C=T_{12}(\theta)-T_{13}(\theta)-\frac{1}{6}P_{\mathrm{v}}$	$S=T_{11}-\frac{P_{\mathrm{v}}}{2}$ $D=TP-P_{\mathrm{v}}-P_{\mathrm{h}}-S$ $C=T_{12}(\theta)+T_{13}(\theta)$	$S=T_{11}-\frac{P_{\mathrm{v}}}{2}$ $D=TP-P_{\mathrm{v}}-P_{\mathrm{h}}-S$ $C=T_{12}(\theta)+T_{13}(\theta)+\frac{1}{6}P_{\mathrm{v}}$	$S=T_{11}$ $D=TP-P_{\mathrm{v}}-P_{\mathrm{h}}-S$ $C=T_{12}(\theta)+T_{13}(\theta)$

尽管应用了双酉变换，表 8.3 中的最终表达式却非常简单，其结果表明，分解处理可以只靠 $T_{21}(\theta)$、$T_{13}(\theta)$、$T_{33}(\theta)$ 实现。这意味着我们不需要通过酉变换计算任何复杂表达式。如果我们比较表 8.1 和表 8.2，会发现只在含旋转矩阵参数的 S、D 和 C 的表达式中有不同之处，这一点是酉变换的潜在优势。

由于该方法将参数数量从 9 个减少到 7 个，并考虑了分解中的所有参数，它利用了 100% 的极化信息。通过旋转和酉变换使得参数 T_{33} 最小化。因此，减少（减轻）了对体散射的过高估计。由于该方法可以应用于反射对称和非反射对称，并减少体散射，因此该方法称为广义四分量酉变换散射分解(G4U)。

G4U 的流程图如图 8.11 所示，相应的旧金山图像如图 8.12 所示。与 FDD、Y40 和 Y4R 图像相比，红色（二次散射）区域更大。在右下角的三角形绿色城区得到改善。虽然仍然是绿色，但它看起来不像一个植被区了。

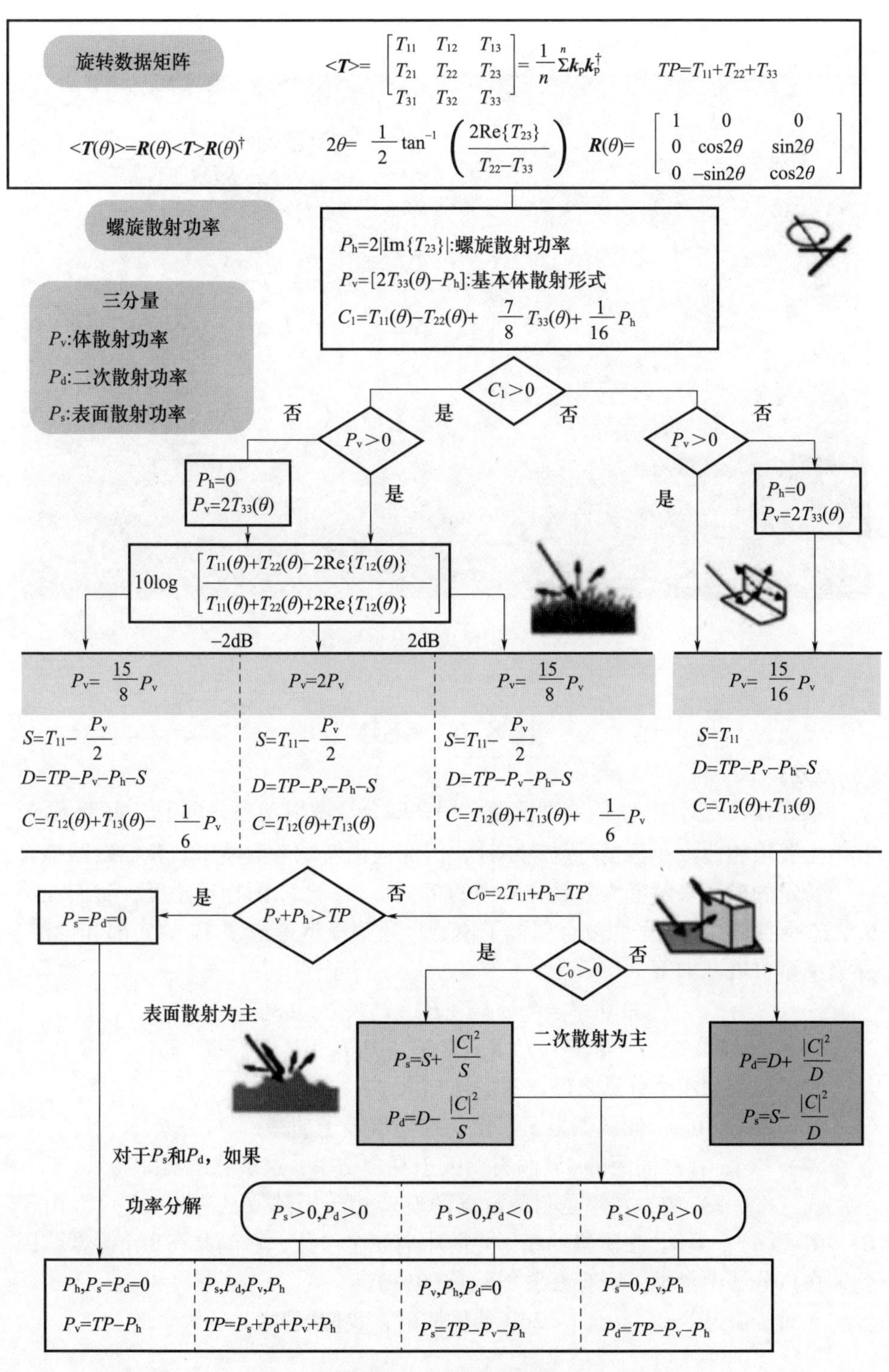

图 8.11　G4U 的流程图

图 8.12　旧金山 G4U 分解图像

8.6　6SD

现在还没有针对 T_{13} 的物理模型应用在四分量散射功率分解上，由于 T_{13} 与其他主要项相比太小甚至可忽略不计，因此尚未考虑散射模型。我们试图拟合一个特定的模型来解释六分量分解中的 T_{13} 项，对于 T_{13} 的物理建模，我们在第 6 章选择了倾斜偶极子和复合偶极子模型。这些模型考虑了 T_{13} 的实部和虚部，那么模型可展开如下：

$$\text{总功率} = P_s + P_d + P_v + P_h + P_{od} + P_{cd} \tag{8.6.1}$$

$$\langle \boldsymbol{T}(\theta) \rangle = P_s\boldsymbol{T}_s + P_d\boldsymbol{T}_d + P_v\boldsymbol{T}_v + P_h\boldsymbol{T}_h + P_{od}\boldsymbol{T}_{od} + P_{cd}\boldsymbol{T}_{cd} \tag{8.6.2}$$

除了现有的 4 个分量之外，我们还加入了：

(1) Pod：由 45°倾斜偶极子模拟的定向偶极子功率；

(2) Pcd：存在间距的 45°倾斜偶极子复合功率，这敏感于实际场景。

式 (8.6.2) 中，左侧是测量数据的旋转相干矩阵（式 (8.4.7)）。由于 $\text{Re}\{T_{23}(\theta)\} = 0$，在测量的相干矩阵中有 8 个参数，右侧共有 8 个参数。因此，在该分解中考虑了所有参数 8/8 (100%)。

● 对于满足 $|\sigma_{HH} - \sigma_{VV}| < 2\text{dB}$ 的体散射，我们展开如下：

$$\begin{bmatrix} T_{11}(\theta) & T_{12}(\theta) & T_{13}(\theta) \\ T_{21}(\theta) & T_{22}(\theta) & T_{23}(\theta) \\ T_{31}(\theta) & T_{32}(\theta) & T_{33}(\theta) \end{bmatrix} = \frac{P_s}{1+|\beta|^2}\begin{bmatrix} 1 & \beta^* & 0 \\ \beta & |\beta|^2 & 0 \\ 0 & 0 & 0 \end{bmatrix} + \frac{P_d}{1+|\alpha|^2}\begin{bmatrix} |\alpha|^2 & \alpha & 0 \\ \alpha^* & 1 & 0 \\ 0 & 0 & 0 \end{bmatrix} +$$

$$\frac{P_v}{4}\begin{bmatrix} 2 & 0 & 0 \\ 0 & 1 & 0 \\ 0 & 0 & 1 \end{bmatrix} + \frac{P_h}{2}\begin{bmatrix} 0 & 0 & 0 \\ 0 & 1 & \pm j \\ 0 & \mp j & 1 \end{bmatrix} + \frac{P_{od}}{2}\begin{bmatrix} 1 & 0 & \pm 1 \\ 0 & 0 & 0 \\ \pm 1 & 0 & 1 \end{bmatrix} + \frac{P_{cd}}{2}\begin{bmatrix} 1 & 0 & \pm j \\ 0 & 0 & 0 \\ \mp j & 0 & 1 \end{bmatrix} \tag{8.6.3}$$

根据式（8.6.1）的展开式，我们可以直接得到 4 个散射功率。

螺旋体散射功率：

$$P_h = 2|\mathrm{Im}\{T_{23}(\theta)\}| = 2|\mathrm{Im}\{T_{23}\}| \tag{8.6.4}$$

倾斜偶极子散射功率：

$$P_{od} = 2|\mathrm{Re}\{T_{13}(\theta)\}| \tag{8.6.5}$$

复合散射功率：

$$P_{cd} = 2|\mathrm{Im}\{T_{13}(\theta)\}| \tag{8.6.6}$$

体散射功率：

$$P_v = 2[2T_{33}(\theta) - P_h - P_{od} - P_{cd}] \tag{8.6.7}$$

则我们可得 3 个方程，有 4 个未知数（P_s，P_d，α，β）。

$$\begin{cases} \dfrac{P_s}{1+|\beta|^2} + \dfrac{P_d|\alpha|^2}{1+|\alpha|^2} = S \\ \dfrac{P_s|\beta|^2}{1+|\beta|^2} + \dfrac{P_d}{1+|\alpha|^2} = D, \\ \dfrac{P_s\beta^*}{1+|\beta|^2} + \dfrac{P_d\alpha}{1+|\alpha|^2} = C \end{cases} \begin{cases} S = T_{11}(\theta) - \dfrac{P_v}{2} - \dfrac{P_{od}}{2} - \dfrac{P_{cd}}{2} \\ D = T_{22}(\theta) - \dfrac{P_v}{4} - \dfrac{P_h}{2} \\ C = T_{12}(\theta) \end{cases} \tag{8.6.8}$$

如式（8.3.5）~式（8.3.6）所示，根据 HH 和 VV 功率的幅度不均衡情况，我们为子矩阵展开选择合适的体散射矩阵。表 8.4 总结了 3 个含未知数方程的结果。

表 8.4　6SD 分解方法的螺旋体功率、体散射功率、倾斜偶极子功率、复合偶极子功率和 3 个方程

分解参数	植被的共极化通道能量差			二面角
	$\sigma_{HH}-\sigma_{VV}>2\text{dB}$	$\lvert\sigma_{HH}-\sigma_{VV}\rvert<2\text{dB}$	$\sigma_{VV}-\sigma_{HH}>2\text{dB}$	
螺旋体功率	$P_h=2\lvert\mathrm{Im}\{T_{23}\}\rvert$	$P_h=2\lvert\mathrm{Im}\{T_{23}\}\rvert$	$P_h=2\lvert\mathrm{Im}\{T_{23}\}\rvert$	$P_h=2\lvert\mathrm{Im}\{T_{23}\}\rvert$
倾斜偶极功率	$P_{od}=2\lvert\mathrm{Re}\{T_{13}(\theta)\}\rvert$	$P_{od}=2\lvert\mathrm{Re}\{T_{13}(\theta)\}\rvert$	$P_{od}=2\lvert\mathrm{Re}\{T_{13}(\theta)\}\rvert$	$P_{od}=2\lvert\mathrm{Re}\{T_{13}(\theta)\}\rvert$
复合散射功率	$P_{cd}=2\lvert\mathrm{Im}\{T_{13}(\theta)\}\rvert$	$P_{cd}=2\lvert\mathrm{Im}\{T_{13}(\theta)\}\rvert$	$P_{cd}=2\lvert\mathrm{Im}\{T_{13}(\theta)\}\rvert$	$P_{cd}=2\lvert\mathrm{Im}\{T_{13}(\theta)\}\rvert$

续表

分解参数	植被的共极化通道能量差			二面角
	$\sigma_{HH}-\sigma_{VV}>2dB$	$\vert\sigma_{HH}-\sigma_{VV}\vert<2dB$	$\sigma_{VV}-\sigma_{HH}>2dB$	
体散射功率	$P_v=\frac{15}{8}[2T_{33}(\theta)-P_h]$	$P_v=2[2T_{33}(\theta)-P_h]$	$P_v=\frac{15}{8}[2T_{33}(\theta)-P_h]$	$P_v=\frac{15}{16}[2T_{33}(\theta)-P_h]$
$\begin{cases}\frac{P_s}{1+\vert\beta\vert^2}+\frac{P_d\vert\alpha\vert^2}{1+\vert\alpha\vert^2}=S\\\frac{P_s\vert\beta\vert^2}{1+\vert\beta\vert^2}+\frac{P_d}{1+\vert\alpha\vert^2}=D\\\frac{P_s\beta^*}{1+\vert\beta\vert^2}+\frac{P_d\alpha}{1+\vert\alpha\vert^2}=C\end{cases}$	$S=T_{11}(\theta)-\frac{P_v}{2}-\frac{P_{od}}{2}-\frac{P_{cd}}{2}$ $D=T_{22}(\theta)-\frac{7}{30}P_v-\frac{P_h}{2}$ $C=T_{12}(\theta)-\frac{1}{6}P_v$	$S=T_{11}(\theta)-\frac{P_v}{2}-\frac{P_{od}}{2}-\frac{P_{cd}}{2}$ $D=T_{22}(\theta)-\frac{P_v}{4}-\frac{P_h}{2}$ $C=T_{12}(\theta)$	$S=T_{11}(\theta)-\frac{P_v}{2}-\frac{P_{od}}{2}-\frac{P_{cd}}{2}$ $D=T_{22}(\theta)-\frac{7}{30}P_v-\frac{P_h}{2}$ $C=T_{12}(\theta)+\frac{1}{6}P_v$	$S=T_{11}(\theta)-\frac{P_{od}}{2}-\frac{P_{cd}}{2}$ $D=T_{22}(\theta)-\frac{7}{15}P_v-\frac{P_h}{2}$ $C=T_{12}(\theta)$

• 对于倾斜二面体散射引起的体散射，我们展开为

$$\begin{bmatrix}T_{11}(\theta) & T_{12}(\theta) & T_{13}(\theta)\\T_{21}(\theta) & T_{22}(\theta) & T_{23}(\theta)\\T_{31}(\theta) & T_{32}(\theta) & T_{33}(\theta)\end{bmatrix}=\frac{P_s}{1+|\beta|^2}\begin{bmatrix}1 & \beta^* & 0\\\beta & |\beta|^2 & 0\\0 & 0 & 0\end{bmatrix}+\frac{P_d}{1+|\alpha|^2}\begin{bmatrix}|\alpha|^2 & \alpha & 0\\\alpha^* & 1 & 0\\0 & 0 & 0\end{bmatrix}+$$

$$\frac{P_v}{15}\begin{bmatrix}0 & 0 & 0\\0 & 7 & 0\\0 & 0 & 8\end{bmatrix}+\frac{P_h}{2}\begin{bmatrix}0 & 0 & 0\\0 & 1 & \pm j\\0 & \mp j & 1\end{bmatrix}+\frac{P_{od}}{2}\begin{bmatrix}1 & 0 & \pm 1\\0 & 0 & 0\\\pm 1 & 0 & 1\end{bmatrix}+\frac{P_{cd}}{2}\begin{bmatrix}1 & 0 & \pm j\\0 & 0 & 0\\\mp j & 0 & 1\end{bmatrix} \tag{8.6.9}$$

可得

$$P_h=2|\mathrm{Im}\{T_{23}\}|,\quad P_{od}=2|\mathrm{Re}\{T_{13}(\theta)\}|$$

$$P_{cd}=2|\mathrm{Im}\{T_{13}(\theta)\}|,\quad P_v=\frac{15}{16}[2T_{33}(\theta)-P_h-P_{od}-P_{cd}]$$

3 个方程：

$$\begin{cases}\frac{P_s}{1+|\beta|^2}+\frac{P_d|\alpha|^2}{1+|\alpha|^2}=S\\\frac{P_s|\beta|^2}{1+|\beta|^2}+\frac{P_d}{1+|\alpha|^2}=D,\\\frac{P_s\beta^*}{1+|\beta|^2}+\frac{P_d\alpha}{1+|\alpha|^2}=C\end{cases}\begin{cases}S=T_{11}(\theta)-\frac{P_v}{2}-\frac{P_{od}}{2}-\frac{P_{cd}}{2}\\D=T_{22}(\theta)-\frac{7}{15}P_v-\frac{P_h}{2}\\C=T_{12}(\theta)\end{cases} \tag{8.6.10}$$

如表 8.4 所列，这些展开式带来了 3 个含未知数方程，剩余功率 P_s 和 P_d 可通过分支条件 C_0（式（8.2.4）~式（8.2.6））得到。

$$C_0 = 2T_{11} - TP + P_{\mathrm{h}} \tag{8.6.11}$$

分支条件 C_1 为

$$C_1 = T_{11}(\theta) - T_{22}(\theta) + \frac{7}{8}T_{33}(\theta) + \frac{1}{16}P_{\mathrm{h}} - \frac{15}{16}(P_{\mathrm{od}} + P_{\mathrm{cd}}) \tag{8.6.12}$$

六分量散射功率分解的流程图如图 8.13 所示，前面的过程直接反映了分解流程。

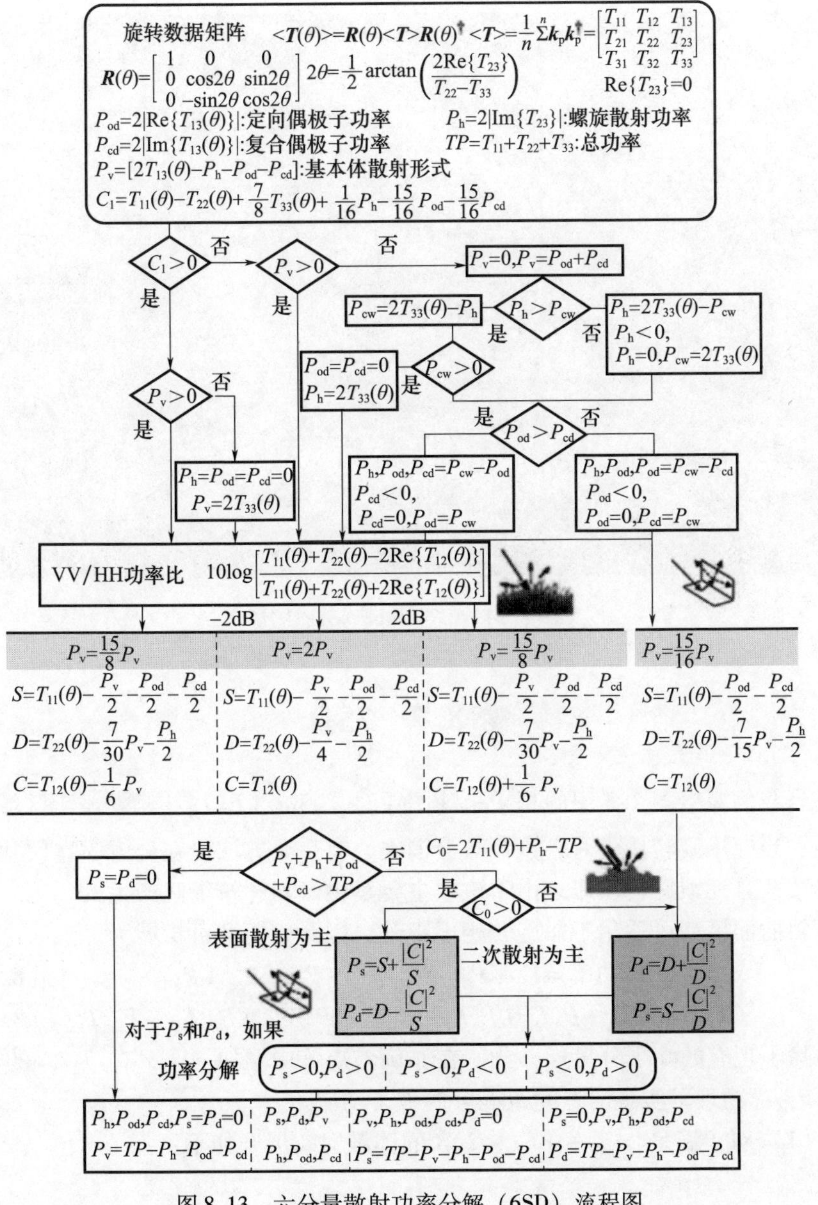

图 8.13　六分量散射功率分解（6SD）流程图

首先，我们使用分支条件 C_1 来区分 HV 的作用，如果 HV 来自自然植被，我们将使用自然树木体散射，如果 HV 是由二次散射引起的，我们主要通过倾斜和复合偶极子散射来检验人工结构中的二次散射。然后，经相同的过程确定每个散射功率是否合理。

由图 8.14 可以看到，即使在三角形的倾斜城市区域，人工建筑物也很好地显示为红色。就整体而言，图像有所改善。

图 8.14　旧金山 6SD 分解图像

8.7　7SD

当我们观察图 7.3 中的相干矩阵图像时，$|\mathrm{Re}\{T_{23}\}|$在倾斜城市区域中特别强。当应用旋转操作时，该参数会消失。有一个方法可在分解中有效地利用该参数，且无须旋转操作。由于该项主要是由倾斜建筑街区产生的，第 7 章中的倾斜曲面模型可适用于非旋转相干矩阵。因此，模型可扩展为

$$\text{总功率} = P_{\mathrm{s}} + P_{\mathrm{d}} + P_{\mathrm{v}} + P_{\mathrm{h}} + P_{\mathrm{od}} + P_{\mathrm{cd}} + P_{\mathrm{md}} \tag{8.7.1}$$

$$\langle \boldsymbol{T} \rangle = P_{\mathrm{s}}\boldsymbol{T}_{\mathrm{s}} + P_{\mathrm{d}}\boldsymbol{T}_{\mathrm{d}} + P_{\mathrm{v}}\boldsymbol{T}_{\mathrm{v}} + P_{\mathrm{h}}\boldsymbol{T}_{\mathrm{h}} + P_{\mathrm{od}}\boldsymbol{T}_{\mathrm{od}} + P_{\mathrm{cd}}\boldsymbol{T}_{\mathrm{cd}} + P_{\mathrm{md}}\boldsymbol{T}_{\mathrm{md}} \tag{8.7.2}$$

除了现有的 6 个分量外，我们在非旋转矩阵中增加一个 $\mathrm{Re}\{T_{23}\}$ 的模型 P_{md}：物理可实现的有间距混合偶极子功率。

(1) 对于满足$|\sigma_{\mathrm{HH}} - \sigma_{\mathrm{VV}}| < 2\mathrm{dB}$ 的体散射，展开如下：

$$
\begin{bmatrix} T_{11} & T_{12} & T_{13} \\ T_{21} & T_{22} & T_{23} \\ T_{31} & T_{32} & T_{33} \end{bmatrix} = \frac{P_s}{1+|\beta|^2}\begin{bmatrix} 1 & \beta^* & 0 \\ \beta & |\beta|^2 & 0 \\ 0 & 0 & 0 \end{bmatrix} + \frac{P_d}{1+|\alpha|^2}\begin{bmatrix} |\alpha|^2 & \alpha & 0 \\ \alpha^* & 1 & 0 \\ 0 & 0 & 0 \end{bmatrix} +
$$

$$
\frac{P_v}{4}\begin{bmatrix} 2 & 0 & 0 \\ 0 & 1 & 0 \\ 0 & 0 & 1 \end{bmatrix} + \frac{P_{md}}{2}\begin{bmatrix} 0 & 0 & 0 \\ 0 & 1 & \pm 1 \\ 0 & \pm 1 & 1 \end{bmatrix} + \frac{P_h}{2}\begin{bmatrix} 0 & 0 & 0 \\ 0 & 1 & \pm j \\ 0 & \mp j & 1 \end{bmatrix} +
$$

$$
\frac{P_{od}}{2}\begin{bmatrix} 1 & 0 & \pm 1 \\ 0 & 0 & 0 \\ \pm 1 & 0 & 1 \end{bmatrix} + \frac{P_{cd}}{2}\begin{bmatrix} 1 & 0 & \pm j \\ 0 & 0 & 0 \\ \mp j & 0 & 1 \end{bmatrix} \tag{8.7.3}
$$

此展开式可直接得出以下散射功率：

混合偶极子功率：

$$
P_{md} = 2|\mathrm{Re}\{T_{23}\}| \tag{8.7.4}
$$

螺旋体散射功率：

$$
P_h = 2|\mathrm{Re}\{T_{23}\}| \tag{8.7.5}
$$

倾斜偶极子功率：

$$
P_{od} = 2|\mathrm{Re}\{T_{23}\}| \tag{8.7.6}
$$

复合偶极子散射功率：

$$
P_{cd} = 2|\mathrm{Re}\{T_{23}\}| \tag{8.7.7}
$$

体散射功率：

$$
P_v = 2[2T_{23} - P_{md} - P_h - P_{od} - P_{cd}] \tag{8.7.8}
$$

则我们可得 3 个方程，有 4 个未知数（P_s，P_d，α，β）。

$$
\begin{cases} \dfrac{P_s}{1+|\beta|^2} + \dfrac{P_d|\alpha|^2}{1+|\alpha|^2} = S \\ \dfrac{P_s|\beta|^2}{1+|\beta|^2} + \dfrac{P_d}{1+|\alpha|^2} = D, \\ \dfrac{P_s\beta^*}{1+|\beta|^2} + \dfrac{P_d\alpha}{1+|\alpha|^2} = C \end{cases} \begin{cases} S = T_{11} - \dfrac{P_v}{2} - \dfrac{P_{od}}{2} - \dfrac{P_{cd}}{2} \\ D = T_{22} - \dfrac{P_v}{4} - \dfrac{P_{md}}{2} - \dfrac{P_h}{2} \\ C = T_{12} \end{cases} \tag{8.7.9}
$$

根据 HH 和 VV 功率的幅度不均衡，我们选择一个合适的体散射矩阵进行子矩阵扩展，如式（8.3.5）~式（8.3.6）所示。表 8.5 总结了 3 个未知方程的结果。

（2）对于倾斜二面体散射引起的体散射，展开项为

$$\begin{bmatrix} T_{11} & T_{12} & T_{13} \\ T_{21} & T_{22} & T_{23} \\ T_{31} & T_{32} & T_{33} \end{bmatrix} = \frac{P_{\mathrm{s}}}{1+|\beta|^2}\begin{bmatrix} 1 & \beta^* & 0 \\ \beta & |\beta|^2 & 0 \\ 0 & 0 & 0 \end{bmatrix} + \frac{P_{\mathrm{d}}}{1+|\alpha|^2}\begin{bmatrix} |\alpha|^2 & \alpha & 0 \\ \alpha^* & 1 & 0 \\ 0 & 0 & 0 \end{bmatrix} +$$

$$\frac{P_{\mathrm{v}}}{15}\begin{bmatrix} 0 & 0 & 0 \\ 0 & 7 & 0 \\ 0 & 0 & 8 \end{bmatrix} + \frac{P_{\mathrm{md}}}{2}\begin{bmatrix} 0 & 0 & 0 \\ 0 & 1 & \pm 1 \\ 0 & \pm 1 & 1 \end{bmatrix} + \frac{P_{\mathrm{h}}}{2}\begin{bmatrix} 0 & 0 & 0 \\ 0 & 1 & \pm \mathrm{j} \\ 0 & \mp \mathrm{j} & 1 \end{bmatrix} +$$

$$\frac{P_{\mathrm{od}}}{2}\begin{bmatrix} 1 & 0 & \pm 1 \\ 0 & 0 & 0 \\ \pm 1 & 0 & 1 \end{bmatrix} + \frac{P_{\mathrm{cd}}}{2}\begin{bmatrix} 1 & 0 & \pm \mathrm{j} \\ 0 & 0 & 0 \\ \mp \mathrm{j} & 0 & 1 \end{bmatrix} \tag{8.7.10}$$

可得：

$$P_{\mathrm{md}} = 2|\mathrm{Re}\{T_{23}\}|,\ P_{\mathrm{h}} = 2|\mathrm{Im}\{T_{23}\}|,\ P_{\mathrm{od}} = 2|\mathrm{Re}\{T_{13}\}|,$$

$$P_{\mathrm{cd}} = 2|\mathrm{Im}\{T_{13}\}|,\ P_{\mathrm{v}} = \frac{15}{16}[2T_{23} - P_{\mathrm{md}} - P_{\mathrm{h}} - P_{\mathrm{od}} - P_{\mathrm{cd}}]$$

3 个方程：

$$\begin{cases} \dfrac{P_{\mathrm{s}}}{1+|\beta|^2} + \dfrac{P_{\mathrm{d}}|\alpha|^2}{1+|\alpha|^2} = S \\ \dfrac{P_{\mathrm{s}}|\beta|^2}{1+|\beta|^2} + \dfrac{P_{\mathrm{d}}}{1+|\alpha|^2} = D, \\ \dfrac{P_{\mathrm{s}}\beta^*}{1+|\beta|^2} + \dfrac{P_{\mathrm{d}}\alpha}{1+|\alpha|^2} = C \end{cases} \begin{cases} S = T_{11} - \dfrac{P_{\mathrm{od}}}{2} - \dfrac{P_{\mathrm{cd}}}{2} \\ D = T_{22} - \dfrac{7}{15}P_{\mathrm{v}} - \dfrac{P_{\mathrm{md}}}{2} - \dfrac{P_{\mathrm{h}}}{2} \\ C = T_{12} \end{cases} \tag{8.7.11}$$

如表 8.5 所列，前面所提的展开式带来了 3 个含未知数的方程，剩余功率 P_{s} 和 P_{d} 可通过分支条件 C_0（式（8.2.4）~式（8.2.6））得到。在这种情况下：

$$C_0 = 2T_{11} - TP + P_{\mathrm{h}} + P_{\mathrm{md}} \tag{8.7.12}$$

分支条件 C_1 为

$$C_1 = T_{11}(\theta) - T_{22}(\theta) + \frac{7}{8}T_{33}(\theta) + \frac{1}{16}(P_{\mathrm{md}} + P_{\mathrm{h}}) - \frac{15}{16}(P_{\mathrm{od}} + P_{\mathrm{cd}}) \tag{8.7.13}$$

七分量散射功率分解的流程图如图 8.15 所示。上述过程直接反映在分解流程中。图 8.16 展示了使用相同数据集的旧金山分解图像。高度倾斜城市区域（右下角呈三角形）现在被识别为用红色表示的人工结构。该区域可与植被区区分开来。P_{md} 在分解过程中对二次散射有贡献。

表 8.5 7SD 分解方法的螺旋体功率、体散射功率、倾斜偶极子功率、复合偶极子功率和 3 个方程

	植被			二面角
	$\sigma_{HH}-\sigma_{VV}>2\text{dB}$	$\lvert\sigma_{HH}-\sigma_{VV}\rvert<2\text{dB}$	$\sigma_{VV}-\sigma_{HH}>2\text{dB}$	
混合偶极子功率	$P_{md}=2\lvert\text{Re}\{T_{23}\}\rvert$	$P_{md}=2\lvert\text{Re}\{T_{23}\}\rvert$	$P_{md}=2\lvert\text{Re}\{T_{23}\}\rvert$	$P_{md}=2\lvert\text{Re}\{T_{23}\}\rvert$
螺旋体功率	$P_h=2\lvert\text{Im}\{T_{23}\}\rvert$	$P_h=2\lvert\text{Im}\{T_{23}\}\rvert$	$P_h=2\lvert\text{Im}\{T_{23}\}\rvert$	$P_h=2\lvert\text{Im}\{T_{23}\}\rvert$
有向偶极子功率	$P_{od}=2\lvert\text{Re}\{T_{13}\}\rvert$	$P_{od}=2\lvert\text{Re}\{T_{13}\}\rvert$	$P_{od}=2\lvert\text{Re}\{T_{13}\}\rvert$	$P_{od}=2\lvert\text{Re}\{T_{13}\}\rvert$
复合散射功率	$P_{cd}=2\lvert\text{Im}\{T_{13}\}\rvert$	$P_{cd}=2\lvert\text{Im}\{T_{13}\}\rvert$	$P_{cd}=2\lvert\text{Im}\{T_{13}\}\rvert$	$P_{cd}=2\lvert\text{Im}\{T_{13}\}\rvert$
体散射功率	$P_v=\frac{15}{8}\times[2T_{23}-P_{md}-P_h-P_{od}-P_{cd}]$	$P_v=\frac{15}{8}\times[2T_{23}-P_{md}-P_h-P_{od}-P_{cd}]$	$P_v=\frac{15}{8}\times[2T_{23}-P_{md}-P_h-P_{od}-P_{cd}]$	$P_v=\frac{15}{16}\times[2T_{23}-P_{md}-P_h-P_{od}-P_{cd}]$
$\begin{cases}\frac{P_s}{1+\lvert\beta\rvert^2}+\frac{P_d\lvert\alpha\rvert^2}{1+\lvert\alpha\rvert^2}=S\\ \frac{P_s\lvert\beta\rvert^2}{1+\lvert\beta\rvert^2}+\frac{P_d}{1+\lvert\alpha\rvert^2}=D\\ \frac{P_s\beta^*}{1+\lvert\beta\rvert^2}+\frac{P_d\alpha}{1+\lvert\alpha\rvert^2}=C\end{cases}$	$S=T_{11}-\frac{P_v}{2}-\frac{P_{od}}{2}-\frac{P_{cd}}{2}$ $D=T_{22}-\frac{7}{30}P_v-\frac{P_{md}}{2}-\frac{P_h}{2}$ $C=T_{12}-\frac{1}{6}P_v$	$S=T_{11}-\frac{P_v}{2}-\frac{P_{od}}{2}-\frac{P_{cd}}{2}$ $D=T_{22}-\frac{P_v}{4}-\frac{P_{md}}{2}-\frac{P_h}{2}$ $C=T_{12}$	$S=T_{11}-\frac{P_v}{2}-\frac{P_{od}}{2}-\frac{P_{cd}}{2}$ $D=T_{22}-\frac{7}{30}P_v-\frac{P_{md}}{2}-\frac{P_h}{2}$ $C=T_{12}+\frac{1}{6}P_v$	$S=T_{11}-\frac{P_{od}}{2}-\frac{P_{cd}}{2}$ $D=T_{22}-\frac{7}{15}P_v-\frac{P_{md}}{2}-\frac{P_h}{2}$ $C=T_{12}$

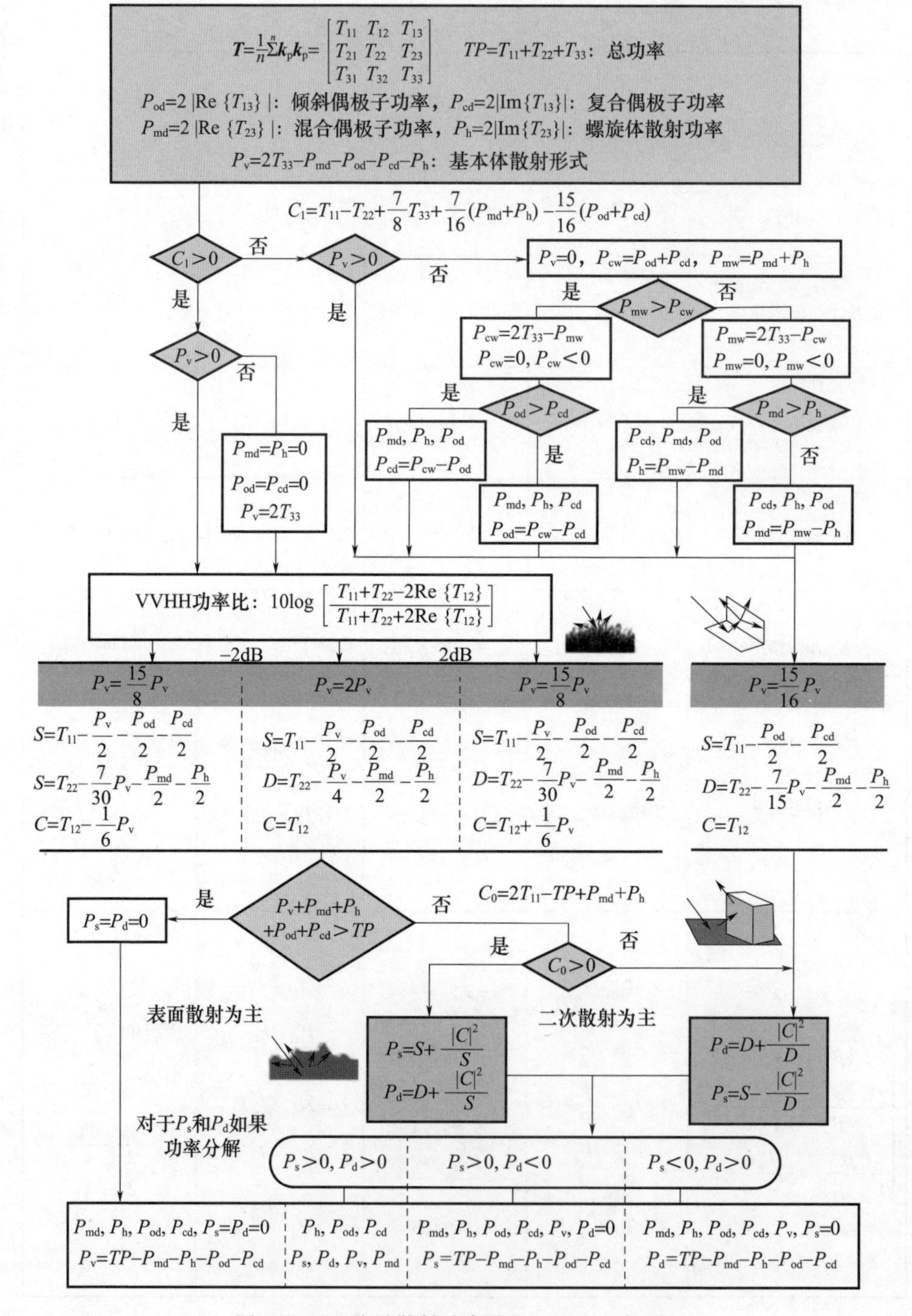

图 8.15　七分量散射功率分解（7SD）流程图

图 8.16　旧金山 7SD 分解图像（见彩图）

8.8　颜色编码

颜色编码是创建全彩色图像的一个重要因素。如果任意选择颜色编码，极化彩色图像会有极大的变化，这将难以评估，更重要的是让每个人都能直观地识别。

RGB 颜色编码常用于三分量分解，如图 8.17 所示。常用的是 P_s（蓝色）、P_d（红色）和 P_v（绿色）。由于这种颜色编码使用最广，因此最好遵循它。如果加上螺旋体散射功率，我们有 4 种颜色。如图 8.18 所示，我们将功率 P_h 值指定为黄色（红色/2 + 绿色/2）。由于 P_h 值的大小通常小于其他成分，因此黄色对彩色图像的影响不大。因此，我们对 FDD、Y40、Y4R、S4R 和 G4U 使用该颜色编码。

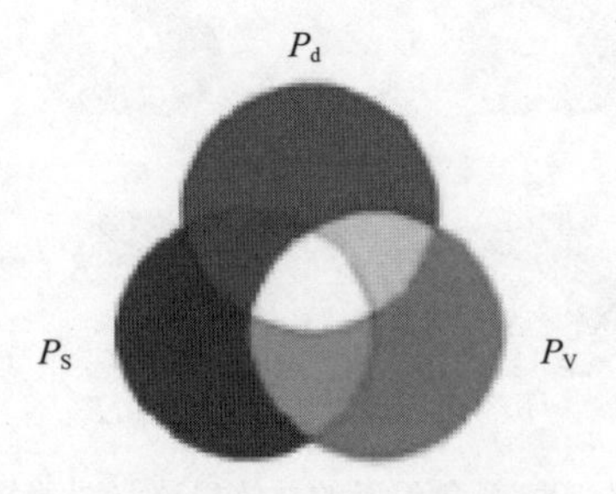

图 8.17　RGB 颜色编码（见彩图）

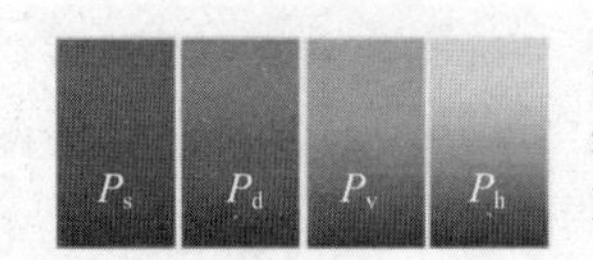

图 8.18　四分量颜色编码和亮度分配（见彩图）

对于多重散射功率 6SD，我们需要将 P_{od} 和 P_{cd} 分配给不同的颜色，分配颜色没有规则，可以考虑将 RGB 颜色分配给 6 个散射功率的双色合成图像。然而，最好是使用所有散射功率制作一个图像，经过多次试验，我们将 P_{od} 和 P_{cd} 分配给橙色，如图 8.19 所示。

另一种尝试是参照颜色组合，将粉色、黄色、浅蓝色等中间色分配给对应的相干矩阵元素和对应的模型功率（图 8.20）。由于颜色编码的组合几乎是无限的，如图 8.21 所示，我们制作了一个可以任意组合颜色的软件。该颜色组合用于构建图 8.1 中的旧金山图像。

红=$P_d+3/5\,(P_{cd}+P_{od})+P_h/2$

绿=$P_v+2/5\,(P_{cd}+P_{od})+P_h/2$

蓝=P_s

黄=P_h (helix)=$P_h/2+P_h/2$

橙=$3/5\,(P_{cd}+P_{od})+2/5\,(P_{cd}+P_{od})$

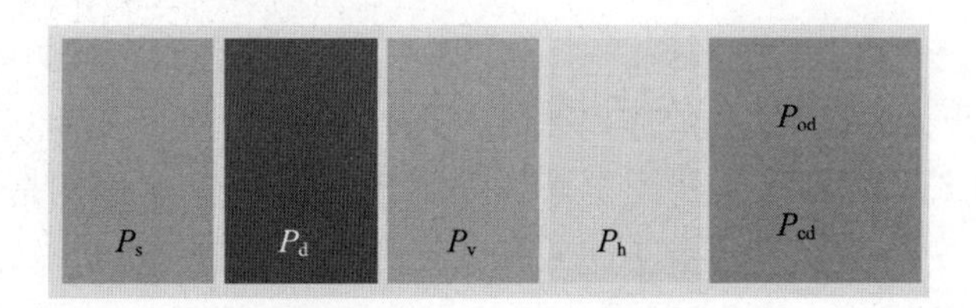

图 8.19　6SD 颜色分配（见彩图）

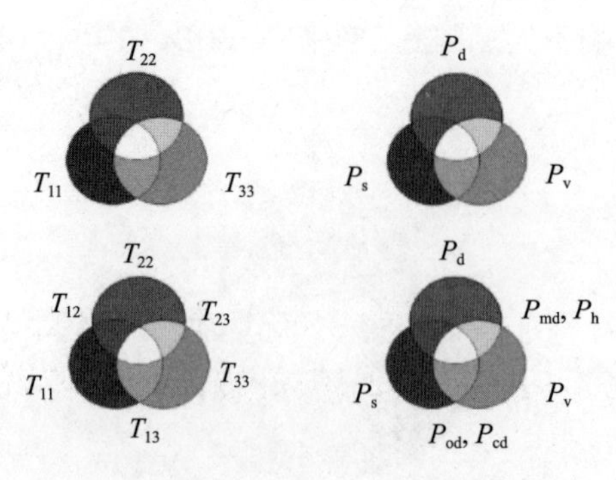

图 8.20　颜色编码的总体思路（见彩图）

颜色编码-2

	红	绿	蓝
P_s			1
P_d	1	0.2	
P_v		1	
P_h	0.5	0.5	
P_{od}		0.5	0.5
P_{cd}		0.5	0.5

图 8.21 任意比例的彩色合成图（见彩图）

8.9 本章小结

正如我们在本章中所见，基于物理模型的功率分解有许多方法。从三分量到七分量分解，方法是一致的。基于模型的散射功率分解具有以下优点：

（1）算法简单；

（2）计算快速；

（3）可得散射功率，功率是一个关键的雷达参数；

（4）对散射功率进行颜色编码合成全彩图像；

（5）颜色表示散射机理；

（6）对每个人来说，按颜色解读图像都很简单；

（7）时间序列变化可以通过颜色变化识别；

（8）散射功率可进一步输入其他应用中，如分类和卷积神经网络（CNN）。

根据分析目的（有或无旋转，图 7.2）可以使用三分量到七分量分解的任何分解方法。

附　　录

A8.1 协方差矩阵公式和分支条件

在散射功率分解初期，采用了协方差矩阵公式[10,11]，因为对角参数与雷达信通功率成正比，非对角项表示散射矩阵元素之间的互相关。C_{13}项特别重要，它具有特殊的物理性质，例如 $\mathrm{Re}\{C_{13}\}<0$ 对应二次散射以及 $\mathrm{Re}\{C_{13}\}>0$ 对应表面散射。因此，为了推导分支条件，我们用协方矩阵来进行散射功率分解。

协方差矩阵公式：

$$\langle \boldsymbol{C}\rangle=\begin{bmatrix} C_{11} & C_{12} & C_{13} \\ C_{21} & C_{22} & C_{23} \\ C_{31} & C_{32} & C_{33}\end{bmatrix}=\begin{vmatrix} \langle |S_{\mathrm{IIII}}|^2\rangle & \sqrt{2}\langle S_{\mathrm{HH}}S_{\mathrm{HV}}^*\rangle & \langle S_{\mathrm{HH}}S_{\mathrm{VV}}^*\rangle \\ \sqrt{2}\langle S_{\mathrm{HV}}S_{\mathrm{HH}}^*\rangle & 2\langle |S_{\mathrm{HH}}|^2\rangle & \sqrt{2}\langle S_{\mathrm{HV}}S_{\mathrm{VV}}^*\rangle \\ \langle S_{\mathrm{VV}}S_{\mathrm{HH}}^*\rangle & \sqrt{2}\langle S_{\mathrm{VV}}S_{\mathrm{HV}}^*\rangle & \langle |S_{\mathrm{VV}}|^2\rangle \end{vmatrix} \tag{A8.1}$$

七分量散射功率分解可展开为

$$\begin{aligned}\begin{bmatrix} C_{11} & C_{12} & C_{13} \\ C_{21} & C_{22} & C_{23} \\ C_{31} & C_{32} & C_{33}\end{bmatrix}=&f_{\mathrm{s}}\begin{bmatrix} |\beta|^2 & 0 & 0 \\ 0 & 0 & 0 \\ \beta^* & 0 & 1\end{bmatrix}+f_{\mathrm{d}}\begin{bmatrix} 1 & 0 & \alpha^* \\ 0 & 0 & 0 \\ \alpha & 0 & |\alpha|^2\end{bmatrix}+\\ &\frac{P_{\mathrm{v}}}{8}\begin{bmatrix} 3 & 0 & 1 \\ 0 & 2 & 0 \\ 1 & 0 & 3\end{bmatrix}+\frac{P_{\mathrm{md}}}{4}\begin{bmatrix} 1 & \pm\sqrt{2} & -1 \\ \pm\sqrt{2} & 2 & \mp\sqrt{2} \\ -1 & \mp\sqrt{2} & 1\end{bmatrix}+\\ &\frac{P_{\mathrm{h}}}{4}\begin{bmatrix} 1 & \pm\mathrm{j}\sqrt{2} & -1 \\ \mp\mathrm{j}\sqrt{2} & 2 & \pm\mathrm{j}\sqrt{2} \\ -1 & \mp\mathrm{j}\sqrt{2} & 1\end{bmatrix}+\frac{P_{\mathrm{od}}}{4}\begin{bmatrix} 1 & \pm\sqrt{2} & 1 \\ \mp\sqrt{2} & 2 & \pm\sqrt{2} \\ 1 & \mp\sqrt{2} & 1\end{bmatrix}+\\ &\frac{P_{\mathrm{cd}}}{4}\begin{bmatrix} 1 & \pm\mathrm{j}\sqrt{2} & 1 \\ \mp\mathrm{j}\sqrt{2} & 2 & \pm\mathrm{j}\sqrt{2} \\ 1 & \mp\mathrm{j}\sqrt{2} & 1\end{bmatrix}\end{aligned} \tag{A8.2}$$

C_{13} 和 C_{22} 变为

$$C_{13}=\langle S_{\mathrm{HH}}S_{\mathrm{VV}}^*\rangle=f_{\mathrm{s}}\beta+f_{\mathrm{d}}\alpha^*+\frac{1}{8}P_{\mathrm{v}}-\frac{1}{4}(P_{\mathrm{md}}+P_{\mathrm{h}})+\frac{1}{4}(P_{\mathrm{od}}+P_{\mathrm{cd}})$$

$$C_{22}=2\langle |S_{\mathrm{HH}}|^2\rangle=\frac{1}{4}P_{\mathrm{v}}+\frac{1}{2}(P_{\mathrm{md}}+P_{\mathrm{h}})+\frac{1}{2}(P_{\mathrm{od}}+P_{\mathrm{cd}})$$

有

$$\begin{aligned}2C_{13}-C_{22}&=2\langle S_{\mathrm{HH}}S_{\mathrm{VV}}^*\rangle-2\langle |S_{\mathrm{HH}}|^2\rangle=2(f_{\mathrm{s}}\beta+f_{\mathrm{d}}\alpha^*)-(P_{\mathrm{md}}+P_{\mathrm{h}})\\ \mathrm{Re}\{f_{\mathrm{s}}\beta+f_{\mathrm{d}}\alpha^*\}&=2\mathrm{Re}\{\langle S_{\mathrm{HH}}S_{\mathrm{VV}}^*\rangle\}-2\langle |S_{\mathrm{HV}}|^2\rangle+(P_{\mathrm{md}}+P_{\mathrm{h}})\\ &=T_{11}-T_{22}-T_{33}+(P_{\mathrm{md}}+P_{\mathrm{h}})=2T_{11}-TP+P_{\mathrm{md}}+P_{\mathrm{h}}\end{aligned}$$

（相干矩阵表达式） (A8.3)

（1）分支条件 C_0。

由于协方差矩阵公式[10]中假设了 Re $\{\alpha\}<0$ 和 Re $\{\beta\}>0$，Re $\{f_s\beta+f_d\alpha^*\}$ 的符号决定了是表面散射还是二次散射为主。

因此，我们提出

$$C_0=2T_{11}-TP+P_{md}+P_h\text{（相干矩阵表达式）} \tag{A8.4}$$

并检查 C_0 的符号：

$C_0>0\Rightarrow$以表面散射为主；

$C_0<0\Rightarrow$以二次散射为主。

如果分解过程中不用考虑 P_{md}或 P_h，则忽略。

$$C_0=2T_{11}-TP+P_h\text{（对 6SD，G4U，S4R，Y4R，Y40）} \tag{A8.5}$$

$$C_0=2T_{11}-TP\text{（对 FDD）} \tag{A8.6}$$

（2）分支条件 C_1。

该条件用于确定来自 HV 分量的类型，是倾斜二面角还是植被。由于协方差矩阵中的体散射模型为

$$\boldsymbol{T}^{\text{dihedral}}=\frac{1}{15}\begin{bmatrix}0&0&0\\0&7&0\\0&0&8\end{bmatrix}\Rightarrow\boldsymbol{C}^{\text{dihedral}}=\frac{1}{30}\begin{bmatrix}7&0&-7\\0&16&0\\-7&0&7\end{bmatrix}\begin{bmatrix}C_{11}&C_{12}&C_{13}\\C_{21}&C_{22}&C_{23}\\C_{31}&C_{32}&C_{33}\end{bmatrix}$$

$$=f_s\begin{bmatrix}|\beta|^2&0&0\\0&0&0\\\beta^*&0&1\end{bmatrix}+f_d\begin{bmatrix}1&0&\alpha^*\\0&0&0\\\alpha&0&|\alpha|^2\end{bmatrix}+\frac{P_v}{30}\begin{bmatrix}7&0&-7\\0&16&0\\-7&0&7\end{bmatrix}+$$

$$\frac{P_{md}}{4}\begin{bmatrix}1&\pm\sqrt{2}&-1\\\pm\sqrt{2}&2&\mp\sqrt{2}\\-1&\mp\sqrt{2}&1\end{bmatrix}+\frac{P_h}{4}\begin{bmatrix}1&\pm\mathrm{j}\sqrt{2}&-1\\\mp\mathrm{j}\sqrt{2}&2&\pm\mathrm{j}\sqrt{2}\\-1&\mp\mathrm{j}\sqrt{2}&1\end{bmatrix}+$$

$$\frac{P_{od}}{4}\begin{bmatrix}1&\pm\sqrt{2}&1\\\mp\sqrt{2}&2&\pm\sqrt{2}\\1&\mp\sqrt{2}&1\end{bmatrix}+\frac{P_{cd}}{4}\begin{bmatrix}1&\pm\mathrm{j}\sqrt{2}&1\\\mp\mathrm{j}\sqrt{2}&2&\pm\mathrm{j}\sqrt{2}\\1&\mp\mathrm{j}\sqrt{2}&1\end{bmatrix} \tag{A8.7}$$

C_{13}和 C_{22}变为

$$C_{13}=\langle S_{HH}S_{VV}^*\rangle=f_s\beta+f_d\alpha^*-\frac{7}{30}P_v-\frac{1}{4}(P_{md}+P_h)+\frac{1}{4}(P_{od}+P_{cd})$$

$$C_{22}=2\langle|S_{HH}|^2\rangle=\frac{16}{30}P_v+\frac{1}{2}(P_{md}+P_h)+\frac{1}{2}(P_{od}+P_{cd})$$

有

$$2C_{13}-C_{22}=2\langle S_{HH}S_{VV}^*\rangle-2\langle|S_{HH}|^2\rangle=2(f_s\beta+f_d\alpha^*)-(P_v+P_{md}+P_h)$$

$$\text{Re}\{f_s\beta+f_d\alpha^*\}=2\text{Re}\{\langle S_{HH}S_{VV}^*\rangle\}-2\langle|S_{HV}|^2\rangle+(P_v+P_{md}+P_h)$$

$$=T_{11}-T_{22}-T_{33}+P_v+P_{md}+P_h=2T_{11}-TP+P_v+P_{md}+P_h \tag{A8.8}$$

（相干矩阵表达式）

由于倾斜二面角中 $P_v = \frac{15}{16}[2T_{33} - P_{md} - P_h - P_{od} - P_{cd}]$，相干矩阵形式的表达式可以进一步改写为

$$7SD 中的\ C_1 = T_{11} - T_{22} + \frac{7}{8}T_{33} + \frac{1}{16}(P_{md} + P_h) - \frac{15}{16}(P_{od} + P_{cd}) \tag{A8.9}$$

检查 Re $\{f_s\beta + f_d\alpha^*\}$ 的符号：

$C_1 > 0 \Rightarrow$ 植被散射；

$C_1 < 0 \Rightarrow$ 二面角散射。

如果散射模型并不多，我们就放弃式（A8.9）并按下列公式使用：

6SD 中

$$C_1 = T_{11}(\theta) - T_{22}(\theta) + \frac{7}{8}T_{33}(\theta) + \frac{1}{16}P_h - \frac{15}{16}(P_{od} + P_{cd}) \tag{A8.10}$$

S4R，G4U 中

$$C_1 = T_{11}(\theta) - T_{22}(\theta) + \frac{7}{8}T_{33}(\theta) + \frac{1}{16}P_h \tag{A8.11}$$

极化度可以自适应地识别植被和人造目标[25]。

参 考 文 献

1. S. R. Cloude and E. Pottier, "A review of target decomposition theorems in radar polarimetry," IEEE Trans. Geosci. Remote Sens., vol. 34, no. 2, pp. 498 – 518, 1996.
2. Y. Yamaguchi, Radar Polarimetry from Basics to Application (in Japanese), IEICE, Tokyo, 2007.
3. J. S. Lee and E. Pottier, Polarimetric Radar Imaging from Basics to Applications, CRC Press, Boca Raton, FL, 2009.
4. S. R. Cloude, Polarisation Applications in Remote Sensing, Oxford University Press, Oxford, UK, 2009.
5. Y. – Q. Jin and F. Xu, Theory and Approach for Polarimetric Scattering and Information Retrieval of SAR Remote Sensing (In Modern Chinese), Science Press, Beijing, 2008, ISBN978 – 7 – 03 – 022649 – 5.
6. J. van Zyl and Y. Kim, Synthetic Aperture Radar Polarimetry, Wiley, Hoboken, NJ, 2011.
7. A. Moreira et al., A tutorial on synthetic aperture radar, IEEE GRSS Magazine, pp. 6 – 43, March 2013.
8. S. W. Chen, X. – S. Wang, S. – P. Xiao, and M. Sato, Target Scattering Mechanism in Polari-

metric Synthetic Aperture Radar—Interpretation and Application, Springer, Singapore, 2017.

9. Y. Cui, Y. Yamaguchi, H. Kobayashi, and J. Yang, "Filtering of polarimetric synthetic aperture radar images: a sequential approach," Electronic Proceedings of IEEE - IGARSS 2012, Munich, July 2012.

10. A. Freeman and S. Durden, "A three - component scattering model for polarimetric SAR data," IEEE Trans. Geosci. Remote Sens., vol. 36, no. 3, pp. 963 - 973, May 1998.

11. Y. Yamaguchi, T. Moriyama, M. Ishido, and H. Yamada, "Four - component scattering model for polarimetric SAR image decomposition," IEEE Trans. Geosci. Remote Sens., vol. 43, no. 8, pp. 1699 - 1706, August 2005.

12. F. Xu and Y. Q. Jin, "Deorientation theory of polarimetric scattering targets and application to terrain surface classification," IEEE Trans. Geosci. Remote Sens., vol. 43, no. 10, pp. 2351 - 2364, October 2005.

13. L. Zhang, B. Zou, H. Cai, and Y. Zhang, "Multiple - component scattering model for polarimetric SAR image decomposition," IEEE Geosci. Remote Sens. Lett., vol. 5, no. 4, pp. 603 - 607, October 2008.

14. W. - T. An, Y. Cui, and J. Yang, "Three - component model - based decomposition for polarimetric SAR data," IEEE Trans. Geosci. Remote Sens., vol. 48, no. 6, pp. 2732 - 2739, June 2010.

15. J. S. Lee and T. Ainsworth, "The effect of orientation angle compensation on coherency matrix and polarimetric target decompositions," Proc. of EUSAR 2010, Germany, 2010, and IEEE Trans. Geosci. Remote Sens., vol. 49, no. 1, pp. 53 - 64, January 2011.

16. Y. Yamaguchi, A. Sato, W. - M. Boerner, R. Sato, and H. Yamada, "Four - component scattering power decomposition with rotation of coherency matrix," IEEE Trans. Geosci. Remote Sens., vol. 49, no. 6, pp. 2251 - 2258, June 2011.

17. W. - T. An, C. Xie, X. Yuan, Y. Cui, and J. Yang, "Four - component decomposition of polarimetric SAR images with deorientation," IEEE Geosci. Remote Sens. Lett., vol. 8, no. 6, pp. 1090 - 1094, November 2011.

18. M. Arii, J. J. van Zyl, and Y. Kim, "Adaptive model - based decomposition of polarimetric SAR covariance matrices," IEEE Trans. Geosci. Remote Sens., vol. 49, no. 3, pp. 1104 - 1113, March 2011.

19. A. Sato, Y. Yamaguchi, G. Singh, and S. - E. Park, "Four - component scattering power decomposition with extended volume scattering model," IEEE Geosci. Remote Sens. Lett., vol. 9, no. 2, pp. 166 - 170, March 2012.

20. G. Singh, Y. Yamaguchi, and S. - E. Park, "General four - component scattering power decomposition with unitary transformation of coherency matrix," IEEE Trans. Geosci. Remote Sens., vol. 51, no. 5, pp. 3014 - 3022, May 2013.

21. S. W. Chen, X. Wang, S. P. Xiao, and M. Sato, "General polarimetric model - based decomposition for coherency matrix," IEEE Trans. Geosci. Remote Sens., vol. 52, no. 3, pp. 1843 -

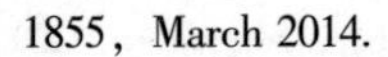

1855, March 2014.

22. J. S. Lee, T. L. Ainsworth, and Y. Wang, "Generalized polarimetric model – based decompositions using incoherent scattering models," IEEE Trans. Geosci. Remote Sens., vol. 52, pp. 2474 – 2491, 2014.
23. G. Singh and Y. Yamaguchi, "Model – based six – component scattering matrix power decomposition," IEEE Trans. Geosci. Remote Sens., vol. 56, no. 10, pp. 5687 – 5704, October 2018.
24. G. Singh, R. Malik, S. Mohanty, V. S. Rathore, K. Yamada, M. Umemura, and Y. Yamaguchi, "Seven – component scattering power decomposition of POLSAR coherency matrix," IEEE Trans. Geosci. Remote Sens., vol. 57, vol. 6, June 2019. doi: 10.1109/TGRS.2019.2920762.
25. A. hattacharya, G. Singh, S. Manickman, and Y. Yamaguchi, "Adaptive general four – component scattering power decomposition with unitary transformation of coherency matrix," IEEE Geosci. Remote Sens. Lett., vol. 12, no. 10, pp. 2110 – 2114, 2015.

第9章 相关性和相似性

相关的概念在信号处理中起着重要的作用，相关系数是进行目标检测、分类和识别的关键参数，该概念已广泛应用于雷达信号分析和雷达通道硬件检查中，其定义来自数学理论。

如果有两个复信号 $s_1(x)$ 和 $s_2(x)$，以下 Cauchy – Schwarz 不等式成立：

$$\left|\int_a^b s_1(x)s_2^*(x)\mathrm{d}x\right|^2 \leqslant \int_a^b |s_1(x)|^2\mathrm{d}x\int_a^b |s_2^*(x)|^2\mathrm{d}x \tag{9.0.1}$$

$$0 \leqslant \frac{\left|\int_a^b s_1(x)s_2^*(x)\mathrm{d}x\right|}{\sqrt{\int_a^b |s_1(x)|^2\mathrm{d}x\int_a^b |s_2^*(x)|^2\mathrm{d}x}} \leqslant 1 \tag{9.0.2}$$

如果用散射矢量 s_1 和 s_2 替换复信号 $s_1(x)$ 和 $s_2(x)$，则可以定义极化相关系数为

$$\gamma = \frac{\langle s_1 s_2^*\rangle}{\sqrt{\langle s_1 s_1^*\rangle\langle s_1 s_2^*\rangle}} = \frac{\langle s_1 s_2^*\rangle}{\sqrt{\langle |s_1|^2\rangle\langle |s_2|^2\rangle}} \tag{9.0.3}$$

$$0 \leqslant |\gamma| \leqslant 1 \tag{9.0.4}$$

其中，$*$ 为复共轭；$\langle\cdots\rangle$ 为系综平均；γ 为两个信号的相关程度，$\gamma\approx1$：说明两种散射机理非常接近，非常相似，$\gamma\approx0$：说明两种散射机理不接近、不同或独立。

以上基本概念具有广泛的应用，比如为合适的场景选择合适的极化基。以前研究人员总在探索，最好的极化基是什么？哪种极化基能为目标检测或分类提供有用的信息？即寻找通过图 9.1 中 Poincaré 球的最佳直线（极化基）。

为了寻找不同场景下最合适的极化基，使用以下符号定义该极化基中的相关系数：

$$\gamma_{\mathrm{XY-AB}} = \mathrm{Cor}(\mathrm{XY},\ \mathrm{AB}) = \frac{\langle S_{\mathrm{XY}}S_{\mathrm{AB}}^*\rangle}{\sqrt{\langle S_{\mathrm{XY}}S_{\mathrm{XY}}^*\rangle\langle S_{\mathrm{AB}}S_{\mathrm{AB}}^*\rangle}} \tag{9.0.5}$$

其中，下标 X、Y、A 和 B 表示极化符号，如 H、V、L、R、±45°。这样我们

就可以精确地计算极化相关性。

本章主要讨论相关系数的运用，重点在目标检测或分类上。

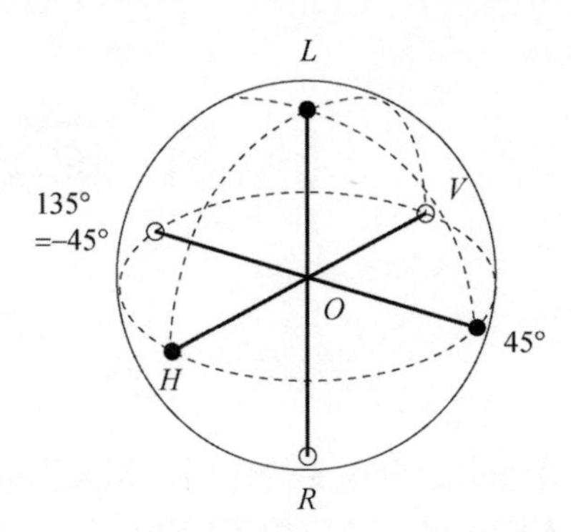

图 9.1　Poincaré 球面和极化基（直线）

9.1　极化协方差矩阵和相关系数

利用散射矩阵，可以构建协方差矩阵并在成像窗口内进行平均处理。经过系综平均后，HV 极化基下的协方差矩阵可以表示为

$$\langle \boldsymbol{C}(\mathrm{HV})\rangle=\begin{bmatrix}C_{11} & C_{12} & C_{13}\\ C_{21} & C_{22} & C_{23}\\ C_{31} & C_{32} & C_{33}\end{bmatrix}=\begin{vmatrix}\langle |S_{\mathrm{HH}}|^2\rangle & \sqrt{2}\langle S_{\mathrm{HH}}S_{\mathrm{HV}}^*\rangle & \langle S_{\mathrm{HH}}S_{\mathrm{VV}}^*\rangle\\ \sqrt{2}\langle S_{\mathrm{HV}}S_{\mathrm{HH}}^*\rangle & 2\langle |S_{\mathrm{HH}}|^2\rangle & \sqrt{2}\langle S_{\mathrm{HV}}S_{\mathrm{VV}}^*\rangle\\ \langle S_{\mathrm{VV}}S_{\mathrm{HH}}^*\rangle & \sqrt{2}\langle S_{\mathrm{VV}}S_{\mathrm{HV}}^*\rangle & \langle |S_{\mathrm{VV}}|^2\rangle\end{vmatrix} \tag{9.1.1}$$

使用 H 极化通道的功率对其进行标准化，并且引入功率比

$$\sigma_{\mathrm{HH}}=C_{11}=\langle |S_{\mathrm{HH}}|^2\rangle \tag{9.1.2}$$

$$g=\frac{\langle |S_{\mathrm{VV}}|^2\rangle}{\langle |S_{\mathrm{HH}}|^2\rangle},\ \text{和}\ e=\frac{\langle |S_{\mathrm{HV}}|^2\rangle}{\langle |S_{\mathrm{HH}}|^2\rangle} \tag{9.1.3}$$

然后将非对角项与相关系数联系起来

$$\gamma_{\mathrm{HH-VV}}=\mathrm{Cor}(\mathrm{HH},\ \mathrm{VV})=\frac{\langle S_{\mathrm{HH}}S_{\mathrm{VV}}^*\rangle}{\sqrt{\langle |S_{\mathrm{HH}}|^2\rangle\langle |S_{\mathrm{VV}}|^2\rangle}}=\frac{C_{13}}{\sqrt{C_{11}C_{33}}} \tag{9.1.4}$$

$$\gamma_{\mathrm{HH-HV}}=\mathrm{Cor}(\mathrm{HH},\ \mathrm{HV})=\frac{\langle S_{\mathrm{HH}}S_{\mathrm{HV}}^*\rangle}{\sqrt{\langle |S_{\mathrm{HH}}|^2\rangle\langle |S_{\mathrm{HV}}|^2\rangle}}=\frac{C_{12}}{\sqrt{C_{11}C_{22}}} \tag{9.1.5}$$

$$\gamma_{\mathrm{VV-HV}}=\mathrm{Cor}(\mathrm{VV},\ \mathrm{HV})=\frac{\langle S_{\mathrm{VV}}S_{\mathrm{HV}}^*\rangle}{\sqrt{\langle |S_{\mathrm{VV}}|^2\rangle\langle |S_{\mathrm{HV}}|^2\rangle}}=\frac{C_{23}}{\sqrt{C_{22}C_{33}}} \tag{9.1.6}$$

最后，协方差矩阵可以通过相关系数改写为

$$\langle \boldsymbol{C}(\mathrm{HV})\rangle=\sigma_{\mathrm{HH}}\begin{vmatrix}1 & \sqrt{2e}\gamma_{\mathrm{HH-HV}} & \sqrt{2g}\gamma_{\mathrm{HH-VV}}\\ \sqrt{2e}\gamma_{\mathrm{HH-HV}} & 2e & \sqrt{2eg}\gamma_{\mathrm{HV-VV}}\\ \sqrt{2g}\gamma_{\mathrm{HH-VV}}^{*} & \sqrt{2eg}\gamma_{\mathrm{HV-VV}}^{*} & g\end{vmatrix}\tag{9.1.7}$$

对于森林和植被等自然分布的区域"反射对称条件"成立，即

$$\langle S_{\mathrm{HH}}S_{\mathrm{HV}}^{*}\rangle\approx 0,\ \langle S_{\mathrm{VV}}S_{\mathrm{HV}}^{*}\rangle\approx 0$$

在反射对称条件下，协方差矩阵化简为含 5 个独立参数的形式[1]，即

$$\langle \boldsymbol{C}(\mathrm{HV})\rangle_{\mathrm{ref.\,sym}}=\sigma_{\mathrm{HH}}\begin{vmatrix}1 & 0 & \sqrt{g}\gamma_{\mathrm{HH-VV}}\\ 0 & 2e & 0\\ \sqrt{g}\gamma_{\mathrm{HH-VV}}^{*} & 0 & g\end{vmatrix}\tag{9.1.8}$$

式 (9.1.8) 说明 5 个独立参数（σ_{HH}、功率比 e 和 g 以及复相关系数 $\gamma_{\mathrm{HH-VV}}$）足以描述这些区域的极化特性。相关系数幅度 $0<|\gamma_{\mathrm{HH-VV}}|<1$ 或实部 $-1<\mathrm{Re}(\gamma_{\mathrm{HH-VV}})<1$ 的选择取决于具体应用。使用这 5 个参数，可以对满足反射对称条件的目标类型进行分类或识别。

在不满足反射对称条件时，($\langle S_{\mathrm{HH}}S_{\mathrm{HV}}^{*}\rangle\neq 0$，$\langle S_{\mathrm{VV}}S_{\mathrm{HV}}^{*}\rangle\neq 0$)，协方差矩阵表达式仍为式 (9.1.7)。这种情况对应散射特性复杂的城市区域，区域内的目标。朝向比较随机。如图 9.2 所示，雷达截面积 (RCS) 因地物朝向的不同而不同[2]。如图 9.2 右图中的建筑物，倾斜朝向时，目标的 RCS 就会较小，而垂直入射的 RCS 较大（左图）[2]。在倾斜朝向的情况下，HV 分量的贡献比重变得相当大，于是有 $\langle S_{\mathrm{HH}}S_{\mathrm{HV}}^{*}\rangle\neq 0$，$\langle S_{\mathrm{VV}}S_{\mathrm{HV}}^{*}\rangle\neq 0$。实际应用中，可以利用这一点对复杂的人造目标和自然物体进行分类。为了进一步增强 PolSAR 分类或检测的能力，有必要在不同极化基上找出有用的相关系数。

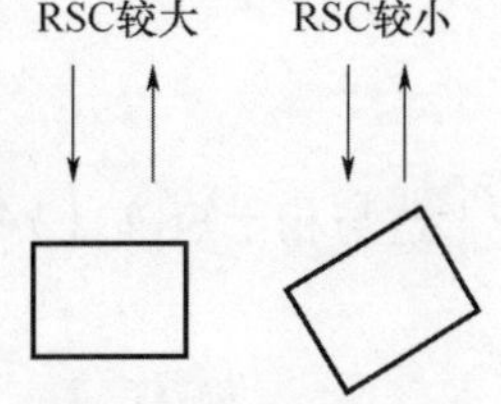

图 9.2　RCS 的各向异性

9.2　圆极化基的相关系数

根据圆极化基中协方差矩阵的定义，相关系数为[3]

$$\begin{aligned}\mathrm{Cor}(\mathrm{LL},\mathrm{RR})&=\gamma_{\mathrm{LL-RR}}=|\gamma_{\mathrm{LL-RR}}|\angle\varphi_{\mathrm{LL-RR}}\\&=\frac{\langle 4|S_{\mathrm{HV}}|^2-|S_{\mathrm{HH}}-S_{\mathrm{VV}}|^2\rangle-\mathrm{j}4\mathrm{Re}\langle S_{\mathrm{HV}}^{*}(S_{\mathrm{HH}}-S_{\mathrm{VV}})\rangle}{\sqrt{\langle|S_{\mathrm{HH}}-S_{\mathrm{VV}}+\mathrm{j}2S_{\mathrm{HV}}|^2\rangle\langle|S_{\mathrm{HH}}-S_{\mathrm{VV}}-\mathrm{j}2S_{\mathrm{HV}}|^2\rangle}}\end{aligned}\tag{9.2.1}$$

$$\varphi_{\mathrm{LL-RR}}=\arctan\frac{4\mathrm{Re}\langle S_{\mathrm{HV}}^{*}(S_{\mathrm{HH}}-S_{\mathrm{VV}})\rangle}{\langle|S_{\mathrm{HH}}-S_{\mathrm{VV}}|^2-4|S_{\mathrm{HV}}|^2\rangle}\tag{9.2.2}$$

由于 Cor（LL，LR）和 Cor（LR，RR）对实际应用几无帮助，故在此忽略。在反射对称条件下，式（9.2.1）中的相关系数 $\gamma_{\mathrm{LL-RR}}$ 变为式（9.2.3），这与相干矩阵的参数建立了直接联系。为了与非反射对称情况区分，我们将反射对称条件表示为

$$\gamma_{\mathrm{LL-RR}}(0)=\frac{\langle 4|S_{\mathrm{HV}}|^2-|S_{\mathrm{HH}}-S_{\mathrm{VV}}|^2\rangle}{\langle 4|S_{\mathrm{HV}}|^2+|S_{\mathrm{HH}}-S_{\mathrm{VV}}|^2\rangle}=\frac{T_{33}-T_{22}}{T_{33}+T_{22}} \tag{9.2.3}$$

$$\varphi_{\mathrm{LL-RR}}(0)=\pi,0 \tag{9.2.4}$$

根据该表达式，发现 $\gamma_{\mathrm{LL-RR}}(0)$ 可以用相干矩阵中的参数来表示，并为实数。在复平面上绘制时，它位于实轴附近，而其他非反射对称的物体远离实轴[4]。9.3 节中将验证这一属性。

在非反射对称条件下，相关系数的相位表达式有一个有趣的特征：

$$\varphi_{\mathrm{LL-RR}}=\arctan\frac{4\mathrm{Re}\langle S_{\mathrm{HV}}^*(S_{\mathrm{HH}}-S_{\mathrm{VV}})\rangle}{\langle |S_{\mathrm{HH}}-S_{\mathrm{VV}}|^2-4|S_{\mathrm{HV}}|^2\rangle}=\arctan\left(\frac{2\mathrm{Re}\{T_{23}\}}{T_{22}-T_{33}}\right) \tag{9.2.5}$$

如果将圆极化协方差矩阵旋转 θ，LL 和 RR 之间的互相关变为

$$\langle S_{\mathrm{LL}}(\theta)S_{\mathrm{RR}}^*(\theta)\rangle=\{S_{\mathrm{LL}}S_{\mathrm{RR}}^*\}\mathrm{e}^{-\mathrm{j}4\theta}\Rightarrow|\gamma_{\mathrm{LL-RR}}|\mathrm{e}^{\mathrm{j}\varphi}\mathrm{e}^{-\mathrm{j}4\theta} \tag{9.2.6}$$

$$\text{为了使上式为实数，需要满足 } \varphi=4\theta \tag{9.2.7}$$

因此，旋转角度必须满足

$$\theta=\frac{1}{4}\varphi=\frac{1}{4}\arctan\left(\frac{2\mathrm{Re}\{T_{23}\}}{T_{22}-T_{33}}\right) \tag{9.2.8}$$

这与相干矩阵（Y4R）和极化方向补偿中极化基的旋转角度相同[5,6]。

9.3 45°和 135°线极化基的相关系数

45°线极化基在这里表示为 X－Y 基。根据定义，X－Y 基的相关系数为

$$\begin{aligned}\gamma_{\mathrm{XX-YY}}&=|\gamma_{\mathrm{XX-YY}}|\angle\varphi_{\mathrm{XX-YY}}\\&=\frac{\langle |S_{\mathrm{HH}}+S_{\mathrm{VV}}|^2-4|S_{\mathrm{HV}}|^2\rangle-\mathrm{j}4\mathrm{Im}\langle S_{\mathrm{HV}}^*(S_{\mathrm{HH}}+S_{\mathrm{VV}})\rangle}{\sqrt{\langle |S_{\mathrm{HH}}-S_{\mathrm{VV}}+2S_{\mathrm{HV}}|^2\rangle\langle |S_{\mathrm{HH}}-S_{\mathrm{VV}}-2S_{\mathrm{HV}}|^2\rangle}}\end{aligned} \tag{9.3.1}$$

$$\varphi_{\mathrm{XX-YY}}=\arctan\frac{4\mathrm{Im}\langle S_{\mathrm{HV}}^*(S_{\mathrm{HH}}+S_{\mathrm{VV}})\rangle}{\langle 4|S_{\mathrm{HV}}|^2-|S_{\mathrm{HH}}+S_{\mathrm{VV}}|^2\rangle} \tag{9.3.2}$$

在反射对称条件下，可写为

$$\gamma_{\mathrm{XX-YY}}(0)=\frac{\langle |S_{\mathrm{HH}}+S_{\mathrm{VV}}|^2-4|S_{\mathrm{HV}}|^2\rangle}{\langle |S_{\mathrm{HH}}+S_{\mathrm{VV}}|^2+4|S_{\mathrm{HV}}|^2\rangle}=\frac{T_{11}-T_{33}}{T_{11}+T_{33}} \tag{9.3.3}$$

$$\varphi_{\mathrm{XX-YY}}(0)=0 \tag{9.3.4}$$

$\gamma_{\mathrm{XX-YY}}(0)$ 可以用相干矩阵的元素表示。然而，由于大部分目标都满

足 $T_{11} \gg T_{33}$，式（9.3.3）接近实数 1，因此 45°线极化基难以有效地对目标进行分类。

9.4　任意极化基中的相关系数

相关系数的表达式取决于极化基。对于任意极化基下的相关系数，可以通过散射矩阵参数结合旋转角度来给出统一表征（式（4.2.7））：

$$\gamma_{\mathrm{AA-BB}} = \frac{\langle S_{\mathrm{AA}} S_{\mathrm{BB}}^* \rangle}{\sqrt{\langle S_{\mathrm{AA}} S_{\mathrm{AA}}^* \rangle \langle S_{\mathrm{BB}} S_{\mathrm{BB}}^* \rangle}} \tag{9.4.1}$$

$$\begin{cases} S_{\mathrm{AA}} = \dfrac{\mathrm{e}^{\mathrm{j}2\alpha}}{1+\rho\rho^*} (S_{\mathrm{HH}} + 2\rho S_{\mathrm{HV}} + \rho^2 S_{\mathrm{VV}}) \\ S_{\mathrm{BB}} = \dfrac{\mathrm{e}^{-\mathrm{j}2\alpha}}{1+\rho\rho^*} (\rho^{*2} S_{\mathrm{HH}} - 2\rho^* S_{\mathrm{HV}} + S_{\mathrm{VV}}) \end{cases} \tag{9.4.2}$$

$$\begin{cases} \rho = \dfrac{\sin\tau\cos\varepsilon + \mathrm{j}\cos\tau\sin\varepsilon}{\cos\tau\cos\varepsilon - \mathrm{j}\sin\tau\sin\varepsilon} \\ \alpha = \arctan(\tan\tau\tan\varepsilon) \end{cases} \tag{9.4.3}$$

如果 $\alpha=0$，$\rho=0$，可得到 HV 极化基的相关系数（式 9.1.4）。如果 $\alpha=0$，$\rho=\mathrm{j}$，可得到圆极化基下的表达式（式（9.2.1））。此外，$\alpha=0$，$\rho=1$ 可得到 XY 极化基下的表达式（式（9.3.1））。

如果我们选择特定的极化状态，如共极化最大值，就可以定义和评估这一特定状态下的相关系数。然而，这个值与场景相关。对应的值会在一个个成像窗口中变化，不适合在整幅图像的范围内进行分类。

9.5　泡利基中的相关系数

在相干矩阵表达式中，非对角项表示泡利矢量参数之间的相互关系。与协方差矩阵相似，我们可以使用相干矩阵参数定义相关系数：

$$\gamma_{\mathrm{HH+VV,HH-VV}} = \mathrm{Cor}(\mathrm{HH+VV},\ \mathrm{HH-VV}) = \frac{T_{12}}{\sqrt{T_{11}T_{22}}} \tag{9.5.1}$$

$$\gamma_{\mathrm{HH+VV,HV}} = \mathrm{Cor}(\mathrm{HH+VV},\ \mathrm{HV}) = \frac{T_{13}}{\sqrt{T_{11}T_{33}}} \tag{9.5.2}$$

$$\gamma_{\mathrm{HH-VV,HH-VV}} = \mathrm{Cor}(\mathrm{HH-VV},\ \mathrm{HV}) = \frac{T_{23}}{\sqrt{T_{22}T_{33}}} \tag{9.5.3}$$

由于相干矩阵参数与物理散射机理有关，因此这些值的可解释性较强（T_{11}：表面散射，T_{22}：二次散射，T_{33}：交叉极化生成）。

S. W. Chen 研究了不同极化基中相关系数与旋转角度的关系[7]，得到以角度作为自变量的相关系数函数，依赖于目标特性，其形状与天线方向图类似。

9.6 各种相关系数间的比较

9.6.1 相关系数幅度

有人会提问：哪种相关系数的目标分类效果更好？HH－VV 的信息是否优于 LL－RR 的信息？XX－YY 的相关性如何？

这里利用新潟市的 PiSAR－L 数据计算了相关系数[8]。窗口尺寸选择为 7×7。其伪彩图和相关系数的幅度图如图 9.3 所示。

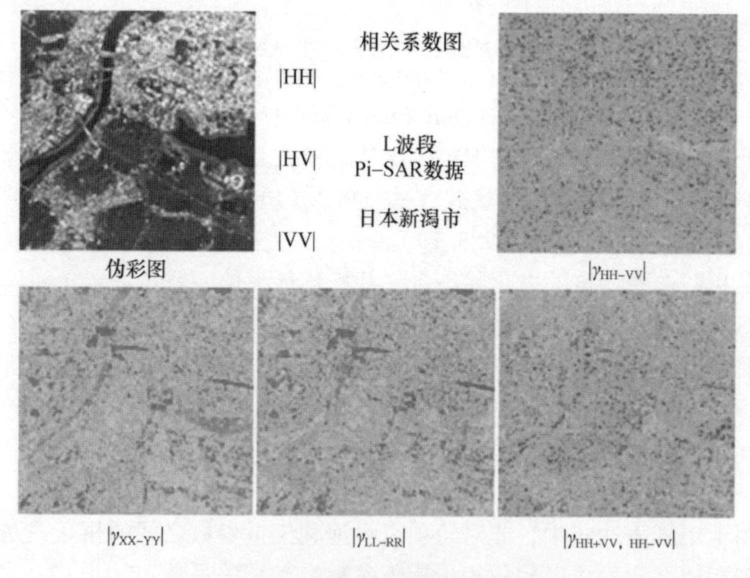

图 9.3　相关系数量级图像（见彩图）

可见，$|\gamma_{HH-VV}|$和$|\gamma_{HH+VV,HH-VV}|$图像相似，$|\gamma_{XX-YY}|$和$|\gamma_{LL-RR}|$图像相似。$|\gamma_{HH-VV}|$图像看起来比较杂乱。红色表示较大的数值，在$|\gamma_{HH-VV}|$和$|\gamma_{HH+VV,HH-VV}|$图像中可以看到红色主要表示城市人造建筑。另外，$|\gamma_{XX-YY}|$和$|\gamma_{LL-RR}|$图像中红色主要表示托诺娅泻湖和信浓川河的水面区域。这说明着$|\gamma_{XX-YY}|$和$|\gamma_{LL-RR}|$适用于检测平整的表面区域。由图 9.3 可知，无论散射体本身性质如何，当相邻像素具有相似的散射特性时，相关系数就会变高。

9.6.2　相关系数与窗口大小

距离分辨力和方位分辨力取决于雷达系统。PiSAR - L 机载雷达系统的地表分辨力约为 3 ×3m，PiSAR - X2 系统的分辨力约为 30 × 30cm。如果在这两幅图像上各取 10 ×10 像素窗口，对应的实际地面大小会完全不同。大窗口将包含更多目标，图像较为模糊。

为了可靠地计算相关系数，我们检验了相关系数随窗口大小的变化情况，如 3 ×3、5 ×5、7 ×7 和 9 ×9。按照窗口大小检查收敛性后，最终确定使用 5 ×5 大小的窗口进行相关系数的计算。超过 25 个像素即可确保统计特性的可靠性。

9.6.3　相关系数与散射体

如果我们取一个 5 ×5 像素窗口，哪一种相关系数最适合用于分类？我们对不同目标计算了不同极化基下的相关系数。图 9.4 展示了这些值的变化情况。

可见相关系数的数值大小取决于目标。圆极化基的相关系数具有最大的动态范围。动态范围较大，则可以根据该值来判别目标。因此，圆极化的相关系数对于目标的分类具有重要的作用。

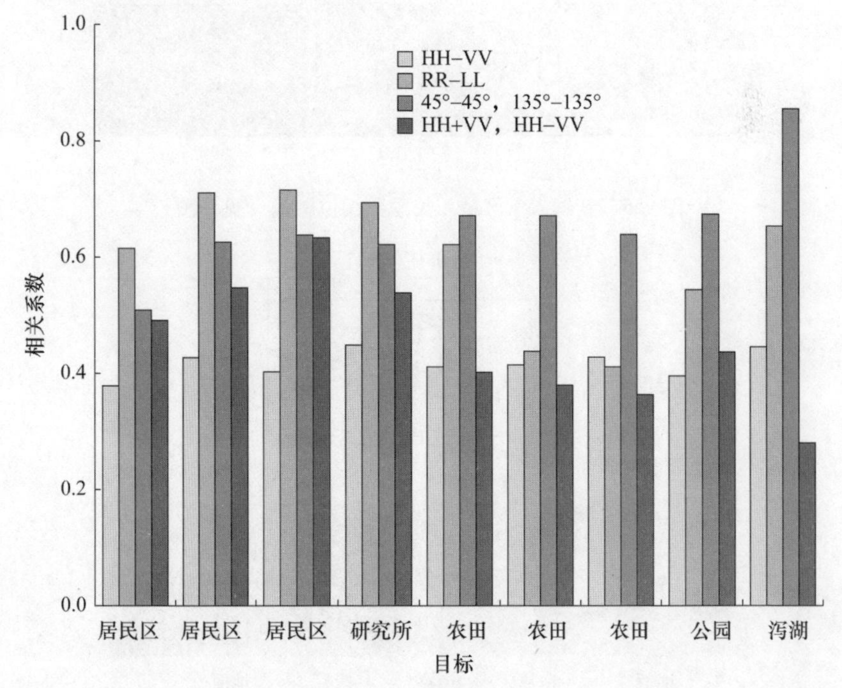

图 9.4　不同目标的相关系数

9.6.4 相关系数的相位信息

相位信息可成为识别目标的重要参数之一。我们计算了新潟大学的 X 波段 Pi-SAR 数据。场景中有建筑、住宅、操场、松树、河流、水门、大海等。图 9.5 显示了泡利基图像和 sin（相位）图像的特写。

我们可以从 $\sin\varphi_{LL-RR}$图像中得到一些有趣的结果。其中，相位 φ_{LL-RR}似乎包含着有效的目标信息。

$$\varphi_{LL-RR} = \arctan\left(\frac{2\mathrm{Re}\ \{T_{23}\}}{T_{22}-T_{33}}\right) \tag{9.6.1}$$

下一步是查看图 9.5 中沿横截面的数值分布。信号剖面（$\sin\varphi_{LL-RR}$）与路径 B 的对照图如图 9.6 所示。对照地面周围的场景，可以发现一个有趣的现象，信号剖面与地面目标分布基本上是对应的。

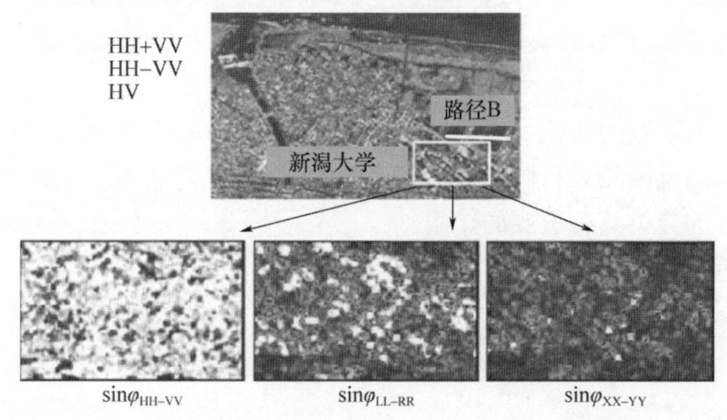

图 9.5 新潟大学区域相关系数相位图像（见彩图）

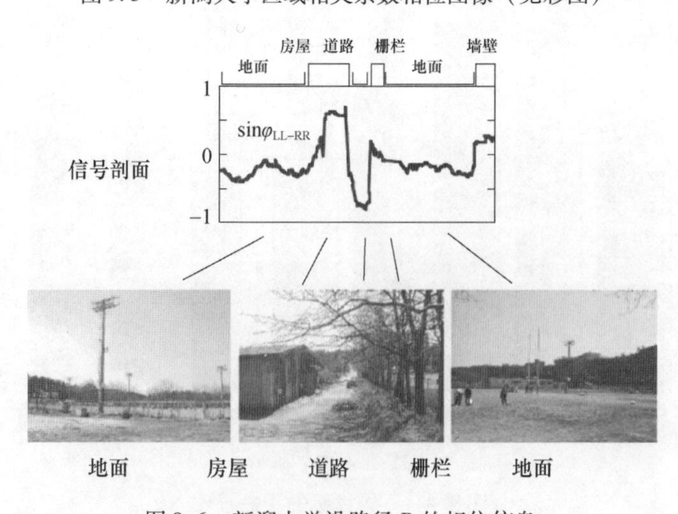

图 9.6 新潟大学沿路径 B 的相位信息

9.7　相关系数在圆极化基中的应用

9.7.1　频率依赖性

图 9.7 为机载 PiSAR 系统在 L 波段和 X 波段的圆极化基相关系数图像。由于不同频段的散射现象不同，且雷达分辨力不同，我们可以在这两幅图像上看到明显差异。画面的下半部分是稻田，上半部分与日本海相邻，为住宅区和松树林。对于 X 波段的电磁波，水稻茎和叶的结构造成的电磁散射非常复杂，其散射具有随机性，产生的相关系数几乎为零。另外，由于稻田区域内的散射特性相似，可以看到 L 波段图像稻田区域的相关系数较高。稻田区域在 L 波段图像中具有强相关性，而在 X 波段图像中较低，这也体现出相关系数的频率依赖性。

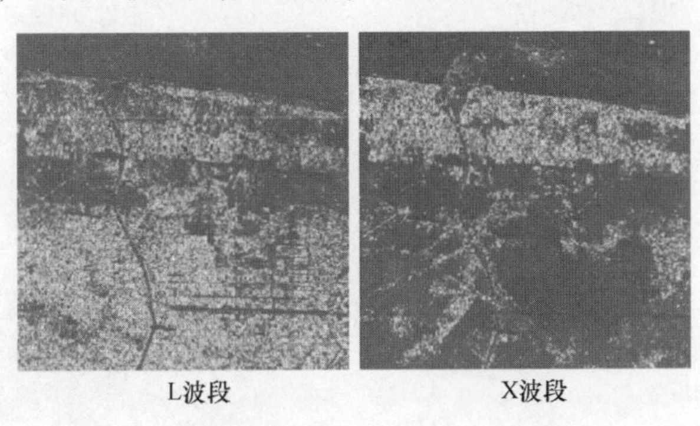

图 9.7　圆极化基下的相关系数图像（见彩图）

9.7.2　相关系数的分布

我们在图 9.9 中选取了典型的特征区域（A：大海；B：松树；C：非垂直入射的城区；D：垂直入射的城区），得到 X 波段的相关系数如图 9.8 所示。从这个图中，我们可以看出：

（1）对于不满足反射对称条件的人工建筑物，$|\gamma_{LL-RR}|$值较大；

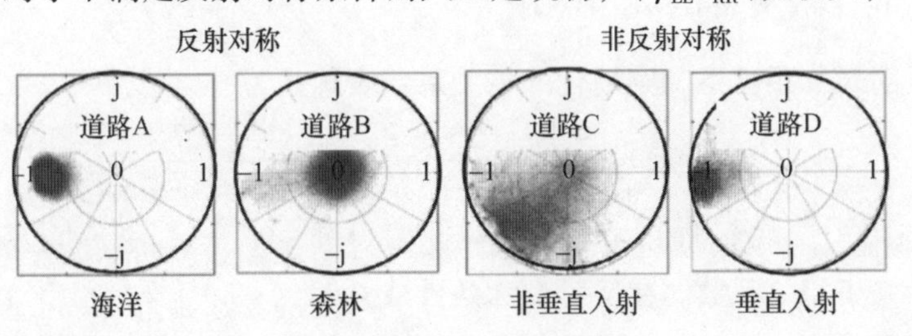

图 9.8　相关系数的分布

(2) 对满足反射对称条件的植被，$|\gamma_{\mathrm{LL-RR}}|$值较小。

相关系数与频率有关。我们可以利用这些频率特性来检测人造目标和植被。

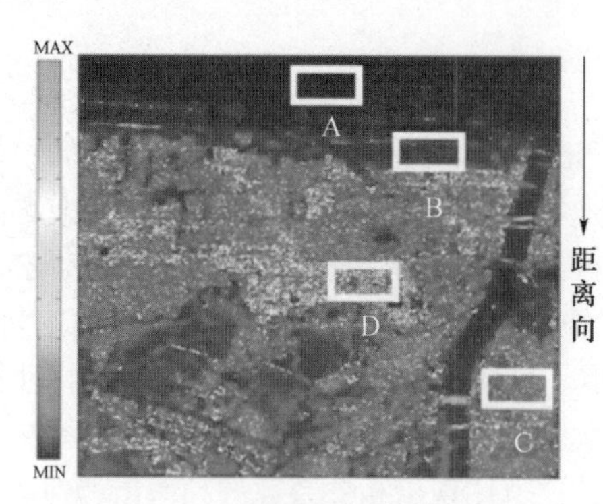

X波段全功率图

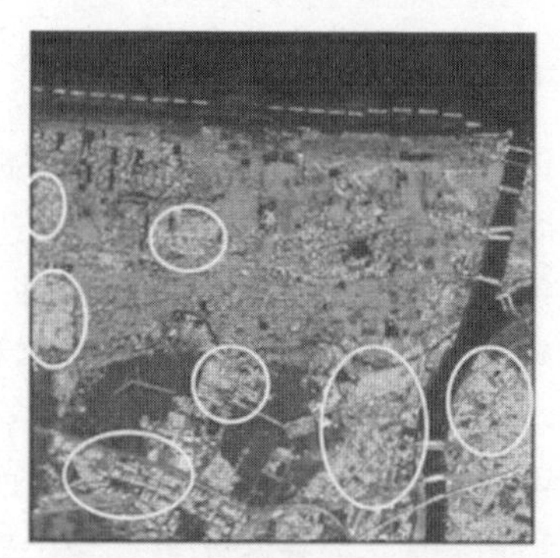

散射功率分解　　(Y40)

类型	$\gamma'_{\mathrm{LL-RR}}$
A：海洋	1.01
B：松树	1.44
C：非垂直入射城区	2.54
D：垂直入射城区	1.12
Sandy海滩	1.10
水稻田	1.11
麦田	1.22

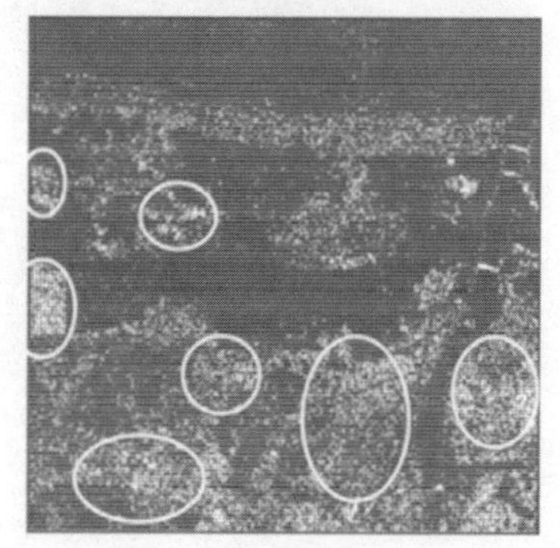

修正相关系数

图 9.9　日本新潟小镇（见彩图）

9.8　在圆极化基上利用相关系数检测特定区域

9.8.1　非反射对称的城市区域

在反射对称条件下，圆极化的相关系数表达式为

$$\gamma_{\mathrm{LL-RR}}(0)=\frac{\langle 4|S_{\mathrm{HV}}|^2-|S_{\mathrm{HH}}-S_{\mathrm{VV}}|^2\rangle}{\langle 4|S_{\mathrm{HV}}|^2+|S_{\mathrm{HH}}-S_{\mathrm{VV}}|^2\rangle}=\frac{T_{33}-T_{22}}{T_{33}+T_{22}}$$

利用$\gamma_{\mathrm{LL-RR}}(0)$将相关系数归一化，得到$\gamma'_{\mathrm{LL-RR}}=|\gamma_{\mathrm{LL-RR}}|/\gamma_{\mathrm{LL-RR}}$，这个值称为修正相关系数。在反射对称条件成立时（$\gamma'_{\mathrm{LL-RR}}=1$），该值为1；对于人造建筑（$\gamma'_{\mathrm{LL-RR}}>1$），该值大于1。利用这一性质，我们利用图9.9中的

X 波段 PiSAR 数据计算 γ'_{LL-RR}，得到表 9.1 中的典型值。

表 9.1　ALOS2 四极化数据集

数据	数据编码	侧摆角	观测区域
A	ALOS2044980740 - 150324	30.4°	旧金山
B	ALOS2157350670 - 170422	30.4°	洛杉矶
C	ALOS2043450820 - 150313	30.4°	巴塞罗那
D	ALOS2035863740 - 150121	25°	亚马孙
E	ALOS2072670740 - 150927	32.7°	新舄
F	ALOS2066310860 - 150815	25°	北海道

从图 9.9 可以看出，在总功率（TP）图像中，倾斜朝向（与雷达照射方向不垂直）的城市/居住区的检测效果并不好。在散射功率分解图像中，由于提取了交叉极化 HV 分量，它们呈现为绿色区域。如果采用修正的相关系数，这些倾斜朝向的居住区就很容易检测到，如黄色圆圈所示。另外，在修正相关系数图像中，垂直入射的居住区反而较暗。其他典型区域的平均值如表 9.1 所列，表明了修正相关系数对人造结构的探测能力[8,9]。

9.8.2　具有反射对称条件的树木检测

对于树木、森林、稻田等自然分布区域，相关系数 $|\gamma_{LL-RR}|$ 的值非常小，其倒数 $1/|\gamma_{LL-RR}|$ 因而很大。如果我们采用 $1/|\gamma_{LL-RR}|$，则很容易地得出树木的面积。如图 9.10 所示，利用这个朴素的想法我们计算了 $1/|\gamma_{LL-RR}|$ 并设置一定阈值来排除噪声。从图 9.11 中可以清楚地看到，松树区域与实际情况完全对应。利用反射对称条件下圆极化的相关系数，是计算自然植被面积的一种简单有效的方法。

图 9.10　新潟周围 $1/|\gamma_{LL-RR}|$ 图像（其中绿色为松树）（见彩图）

图 9.11　图 9.10 的航拍照片（见彩图）

9.8.3　功率与相关系数的组合

根据图 9.8 中 $|\gamma_{\mathrm{LL-RR}}|$ 的分布特征和 TP 图，可以得到一种 PolSAR 图像目标分类算法。图 9.12 展示了使用相关系数和功率进行分类的例子[8]。

9.8.3.1　水面检测

洪水对人类生活有毁灭性的损害。如果发生洪水，水面会覆盖住宅、农田、稻田等大片区域。洪水泛滥的程度可以通过水面面积来监测。

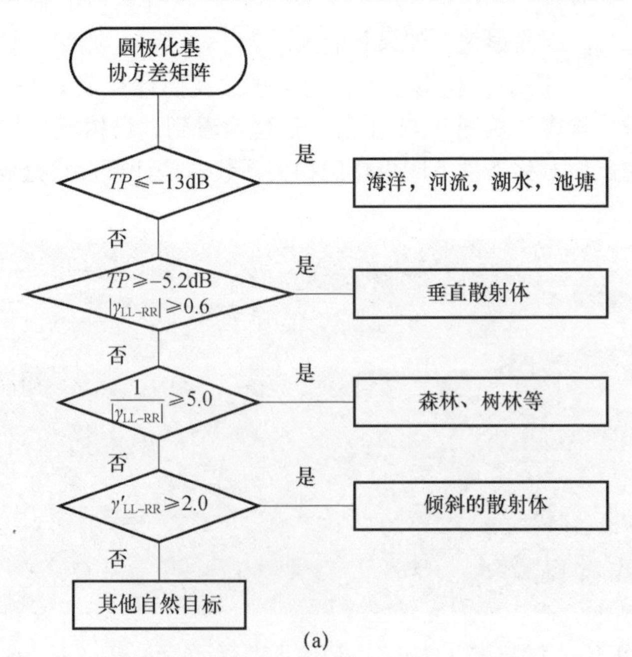

(a)

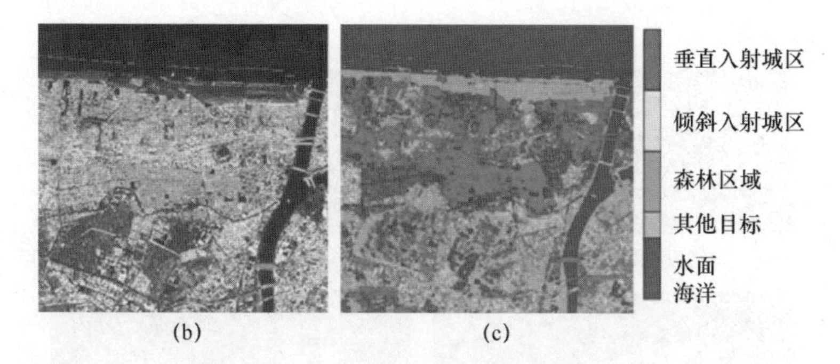

图 9.12　利用相关系数和功率的新潟小针地区分类结果（见彩图）
（a）分类算法；（b）散射功率分解图像；（c）分类结果。

对于 PolSAR 水面探测，仅利用功率信息是很难提取有效情报的。因为水面的 RCS 太小，其回波能量接近噪声水平。如图 9.13 所示，水面看起来很暗，在这种情况下，可以考虑使用相关系数，能够很容易地看到散射机理，再利用相关系数图像观察，可发现 $|\gamma_{LL-RR}|$ 信息可作为很好的水面探测指标。

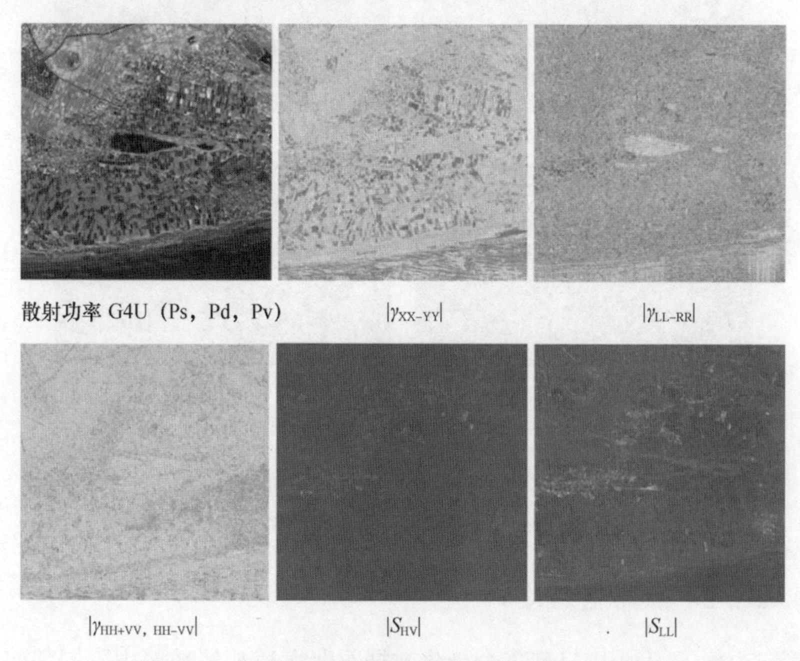

图 9.13　新潟坂田泻湖部分极化参数图像（见彩图）

为 TP 图设置特定的阈值标准来判别水面，就能提取被水覆盖（淹没）的区域。图 9.14 为利用各相关系数和功率信息提取的水面。功率信息与相关信息的结合在水面判别中起着非常重要的作用，这将有助于使用 PolSAR 数据创建洪水地区地图。

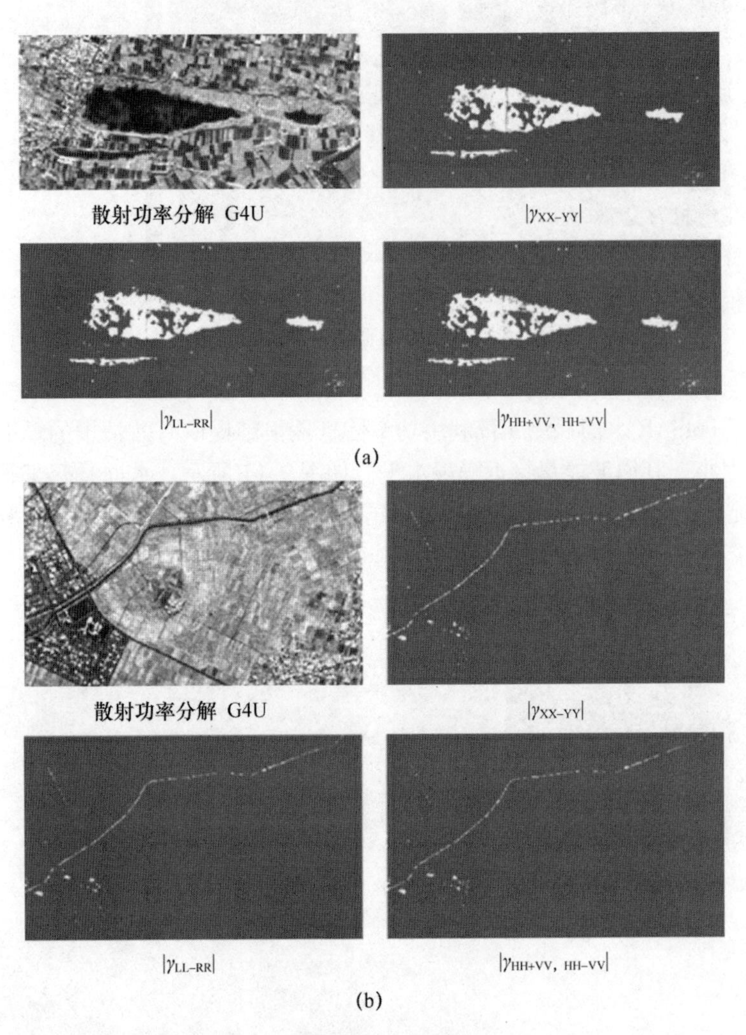

图 9.14　通过相关系数与 TP 提取水面
（a）水面检测；（b）灌溉检测。

9.8.3.2　城市区域检测

第二个例子为利用 ALOS2 全极化数据对北海道札幌城区中不同朝向的街道区域进行检测，使用的数据集为 ALOS2066310860 – 150815。首先在不同朝向的城区和森林的圆极化基上观察相关系数的分布，如图 9.15 所示。

可以发现其分布与 X 波段数据十分相似。不同朝向区域在复圆平面上呈扩展分布。另外，森林的分布明显以原点为中心，这是两类目标的典型分布。

使用这些分布，可以推导出一个简单的算法进行地物分类，如图 9.16 所示。在分类算法中，TP 用于描述低 RCS 的海面和水面。然后根据相关系数的值将目标划分为不同的目标类别。札幌市及其周边地区的分类如图 9.17 所示，其中图 9.17（a）中可以看到在城市区域有一块绿色（体散射）区域，这是由高度倾斜朝向的建筑和房屋造成的。这些人造结构可由相关系数检测出来，并叠加在用红色标注的散射功率图像（b）上。在札幌市内，建筑和住宅（红色）很容易辨认。谷歌地球图像（c）可以用于与（b）比较。

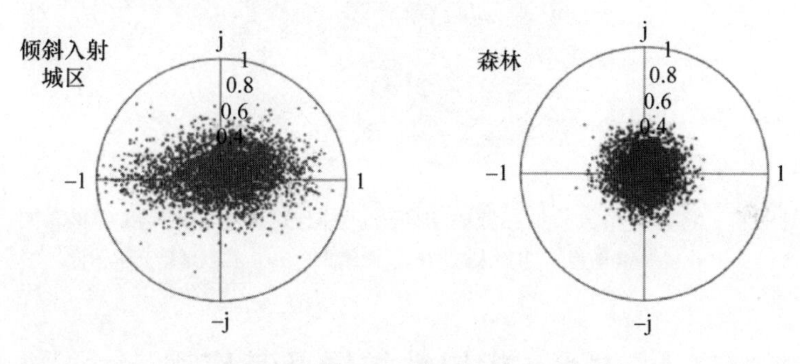

图 9.15 $|\gamma_{LL-RR}|$相关系数分布

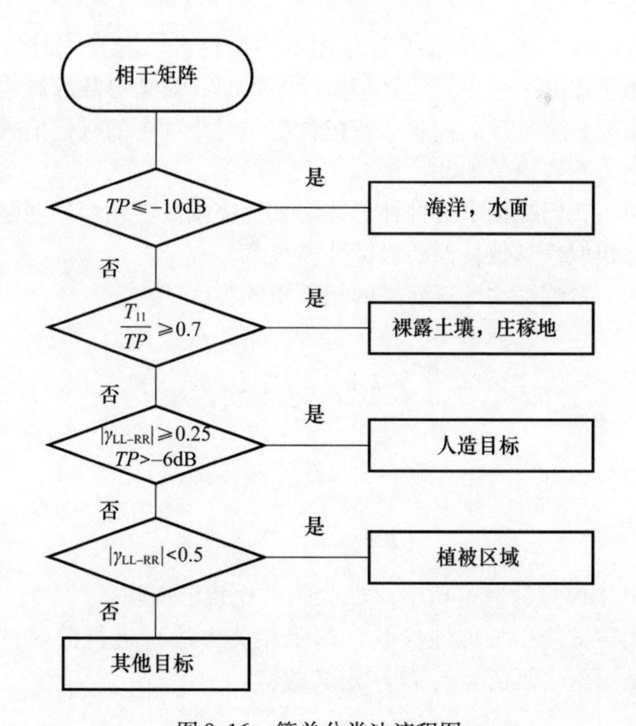

图 9.16 简单分类法流程图

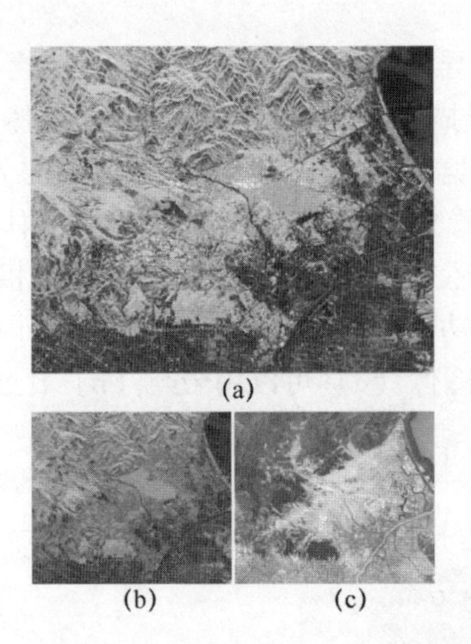

图 9.17 将相关系数叠加在散射功率分解图上的人造目标检测（见彩图）
（a）札幌 Y4R 图像；（b）人造结构检测结果；（c）谷歌地球光学图像。

9.9 相似性扩展及其应用

相干矩阵的各个参数在量级上存在不均衡情况。通常，对角参数的值很大，而非对角参数的值很小。计算相似性参数时，对角参数的影响更大，非对角参数的影响可忽略不计。这意味着包含在非对角项中的极化信息在内积运算中丢失了，相关系数也是如此。

在本节中，我们提出了一种补偿方法来解决幅度不均衡的问题，并举出了一种基于极化相似性参数补偿的目标分类技术。

众所周知，系综平均计算而来的相干矩阵为

$$\langle \boldsymbol{T} \rangle = \frac{1}{n}\sum_{p=1}^{n} \boldsymbol{k}_{\mathrm{p}}\boldsymbol{k}_{\mathrm{p}}^{\mathrm{T}} = \begin{bmatrix} T_{11} & T_{12} & T_{13} \\ T_{12}^{*} & T_{22} & T_{23} \\ T_{13}^{*} & T_{23}^{*} & T_{33} \end{bmatrix} \tag{9.9.1}$$

散射功率分解可写为

$$\langle \boldsymbol{T} \rangle = \sum_{p=1}^{n} P_i \boldsymbol{T}_i \tag{9.9.2}$$

其中，P_i 为基于模型的散射功率；$\boldsymbol{T}_i$ 为归一化相干矩阵基。

现在我们尝试使用相似性参数（基于相关方法）进行散射机理反演。由于相关系数是用两个复信号 s_1 和 s_2 定义的：

$$\gamma = \frac{\langle s_1 s_2^{*} \rangle}{\sqrt{\langle |s_1|^2 \rangle \langle |s_2|^2 \rangle}} \tag{9.9.3}$$

这里我们用式（9.9.1）中相干矩阵的矢量形式 $\boldsymbol{T}_{\mathrm{A}}$ 和 $\boldsymbol{T}_{\mathrm{B}}$ 来代替 s_1 和 s_2，于是有

$$\gamma = \frac{\boldsymbol{T}_{\mathrm{A}} \cdot \boldsymbol{T}_{\mathrm{B}}}{\| \boldsymbol{T}_{\mathrm{A}} \| \, \| \boldsymbol{T}_{\mathrm{B}} \|} \tag{9.9.4}$$

其中，· 为内积；‖ · ‖ 为欧几里得范数。

$$\boldsymbol{T} = [T_{11}\ T_{22}\ T_{33}\ \mathrm{Re}\ \{T_{12}\}\ \mathrm{Im}\ \{T_{12}\}\ \mathrm{Re}\ \{T_{13}\}\ \mathrm{Im}\ \{T_{13}\}\ \mathrm{Re}\ \{T_{23}\}\ \mathrm{Im}\ \{T_{23}\}]^{\mathrm{T}} \tag{9.9.5}$$

其中，T 表示转置。

式（9.9.4）的形式是相似性参数的拓展[10,11]。如图 9.18 所示，传统方法的问题在于非对角项太小。

幅度的不均衡会导致相关性计算中的较小项被忽略。例如，在内积计算中对角项占主导地位，而非对角项可以忽略不计。

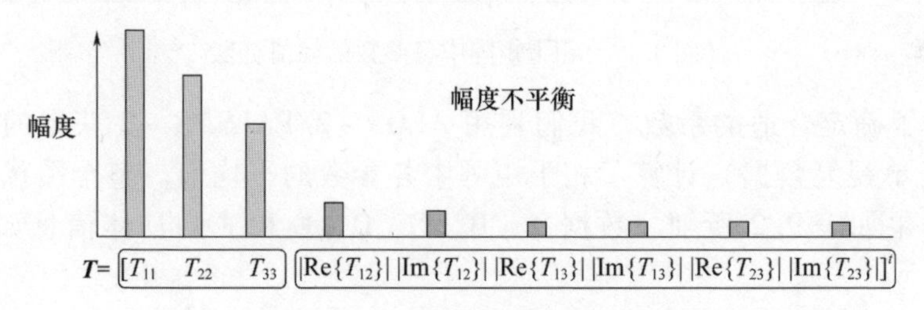

图 9.18　相干矩阵参数幅度上不对等

$$\begin{aligned}\boldsymbol{T}_{\mathrm{A}} \cdot \boldsymbol{T}_{\mathrm{B}} &= T_{11}^{\mathrm{A}} T_{11}^{\mathrm{B}} + T_{22}^{\mathrm{A}} T_{22}^{\mathrm{B}} + T_{33}^{\mathrm{A}} T_{33}^{\mathrm{B}} + \cdots + \mathrm{Im}\ \{T_{23}\}\ \ \mathrm{Im} T_{23}^{\mathrm{B}} \\ &\approx T_{11}^{\mathrm{A}} T_{11}^{\mathrm{B}} + T_{22}^{\mathrm{A}} T_{22}^{\mathrm{B}} + T_{33}^{\mathrm{A}} T_{33}^{\mathrm{B}}\end{aligned} \tag{9.9.6}$$

非对角项并不影响内积的最终值。从充分利用极化信息的角度来看，这是不可取的。此外，在式（9.9.6）中，当同一参数值正负相反时，还会出现减法运算。为了充分有效地利用这 9 个独立参数，如图 9.19 所示，这里对幅度进行调整，并以以下矢量形式表示：

$$\boldsymbol{T} = \begin{bmatrix} T_{11} \\ T_{22} \\ T_{33} \\ \mathrm{Re}\ \{T_{12}\} \\ \mathrm{Im}\ \{T_{12}\} \\ \mathrm{Re}\ \{T_{13}\} \\ \mathrm{Im}\ \{T_{13}\} \\ \mathrm{Re}\ \{T_{23}\} \\ \mathrm{Im}\ \{T_{23}\} \end{bmatrix} \Rightarrow \begin{bmatrix} T_{11} \\ aT_{22} \\ bT_{33} \\ c\,|\mathrm{Re}\ \{T_{12}\}| \\ d\,|\mathrm{Im}\ \{T_{12}\}| \\ e\,|\mathrm{Re}\ \{T_{13}\}| \\ f\,|\mathrm{Im}\ \{T_{13}\}| \\ g\,|\mathrm{Re}\ \{T_{23}\}| \\ h\,|\mathrm{Im}\ \{T_{23}\}| \end{bmatrix},\ \boldsymbol{T}^{\mathrm{comp}} = \begin{bmatrix} T_{11} \\ aT_{22} \\ bT_{33} \\ c\,|\mathrm{Re}\ \{T_{12}\}| \\ d\,|\mathrm{Im}\ \{T_{12}\}| \\ e\,|\mathrm{Re}\ \{T_{13}\}| \\ f\,|\mathrm{Im}\ \{T_{13}\}| \\ g\,|\mathrm{Re}\ \{T_{23}\}| \\ h\,|\mathrm{Im}\ \{T_{23}\}| \end{bmatrix} \tag{9.9.7}$$

其中，a，b，c，…，i 为放大系数。为了使内积运算（式（9.9.6））中每个参数的作用相等[12]，这里将实部和虚部都分离出来，并使用其绝对值进行运算。

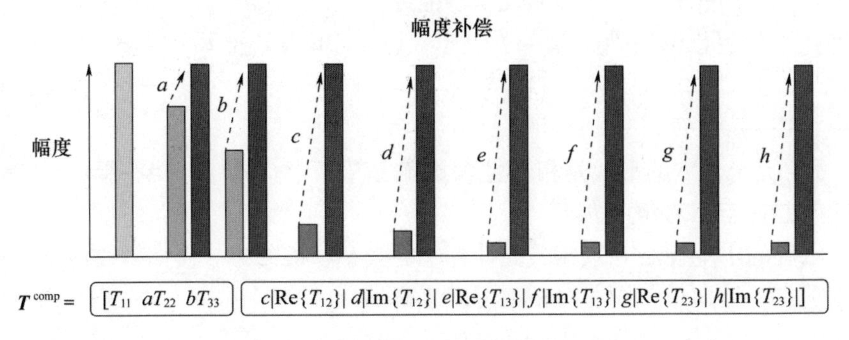

图 9.19　相干矩阵中各参数的幅值补偿

为了确定合适的系数，我们利用 ALOS－2/PALSAR－2 获得的 6 个数据集（单视复数据）计算了相干矩阵中各参数的平均值。整个图像的相对幅值结果如表 9.2 所列。数据 A、B、C、D、E 和 F 的具体信息如表 9.1 所列。

通过对表 9.2 所列值进行核对，并考虑到各参数的影响几乎相等，选取幅度补偿矢量 $\boldsymbol{T}^{\mathrm{comp}}$ 的放大系数如下：

$$a=\frac{4}{3},\ b=4,\ c=5,\ d=e=f=g=h=10 \tag{9.9.8}$$

我们使用式（9.9.7）和式（9.9.8）的扩展矢量形式进行散射机理的反演，这与式（9.9.2）中的散射功率分解表达式类似。

$$\boldsymbol{T}^{\mathrm{comp}}=\sum_{i=1}^{n}\gamma_i^{\mathrm{comp}}\boldsymbol{T}_i^{\mathrm{comp}} \tag{9.9.9}$$

其中，$\boldsymbol{T}^{\mathrm{comp}}$ 为观测数据；$\boldsymbol{T}_i^{\mathrm{comp}}$ 为理论散射模型。补偿相似性参数 γ_i^{comp} 定义为

$$\gamma_i^{\mathrm{comp}}=\frac{\boldsymbol{T}^{\mathrm{comp}}\boldsymbol{T}_i^{\mathrm{comp}}}{\|\boldsymbol{T}^{\mathrm{comp}}\|\ \|\boldsymbol{T}_i^{\mathrm{comp}}\|} \tag{9.9.10}$$

其中，·为内积；‖·‖为欧几里得范数。

为了有效地检索式（9.9.9）中的散射机理，我们从式（9.9.10）的值中选取最大的 gamma 值，然后减去式（9.9.9）中相应的 $T_i^{\max}$ 这一项，得到

$$\boldsymbol{T}^{\mathrm{comp}}-\gamma_{\max}\boldsymbol{T}_i^{\max}=\sum_{i=2}^{n}\gamma_i\boldsymbol{T}_i^{\mathrm{comp}} \tag{9.9.11}$$

我们重复这个过程 n 次，其中，n 是散射模型的数目。这样，我们可以充分利用极化信息拓展 $\boldsymbol{T}^{\mathrm{comp}}$，并以一种简单的方式反演散射机理。

表 9.2 相干矩阵参数的相对幅度关系

数据	T_{11}	T_{22}	T_{33}	$\vert \text{Re}\{T_{12}\}\vert$	$\vert \text{Im}\{T_{12}\}\vert$	$\vert \text{Re}\{T_{13}\}\vert$	$\vert \text{Im}\{T_{13}\}\vert$	$\vert \text{Re}\{T_{23}\}\vert$	$\vert \text{Im}\{T_{23}\}\vert$
A	1.0	0.75	0.25	0.23	0.14	0.07	0.07	0.08	0.05
B	1.0	0.86	0.26	0.22	0.15	0.08	0.07	0.12	0.05
C	1.0	0.86	0.26	0.25	0.14	0.09	0.07	0.10	0.04
D	1.0	0.68	0.47	0.15	0.11	0.08	0.08	0.07	0.07
E	1.0	0.66	0.23	0.17	0.18	0.07	0.07	0.07	0.04
F	1.0	0.69	0.24	0.22	0.12	0.06	0.06	0.07	0.04
Ave.	1.0	0.75	0.29	0.21	0.14	0.08	0.07	0.09	0.05

9.9.1 散射机理的选择

散射机理 $\boldsymbol{T}_i^{\text{comp}}$ 的选择非常重要，可以以第 6 章总结的理论和实验数据为基础，这里我们给出了 4 种机理的例子。

(1) 表面散射 $\langle \boldsymbol{T}\rangle_{\text{surface}} = \begin{bmatrix} 1 & \beta^* & 0 \\ \beta & |\beta|^2 & 0 \\ 0 & 0 & 0 \end{bmatrix}$，其中，$\beta = 0.1 + 0.1\text{j}$ 作为代表值。

(2) 二次散射 $\langle \boldsymbol{T}\rangle_{\text{double}} = \begin{bmatrix} |\alpha|^2 & \alpha & 0 \\ \alpha^* & 1 & 0 \\ 0 & 0 & 0 \end{bmatrix}$，其中，$\alpha = 0.1 + 0.1\text{j}$ 作为代表值。

(3) 体散射 $\langle \boldsymbol{T}\rangle_{\text{vol}} = \begin{bmatrix} 1 & 0 & 0 \\ 0 & 1/2 & 0 \\ 0 & 0 & 1/2 \end{bmatrix}$

(4) 22.5°倾斜二面角反射器散射。

绕雷达准线旋转 θ 的二面体角反射器的相干矩阵为

$$\boldsymbol{T}_{\text{dihedral}}^{\theta} = \begin{bmatrix} 0 & 0 & 0 \\ 0 & \cos^2\theta & -\dfrac{\sin 4\theta}{2} \\ 0 & -\dfrac{\sin 4\theta}{2} & \sin^2\theta \end{bmatrix}$$

考虑到系综平均数据，我们采用峰值在 22.5°的概率分布函数：

$$p(\theta) = \frac{1}{2}\cos\left(\theta - \frac{\pi}{8}\right) \quad -\frac{\pi}{2} < \theta - \frac{\pi}{8} < \frac{\pi}{2}$$

计算得到 22.5°倾斜二面体散射的理论统计平均矩阵为

$$\langle \boldsymbol{T} \rangle_{\text{dihedral}}^{22.5} = \int_{-\frac{\pi}{2}+\frac{\pi}{8}}^{\frac{\pi}{2}+\frac{\pi}{8}} T_{\text{dihedral}}^{\theta} p(\theta) \mathrm{d}\theta = \begin{bmatrix} 0 & 0 & 0 \\ 0 & 1 & \frac{1}{15} \\ 0 & \frac{1}{15} & 1 \end{bmatrix}$$

9.9.2 分类结果

将该方法应用于2015年3月24日获取的美国旧金山上空的ALOS2/PALSAR2数据，同一区域的谷歌地球图像如图9.20（a）所示。集合平均的窗口在距离上为6像素，在方位角上为12像素。在所有图像中，雷达照射方向都是从上方照射。补偿前的分类结果如图9.20（b）所示，补偿后的分类结果如图9.20（c）所示。A、B和C分别为植被区、垂直于雷达照射方向的城市建筑区、倾斜于雷达照射方向的城市建筑区。

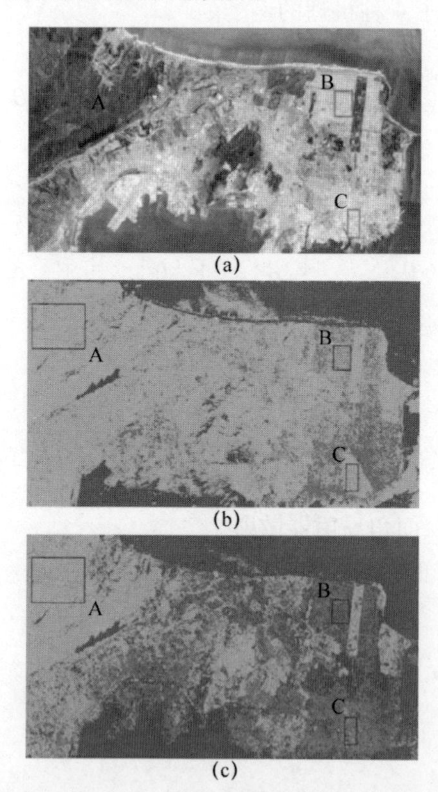

图9.20　分类结果及谷歌地球图像（见彩图）

（a）谷歌地球光学图像；（b）利用四种散射模型（红色：二次散射，绿色：体散射，蓝色：表面散射，品红：22.5°定向二面体散射）进行补偿前的分类结果；（c）利用四种散射模型（红色：二次散射，绿色：体散射，蓝色：表面散射，品红：22.5°定向二面体散射）进行补偿后的分类结果。

为了定量评价分类准确度，区域 A、B、C 的分类情况如表 9.3 所列。

表 9.3　典型区域分类率

区域	表面散射		二次散射		体散射		二面角散射	
	补偿前/%	补偿后/%	补偿前	补偿后	补偿前	补偿后	补偿前	补偿后
A	2.7	6.4	0	0.2	97.3	89.1	0	4.3
B	0.2	18.7	28.4	75.4	71.4	5.4	0	0.5
C	2.4	11.7	4	8.3	91.8	36.6	1.8	43.4

对于区域 B（垂直入射域），补偿前 28.4% 的像素分为二次散射，71.4% 分为体散射。经过补偿后，75.4% 分为二次散射，5.4% 分为体散射。区域 C 的数据说明，该补偿方法对于检测非垂直入射的城市区域是有效的。该补偿方法使 22.5°倾斜朝向的二面体散射识别率从 1.8% 提高到 43.4%。植被区域的分类精度虽有下降，但仍在可接受范围内，可达 89.1%。这是由于 T_{12} 和 T_{23} 在垂直散射模型和 22.5°倾斜二面体散射模型中的影响增大。

结果表明，该补偿方法在基于极化相似性的分类中是非常有效的，特别是对于城市区域的检测。相似性的思想可以拓展到其他完全利用极化信息的应用场景。

9.10　本章小结

相关系数是一个非常重要的雷达参数，由于该值完全独立于功率，因此将相关信息和功率信息结合起来应用于检测、分类和识别等领域似乎更好。在各种极化基的相关系数中，圆极化基的相关系数目前表现最好。它具有极化取向角和反射/非反射比等有趣的特征。

在计算过程中，我们经常面临高阶散射项，这些项对相关系数或相似参数的最终值没有贡献。提出了一种小元素放大的补偿方案，可以用于参数均衡。这有利于极化信息的充分利用。

参考文献

1. J. A. Kong, A. A. Swartz, H. A. Yueh, L. M. Novak, and R. T. Shin, "Identification of terrain cover using the optimal polarimetric classifier," J. Electromag. Waves, vol. 2, no. 2, pp. 171 – 194, 1988.

2. T. Moriyama, Y. Yamaguchi, S. Uratsuka, T. Umehara, H. Maeno, M. Satake, A. Nadai, and K. Nakamura, "A study on polarimetric correlation coefficient for feature extraction of polarimetric SAR data," IEICE Trans. Commun., vol. E88 – 6, no. 6, pp. 235 – 2361, 2005.

3. M. Murase, Y. Yamaguchi, and H. Yamada, "Polarimetric correlation coefficient applied to tree classification," IEICE Trans. Commun., vol. E84 – C, no. 12, pp. 1835 – 1840, 2001.

4. K. Kimura, Y. Yamaguchi, and H. Yamada, "Circular polarization correlation coefficient for detection of non – natural targets aligned not parallel to SAR flight path in the X – band POLSAR image analysis," IEICE Trans. Commun., vol. E87 – B, no. 10, pp. 3050 – 3056, 2004.

5. J. S. Lee and T. Ainsworth, "The effect of orientation angle compensation on coherency matrix and polarimetric target decompositions," Proceedings of EUSAR 2010, Germany, 2010; IEEE Trans. Geosci. Remote Sens., vol. 49, no. 1, pp. 53 – 64, 2011.

6. W. – T. An, C. Xie, X. Yuan, Y. Cui, and J. Yang, "Four – component decomposition of polarimetric SAR images with deorientation," IEEE Geosci. Remote Sens. Lett., vol. 8, no. 6, pp. 1090 – 1094, 2011.

7. S. W. Chen, X. – S. Wang, S. – P. Xiao, and M. Sato, Target Scattering Mechanism in Polarimetric Synthetic Aperture Radar – Interpretation and Application, Springer, Singapore, 2017. ISBN: 978 – 981 – 10 – 7268 – 0.

8. Y. Yamaguchi, Y. Yamamoto, J. Yang, W. – M. Boerner, and H. Yamada, "Classification of terrain by implementing the correlation coefficient in the circular polarization basis using X – band POLSAR data," IEICE Trans. Commun., vol. E91 – B, no. 1, pp. 297 – 301, 2008.

9. T. L. Ainsworth, D. L. Schuler, and J. S. Lee, "Polarimetric SAR characterization of man – made structures in urban areas using normalized circular – pol correlation coefficients," Remote Sens. Environ., vol. 112, pp. 2876 – 2885, 2008.

10. J. Yang, Y. N. Peng, and S. M. Lin, "Similarity between two scattering matrices," Electron. Lett., vol. 37, no. 3, pp. 193 – 194, 2001. doi: 10.1049/el: 20010104.

11. Q. Chen, Y. M. Jiang, L. J. Zhao, and G. Y. Kuang, "Polarimteric scattering similarity between a random scatterer and a canonical scatterer," IEEE Geosci. Remote Sens. Lett., vol. 7, no. 4, pp. 866 – 869, 2010. doi: 10.1109/LGRS.2010.2053912.

12. M. Umemura, Y. Yamaguchi, and H. Yamada, "Model – based target classification using polarimetric similarity with coherency matrix elements," IEICE Commun. Express, vol. 8, no. 3, pp. 73 – 80, 2019. doi: 10.1587/comex.2018XBL0152.

第⑩章 极化合成孔径雷达

合成孔径雷达（Synthetic Aperture Radar，SAR）是一种高分辨力二维成像遥感系统，可以用于地球表面监测[1-13]。本章将具体阐述 SAR 生成高分辨力图像的原理与过程，以便我们从技术方面（如距离和方位分辨力等）理解 SAR 图像。此外，SAR 系统还可以进一步扩展为极化 SAR（PolSAR）、干涉 SAR（InSAR）、极化干涉 SAR（PolInSAR）、层析 SAR（Tomo-SAR）和全息 SAR（Holo-SAR）[13]。

SAR 的距离分辨力取决于发射信号的带宽。表 10.1 列出了一般雷达使用的频带和分配给星载设备的频率范围。在给定带宽的情况下，列表中还显示了星载 SAR 可达到的最大分辨力。S 波段以上的 SAR 系统可以实现非常高的分辨力（小于 1 米），尤其是未来 X 波段和 Ku 波段将成为超高分辨力雷达系统的常用频率。

表 10.1　雷达常用频带及卫星授权频率范围

波段	频率/GHz	卫星频率	带宽/MHz	最高分辨力/m
P	0.25~0.5	0.432~0.438	6	25
L	1~2	1.125~1.3	85	1.76
S	2~3.75	3.1~3.3	200	0.75
C	3.75~7.5	5.25~5.57	320	0.47
X	7.5~12	9.3~9.9	600	0.25
Ku	12~17.6	13.25~13.75	500	0.30
K	17.6~26.5	24.05~24.25	200	0.75
Ka	25~40	34.5~36	500	0.30

相比于单极化 SAR，全极化或双极化 SAR 统称为 PolSAR，其散射矩阵包含充分的极化信息。在单站互易情况下 $S_{VH}=S_{HV}$，散射矩阵（10.1.1）有5个独立的参数，分别是3个振幅项和两个相位项。

$$\boldsymbol{S}_{\text{relative}}=\begin{bmatrix} |S_{HH}| & |S_{HV}|\angle(\phi^{HV}-\phi^{HH}) \\ |S_{VH}|\angle(\phi^{VH}-\phi^{HH}) & |S_{VV}|\angle(\phi^{VV}-\phi^{HH}) \end{bmatrix} \tag{10.1.1}$$

对于非相干散射，如果使用协方差矩阵或相干矩阵描述极化信息，则独立参数的数量可达9个，而单极化 SAR 和双极化 SAR 的独立参数分别为1个和3个（见第4章）。

随着 PolSAR 系统对遥感领域的持续促进，不仅机载 SAR 系统发展火热，星载 SAR 系统也越来越多。第一个星载全极化 SAR 系统是1994年由航天飞机携带的 SIR-C/X-SAR（美国 NASA JPL 实验室），该系统运行在 X/C/L 波段。随后，先进陆地观测卫星（ALOS）上的 L 波段相控阵 SAR（PALSAR）于2006年发射（日本宇宙航空研究开发机构 JAXA），开展全极化数据采集实验，直到2011年不再工作。它为我们带来了全球27万多幅极化雷达图像。RadarSAT-2 是加拿大 RadarSAT-1 卫星的升级版，搭载 C 波段全极化 SAR 系统（2007年）。TerraSAR-X（2007年发射）和 TanDEM-X（德国 DLR，2010）进行了合作飞行，并采集到了高质量的 X 波段全极化数据。继 ALOS 之后，第二代 ALOS-2 于2014年由 JAXA 发射。搭载 PolSAR 系统的第三代 ALOS-4 已于2021年发射，图10.1展示了一些星载 PolSAR 系统。

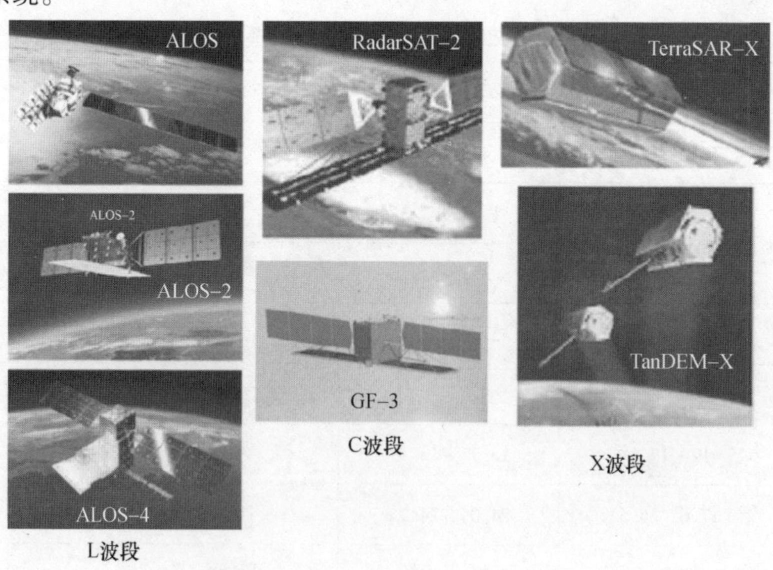

图10.1　星载 PolSAR 系统

10.1　合成孔径雷达（SAR）

正如我们在第 3 章中看到的，雷达通过回波信号的振幅（雷达截面（RCS））来检测目标有无，通过回波信号的时延来测量目标距离。雷达的工作模式和信号处理思路大致分为两类。最常用的是时域脉冲雷达，它使用窄脉冲信号在距离向上实现高分辨力。还有一种是在频域，用网络分析仪系统或调频连续波（FMCW）雷达发射连续波进行目标探测。虽然硬件构成不同，但其基本原理是相同的，因为时间信号和频率信号可以通过傅里叶变换互换分析域。

表 10.2 比较了不同体制的雷达。脉冲雷达适用于远距离探测，应用广泛。步进频率雷达（主要是网络分析仪系统）和 FMCW 雷达适用于近程感知。网络分析系统通常具有最大的接收信号动态范围。然而，其完成精准测量耗时较高，因此更多用于研究使用。FMCW 雷达在射频（RF）波段工作，下变频后在中频（IF）进行信号处理，它适用于低成本高收益的近程探测。然而，由于硬件原因其动态范围不会过大。所有类型雷达的距离分辨力都由信号带宽决定。合成孔径技术和极化信息的引入适用于所有雷达系统。

表 10.2　不同类型的雷达特征比较

特征	脉冲雷达	步进频率雷达	FMCW 雷达
工作域	时域	频域	频域
信号频率	RF	RF	IF
硬件	复杂	简单	简单
近程	Δ	○	○
远程	○	Δ	Δ
合成孔径处理	○	○	○
极化信息引入	○	○	○

10.1.1　SAR 原理

合成孔径雷达是一种高分辨微波成像雷达，是传统雷达功能的扩展，它通过距离向脉冲压缩技术和方位角合成孔径技术生成高分辨力二维图像。最终的 SAR 图像为成像场景回波信号的二维分布。

如图 10.2（a）所示，平台上的雷达沿直线运动，向侧视方向发射脉冲信号。侧视方向为雷达距离向，方位向正交于距离向并与行进路径平行。

单天线发射脉冲信号时，波束宽度随着距离 R_0 的增大而增大。如图 10.2（a）所示，地面上的波束宽度为 $\lambda R_0/D_A$，其中，λ 是波长，D_A 是实际孔径长度。宽度 $\lambda R_0/D_A$ 为实孔径分辨力。随着距离 R_0 增加，方位分辨力越来越差。它与 R_0 成正比。

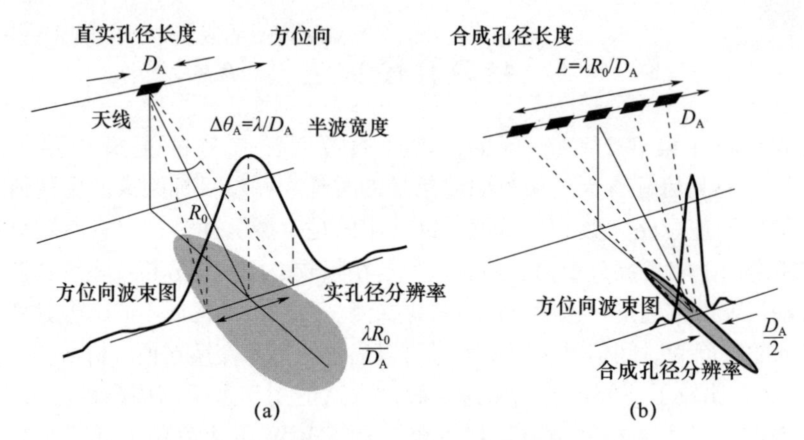

图 10.2　雷达分辨力概念图

（a）实孔径雷达分辨力；（b）合成孔径雷达分辨力。

合成孔径最初的概念来自于天线的人为阵列配置。众所周知，大孔径天线的波束较窄。通过沿着轨迹使用一根天线在不同位置收发信号，可以实现一个虚拟的阵列天线。如图 10.2（b）所示，由于匀速运力在由脉冲重复频率确定的每个空间位置收发信号并记录下来，可以实现长度为 L 的大阵列天线。这种被记录信号经过信号处理后可以实现很高的分辨力，其波束总是聚焦在目标上。通过合成孔径可以令等效波束宽度恒为 $D_A/2$。这个值称为 SAR 的方位分辨力，与 R_0 无关。因此，SAR 成像系统的方位向分辨力仅仅与实孔径天线的口径有关，而与平台高度无关。

关于 SAR 成像理论的一些概念如方向和角度等如图 10.3 所示。雷达条带定义为雷达覆盖区长度在地面上的宽度。如果雷达波束方向改变，则入射角改变，条带宽度随之改变。ScanSAR 模式中常常使用这种在距离方向上的波束扫描来实现广域遥感。图 10.4显示了斜视状态下的雷达波束（从侧视偏移）和 SAR 观测中相应的角度。

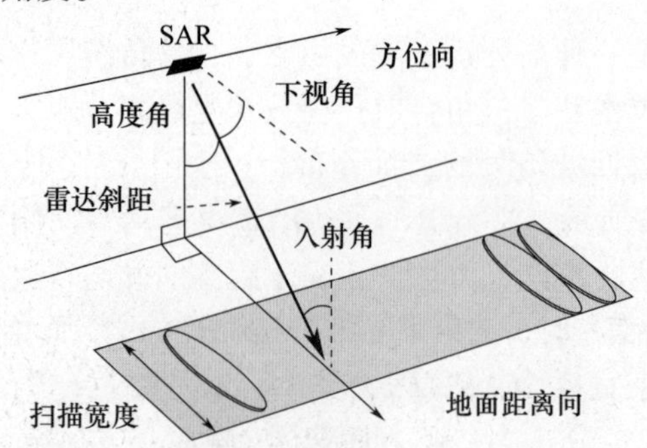

图 10.3　合成孔径雷达图像的方向和角度

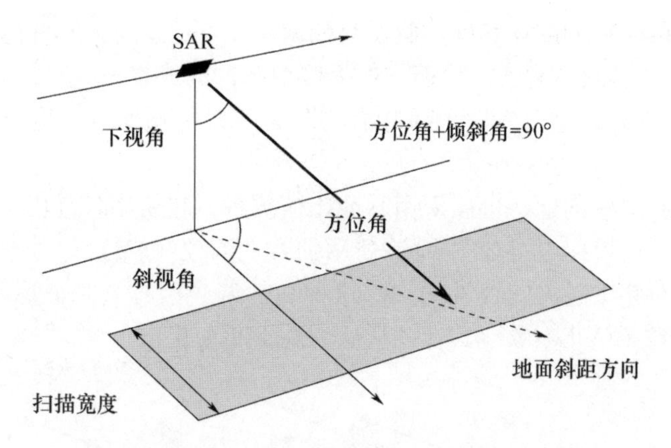

图 10.4　合成孔径雷达图像的方向和角度（续）

一般来说，SAR 信号处理既包括距离脉冲压缩，也包括方位脉冲压缩。快速傅里叶变换（FFT）是信号处理中常用的一种方法，可在频域快速实现信号的脉压。图 10.5 为 SAR 成像处理流程图。

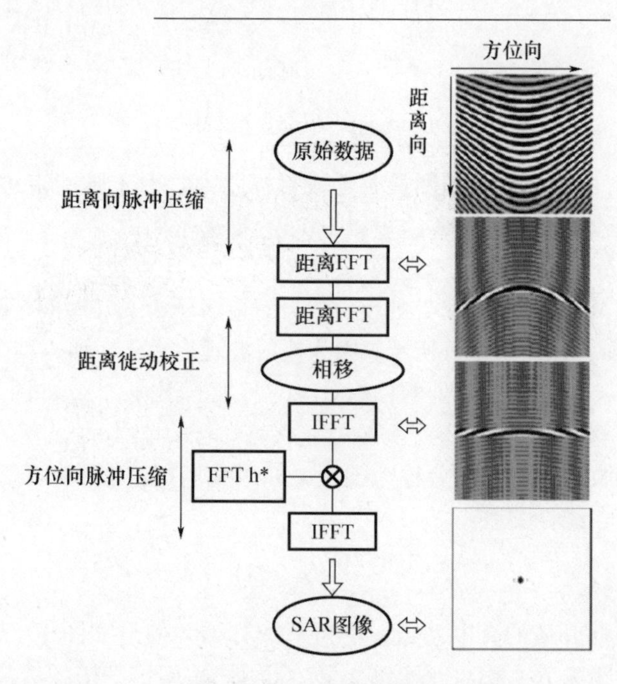

图 10.5　SAR 成像流程

10.1.2　距离压缩

雷达的距离分辨力最初取决于脉冲时宽。为了在距离向上获得高分辨力，最好使用尽可能短的脉冲宽度。假设我们测量 1.5m 范围内的目标，就需要分辨小于 10ns 的时间分辨力。然而，产生极短脉冲的成本极高。1ns 的脉冲需要 1GHz 带宽。此外，重复发射短脉冲需要巨大的发射功率，不适合卫星或飞机平台。

为了克服这些问题，可以采用脉冲压缩技术，它使用时宽相对较长而功率稍小的脉冲。这可以通过如图 10.6 所示的线性调频（FM）信号来实现。线性调频信号瞬时频率随时间线性增加。这种线性调频信号有时被称为啁啾信号，因为它看起来像鸟儿唱歌，其音调从低到高不断变化。

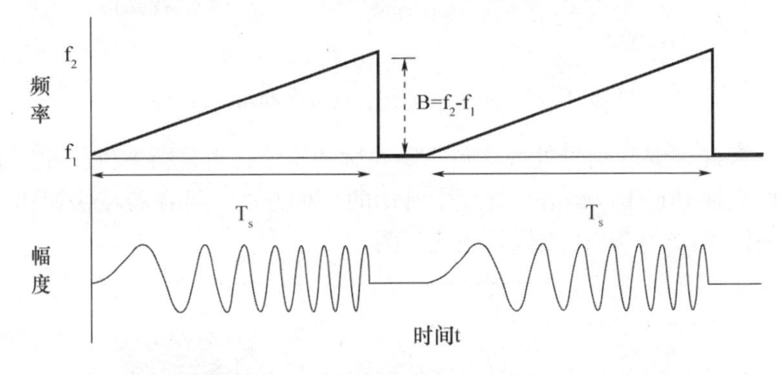

图 10.6　线性调频信号（LFM 信号）

图 10.7 解释了如何精确测量时延或目标距离。由于脉冲雷达和 FMCW 雷达使用相同的线性调频信号，这里以 FMCW 雷达举例说明。

假设目标分别置于 R_1（近距离）与 R_2（远距离）处，如图 10.7 所示。雷达天线发射 LFM 信号，在 R_1 处的反射信号对应时延为 τ_1。时间与瞬时频率的关系如图 10.7（a）三角形部分所示。因为反射波延迟为 τ_1，所以整个信号向右延时了 τ_1。另外，R_2（远处）处的目标对应的时延 τ_2 比 τ_1 大，如图 10.7（b）所示，时间延迟与距离成正比。

发射和接收信号的频率差称为拍频，如果我们把这个拍频表示为 f_b，那么它与时延 τ 存在线性关系：

$$\tau = \frac{2R}{c}\sqrt{\varepsilon_r} \propto K f_b \tag{10.1.2}$$

其中，ε_r 为传播介质的介电系数；K 为系数。拍频信号如图 10.7 的下半部分所示。对于近距离 R_1，其拍频较低；对于远距离 R_2，其拍频较高。拍频在整个脉冲宽度内是恒定的。

因此，如果我们测量得到拍频，那么距离可以由式（10.1.2）确定。因为相比于时间本身，频率可以通过傅里叶变换精确测量，所以我们可以得到一个精确的距离。这就是 FMCW 雷达的测距原理。

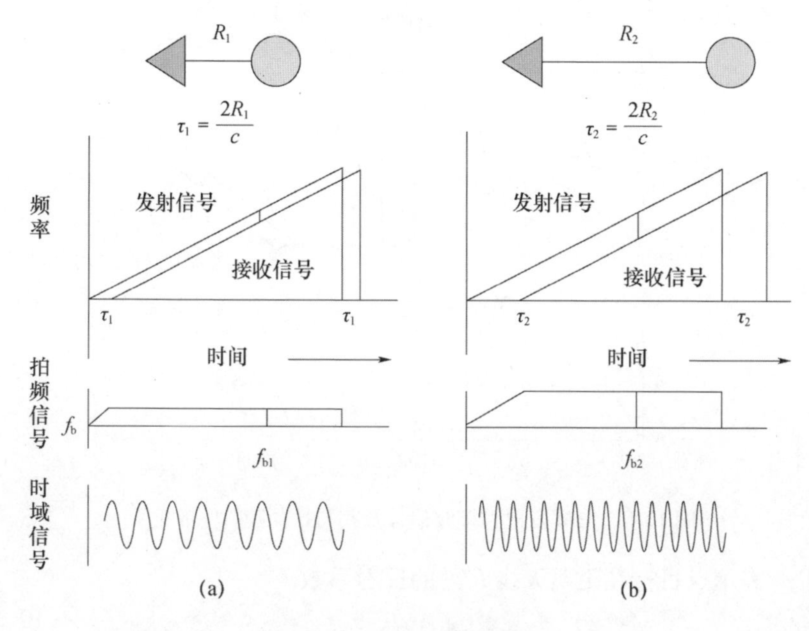

图 10.7　FMCW 测距原理

此外，由于拍频落在中频范围（大约几千赫兹到几兆赫兹），因此在电路设计中很容易处理拍频信号。FMCW 系统的中频电路一旦开发完成，只要拍频信号保持不变，其射频的改变并不影响系统工作，因此就可以适用于 L 波段、X 波段或 Ku 波段。这是 FMCW 雷达系统的另一个优点。

现在参照图 10.8 所示，设发射信号的中心频率为 f_0，脉冲持续时间为 T_s（$-T_s/2<t<T_s/2$），在持续时间 T_s（$-T_s/2<t<T_s/2$）内，发射信号对带宽 B 扫频。那么瞬时频率变为

$$f(t)=f_0+\frac{B}{T_s}t=f_0+Mt \tag{10.1.3}$$

信号的相位 $\psi(t)$ 可以从关系式 $f(t)=\frac{1}{2\pi}\frac{\mathrm{d}\psi(t)}{\mathrm{d}t}$ 得到

$$\psi(t)=2\pi\left(f_0t+\frac{1}{2}Mt^2\right)$$

因此，脉宽 T_s 内的 FM 发射信号 $S_{tx}(t)$ 可以写为

$$S_{tx}(t)=A\cos\left[2\pi\left(f_0t+\frac{1}{2}Mt^2\right)\right] \tag{10.1.4}$$

其中，A 为振幅；f_0 为信号的中心频率；t 为时间；$M=\frac{B}{T_s}$ 为调频斜率；B 为扫频带宽；T_s 为扫频持续时间。

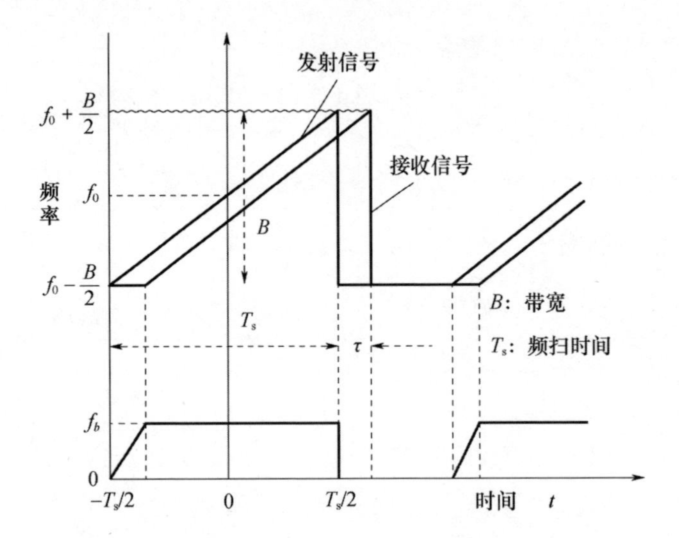

图 10.8　LFM 发射和接收信号及其与拍频随时间的关系

设 g 表示点目标在距离天线 R 处的反射系数。

$$g=g\ (x_0,\ z_0) \tag{10.1.5}$$

其中，$(x_0,\ z_0)$ 为目标坐标轴。

回波信号 $S_{tx}\ (t)$ 的时延为 τ，时间因子从 t 变为 $t-\tau$，即

$$S_{rx}\ (t)\ =gA'\cos\left[2\pi\ \{f_0(t-\tau)+\frac{1}{2}M\ (t-\tau)^2\}\right] \tag{10.1.6}$$

其中，A'为受传播损耗影响的振幅因子。

将接收信号方程（10.1.6）与参考信号（10.1.4）进行非线性混频，可以提取到以下中频信号（$0<f\ll f_0$），这与脉冲雷达中使用匹配滤波是相对应的。

$$S_b\ (t)\ =gAA'\cos\ [2\pi\ (f_0\tau+M\tau t)] \tag{10.1.7}$$

余弦函数中的 $M\tau$ 表示由两个信号的频率差引起的频率。这个频率为拍频 f_b，可以表示为

$$M\tau=f_b=\frac{2B}{cT_s}R \tag{10.1.8}$$

由于目标距离 R 与 f_b 成正比，我们需要找到 f_b 的值。

确定频率最常用的方法是使用傅里叶变换。式（10.1.7）在扫描（持续时间）时间（$-T_s/2<t<T_s/2$）内的傅里叶变换得到

$$S_b(\omega)=\frac{gAA'}{2}e^{j\omega_0\tau}T_s\frac{\sin\left[(\omega-\omega_b)\ \frac{T_s}{2}\right]}{(\omega-\omega_b)\ \frac{T_s}{2}}+\frac{gAA'}{2}e^{-j\omega_0\tau}T_s\frac{\sin\left[(\omega+\omega_b)\ \frac{T_s}{2}\right]}{(\omega+\omega_b)\ \frac{T_s}{2}}$$

提取正频率部分的拍频频谱 $S_b(f)$ 可得

$$S_b(f)=CgT_s\exp\left(j\frac{4\pi R}{\lambda_0}\right)\frac{\sin[\pi(f-f_b)T_s]}{\pi(f-f_b)T_s} \tag{10.1.9}$$

$$|S_b(f)|^2=|CgT_s|^2\text{sinc}^2[\pi(f-f_b)T_s]$$

其中，$C=\dfrac{AA'}{2}$为一常数。

$$E(t)=gA''T_s\exp\left(j\frac{4\pi R}{\lambda_0}\right)\text{sinc}[\pi B(t-\tau)] \tag{10.1.10}$$

拍频 f_b 可由式（10.1.9）的最大值得到。在脉冲雷达系统中，利用接收信号[12]的匹配滤波也可得到同样的方程。然后通过希尔伯特变换生成复信号，即将发射信号（I 分量）与90°相移发射信号（Q 分量）混合。

式（10.1.10）为时间的函数，式（10.1.9）为频率的函数，它们本质上都在表示脉压后的信号。式（10.1.9）和式（10.1.10）由指数相位函数和 sinc 函数组成，sinc 函数与时间延迟有关。在幅频响应分析方面，sinc 函数起着最重要的作用。若将第一个零点的间隔视为 sinc 函数包络内的脉冲宽度，则其宽度为$\dfrac{2}{B}$，如图 10.9 所示。该值为脉宽 T_s 的 $2/(BT_s)$ 倍，说明了压缩率为 $2/(BT_s)$。假设 $T_s=5\text{ms}$，$B=200\text{MHz}$，那么压缩率为 1/500，000. 可见距离分辨力变为原来 T_s 的 500，000 倍。

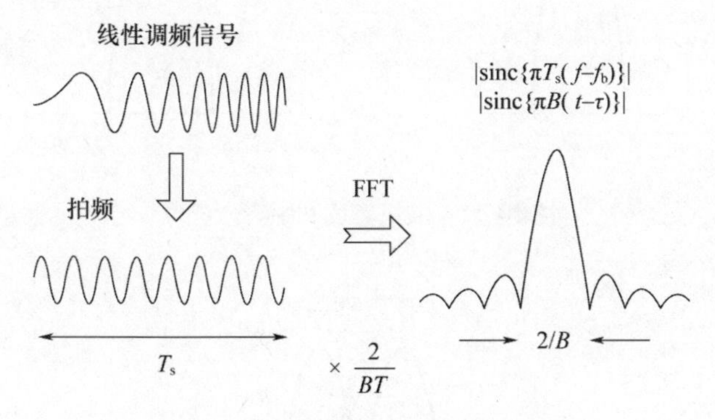

图 10.9　FMCW 雷达的脉冲压缩

10.1.3　距离分辨力 ΔR

距离分辨力是表征雷达性能的参数之一，定义为距离方向上区分两个目标的最小距离 ΔL。设 ΔL 表示目标间隔距离，如图 10.10[9]所示。假设距离分辨力为 ΔR，波束在两个目标之间可能发生重叠，会出现 3 种情况：（a）可区分（$\Delta L>\Delta R$），（b）可区分临界值（$\Delta L=\Delta R$），（c）无法区分（$\Delta L<\Delta R$）。

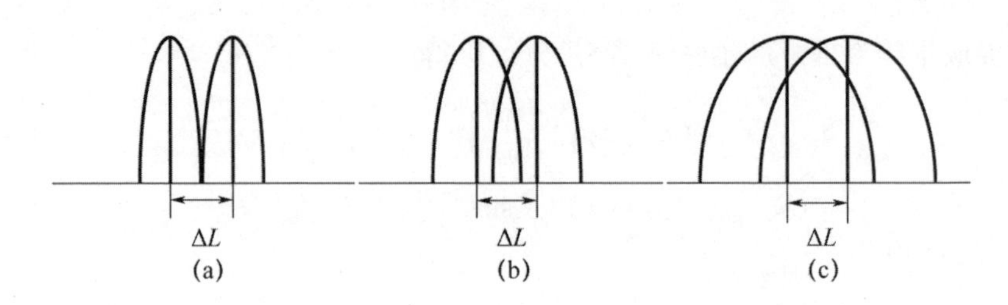

图 10.10　目标间距 ΔL 与距离分辨力 ΔR 的关系

（a）可区分（$\Delta L > \Delta R$）；（b）可区分临界值（$\Delta L = \Delta R$）；（c）无法区分（$\Delta L < \Delta R$）。

这种重叠是由傅里叶变换的主瓣混淆引起的。距离分辨力 ΔR 定义为半功率宽度，如图 10.11 和图 10.12 所示。半波功率点表示比最大功率小 3dB 的位置。观察 sinc 函数，我们会得到以下结果：

$$\mathrm{sinc}^2(\pi Bt)=\left(\frac{\sin x}{x}\right)^2=\frac{1}{2}\Rightarrow\ \frac{\sin x}{x}=\frac{1}{\sqrt{2}}\Rightarrow\ x=1.39156$$

$$2x=2\pi Bt=2.78\qquad\Rightarrow\ T=\frac{2.78}{2\pi B}=0.88\,\frac{1}{2B}\approx\frac{1}{2B}\tag{10.1.11}$$

$$\Delta R=cT=0.88\,\frac{c}{2B}\approx\frac{c}{2B}$$

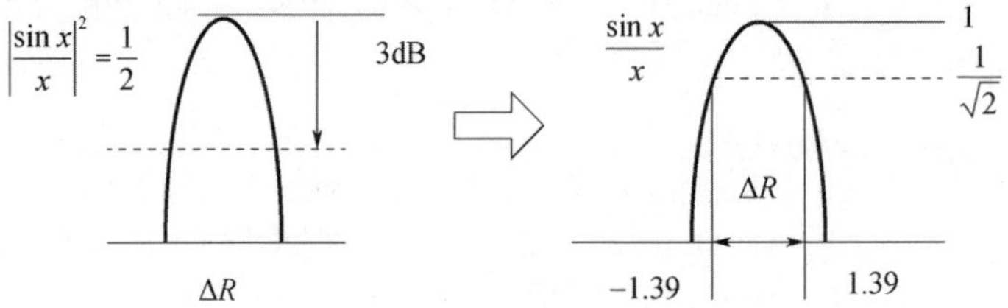

图 10.11　波束宽度和距离分辨力

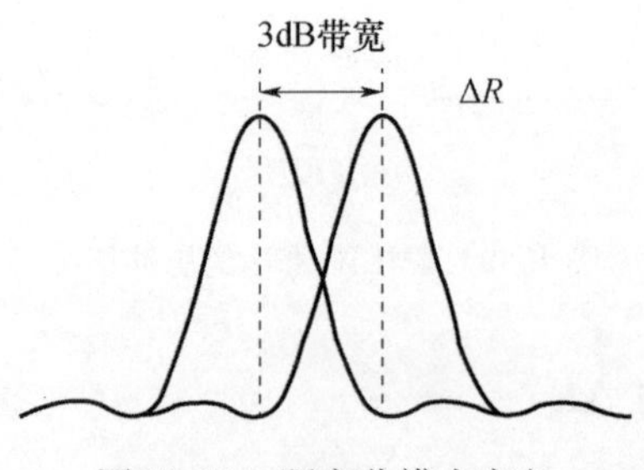

图 10.12　距离分辨力定义

由式（10.1.11）可以看出，距离分辨力 ΔR 与带宽 B 成反比，带宽越宽，分辨力越高，这是所有雷达系统的共同特征。式（10.1.11）中的系数 0.88 通常认为是 1，因此距离分辨力通常用 $c/2B$ 来描述，其中 c 为光速。

对于 SAR 观测的地面距离分辨力，与入射角 θ 的关系如图 10.13 所示

$$\Delta R_{\mathrm{g}} = \frac{\Delta R}{\sin\theta} = \frac{c}{2B\sin\theta} \tag{10.1.12}$$

式（10.1.12）表明，地面距离分辨力 ΔR_{g} 在小入射角时变差，在大入射角时变好。在 SAR 图像上表现为近距离分辨力差、远距离分辨力好。

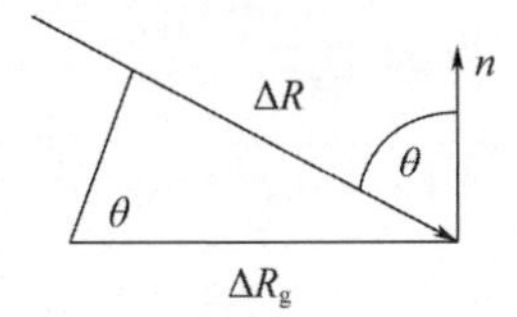

图 10.13　SAR 地面分辨力

10.1.4　距离准确度

FFT 常用于拍频频谱的计算，谱的离散区间（对应距离准确度）可表示为

$$\Delta R_{\mathrm{acc}} = \Delta R \frac{f_{\mathrm{s}} T_{\mathrm{s}}}{N} \tag{10.1.13}$$

其中，N 为 FFT 点个数；f_{s} 为数据采样频率。当 N 增大时，距离准确度增大，但频谱包络不变。因此，距离准确度和距离分辨力是两个不同的概念，尽管他们看起来很相似。

10.1.5　压缩后的距离像

如果在距离向上有两个目标，则 FMCW 雷达的拍频谱如图 10.14 所示。有两个主瓣分别对应目标 1 和目标 2 的位置。在 FFT 后水平轴上的位置 f_{b1} 和 f_{b2} 表示目标到雷达的距离。因此，这个拍频谱与距离剖面是相同的。我们既能识别出主瓣，也能识别出不理想的旁瓣，大的旁瓣有时掩盖所需要的小的主瓣，为了抑制旁瓣，通过 FFT 获得频谱后需要使用各种窗函数，如 Kaiser、Hanning 和 Hamming（见附录 A10.1）。

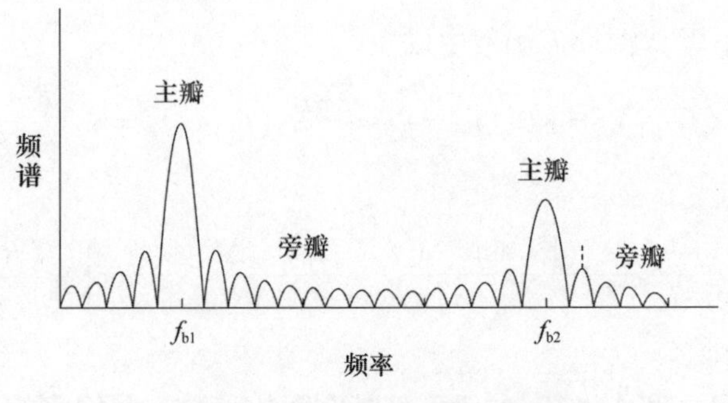

图 10.14　FMCW 雷达的拍频谱

10.1.6 方位压缩技术——合成孔径处理

接下来我们考虑在二维平面上进行合成孔径处理，如图 10.15 所示。平面由 x 方向的方位角轴和 z 方向的距离轴组成。

我们将式（10.1.9）改写成图 10.15 的形式。如果点目标在天线的菲涅耳区域内，则天线到点目标的距离 R 为

$$R = \sqrt{z_0 + (x - x_0)^2} \approx z_0 + \frac{(x - x_0)^2}{2z_0} \tag{10.1.14}$$

可得

$$f_0 \tau = f_0 \frac{2R}{c} = \frac{2}{\lambda_0}\left\{z_0 + \frac{(x - x_0)^2}{2z_0}\right\} \tag{10.1.15}$$

其中，$\lambda_0 = \dfrac{c}{f_0}$为中心频率对应的波长。

若假设 $R \approx z_0$ 成立，则拍频可近似为

$$f_{\mathrm{b}} \approx \frac{2B}{cT_{\mathrm{s}}} z_0 \tag{10.1.16}$$

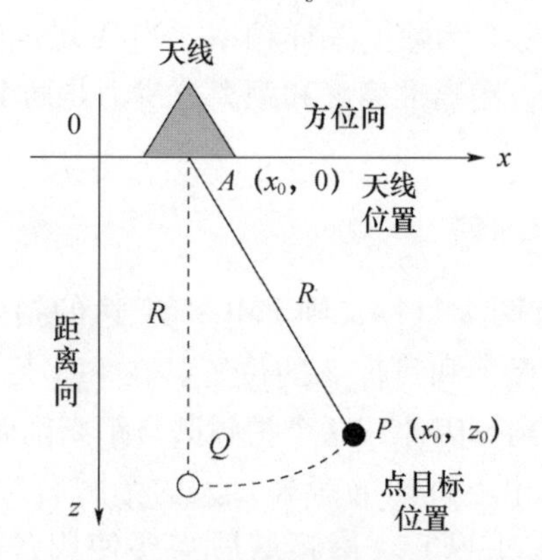

图 10.15　天线和点目标的位置

因此，如下近似在 sinc 函数中成立：

$$\pi T_{\mathrm{s}}(f - f_{\mathrm{b}}) = \pi B(t - \tau) \approx \frac{2\pi B}{c}(R - z_0) = \pi \frac{(R - z_0)}{\Delta R} \tag{10.1.17}$$

$$\frac{\sin[\pi(f - f_{\mathrm{b}})T_{\mathrm{s}}]}{\pi(f - f_{\mathrm{b}})T} = \frac{\sin[\pi(R - z_0)/\Delta R]}{\pi(R - z_0)/\Delta R} = \mathrm{sinc}\left[\pi \frac{(R - z_0)}{\Delta R}\right] \tag{10.1.18}$$

式（10.1.9）和式（10.1.10）仅是空间的函数。我们将拍谱重命名为 U

(x, z)，即

$$U(x, z) = Bg(x_0, z_0)\exp\left[\mathrm{j}\frac{4\pi}{\lambda_0}\left\{z_0+\frac{(x-x_0)^2}{2z_0}\right\}\right]\mathrm{sinc}\left[\frac{\pi(R-z_0)}{\Delta R}\right] \tag{10.1.19}$$

函数 $U(x, z)$ 包含 3 个子函数：

（1）距离函数

$$f(R-z_0) = \mathrm{sinc}\left[\frac{\pi(R-z_0)}{\Delta R}\right] \tag{10.1.20}$$

（2）传播函数

$$h(x-x_0, z_0) = \exp\left[\mathrm{j}\frac{4\pi}{\lambda_0}\left\{z_0+\frac{(x-x_0)^2}{2z_0}\right\}\right] \tag{10.1.21}$$

（3）目标函数

$$g = g(x_0, z_0) \tag{10.1.22}$$

现在天线沿着 x 轴扫描。在天线位置的每个点，雷达记录拍频数据如图 10.16（a）所示，为时域拍频。

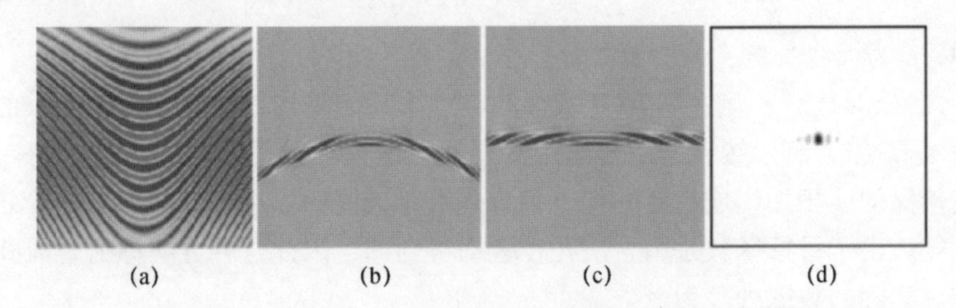

图 10.16　点目标 SAR 图像生成示例

（a）拍频信号；（b）拍谱实部；（c）距离徙动；（d）SAR 图像。

对拍频信号进行傅里叶变换，得到拍频频谱式（10.1.9）或式（10.1.19），如图 10.16（b）所示。图 10.16（b）为式（10.1.9）的实数部分，在距离向上有一个峰。峰值轨迹看起来像抛物线，距离函数当 $R = z_0$ 时取得最大值，在同一距离 R 处会出现一些问题。由于 P 点和 Q 点的距离 R 相同，因此它们距离函数的值也相同。雷达无法区分 P 和 Q 的位置。此时接收的数据都被保存为天线对应位置——Q 点的数据。因此，天线在方位角方向扫描后得到曲线轨迹，如图 10.16（b）所示。当天线到达 P 点的天顶时，到点目标的距离最短，使得峰值位于轨迹顶点。

如果我们对这个曲线数据进行方位角方向的傅里叶变换，最终的图像会散焦。由于点目标的回波沿距离方向传播，因此需要距离徙动校正处理，将曲线数据排列成直线数据。距离徙动校正将数据排列在 $z = z_0$ 的直线上。

$$f\ (R-z_0)\ \Rightarrow f\ (z-z_0)\ =\mathrm{sinc}\left[\frac{\pi\ (z-z_0)}{\Delta R}\right] \tag{10.1.23}$$

距离徙动校正的方法有很多种[2,3,4]。在本书中，使用 FFT（附录 A10.2）进行相移来完成操作。经过校正后的拍频信号为

$$U\ (x,\ z)\ =A''g\ (x_0,\ z_0)\ f\ (z-z_0)\ h\ (x-x_0,\ z_0) \tag{10.1.24}$$

其中，A''为系数。

当观察分布目标时，$U\ (x,\ z)$ 可以表示为积分形式：

$$U(x,z)\ =\ A''\int_0^{\infty}\int_{-\infty}^{\infty}g(x_0,z_0)f(z-z_0)h(x-x_0,z_0)\,\mathrm{d}x_0\mathrm{d}z_0 \tag{10.1.25}$$

在 $z\approx z_0$ 处，有 $f\ (z-z_0)\ =1$，式（10.1.25）简化为

$$U(x,z_0)\ =\ A''\int_{-\infty}^{\infty}g(x_0,z_0)h(x-x_0,z_0)\,\mathrm{d}x_0 \tag{10.1.26}$$

这种形式与菲涅耳－基尔霍夫衍射积分相同，它可以看作是一种菲涅耳全息图。目标函数可以通过逆传播函数的乘法得到

$$g(x_0,z_0)\ =\ A''\int_{-L/2}^{L/2}U(x,z_0)h^*(x-x_0,z_0)\,\mathrm{d}x \tag{10.1.27}$$

其中，L 为天线长度；$*$ 为复共轭算子。

式（10.1.27）阐述了 SAR 成像的原理。我们得到扫描宽度内每一点的拍频信号 $U\ (x,\ z)$，然后与逆传播函数相乘，即为一种反向传播方法。每一个反向传播的波相加生成物体的像。积分是沿着天线扫描进行的，即沿着等效合成孔径。由于目标函数是由合成孔径数据得到的，因此这种方法称为合成孔径处理。实际的数据处理为

$$g\ (x_0,\ z_0)\ =\mathrm{FT}^{-1}\ [\mathrm{FT}\ (U)\ \cdot\mathrm{FT}\ (h^*)] \tag{10.1.28}$$

其中，FT 表示傅里叶变换；FT^{-1}表示傅里叶逆变换。

这个过程通常使用快速傅里叶变换（FFT）来完成。在实际数据处理中通常使用向数据 U 或 h 补零的方法，以抑制伪像等失真现象。

图 10.16 显示了一个位于图像中心点目标的 SAR 图像生成示例：图 10.16（a）是时域拍频的二维图像。如果在垂直方向上进行傅里叶变换，则得到图 10.16（b）；图 10.16（b）为图 10.16（a）的距离压缩图像，对应式（10.1.9）的实部。根据天线和目标的位置，在图 10.16（b）中生成曲线轨迹，通过距离徙动矫正将曲线矫正为直线，即图 10.16（c），然后沿图 10.16（c）的水平方向进行傅里叶变换，得到点目标的 SAR 图像，即图 10.16（d）；图 10.16（d）是点目标的响应，因此称为点扩散函数（PSF）。图 10.16（d）是我们所处理的最终 SAR 图像。图 10.5 描述了相同的图像，其中也显示了图像处理过程。

10.1.7　二维 SAR

通过在二维平面上扫描天线，我们可以进行三维测量。利用一维扫描情况的结果，我们将其扩展到二维（x 和 y 轴）扫描。

若目标位于发射天线的菲涅耳区，则天线与目标之间的距离为

$$R=\sqrt{z_0+(x-x_0)^2+(y-y_0)^2}\approx z_0+\frac{(x-x_0)^2+(y-y_0)^2}{2z_0} \tag{10.1.29}$$

目标函数可以写为

$$g=g\ (x_0,\ y_0,\ z_0)$$

其中，x_0，y_0 为目标的坐标；z_0 为目标的距离。

其他情形与 1D 情况类似，回波信号可以写为

$$U(x,y,z)=\int_0^{\infty}\int_{-\infty}^{\infty}\int_{-\infty}^{\infty}g(x_0,z_0)f(z-z_0)h(x-x_0,y-y_0,z_0)\mathrm{d}x_0\mathrm{d}y_0\mathrm{d}z_0 \tag{10.1.30}$$

其中

$$f\ (z-z_0)\ =\mathrm{sinc}\left[\frac{\pi\ (z-z_0)}{\Delta R}\right]$$

$$h\ (x-x_0,\ y-y_0,\ z_0)\ =\exp\left[\mathrm{j}\frac{4\pi}{\lambda_0}\left\{z_0+\frac{(x-x_0)^2+(y-y_0)^2}{2z_0}\right\}\right] \tag{10.1.31}$$

在 $z\approx z_0$ 处，有 $f\ (z-z_0)\ =1$

$$U(x,z_0)=\int_{-\infty}^{\infty}\int_{-\infty}^{\infty}g(x_0,y_0,z_0)h(x-x_0,y-y_0,z_0)\mathrm{d}x_0\mathrm{d}y_0 \tag{10.1.32}$$

这种形式也是一种菲涅耳全息图。因此，利用反向传播函数 $h^*\ (x-x_0,\ y-y_0,\ z_0)$，可得菲涅耳反变换

$$g(x_0,y_0,z_0)=\int_{-L_y/2}^{L_y/2}\int_{-L_x/2}^{L_x/2}U(x,y,z_0)h^*(x-x_0,y-y_0,z_0)\mathrm{d}x\mathrm{d}y \tag{10.1.33}$$

其中，L_x、L_y 分别表示天线 x 和 y 方向上的扫描宽度；$*$ 表示复共轭。式（10.1.33）建立了二维 SAR 信号处理模型，通过信号处理，可以提取目标函数 $g=g\ (x_0,\ y_0,\ z_0)$。

制作 2D 图像有两种方法，如图 10.17 所示。左侧为机载或星载 SAR 成像，右侧为探地雷达（GPR）或实验室实验雷达切片成像。在遥感中，SAR 处理默认设为左边的情况。在本书中，两种成像方法都被用来举例说明 PolSAR 数据。

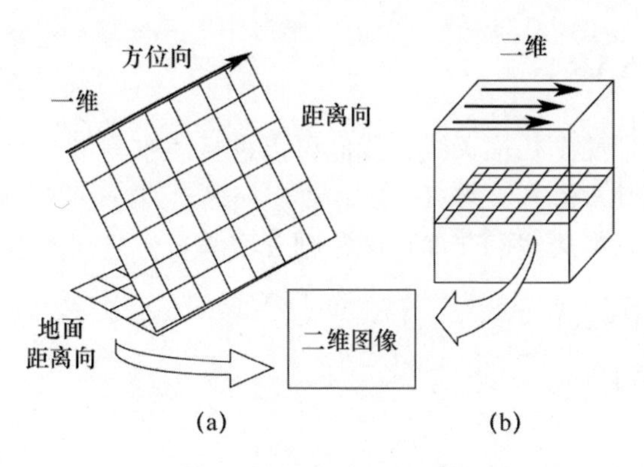

图 10.17 扫描天线生成二维图像
（a）一维扫描；（b）二维扫描。

10.1.8 二维 SAR 图像的例子

在实验室测量中分别采用实孔径和合成孔径 FMCW 雷达获取飞机模型（圣诞礼物）图像。图 10.18 显示了这些图像之间的差异。飞机外形通过 SAR 清晰成像，成像算法基于式（10.1.33）。

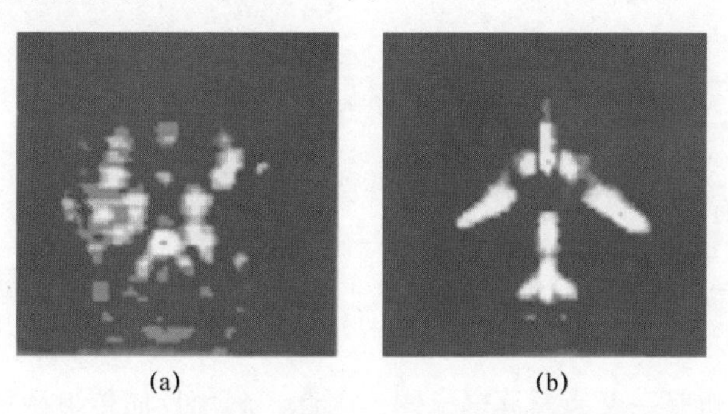

图 10.18 真实孔径图像和合成孔径图像的区别
（a）真实孔径图像；（b）合成孔径图像。

10.1.8.1 关于合成孔径长度

根据反菲涅耳变换式（10.1.27）和式（10.1.33），分辨力可能与天线扫描宽度有关，即合成孔径长度，方程中假定天线具有全向性，因此，扫描长度要足够大。假设测量系统的原点放置在目标上，并朝向天线扫描长度。如果从原点看到的长度较宽，则在信号处理中捕获传播函数中的高阶相位项，从而实现高分辨力成像。如果距离原点的长度有限，传播函数中的高阶相位项被消除，导致图像分辨力低。

这种情况如图 10. 19 所示。由于传播函数中高阶相位项的差异，因此使用相同孔径长度的图像进行比较。即使使用相同孔径，高阶相位信息也是不同的。由于深度目标的相位信息较少，对应的图像会变得模糊。另外，由于浅目标可以有更高的项，图像变得清晰。

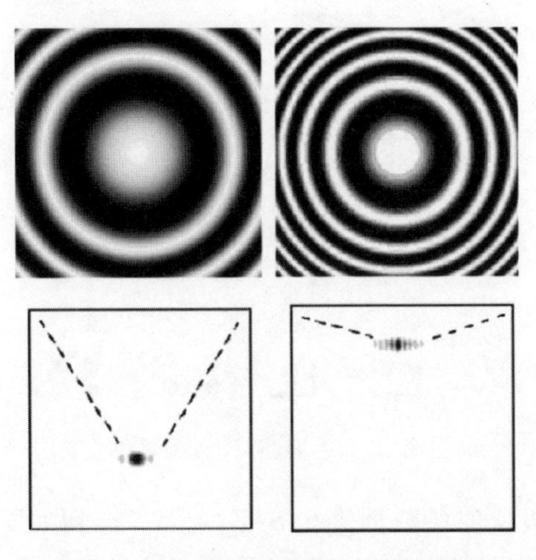

图 10. 19　不同合成孔径长度成像的差异

因此，考虑到天线的波束宽度，合成孔径长度应该足够大。为了获得相同的分辨力，目标所张成的角度应该是相同的，远处的目标需要较长的合成孔径长度。

实际天线具有方向性，即波束分布不均匀。波束形状通常为 sinc 函数、高斯函数等。菲涅耳变换假定是全向的，为了与变换公式相匹配，需要对天线方向图进行一些修改，将实际波束方向图调整为全向方向图。这是需要注意的另一个问题。

如果我们使用一个非常小的全向天线，那么根据定义，其方位向分辨力会非常高。然而，由于功率耗散的问题，小天线对远处目标的灵敏度较差。在这种情况下，我们需要使用高增益天线，这导致合成孔径长度很小。

10. 2　极化 FMCW 雷达

在 FMCW SAR 中，可以通过发射天线和接收天线的极化相结合来进行极化测量。由于式（10. 1. 27）和式（10. 1. 33）是表示物体形状的目标函数，因此可以将它们视为散射矩阵的一个元素。

$$\boldsymbol{S}\,(\mathrm{HV}) = \begin{bmatrix} S_{\mathrm{HH}} & S_{\mathrm{HV}} \\ S_{\mathrm{VH}} & S_{\mathrm{VV}} \end{bmatrix} = \begin{bmatrix} g_{\mathrm{HH}} & g_{\mathrm{HV}} \\ g_{\mathrm{VH}} & g_{\mathrm{VV}} \end{bmatrix} \tag{10.2.1}$$

图 10.20 为散射矩阵的测量过程。首先，发射 H 极化波，同时接收 H 和 V 分量。然后发送 V 极化波，同时接收 H 和 V 分量。重复这一过程，得到散射矩阵的原始数据。

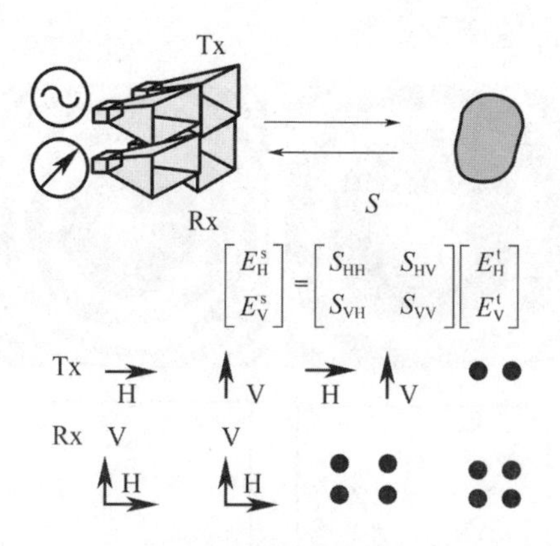

图 10.20 PolSAR 数据采集

对每个通道的极化原始数据进行 SAR 处理，得到如图 10.21 所示的全极化 SAR 图像。全极化图像由带有散射矩阵数据的像素组成。

图 10.22 为二维天线扫描得到的极化 FMCW SAR 图像示例（图 10.17）。其中心频率为 16GHz，对 30cm 的飞机模型进行观察。$|S_{HH}|$和$|S_{VV}|$幅度图看起来比较相似，而$|S_{HV}|$幅度图略有不同。此外，相位 φ_{HH}，φ_{HV}，φ_{VV} 各自不同。因此，可知散射矩阵不仅包含幅值信息，而且还包含相位信息。

总功率图像显示为 Span（$\boldsymbol{S}$），即散射矩阵元素的平方和，它具有最大信噪比。同时，相位（$\varphi_{HH}-\varphi_{VV}$）/2 图像也显示出来供参考。

由以上实验发现，Pol－FMCW SAR 是一种低成本而有效的近程遥感系统，适合用于研究。

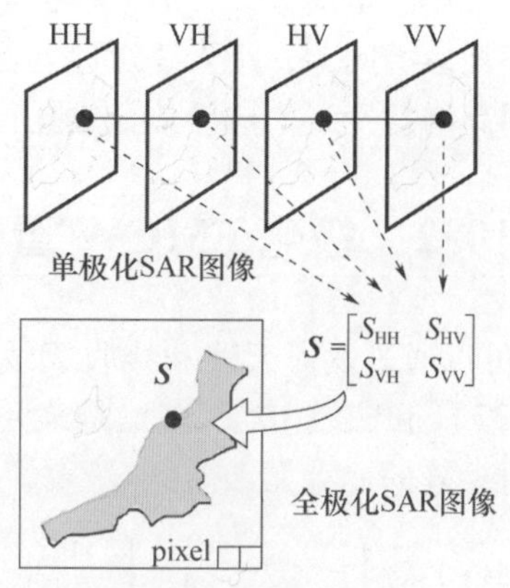

图 10.21 PolSAR 图像

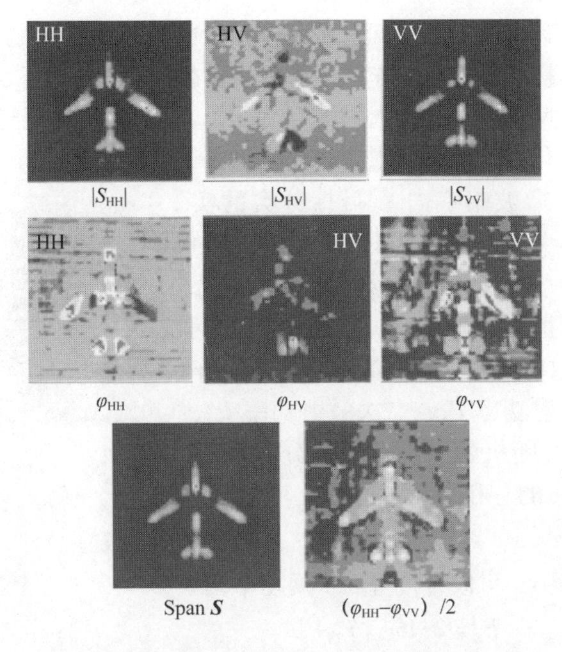

图 10.22　二维扫描 FMCW PolSAR 图像的示例

10.2.1　FMCW 硬件

FMCW 雷达的硬件构成比较简单，易于构造。图 10.23 是极化 FMCW 雷达的系统框图。基本组件包括：压控振荡器、定向耦合器或功分器、开关、天线和混频器，中频部分包括滤波器、放大器、A/D 转换器、PC 控制器等。一旦创建了 IF 部分，它就可以在任何频带上使用。下面的系统可以在 L 波段、C 波段、X 波段和 Ku 波段中工作。

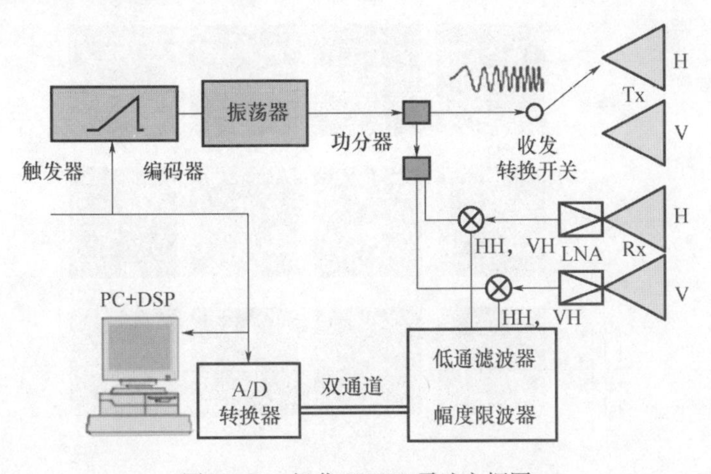

图 10.23　极化 FMCW 雷达方框图

极化雷达设计的一个重要问题是工作频段内的天线系统。高极化天线，即高极化纯度，是极化雷达在工作波段中最重要的因素。为此，我们使用了4个排列紧凑的标准喇叭天线，如图10.24所示。虽然各极化通道的相位中心不同，但可以用极化校准的方式[14]来校正。

该系统用于微波暗室内[15]目标分类的实验。采用FMCW－PolSAR分别对半径为10cm的金属球、10cm的二面角反射器和金属丝进行成像。一旦得到散射矩阵，就可以基于相干矩阵[15]进行相干散射分解。将测量到的相干矩阵 $\boldsymbol{T}$ 展开为表面散射功率 P_s、二次散射功率 P_d、线散射功率 P_w（随机朝向偶极子积分）和螺旋体散射功率 P_c 的总和。

图10.24 极化FMCW雷达天线

$$\langle \boldsymbol{T} \rangle = P_s\boldsymbol{T}_s + P_d\boldsymbol{T}_d + P_w\boldsymbol{T}_w + P_c\boldsymbol{T}_c \tag{10.2.2}$$

从这个扩展中，可以直接得到扩展功率为

$$\begin{aligned} P_c &= 2\left|\mathrm{Im}\ \{T_{23}\}\right| \\ P_w &= \sqrt{(\mathrm{Re}\ \{T_{12}\})^2 + (2\mathrm{Re}\ \{T_{13}\})^2} \\ P_s &= T_{11} - P_w/2 \\ P_d &= T_{22} + T_{33} - P_c - P_w/2 \end{aligned} \tag{10.2.3}$$

分解结果及分解比例如图10.25所示。

利用相同的Pol－FMCW系统，测量了3个在距离方向上对准的目标。如图10.26（a）所示，这些目标分别是一棵树，一个金属球体和一个二面角。图10.26（b）为检测结果，显示了对目标分类的能力。

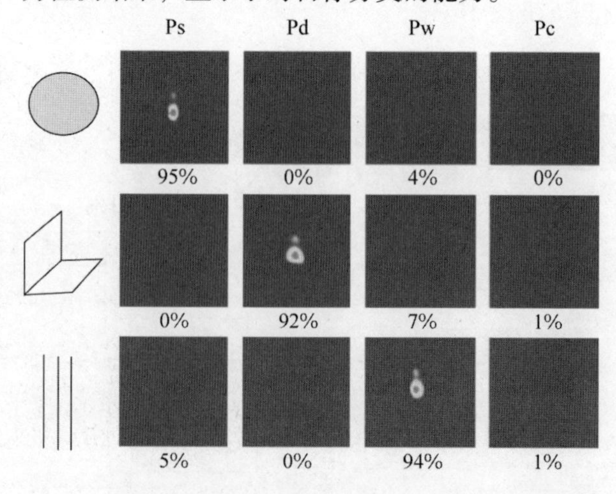

图10.25 球、二面体、线的FMCW PolSAR分解结果

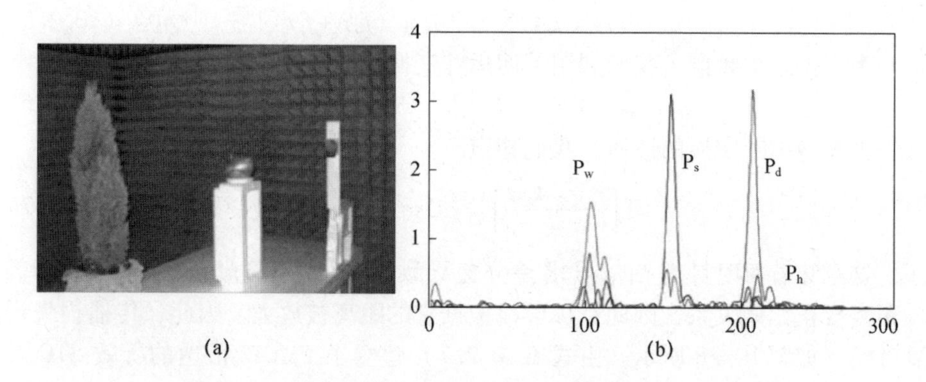

图 10.26　Pol - FMCW 雷达测量距离方向对准的 3 个目标

（a）消声室中 3 个目标的照片；（b）检测结果。

通过计算得到线目标的方位角 θ

$$\theta = \frac{1}{2}\arccos\left(\frac{\mathrm{Re}\ \{T_{12}\}}{P_{\mathrm{w}}}\right) \tag{10.2.4}$$

利用式（10.1.4），可以精确地找到目标方位，检测结果如图 10.27 所示。

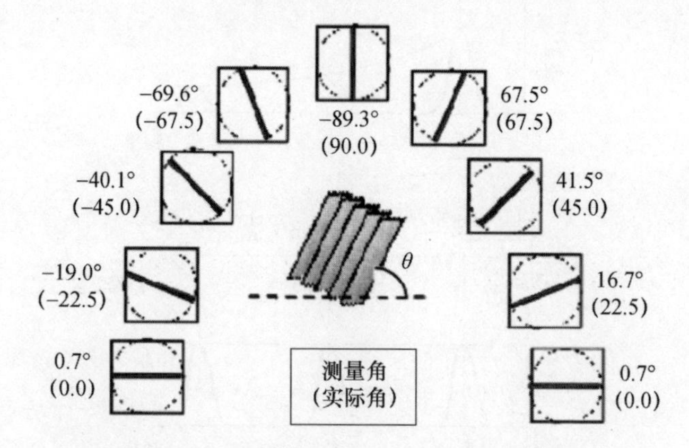

图 10.27　测量角和实际设置角的雷达探测结果

10.2.2　等效灵敏度时间控制技术

雷达接收功率随距离 r^{-4} 的增加而减小，如式（3.1.10）所示。因此，来自远处目标的能量非常小。为了提高探测距离，在脉冲雷达系统中采用了灵敏度时间控制（STC）技术，根据到达时间对接收信号进行放大，使后到信号得到增强，FMCW 雷达没有这种技术。我们回到 FMCW 原理，找到了 FMCW 雷达系统[16]的等效 STC 技术。

时域拍频信号可以写为：

$$S_b(t)=gAA'\exp[\mathrm{j}2\pi(f_0\tau+f_bt)] \tag{10.2.5}$$

为了得到拍频谱，我们利用了傅里叶变换

$$\mathrm{FT}[S_b(t)]=S_b(f) \tag{10.2.6}$$

根据傅里叶变换的性质，我们知道

$$\mathrm{FT}\left[\frac{\partial^n S_b(t)}{\partial t_n}\right]=(\mathrm{j}2\pi f_b)^n S_b(f) \tag{10.2.7}$$

这意味着对时域差拍信号求差分会导致原始信号$(\mathrm{j}2\pi f_b)^n$倍增。由于f_b与距离成正比例关系，因此目标可以根据它的距离被放大。因此，传播损失得到补偿，如图10.28所示。由式（10.2.7）建立了FMCW雷达的等效STC技术，这与时域STC不同。通过乘以$(\mathrm{j}2\pi f_b)^n$放大远距离的信号，不仅放大了回波，也放大了噪声。虽然信噪比没有改善，但是与极化数据的结合将有助于后续探测的改进。

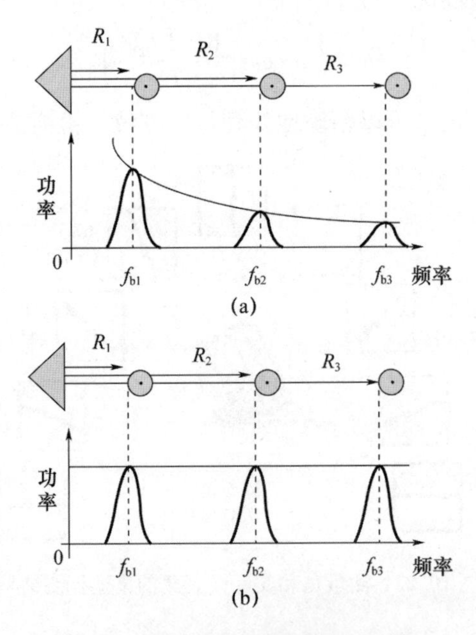

图10.28　振幅补偿
（a）补偿前；（b）补偿后。

该方法不仅适用于自由空间，也适用于雪、土等有耗介质，探地雷达在土壤介质中衰减严重，这种等效STC可以提高检测性能，图10.29为GPR探测示例。一块金属板被埋在地下120cm深的沙土中，利用极化FMCW雷达进行表面扫描，得到散射矩阵。图10.29左侧为曲面点的共极化零值图，我们可以看到120cm深的目标回波。由于原始图像中杂波较多，采用一阶差分的等效STC方法生成中间图像，从而可以清楚地辨认出金属板。最右边的图像是通过二阶差分得到的。可以发现远目标（金属板）被高度增强。

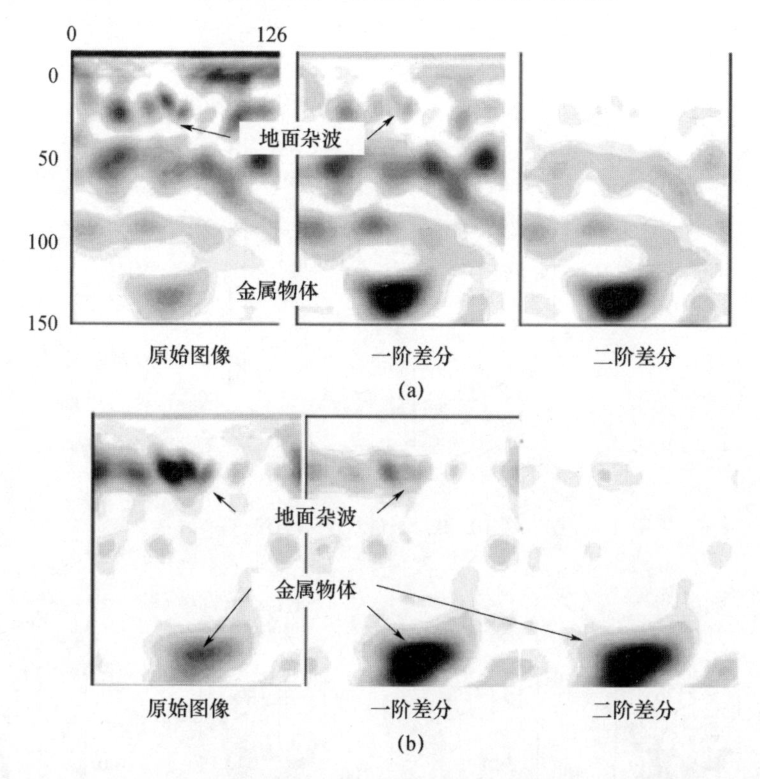

图 10.29　地下 120cm 金属物体探测结果及等效 STC 技术对 FMCW 雷达的影响
（a）共极化图像；（b）交叉空极化图像。

表面的交叉极化零值图也有相同的特征。在探地雷达探测中，地表杂波较为严重，因此利用地面共极化零值图或交叉极化零值图和等效 STC 来探测埋在地下的目标是非常有用的。

另一个例子是积雪雷达应用，用于探测埋在堆积的积雪[18]中的物体。图 10.30 为 1997 年在日本新潟山古石村进行的测量情况，两个目标垂直放置，一号目标是一根金属管，二号目标是一块钢板，它们分别被埋在 60cm 和 110cm 的深度。L 波段 FMCW 雷达天线在表面进行扫描，产生 3D 极化数据集。

图 10.31 为 HH、HV、VV 的极化通道图像。可以看出，HV 图像没有提供来自这些目标的大回波。在 HV 图像中，由于波的衰减，这些目标的检测非常困难。另外，杂波掩盖了 HH 和 VV 图像中目标的所需回波。

通过选择目标 1 的共极化零值极化状态，重新计算接收功率，得到共极化零值图像，消除目标 1，清晰地拾取目标 2，无杂波。这样，一旦得到散射矩阵，就有可能得到一幅更少杂波的图像。

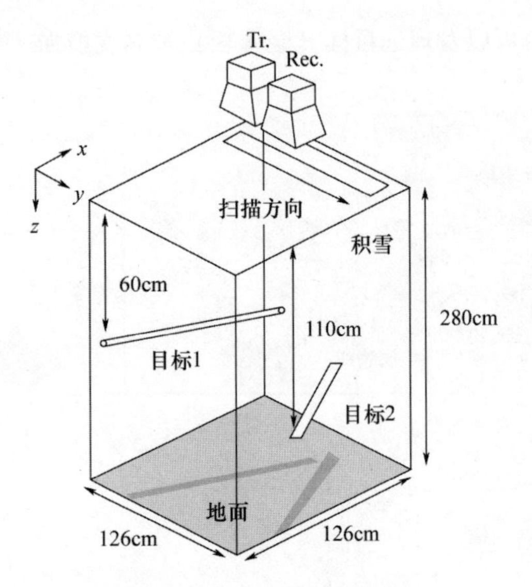

图 10.30　测量状况示意图

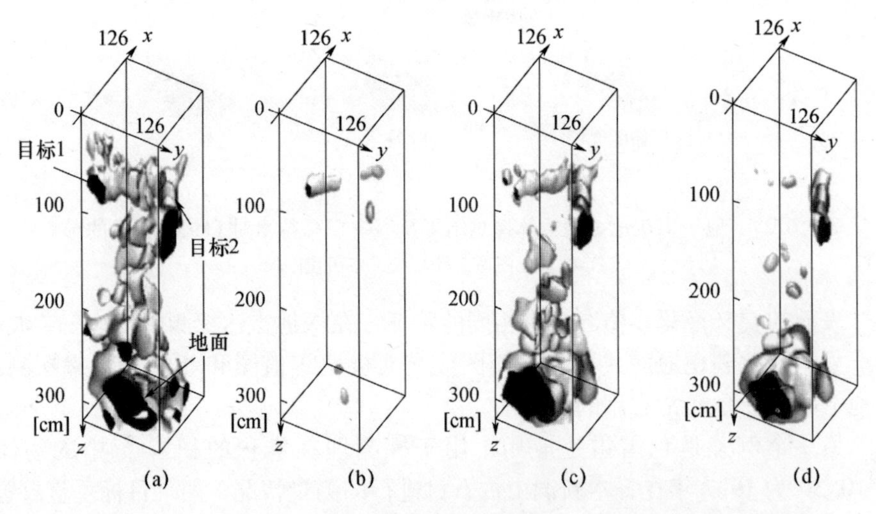

图 10.31　垂直入射目标（目标 1：管，目标 2：板）的三维极化检测结果
（a）HH；（b）HV；（c）VV；（d）目标 1 共极化零值。

10.2.3　实时极化 FMCW 雷达

FMCW 雷达的信号处理主要是基于傅里叶变换。傅里叶变换可以通过使用数字信号处理板的 FFT 算法非常快地执行。执行一次 FFT 即可获得距离剖面。因此，FMCW 雷达适用于实时操作，如汽车应用[17]。2006 年，我们研制了一套实时极化 FMCW 雷达，如图 10.32 所示。单个快照的散射矩阵可以在不到 20ms 的时间内得到。在这里采用一个极化距离向的例子展示实时极化 FMCW 系统。

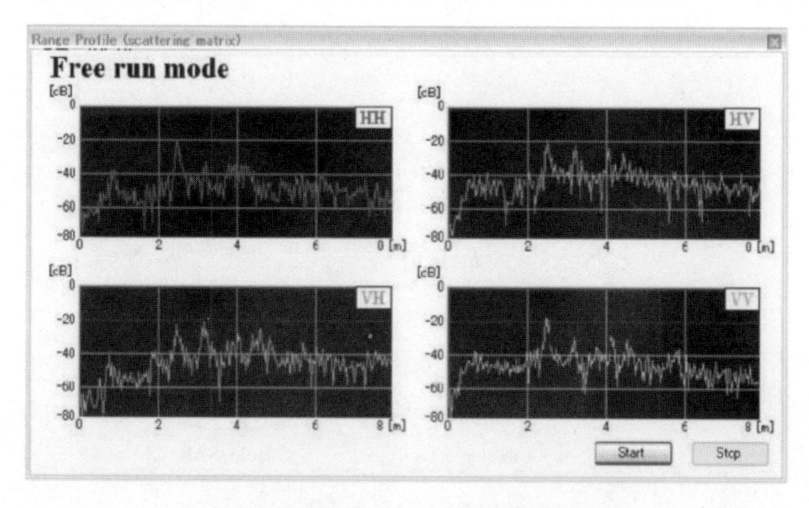

图 10.32　实时极化 FMCW 雷达距离像示例

利用实时数据，可以立即进行 SAR 处理，如图 10.33 所示。

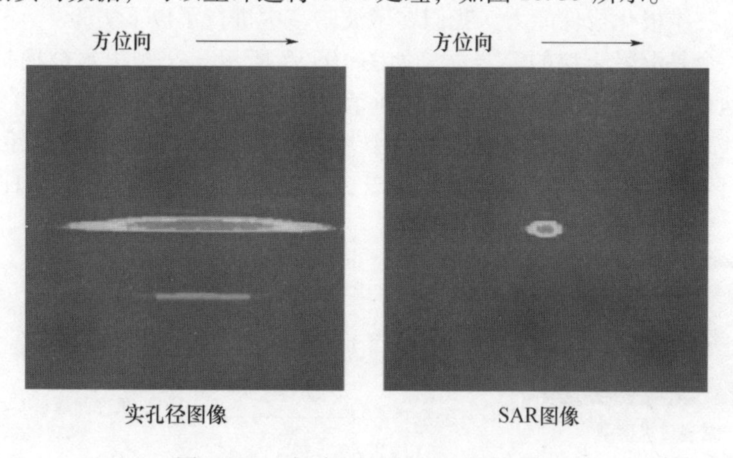

图 10.33　实时 Pol – FMCW 图像示例

10.3　极化全息 SAR

星载 SAR 和机载 SAR 沿直线通道移动，获得二维 SAR 图像。如图 10.34 所示，SAR 有各种不同的飞行配置。如果飞行路径和轨道变成圆形，则称为圆周 SAR（C – SAR）。C – SAR 从 360°视角观察目标。因此，可以利用角数据重建目标结构。如果在垂直方向的不同高度重复 C – SAR 观测，则称为全息 SAR

（HOLO－SAR）。HOLO－SAR 可以提供360°的3D 图像。

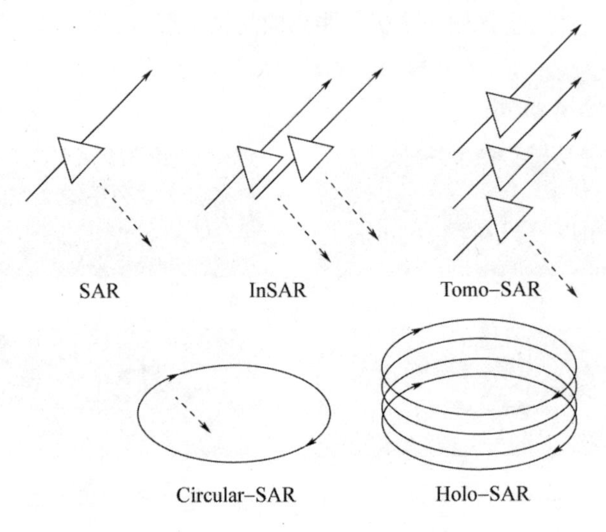

图 10.34　SAR 及其轨迹

如果将极化测量应用于 HOLO－SAR，系统就变成了极化 HOLO－SAR。为了检验三维极化成像能力，我们在微波暗室中进行了以下实验：

第一个是混凝土块的混合物，如图 10.35 所示。这些积木被模拟成普通建筑，地震后倒塌的建筑，以及从垂直方向倾斜 0°、10°、20°和 30°的建筑。这些块在微波暗室的转台上由一个基于网络分析仪的极化雷达系统成像。C－SAR 测量重复 50 次，沿垂直方向以 2cm 的增量扫描，总长度为 1m。

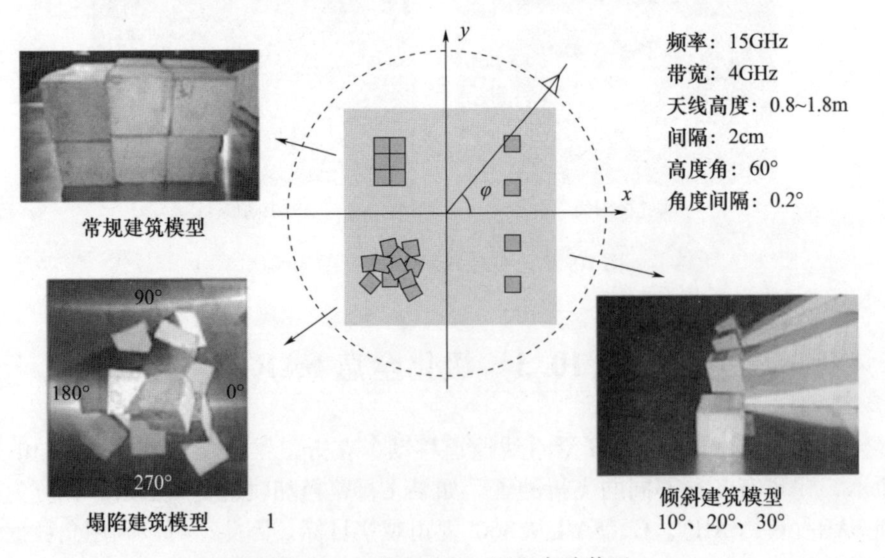

图 10.35　极化 HOLO－SAR 实验装置

对全息 SAR 信号进行处理后，对三维数据集进行极化散射分解，最终图像如图 10.36 所示。采用 RGB 彩色编码显示散射机制，红色（二次散射）在 $z=0$ 附近较强，此时金属地平面与竖向混凝土墙形成直角结构。在普通建筑的顶部，颜色呈现绿色（体散射），这是来自混凝土表面。这种情况与斜平面的散射相同，它会产生交叉极化分量，从而产生体散射功率。另外，如果表面的斜角超过 20°，蓝色（表面散射）是显著的。这种情况发生在倒塌的建筑场景中。这些角度特征在图 10.36（b）中倾斜建筑的屋顶上被很好地检测到。对于小于 10°的小斜角，主散射功率为 P_v（绿色）。当斜角大于 10°时，散射趋于 P_s（蓝色）。在图 10.36（c）所示的侧视图图像中，可以很好地检测到垂直方向散射机制的差异。

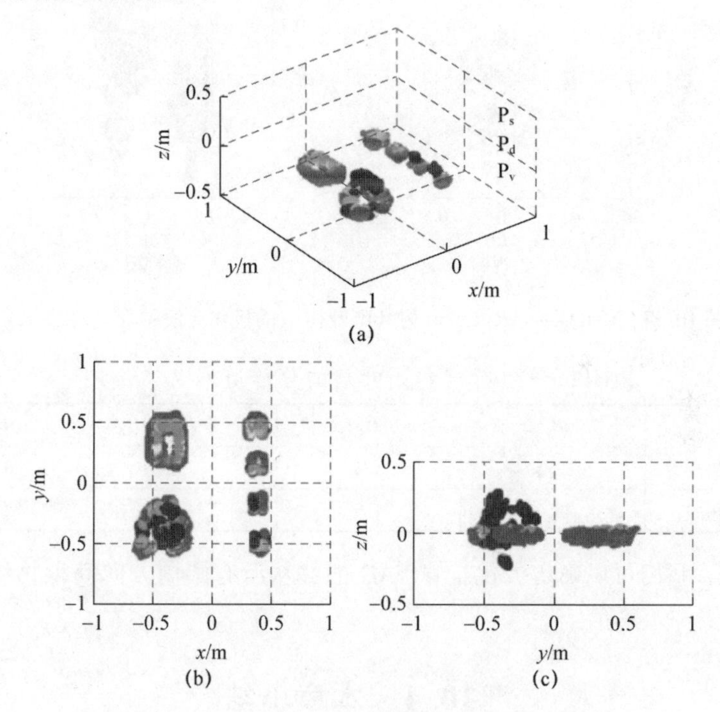

图 10.36 全息 SAR 极化分解图像（具体）（见彩图）

（a）分解图像 3D 视图；（b）俯视图；（c）侧视图。

第二个例子是针叶树和阔叶树。用同样的方法测量了两棵树，不仅可以重建混凝土 - 金属物体，还可以重建植被，如图 10.37 所示。可以看出，针叶树比阔叶树产生更多的交叉极化 HV 分量。这使得体散射（绿色）在针叶树中占主导地位。另外，阔叶树的表面散射（蓝色）比较明显。分解的功率由图 10.37 侧视图图像中的矩形框提取，功率比如表 10.3 所列。这些值是这些树种在 Ku 和 X 波段的典型值[19,20]。

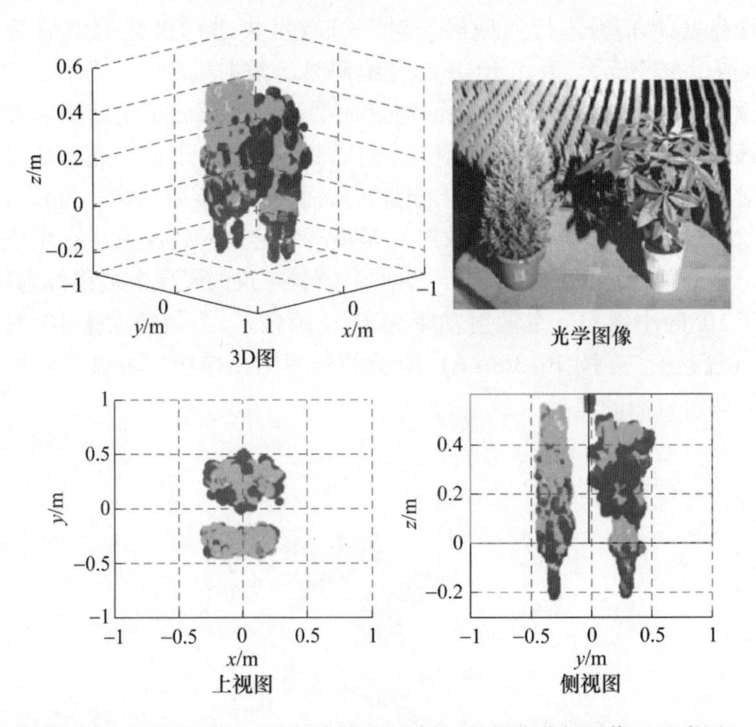

图 10.37　HOLO-SAR（针叶树和阔叶树）的极化分解图像（见彩图）

表 10.3　针叶树和阔叶树的分解功率比（%）

类型	P_s	P_d	P_v	P_c
针叶树	22.5	5.4	71.8	0.3
阔叶树	48.3	4.9	44.7	2.1

因此，我们可以确定极化全息 SAR 能够从所有圆周方向获得物体的三维散射机制。

10.4　本章小结

本章对合成孔径技术进行了举例说明。距离分辨力是由发射信号的带宽决定的，这一点在 FMCW 雷达、步进频率雷达、脉冲雷达上是统一的。由于星载雷达的频率分配已确定（表 10.1），只有在 S 波段以上才能实现小于 1m 的地表高分辨力。

在 SAR 信号处理中，通常借助傅里叶变换这个数学工具来生成高分辨力二维图像，不仅用于距离压缩，而且用于方位合成孔径处理和距离徙动处理。PolSAR 可以认为是单极化 SAR 的多次观测，除了极化校准外，它还需要 4 倍以上的计算量。在得到散射矩阵后，这里给出了一些应用实例：目标角度估计、FMCW 雷达的等效 STC 及其 GPR 应用、基于极化滤波的积雪掩埋目标三维成像、实时极化 FMCW 雷达以及 360°极化全息 SAR 成像。所有的极化结果都是令人满意的。

附　录

A10.1　窗函数

窗函数被定义为在选定的区间内非零值的数学函数，通常围绕区间的中间对称，并且通常从中间逐渐减小。数学上，当另一个函数乘以一个窗口函数时，其乘积在区间内也是非零的。窗函数最简单的形式是门函数，它在区间内恒为一单位幅度（$-T_s/2 < t < T_s/2$），在区间外为零。图 A10.1 给出了时域的门函数及其傅里叶变换后的幅频特性。

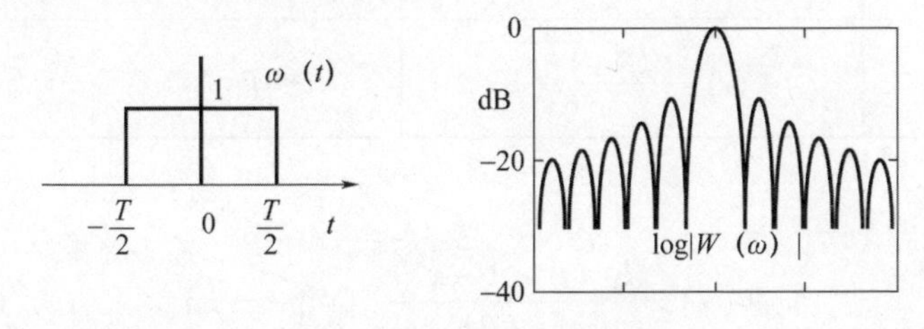

图 A10.1　矩形窗及其频率特性

当进行傅里叶变换时，我们需要使用窗函数。在实际的信号处理中，我们只有有限长度的信号。为了抑制不必要的频率响应，需要选择合适的有限时间区间的窗函数。

窗函数有许多种。每个窗都有自己的特点。例如，矩形窗（门函数）经过傅里叶变换后得到 sinc 函数。主瓣的宽度是其他函数中最小的。这种锐利的波束适于制作分辨力高的图像。主波瓣的宽度也称为半功率宽度。第一个旁瓣峰值比为 -13dB，这是一个相当大的值。如果这个值大于其他目标的回波，这个副瓣就会掩盖其他目标的主波束。例如，在雷达遥感中，陆地的回波比海面的回波大，有时海面上会出现陆地的旁瓣图像。为了克服这种情况，可以通过各种窗函数来抑制副瓣电平。表 A10.1 列出了具有代表性的窗口函数。旁瓣电平被这些函数抑制，然而，他们的缺点是主瓣宽度的增加。

如果我们想降低旁瓣水平，那么主瓣宽度就会增加，反之亦然。这种权衡是由傅里叶变换的性质引起的。由于雷达最终主瓣宽度为 $c/(2B)$，窗函数为我们提供了在牺牲分辨力的情况下使旁瓣电平降低的方法。在信号处理中，窗函数可以修改数据的幅值，但不影响数据的相位信息。

主瓣宽度对应分辨力。矩形窗或门函数具有最清晰的分辨力，我们将其作为基准，并与其他窗口分辨力进行比较。由表 A10.1 可知，汉宁窗和汉明窗的宽度增大了 2 倍，Kaiser 窗的宽度增大了 1 倍。汉明窗是首选的，因为汉明窗与汉宁窗相比在相同的主瓣宽度下有更低的旁瓣水平。通过调整参数，Kaiser 窗口[12]可以调整为任何分辨力。

表 A10.1 代表性窗函数

窗函数	表达式	第一旁瓣	主瓣宽度
矩形窗	$W(x)=1$	-13	1
Hanning 窗	$W(x)=0.5+0.5\cos\left(\frac{\pi}{2}x\right)$	-32	2
Hamming 窗	$W(x)=0.54+0.46\cos\left(\frac{\pi}{2}x\right)$	-41	2
Kaiser 窗	$W(x)=\frac{I_0(\beta\sqrt{1-x^2})}{I_0(\beta)}$	$-46(\beta=2\pi)$	$\sqrt{5}(\beta=2\pi)$

Kaiser 窗

$$W(x)=\frac{I_0\ (\beta\sqrt{1-x^2})}{I_0\ (\beta)},\quad -1<x<1 \tag{A10.1.1}$$

其中，I_0（·）为修正贝塞尔函数，x 为标准化后的变量。

通过改变 Kaiser 窗口中的参数 β 可以很容易地调整权衡关系。图 A10.2 显示 Kaiser 窗口是 β 的函数。$\beta=0$，尽管分辨力宽度增加了 20%，Kaiser 窗的表达式退化为窗函数；$\beta=2.5$ 旁瓣电平为 -20dB。这在 SAR 处理中经常使用。$\beta=5$ 旁瓣电平低至 -37dB，但主瓣宽度增加 50%。$\beta=2\pi$ 可以产生 -46dB 的旁瓣。

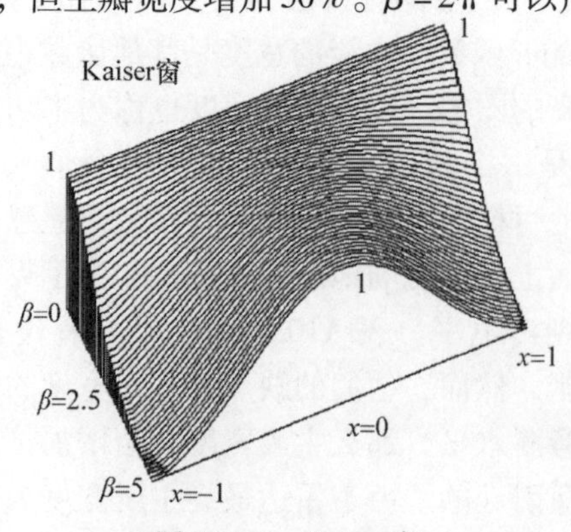

图 A10.2 Kaiser 窗

A10.2　距离徙动校正

假设我们用雷达测量一个点目标，如图 10.15 所示。天线在目标上方扫描，距离压缩后的轨迹变为曲线，如图 A10.3 左上方所示，图像的轴由方位方向和距离方向组成，这条曲线是由天线和点目标之间的距离引起的。

如果我们对曲线轨迹图像进行傅里叶变换而不进行距离校正，那么就会得到右边的图像。由于傅里叶变换是逐行水平进行的，变换后的图像根本不会显示聚焦，而是模糊了目标周围的环境。这种退化来自于压缩图像中的数据排列。为了将数据排列成直线，需要进行距离徙动校正处理。

距离校正将曲线数据排列成直线数据，如图 A10.3 所示，距离校正后，进行傅里叶变换得到点目标聚焦图像。

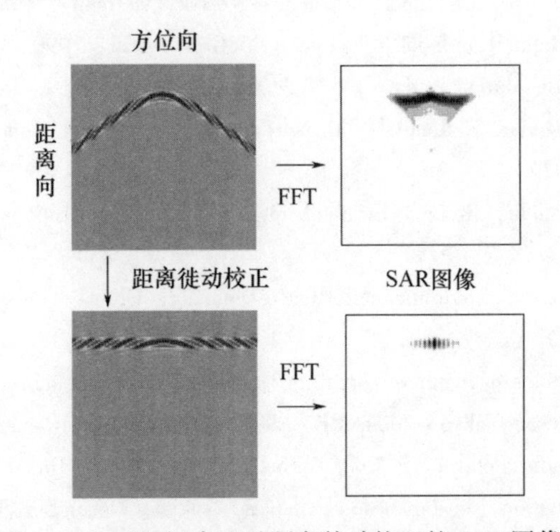

图 A10.3　经过/未经过距离徙动校正的 SAR 图像

距离徙动校正的方法有几种。这里，介绍了一种简单的使用傅里叶变换的方法。傅里叶变换具有如下的相移性质：

$$f(t)\Leftrightarrow F(\omega) = \int_{-\infty}^{\infty} f(t)\mathrm{e}^{-\mathrm{j}\omega t}\mathrm{d}t \tag{A10.2.1}$$

$$f(t-a)\Leftrightarrow F(\omega)\mathrm{e}^{\mathrm{j}\omega a} = \int_{-\infty}^{\infty} f(t)\mathrm{e}^{-\mathrm{j}\omega(t-a)}\mathrm{d}t \tag{A10.2.2}$$

由式（A10.2.2）可知，当位置 t 移动 a 时，频域相移为 $\mathrm{e}^{\mathrm{j}\omega a}$。如果我们能知道位移 a，那么相应的相移将用来重新排列数据的位置。

在距离压缩图像中，我们有一个 sinc 函数。我们希望将数据位置的更改为

$$\mathrm{sinc}\left[\frac{\pi\ (R-z_0)}{\Delta R}\right]\Rightarrow\mathrm{sinc}\left[\frac{\pi\ (z-z_0)}{\Delta R}\right]$$

在时域上移动$\frac{(R-z)}{\Delta R}$，等效于在频域上进行$\exp\left[j2\pi\frac{(R-z)}{\Delta R}\frac{m}{M}\right]$的移相。

我们首先在距离方向上对数据进行傅里叶变换。然后将相移乘以频域数据，再对频域数据进行反傅里叶变换。沿着方位角方向重复这个过程。压缩后的峰值与水平线$z=z_0$对准。这样，相移特性就可以用于距离徙动校正。

参考文献

1. Y. Furuhama, K. Okamoto, and H. Masuko, Microwave Remote Sensing by Satellite, IEICE, Tokyo 1986.
2. D. R. Wehner, High Resolution Radar, Artech House, Boston, 1987.
3. J. P. Fitch, Synthetic Aperture Radar, Springer – Verlag, Germany, 1988.
4. M. I. Skolnik ed. , Radar Handbook, 2nd ed. , McGraw – Hill, 1990.
5. D. L. Mensa, High Resolution Radar Cross – Section Imaging, Artech House, Boston, 1991.
6. N. C. Currie ed. , Radar Reflectivity Measurement: Techniques and Applications, Artech House, Boston, 1989.
7. F. T. Ulaby and C. Elachi, Radar Polarimetry for Geoscience Applications, Artech House, Boston, 1990.
8. K. Okamoto eds. , Global Environmental Remote Sensing, Ohmsha Press, Tokyo, 2001. Wave Summit Course.
9. K. Ouchi, Fundamentals of Synthetic Aperture Radar for Remote Sensing (in Japanese), Tokyo Denki University Press, Tokyo, 2004. ISBN: 978 – 4 – 501 – 32710 – 1; 2nd ed. , 2009.
10. Y. Yamaguchi, Radar Polarimetry from Basics to Applications: Radar Remote Sensing Using Polarimetric Information (in Japanese), IEICE, Tokyo, December 2007. ISBN: 978 – 4 – 88554 – 227 – 7.
11. M. Takagi and H. Shimoda, eds. , New Handbook on Image Analysis, Tokyo University Press, Tokyo, 2004.
12. I. G. Cumming and F. H. Wong, Digital Processing of Synthetic Aperture Radar Data, Artech House, Boston, 2005.
13. A. Moreira, P. Prats – Iraola, M. Younis, G. Krieger, I. Hajnsek, and K. Papathanassiou, "A Tutorial on synthetic aperture radar," IEEE Geosci. Remote Sens. Mag. , vol. 1, no. 1, pp. 6 – 43, 2013.
14. M. Nakamura, Y. Yamaguchi, and H. Yamada, "Real – time and full polarimetric FM – CW radar and its applications to the classification of targets," IEEE Trans. Instrum. Meas. , vol. 47, no. 2, pp. 572 – 577, 1999.
15. J. Nakamura, K. Aoyama, M. Ikarashi, Y. Yamaguchi, and H. Yamada, "Coherent decomposition of fully polarimetric FMCW radar data," IEICE Trans. Commun. , vol. E91 – B, no. 7, pp. 2374 – 2379, 2008.

16. H. Kasahara, T. Moriyama, Y. Yamaguchi, and H. Yamada, "On an equivalent sensitivity time control circuit for FMCW radar," Trans. IEICE B – II, vol. J79 – BII, no. 9, pp. 583 – 588, 1996.

17. Y. Yamaguchi, M. Sengoku, and S. Motooka, "Using a van – mounted FM – CW radar to detect corner – reflector road – boundary markers," IEEE Trans. Instrum. Meas., vol. 45, no. 4, pp. 793 – 799, 1996.

18. T. Moriyama, Y. Yamaguchi, and H. Yamada, "Three – dimensional fully polarimetric imaging in snowpack by a synthetic aperture FM – CW radar," IEICE Trans. Commun., vol. E83 – B, no. 9, pp. 1963 – 1968, 2000.

19. Y. Yamaguchi, Y. Minetani, M. Umemura, and H. Yamada, "Experimental validation of conifer and broad – leaf tree classification using high resolution PolSAR data above X – band," IEICE Trans. Commun., vol. E102 – B, no. 7, pp. 1345 – 1350, 2019. doi: 10.1587/transcom.2018EBP3288.

20. H. Shimoda, Y. Yamaguchi, and H. Yamada, "Experimental study on polarimetric – HoloSAR," IEICE Commun. Exp. (ComEX), vol. 8, no. 4, pp. 122 – 128, 2019. doi: doi: 10.1587/comex.2018XBL0153.

第⑪章

材料常数

雷达测量目标的散射信息。目标具有自己的材料常数（对于电场而言，有介电常数 ε 或相对介电常数 ε_r；对于磁场而言，有磁导率 μ，对于导体而言，有电导率 σ）。目标的散射取决于材料常数（ε，μ，σ）。后向散射系数取决于材料常数和物体的形状。即使形状相同，不同材料常数的后向散射系数也不同。通常金属物体反射的信号最大，而电介质材料反射的信号较小。

散射的本质是雷达波与物体之间的相互作用。电磁波的边界条件，即切向电场和磁场的连续性，对散射现象起决定作用。将边界条件应用于空气－介质界面，如图 11.1 所示，可得到功率反射系数[1]：

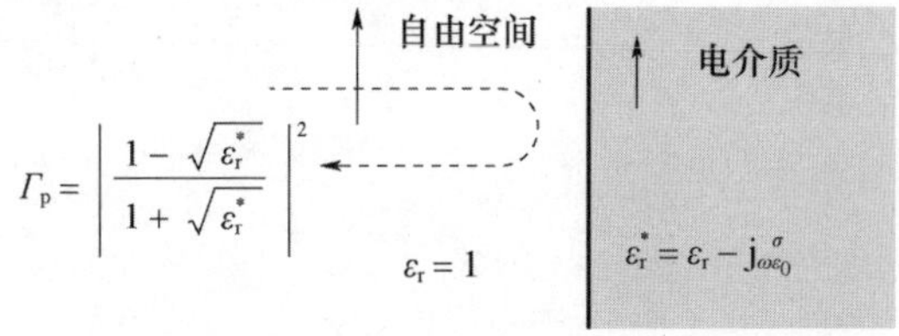

图 11.1　电介质的功率反射

$$\Gamma_p = \left|\frac{\eta_1 - \eta_0}{\eta_1 + \eta_0}\right|^2 = \left|\frac{1 - \sqrt{\varepsilon_r^*}}{1 + \sqrt{\varepsilon_r^*}}\right|^2 \tag{11.1}$$

其中，$\eta_0 = \sqrt{\dfrac{\mu_0}{\varepsilon_0}}$、$\eta_1 = \sqrt{\dfrac{\mu_0}{\varepsilon_0 \varepsilon_r^*}}$ 分别为自由空间和介质中的本征阻抗。复相对介电常数（或相对介电常数）定义为

$$\varepsilon_r^* = \varepsilon_r - j\frac{\sigma}{\omega\varepsilon_0} \tag{11.2}$$

式（11.1）中的功率反射系数适用于大多数介质材料，可以假设这些介质材料的磁导率等于自由空间的磁导率 $\mu = \mu_0$。由这个方程可以看出复介电常数对反射功率或散射功率的影响。

自然界中有各种各样电学性质完全不同的物质，如空气、水、冰、土壤、树木和岩石。物体通常是由不同的小颗粒组成的混合物，就像冰、空气和水的混合物是雪。根据测量结果和 Debye 模型，用介电特性来表征物体的电参数。在本章中，介质被认为是均匀的和各向同性的。将已知的复介电常数归纳为式（11.2），其经验方程如表 11.1 所列。

表 11.1　常见介质的复介电常数

Debye 模型	$\varepsilon_r(f,T)=\varepsilon_r(\infty,T)+\dfrac{\varepsilon_r(0,T)-\varepsilon_r(\infty,T)}{1+j2\pi f_\tau(T)}$			
	$\varepsilon_r(\infty,T)$	$\varepsilon_r(0,T)$	$2\pi f_\tau(T)$	f [GHz], T [°C]
水		$77.66+103.3\theta$ $\theta=\dfrac{300}{273.5+T}-1$		$-20<T<60$
纯净水	4.9	$88.045-0.4147T+6.295\times10^{-4}T^2$	$1.11\times10^{-10}-3.82\times10^{-12}T+6.938\times10^{-14}T^2$	$f<100$
扩展 Debye 模型				
海水	$\varepsilon_{sw}^*=\varepsilon'_{sw}-j\varepsilon''_{sw}=4.9+\dfrac{\varepsilon_{w0}(T)-4.9}{1+j2\pi f\tau_w(T)}-j\dfrac{\sigma}{2\pi\varepsilon_0 f}$		$\sigma=0.18C^{0.93}[1+0.02(T-20)]$ $C=3.254$ [0/00]	
冰	$\varepsilon_{ice}^*=\varepsilon'_{ice}-j\varepsilon''_{ice}=3.15-j10^{-4}\left[\dfrac{\alpha(\theta)}{f}+\beta(\theta)f\right]$ $\alpha(\theta)=(50.4+62\theta)\exp\{-22.1\theta\}$ $\beta(\theta)=\dfrac{0.502-0.131\theta}{1+\theta}+0.00542\left(\dfrac{1+\theta}{\theta+0.0073}\right)^2$		$\varepsilon'_{ice}=3.15$ $\theta=\dfrac{300}{273.15+T}-1$	
油	$\varepsilon_{soil}^{0.65}=1+0.655\rho+m_v^\beta(\varepsilon_{fw}^{0.65}-1)$		密度：ρ [g/cm^3]， 土壤体积水分含量：m_v（%） $\beta=1.0\sim1.17$（沙－黏土）	
岩石	$\varepsilon_r^*=\varepsilon'_r-j\varepsilon''_r=\varepsilon'_r(1.0-j\tan\delta)$		$2.4<\varepsilon'_r<9.6$ $\tan\delta=0.01\sim0.1$	

续表

干雪	$\varepsilon_{ds}=\begin{cases}1.0+1.9\rho_s & \rho_s<0.5\\0.51+2.88\rho_s & \rho_s>0.5\end{cases}$	$3\leqslant f\leqslant 37$ GHz 雪密度：ρ_s [g/cm^3]
湿雪	$\varepsilon'_{ws}=1.0+1.83\rho_s+0.02m_v^{1.015}+\dfrac{0.073m_v^{1.31}}{1+(f/f_0)^2}$ $\varepsilon''_{ws}=\dfrac{0.073(f/f_0)^2m_v^{1.31}}{1+(f/f_0)^2}$	$3\leqslant f\leqslant 37$ GHz $f_0=9.07$ GHz 土壤体积含水量：m_v（%）

11.1 复介电常数[2]

用 Debye 模型得到复介电常数的一般形式为

$$\varepsilon(f)=\varepsilon'-j\varepsilon''=\varepsilon_\infty+\frac{\varepsilon_0-\varepsilon_\infty}{1+j2\pi f\tau(T)} \tag{11.3}$$

其中，f 为电磁波频率；ε_0 为频率为零时的相对介电常数；ε_∞ 为频率无穷大时的相对介电常数；$\tau(T)$ 为弛缓时间；T 为温度。

11.1.1 水和海水[3]

静态水：

$$\varepsilon_0(T)=77.66+103.3\left(\frac{3.00}{2735+T}-1\right) \tag{11.4}$$

其中，T 为有效的温度，$-20°\mathrm{C}<\mathrm{T}<60°\mathrm{C}$

纯水：

$$\varepsilon_{fw}^*=\varepsilon'_{fw}-j\varepsilon''_{fw}=4.9+\frac{\varepsilon_{w0}(T)-4.9}{1+j2\pi f\tau_w(T)} \tag{11.5}$$

其中，$2\pi f\tau_w(T)=1.11\times10^{-10}-3.82\times10^{-12}T+6.938\times10^{-14}T^2$；$\varepsilon_{w0}(T)=88.045-0.4147T+6.295\times10^{-4}T^2$

海水导电率：

$$\sigma=0.18C^{0.93}[1+0.02(T-20)] \tag{11.6}$$

式（11.6）在频率低于 1GHz 时有效，含盐度 $C=3.254\%$（一般值），在 $T=20$时，$\sigma=5\mathrm{S/m}$（典型的导电率值）

海水：

$$\varepsilon_{sw}^*=\varepsilon'_{sw}j\varepsilon''_{sw}=4.9+\frac{\varepsilon_{w0}(T)-4.9}{1+j2\pi f\tau_w(T)}-j\frac{\sigma}{2\pi\varepsilon_0 f} \tag{11.7}$$

当频率超过 20GHz 时，海水和纯净水没有区别。

11.1.2　冰川

对于 1 MHz 到 1 GHz 的频率，得到以下关于冰的方程[4]。

$$\varepsilon_{\text{ice}}^{*}=\varepsilon'_{\text{ice}}-\text{j}\varepsilon''_{\text{ice}}=3.15-\text{j}10^{-4}\left[\frac{\alpha(\theta)}{f}+\beta(\theta)f\right] \tag{11.8}$$

$$\alpha(\theta)=(50.4+62\theta)\,\text{e}^{-22.1\theta}$$

$$\beta(\theta)=\frac{0.502-0.131\theta}{1+\theta}+0.00542\left(\frac{1+\theta}{\theta 0.0073}\right)^{2}$$

$$\theta=\frac{300}{273.15+T}-1$$

$$f\,[\text{GHz}],\ T\,[℃]$$

11.1.3　雪

雪是由冰粒子、空气和水组成的，因此是这些物质的混合物。介电常数取决于这些物质的比例。水含量基本上决定了其复介电常数。水含量可以用体积 m_{v}（%）表示，干雪大致可定为 $m_{\text{v}}<3\%$，湿雪大致可定为 $m_{\text{v}}>3\%$。根据 Debye 模型和实验结果，得到以下近似结果。

干雪

$$\varepsilon_{\text{ds}}=\begin{cases}1.0+1.9\rho_{\text{s}} & \rho_{\text{s}}<0.5\quad[\text{g/cm}^3]\\ 0.51+2.88\rho_{\text{s}} & \rho_{\text{s}}>0.5\quad[\text{g/cm}^3]\end{cases} \tag{11.9}$$

$$\varepsilon_{\text{ws}}^{*}=\varepsilon'_{\text{ws}}-\text{j}\varepsilon''_{\text{ws}}$$

湿雪

$$\varepsilon'_{\text{ws}}=1.0+1.83\rho_{\text{s}}+0.02m_{\text{v}}^{1.015}+\frac{0.073m_{\text{v}}^{1.31}}{1+(f/f_0)^2} \tag{11.10}$$

$$\varepsilon''_{\text{ws}}=+\frac{0.073\,(f/f_0)^2m_{\text{v}}^{1.31}}{1+(f/f_0)^2} \tag{11.11}$$

频率范围：

$$3\leqslant f\leqslant 37\ \text{GHz},\ f_0=9.07\ \text{GHz}$$

密度 ρ_{s} [g/cm^3]：

$$0.09\leqslant\rho_{\text{s}}\leqslant 0.38\ [\text{g/cm}^3]$$

水含量：

$$m_{\text{v}}\ [\%]\ 0\leqslant m_{\text{v}}\leqslant 15\%$$

一般来说，干燥积雪的实部介电常数小于 1.5，虚部可以忽略。对于潮湿的积雪，最大介电常数小于 3[5]。虚部取决于水含量 m_{v}。

11.1.4 土壤

土壤、岩石、黏土、沙子等是介电材料颗粒、空气和水的混合物。电特性取决于这些材料的组成比。在大量数据集的基础上，利用 Debye 模型，给出了经验方程[6]。

$$\varepsilon_{\text{soil}}^{0.65} = 1 + 0.655\rho + m_{\text{v}}^{\beta} \left(\varepsilon_{\text{fw}}^{0.65} - 1\right) \tag{11.12}$$

其中，$\beta = 1.0$（沙子）~1.17（黏土）

m_{v} [%] 水含量 $0.01 \leqslant m_{\text{v}} \leqslant$ 饱和%

ρ_{s} [g/cm^3]：密度

$\varepsilon_{\text{fw}}^{*}$水的复介电常数

根据文献 [8]，用式（11.12）可以精确地计算出介电常数的实部。

11.1.5 岩石

Champbell 和 Ulrichs[7] 推导了 450MHz ~ 35GHz 频率范围内的经验方程：

$$\varepsilon_{\text{r}}^{*} = \varepsilon'_{\text{r}} - \text{j}\varepsilon''_{\text{r}} = \varepsilon'_{\text{r}} \left(1.0 - \text{j}\tan\delta\right) \tag{11.13}$$

$2.4 < \varepsilon'_{\text{r}} < 9.6$ 没有频率依赖性

$\tan\delta = 0.01 \sim 0.1$

11.1.6 火山灰

Oguchi 等人[9] 报告了浅间山（日本本州中部的一座火山）喷发火山灰的测量结果，适用于频率范围2 ~ 12GHz，即

$$\begin{cases} \text{火山灰} & \varepsilon_{\text{r}} = 3 \sim 3.5, \quad \tan\delta = 0.06 \\ \text{石头} & \varepsilon_{\text{r}} = 5.3 \sim 5.4, \quad \tan\delta = 0.1 \end{cases} \tag{11.14}$$

11.1.7 火焰（等离子体）

火焰是一种电子和离子粒子处于分离状态的等离子体。对于电离层传播，电磁波受到法拉第旋转和衰减影响，程度取决于频率。对于大火或电离层，等效介电常数可由电子密度 N 确定。

$$\varepsilon_{\text{r}}^{*} = 1 - \frac{w_{\text{p}}^{2}}{w_{\text{c}}^{2} + w^{2}} - \text{j}\frac{w_{\text{c}}}{w}\frac{w_{\text{p}}^{2}}{w_{\text{c}}^{2} + w^{2}} \tag{11.15}$$

其中，w_{c} 为电子碰撞频率；

w_{p} 为等离子体频率，即

$$w_{\text{p}} = \sqrt{\frac{Ne^2}{m\varepsilon_0}}$$

其中，$m=9.109\times10^{-31}$ [kg]；$e=-1.602\times10^{-19}$ [C]；$\varepsilon_0=8.854\times10^{-12}$ [F/m]。

高于等离子体频率 ω_p 的电磁波可以在等离子体中传播，但不能在低于 ω_p。例如，当电离层中的电子密度为 $N=10^{11}/m^3$ 时，等离子体频率变成 $f_p\approx$ 2.84MHz。在文献 [10] 中记录了爆炸中厘米和毫米的传播。

可以在 ITU－R p.527－5 提议的"地球表面电特性[2]"中找到一个很好的参考，它显示了海水、湿土、水、中等干土、干土和冰的介电常数的频率特性。

11.2　平坦地面的极化变换和介电常数

如图 11.2 所示，假设线极化波入射到地面上，反射波通常变成椭圆极化波，这些现象可以看作是地表的变极化。反射波承载着地面介质的信息，即地面的介电常数。如果通过双基地测量反射信号的极化（图 11.3），就有可能反演介电常数。

图 11.2 中的散射现象可以用下式表示

$$\begin{bmatrix} E_h^r \\ E_v^r \end{bmatrix} = \begin{bmatrix} R_h & 0 \\ 0 & R_v \end{bmatrix} \begin{bmatrix} E_h^i \\ E_v^i \end{bmatrix} \tag{11.16}$$

其中，R_h 和 R_v 分别为水平极化波和垂直极化波的菲涅耳反射系数。

$$R_h = \frac{\cos\theta - \sqrt{n^2 - \sin^2\theta}}{\cos\theta + \sqrt{n^2 - \sin^2\theta}},\quad R_v = \frac{n^2\cos\theta - \sqrt{n^2 - \sin^2\theta}}{n^2\cos\theta + \sqrt{n^2 - \sin^2\theta}} \tag{11.17}$$

其中，θ 为入射角；$n^2=\varepsilon/\varepsilon_0=\varepsilon_r^*=\varepsilon_r-\mathrm{j}\dfrac{\sigma}{\omega\varepsilon_0}$。

反射信号的极化比可表示为

$$\rho^r = \frac{E_v^r}{E_h^r} = \frac{R_v E_v^i}{R_h E_h^i} = \frac{R_v}{R_h}\rho^i \tag{11.18}$$

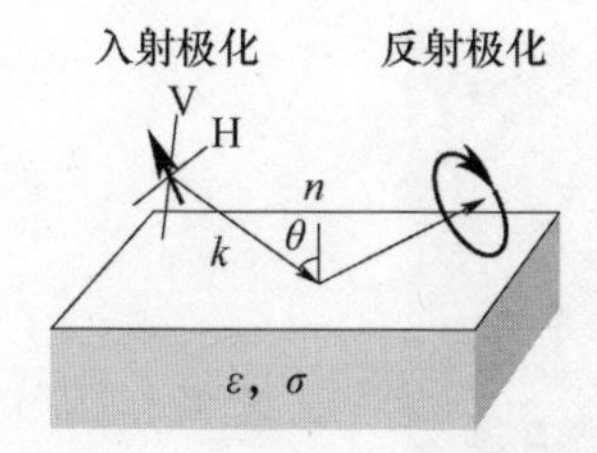

图 11.2　反射极化变换

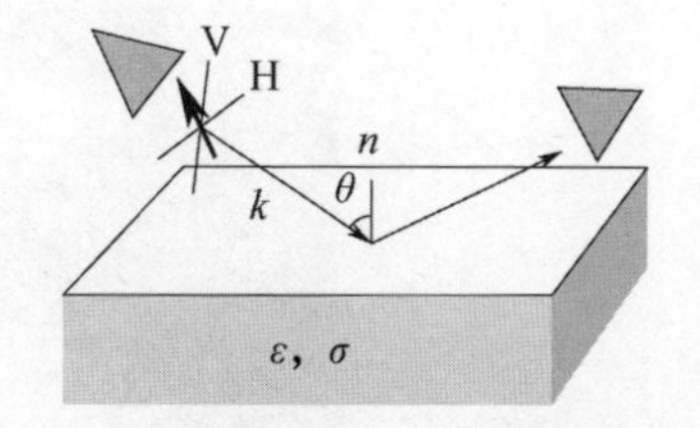

图 11.3　用极化比双基地测量介电常数

如果选择一个线极化波作为入射波，则极化比为

$$\rho^{\mathrm{i}} = \frac{E_{\mathrm{v}}^{\mathrm{i}}}{E_{\mathrm{h}}^{\mathrm{i}}} = \tan\tau$$

如果选择45°方向的线极化（$\tau = 45°$），那么很简单，$\rho^{\mathrm{i}} = 1$

因而反射信号的极化比为

$$\rho^{\mathrm{r}} = \frac{R_{\mathrm{v}}}{R_{\mathrm{h}}} = \frac{\varepsilon_{\mathrm{r}}^{*}\cos\theta - \sqrt{\varepsilon_{\mathrm{r}}^{*} - \sin^{2}\theta}}{\varepsilon_{\mathrm{r}}^{*}\cos\theta + \sqrt{\varepsilon_{\mathrm{r}}^{*} - \sin^{2}\theta}} \frac{\cos\theta + \sqrt{\varepsilon_{\mathrm{r}}^{*} - \sin^{2}\theta}}{\cos\theta - \sqrt{\varepsilon_{\mathrm{r}}^{*} - \sin^{2}\theta}} \tag{11.19}$$

从式（11.19）可以看出，极化比是入射角和介电常数的函数。极化比大小与相对介电常数的关系如图11.4所示。地面的相对介电常数选择在3～50范围内，这取决于含水量。入射角70°左右时为极化比提供了更宽的动态范围。

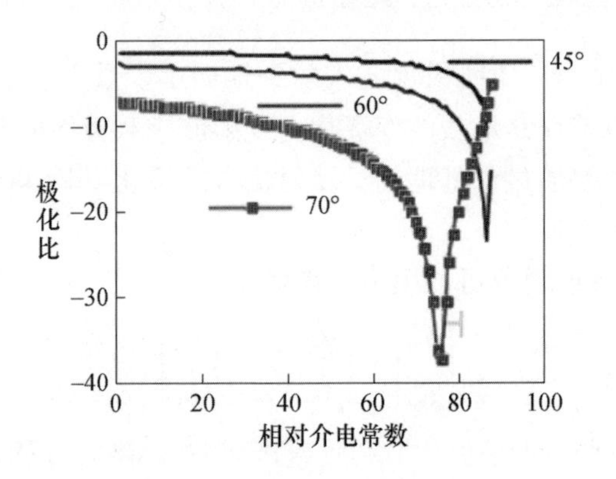

图11.4　极化比与相对介电常数

其中一个测量配置如图11.5所示。发射机采用45°方向的喇叭天线（T_{x}），接收机采用水平（H）和垂直（V）方向的喇叭天线。由于该系统测量的是接收信号的比值，因此能通过如图11.5所示的金属板校准该测量系统。由于金属板是良导体，可得$\rho^{\mathrm{r}} = 1$。如果金属板有一个混凝土（介质材料）表面，则总存在$|R_{\mathrm{v}}| < |R_{\mathrm{h}}|$，因此$|\rho^{\mathrm{r}}| < 1$。测量极化比$\rho^{\mathrm{r}}$取决于材料常数，且在布儒斯特角处达到最小。通过图11.5中的简单系统，可以很容易地对潮湿和干燥的路面进行分类。

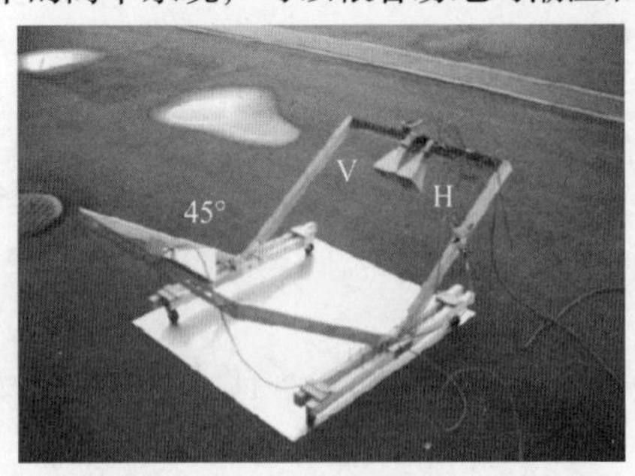

图11.5　双基地测量系统

实测的极化对应的路面状况如图 11.6 所示。

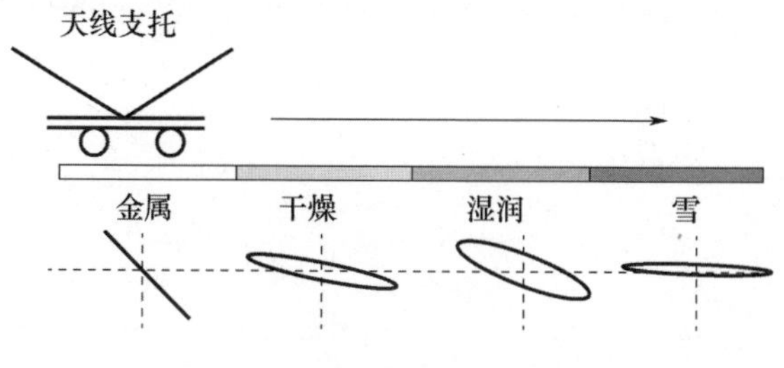

图 11.6　路面状况 vs 极化

11.3　本章小结

后向散射系数取决于材料常数和物体形状，物体有其材料常数（介电常数 ε、磁导率 μ 和电导率 σ）。由于雷达测量目标的种类繁多，对典型地表物体的测量值进行校验是值得的。本章总结了典型地表物体的相对介电常数。

参考文献

1. F. T. Ulaby, R. K. Moore, and A. K. Fung, Microwave Remote Sensing: Active and Passive, vol. 1, pp. 78 – 82, and vol. 3, Appendix E, Artech House, Boston, 1986.
2. Recommendation of ITU – R, "Electrical characteristics of the surface of the Earth," p. 527 – 5, September 2019. https://www.itu.int/rec/R – REC – P.527/en.
3. H. J. Liebe, G. A. Hufford, and T. Manabe, "A model for the complex permittivity of water at frequencies below 1 THz," Int. J. Infrared Millim. Waves, vol. 12, no. 7, pp. 659 – 675, 1991.
4. G. Hufford, "A model for the complex permittivity of ice at frequencies below 1 THz," Int. J. Infrared Millim. Waves, vol. 12, no. 7, pp. 677 – 682, 1991.
5. T. Abe, Y. Yamaguchi, and M. Sengoku, "Experimental study of microwave transmission in snowpack," IEEE Trans. Geosci. Remote Sens., vol. 28, no. 5, pp. 915 – 921, 1990.
6. M. C. Dobson, F. T. Ulaby, M. Hallikainen, and M. E. Rayes, "Microwave dielectric behavior of wet soil – part II: Four component dielectric mixing models," IEEE Trans. Geosci. Remote Sens., GE – 23, pp. 35 – 46, 1985.
7. C. K. Champbell and J. Ulrichs, "Electrical properties of rocks and their significance for lunar radar observations," J. Geophys. Res., 74, pp. 5867 – 5881, 1969.
8. V. Mironov, Y. Kerr, J. – P. Wigneron, L. Kosolapova, and F. Demontoux, "Temperature – and texture – dependent dielectric model for moist soils at 1.4 GHz," IEEE Geosci. Remote Sens. Lett., vol. 10, no. 3, pp. 419 – 423, May 2013.

9. T. Oguchi, M. Udagawa, N. Nanba, M. Maki, and Y. Ishimine, "Measurement of the dielectric constant of volcanic ash erupted from Asama volcano," URSI - F Japan, no. 515, June 2007.
10. G. P. Kulemin and V. B. Razskazovsky, "Centimeter and millimeter - wave radio signals attenuation in explosions," IEEE Trans. Antenn. Propag. , vol. 45, no. 4, pp. 740 - 743, 1997.

第⑫章 极化 SAR 图像解译

近年来，由于全球变暖，我们经历了异常的天气状况，例如引起洪水、滑坡的局部暴雨和意外发生且对当地造成毁灭性破坏的龙卷风。此外，不仅局部状况频发，而且大规模的台风、飓风和旋风也接连发生。这些事件已成为全球环境问题，并引起了人们的关注。IPCC 关于气候变化报告书以科学数据[1]为基础，对最近的全球变暖做出了警示。事实上，世界各地的自然灾害都在逐年增加。极化合成孔径雷达（PolSAR）通过收集准确的数据，在应对这些问题方面将发挥重要作用。PolSAR 特别适用于以下类别（图 12.1）。

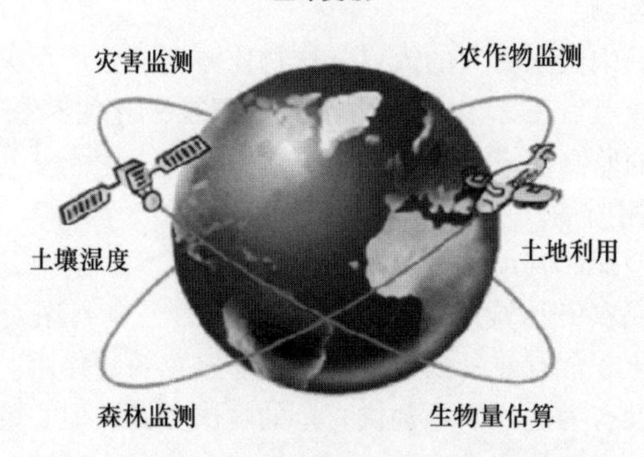

图 12.1　极化 SAR 在监测全球变暖中的应用

（1）灾害监测。

地震、山体滑坡、海啸、洪水、台风、飓风、旋风、龙卷风、局部强降雨、火山爆发均是典型的自然灾害。近年来，这些灾害在世界各地发生得越来越频繁。此外，局部强降雨事件频发，在某些地区导致了山体滑坡和洪水的发生。在雨天，由于云层不透明，光学传感器无法发挥作用。而微波可以穿透云层，SAR 有望在监测这类不利情况方面发挥重要作用。同样，对于火山活动监测，雷达信号的穿透能力在观测中起着至关重要的作用。

(2) 生物量估算。

二氧化碳（CO_2）是全球变暖中温室气体的主要来源。由于植被可以吸收二氧化碳并减缓全球变暖，因此保持和维护大片的植被面积非常重要，就像亚马孙、东南亚和中非的雨林一样。因为吸收量取决于生物量的多少，所以，准确估算生物量是世界范围内的一项重要任务。众所周知，HV 的极化响应与植被体积有很好的相关性，HV 分量的信息可以用于生物量估算。

(3) 森林监测。

生物量估算类似于森林监测。由于非法砍伐森林或人类活动在森林中扩大，森林砍伐面积逐年增加。例如，亚马孙、印度尼西亚和马来西亚的热带雨林正面临着严重的森林砍伐问题。森林砍伐后，土地暴露在露天场地或用作棕榈油种植园。那里的CO_2吸收量显著降低；此外，森林砍伐增加了裸露地面的甲烷气体暴露，这进一步加速了全球变暖。健康的森林系统对维护环境至关重要。

(4) 土壤湿度。

通过土壤湿度信息可以评估作物种植适宜度、洪涝面积、干旱地区沙漠化、草地监测等信息。在难以直接测量的广袤地区，亟须雷达遥感进行探测。

(5) 农作物监测。

为了支持发展中国家庞大的人口，作物监测对其生产至关重要。农作物包括水稻、小麦、豆类、玉米和各种植被，它们在极化雷达探测中表现为体散射，每一种作物的监测都需要更精细的分辨力。

(6) 土地利用监测。

随着人口的增加，城市化在发展中国家逐步扩大。同时还有森林砍伐，有时森林还会过渡成农田和城市区域。这些地区的土地利用变化很大，PolSAR 对于监测这些变化非常有效，预计它将发挥非常重要的作用。

遥感本身并没有为这些问题提供直接的解决方案，但它的作用是通过测量来提供有价值的、准确的事件信息。雷达遥感利用了电磁波和被测物体的相互作用。散射是一种由频率、带宽、极化、物体形状、材料和物体尺寸所引起的复杂现象。毕竟，探测是基于来自远处物体的散射波来工作的。利用雷达遥感可以得到散射现象及其变化。其他问题，如预期或预测则超出了散射的范围。重要的是要了解散射能做什么，不能做什么。此外，不应高估雷达感知对某些应用的适用性，否则过犹不及。

本章介绍了 SAR 图像的特征和解译，以正确理解 PolSAR 图像[3-8]。当监测目标过多时，如果我们采用案例研究的方法，总数会变得很大，有时案例研究并不适用于其他类似的事件。为了避免大量的案例研究，我们回顾第 5 章中的散射机理，并探究如下场景。

（1）面散射对象：粗糙表面、裸露土壤、海面、火山灰、雪、冰等。

（2）二次散射对象：直角结构、人造建筑、城区、高大植被等。

（3）体散射对象：交叉极化发生器、树木、森林、农作物、植被、面向城区等。

基本点是电磁波与被测物体的相互作用。材料常数（介电常数和电导率）也是影响散射和相互作用的重要因素。了解波与目标的相互作用是雷达数据解译的重要组成部分。

12.1　SAR 图像解译

我们首先回顾雷达遥感的基本原理，图 12.2 给出了角度和参数的定义[3,4]。

侧摆角定义为主波束方向与天顶方向的夹角，相当于低空平面观测的入射角。但在卫星观测中，由于地球表面呈球形，侧摆角与入射角有所不同，如图 12.2（b）所示。侧摆角是雷达操作方的一个简单术语，但入射角与侧摆角的定义是不同的，它被定义为波的入射方向和表面的法向所张成的角度，是雷达数据分析的一个重要参数，侧摆角与入射角的差异来自于坐标原点的位置。因此，两种角都有各自的用途。从图 12.2 可以看到这两种角的典型差异。

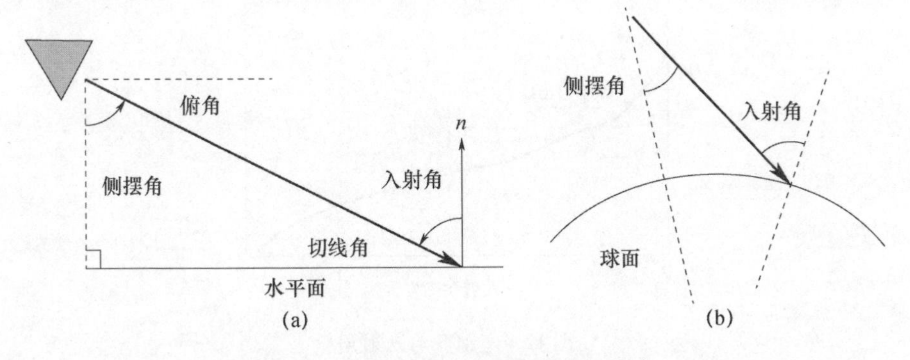

图 12.2　雷达观测中的侧摆角和入射角

如图 12.3 所示，如果一个平滑的圆形山脉被雷达波束照亮，散射波会根据其位置向不同的方向传播，即使侧摆角相同，每个点的入射角也会不同，面向雷达的地面入射角变小，而远离雷达的入射角变大，这种情况说明了侧摆角和入射角的区别。

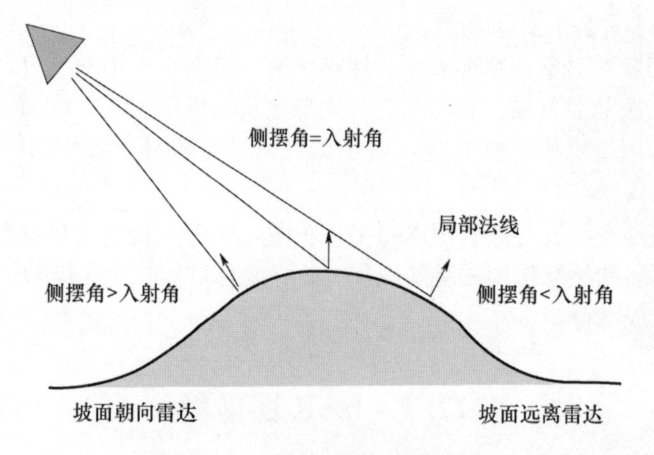

图 12.3　山脉表面的入射角变化

为了进行数据分析，我们经常将后向散射幅度雷达截面（RCS）绘制为入射角[3]的函数。由理论和实验数据得出的典型 RCS 特性如图 12.4 所示。在入射角为 0 时最大，随着入射角的增大逐渐减小，曲线的形状取决于表面的粗糙度和波长。以伊豆大岛上空的 PiSAR – L 数据为例，雷达图像如图 12.5所示，照射方向为从上到下，朝向雷达的山坡是亮的，而背离雷达的山坡则是暗的。RCS 特征在 SAR 图像中得到很好的体现，有助于我们解释三维映射。此外，由于镜面反射，右上角的平坦机场跑道是一条完全黑暗的线。

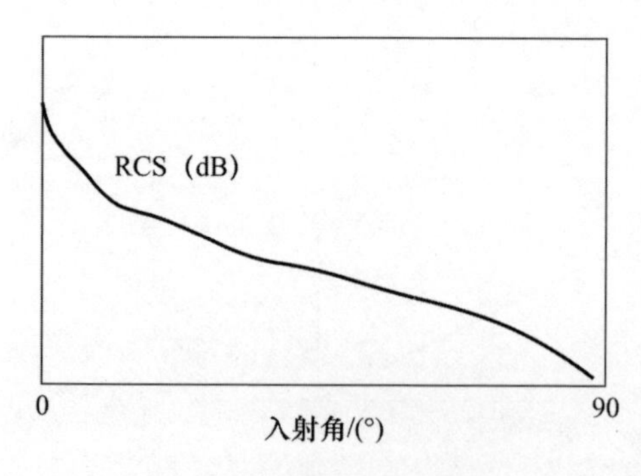

图 12.4　RCS 与入射角

SAR 是一种侧视雷达，它向侧向（斜距方向）发射脉冲，如图 12.6 所示，图中描述了波前及其距离分辨力，波前与平坦地面的交点成为散射的采样点，这些采样点用彩色圆点表示。由于1.1 级数据将每个采样排列在如图 12.6 所示的直线上，因此近距离像素具有压缩后的低分辨力图像，而远距离像素则具有更高的分辨力图像。

图 12.5　伊豆大岛图片（PiSAR－L）

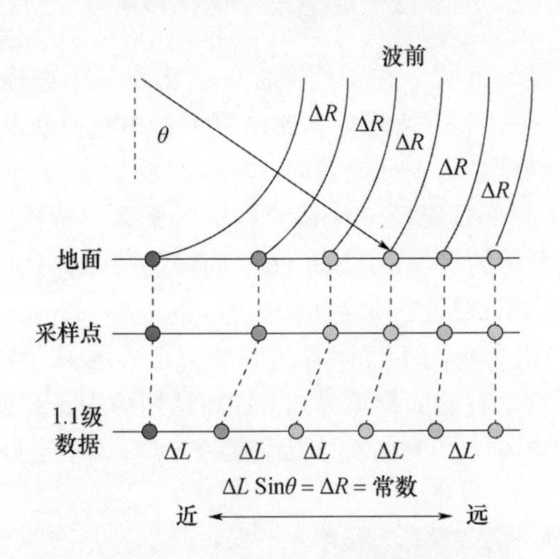

图 12.6　侧视雷达系统的数据排列

如果上述理论应用于如图 12.7 所示的山峰，则上图情况称为“透视收缩”。从图 12.6 可以看出，1.1 级最终的数据排列显示，第一个橙色点与山顶的橙红色点之间的像素间隔被压缩。第一个像素和第二个像素之间的信息在间隔 ΔL 内被压缩，这种情况对应于透视收缩。如图 12.7 所示，当侧摆角变得更小时，压缩率变得更高（图 12.7（a）），因此会产生一个更陡的山坡图像。如果侧摆角适中，透视的影响会减弱，这种现象经常发生在山区的单视复图像中。

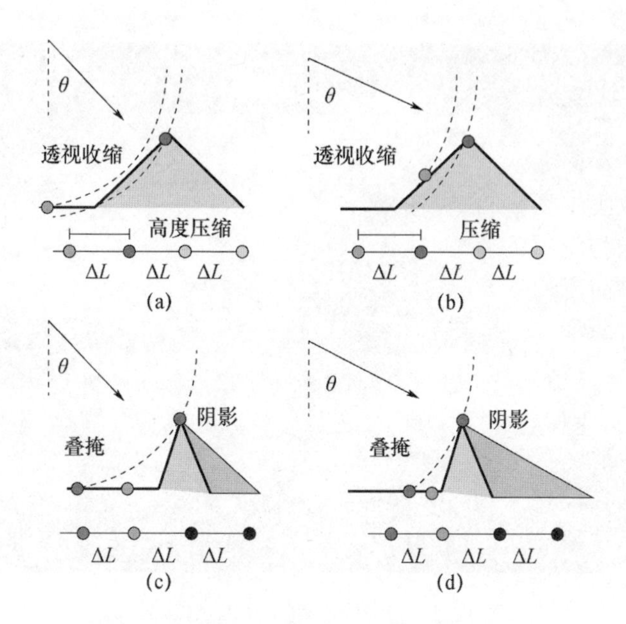

图 12.7 透视收缩和侧视叠掩

如果山体非常陡峭高大，在雷达图像中会出现一个叠掩效应，如图 12.7 所示。山顶（红点）位于雷达附近，比山脚下的橙色点更靠前。在高层建筑或塔楼的测绘中，经常会出现叠掩效应。

图 12.8 展示了我们视觉感知中饶有趣味的图像。猜猜图 12.8（a）是什么？图 12.8（b）显示的是与图 12.8（a）同样的图像，只是雷达的照射方向不同，我们可以很容易地从图 12.8（b）中认出它是一个火山口，但我们很难理解图 12.8（a），因为我们不习惯看从底部拍摄的图像。我们熟悉的是光线从顶部照射而下，这是我们的直觉感知。在雷达图像中，照射方向对应着距离方向，横向距离对应着方位角方向。因此在雷达图像中最好写上距离和照射方向。

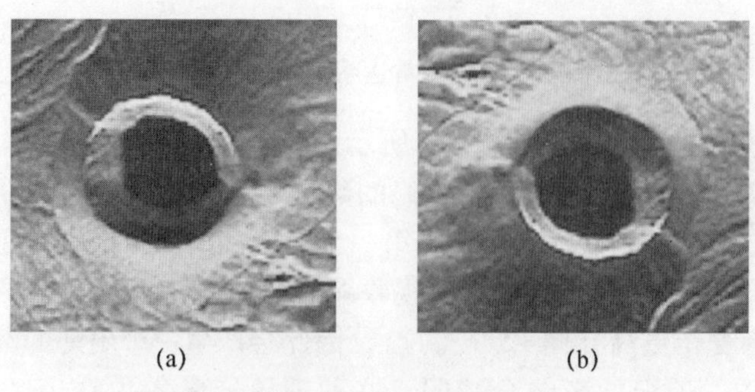

图 12.8 PiSAR－L2 看到的火山口

12.1.1　散射场景

地面上存在许多物体。每个物体都有自己的形状、方向、大小和材料，其散射机理取决于频率。图 12.9 给出了每个物体上的散射情况的示例，散射点下方显示相应的散射功率。从左到右，我们可以看到一些典型的观察对象，粗糙的海面反映了面散射能力。如果海面是平静且平坦的，反射信号的强度就会变得非常小，接近于零，或者相当于雷达的最小可检测水平，即相当于噪声水平，这就导致雷达图像呈现黑色。如果树干挺立在平坦的表面上，可能会发生强烈的二次散射。当洪水淹没农田时，就会发生这种情况。被洪水淹没的地区有时会反射由树木或枕状岩石引起的强烈的二次散射。除了这种散射，在洪水泛滥的情况下，体散射也会混合在一起。如果用 RGB 颜色编码表示这种情况，该区域倾向于呈现橙色（混合）颜色。对于住宅区来说，由水面和建筑墙壁形成的直角结构会产生非常强烈的反射，这种情况下的 RCS 值比正常干燥情况下的 RCS 值更强。在正常的天气条件下，裸露的土壤表面，如农田会反射面散射功率。当等间距种植的植被与雷达照射方向垂直且满足布拉格条件时，会产生强布拉格面散射。这些现象在稻田和农田中很常见。交叉极化 HV 分量，产生于建筑物的边缘，以及表面区域、树木、植被、森林等，其幅度小于 HH 和 HV 分量，但它在复杂散射场景中会导致体散射。

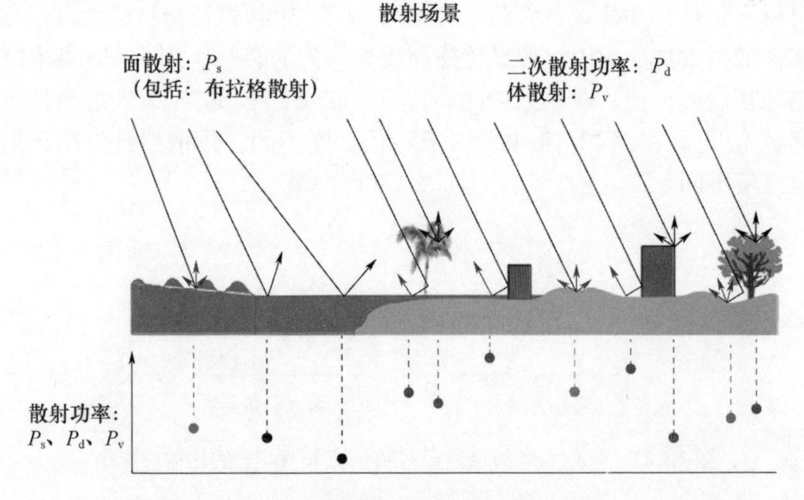

图 12.9　地面散射机理的例子（见彩图）

图 12.10 展示了 3 种主要散射功率随着入射角的变化而变化的情形。在大

多数情况下，一个典型的 SAR 系统的侧摆角在 20°~60°之间。表面散射功率根据表面的粗糙程度在 20° ~ 28°左右开始下降，二次散射功率和体散射功率随入射角的增大而增大。

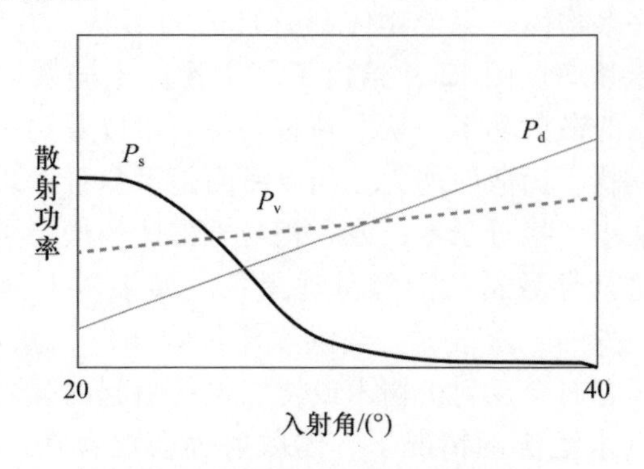

图 12.10　散射功率的入射角特性

20°左右的入射角，表面散射较强。相应的表面散射功率 P_s 通常大于 P_d 或 P_v。这种情况通常发生在海面、农田或山体滑坡地区等裸露的土壤表面。当入射角超过 30°时，面散射逐渐消失。对于海面和海况监测，最好采用小于 25°的入射角或侧摆角。否则地表在 SAR 图像中看起来完全黑暗。另外，滑坡区表面粗糙，在较宽的角度范围内呈现出较大的数值，适用于极化雷达探测。

体散射功率随入射角的增加而略有增加，如图 12.11 所示。由于体散射主要来自树木、森林和植被，因此，利用图 12.11 中的植被传播模型可以很容易地理解体散射增加的原因。假设传播介质为均匀的森林，那么交叉极化 HV 分量与路径长度成正比。在小入射角情况下，传播路径 L_1 比大入射角情况下的传播路径 L_2 短。在图 12.10 中，由于路径长度不同，体散射特性随入射角的变化也有所不同。

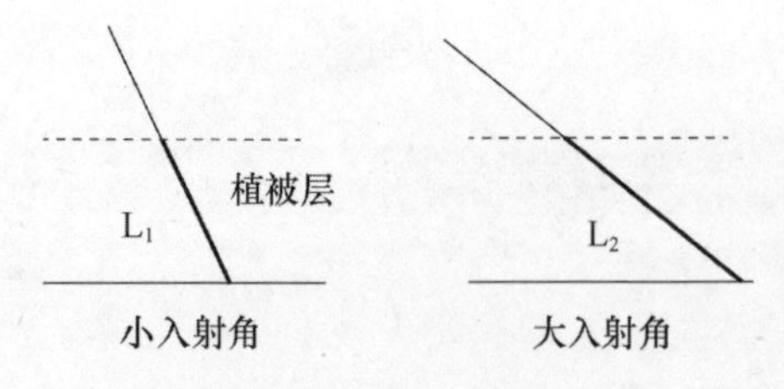

图 12.11　入射角和传播路径有效长度 L_1 和 L_2 的体散射作用

图 12.12 解释了二次散射的幅度随入射角的增大而增大的原因。这是由于二次散射中有效散射面积增大所致，所以 S_2 大于 S_1。简单地说，40°入射角下的二次散射远大于 20°入射角下的二次散射。

这些入射特征可以从如下的土耳其伊斯坦布尔的 ALOS 分解图像中看到。颜色编码为红色（二次散射功率 P_d）、绿色（体散射功率 P_v）和蓝色（面散射功率 P_s）。侧摆角为 21.5°时，陆地上可以看见蓝色；然而，在 35°的图像中它消失了。相反，在 35°的图像中可以看到更多的绿色。红色区域随入射角的增加略有增加。25°图像颜色组合适中，说明图像中出现了各种散射现象。我们可以在上层土地上看到黑色条纹（道路建筑）和桥梁建筑。因此，极化雷达的最佳侧摆角为 23° ~ 25°，这样能够反映分解图像中的各种散射情况。

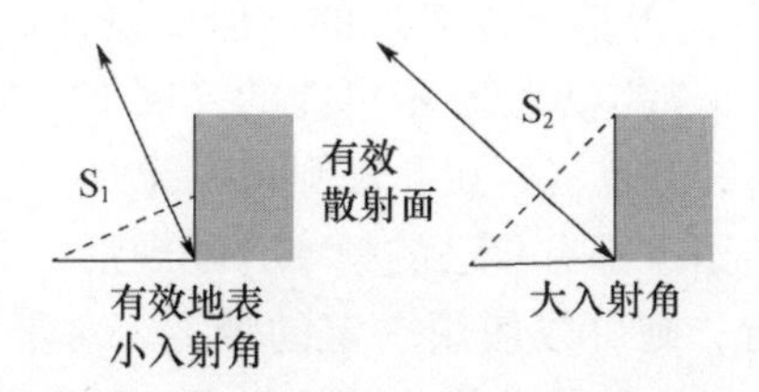

图 12.12　入射角和二次散射面积 S_1 和 S_2

入射角效应在图 12.13 中表现明显。我们可以根据图 12.10 中的特征确定 3 种散射机理的散射大小。因此，当我们看到 PolSAR 图像时，我们必须重视场景的入射角或侧摆角。

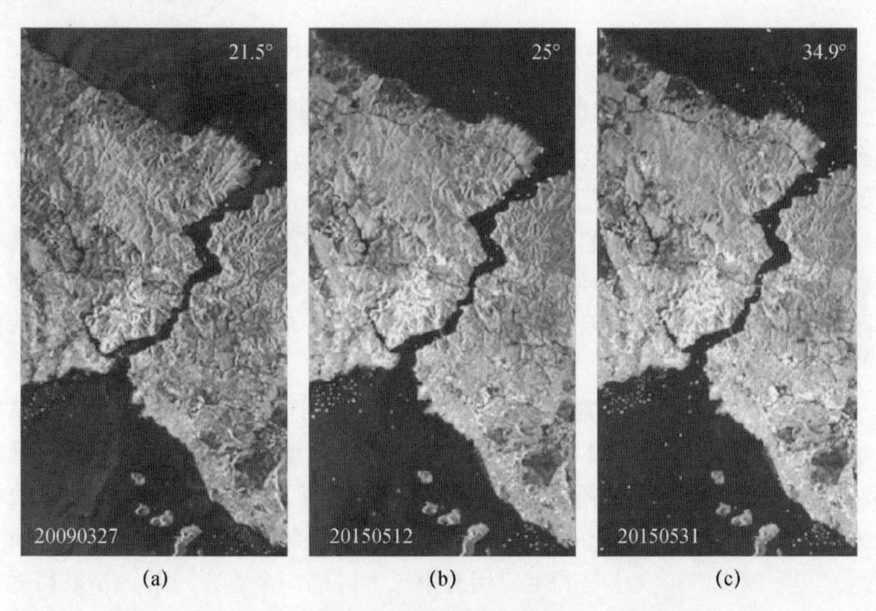

图 12.13　土耳其伊斯坦布尔的散射功率分解图像
（随侧摆角变化）

12.1.2 多好才算好?

在处理雷达图像时，经常遇到分辨力问题。目前，星载 SAR 的雷达分辨力为 1 ~ 10m，机载 SAR 的雷达分辨力小于 1m，但越来越多的人以及应用程序都要求“更精细的分辨力!”。3m 的分辨力可能比 10m 的分辨力更好，1.5m 的分辨力似乎比 3m 的分辨力更好。但有多好才算好呢？为了实现 10cm 的分辨力，根据距离分辨力的定义，我们需要 1500MHz 的带宽。

10cm 的分辨力在理论上是可以实现的，但要设计这样一个包括微波频率的发射和接收天线的宽带雷达系统是不可能的（图 12.14）。

此外，在国际电信联盟（ITU）规则中，没有为任何雷达应用分配 1500MHz 的带宽。每个国家都有自己的频率分配规则，如果机载雷达在其国家的频率分配条例下运行，则可以使用一定的带宽。对于 PiSAR – X3 系统，可以实现 15cm 的分辨力。20cm 的分辨力可用于 F – SAR 系统。

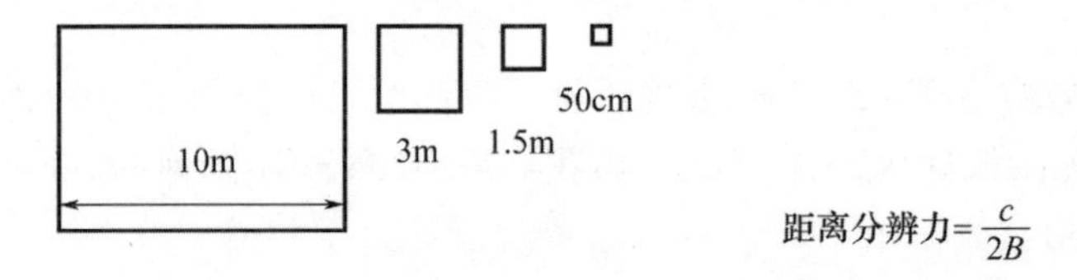

图 12.14 雷达分辨力和相应的图像像素大小

高分辨力的优势在于其成像质量。当分辨力为 20 ~ 30cm 时，PolSAR 图像有时比光学图像更好。我们无法判断 20 ~ 30cm 分辨力的雷达图像与光学图像的优劣，每一种都有其优点，但雷达成像的缺点是数据量过大，需要较高的硬件支持。一个小区域的数据大小就会达到几个吉比特（GB），不适合文件传输。当雷达分辨力过高时，邻近像素的散射机理会发生变化，这有时会使整个图像的解译变得困难。因此，分辨力要求、分辨力期望以及相关问题均取决于其应用。

在极化数据分析中，常采用系综平均法。为了适应统计特性，像素总数通常超过 20 个。如果样本的数量很大，平均分辨力就会变得模糊，就像 Boxcar 滤波一样。如果使用 5 × 5 像素，对于 10m 分辨力的数据，对应的面积为 $50 \times 50\text{m}^2$；而对于 50cm 分辨力的数据，对应的面积则为 $2.5 \times 2.5\text{m}^2$。因此，实际成像窗口大小是确定应用对象尺寸时的一个重要因素。如果目标是人造建筑，50 × 50m 的面积太大；但如果目标是森林区域，则此大小是可以的。对于均匀分布的目标，不需要很高的分辨力。但对于复杂的人造建筑，可能需要更精细的分辨力。

12.1.3　频率响应

让我们以雷达图像作为频率的函数的例子。日本新潟市周围的散射功率分解图像如图 12.15 所示。

这些图像分别由 PiSAR－X2（NICT）和 PiSAR－L2（JAXA）于 2013 年 8 月 25 日和 2016 年 8 月 3 日获得。这两幅图像清楚地显示了不同频率的散射机理。下半幅图像为稻田，X 波段以绿色为主，L 波段以蓝/黑为主，X 波段和 L 波段的散射行为与相对于物体大小的波长有关。对于较短的 3cm 波长，稻秆是产生体散射的复杂散射体。对于 24cm 的波长，稻秆是相当于透射的物体，只反射微弱的信号。另外，人造建筑的尺寸等于或大于 24cm，这导致 L 波段二次散射明显且范围较广（红色）。

图 12.15 中的散射功率分解图像也使用了 PiSAR－L－band（3m 分辨力）和 X－band（1.5m 分辨力）数据集，其窗口为 5×5。我们可以看到频率响应的不同，即红色（二次散射）和绿色（体散射）在 L 波段很容易被识别，暗区与水面（河流、海洋、稻田）相对应，而且 X 波段图像看起来更精细，但整个图像上覆盖着蓝色（表面散射），这是因为相对物体的波长较短，这种蓝色是 X 波段散射的特征。因此，由于动态散射机理的影响，L 波段分解图像看起来很生动。

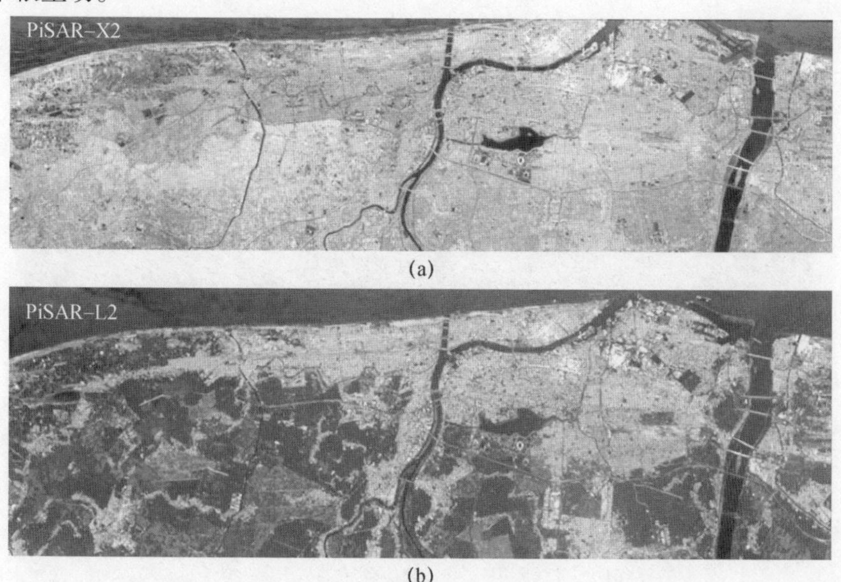

(a)

(b)

图 12.15　新潟地区的 PiSAR－X2 和－L2 散射功率图像

12.1.4 窗口大小的响应

在极化数据分析中，常采用系综平均法。为了适应统计特性，像素总数通常超过 20 个。综合分辨力需求考虑，成像窗口大小会由 5 ×5 改为 7 ×7，再改为 9 ×9。图 12.17 显示了分解图像。随着窗口大小的增加（图 12.16 和图 12.17），统计均值逐渐固定，颜色对比变得鲜明，但分辨力变得模糊。类似的现象也出现在其他数据集中。对于 X 波段的高分辨力图像，窗口大小最好大于 7 ×7。

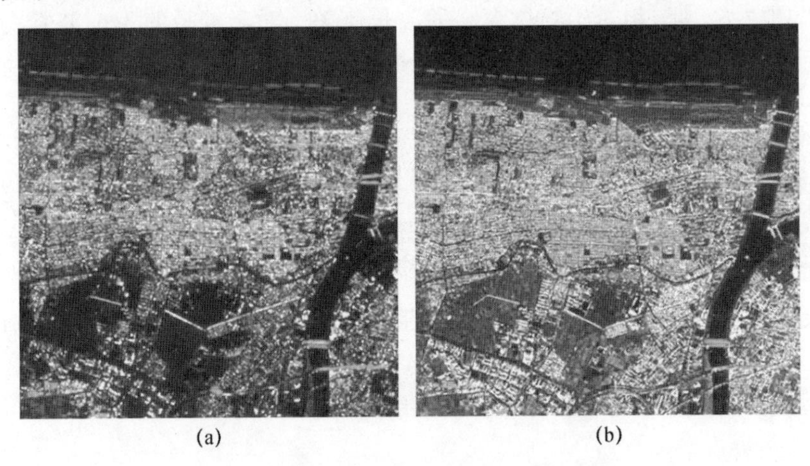

(a) (b)

图 12.16　日本新潟小针区域散射功率分解图像的频率特征
（数据采集采用 PiSAR – X/L 同步观测）
（a）PiSAR – L（5 ×5 窗）；（b）PiSAR – X（5 ×5 窗）。

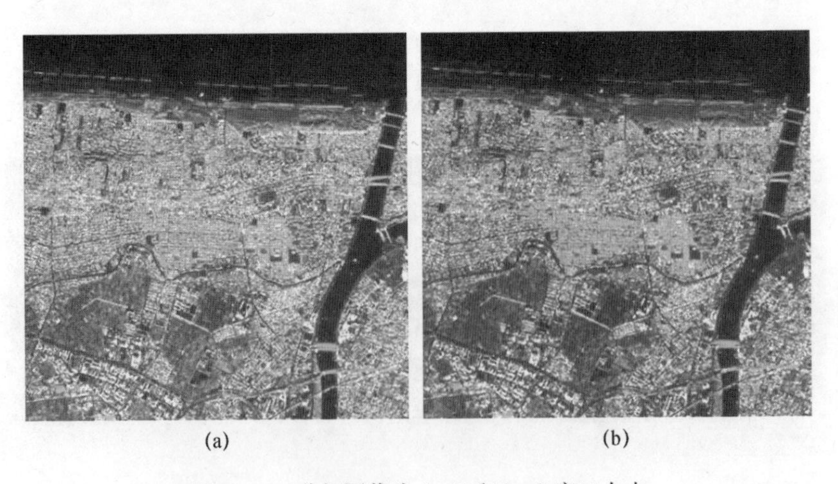

(a) (b)

图 12.17　分解图像为 7 ×7 和 9 ×9 窗口大小
（a）PiSAR – X（7 ×7 窗口）；（b）PiSAR – X（9 ×9 窗口）。

对于 ALOS2[5] 的 L 波段数据，我们选择了一幅旧金山的图像，提取其植被和城市的区域进行测试。窗口的尺寸选择为 2×4、3×6、4×8 和 5×10，使地面面积接近正方形。彩色编码的分解图像如图 12.18 所示，从图中可以看出，窗口大小超过 4×8 是比较好的。如果我们选择 5×10，像素的总数几乎与 X 波段的（7×7）相同。

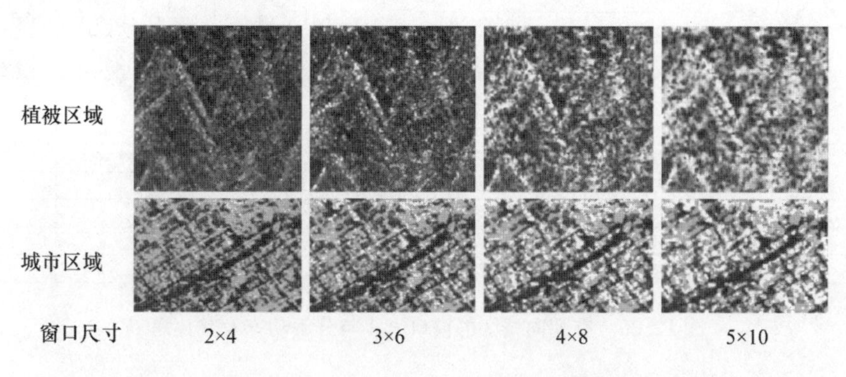

图 12.18　窗口大小与 L 波段的分解图像

为了进行定量比较，植被区域的分解功率和比例如图 12.19 所示，城市区域的分解功率和比例如图 12.20 所示。

由图 12.19、图 12.20 可知，体散射功率随窗口尺寸的增大而增大，而其他功率则有所下降。由于选择了植被区，在体散射功率占主导的情况下，窗口尺寸应大于 4×8。对于城市地区，除图 12.20 所示的体散射外，其他功率均稳定。由于该区域以人造建筑为主，因此二次散射功率 P_d 或表面散射功率 P_s 应占主导地位。从这个意义上说，窗口大小为 5×10 就足够大了。

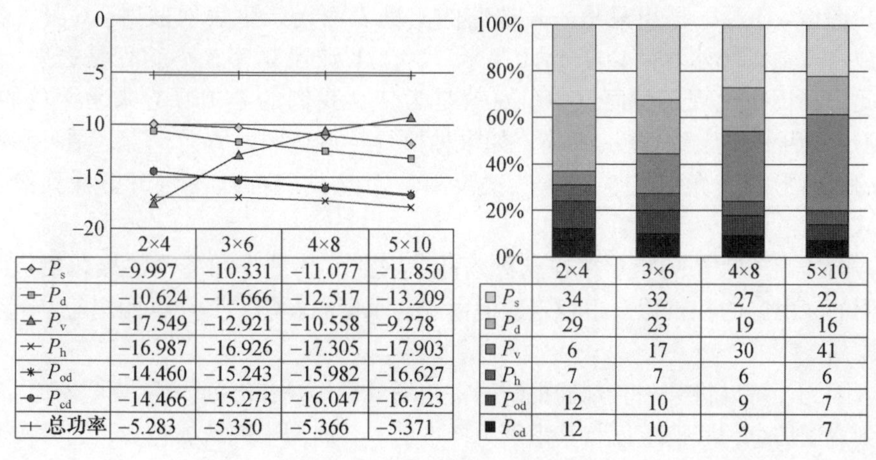

	2×4	3×6	4×8	5×10
P_s	-9.997	-10.331	-11.077	-11.850
P_d	-10.624	-11.666	-12.517	-13.209
P_v	-17.549	-12.921	-10.558	-9.278
P_h	-16.987	-16.926	-17.305	-17.903
P_{od}	-14.460	-15.243	-15.982	-16.627
P_{cd}	-14.466	-15.273	-16.047	-16.723
总功率	-5.283	-5.350	-5.366	-5.371

	2×4	3×6	4×8	5×10
P_s	34	32	27	22
P_d	29	23	19	16
P_v	6	17	30	41
P_h	7	7	6	6
P_{od}	12	10	9	7
P_{cd}	12	10	9	7

图 12.19　植被的窗口大小与分解功率及其比率

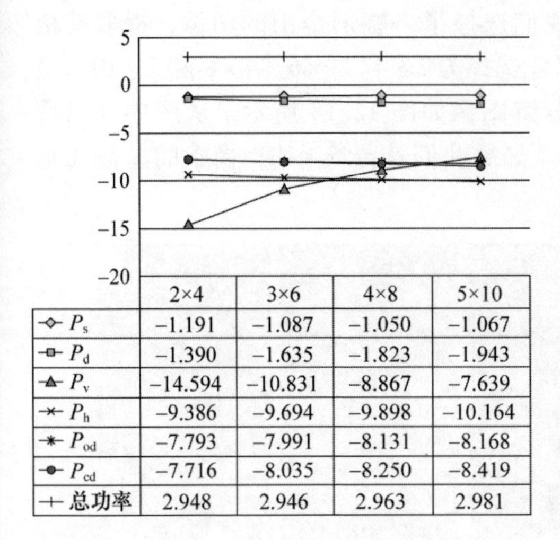

	2×4	3×6	4×8	5×10
P_s	−1.191	−1.087	−1.050	−1.067
P_d	−1.390	−1.635	−1.823	−1.943
P_v	−14.594	−10.831	−8.867	−7.639
P_h	−9.386	−9.694	−9.898	−10.164
P_{od}	−7.793	−7.991	−8.131	−8.168
P_{cd}	−7.716	−8.035	−8.250	−8.419
总功率	2.948	2.946	2.963	2.981

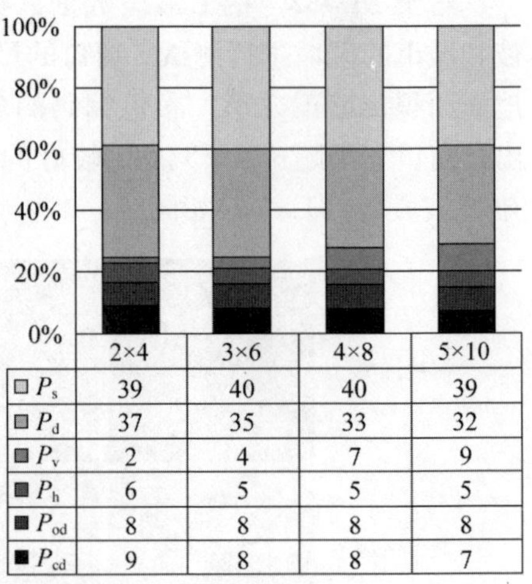

	2×4	3×6	4×8	5×10
P_s	39	40	40	39
P_d	37	35	33	32
P_v	2	4	7	9
P_h	6	5	5	5
P_{od}	8	8	8	8
P_{cd}	9	8	8	7

图 12.20　有朝向城区的窗口大小与分解功率及其比率

12.1.5　时间序列数据

有些目标会随着时间而改变。例如，寿命很短的水稻。水稻是一种季节性灌溉作物，在其生命周期中有 3 个主要的生长阶段：生长阶段（幼苗、分蘖和茎伸展），生殖阶段（孕穗期、抽穗期和扬花期）和成熟阶段（乳熟期、腊熟期和黄熟期）。在每个阶段，水稻不同的外观会改变雷达信号的响应。如果我们在不同阶段测量一块稻田，其响应结果如图 12.21 所示。越后平原是日本一片广阔的稻田，图中对比了 3 月、6 月、8 月的 ALOS 全极化 SAR 图像。3 月，稻田只是一片裸露的土壤表面，产生表面散射。6 月，稻田被水覆盖，小水稻可以长到几厘米。对于 L 波段频率，小稻秆是透射的，因此，稻田中出现了镜面反射。这就是为什么我们的稻田看起来是深色的。8 月，稻秆长到大约 50 ~ 60cm。如果种植行与雷达照射方向垂直，稻秆和潮湿的地面形成直角结构，产生二次反射。因此我们可以在稻田里看到红色区域。

同样，落叶（阔叶）树在秋天落叶。因此，其夏季和冬季的极化响应是不同的。山区的积雪似乎很稳定，但由于含水量的影响，其介电性能随季节变化剧烈。

因此，可以将某一时刻捕捉到的雷达场景看作是长时间内的一张快照。考虑到背景信息，我们应该将其识别为样本之一。时间序列数据包含了连续变化的信息，并且这些数据有助于检测这些变化。

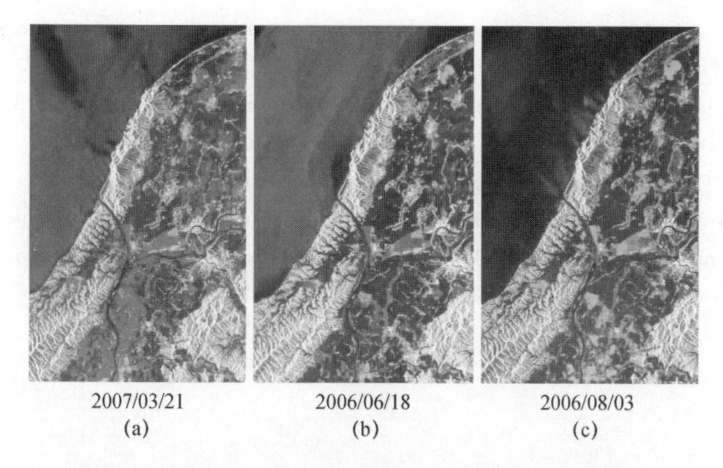

图 12.21　ALOS－PALSAR 拍摄的日本新潟县越后平原的时间序列散射功率分解 Y4R 图像（见彩图）

12.2　本章小结

本章通过图例说明了 SAR 图像的基本特性，如距离方向、入射角与侧摆角的差别以及作为入射角函数的后向散射幅度等。如果图像旋转 180°，SAR 图像的解译就变得相当困难。在大多数情况下，SAR 图像显示的是雷达从上到下照射的场景。

为了正确理解 PolSAR 图像，本章再次回顾了 SAR 图像的频率依赖性和成像窗口大小。即使在相同的区域，L 波段和 X 波段的图像结果也有很大不同。这是由物体不同频率的散射特性造成的。在此基础上对 PolSAR 图像做出正确解译至关重要。

参考文献

1. IPCC report on global warming. https：//www. ipcc. ch/sr15/.
2. JAXA forest mapping. http：//www. eorc. jaxa. jp.
3. F. M. Henderson and A. J. Lewis，Principles & Applications of Imaging Radar，Manual of Remote Sensing，3d ed.，vol. 2，ch. 5，pp. 271－357，John Wiley & Sons，Hoboken，NJ，1998.
4. J. van Zyl and Y. Kim，Synthetic Aperture Radar Polarimetry，John Wiley & Sons，Hoboken，NJ，2011. ISBN：9781118115114.
5. M. Shimada，Imaging from Spaceborne SARs，Calibration，and Applications，CRC Press，2019. ISBN：978－1－138－19705－5.

6. K. S. Chen, S. B. Serpico, and J. A. Smith, eds., Special issue: Remote sensing of natural disasters, Proceedings of the IEEE, vol. 100, no. 10, 2012.
7. Y. Yamaguchi, "Disaster monitoring by fully polarimetric SAR data acquired with ALOS – PALSAR," Proceedings of the IEEE, vol. 100, no. 10, pp. 2851 – 2860, 2012.
8. G. Singh, Y. Yamaguchi, W. – M. Boerner, and S. – E. Park, "Monitoring of the March 11, 2011, Off – Tohoku 9.0 earthquake, with super – Tsunami disaster by implementing fully polarimetric high resolution POLSAR techniques," Proceedings of the IEEE, vol. 101. no. 3, pp. 831 – 846, March 2013.

第13章 表面散射

本章我们将看到一些表面散射物体的例子。典型的表面散射体有裸露的土壤表面、农田、稻田、火山灰覆盖区、小草原、积雪覆盖区、雪原冰原等。这些散射体在 HH 和 VV 分量的相位上是相同的。因此，|HH + VV|是一个很好的表面散射指标。|HH + VV|和表面散射功率 P_s 在 RGB 彩色编码图像中常被赋值为“蓝色”。部分表面散射体如图 13.1 所示。图像采用 RGB 颜色编码，红色表示二次散射 P_d，蓝色表示表面散射功率 P_s，绿色表示体散射功率 P_v（图 13.1 ~ 图 13.5）。

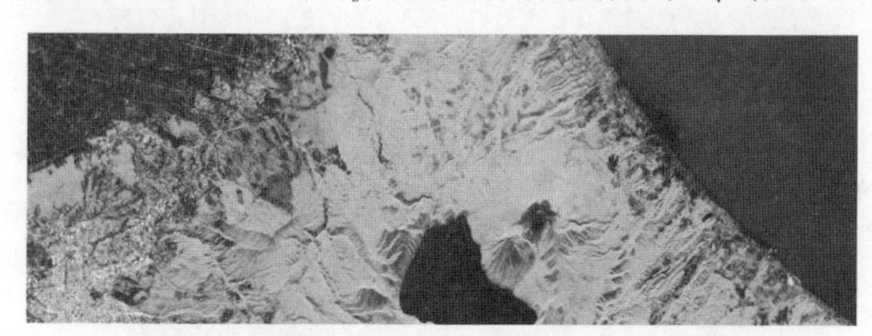

图 13.1　日本北海道四津湖的 ALOS 图像（见彩图）

（蓝色对应的是火山山顶、裸露的土壤表面、农田、被台风刮倒的树林的表面散射功率）

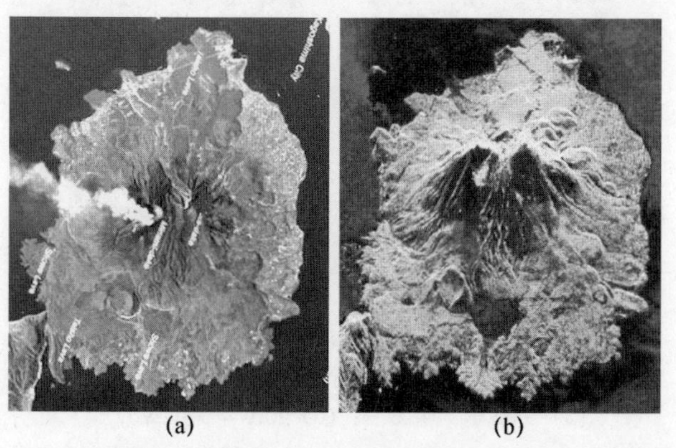

(a)　　(b)

图 13.2　樱岛火山（蓝色为火山灰和熔岩流的痕迹）（见彩图）

（a）ASTER 光学图像；（b）ALOS – PALSAR。

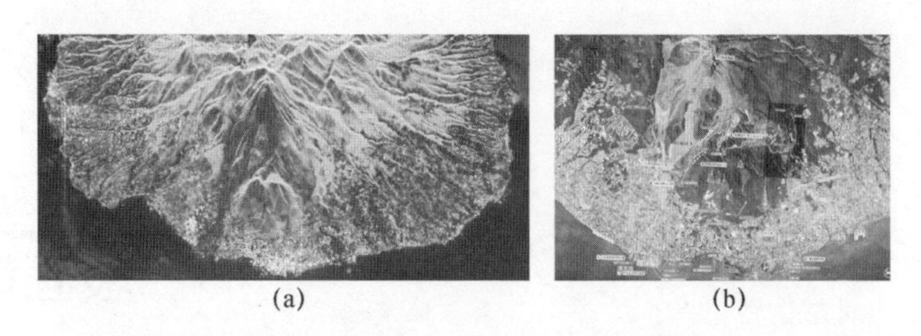

(a) (b)

图 13.3　云仙岳（火山碎屑流的痕迹可以通过暗色表面散射来识别）（见彩图）

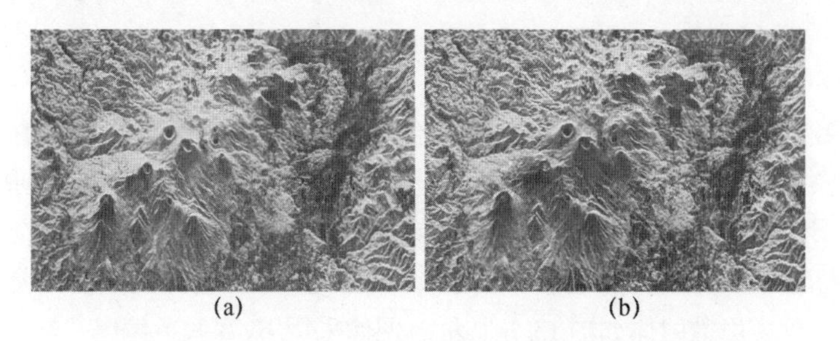

(a) (b)

图 13.4　火山爆发后，火山灰覆盖了周围地区（见彩图）

（a）2009 年 6 月 10 日爆发前；（b）2011 年 3 月 16 日爆发后。

（来源：Yamaguchi，Y.，Proc. IEEE，100，2851，2860，2012.）

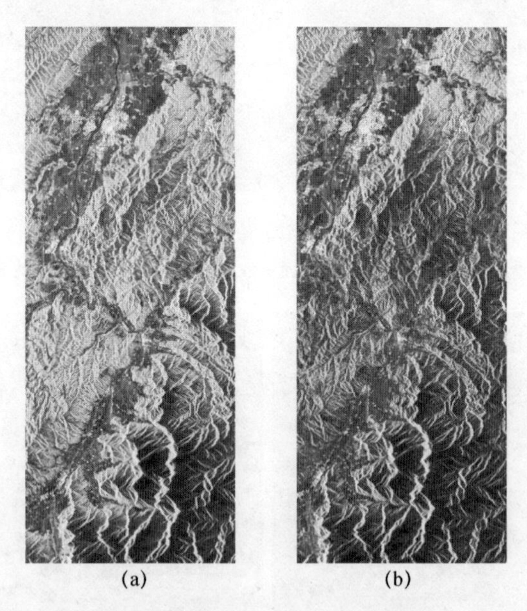

(a) (b)

图 13.5　山上积雪（见彩图）

（a）2009 年 3 月 26 日；（b）2010 年 3 月 29 日）。

（积雪深度取决于每年降雪量，2009 临近 2010 年的冬天下了大雪（图 b））

（来源：Yamaguchi，Y.，Proc. IEEE，100，2851，2860，2012.）

13.1　粗糙表面散射

当平面波照射到一个表面时，波会根据粗糙度进行散射，如图 13.6 所示。如果表面是平坦的（光滑的表面），散射类似于镜面反射，那么就不会发生后向散射，此时雷达图像的表面看起来较暗。这种情况对应于从水面、操场和机场跑道的散射。随着粗糙度的增加（中等粗糙度），散射波趋向于向更广的方向扩散，后向散射随粗糙度的增大而增大，L 波段的稻田或农田就对应这种情况。对于完全粗糙的表面，散射波向全向辐射（粗糙表面散射）。

图 13.6 还描述了各种粗糙表面的后向散射特性或雷达截面（RCS）随着入射角的变化。对于光滑表面，强 RCS 只发生在法线方向的入射角附近。滑坡会在地面或山坡上带来粗糙的裸露土壤。由于粗糙表面散射的广角特性，使得极化雷达更容易探测到滑坡区域，该滑坡态势对应粗糙地表 RCS。海面也是粗糙表面的一个很好的例子，海面有从平滑到非常粗糙的各种海态。对于 L 波段，海面在 25°的入射角范围内是一个平滑到中等粗糙的表面。

除粗糙度外，波的穿透能力对后向散射也起着重要的作用。后向散射是频率、介电常数和电导率的复杂函数。对于 P 波段频率，大多数平面的 RCS 都很小，看起来很暗。

粗糙表面的散射一直是许多研究人员的重要课题[2-20]。理论发展的细节本书不再赘述，我们只保留粗糙表面散射的一般概念，如图 13.6 所示，并了解表面散射现象的一些基本属性。

有两个表面参数：平均高度和相关长度。当我们评估表面时，必须考虑相对于波长的尺寸，即垂直方向上的平均高度 h 相对于波长 λ 的比值，以及水平方向上的相关长度，这是描述表面粗糙度的两个主要参数。例如，$h = 1\text{cm}$ 在 L 波段 $\lambda = 30\text{cm}$ 时很小，但在 X 波段 $\lambda = 3\text{cm}$ 时就很大了。因此，平均高度与波长之比 $h/\lambda = 1/30$ 或 $1/3$ 是评价表面粗糙度的重要因素。

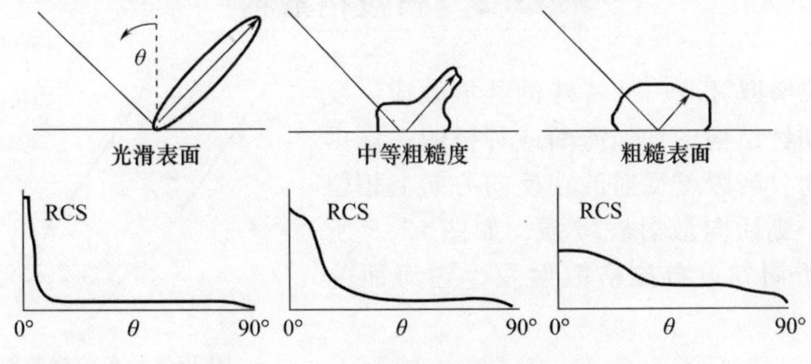

图 13.6　从光滑表面到粗糙表面的散射

表面是粗糙还是光滑由瑞利准则确定，如图 13.7 所示。如果传播路径 1 和 2 的相位差小于 $\pi/2$，则表面是光滑的，即 $h<\lambda/8$。

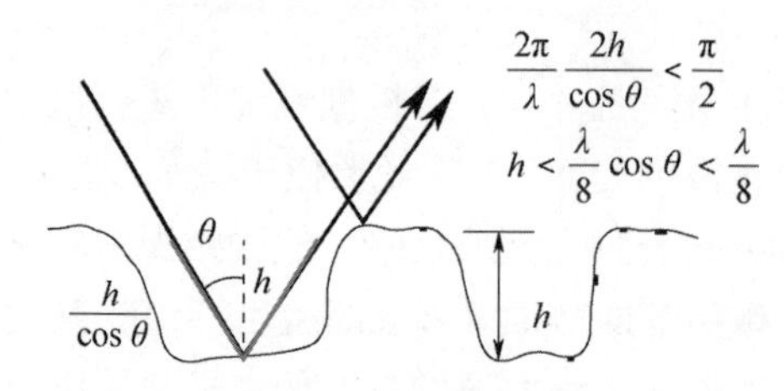

图 13.7　瑞利准则：光滑表面对应 $h<\lambda/8$

根据 $\lambda/8$ 准则，光滑表面的 L 波段平均高度应小于 3cm，X 波段平均高度应小于 3mm。在实际场景中，除了平静的水面，对于 X 波段而言没有那么多光滑的表面。即使是湖面，也会出现由风引起的小波浪（涟漪）。在这种情况下，X 波段的湖面并不一定是平滑的。通常，在 X 波段下稻田的表面是粗糙的，在 L 波段下是光滑的。在图 12.15 中可以很好地识别这些特征。

相关长度 l 定义为

$$\rho(l)=\frac{1}{\mathrm{e}}$$

如此一来平面相关函数

$$\rho(\tau)=\frac{\langle z(x+\tau,y)\,z(x,y)\rangle}{\langle z^2(x,y)\rangle}$$

变为 1/e。

如果相关长度较小，则表面粗糙。如果相关长度较长，则表面光滑。然而，在实际情况下，由于相关性不是一个直接可测量的量，因此长度估计是非常困难的。

13.2　布拉格散射

布拉格散射是一种特殊的共振效应，发生在周期性结构中，如海面或种植的一排排的农作物。当两点反射波在反向方向上相位一致时，则后向散射波增强，如图 13.8 所示。众所周知，布拉格散射发生在海面的 VV 分量上。

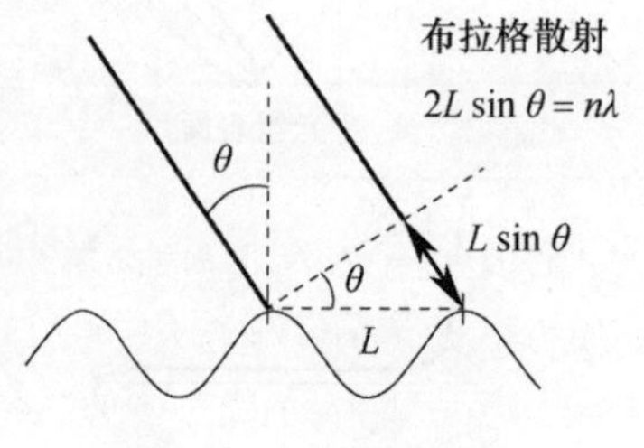

图 13.8　布拉格散射

13.2.1 ALOS 和 ALOS2 实测数据验证

ALOS 和 ALOS2 观测中经常能看到稻田中的布拉格散射。在各种数据集中，我们特别关注了日本稻田的布拉格散射效应。我们发现，相对于照射方向而言，散射行为高度依赖于种植行方向[21,22]。

图 13.9 显示了 ALOS/ALOS2 在不同侧摆角下基于模型的散射功率分解结果。日本福岛县的爱津和南相马、新潟县的越后平原、茨城县佐佐的市场景信息如表 13.1 所列。

图 13.9　四分量散射功率分解图像（红色矩形表示后向散射增强的稻田）（见彩图）

表 13.1　L 波段极化数据场景

区域	日期	侧摆角	平台	平均窗口
爱津	2009 年 4 月 7 日	21.5°	ALOS	3×18
南相马	2006 年 10 月 12 日	21.5°	ALOS	3×18
越后平原	2015 年 9 月 27 日	32.7°	ALOS-2	5×10
佐佐市	2015 年 9 月 16 日	25°	ALOS-2	5×10

全极化雷达的观测结果显示，稻田的表面散射回波非常强。对这些数据的散射功率进行分解后，稻田的部分区域出现了亮蓝色（表面散射 P_s）区域，但不一定是整个稻田。明亮区域如图 13.10 所示。即使在同一稻田区域，亮蓝色区域也不是均匀分布的。

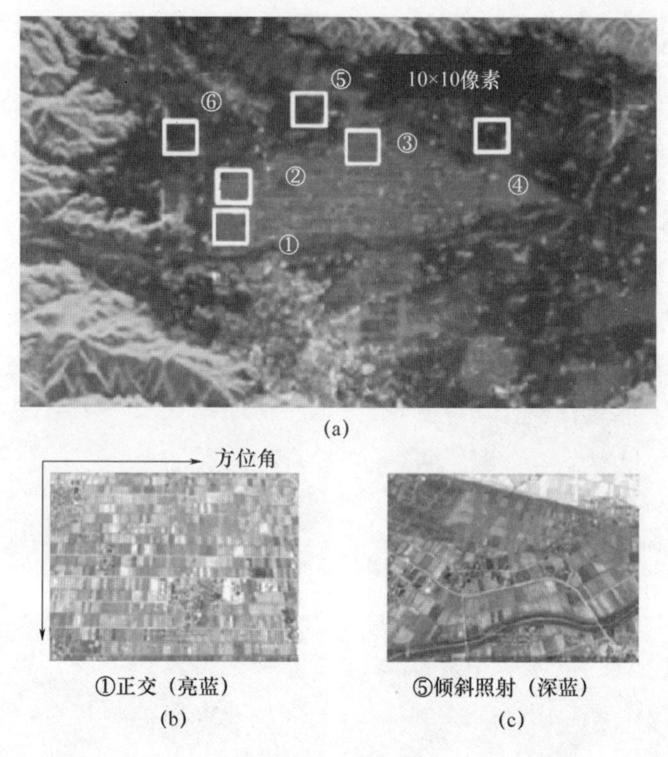

图 13.10　爱津稻田的散射情况（见彩图）

在图 13.9 中，所有的稻田用红色方框圈住的亮蓝色区域都为稻田区域。这些散射现象在稻田中很常见，这种增强的颜色图案在日本几乎随处可见。另外，当斜视角度大于10°时，似乎没有增强效果（图 13.11）。这种明亮的图案似乎是由布拉格散射引起的。因此，目的是确认稻田种植行能引起布拉格散射。

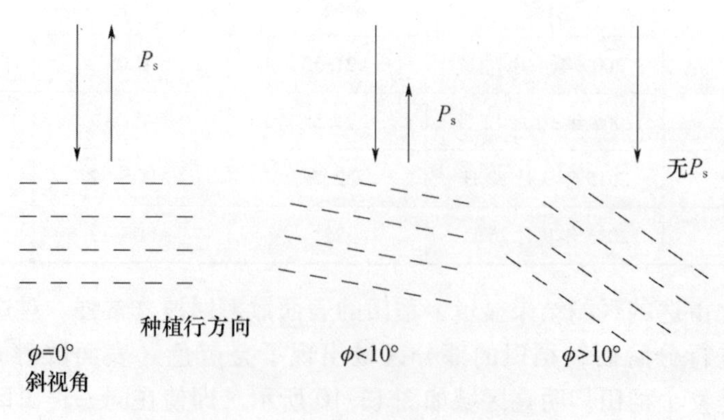

图 13.11　后向散射的斜视角特性

布拉格散射是一个众所周知的物理效应，如图 13.8 所示。当间距 L 和入射角 θ 满足方程时，共振产生强后向散射。根据 ALOS 系统的设定，全极化采集模式中采用的侧摆角 θ 为 21.5°~34.9°，图 13.8 中的间距 L 为 21 ~ 32cm。稻田中典型的种植行距约为 24 ~ 30cm，处于共振间隔范围内。

13.2.2　RCS 幅度

首先，对稻田亮斑和非亮斑的表面散射功率进行比较。以爱津为例，编号的矩形块如图 13.10 所示，有对应谷歌 Earth 图像支持。

如果我们仔细观察田地，会发现稻田里的种植行是对齐的，如图 13.10 的①⑤所示，行的周期性结构及其方向引起了不同的散射图像，预期的散射情况如图 13.11 所示。如果斜视角很小且低于 10°，就可能发生布拉格散射。当斜视角 φ 大于 10°时，后向散射没有明显的增强效果。因此，布拉格散射的发生受到斜视角的影响。图 13.11 中的散射情况在其他稻田中也很常见。在同一稻田区域内，一些斑点呈现出明亮的蓝色，而另一些地方则呈暗色。

表 13.2 比较了散射幅度。在这些区域中，亮点平均为 -1.2dB，而黑斑平均为 -10.4dB，其差异约为 9dB。

表 13.2　有和无布拉格散射的稻田散射强度

布拉格散射	爱津		南相马		越后平原		佐佐市	
	有/dB	无/dB	有/dB	无/dB	有/dB	无/dB	有/dB	无/dB
1	0.4	-7	-1.5	-8.8	-3.7	-14.4	0.4	-13.4
2	-2	-8.2	-0.5	-7.4	-2.4	-13.8	-0.5	-11.2
3	-2.8	-8.7	-0.3	-8.6	0.9	-11.5	-0.5	-11.2
平均	-1.8	-8	-0.8	-8.3	-1.7	-13.2	-0.3	-11.9

13.2.3　稻田布拉格散射的极化特征

一般来说，在布拉格散射中 VV 的散射功率大于 HH 的散射功率。为了证实这一现象，图 13.12 描述了这些亮点的极化特征。VV 的位置在图 13.12 的中心部分，在观测数据图 13.12（b）~（e）中可以看到与理论值[7]相当吻合。在几乎所有的亮表面散射区域都可以得到类似的极化特征。因此，可以得出亮蓝色区域是由布拉格散射引起的（图 13.13）。

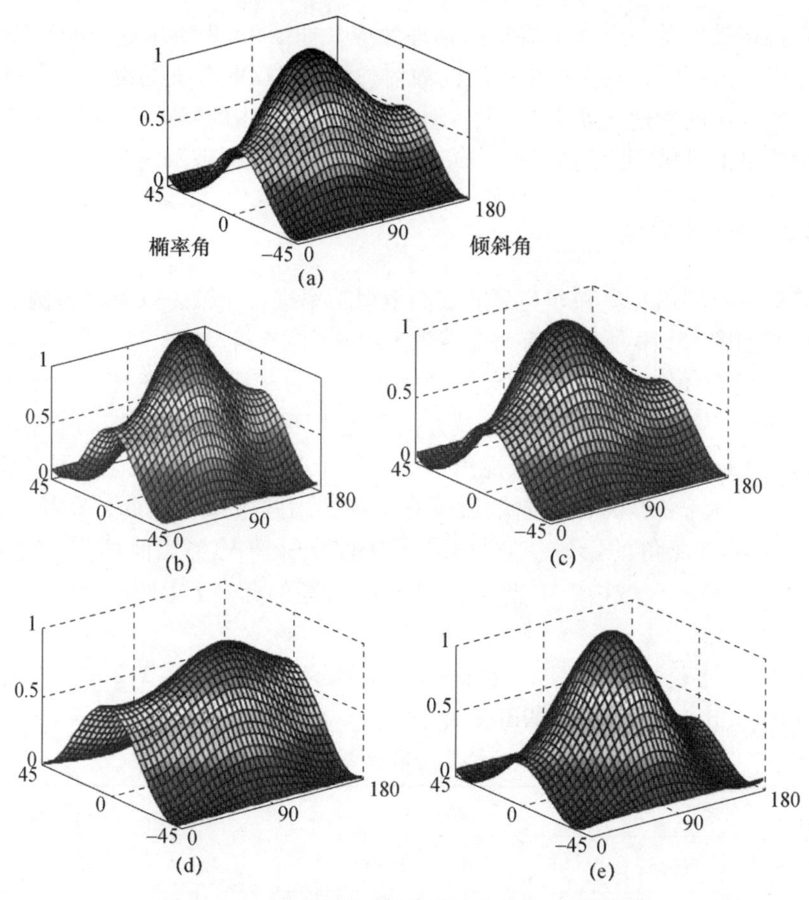

图 13.12　稻田布拉格散射的极化特征（见彩图）
（a）理论特征；（b）爱津；（c）南相马；（d）越后平原；（e）佐佐市。

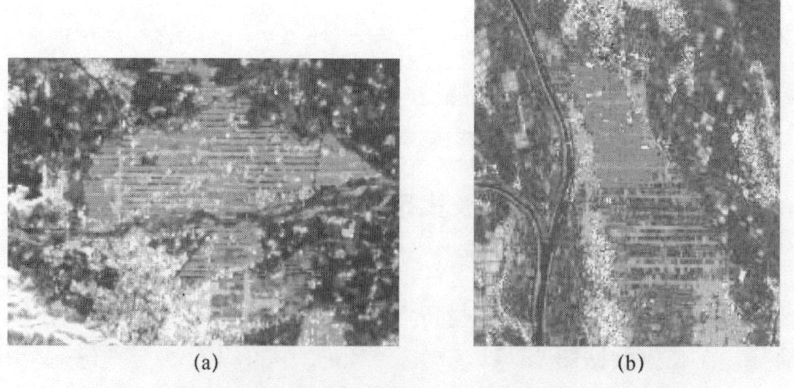

图 13.13　稻田布拉格散射的特写图像（蓝色区域）（见彩图）
（a）爱津；（b）越后平原，新潟。

13.3　表面散射建模

在对表面散射建模时，假定表面是光滑的。从实验结果可知：（1）HH 和 VV 是同相的；（2）HV 很小（ -30dB）可以忽略。可以假设散射矩阵为（图 13.14）

$$\boldsymbol{S}=\begin{bmatrix}R_{\mathrm{h}} & 0\\ 0 & R_{\mathrm{v}}\end{bmatrix}$$

其中

$$R_{\mathrm{h}}=\frac{\cos\theta-\sqrt{\varepsilon_{\mathrm{r}}-\sin^2\theta}}{\cos\theta+\sqrt{\varepsilon_{\mathrm{r}}-\sin^2\theta}}$$

$$R_{\mathrm{v}}=\frac{(\varepsilon_{\mathrm{r}}-1)\ \{\sin^2\theta-\varepsilon_{\mathrm{r}}\ (1+\sin^2\theta)\}}{(\varepsilon_{\mathrm{r}}\cos\theta+\sqrt{\varepsilon_{\mathrm{r}}-\sin^2\theta})^2}$$

ε_{r} 是相对介电常数；θ 为入射角。

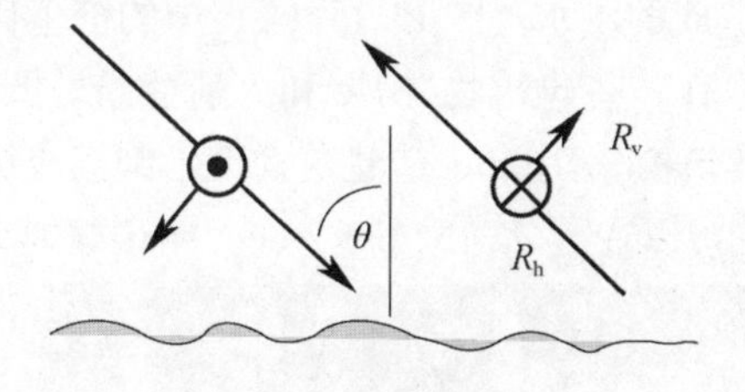

图 13.14　表面散射模型

相干矩阵为

$$\boldsymbol{k}_{\mathrm{p}}=\frac{1}{\sqrt{2}}\begin{bmatrix}R_{\mathrm{h}}+R_{\mathrm{v}}\\ R_{\mathrm{h}}-R_{\mathrm{v}}\\ 0\end{bmatrix}=\frac{R_{\mathrm{h}}+R_{\mathrm{v}}}{\sqrt{2}}\begin{bmatrix}1\\ \beta\\ 0\end{bmatrix},\qquad \beta=\frac{R_{\mathrm{h}}-R_{\mathrm{v}}}{R_{\mathrm{h}}+R_{\mathrm{v}}},\qquad |\beta|<1$$

$$\boldsymbol{T}=\langle\boldsymbol{k}_{\mathrm{p}}\boldsymbol{k}_{\mathrm{p}}^{\dagger}\rangle\Rightarrow\boldsymbol{T}_{\mathrm{surface}}=\begin{bmatrix}1 & \beta^{\dagger} & 0\\ \beta & |\beta|^2 & 0\\ 0 & 0 & 0\end{bmatrix}$$

该模型在 T_{11} 中有最大值，二次散射分量 T_{22} 比 T_{11} 小，β 的近似值可由上式求得交叉极化 HV 这里不考虑。

与该模型相关的表面散射功率 P_{s} 出现在平坦的表面区域，如裸露的土壤、水田、农田和 L 波段小入射角下的海面，它也出现在灾区、洪泛区、海啸覆盖区和滑坡区。对于 X 波段以上的高频，波长变得小于 3cm。在这些较高的频率下，几乎所有大于几厘米的目标都会发生表面散射。

13.4 表面散射功率 P_s 的应用

13.4.1 海啸

2011 年 3 月 11 日，日本东部发生 9.0 级大地震。这场灾难伴随着一场巨大的海啸，袭击了日本东北地区的东海岸。ALOS - PALSAR 分别在 2010 年 11 月 21 日和 2011 年 4 月 8 日的地震前后获得了石卷地区的全极化数据。该地区不仅受到地震的严重破坏，而且被接踵而至和退去的海啸破坏得更严重。石卷市的大部分地区和邻近的女川町被海啸完全摧毁和冲走。图 13.15 为石卷市地震前后对应的 ALOS - PALSAR 极化图像以及地面真实数据[1]。虽然第二次数据（4 月 8 日）是地震（3 月 11 日）后 28 天采集的，但有可能确认以下几个变化：红色（人造）区域变成图 13.15（a）、（b）中海边附近的蓝色（由受海啸的影响完全冲毁区域引起的表面散射）。地面真实情况分别由日本地理学家协会和日本地理空间信息厅给出。图 13.15（c）显示了受灾地区的范围，蓝色表示海啸造成的破坏，橙色表示海啸造成的洪水。图 13.15（c）中的橙色代表海啸袭击的淹没地区。但海啸过后，仍然有一些建筑物/房屋和人造建筑。图 13.15（c）中的“蓝色”表示几乎所有的建筑物/房屋和人造建筑物都已倒塌或被海啸摧毁和冲走，只留下光秃的地面。我们可以在图 13.15（b）、（c）中很好地观察到相应的特征。

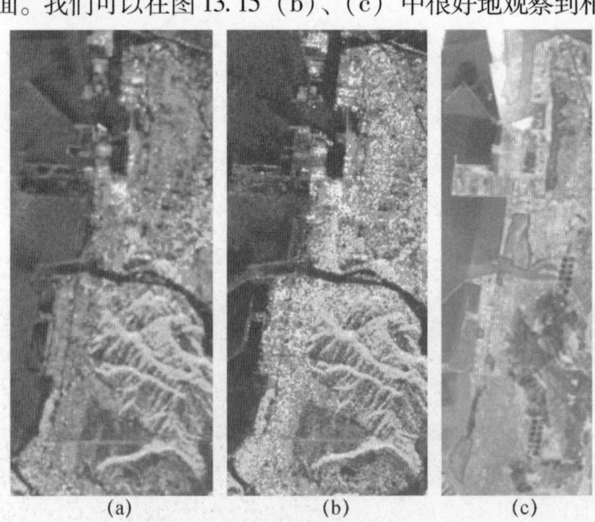

(a)　　(b)　　(c)

图 13.15　2011 年东日本大地震引发海啸，石卷地区受灾严重（见彩图）

（a）地震和海啸发生前；（b）地震和海啸发生后；（c）地面真实数据。

（蓝色（表面散射）区域表示被海啸完全摧毁的区域，橙色代表被海啸淹没的地区。

分别由日本地理学家协会和日本地理空间信息管理局提供的地面实情）

（来源：Yamaguchi，Y.，Proc. IEEE，100，2851，2860，2012.）

图 13. 16（a）中的女川町图像失去了图 13. 16（b）中二次散射功率的红色特征，表明几乎所有的人造建筑都被地震和海啸摧毁了。图 13. 16（c）地面真实图像中的紫色（蓝色 + 橙色）区域显示了被海啸摧毁的区域。图 13. 16（b）的极化分解图像几乎与地面真值图 13. 16（c）完全对应。

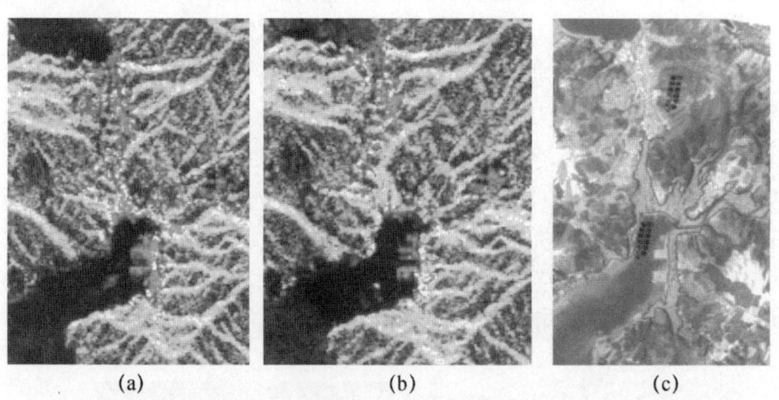

图 13. 16　2011 年日本东部大地震引起的海啸（女川町）（见彩图）
（a）地震和海啸前；（b）地震和海啸后；（c）地面真实数据。
（日本地理学会和日本地理空间信息管理局提供的地面真实数据）
（来源：Yamaguchi，Y.，Proc. IEEE，100，2851，2860，2012.）

灾难图像的最后一个例子是女川町附近的北上河口，如图 13. 17 所示。由于该地区人口稀少，房屋和人造建筑并不多，图 13. 17（a）中的红点较少。然而，图 13. 17（b）中的红点（包括大川小学）仍因海啸灾难而减少。此外，在图 13. 17 的中心底部可以看到一小片绿色区域已经被海啸完全摧毁。海啸过后，河流及其周边地区以表面散射为主。

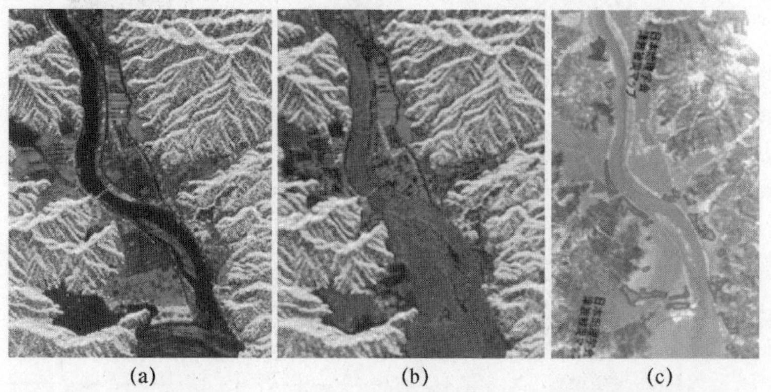

图 13. 17　2011 年东日本大地震引起的海啸对北上河口的影响（见彩图）
（a）地震和海啸发生前；（b）地震和海啸发生后；（c）地面真实数据。
（日本地理学会和日本地理空间信息管理局提供的地面真实数据）
（来源：Yamaguchi，Y.，Proc. IEEE，100，2851，2860，2012.）

13.4.2 滑坡

滑坡发生时，裸露的土壤引起表面散射。散射功率 P_s 由于在广角方向上散射，很容易被 PolSAR 识别。图 13.18 显示了 ALOS 在 2008 年 6 月 14 日观测到的一个巨大的滑坡区域，Aratozawa。蓝色区域对应的是裸露的土壤表面，相比于光学图像比较容易识别。

如果发生滑坡，覆盖在悬崖上的泥浆/土壤向下流动，使地面坡度平缓，如图 13.19 中的黑色直线所示。如果在同一位置进行雷达观测（就像 ALOS），在滑坡发生后，上/中部位置的入射角减小。如图 13.19 所示，入射角的减小导致了表面散射幅度的增大，因此在图 13.18 中，我们可以看到悬崖上方的颜色更加明亮，而滑坡下部呈现相反的表现并变暗。这些特点不仅适用于 PolSAR 观测，也适用于一般雷达观测。

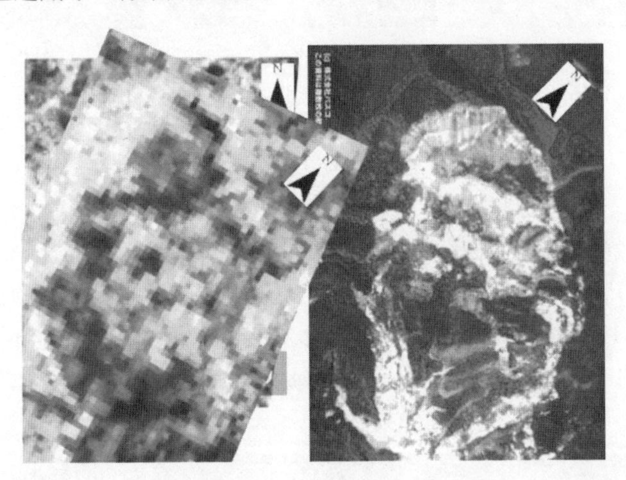

图 13.18　Aratozawa 滑坡（PolSAR 和光学图像）（见彩图）

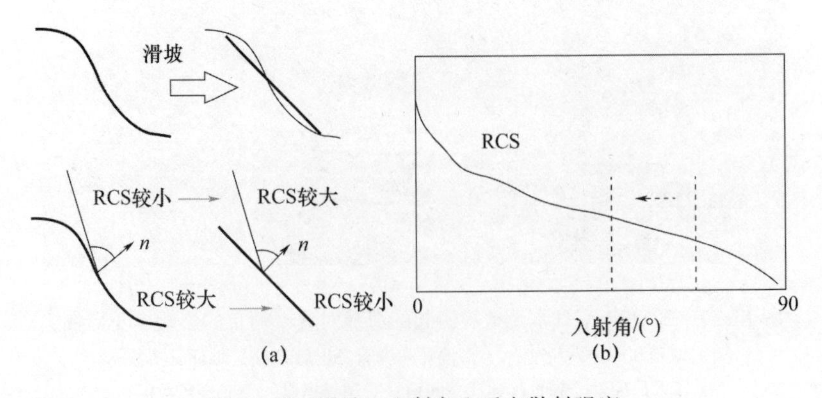

图 13.19　滑坡、入射角和后向散射强度

图 13.20 显示了 2012 年由第 12 号台风造成的滑坡地区。2014 年，由机载 PiSAR－L2 观测（数据号：2014 年 L204006）。散射功率分解的颜色编码为：表面散射为红色，二次散射为蓝色，体散射为绿色。改变红色和蓝色的原因只是为了增强对比度。通过观察红色区域，我们可以看出它们与谷歌地球光学图像（这里没有显示）很好地对应。因此，极化数据可以非常有效地识别滑坡区域，并可作为灾害监测工具。

2016 年 4 月 17 日，在熊本地震灾区进行了机载 PiSAR－X2 观测。以类似的方法对高分辨力数据进行处理，并用红色表示表面散射，蓝色表示二次散射进行颜色编码，如图 13.20 和图 13.21[22] 所示，这幅图像看起来像一张真实的照片，我们可以很容易地识别出滑坡区域，从图中可以看出，高分辨力 PolSAR 对于探测滑坡非常有效。

图 13.20　2014 年 PiSAR－L2 观测到的 Totsukawa 村滑坡（红色区域对应滑坡）（见彩图）

图 13.21　PiSAR－X2 观测到的 2016 年 4 月 16 日熊本地震南麻生发生的山体滑坡（见彩图）

13.4.3 火山动态监控

如图 13.22 ~ 图 13.24 所示，太平洋周围地区被称为火山带，那里的火山活动非常强烈。火山山顶覆盖着灰烬、岩石、熔岩等。有时会喷出有毒气体。那里没有植被。由于火山顶附近的地方对人类活动是危险的，雷达在监测中发挥了非常重要的作用。主要的散射机制是表面散射。

图 13.24 为 2008 年 11 月 6 日至 2008 年 11 月 24 日观测期间三宅岛火山 SO_2 气体喷发前后的图像。该岛位于日本东京北纬 34.08°，东经 139.53°。与图 13.24（a）相比，在图 13.24（b）中，我们可以看到更多由表面散射引起的蓝色。这意味着由于火山灰的沉积，表面散射增加，SO_2 气体至少部分破坏了植被，使其在 L 波段更加透明，这也造成了裸露的表面散射。因此，蓝色区域的变化表明这次 SO_2 气体喷发的影响。人造建筑，如房屋，很容易通过红色识别，在这两幅图像中保持不变。

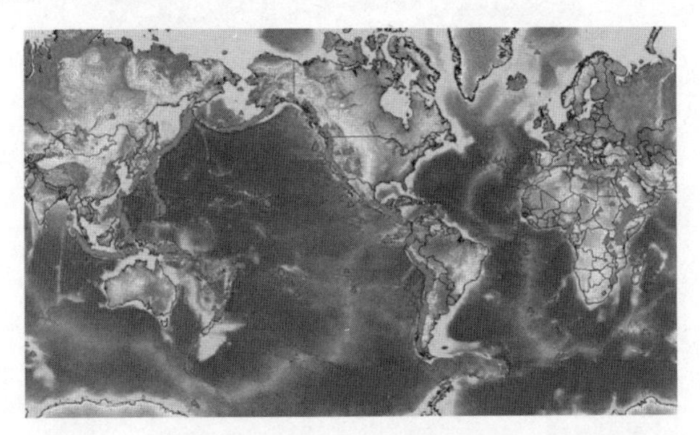

图 13.22　世界火山分布图

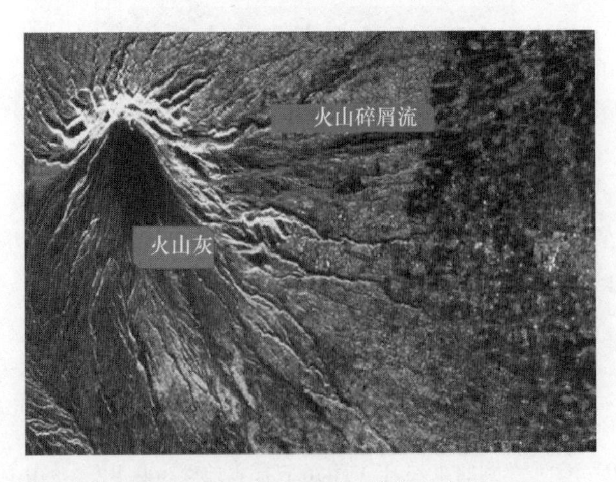

图 13.23　印度尼西亚默拉皮火山

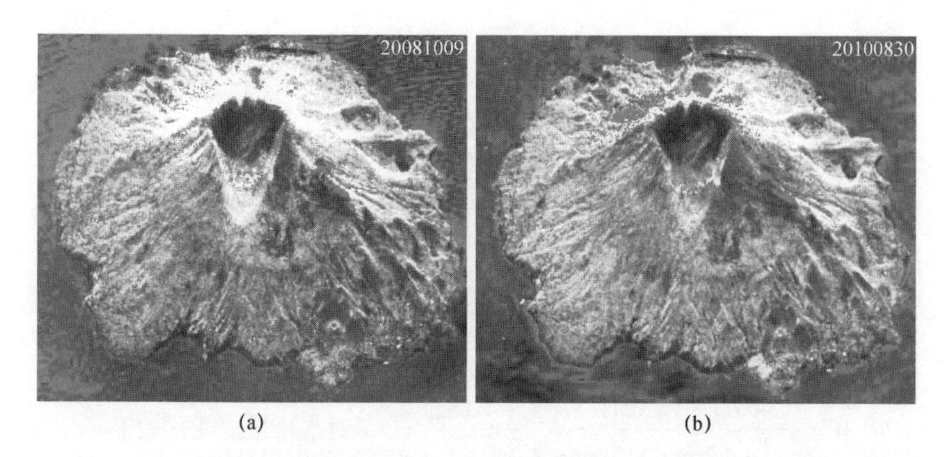

(a)　　(b)

图 13.24　由 PiSAR－X 拍摄的日本三宅岛（见彩图）
(a) 2008 年 10 月 9 日；(b) 2008 年 11 月 24 日。
(来源：Yamaguchi，Y.，Proc. IEEE，100，2851，2860，2012.)

13.4.4　海面溢油检测

世界各地都报道了油轮漏油或抛洒引擎废油的事件。此外，油轮的碰撞在海上释放了大量的石油，造成了严重的环境灾难和生态破坏。另外，自然石油泄漏有时会发生在海底，如墨西哥湾或西非，这些情况可能有助于发现新油井。因此，无论是从环境角度还是从经济角度对新油井进行勘探，浮油检测都备受关注。利用 SAR 进行浮油探测已有多年的历史。众所周知：

（1）在波涛汹涌的海面上，VV 回波比 HH 回波强度更大，布拉格散射主要发生在雷达 VV 极化通道。

（2）被石油覆盖的海面比周围的海面更光滑，反射幅度变小。

（3）幅度取决于海洋状况。

（4）溢油的厚度通常在毫米量级。

（5）检测溢油的有效参数是熵或 C 波段以上频率的相关系数。

散射类似于浮油的杂波也存在，它是一个后向散射值较小的局部小块。当海面相当平静时，杂波区域看起来比周围的环境要暗。这些杂波可能是漂浮物、海冰等，它们减少了海浪的运动。因此，很难准确地探测到浮油。从这个意义上说，PolSAR 可产生一些有效极化参数用于检测“类似溢油”区域。

（1）相关系数 $|\gamma_{\mathrm{HH-VV}}| = \dfrac{|C_{13}|}{\sqrt{C_{11}C_{33}}} = \dfrac{|\langle S_{\mathrm{HH}}S_{\mathrm{VV}}^{*}\rangle|}{\sqrt{\langle |S_{\mathrm{HH}}|^{2}\rangle\langle |S_{\mathrm{VV}}|^{2}\rangle}}\gamma_{\mathrm{HH+VV,HH-VV}}$

$= \dfrac{T_{12}}{\sqrt{T_{11}T_{22}}}$；

(2) Re $\{T_{12}\} = \frac{1}{2}(|S_{HH}|^2 - |S_{VV}|^2) < 0$（布拉格散射）;

(3) $\rho_B = \arctan\left(\frac{T_{22}}{T_{11}}\right) = \arctan\left(\frac{|S_{HH} - S_{VV}|^2}{|S_{HH} + S_{VV}|^2}\right)$;

(4) 熵 H;

(5) 粗糙度指标

① $\gamma_{XX-YY}(0) = \frac{T_{11} - T_{33}}{T_{11} + T_{33}} = \frac{\langle |S_{HH} + S_{VV}|^2 - 4|S_{HV}|^2 \rangle}{\langle |S_{HH} + S_{VV}|^2 + 4|S_{HV}|^2 \rangle}$，0 = 非常粗糙，1 = 非常光滑；

② $M = \frac{T_{22} + T_{33}}{T_{11}} = \frac{\langle |S_{HH} - S_{VV}|^2 + 4|S_{HV}|^2 \rangle}{\langle |S_{HH} + S_{VV}|^2 \rangle}$，对小粗糙度变化敏感。

13.5 本章小结

本章展示了各种分解图像，以说明表面散射功率如何用于灾难监测，如火山喷发、海啸灾害、山区积雪和滑坡检测。该方法可用于水稻作物监测。另一个重要的应用是森林砍伐态势或发现被砍伐区域探测。典型的散射体有裸露的土壤表面、泥和滑坡区、农田、稻田、火山灰覆盖区、小草原、积雪区、雪原和冰原等。根据目标的特性，利用表面散射功率和辅助参数来实现上述目标。

参考文献

1. Y. Yamaguchi, "Disaster monitoring by fully polarimetric SAR data acquired with ALOS – PALSAR," Proc. IEEE, vol. 100, no. 10, pp. 2851 – 2860, 2012.
2. A. K. Fung and K. – S. Chen, Microwave Emission and Scattering Models for Users, 480 p., Artech House, 2010.
3. K. – S. Chen, Principle of Synthetic Aperture Radar: A System Simulation Approach, 200 p., CRC Press, FL, 2015.
4. K. – S. Chen, Microwave Scattering and Imaging of Rough Surfaces, CRC Press, 2019.
5. D. Masonnett and J. – C. Souyris, Imaging with Synthetic Aperture Radar, EPFL/CRC – Press, 2008, ISBN 978 – 0 – 8493 – 8239 – 4.
6. K. S. Chen, T. D. Wu, L. Tsang, Q. Li, J. C. Shi, and A. K. Fung, "The emission of rough surfaces calculated by the Integral Equation Method with a comparison to a three – dimensional moment method simulations," IEEE Trans. Geosci. Remote Sens., vol. 41, no. 1, pp. 1 – 12, 2003.
7. T. D. Wu, K. S. Chen, J. C. Shi, H. W. Lee, and A. K. Fung, "A study of an AIEM model for bistatic scattering from randomly rough surfaces," IEEE Trans. Geosci. Remote Sens., vol. 46,

no. 9, pp. 2584 – 2598, 2008.

8. S. Huang, L. Tsang, E. Njoku, and K. – S. Chen, "Backscattering coefficients, coherent reflectivities, and emissivities of randomly rough soil surfaces at L – Band for SMAP applications based on numerical solutions of Maxwell equations in three – dimensional simulations," IEEE Trans. Geosci. Remote Sens., vol. 48, no. 6, pp. 2557 – 2568, 2010.
9. T. D. Wu, K. S. Chen, A. K. Fung, and M. K. Tsay, "A transition model for the reflection coefficient in surface scattering," IEEE Trans. Geosci. Remote Sens., vol. 39, no. 9, pp. 2040 – 2050, 2001.
10. J. J. VanZyl and Y. J. Kim, Synthetic Aperture Radar Polarimetry, Wiley, New Jersey, 2010.
11. I. Hajnsek, E. Pottier, and S. R. Cloude, "Inversion of surface parameters from polarimetric SAR," IEEE Trans. Geosci. Remote Sens., vol. 41, pp. 727 – 745, 2003.
12. I. Hajnsek, T. Jagdhuber, H. Schon, and K. P. Papathanassiou, "Potential of estimating soil moisture under vegetation cover by means of PolSAR," IEEE Trans. Geosci. Remote Sens., vol. 47, no. 2, pp. 442 – 454, 2009.
13. T. Jagdhuber, I. Hajnsek, A. Bronstert, and K. P. Papathanassiou, "Soil moisture estimation under low vegetation cover using a multi – angular polarimetric decomposition," IEEE Trans. Geosci. Remote Sens., vol. 51, no. 4, pp. 2201 – 2214, 2012.
14. Y. Oh, K. Sarabandi, and F. T. Ulaby, "An empirical model and an inversion technique for radar scattering from bare soil surfaces," IEEE Trans. Geosci. Remote Sens., vol. 30, pp. 370 – 381, 1992.
15. Y. Oh, "Quantitative retrieval of soil moisture content and surface roughness from multi – polarized radar observations of bare soil surfaces," IEEE Trans. Geosci. Remote Sens., vol. 42, no. 3, pp. 596 – 601, 2004.
16. S. Huang, L. Tsang, E. G. Njoku, and K. S. Chen, "Backscattering coefficients, coherent reflectivities, emissivities of randomly rough soil surfaces at L – band for SMAP applications based on numerical solutions of Maxwell equations in three dimensional simulations," IEEE Trans. Geosci. Remote Sens., vol. 48, pp. 2557 – 2567, 2010.
17. S. Huang and L. Tsang, "Electromagnetic scattering of randomly rough soil surfaces based on numerical solutions of Maxwell equations in 3 dimensional simulations using hybrid UV/PBTG/SMCG method," IEEE Trans. Geosci. Remote Sens., vol. 50, pp. 4025 – 4035, 2012.
18. L. Tsang, K. H. Ding, S. H. Huang, and X. Xu, "Electromagnetic computation in scattering of electromagnetic waves by random rough surface and dense media in microwave remote sensing of land surfaces," Proc. IEEE, vol. 101, pp. 255 – 279, 2013.
19. J. – P. Wigneron, L. Laguerre, and Y. H. Kerr, "A simple parameterization of the L band microwave emission from rough agricultural soil," IEEE Trans. Geosci. Remote Sens., vol. 39, no. 8, pp. 1697 – 1707, 2001.
20. A. K. Fung and K. S. Chen, Microwave Scattering and Emission Models for Users, Artech House, Massachusetts, 2010.

21. K. Ouchi, H. Wang, I. Ishitsuka, G. Saito, and K. Mohri, "On the Bragg scattering observed in L – band synthetic aperture radar images of flooded rice field," IEICE Trans. Commun., vol. E89 – B, no. 8, pp. 2218 – 2225, 2006.
22. Y. Yamaguchi, G. Singh, and H. Yamada, "On the model – based scattering power of fully polarimetric SAR data," Trans. IEICE, vol. J101 – B, no. 9, pp. 638 – 647, 2018. doi: 10. 14923/transcomj. 2018API0001.

第14章 二次散射

一般来说，二次散射体具有直角结构，如图 14.1 所示，该结构由两个正交的平面组成，称为“二面角角反射器”或简称“二面角”，有时称为“双平面”。在现实世界中，我们可以看到各种各样的直角结构，如道路和建筑墙，水面和桥梁侧结构，海面和船舶侧面，甚至在农田和稻田中种植的高大植被。本章将详细研究二面角的二次散射现象，并在实际的 PolSAR 图像中详解二次散射功率。

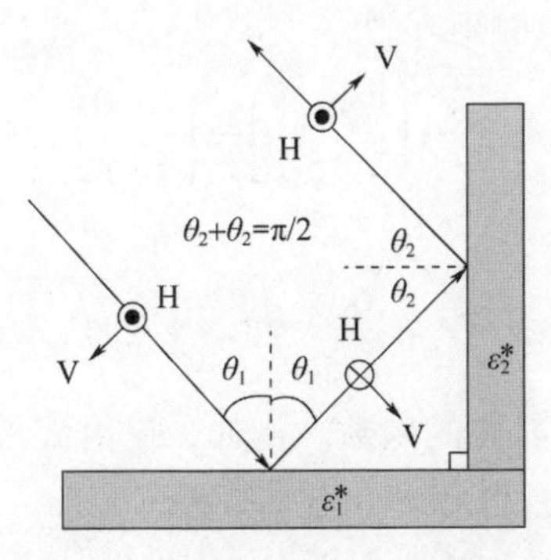

图 14.1　直角结构的二次反射

14.1　二面角

二面角具体特点包括：

（1）逆向散射特性；

（2）在 0°斜视角度下有大 RCS，但在大斜视角度下逐渐减小；

（3）金属材料的 HH 和 VV 的相位差为 180°；该特性适用于极化校准目标。

（4）金属的 HH 和 VV 的相位差为 180°，电介质材料的相位差为 130° ~140°。

这些特征可以通过一个简单的理论模型来理解，如图 14.1 所示的由菲涅耳反射系数导出的散射矩阵。当二面角结构与雷达照射方向垂直放置时，我们有很强的 HH 和 VV 分量。由于幅度很小，交叉极化的 HV 分量可以忽略。近似散射矩阵可表示为

$$\boldsymbol{S}=\begin{bmatrix}R_{h1}R_{h2} & 0\\ 0 & -R_{v1}R_{v2}\end{bmatrix} \tag{14.1.1}$$

菲涅耳反射系数

$$R_h=\frac{\cos\theta-\sqrt{\varepsilon_r^*-\sin^2\theta}}{\cos\theta-\sqrt{\varepsilon_r^*-\sin^2\theta}},\quad R_h=\frac{\varepsilon_r^*\cos\theta-\sqrt{\varepsilon_r^*-\sin^2\theta}}{\varepsilon_r^*\cos\theta-\sqrt{\varepsilon_r^*-\sin^2\theta}}$$

其中，$\varepsilon_r^*=\varepsilon_r-j60\sigma\lambda$；$\varepsilon_r$ 为相对介电常数；σ 为电导率；λ 为波长；θ 为入射角。

为了简单起见，我们假设墙壁和地面使用相同的材料 $\varepsilon_1^*=\varepsilon_2^*$。

当介质为金属时

$$\boldsymbol{S}\Rightarrow\begin{bmatrix}S_{HH} & 0\\ 0 & S_{VV}\end{bmatrix}=\begin{bmatrix}R_{h1}R_{h2} & 0\\ 0 & -R_{v1}R_{v2}\end{bmatrix}\Rightarrow\begin{bmatrix}1 & 0\\ 0 & -1\end{bmatrix}$$

对于电介质材料，散射矩阵为

$$\boldsymbol{S}\Rightarrow\begin{bmatrix}S_{HH} & 0\\ 0 & S_{VV}\end{bmatrix}\Rightarrow\begin{bmatrix}1 & 0\\ 0 & \rho\end{bmatrix}$$

我们定义极化比为

$$\rho=\frac{S_{VV}}{S_{HH}}=|\rho|\angle\phi \tag{14.1.2}$$

并定义幅度$|\rho|$为入射角的函数。例如，仅由聚乙烯和混凝土组成的直角结构的值如图 14.2 所示。取相对介电常数为

聚乙烯：$\varepsilon^*=2.26-j0.003$，混凝土：$\varepsilon^*=5.8-j0.01$

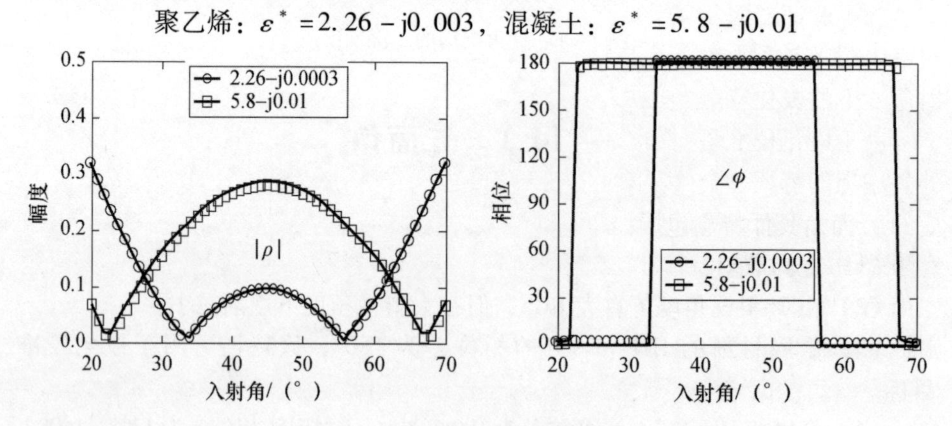

图 14.2　极化比是入射角的函数

在整个入射角范围内，该值 $|\rho|$ 都小于 0.3。与金属二面角相比，电介质的 $|\rho|$ 比 1 小得多。这些特性来自于菲涅尔反射的性质，即 R_h（HH 反射）总是大于 R_v（VV 反射）。直角结构会引起二次反射。结果表明，在城市散射中，HH 分量远大于 VV 分量，如图 14.3 中红色区域所示。

除了振幅信息外，保持相位 $\angle\phi = 180°$ 的入射角范围随着相对介电常数的减小而变窄。这意味着 HH 和 VV 在一部分入射角范围内不满足上述相位关系，即便发生了二次散射。对于非常大或非常小的入射角，直角结构不一定表现出二次散射特征。

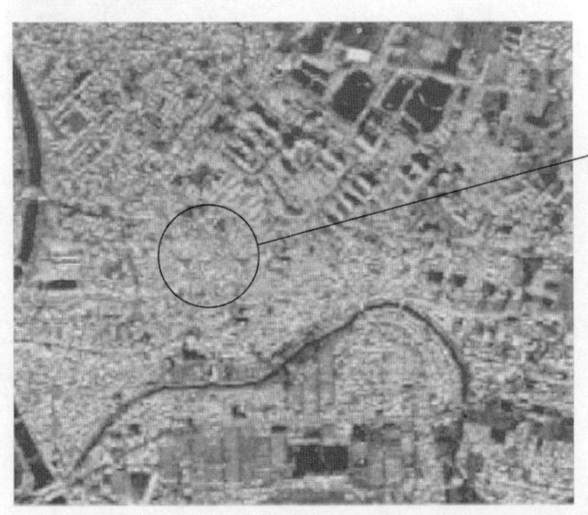

图 14.3　市区散射（见彩图）

14.1.1　入射角依赖性

为了验证二面角反射器的散射机理对入射角的依赖关系，我们在一个微波暗室中用 X 波段测量了金属和介电二面角。图 14.4 显示了 15°、30° 和 45° 入射角度下的极化特征。

由于极化校准是在 45° 的入射角上进行的，因此金属二面角的特征在 45° 处是理想的特征。金属二面角在 30° 和 15° 处的极化特征仍然保持着二面角响应的形状。然而，对于介电二面角，45° 的响应看起来像一个水平偶极子，这意味着 HH 分量最强，没有二次散射特征。当入射角为 30° 时，其形状类似于二面角。如图 14.3 所示，二面角特征的角度范围似乎很窄。对于 15° 的入射角，其形状与垂直偶极子相似。因此，对于金属二面角，在这些入射角也可以看到类似的极化特征，但我们可以看到介电二面角的极化特征有很强的角度依赖性。

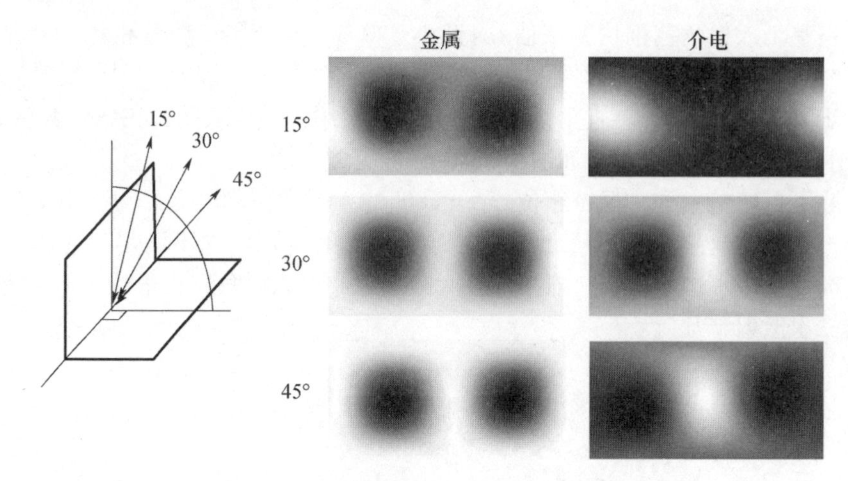

图 14.4　二面角极化特征与入射角的关系

14.1.2　材料依赖性

为了利用材料常数来检验极化特征，我们在方程（14.1.1）中通过增加电导率来计算二面角响应。近似散射矩阵如图 14.5 所示。随着介质电导率的增加，极化特征的形状由 H 偶极子转变为金属二面角。

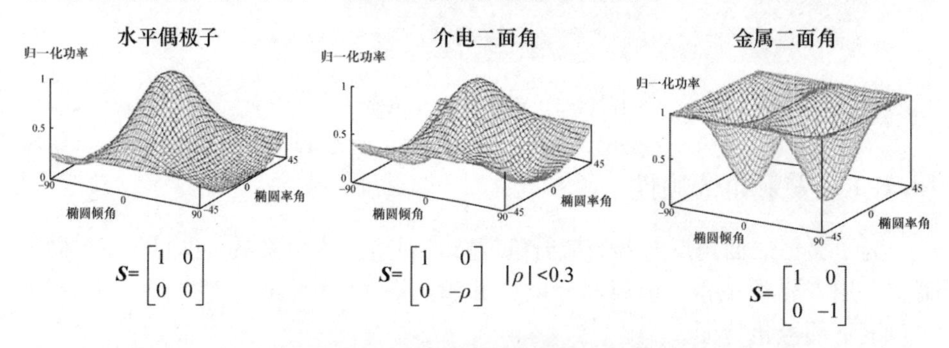

图 14.5　电导率，极化特征和近似散射矩阵

14.1.3　用作极化定标体

二面角角反射器用作定标体，是精确极化校准目的的理想目标。但是，仍存在一些不确定的事项（图 14.6）。

对于极化目标来说，理想的波长有多大？精确散射矩阵的尺寸是多少？斜视角度依赖性如何？定标体要与雷达波束垂直，如果定标体的倾斜方向不是垂直的，会产生什么样的效果？此时散射矩阵如何？

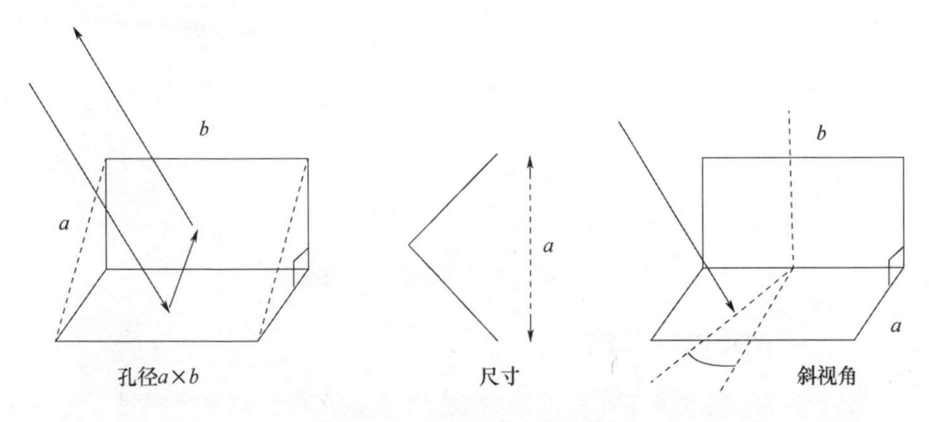

图 14.6　以二面角为定标体

为了回答这些常见的问题，我们进行了有限差分时域（FDTD）分析来检验二面角相对于波长的散射特性[1]。首先，对反射电场分布作为孔径尺寸 $\lambda\times\lambda$、$2\lambda\times2\lambda$ 和 $8\lambda\times8\lambda$ 的函数进行了计算。随着孔径尺寸的增大，场图接近于平面波。在 $8\lambda\times8\lambda$ 孔径中可以看到反射波形（图 14.7）。

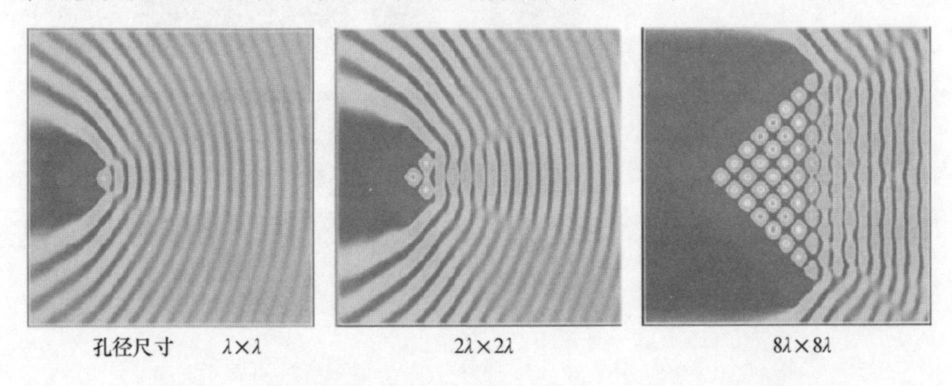

图 14.7　孔径上的电场分布（尺寸：$\lambda\times\lambda$，$2\lambda\times2\lambda$，$8\lambda\times8\lambda$）

14.1.4　相对电尺寸的依赖性

极化比 $\rho=\frac{S_{\mathrm{VV}}}{S_{\mathrm{HH}}}=|\rho|\angle\phi$ 的计算为实际定标体尺寸的选择提供了必要条件。由于这个值直接表示散射矩阵元素，所以将其与理想情况下的菲涅耳反射进行比较。由图 14.8 可知，实现二面角反射器需要孔径大于 8λ。这是实现二面角定标体的一个很好的参数指标。

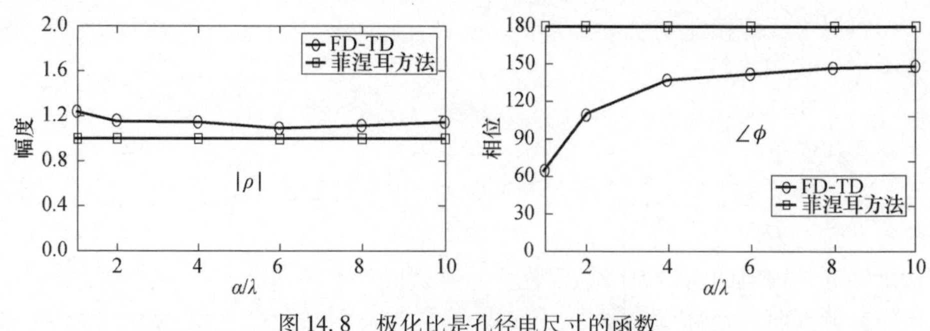

图 14.8 极化比是孔径电尺寸的函数

14.1.5 斜视角度依赖性

我们使用和 14.1.4 节相同的二面角模型直接在微波暗室中测量了对斜视角的依赖性，并试图获得一些变化趋势。对于 45°和 60°的斜视角，入射角分别为 15°，30°和 45°的测量极化角特征如图 14.9 所示。极化特征的形状是扭曲的，并且在这些特征中没有特殊的趋势。因此，很难从实验结果中得出结论。

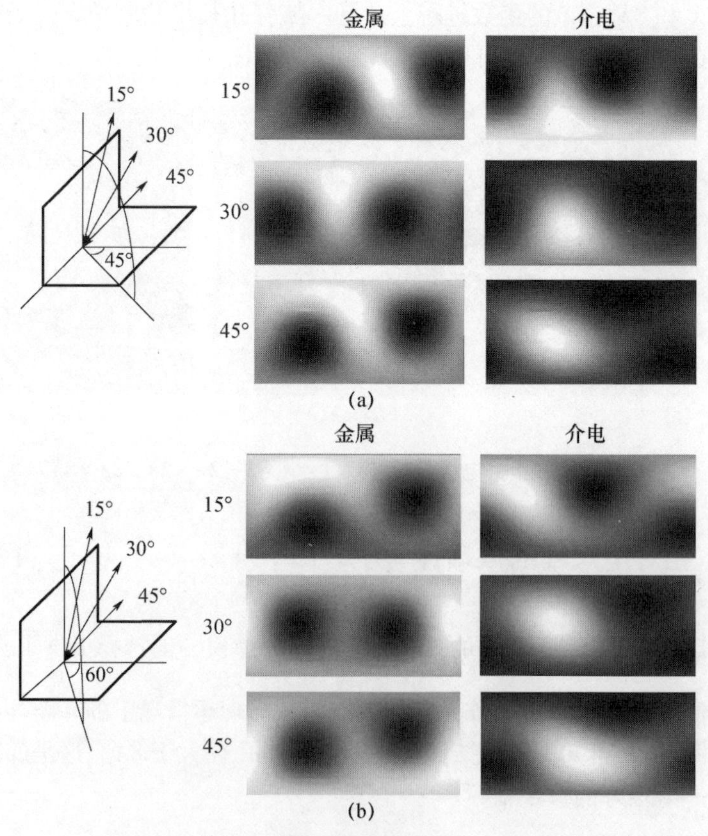

图 14.9 斜角入射二面角的极化特征（45°和 60°）

斜视角度依赖性在理论上很难估计。然而，在 FDTD 分析中可以实现各种实验[2]。我们将斜视角度设置为变量，并计算了各种情况。根据计算结果，我们得到了孔径天线辐射方向图的基本形状。在天线理论中，孔径和天线方向图之间存在傅里叶变换关系。孔径尺寸小，再辐射的主束变宽，包括二次散射特性。在这种情况下，主波束很宽，并朝向镜面反射方向。但主波束包含了后向散射方向，因此可以在后向方向上观察到二次散射特征。如果孔径尺寸相比波长足够宽，辐射的主波束就会变得非常窄。在这种情况下，主波束是尖锐的，指向反射方向，并且没有辐射到后向散射方向，此时没有二次散射。

如果有一孔径为 L 的天线，可通过傅里叶变换得到天线方向图。假设孔径上分布均匀，则主波束的第一个零角为

$$\phi_{\mathrm{c}} = 2\arcsin\left(\frac{\lambda}{2L\cos\theta}\right) \tag{14.1.3}$$

其中，θ 是入射角。

图 14.10 描述了垂直入射（零斜视）和斜入射（斜视）的情况。垂直入射时，$L1$ 和 $L2$ 都能发生二次反射，而在斜视情况下，因为主波束没有覆盖后向散射方向，大的 $L1$ 不发生二次反射。

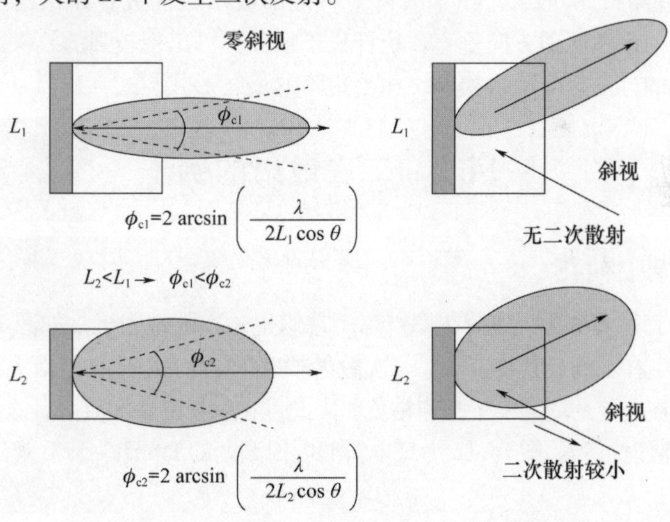

图 14.10　斜角入射时二次散射与二面角宽度的关系

上述关于二面角散射的考虑可以用于实际的 PolSAR 数据分析。二次反射散射模型为

$$\boldsymbol{T}_{\text{dihedral}} = \begin{bmatrix} |\alpha|^2 & \alpha & 0 \\ \alpha^* & 1 & 0 \\ 0 & 0 & 0 \end{bmatrix}, \quad |\alpha| < 1 \tag{14.1.4}$$

其中，$\alpha=\dfrac{S_{\mathrm{HH}}+S_{\mathrm{VV}}}{S_{\mathrm{HH}}-S_{\mathrm{VV}}}=\dfrac{1+\rho}{1-\rho}$；$\rho=\dfrac{S_{\mathrm{VV}}}{S_{\mathrm{HH}}}$。

在雷达观测的典型值中，有以下估计，假设入射角在20°~50°范围内，混凝土砌块相对介电常数为5~7。

$$\rho=-0.3 \qquad \alpha=\frac{1+\rho}{1-\rho}=0.53 \qquad \alpha^2=0.28$$

$$\rho=-0.25 \qquad \alpha=0.6 \qquad \alpha^2=0.36$$

$$\rho=-0.2 \qquad \alpha=0.666 \qquad \alpha^2=0.44$$

混凝土建筑物的相干矩阵如下：

$$\boldsymbol{S}_{\mathrm{dihedral}}^{\mathrm{dielectric}}\Rightarrow\begin{bmatrix}0.255-\mathrm{j}0.041 & 0\\ 0 & -0.059+\mathrm{j}0.021\end{bmatrix}$$

$$\frac{\boldsymbol{T}_{\mathrm{dihedral}}}{T_{22}}=\begin{bmatrix}0.377 & 0.612+\mathrm{j}0.055 & 0\\ 0.612-\mathrm{j}0.055 & 1 & 0\\ 0 & 0 & 0\end{bmatrix}$$

T_{11}比T_{22}小，因此这个矩阵是良好的混凝土建筑物模型。

对于植被的二次散射，树干或树干与地面或水面构成直角结构。特别是在水稻种植行与雷达照射方向垂直、稻秆长于水面时，出现较强的二次反射。我们可以用同样的方法建立散射模型，相干矩阵的最终形式与式（14.1.4）相同。

14.2 二次散射的例子

14.2.1 湖中荷花

湿地上有很多草药，如荷花和芦苇。它们生长在陆地附近，如图14.11所示。二次反射发生在水面及其茎上[3]。二次散射功率P_{d}的大小比在地面上的大。一年生草本植物在一年的周期中生长和枯萎。因此，在生长的每个阶段，这些草药都表现出不同的散射行为。图14.12为日本新潟坂田潟湖的PiSAR－X/L观测结果。

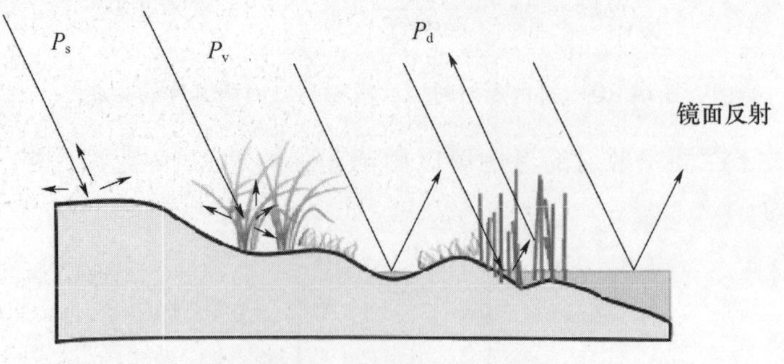

图14.11 湿地植被及散射

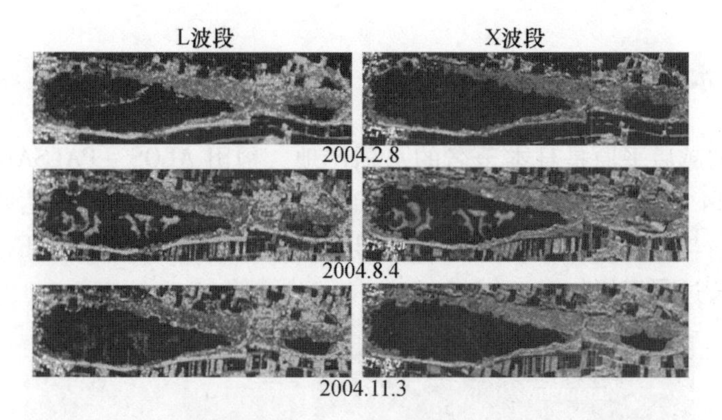

图 14.12　坂田湖上空的 Pi－SAR X/L 观测（见彩图）

（散射功率分解图像：红色表示植被杆茎与水面二次散射；蓝色表示裸露土壤表面散射；绿色表示植被与树木体散射）

（来源：Yajima, Y. et al., IEEE Trans. Geosci. Remote Sens., 46, 1667－1673, 2008）

图 14.13 显示了 X 波段和 L 波段同时观测产生的有趣散射特性[4]。L 波段波穿透荷叶，到达潟湖水面。荷叶茎和水面产生了 L 波段频率的二次散射。而对于 X 波段的波，它不能穿透荷叶，被荷叶表面反射，导致表面散射。因此，荷花在 X 波段充当表面散射体，在 L 波段为二次散射体。潟湖附近的芦苇散射也是类似的情况，如图 14.13 所示。如果我们看分解结果，夏季的散射机理通过颜色编码清楚地显示出来。

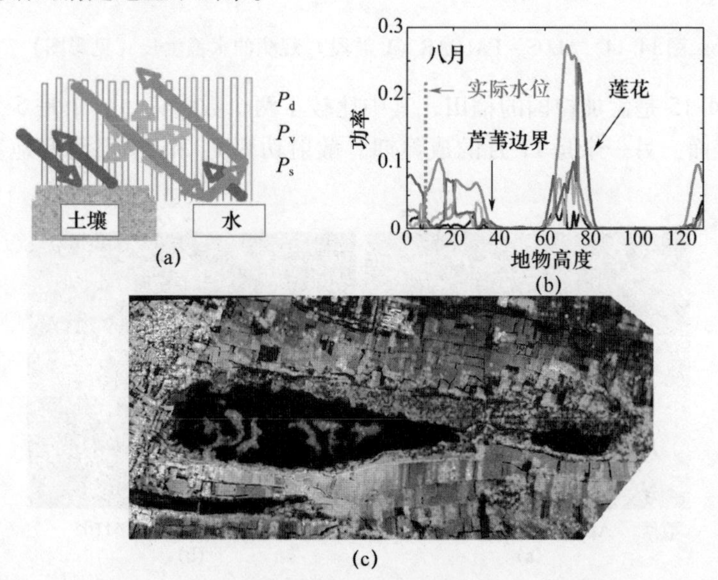

图 14.13　坂田潟湖的散射机理和散射功率（见彩图）

（a）散射功率 P_s、P_d、P_v；（b）环礁湖样带的分布区剖面；（c）地面散射机理的叠加图像。

（来源：Yajima, Y. et al., IEEE Trans. Geosci. Remote Sens., 46, 1667－1673, 2008）

14.2.2 水稻生长

新潟的越后平原是日本著名的水稻产地。稻田 ALOS - PALSAR 时间序列数据如图 14.14 所示，对比 6 月 18 日和 8 月 3 日的生长期。雷达照射方向为从左到右。与雷达照射垂直的种植行显示二次散射（红色）特征，红色随着水稻的生长过程而增加。

图 14.14　ALOS - PALSAR（L 波段）观测的水稻生长（见彩图）

图 14.15 是孟加拉国的稻田，其中比较了两个数据集。一个是 5 月份裸露的土壤表面，另一个是 11 月的成熟期。散射功率 P_s 和 P_d 很清楚地表明了这种情况。

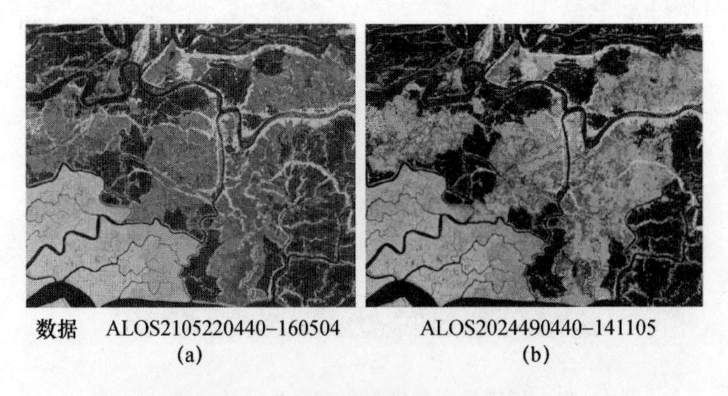

图 14.15　孟加拉国的稻田（见彩图）

14.2.3　建筑物倒塌检测

利用 P_d 的减少来检测损伤区域[5,6]。城市或村庄的颜色由红变蓝，表明房屋倒塌，表面散射为主要成分。在图 14.16 中，P_d 和 P_s 的颜色变化都显示了 2017 年 4 月 1 日哥伦比亚莫科阿暴雨引发的泥石流造成的破坏，右边的蓝色区域是泥。

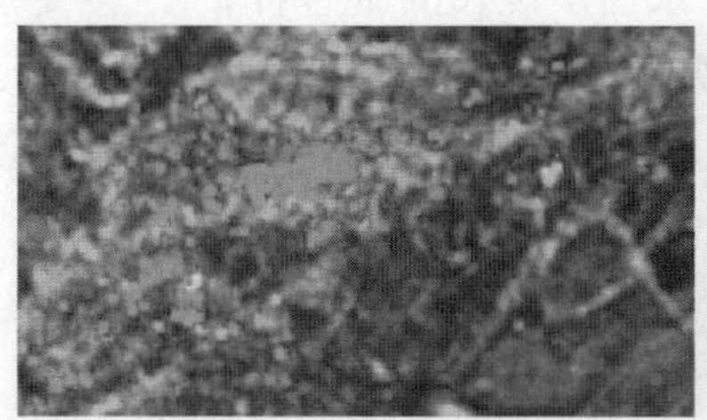
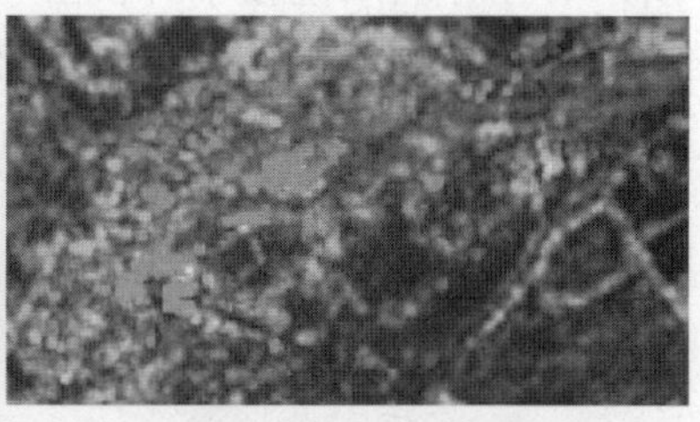

ALOS2103220010–160421　　ALOS2154970010–170406

图 14.16　2017 年 4 月 1 日，哥伦比亚莫科阿发生泥石流（见彩图）

如图 13.15 所示，2011 年石卷地区遭受了日本东部大地震引发的海啸，建筑物被海啸完全夷为平地。剩下的只是裸露的土壤表面。这次海啸的破坏也可以通过 P_d 衰减和 P_s 增长的颜色变化来识别。P_s 和 P_d 的组合如 $(P_s - P_d)/(P_s + P_d)$ 可以用来识别灾区。

14.2.4　船舶检测

船舶检测是海洋遥感的主要应用之一。散射功率分解图像提供了船舶检测的直接结果，如图 14.17 所示，其中使用了 6SD 算法。根据雷达照射的方向，每艘船都有不同的颜色。

ALOS2106990020–160516

图 14.17　新加坡近海船只（由 ALOS2 观测到）

14.2.5 牡蛎养殖与潮汐涨落

中国台湾的一个牡蛎养殖场因巨大的潮汐位变化而闻名。由于潮汐的变化，从海水表面露出在空中的垂直杆长度也随之改变。这种情况导致二次散射功率随潮汐位的变化而变化。RadarSAT2 数据作为时间序列的函数如图 14.18 所示。预计当水位较小时，由于水面出现长的垂直杆，P_d 会变强；当水位较大时，P_d 会变小。水位与二次散射功率 P_d 之间存在较强的相关性[7]。从图 14.19 中，我们可以看到 P_d（红色）当潮位变大时，会逐渐消失。

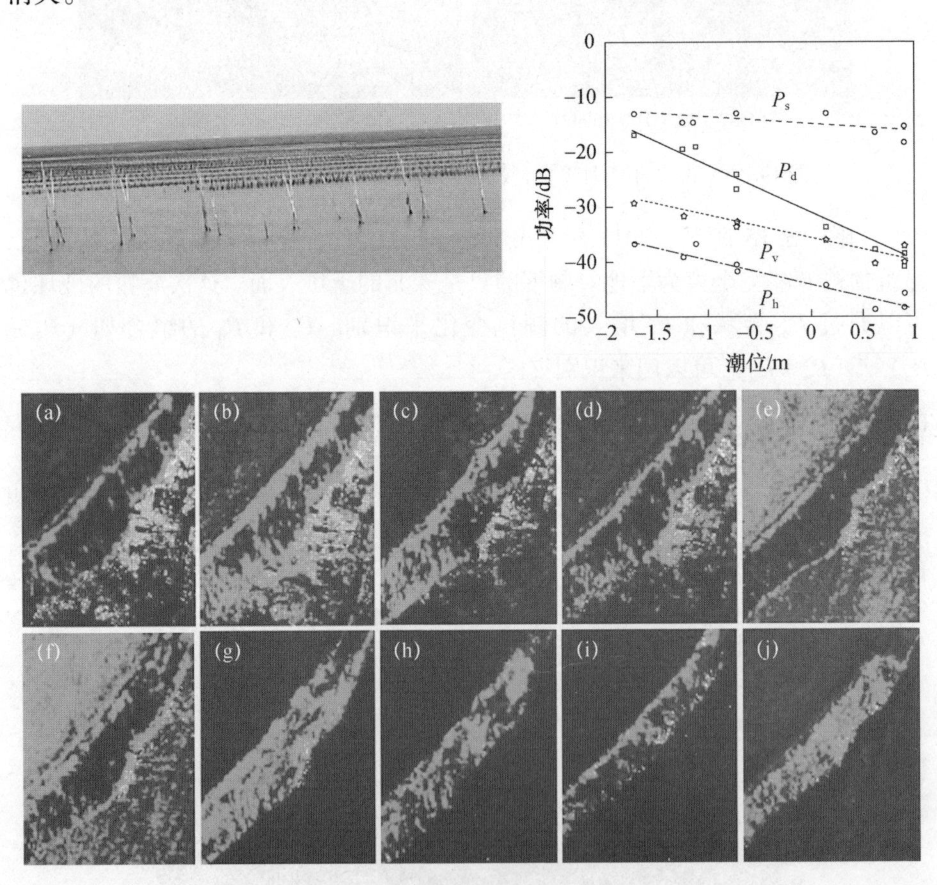

图 14.18 使用 RadarSAT2quad pol 数据的台湾牡蛎养殖 G4U 图像

（a）~（f）对应不同潮位的采集时间。

（来源：Cheng，T. Y.，IEICE Trans. Commun.，E96 - B，2573 - 2579，2013）

图 14.19　日本常总市的洪水

14.2.6　洪水

洪水对周围地区造成毁灭性的破坏。通过合成孔径雷达（SAR）观测被淹没区域[8-19]，既可以作为预警系统，也可以作为预报系统。洪水情况随时间变化，因此必须尽快（准实时）获取数据。图 14.19 为 2015 年 9 月 11 日台风“18”在日本常总市造成的洪水情况。

由于光学传感器无法应用于强降雨条件，SAR 将在监测洪水情况方面发挥关键作用。SAR 的优点在于全天时、全天候都能运行。目前，TerraSAR - X 或 CosmoSkyMed 等高分辨力的星载 SAR 已经开始用于洪水探测。分辨力约为 1 ~ 3m。时间序列数据也可用。通过观测可知：

（1）与周围环境相比，被淹没的区域看起来很黑暗；

（2）HH 优于 VV；

（3）首选较大的入射角；

（4）被淹没区域的后向散射强度取决于平台；

（5）每个系统的传感器参数都是不同的。

从观测结果和理论考虑，我们面临以下两种情况及相关问题。

14.2.6.1　开放空间的情况

开放空间就像农村地区，几乎没有大的阴影物体遮挡雷达波束。被淹没的区域或被水覆盖的区域称为开放水域。被淹没区域的表面变得像镜子一样扁平。雷达波是镜面反射，因此不发生后向散射。与周围情况相比，这会导致SAR图像较暗。我们有可能在较暗的区域找到被淹没的区域。但雷达遥感技术却存在着困难的局面。是否有可能区分开放水域和道路？由于两者都是平坦的表面，所以很难区分。积水和开放水域怎么区分？这些都是开放水域和开放空间情况下的关键问题。局部区域的雷达截面（RCS）阈值判据和统计分析可以解决这些问题。

14.2.6.2 城市地区的情况

SAR是一种侧视雷达，这会导致由建筑物引起的阴影效应。根据建筑物的方向和密度，雷达感知中会产生各种阴影。图14.20显示了城市地区雷达观测场景的一个典型示例。假设市中心被水覆盖，如蓝色所示。雷达有两个主要的盲区，即被建筑物遮蔽和被淹没的表面。该面积对应于图14.20中的（B－C）和（C－D），这些区域没有返回任何信号，很难区分这两者。

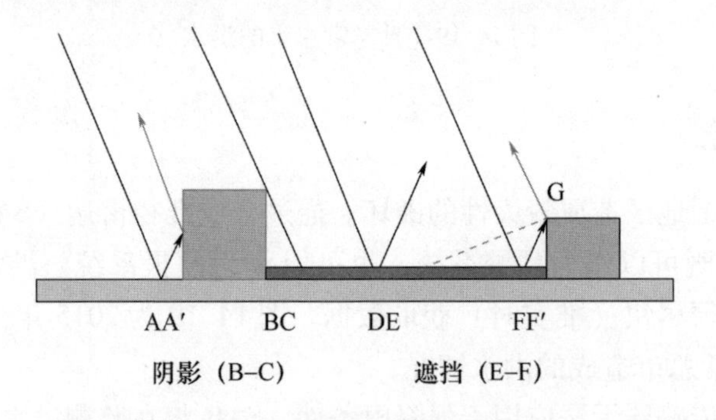

图14.20 市区散射情况。雷达阴影（B－C）、叠掩（E－F）、城市淹没街道（B－F）、镜面（C－D）、强二次反射FF′>AA′

另外，雷达无法将雷达回波与G点和E点区分开来，因为它们与雷达的距离相同。由于E点的散射幅度接近于零，雷达回波被G点的散射幅度所掩盖。（E－F′）的反射也被建筑物叠掩效应所掩盖，因此，无法正确探测到被淹没地区（B－F′）。只有一小部分（C－D）被雷达照射到，这导致了镜面反射。大部分区域没有雷达照射。从这种散射机理来看，很难探测到城市区域的洪水。

直角结构（G－F′－E）产生的二次散射成为淹没区主要回波。由于被淹没地区水面的强烈反射，幅度上升。通常，在实际的城市洪水情况下，会增加1～2dB。

我们使用了2015年9月11日发生在日本常总市的大洪水前后的两个数据集。这次洪水是由局部暴雨和堤坝破裂引起的。

#ALOS2065720720 - 150811，right looking，off - nadir angle 25°（before flooding）

#ALOS2071040740 - 150916，left looking，off - nadir angle 25°（after flooding）

首先，我们试图确认基于 RCS 的检测。在总功率图像和 HH 图像中提取 RCS < -11dB 的水域。结果如图 14.21 所示。选择阈值 -11dB，以匹配实际照片情况与淹没区域。

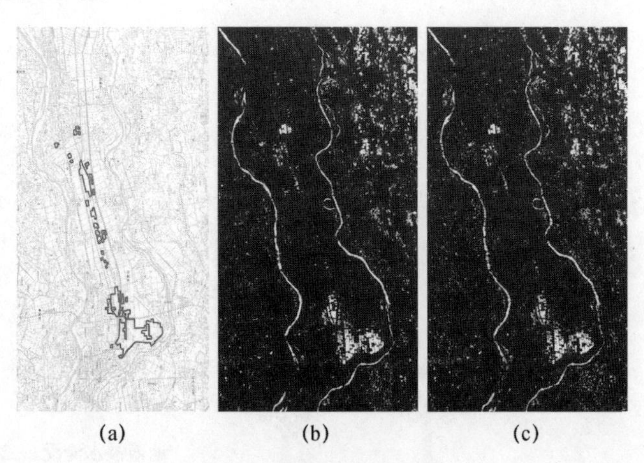

(a)　　(b)　　(c)

图 14.21　探测到的洪水区域

（a）2015 年 9 月 16 日的地面，日本国土交通省；（b）总功率；（c）HH 极化。

对数据集进行了散射功率分解。第二张照片是在洪水发生 5 天后拍摄的。因此，洪涝形势，包括水位和淹没程度，与原来有所变化。椭圆 A 和 B 是分解图像中的稻田。稻田 A 的收割已经完成，没有被淹没，留下裸露的土壤。稻田 B 在收割前被淹没。水稻的茎部分分布在水中，类似于牡蛎养殖的例子。这种水稻情况引起了强烈的二次散射，如图 14.22 中粉红色部分所示。

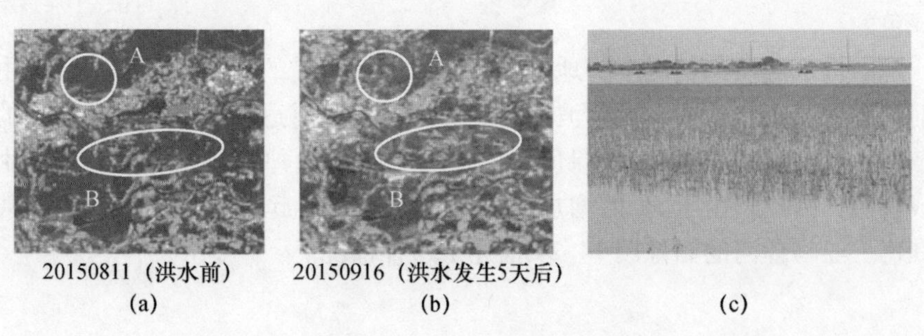

20150811（洪水前）　　20150916（洪水发生5天后）

(a)　　(b)　　(c)

图 14.22　常总市散射功率分解图像

（RGB 颜色编码为赋给 R（二次散射）、G（体散射）和 B（表面散射））（见彩图）

14.2.6.3 洪水效应：河床散射

当持续下大雨时，经常遭受洪水。和亚马孙河一样，有河床和湿地，河周围有草或树木。当洪水发生时，水面水位上升，散射机理发生变化，如图14.23所示。

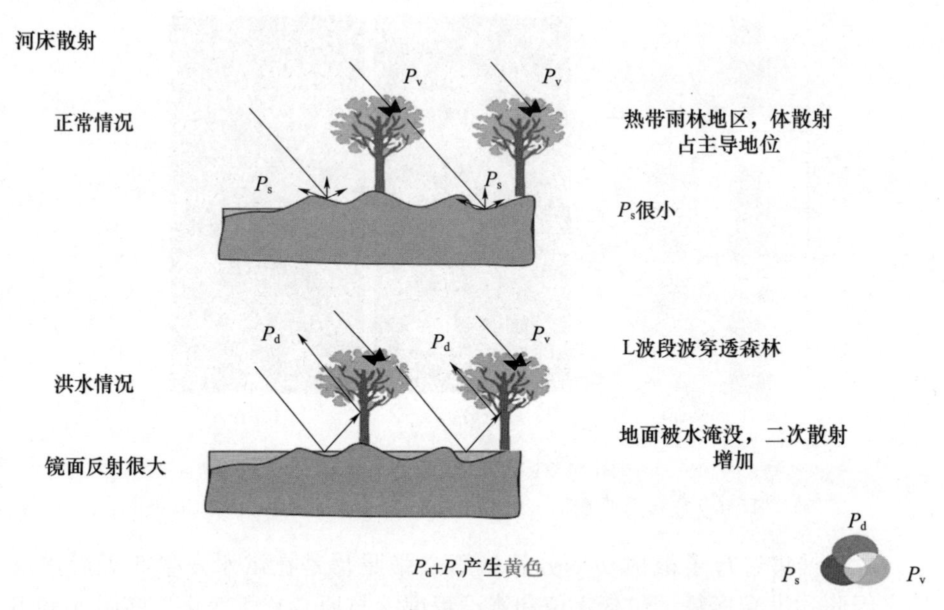

图14.23 洪水引起河床散射机理的变化（见彩图）

洪水前，散射主要由植被或冠层的体散射组成。穿透到地面的雷达波发生表面散射，并结合一些草本的体散射。然而，从地面产生的表面散射的贡献通常很小。对于热带雨林地区，体散射占主导地位，因此，分解图像看起来完全是绿色的。

地面被水淹没的情况下，地面上的散射体从粗糙的土壤变成了水面。由于反射幅度大于正常地面，反射波照射到树干并返回雷达。这就导致了强烈的二次散射。P_d（红色）到P_v（绿色）的增加导致这两种颜色的混合物，产生黄色或橙色。因此，由于P_d的增加，被淹没的区域看起来是黄色或橙色，甚至是红色。亚马孙河的图像图14.24描述了这种情况。

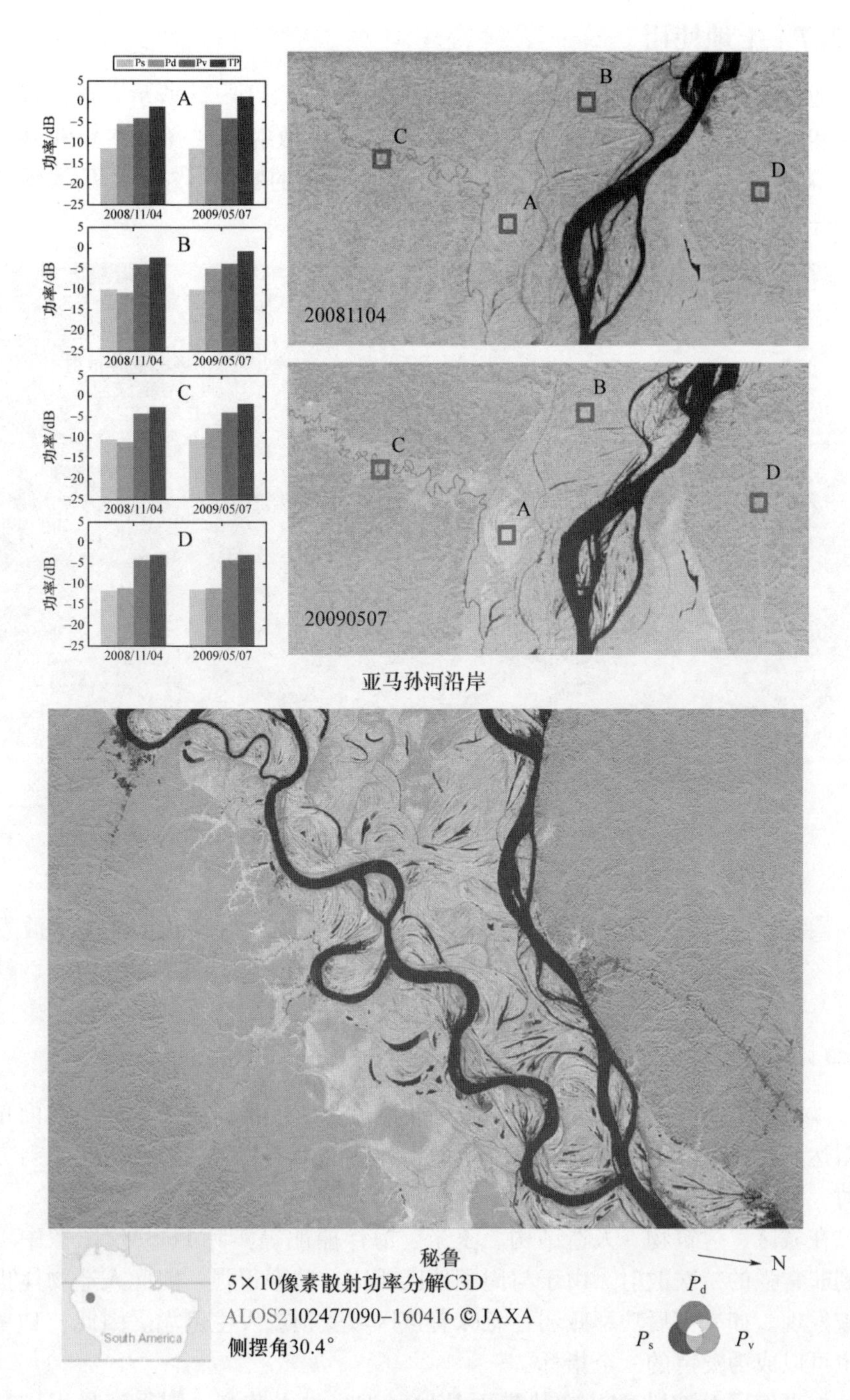

图 14. 24　秘鲁亚马孙河上游洪水过后的河床的散射（见彩图）

14.2.7 土地使用

通过散射功率分解得到了令人惊叹的图像，如图 14.25 所示。该位置靠近巴西和阿根廷的边界，在那里有清晰可见的二次散射区域（红色）和森林区域（绿色）。红色区域对应着长有玉米等高大作物的农田，左上角的浅绿色区域是一个种植整齐的农田。

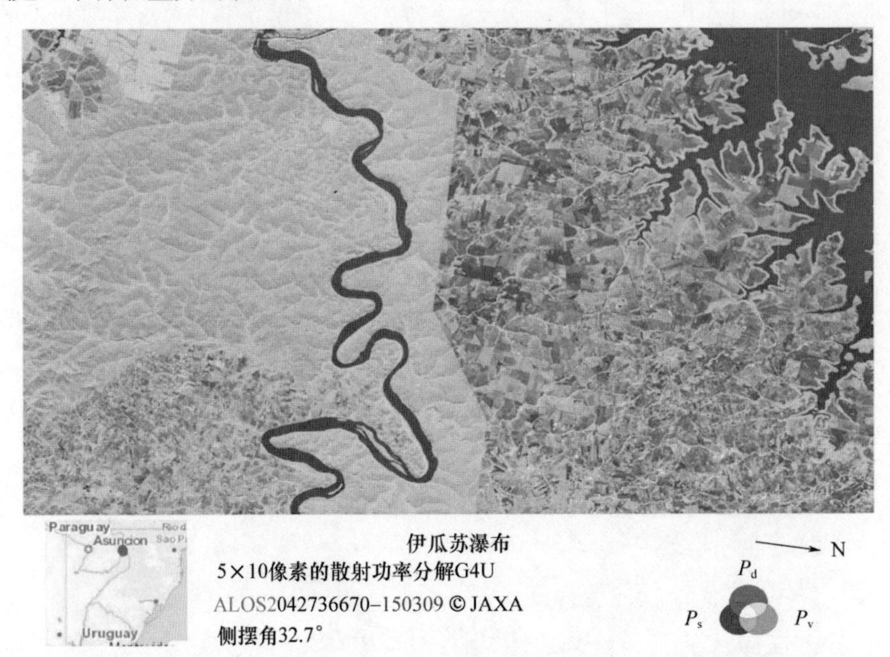

图 14.25 接近伊瓜苏瀑布的 ALOS2 图像（左：森林，右：农田）（见彩图）

14.3 本章小结

本章详细研究了金属和电介质二面角结构的二次散射现象。如果二面角面向雷达照射方向放置，它就充当二次散射体。然而，当斜放置在雷达照射方向上时，它不再作为二次反射体。

在城区、建筑物、人造结构、玉米、海洋船舶等实际 PolSAR 图像中可以看到非常强的二次散射。由于与周围地区相比，功率很强，因此人造物体更容易被发现。如果灾后功率减弱，意味着该区域受损或发生倒塌。因此，功率减弱也可以成为灾情的一个指标。

如果使用 L 波段 SAR 在热带雨林地区进行洪水监测，则很容易识别被淹没的地方。

参考文献

1. H. Kobayashi, Y. Yamaguchi, and H. Yamada, "Scattering matrix from dielectric corner reflector," Technical Report of IEICE, AP2002 – 15, 2002 – 5.

2. K. Hayashi, R. Sato, Y. Yamaguchi, and H. Yamada, "Polarimetric scattering analysis for a finite dihedral corner reflector," IEICE Trans. Commun. vol. E89 – B, no. 1, pp. 191 – 195, 2006.

3. R. Sato, Y. Yamaguchi, and H. Yamada, "Polarimetric scattering feature estimation for accurate wetland boundary classification," Electronic Proceedings of IGARSS 2011, Vancouver, Canada, July 2011.

4. Y. Yajima, Y. Yamaguchi, R. Sato, H. Yamada, and W. – M. Boerner, "POLSAR image analysis of wetlands using a modified four – component scattering power decomposition," IEEE Trans. Geosci. Remote Sens., vol. 46, no. 6, pp. 1667 – 1673, 2008.

5. Y. Yamaguchi, "Disaster monitoring by fully polarimetric SAR data acquired with ALOS – PALSAR," Proc. IEEE, vol. 100, no. 10, pp. 2851 – 2860, 2012.

6. G. Singh, Y. Yamaguchi, S. – E. Park, W. – M. Boerner, "Monitoring of the 2011 March 11 off – Tohoku 9.0 earthquake with super – tsunami disaster by implementing fully polarimetric high resolution POLSAR techniques," Proc. IEEE, vol. 101, no. 3, pp. 831 – 846, 2013.

7. T. Y. Cheng, Y. Yamaguchi, K. S. Chen, J. S. Lee, and Y. Cui, "Sandbank and oyster farm monitoring with multi – temporal polarimetric SAR data using four component scattering power decomposition," IEICE Trans. Commun., vol. E96 – B, no. 10, pp. 2573 – 2579, 2013.

洪水参考文献

8. G. Boni, F. Castelli, L. Ferraris, N. Pierdicca, S. Serpico, and F. Siccardi, "High resolution COSMO/SkyMed SAR data analysis for civil protection from flooding events," Proceedings of IGARSS' 2007, IEEE, 2007.

9. L. Pulvirenti, N. Pierdicca, M. Chini, and L. Guerriero, "An algorithm for operational flood mapping from Synthetic Aperture Radar (SAR) data using fuzzy logic," Nat. Hazards Earth Syst. Sci., vol. 11, no. 2, pp. 529 – 540, 2011.

10. V. Herrera – Cruz and F. Koudogbo, "TerraSAR – X rapid mapping for flood events," Proceedings of ISPRS Workshop on High – Resolution Earth Imaging for Geospatial Information, Hannover, Germany, pp. 170 – 175, 2009.

11. R. T. Melrose, R. T. Kingsford, and A. K. Milne, "Using radar to detect flooding in arid wetlands and rivers," Proceedings of IGARSS' 2012, IEEE, 2012.

12. S. Martinis, A. Twele, S. Voigt, and G. Strunz, "Towards a global SAR – based flood mapping service," Proceedings of IGARSS' 2014, IEEE, 2014.

13. D. C. Mason, I. J. Davenport, J. C. Neal, G. J. – P. Schumann, and P. D. Bates, "Near real –

time flood detection in urban and rural areas using high – resolution synthetic aperture radar images," IEEE Trans. Geosci. Remote Sens., vol. 50, no. 8, pp. 3041 –3052, 2012.

14. L. Giustarini, R. Hostache, P. Matgen, G. J. – P. Schumann, P. D. Bates, and D. C. Mason, "A change detection approach to flood mapping in urban areas using TerraSAR – X," IEEE Trans. Geosci. Remote Sens., vol. 51, no. 4, pp. 2417 –2430, 2013.
15. M. Watanabe, M. Shimada, M. Matsumoto, and M. Sato, "GB – SAR/PiSAR simultaneous experiment for a trial of flood area detection," Proceedings of IGARSS' 2008, IEEE, 2008.
16. B. M. Tanguy, M. Bernier, K. Chokmani, Y. Gauthier, and J. Poulin, "Development of a methodology for flood hazard detection in urban areas from RadarSAT – 2 imagery," Proceedings of IGARSS' 2014, IEEE, 2014.
17. J. Lu, J. Li, G. Chen, L. Zhao, B. Xiong, and G. Kuang, "Improving pixel – based change detection accuracy using an object – based approach in multi – temporal SAR flood images," IEEE JSTARS, vol. 8, no. 7, pp. 3486 –3496, 2015.
18. G. Boni, N. Pierdicca, L. Pulvirenti1, G. Squicciarino, and L. Candela, "Joint use of X – and C – band SAR images for flood monitoring: The 2014 PO river basin case study," Proceedings of IGARSS' 2015, IEEE, 2015.
19. P. Iervolino, R. Guida, A. Iodice, and D. Riccio, "Flooding water depth estimation with high – resolution SAR," IEEE Trans. Geosci. Remote Sens., vol. 53, no. 5, pp. 2295 –2307, 2015.

第15章 体散射

本章主要讨论体散射及其功率应用。典型的体散射地物代表是植被，包括森林、树木、灌木丛、树枝、树叶、庄稼、草等。植被内有许多引起“体”散射的散射点。在极化SAR（PolSAR）观测中，交叉极化HV分量是体散射的主要来源。我们知道，除了人造物的倾斜表面和边缘外，HV分量来自植被。HV分量最重要的应用是森林/树木监测。由于森林吸收温室气体，减缓全球变暖，因此森林的保护和监测非常重要[1]。监测森林的关键参数是生物量，因此，生物量估算成为雷达遥感最重要的应用之一。$|S_{HV}|$或$|S_{HV}|^2$与森林体散射直接相关，测量值被用于创建如图15.1所示的森林/非森林世界地图[2]。

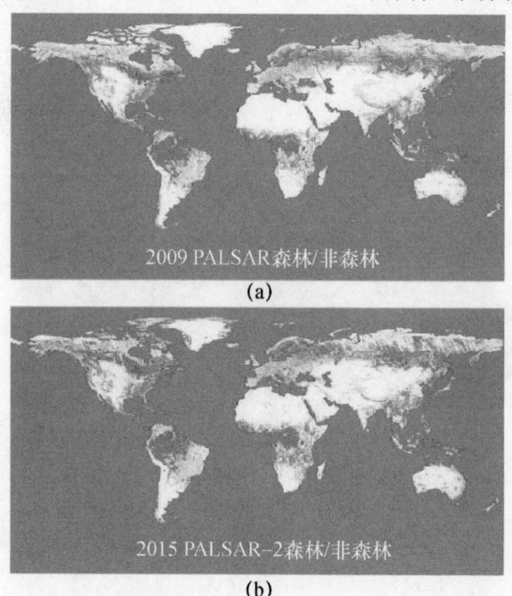

图15.1　JAXA（2009&2015）的森林/非森林地图[2]
（该图是由ALOS观测得出的，与地面数据相比，准确率为84%。
森林区域用绿色表示，临界值为100吨/公顷）（见彩图）

15.1 森林制图

体散射的主要应用是与生物量估计有关的森林制图。雷达观测值为后向散射系数。由于生物量与后向散射没有直接关系，因此基于这些观测数据，对生物量的估计方法进行了研究。虽然已经提出了一些有关生物量和后向散射系数的经验方程[3-6]，但为了更准确的估计，更新经验方程是有必要的。在林业领域，有几种通过可测量的高度参数来估计生物量的方法。树高或胸高直径（DBH）可以直接测量，并用于准确估计生物量[6]。这些信息也可以作为抽样数据。因此，SAR 测量可进一步扩展到 PolInSAR 或 TomoSAR 技术用于测量树木高度和体积结构，如图 15.2 所示。由于 TomoSAR 测量[7]的细节超出了本书的范围，此处省略。

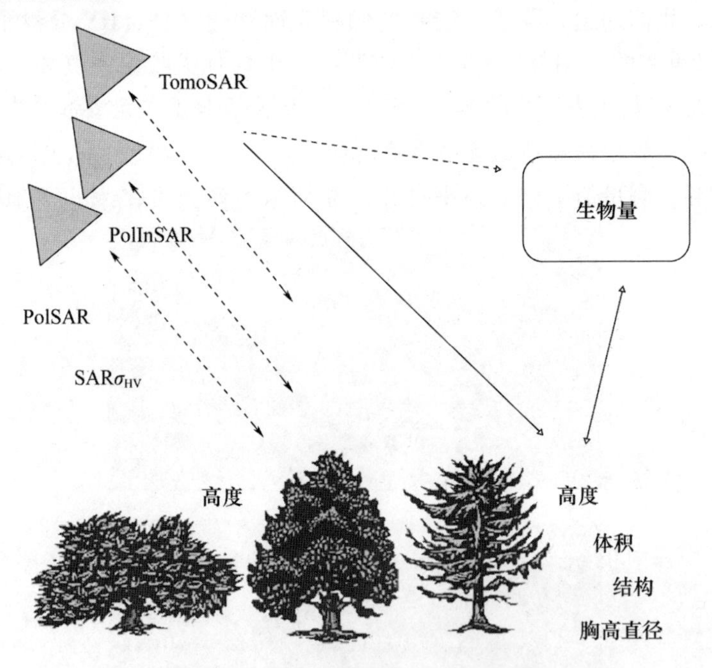

图 15.2　预估森林生物量的 SAR 观测

先定义一个用于监测森林的高级极化参数，雷达植被指数（RVI）[3]

$$\mathrm{RVI}=\frac{8\sigma_{\mathrm{hv}}}{\sigma_{\mathrm{hh}}+\sigma_{\mathrm{vv}}+2\sigma_{\mathrm{hv}}}=\frac{4\min(\lambda_1,\lambda_2,\lambda_3)}{\lambda_1+\lambda_2+\lambda_3}\quad 0\leqslant \mathrm{RVI}\leqslant 1 \tag{15.1.1}$$

在此基础上，用生物量的多项式表达式推导出雷达截面（RCS）的经验方程。

$$\sigma_{\mathrm{f,pp}}^{0} = a_0 + a_1\beta + a_2\beta^2 + a_3\beta^3 \quad \beta = \mathrm{logBiomass}\left(\frac{\mathrm{tons}}{\mathrm{ha}}\right) \tag{15.1.2}$$

各系数及其他参数如表 15.1 所列，L 波段 HV 分量与生物量具有较好的相关性。在生物量达 400 吨/公顷的条件下，导出了 L 波段 HV 分量的近似方程。

$$\sigma_{\mathrm{L,HV}}^{0} = -21.898 + 5.806\beta - 0.336\beta^2 - 0.258\beta^3 \tag{15.1.3}$$

雷达参数、森林参数与生物量的关系如图 15.2 所示。

表 15.1　后向散射方程（15.1.2）系数

带宽	极化通道	a_0	a_1	a_2	a_3	r^2
P 波段 440MHz	HH	−19.6	4.534	1.592	−0.4582	0.929
	VV	−19.5	4.037	0.826	−0.4381	0.904
	HV	−29.7	3.893	4.666	−1.1522	0.978
L 波段 1.22GHz	HH	−12.6	4.444	−1.545	0.2916	0.894
	VV	−14	4.144	−1.226	0.1815	0.916
	HV	−12.9	5.806	−0.336	−0.258	0.957
C 波段 5.3GHz	HH	−10.1	3.464	−2.085	0.4924	0.547
	VV	−10.1	1.629	−0.644	0.1698	0.511
	HV	−16.9	4.06	−1.781	0.4006	0.749

15.1.1　森林体散射频率特性

为了解森林的频率响应，利用日本北海道苫小牧国家森林地区的 PiSAR－L/X 观测数据得到了散射功率分解图像。图 15.3 为在不同采集时间的 L 波段（上）和 X 波段（下）数据的 RGB 颜色编码图像，从图中可以看出，该森林由很多树种构成，这些树种是由政府管理的。

这些图像显示的是随频率变化的时间序列。2 月 13 日的数据是一片白雪覆盖的场景。L 波段的数据来自于积雪的表面散射。非雪季的 X 波段图像由于表面散射较大，颜色偏蓝，而 L 波段图像表面散射没有那么大。在冬季，落叶树的叶子纷纷脱落。在第 7 章的高阶散射模型中，X 波段图像中大量的树枝和小枝引发了复杂的二次散射。

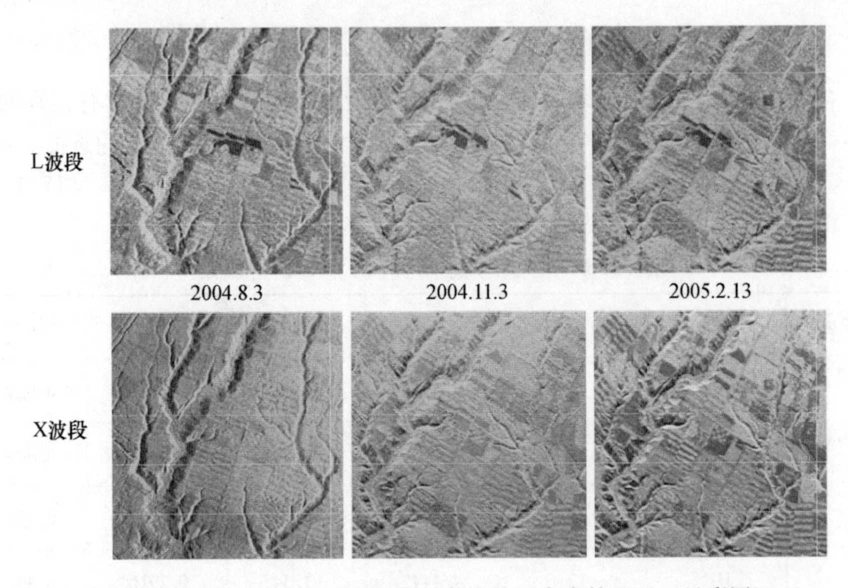

图 15.3　由 PiSAR－L/X 观测到的苫小牧国家森林地区（见彩图）

15.1.2　散射中心

森林或树木中的散射位置取决于频带的穿透能力。图 15.4 展示了各波段粗略的散射位置。P 波段具有最强的穿透能力，因此波能穿透树冠层、树枝、树干，最终到达地表甚至干燥的地下介质，然后反射回雷达。L 波段能穿透树冠层，有时还能达到底部，大多数叶子对 L 波段来说是透射的。L 波段和 S 波段散射主要发生在枝干上。C 波段也能在树冠层中穿透约 80cm，并从树冠反射回去。所以它包含了树冠信息。X 波段是高频率的，不能穿透树冠太深（最高 20～30cm），这取决于树的种类。因为波长是 3cm，叶子的大小有时比波长大。在这种情况下，尽管还是以体散射为主，但是表面散射会变大。对 X 波段，散射主要发生在树冠层中。表 15.2 列出了一些穿透实验结果。

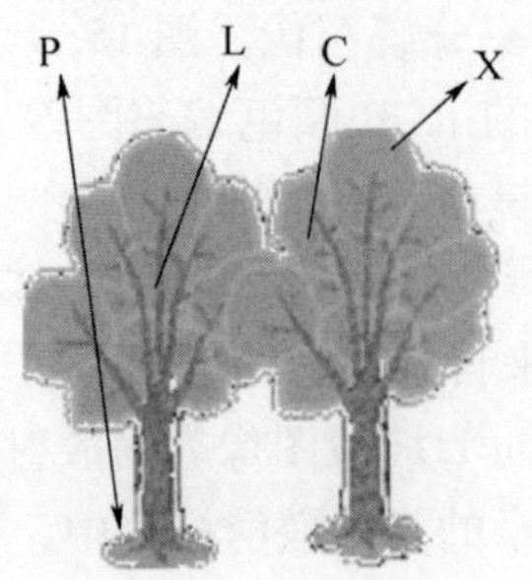

图 15.4　主要散射位置

在本章中，在研究工作[8-14]的基础上，我们可看到一些由 ALOS/ALOS2 和 PolSAR 得到体散射功率的例子。

表 15.2　穿透深度

树的种类	S 波段/cm	C 波段/cm	X 波段/cm
雪松	150	83	18
柏树	170	77	32
松树	280	57	25

15.1.3　树型分类

散射功率分解在不同的成像窗口中提供不同的散射功率。如果相邻窗口的树种不同，功率分量也会不同。如图 15.5 和图 15.6 所示，为了解树种的详细情况，我们将六分量散射功率分解（第 8 章）应用于印度尼西亚雨林。

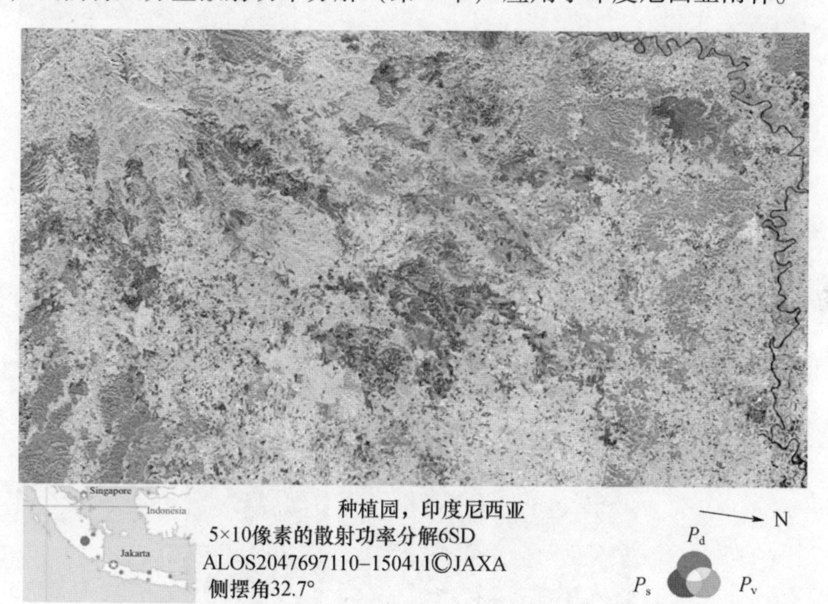

图 15.5　印度尼西亚苏门答腊岛的棕榈油种植园（深紫色代表棕榈油种植区）（见彩图）

基于散射机理可以很容易地通过颜色来区分树木类型。天然森林区域为绿色的，而油棕种植区是深紫色的（结合了表面散射和体散射）。高大的树木反射为红色，对应于二次散射。由于这些热带雨林地区通常 90% 以上的时间都被云层覆盖，任何光学图像传感器都无法观察到这种情况。即使获得了光学图像，也难以区分树木类型。这些图展示了 L 波段极化 SAR 传感的优势。

雨林中的时间序列数据为我们提供了有趣的特征[8]。图 15.7 为马来西亚森林砍伐的 ALOS 图像。刚砍伐的区域，颜色是蓝色的，这是由表面散射造成的。蓝色（森林砍伐）区域会随着时间的推移而扩大，而由于树木能再生，表面散射会逐渐消失。在表面散射 P_s 上，再生引发新的体散射 P_v。二次散射和螺旋散射通常很小。在图 15.7 中我们可以清楚地看到森林的变化。

图 15.6　人工林（深色）和天然林（绿色）区域（所有地区都是森林，色差是由于树种间的散射机理不同造成的，深紫色代表棕榈油种植区）（见彩图）

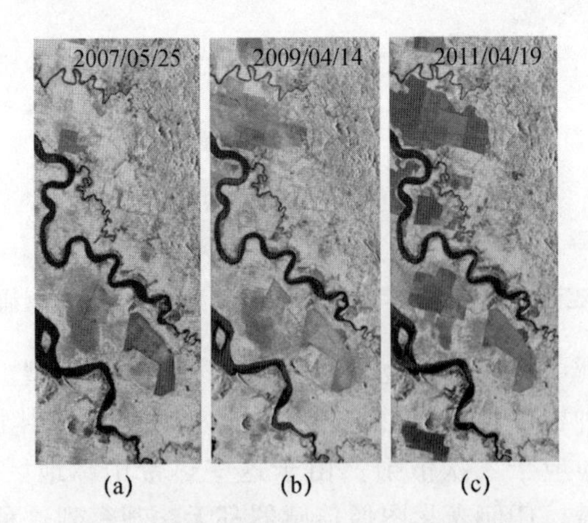

图 15.7　马来西亚森林砍伐的时间排序情况（蓝色区域代表已砍伐的区域）（见彩图）

15.2　针叶树和阔叶树分类

用极化雷达能区分针叶树和阔叶树吗？由于 PiSAR－X2 获得了东京地区的数据集，我们尝试生成东京市中心代代木公园的 G4U[15] 散射功率分解图像，得到了一幅普通 RGB 颜色编码图像。由于 X 波段的表面散射，整个森林区域看起来是蓝色的，所以我们用蓝色表示体散射，用绿色表示表面散射，这是为了我们能直观地识别树木，结果如图 15.8 所示。蓝色对应针叶树，绿色对应阔叶树，这在谷歌地球图像中得到了证明。

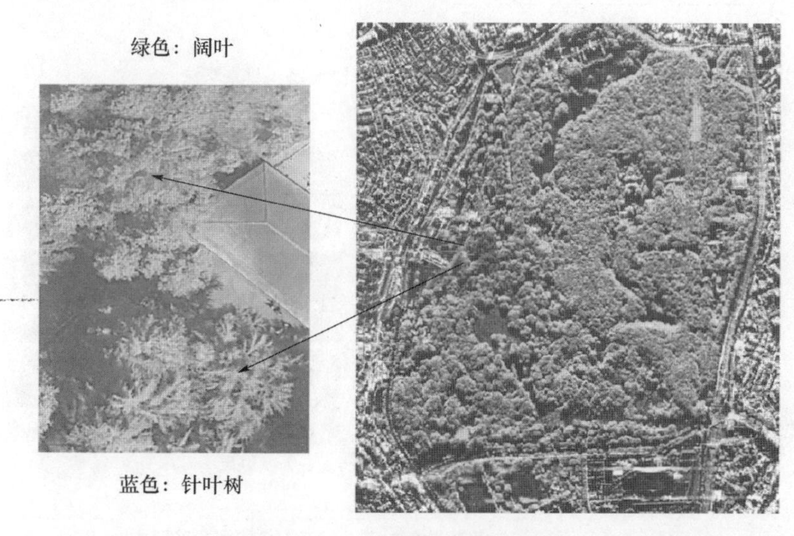

图 15.8　PiSAR－X2 对针叶树和阔叶树的分类（见彩图）

X 波段散射主要伴随着散射体顶部的表面散射。阔叶树由于叶子的大小大于波长，会以表面散射为主。在 X 波段，对于针叶树，散射将以体散射或由 HV 分量产生为主。利用散射机理的差异，可以在 X 波段以上的高频雷达上区分针叶树和阔叶树[16]。

15.2.1　微波暗室中针叶树和阔叶树测量

为了验证 PolSAR 识别这些树的能力，在一个控制良好的微波暗室中使用 Ku 波段网络分析仪进行极化测量[16]。测试示例如图 15.9 所示。

PolSAR 的测量是在以下条件进行的。

入射角分别为 30°、45°和 60°，每种树的布局如图 15.10 所示，中心频率为 15GHz，距离分辨力为 3.75cm。对应于树的布局，其最终的分解图像如图 15.10 所示。可以看出，阔叶树以蓝色（表面散射功率）为主，而针叶树特征为绿色（体散射功率），图 15.11 给出了散射功率作用比。一旦得到散射矩阵，就可以进行特征值分析（第 5 章），得到有用的极化特性指标：熵 H、平均 $\bar{\alpha}$ 角和各向异性度。

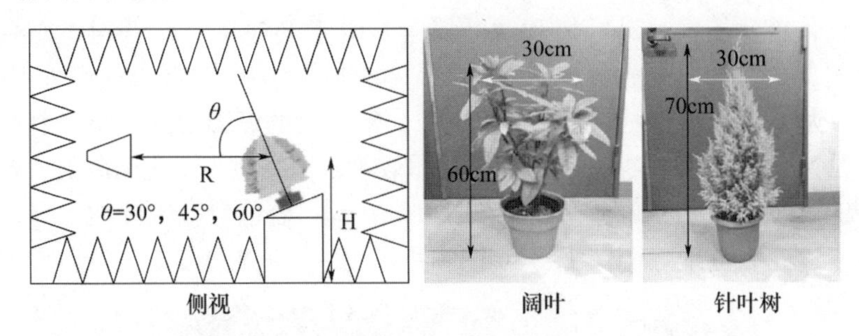

图 15.9　阔叶和针叶树的极化测量（见彩图）

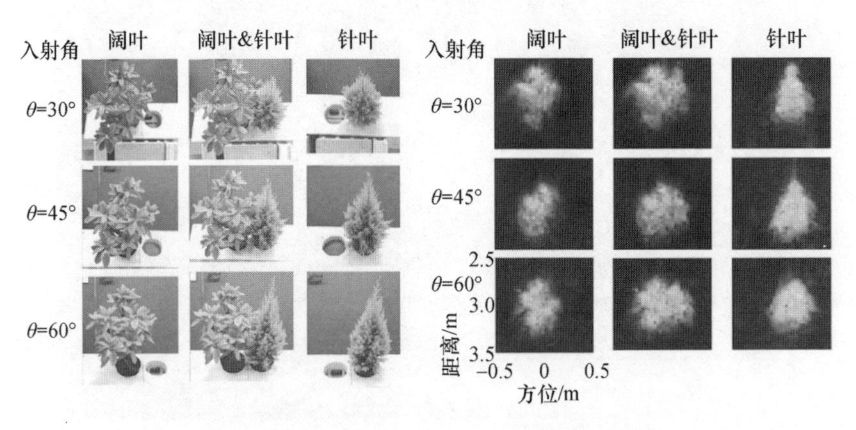

图 15.10　树的布局和散射功率分解图像（见彩图）

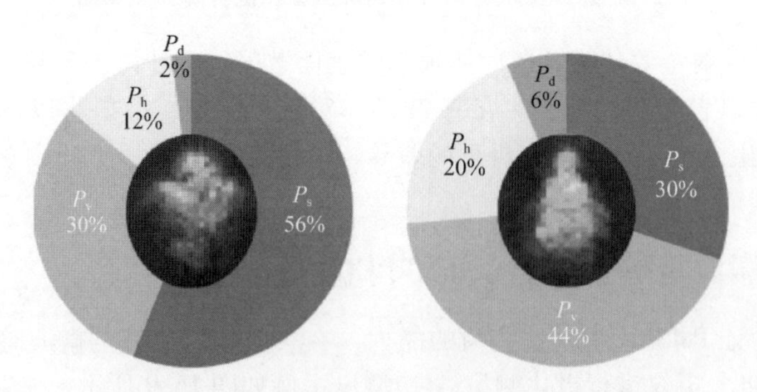

图 15.11　散射功率

利用 $\bar{\alpha}$ 信息，计算出图 15.12，以显示树型识别的可能性。可以通过图 15.13 所示的简单算法对树木类型进行分类。选取阈值水平 $\bar{\alpha}\geqslant30°$对针叶树和阔叶树进行分类。对图 15.14 中的分类结果进行中值滤波。高频 PolSAR 在区分针

叶树和阔叶树方面具有很大的潜力。计算出针叶树和阔叶树的平均相干矩阵为

$$\text{conifer}\ \langle \boldsymbol{T} \rangle = \begin{bmatrix} 1 & -0.07-0.03\mathrm{j} & 0.05-0.07\mathrm{j} \\ -0.07+0.03\mathrm{j} & 0.44 & -0.01+0.05\mathrm{j} \\ 0.05+0.07\mathrm{j} & -0.01-0.05\mathrm{j} & 0.45 \end{bmatrix}$$

$$\text{broad-leaf}\ \langle \boldsymbol{T} \rangle = \begin{bmatrix} 1 & -0.07-0.17\mathrm{j} & 0.05\mathrm{j} \\ -0.07+0.17\mathrm{j} & 0.09 & 0.01\mathrm{j} \\ -0.05\mathrm{j} & -0.01\mathrm{j} & 0.08 \end{bmatrix}$$

这些值可用于相关分析或相似性分析。

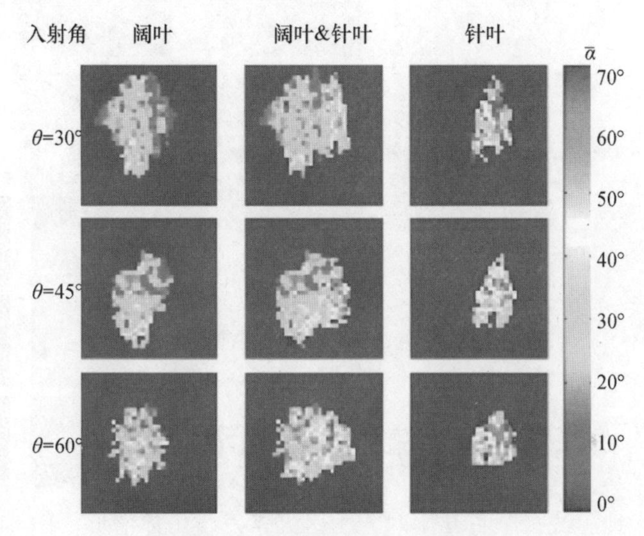

图 15.12　alpha 角分布（见彩图）

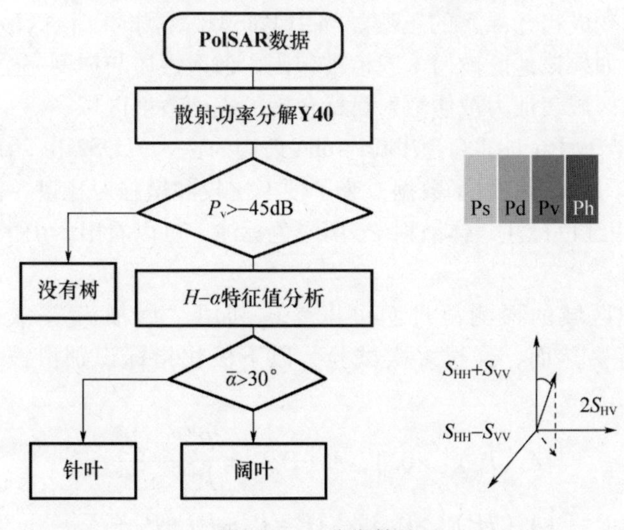

图 15.13　分类算法

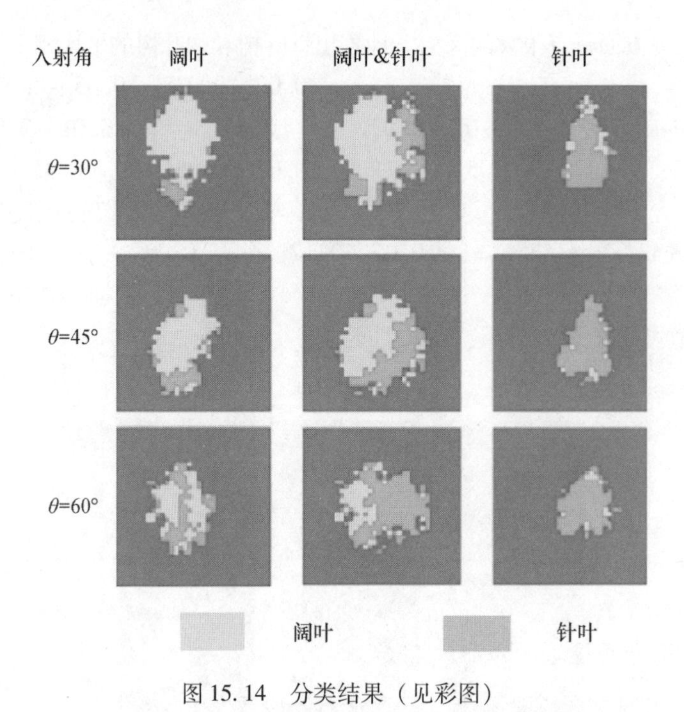

图 15.14　分类结果（见彩图）

15.3　植被山区的滑坡监测

当发生大地震或持续下暴雨时，山区经常发生山体滑坡。山体滑坡或泥石流破坏了表面的树木、植被、土壤和房屋，让它们如泥流一样一起向下滑动，滑坡后，表面变成粗糙裸露的土壤。当用 PolSAR 观测时，该区域的特征表现为表面散射。如果该地区被树木或植被包围，散射性质与周围完全不同。从极化角度看，该区域表征为被体散射目标包围的表面散射区域。

以 2018 年 9 月 6 日北海道 Iburi Tobu 地震为例。ALOS2 在 2017 年 8 月 26 日和 2018 年 9 月 8 日获取了数据。为了便于比较和增强对比度，图 15.15 中，表面散射 P_s 用红色标注，体散射 P_v 用绿色标注。可以看出，山区的红色区域因地震而增加。

对于滑坡区域的探测，我们可以考虑利用“增加 P_s”或“减少 P_v”作为极化指标。然而，经过多次试验，以下极化指标识别滑坡位置的效果最好。

$$|A\ (P_v)| > 0.4,\ A\ (P_v) = \frac{P_v^{\text{after}} - P_v^{\text{before}}}{P_v^{\text{after}} + P_v^{\text{before}}}$$

$$|A\ (TP)| > 0.35,\ TP = P_s + P_d + P_v + P_h$$

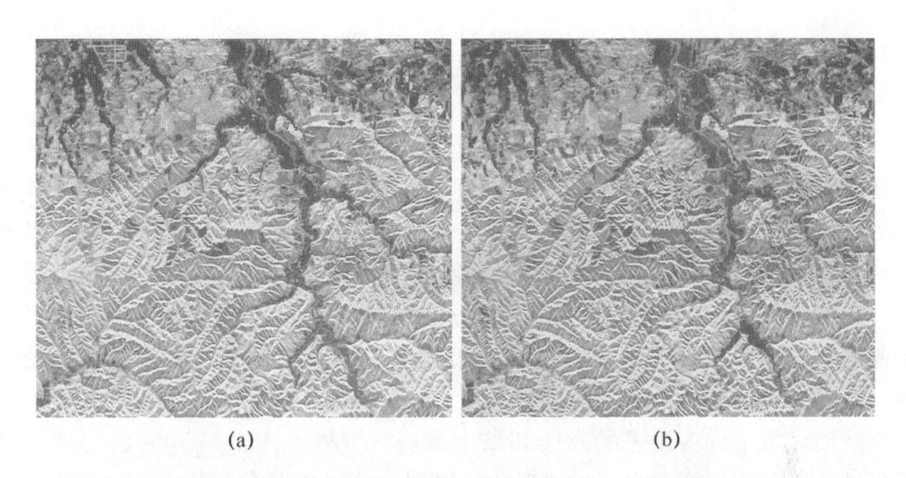

图 15.15　北海道 Iburi Tobu 地震（前后）（见彩图）
（a）2017 年 8 月 26 日地震前；（b）2018 年 9 月 8 日地震后。

在这种情况下，P_v 的信息是有用的，而 P_s 的信息是没用的。图 15.16 展示了通过上述参数检测到的滑坡区域，以及一张航空照片[17]。

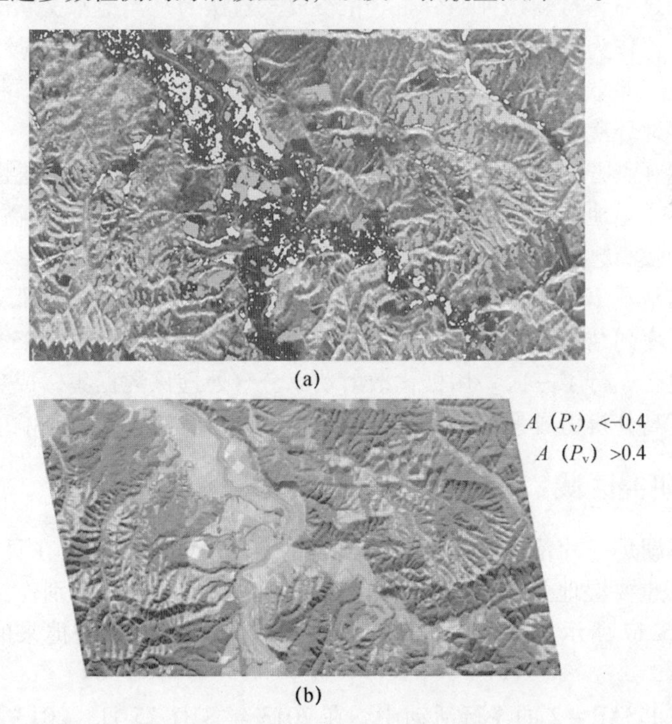

图 15.16　日本北海道松町地震引起的山体滑坡（见彩图）
（A（P_v）< −0.4 对应滑坡区域（裸露的土壤），A（P_v）>0.4 对应残骸出现的区域）

15.4 湿地监测

湿地至少占地球表面的6%。湿地生态系统在水文和生物地球化学循环中发挥着关键作用，是世界生物多样性和资源的重要组成部分[18]。它们为各种植物和动物提供了重要的栖息地，包括许多鱼类和昆虫的幼虫阶段，迁徙鸟类的栖息地，家畜放牧的饲料和蜜蜂植物群。湿地还提供一系列广泛的重要服务，包括供水、净化水、碳回收、海岸保护和户外娱乐。完整的湿地在水循环中起到缓冲作用，同时作为有机碳的吸收池，抵消大气中二氧化碳增加的影响。因此，它们的可持续利用确保了人类和经济的发展和生活质量。

然而，由于许多国家的农业和城市发展，世界上30%～90%的湿地已经遭到破坏或严重改变。由于水文变化、温度上升和海平面上升，气候变化状况将使湿地面临额外的压力。此外，全球变暖导致永久冻土（泥炭地）中储存的有机碳释放到空气中。这增加了北极地区突变的可能。

正确认识湿地的作用，保持健康的湿地对维持环境是很重要的。湿地监测的固有特征之一是自然物种的分布。植被模式被认为是当地水文状况的自然特征，它们可以作为环境条件的指标。由于植物群落代表了地上和地下积累的生物量，是地球共享的碳储量之一。如果植被信息正确地测绘出来，将有助于正确地监测湿地环境。

在雷达观测方面，文献［19，20］综述了频率特性和极化通道效应。自然植物群落占湿地面积的90%以上，通常以一种或极少数的几个物种为主。C波段以上的较高频率对植被较为敏感，适合用于自然物种监测。

本节展示了2013—2015年日本新潟“坂田潟湖”湿地X波段全极化雷达观测的时间序列结果。第二代机载极化和干涉合成孔径系统（PiSAR－2）在日本新潟地区飞行了三次。用极化散射功率分解处理该数据集，成功地对湿地区域进行了高分辨力成像，显示了荷花、芦苇等自然植物的详细响应。

15.4.1 研究区域

坂田潟湖是一片沼泽，位于北纬37.48°，东经138.52°，在日本新潟县。根据《国际重要湿地公约》，它已登记为拉姆萨尔湿地，并特别作为候鸟栖息地，如图15.17所示。这是当地著名的地方，有3000多只迁徙来的鹤在这里过冬。

在机载PiSAR－2的飞行活动中，在2013年8月25日、2013年10月17日和2015年3月3日观测该地区三次。PiSAR－2具有非常高的分辨力和全极化数据的功能[21]，即30厘米的距离分辨力和30cm的方位分辨力。为了探索

PiSAR－2 系统的潜能，NICT 研究团队进行了一些飞行实验。

(a)　　(b)

图 15.17　坂田潟湖与莲花

15.4.2　散射功率分解图像

对极化校准后的所有数据集，采用广义四分量散射功率分解（G4U[15]）进行酉变换处理。极化场景的时间序列如图 15.18 所示，使用 RGB 颜色编码。在分解中，我们使用了一个 9×9 大小的窗口来推导每个散射功率，从而在地表上得到大约 3×3m 的分辨力。

图 15.18　坂田散射功率分解图像

（红色为二次散射，绿色为体散射，蓝色为表面散射）（见彩图）

15.4.3　讨论

从图 15.18 可以看出，坂田地表的颜色完全由蓝色变为红色，再变为黑色。这种颜色的变化反映了散射机理从表面散射到二次散射，再到镜面反射的变化。在 8 月的图像上，主要以活跃时期荷花的阔叶产生的湖心表面散射为主。对于 X 波段，这些又厚又宽的叶子就像碟形天线，反射表面散射，这种散射产生了蓝色。在 10 月的照片中，叶子枯萎，茎干清晰可见。水面和茎干产生二次散射，这产生了红色。在 3 月的图片中，所有的植被都消失了，表面变得平坦，这种情况会导致镜面反射。

坂田潟湖左上方为沙质农田，右下角为居民区和小稻田。在潟湖的边界区域，芦苇和其他植被表现为绿色。高分辨力的图像可以帮助我们识别场景中的目标[22]。

15.5 南极冰川

如图 15.19 所示，ALOS2 - PALSAR2 获取了南极整个白濑冰川的全极化数据。图像由两个时间序列数据集组成。从开始到结束（到海洋），通过绿色（HV 分量）可以清楚地看到冰川流动。它大约有 100km 长。虽然这个 HV 分量不是由植被产生的，但整个图像中仍以体散射为主。这是由压缩冰颗粒造成的，冰粒的大小取决于位置，就像在口腔、胃和肠道中一样，令人惊讶的是其表面散射不是特别强。

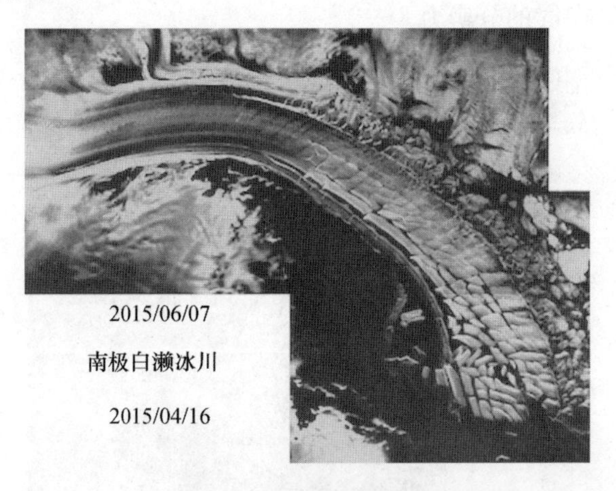

图 15.19　南极白濑冰川

15.6 本章小结

本章主要讨论体散射目标和体散射功率 P_v。在体散射中，树种包括高度、体积和生物量，是遥感数据测量或估计的最重要的参量。PolSAR 和 TomoSAR 在 L 到 Ku 波段由于信息丰富，有潜力提供准确的估计。正如我们在 ALOS2 的

L 波段数据中所看到的，在雨林中区分树木类型是有可能的。由于森林内的散射点随频带的变化而变化，将频带组合起来将会提高估计值的准确性。

体散射的主要来源是交叉极化 HV 分量。适当使用该分量可用于农作物监测、湿地监测等。进一步结合其他散射功率有助于识别植被地区的山体滑坡/泥石流区域、森林砍伐，甚至植被物种分类。联合使用其他参数将更有助于实现这一目的。

参考文献

1. IPCC report on Global warming. https：//www. ipcc. ch/sr15/
2. JAXA forest mapping. http：//www. eorc. jaxa. jp
3. Y. Kim and J. van Zyl，“Comparison of forest estimation techniques using SAR data，” IEEE Proceeding of IGARSS2001，Sydney，Australia，2001.
4. M. Watanabe et al.，“Forest structure dependency of the relation between L – band sigma zero and biophysical parameters，” IEEE Trans. Geosci. Remote Sens.，vol. 44，pp. 3154 – 3156，2006.
5. C. Dobson，F. T. Ulaby，T. L. Toan，A. Beaudoin，E. S. Kasischke，and N. Christernsen，“Dependence of radar backscatter on coniferous forest biomass，” IEEE Trans. Geosci. Remote Sens.，vol. 30，no. 2，pp. 412 – 415，1992.
6. H. Wang and K. Ouchi，“Accuracy of the K – distribution regression model for forest biomass estimation by high resolution polarimetric SAR：Comparison of model estimation and field data，” IEEE Trans. Geosci. Remote Sens.，vol. 46，no. 4，pp. 1058 – 1064，2010.
7. A. Moreia，P. P. Iraola，M. Younis，G. Krieger，I. Hajnsek，and K. Papathanassiou，“A tutorial on synthetic aperture radar，” IEEE GRSS Magazine，March 2013.
8. S. Kobayashi et al.，“Comparing polarimetric decomposition and in – situ data on forest growth of industrial plantation in Indonesia，” Proceedings of the 54th Conference of the Remote Sensing Society of Japan，pp. 782 – 785，2013.
9. S. – E. Park，W. Moon，and E. Pottier，“Assessment of scattering mechanism of polarimetric SAR signal from mountainous forest areas，” IEEE Trans. Geosci. Remote Sens.，vol. 50，no. 11，pp. 4711 – 4719，November 2012.
10. E. Lehmann，P. Caccetta，Z. – S. Zhou，S. McNeill，X. Wu，and A. Mitchell，“Joint processing of Landsat and ALOSPALSAR data for forest mapping and monitoring，” IEEE Trans. Geosci. Remote Sens.，vol. 50，no. 1，pp. 55 – 67，Jan. 2012.
11. T. Shiraishi，T. Motohka，R. B. Thapa，M. Watanabe，and M. Shimada，“Comparative assessment of supervised classifiers for land use – land cover classification in a tropical region using time – series PALSAR mosaic data，” IEEE JSTARS，vol. 7，no. 4，pp. 1186 – 1199，2014.

12. J. Reiche, C. M. Souzax, D. H. Hoekman, J. Verbesselt, H. Persaud, and M. Herold, "Feature level fusion of multi - temporal ALOS PALSAR and Landsat data for mapping and monitoring of tropical deforestation and forest degradation," IEEE Journal of Selected Topics in Applied Earth Observations and Remote Sensing (JSTARS), vol. 6, no. 5, pp. 2159 - 2173, 2013

13. O. Antropov, Y. Rauste, H. Ahola, and H. Hame, "Stand - level stem volume of boreal forests from spaceborne SAR imagery at L - band," IEEE JSTARS, vol. 6, no. 1, pp. 35 - 44, 2013.

14. N. Wenjian, S. Guoqing, G. Zhifeng, Z. Zhiyu, H. Yating, and H. Wenli, "Retrieval of forest biomass from ALOS PALSAR data using a lookup table method," IEEE JSTARS, vol. 6, no. 2, pp. 875 - 886, 2013.

15. G. Singh, Y. Yamaguchi, and S. - E. Park, "General four - component scattering power decomposition with unitary transformation of coherency matrix," IEEE Trans. Geosci. Remote Sens., vol. 51, no. 5, pp. 3014 - 3022, 2013.

16. Y. Yamaguchi, Y. Minetani, M. Umemura, and H. Yamada, "Experimental validation of conifer and broad - leaf tree classification using high - resolution PolSAR data above X - band," IEICE Trans. Communications, vol. E102 - B, no. 7, pp. 1345 - 1350, 2019.

17. Y. Yamaguchi, M. Umemura, D. Kanai, K. Miyazaki, "ALOS - 2 Polarimetric SAR Observation of Hokkaido - Iburi - Tobu Earthquake 2018," IEICE Communications Express (ComEX), vol. 8, no. 2, pp. 26 - 31, 2019. DOI: https://doi.org/10.1587/comex.2018XBL0131

18. W. J. Junk, S. An, C. M. Finlayson, B. Gopal, J. Květ, S. A. Mitchell, W. J. Mitsch, and R. D. Robarts, "Current state of knowledge regarding the world's wetlands and their future under global climate change: A synthesis," Aquat. Sci., vol. 75, pp. 151 - 167, 2013.

19. F. M. Henderson and A. J. Lewis, "Radar detection of wetland ecosystems: A review," Int. J. Remote Sens., vol. 29, no. 20, pp. 5809 - 5835, 2008.

20. R. Touzi, A. Deschamps, and G. Rother, "Wetland characterization using polarimetric RADARSAT - 2 capability," Can. J. Remote Sens., vol. 33, no. 1, pp. S56 - S67, 2007.

21. M. Satake, T. Kobayashi, J. Uemoto, T. Umehara, S. Kojima, T. Matsuoka, A. Nadai, and S. Uratsuka, "New NICT airborne X - band SAR system, PISAR - 2: Current status and future plan," 3rd International Polarimetric SAR WS in Niigata, Japan, 2012.

22. Y. Yamaguchi, H. Yamada, and S. Kojima, "Time series observation of wetland 'Sakata—Ramsar site' by PiSAR - 2," IEICE Electronic Proceedings of ISAP 2016, Okinawa, Japan, 2016.

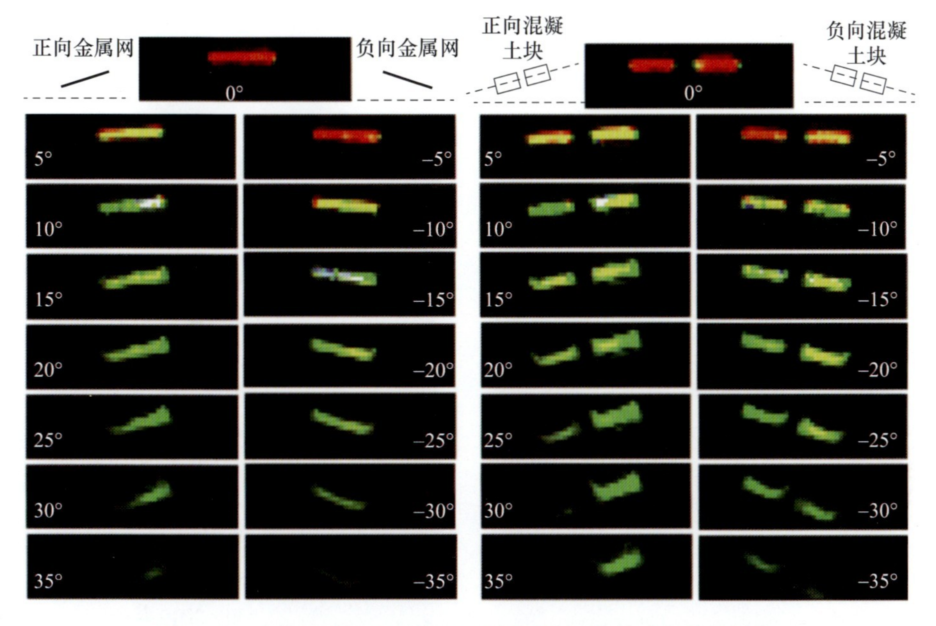

图 7.10　倾斜金属网和混凝土块的四分量散射功率分解图像（侧摆角为 30°）

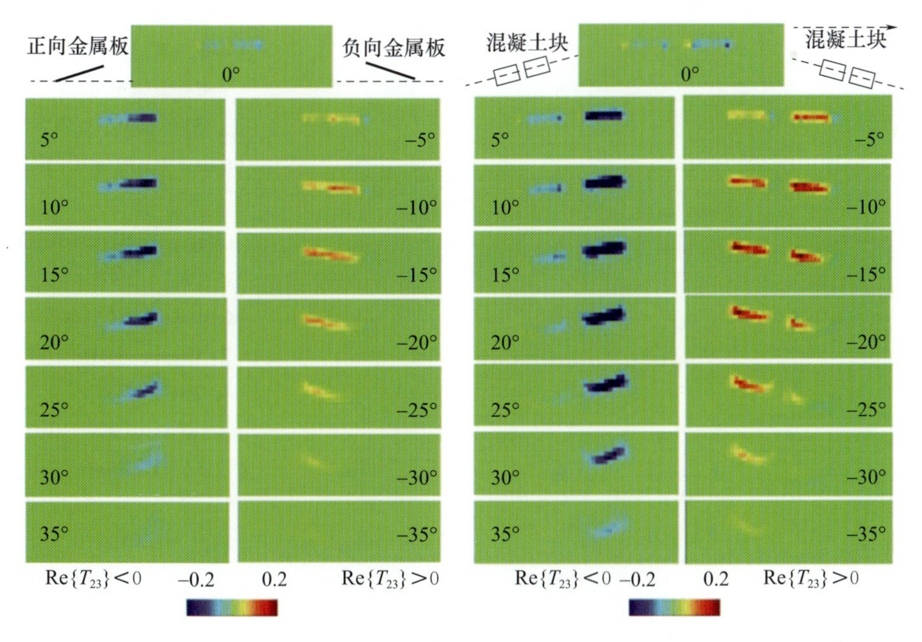

图 7.13　侧摆角为 30°的金属板上倾斜网格平面和混凝土的 Re｛T_{23}｝图像

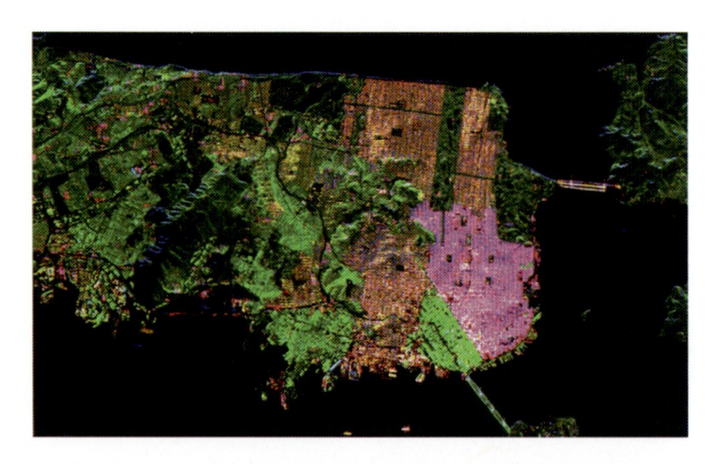

图 8.4　旧金山 Fremman 和 Durden 三分量分解图像

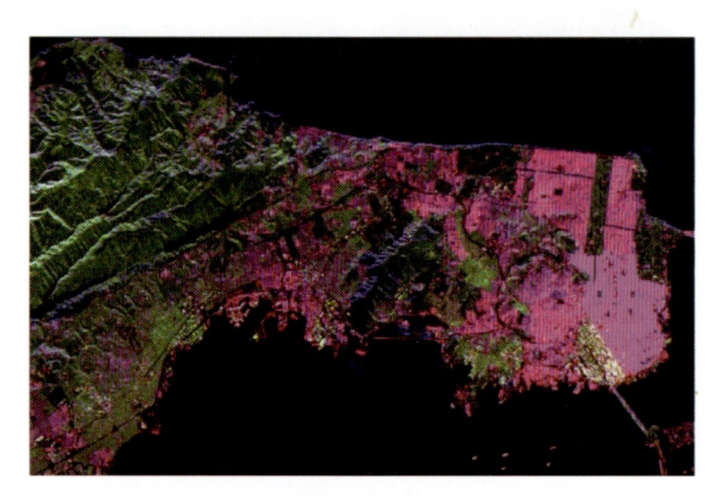

图 8.16　旧金山 7SD 分解图像

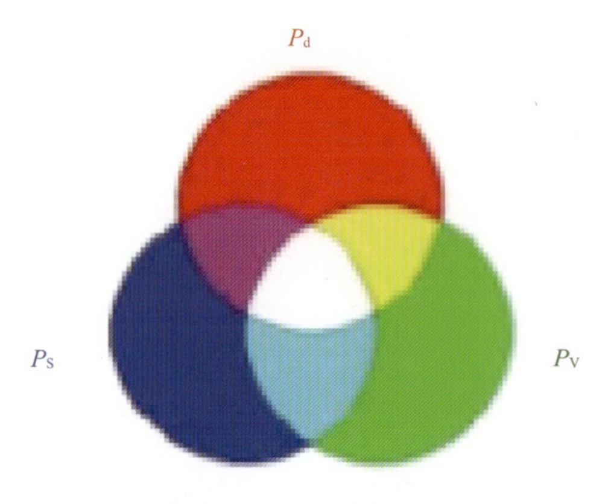

图 8.17　RGB 颜色编码

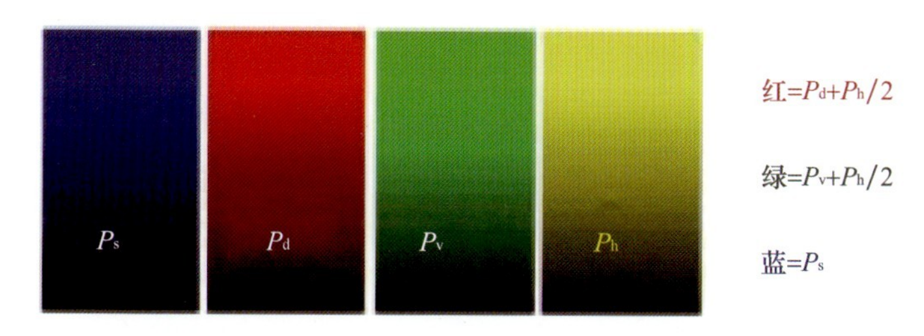

图 8.18　四分量颜色编码和亮度分配

红$=P_d+3/5\ (P_{cd}+P_{od})+P_h/2$

绿$=P_v+2/5\ (P_{cd}+P_{od})+P_h/2$

蓝$=P_s$

黄$=P_h$ (helix)$=P_h/2+P_h/2$

橙$=3/5\ (P_{cd}+P_{od})+2/5\ (P_{cd}+P_{od})$

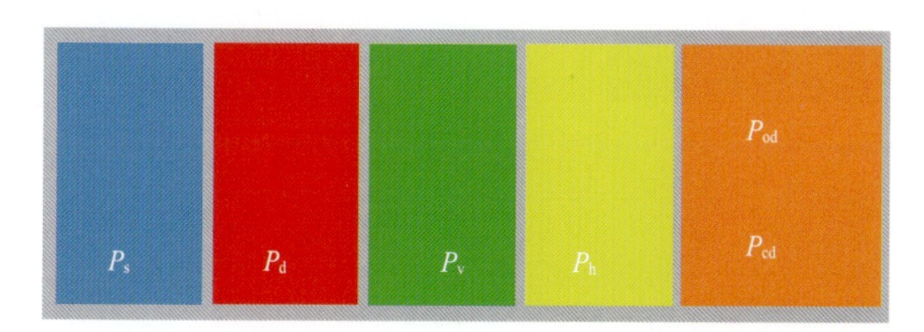

图 8.19　6SD 颜色分配

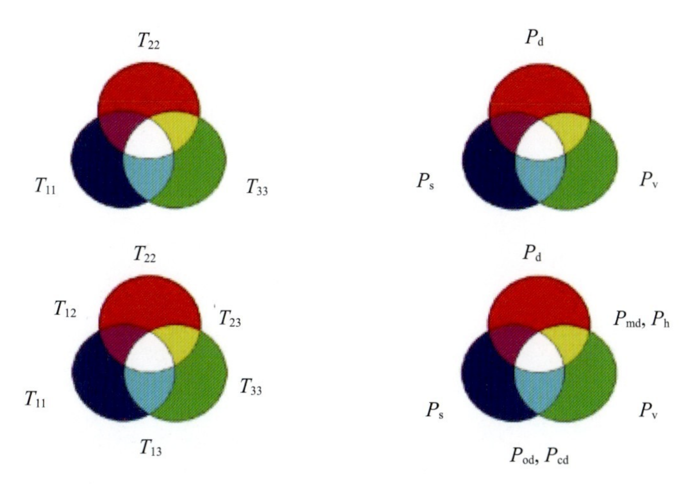

图 8.20　颜色编码的总体思路

颜色编码-2

	红	绿	蓝
P_s			1
P_d	1	0.2	
P_v		1	
P_h	0.5	0.5	
P_{od}		0.5	0.5
P_{cd}		0.5	0.5

图 8.21　任意比例的彩色合成图

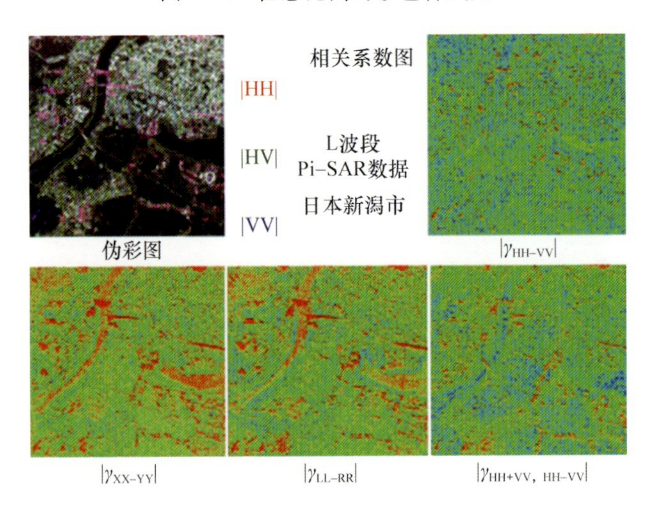

图 9.3　相关系数量级图像

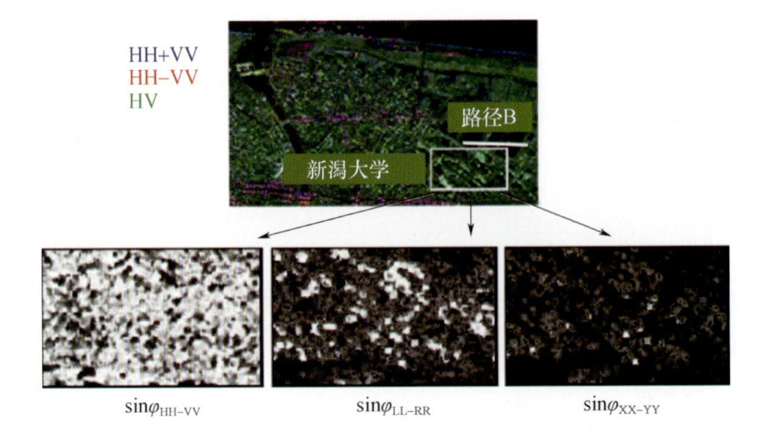

图 9.5　新潟大学区域相关系数相位图像

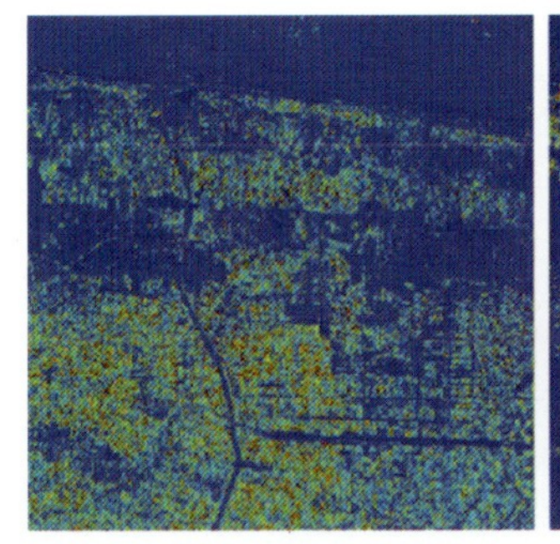

L波段

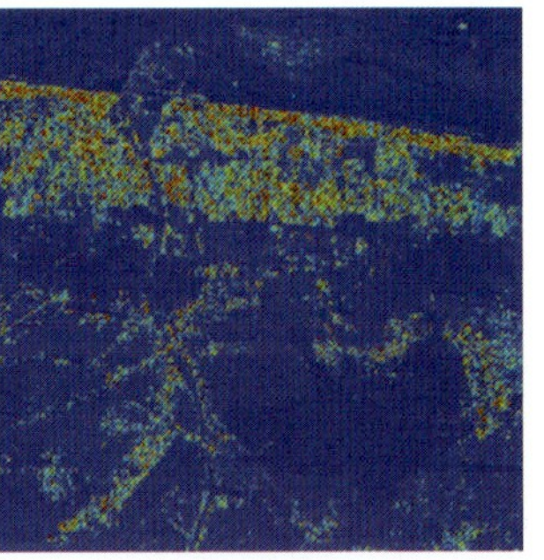

X波段

图 9.7　圆极化基下的相关系数图像

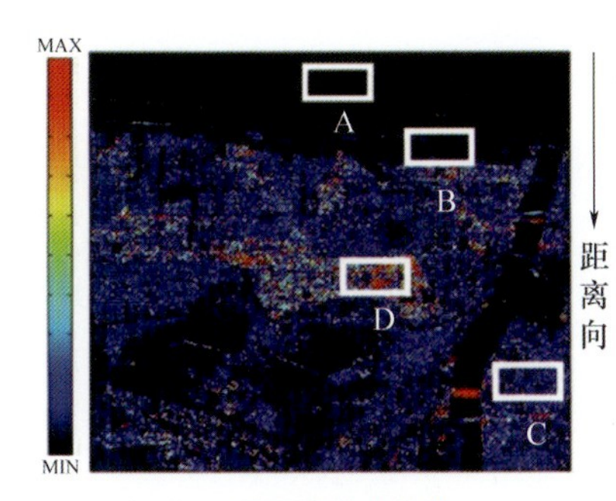

X波段全功率图

散射功率分解（Y40）

类型	γ'_{LL-RR}
A：海洋	1.01
B：松树	1.44
C：非垂直入射城区	2.54
D：垂直入射城区	1.12
Sandy海滩	1.10
水稻田	1.11
麦田	1.22

修正相关系数

图 9.9　日本新潟小镇

图 9.10　新潟周围 $1/|\gamma_{LL-RR}|$图像（其中绿色为松树）

图 9.11　图 9.10 的航拍照片

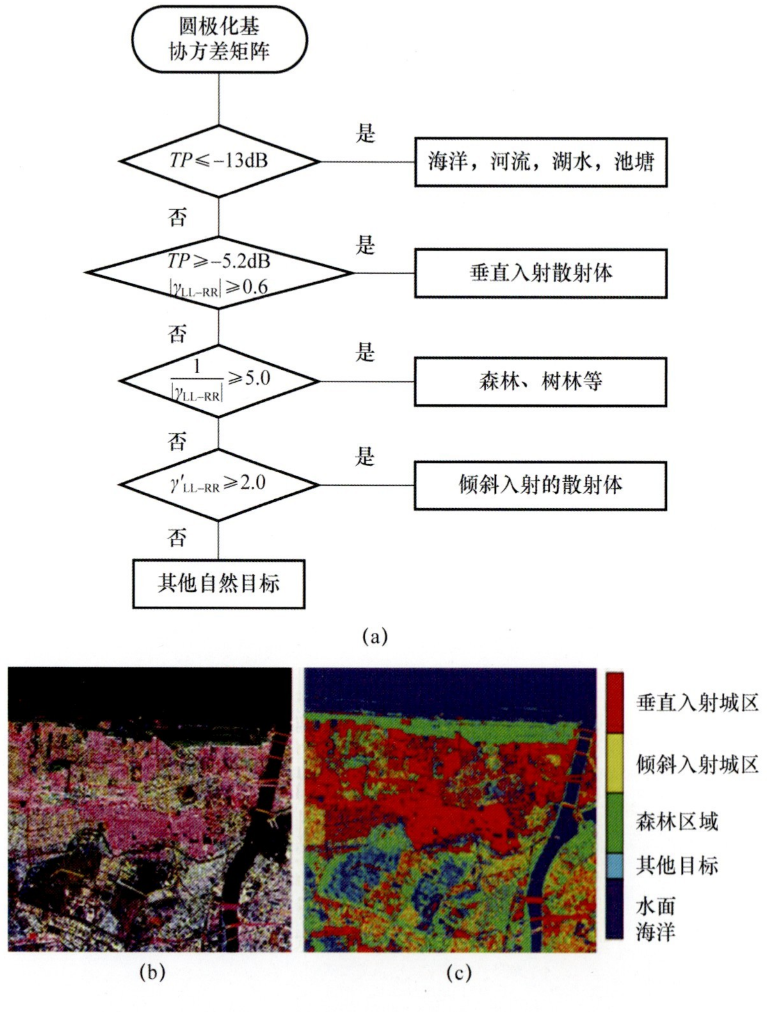

图 9.12　利用相关系数和功率的新潟小针地区分类结果

(a) 分类算法；(b) 散射功率分解图像；(c) 分类结果。

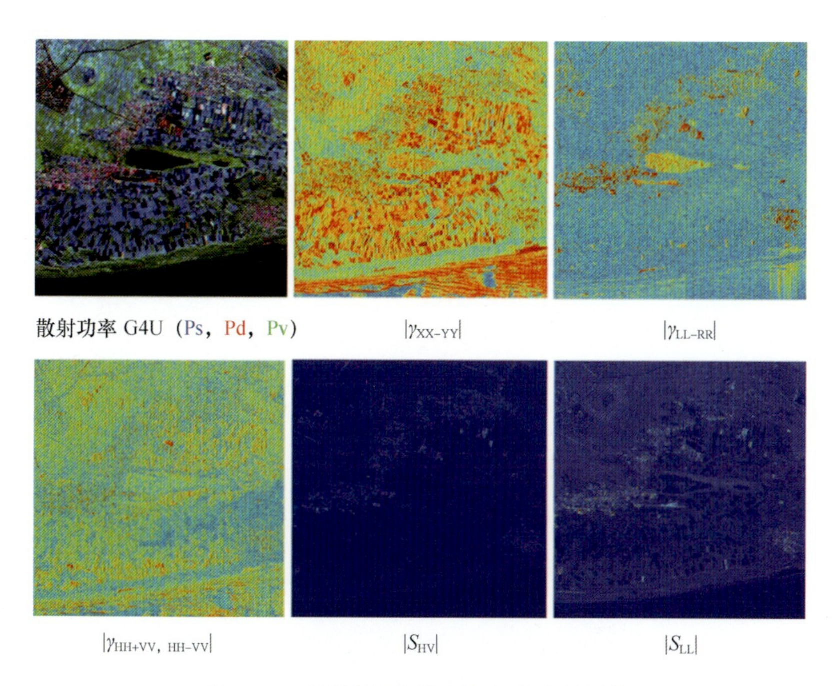

图 9.13　新潟坂田泻湖部分极化参数图像

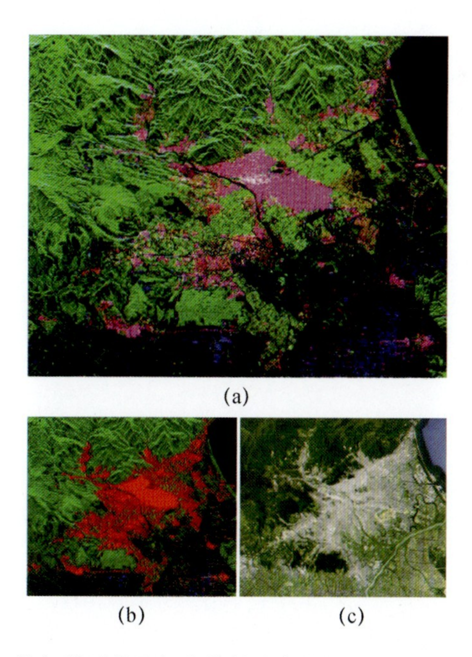

图 9.17　将相关系数叠加在散射功率分解图上的人工目标检测

（a）札幌 Y4R 图像；（b）人工结构检测结果；（c）谷歌地球光学图像。

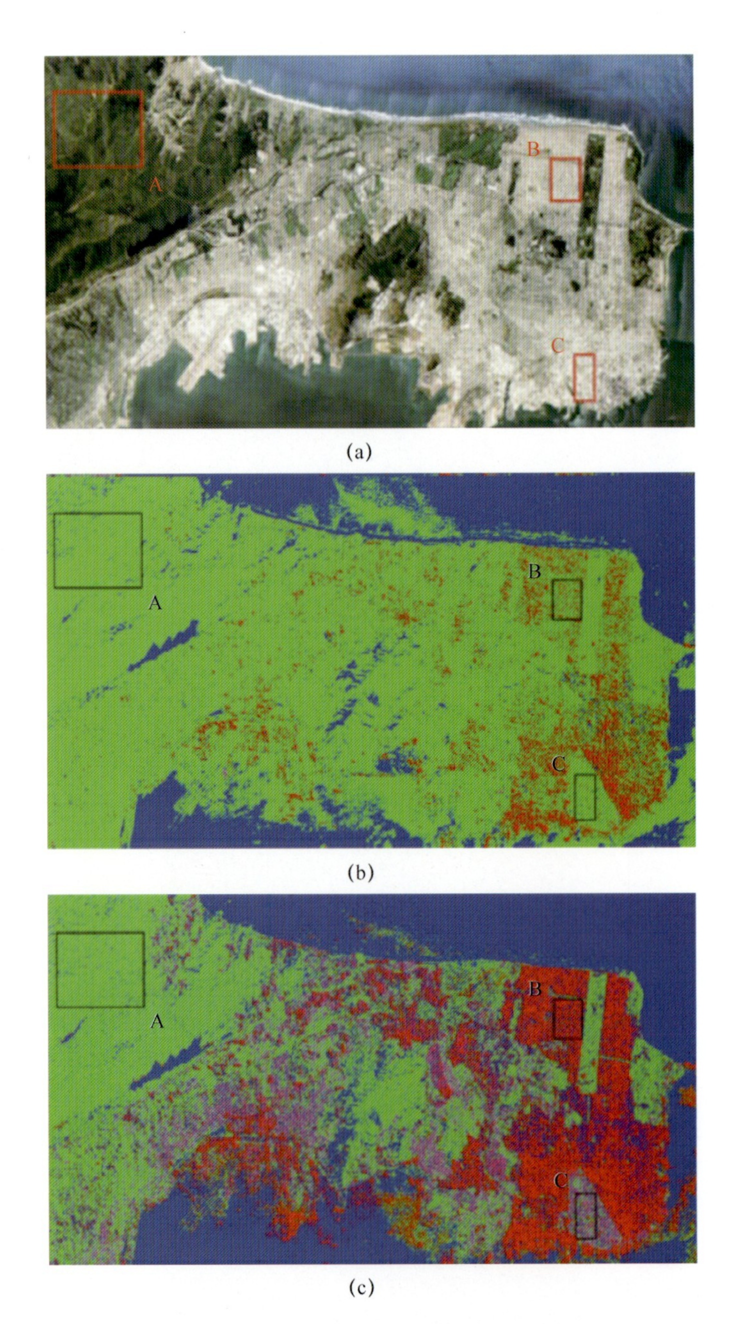

图 9.20　分类结果及谷歌地球图像

(a) 谷歌地球光学图像；(b) 利用四种散射模型（红色：二次散射，绿色：体散射，蓝色：表面散射，品红：22.5°定向二面体散射）进行补偿前的分类结果；(c) 利用四种散射模型（红色：二次散射，绿色：体散射，蓝色：表面散射，品红：22.5°定向二面体散射）进行补偿后的分类结果。

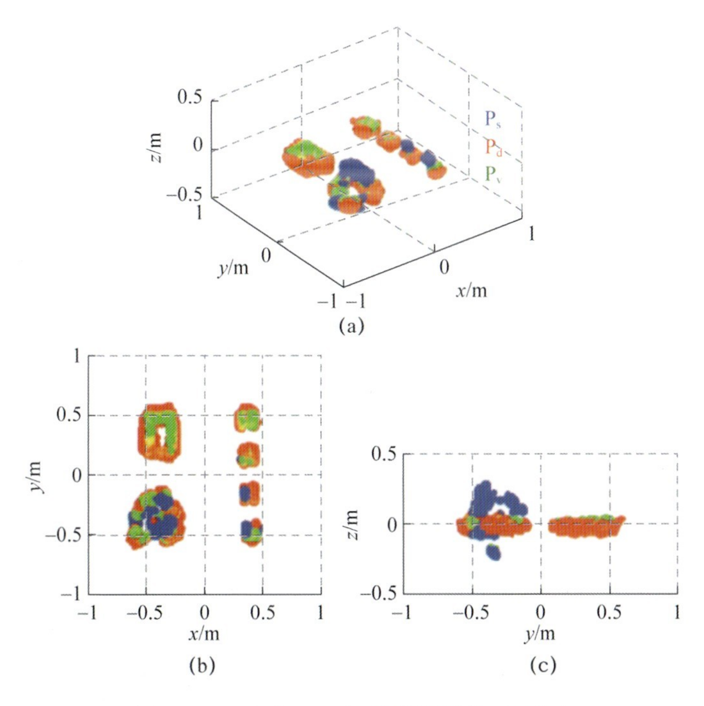

图 10.36　全息 SAR 极化分解图像（具体）

（a）分解图像 3D 视图；（b）俯视图；（c）侧视图。

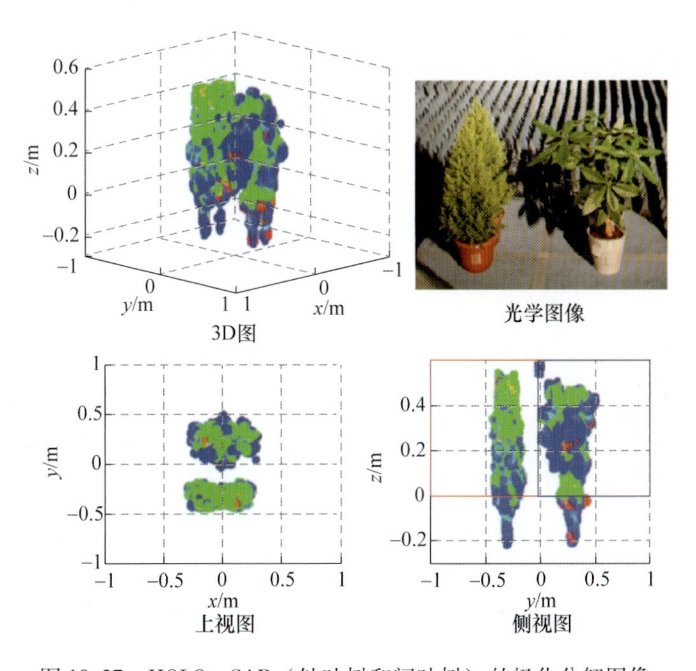

图 10.37　HOLO - SAR（针叶树和阔叶树）的极化分解图像

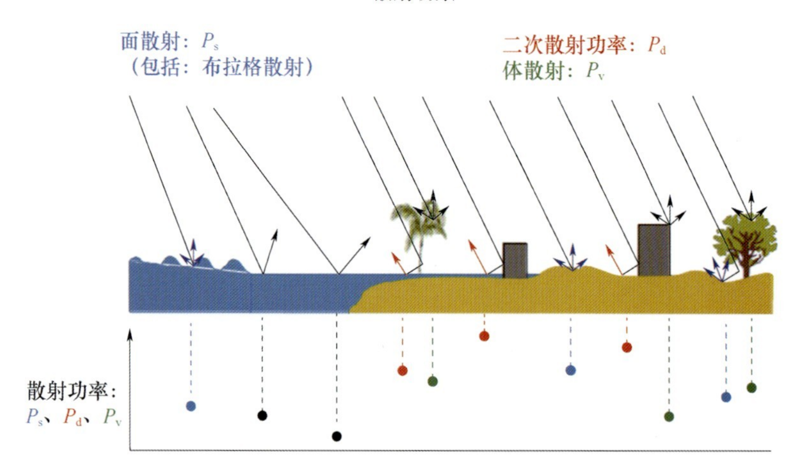

图 12.9　地面散射机理的例子

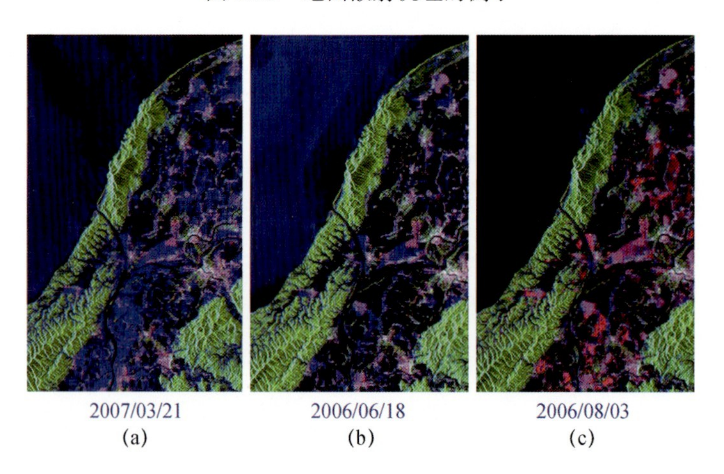

图 12.21　ALOS – PALSAR 拍摄的日本新潟县越后平原的
时间序列散射功率分解 Y4R 图像

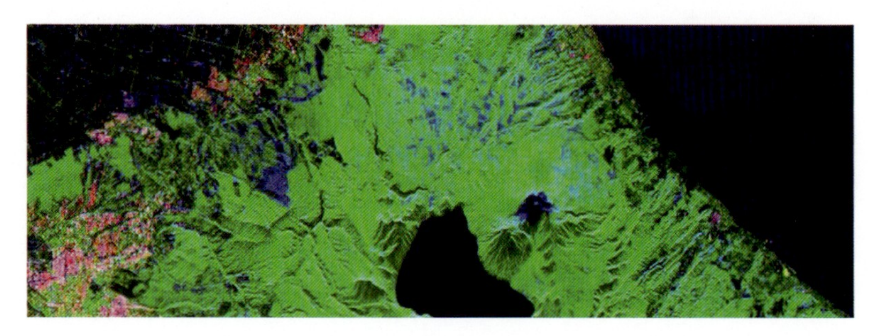

图 13.1　日本北海道四津湖的 ALOS 图像
（蓝色对应的是火山山顶、裸露的土壤表面、农田、被台风刮倒的树林的表面散射功率）

(a) (b)

图 13.2 樱岛火山（蓝色为火山灰和熔岩流的痕迹）

（a）ASTER 光学图像；（b）ALOS－PALSAR。

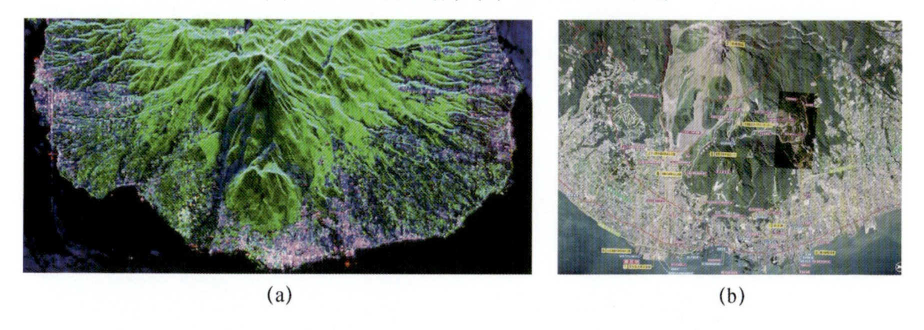

(a) (b)

图 13.3 云仙岳（火山碎屑流的痕迹可以通过暗色表面散射来识别）

(a) (b)

图 13.4 火山爆发后，火山灰覆盖了周围地区

（a）2009 年 6 月 10 日爆发前；（b）2011 年 3 月 16 日爆发后。

（来源：Yamaguchi，Y.，Proc. IEEE，100，2851，2860，2012.）

(a)

(b)

图 13.5　山上积雪

（a）2009 年 3 月 26 日；（b）2010 年 3 月 29 日。

（积雪深度取决于每年降雪量，2009 临近 2010 年的冬天下了大雪（图 b））

（来源：Yamaguchi，Y.，Proc. IEEE，100，2851，2860，2012.）

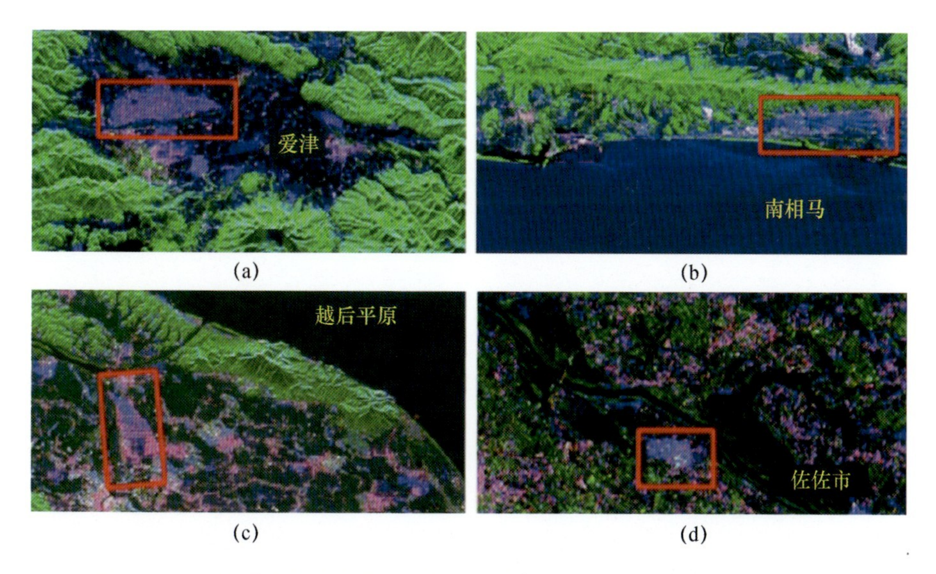

图 13.9　四分量散射功率分解图像（红色矩形表示后向散射增强的稻田）

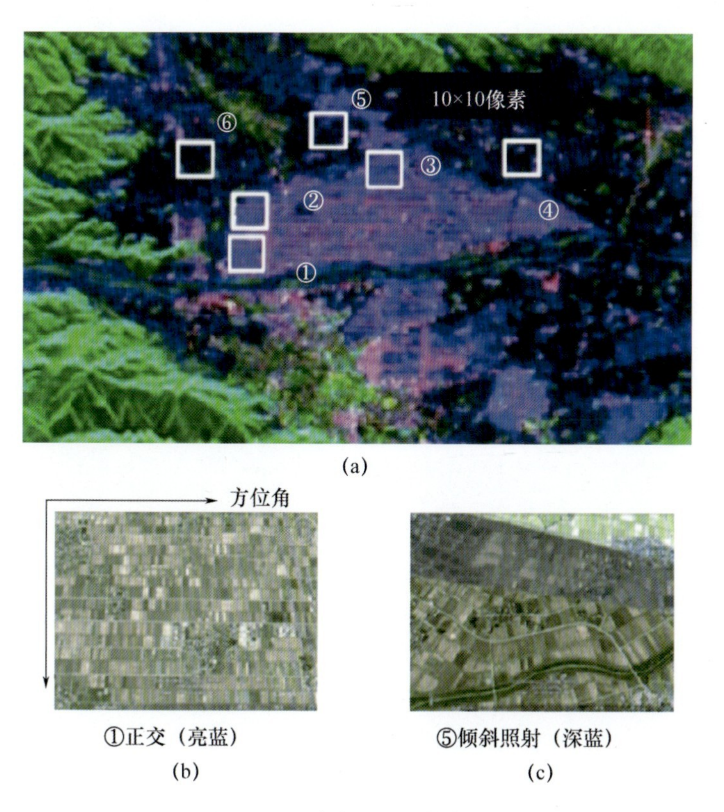

图 13.10　爱津稻田的散射情况

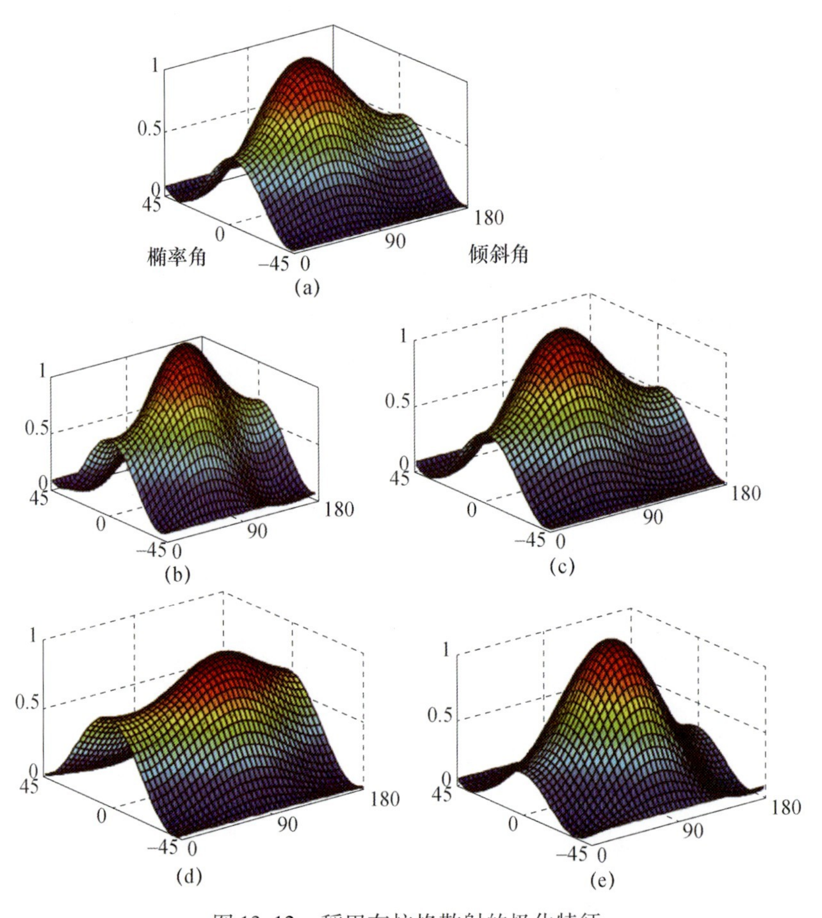

图 13.12　稻田布拉格散射的极化特征

（a）理论特征；（b）爱津；（c）南相马；（d）越后平原；（e）佐佐市。

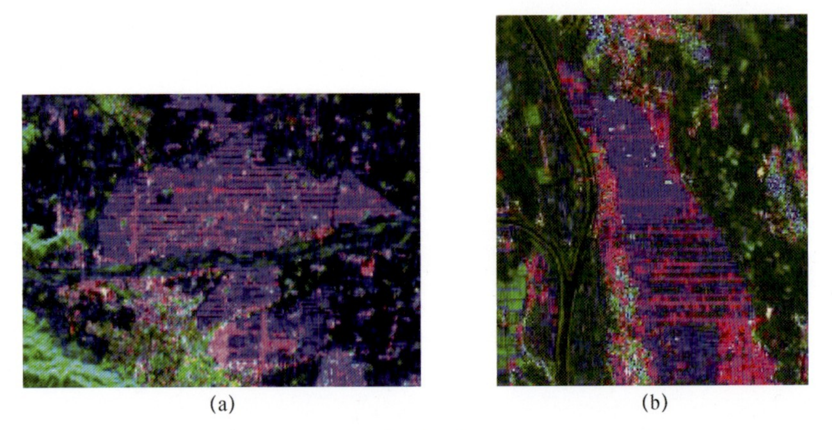

(a)　　(b)

图 13.13　稻田布拉格散射的特写图像（蓝色区域）

（a）爱津；（b）越后平原，新潟。

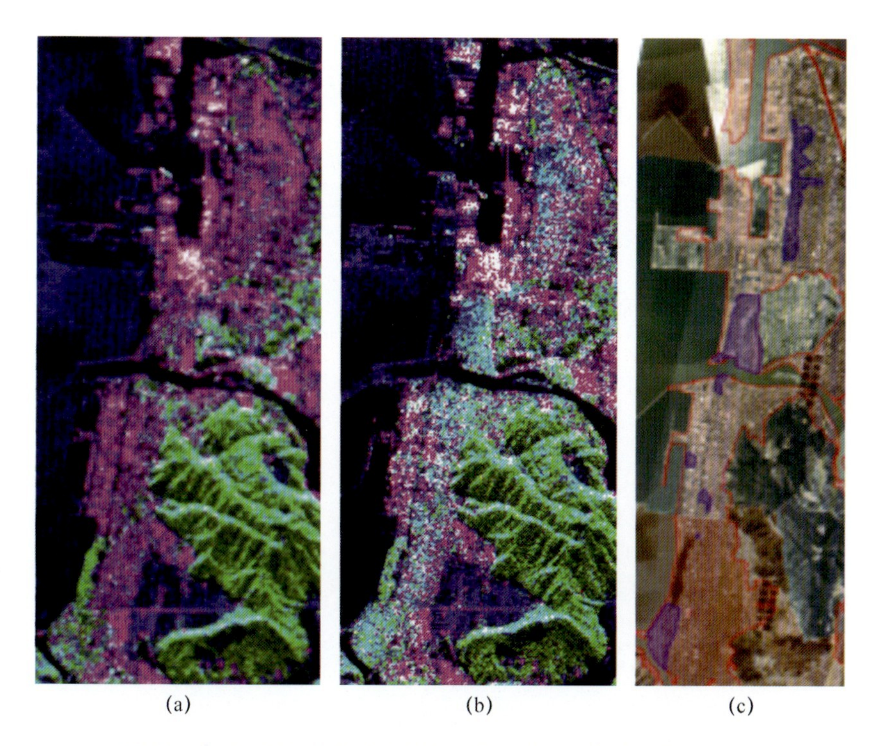

图 13.15　2011 年东日本大地震引发海啸，石卷地区受灾严重

（a）地震和海啸发生前；（b）地震和海啸发生后；（c）地面真实数据。

（蓝色（表面散射）区域表示被海啸完全摧毁的区域，橙色代表被海啸淹没的地区。

分别由日本地理学家协会和日本地理空间信息管理局提供的地面实情）

（From Yamaguchi，Y.，Proc. IEEE，100，2851，2860，2012.）

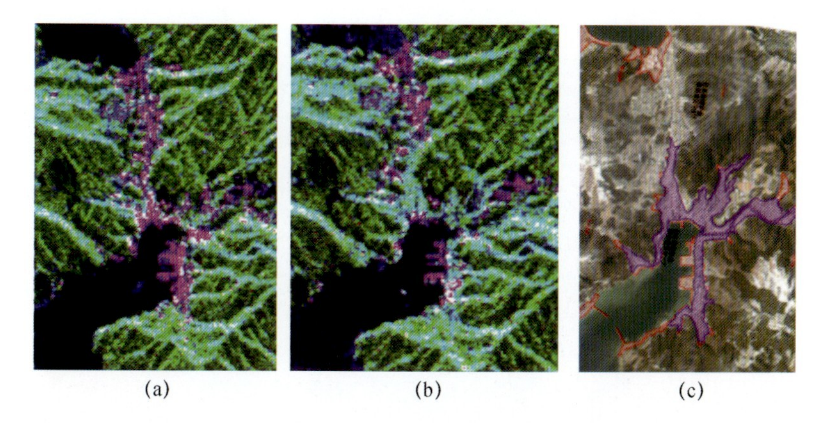

图 13.16　2011 年日本东部大地震引起的海啸（女川町）

（a）地震和海啸前；（b）地震和海啸后；（c）地面真实数据。

（日本地理学会和日本地理空间信息管理局提供的地面真实数据）

（From Yamaguchi，Y.，Proc. IEEE，100，2851，2860，2012.）

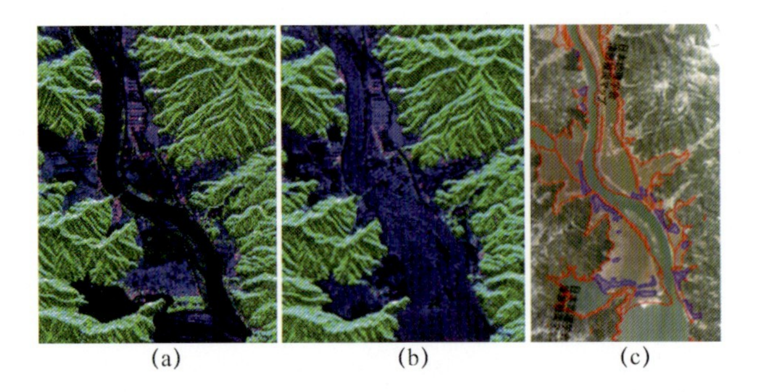

图 13.17　2011 年东日本大地震引起的海啸对北上河口的影响

（a）地震和海啸发生前；（b）地震和海啸发生后；（c）地面真实数据。

（日本地理学会和日本地理空间信息管理局提供的地面真实数据）

（From Yamaguchi，Y.，Proc. IEEE，100，2851，2860，2012.）

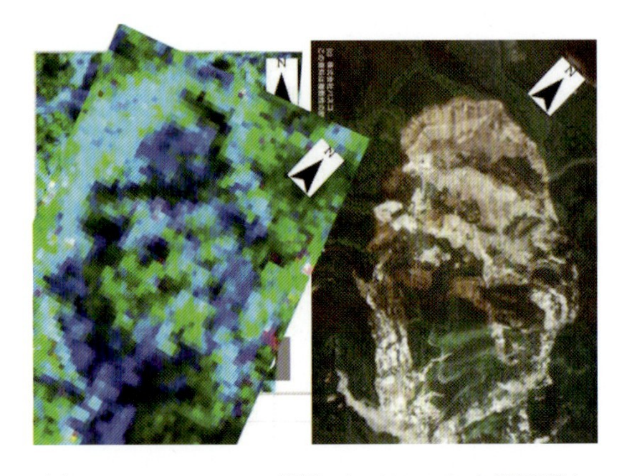

图 13.18　Aratozawa 滑坡（PolSAR 和光学图像）

图 13.20　2014 年 PiSAR－L2 观测到的 Totsukawa 村滑坡（红色区域对应滑坡）

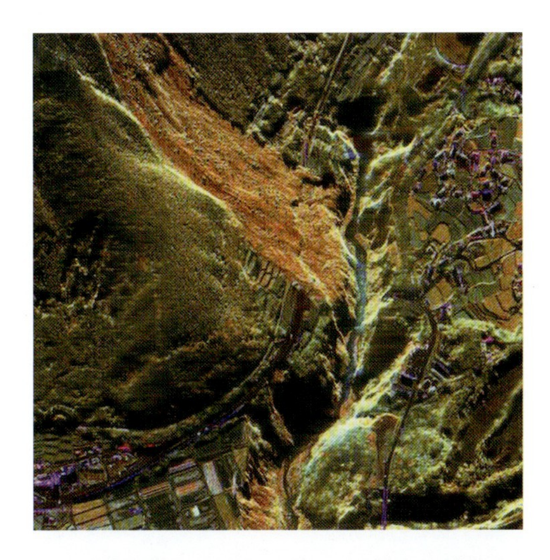

图 13.21　PiSAR－X2 观测到的 2016 年 4 月 16 日熊本地震南麻生发生的山体滑坡

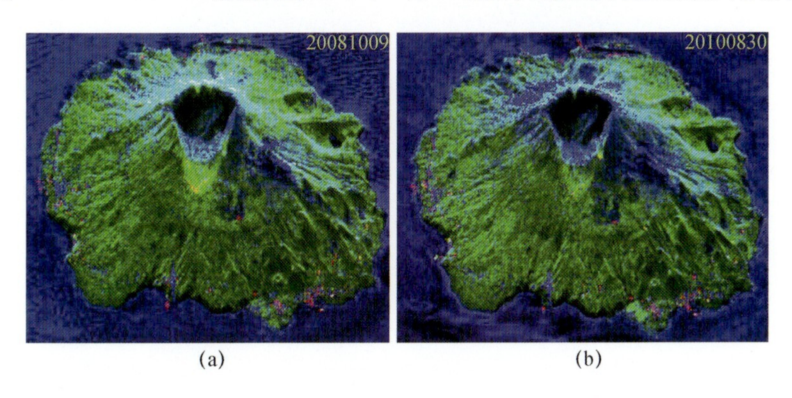

(a)　　　　(b)

图 13.24　由 PiSAR－X 拍摄的日本三宅岛

(a) 2008 年 10 月 9 日；(b) 2008 年 11 月 24 日。(来源：Yamaguchi，Y.，Proc. IEEE，100，2851，2860，2012.)

图 14.3　市区散射

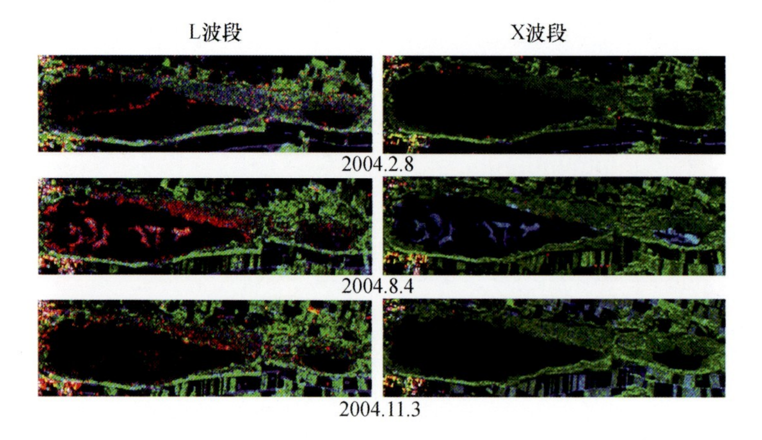

图 14.12　坂田湖上空的 Pi－SAR X/L 观测
（散射功率分解图像：红色表示植被高茎与水面二次三射；蓝色表示裸露
土壤表面散射；绿色表示植被与树木体散射）
（来源：Yajima，Y. et al.，IEEE Trans. Geosci. Remote Sens.，46，1667 － 1673，2008）

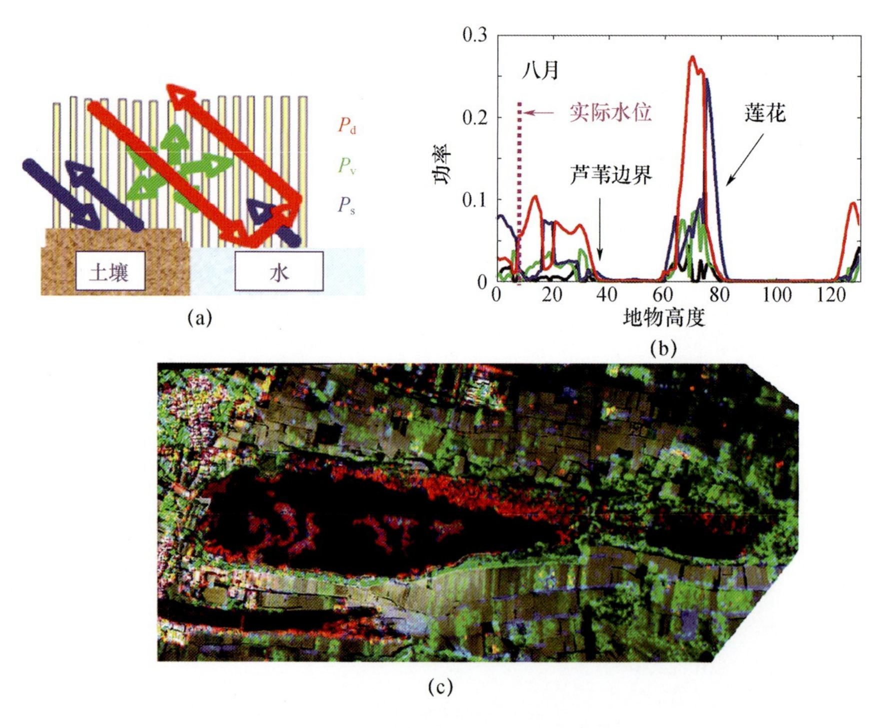

图 14.13　坂田潟湖的散射机理和散射功率
（a）散射功率 P_s、P_d、P_v；（b）环礁湖样带的分布区剖面；（c）地面散射机理的叠加图像。
（来源：Yajima，Y. et al.，IEEE Trans. Geosci. Remote Sens.，46，1667 － 1673，2008）

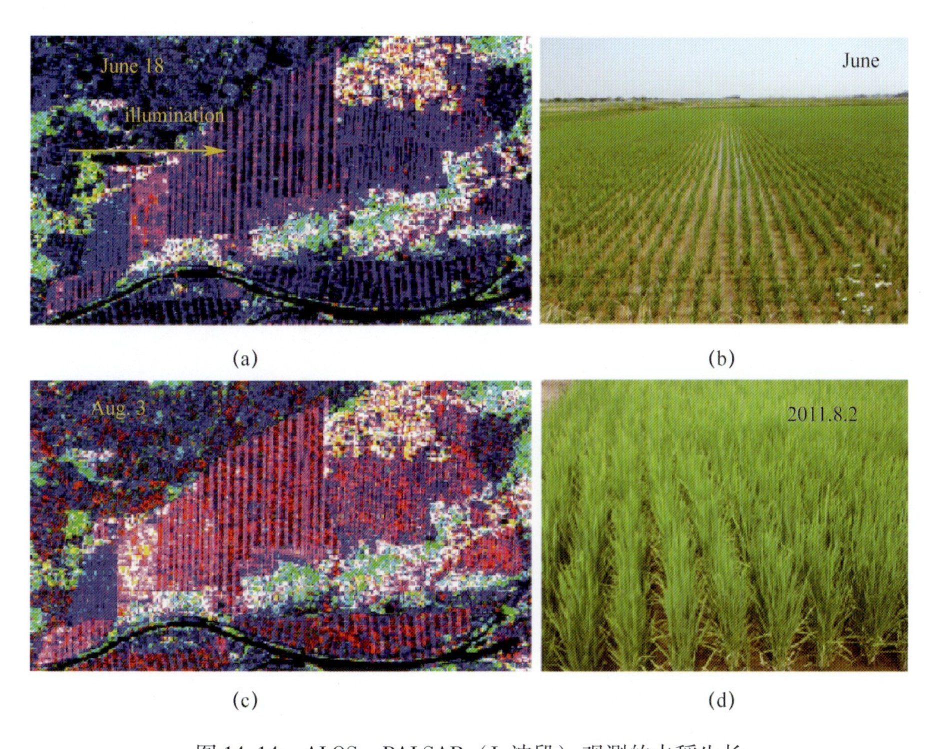

图 14.14　ALOS－PALSAR（L 波段）观测的水稻生长

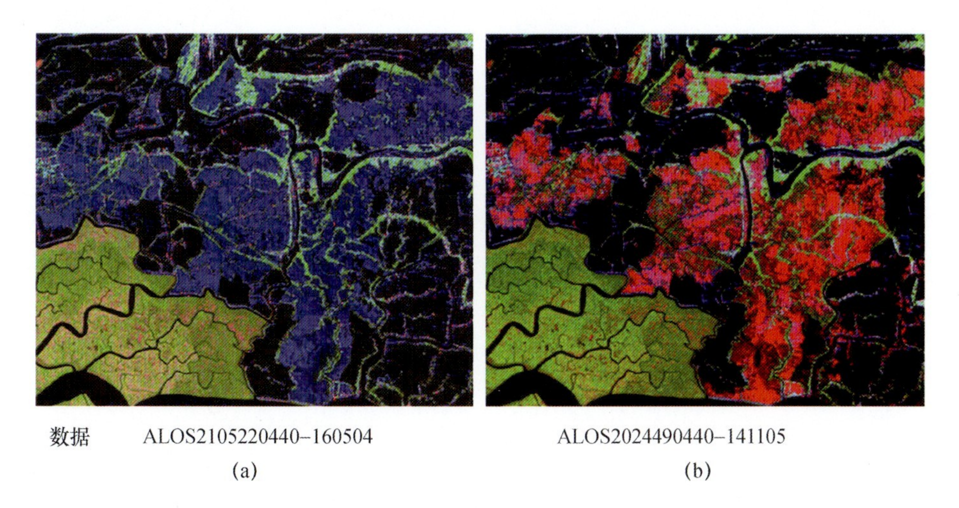

图 14.15　孟加拉国的稻田

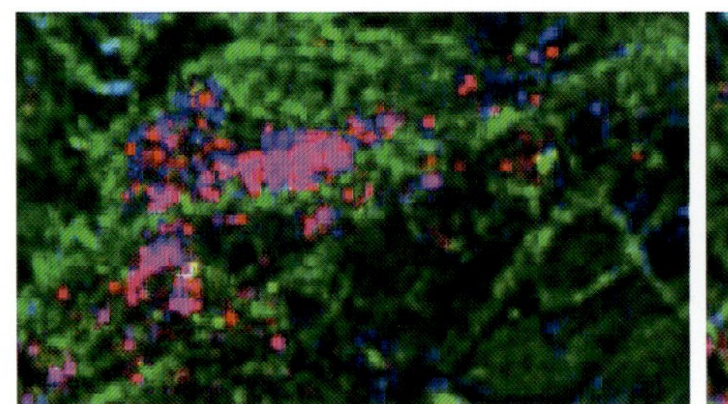

ALOS2103220010-160421

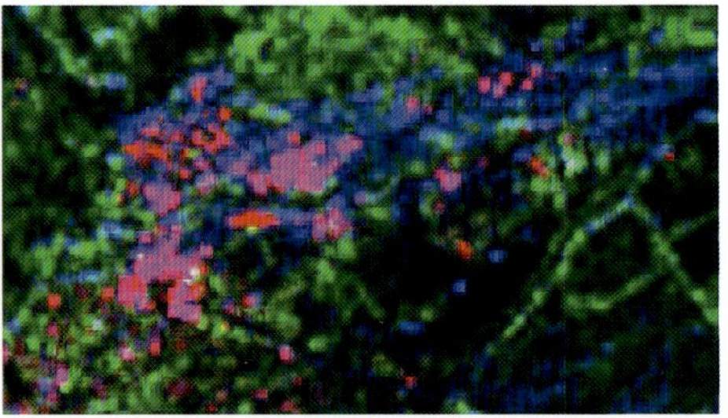

ALOS2154970010-170406

图 14.16　2017 年 4 月 1 日，哥伦比亚莫科阿发生泥石流

20150811（洪水前）

(a)

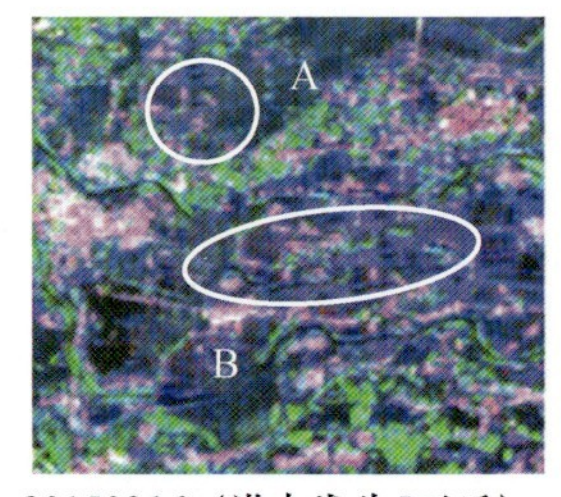

20150916（洪水发生5天后）

(b)

(c)

图 14.22　常总市散射功率分解图像
（RGB 颜色编码为赋给 R（二次散射）、G（体散射）和
B（表面散射））

河床散射

正常情况

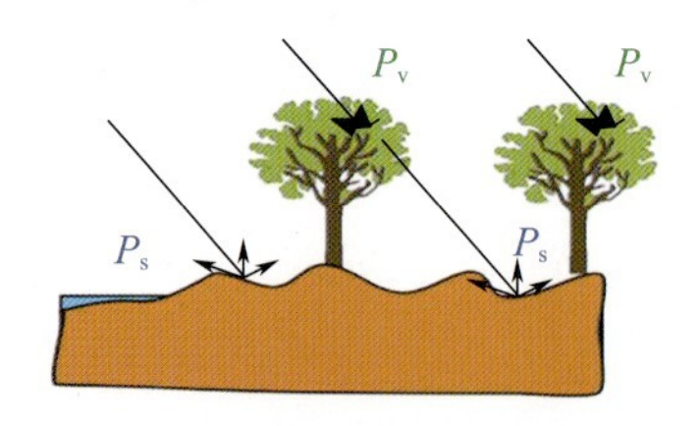

热带雨林地区，体散射占主导地位

P_s很小

洪水情况

镜面反射很大

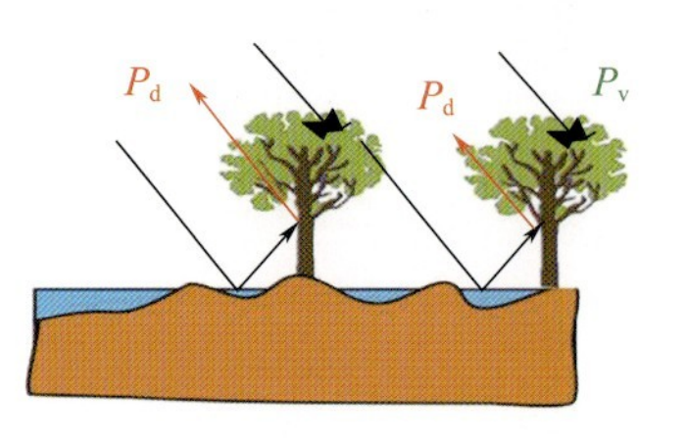

L波段波穿透森林

地面被水淹没，二次散射增加

P_d+P_v产生黄色

图 14.23　洪水引起河床散射机理的变化

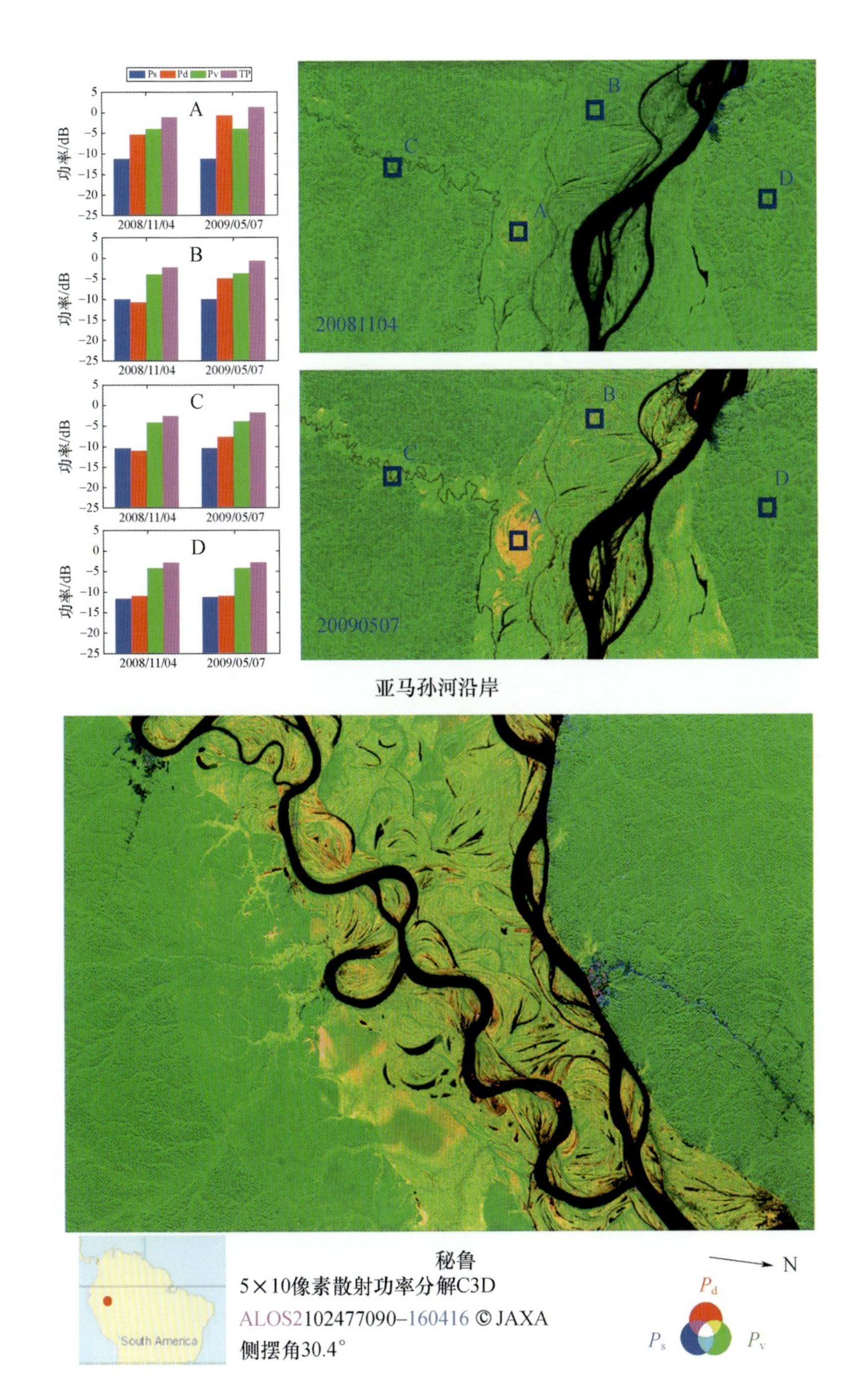

图 14.24　秘鲁亚马孙河上游洪水过后的河床的散射

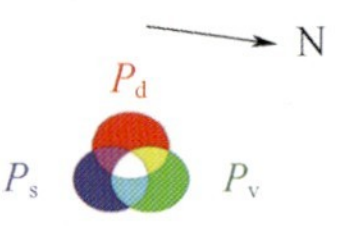

图 14.25 接近伊瓜苏瀑布的 ALOS2 图像（左：森林，右：农田）

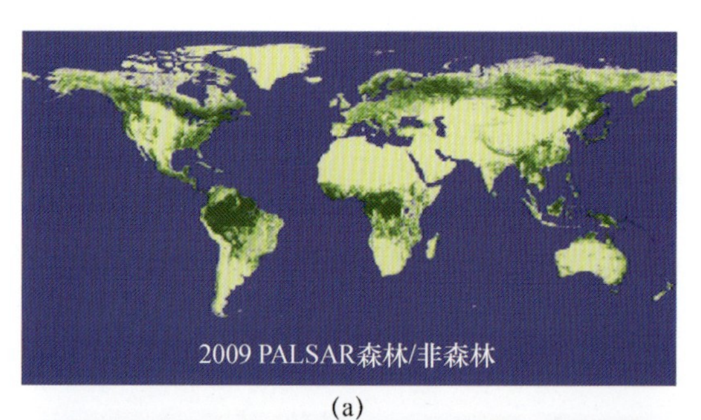

(a)

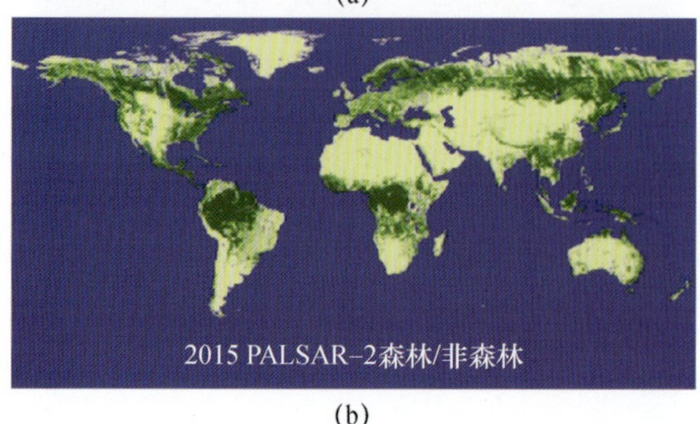

(b)

图 15.1 JAXA（2009&2015）的森林/非森林地图[2]
（该图是由 ALOS 观测得出的，与地面数据相比，准确率为 84%。
森林区域用绿色表示，临界值为 100 吨/公顷）

图 15.3　由 PiSAR – L/X 观测到的苫小牧国家森林地区

图 15.5　印度尼西亚苏门答腊岛的棕榈油种植园（深紫色代表棕榈油种植区）

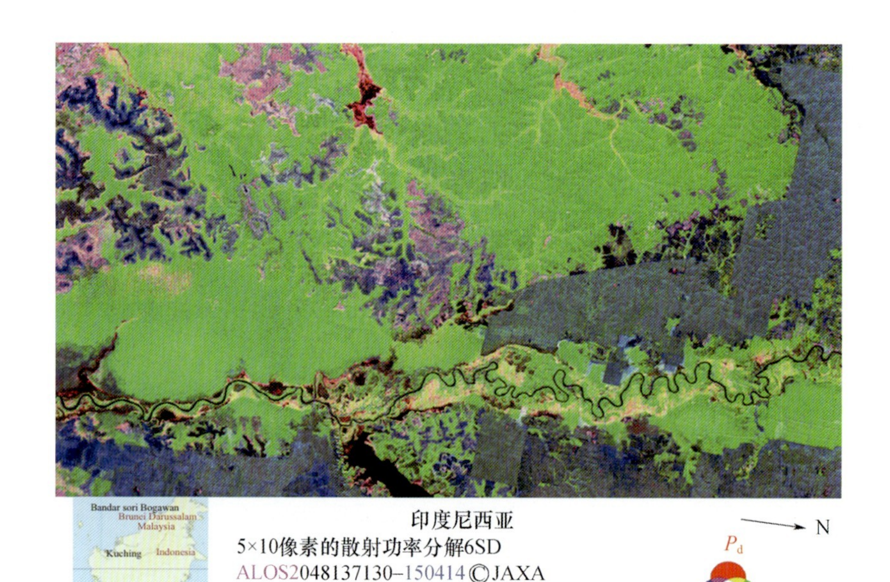

图 15.6　人工林（深色）和天然林（绿色）区域（所有地区都是森林，色差是由于树种间的散射机理不同造成的，深紫色代表棕榈油种植区）

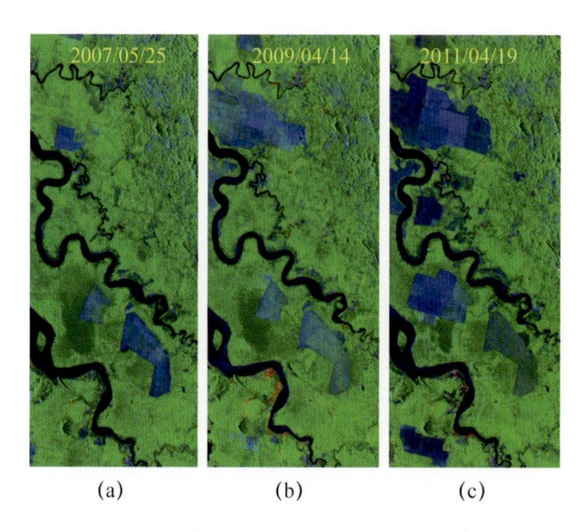

图 15.7　马来西亚森林砍伐的时间排序情况
（蓝色区域代表已砍伐的区域）

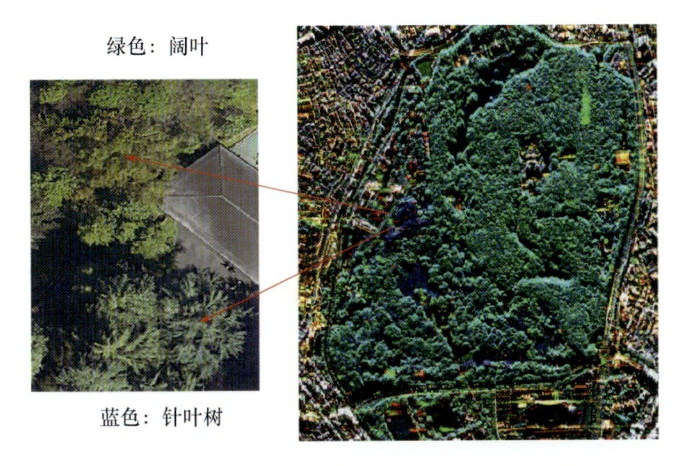

图 15.8　PiSAR－X2 对针叶树和阔叶树的分类

图 15.9　阔叶和针叶树的极化测量

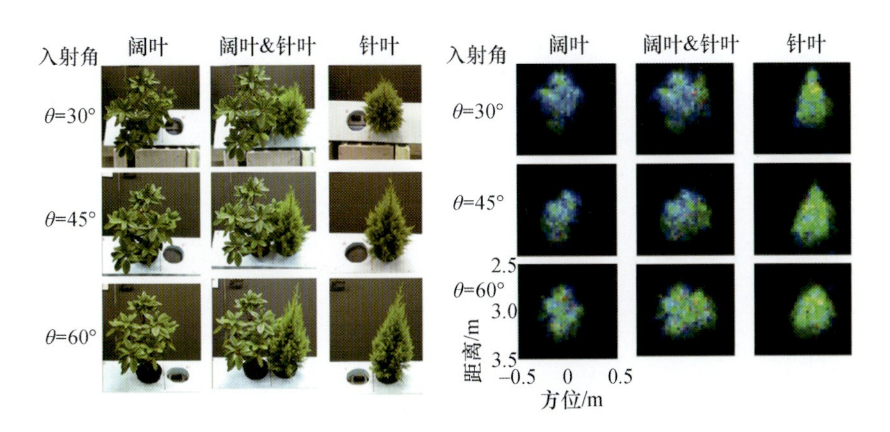

图 15.10　树的布局和散射功率分解图像

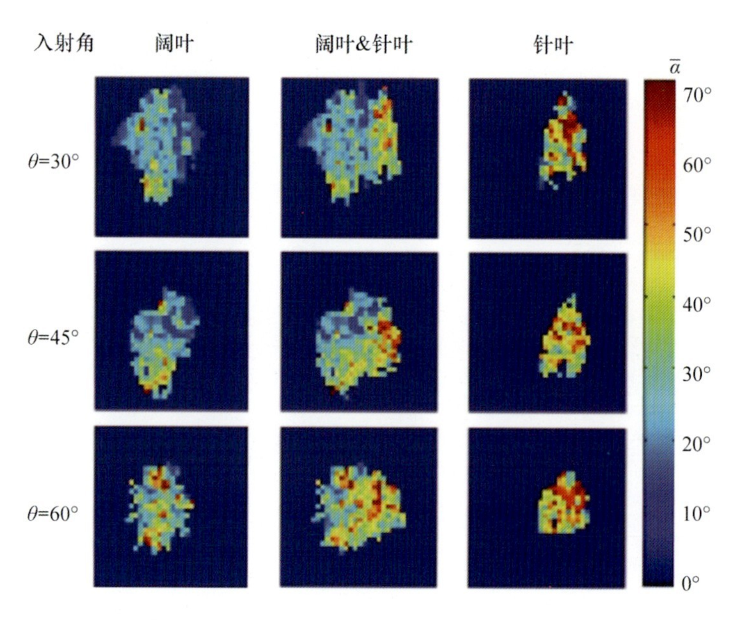

图 15.12　alpha 角分布

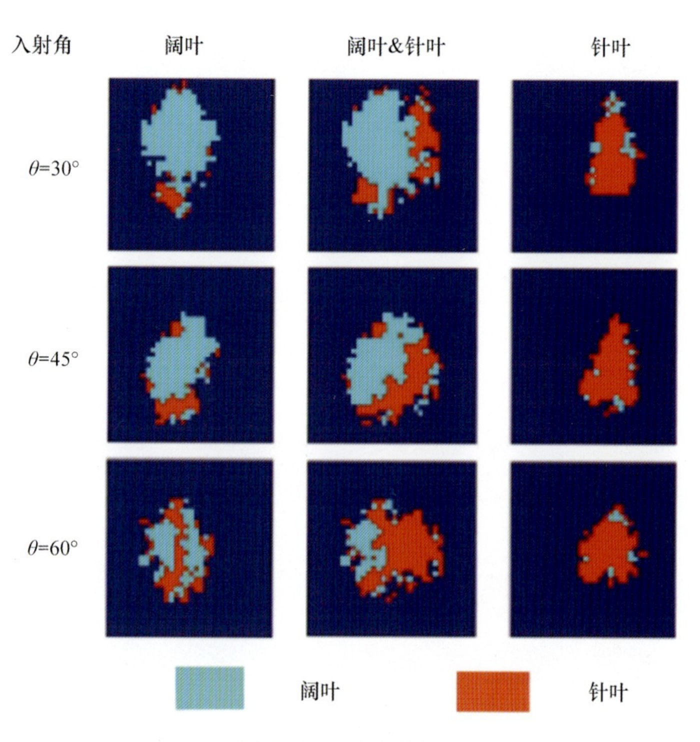

图 15.14　分类结果

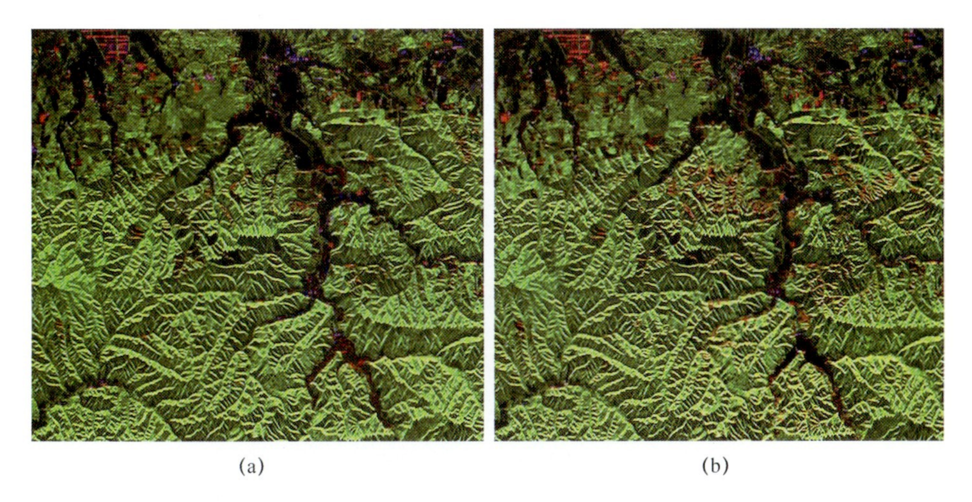

图 15.15　北海道 Iburi Tobu 地震（前后）

（a）2017 年 8 月 26 日地震前；（b）2018 年 9 月 8 日地震后。

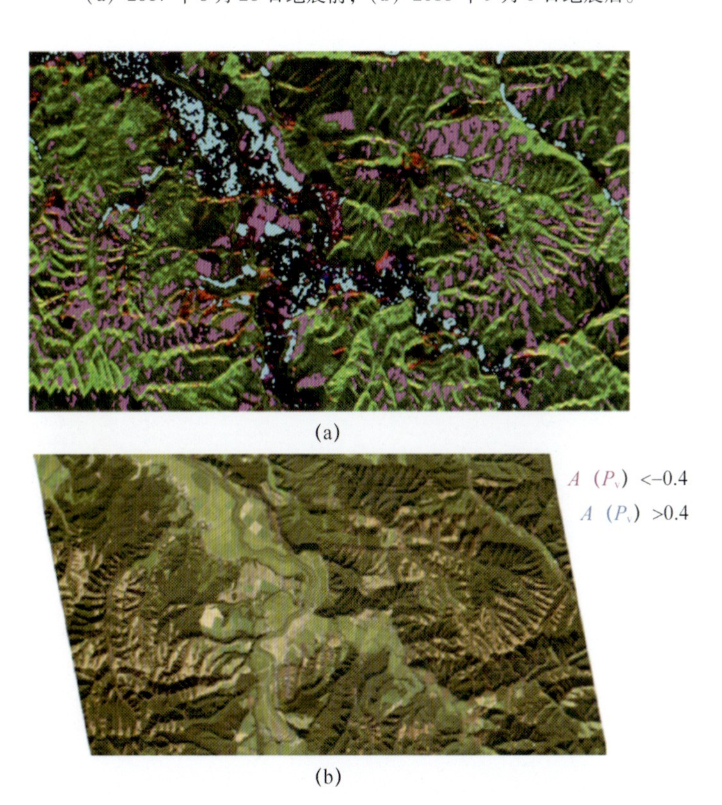

图 15.16　日本北海道松町地震引起的山体滑坡

（A（P_v） < -0.4 对应滑坡区域（裸露的土壤），A（P_v） >0.4 对应残骸出现的区域）

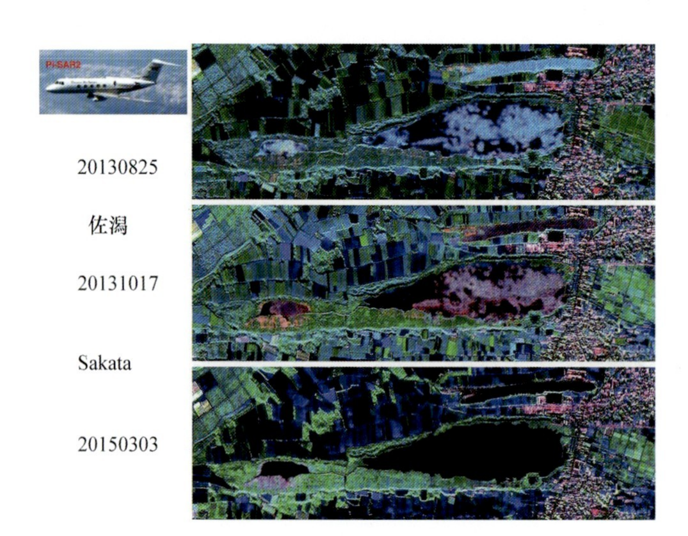

图 15.18　坂田散射功率分解图像
（红色为二次散射，绿色为体散射，蓝色为表面散射）